1. SPIDER®-Avalanche Lawinenverbauung, Spanien
2. Ringnetzbarriere mit Schneerutsch in Fieberbrunn, Österreich
3. TECCO®-Avalanche Lawinenverbauung, Italien

Flexible Lawinenverbauungen schützen Mensch und Infrastruktur

- Durch die leichte Bauweise sind die Werke im Sommer und im Winter nahezu unsichtbar und eignen sich darum auch besonders gut für den Schutz in Fremdenverkehrs- und Erholungsgebieten.
- In der schneefreien Zeit bieten unsere Lawinenverbauungen einen vergleichsweise wirksamen Schutz gegen Steinschlag. Durch die flexible Konstruktion können dynamische Energien schadlos aufgenommen werden.
- Der Einbau ist auch bei schwierigen topographischen Verhältnissen möglich.
- Ein entscheidender Vorteil ist die kostengünstige Helikoptermontage dank grossen Flugeinheiten auf Grund von geringem Materialgewicht.

Kontaktieren Sie uns für mehr Informationen und besprechen Sie Ihre Bedürfnisse mit unseren Spezialisten.

GEOBRUGG® BRUGG

Geobrugg AG
Schutzsysteme
Aachstrasse 11 • CH-8590 Romanshorn
Tel. +41 71 466 81 55 • Fax +41 71 466 81 50
www.geobrugg.com • info@geobrugg.com

Handbuch Technischer Lawinenschutz

Florian Rudolf-Miklau

Siegfried Sauermoser

(Hrsg.)

Ernst & Sohn
A Wiley Company

Handbuch Technischer Lawinenschutz

Florian Rudolf-Miklau
Siegfried Sauermoser
(Hrsg.)

Ernst & Sohn
A Wiley Company

DI Dr. Florian Rudolf-Miklau
Bundesministerium für Land- und Forstwirtschaft,
Umwelt und Wasserwirtschaft
Marxergasse 2
1030 Wien
Österreich

DI Siegfried Sauermoser
Forsttechnischer Dienst für Wildbach- und Lawinenverbauung,
Sektion Tirol
Liebeneggstraße 11
6020 Innsbruck
Österreich

Titelbild: Lawinenanbruchverbauung in der Gemeinde Warth am Arlberg (Vorarlberg) (© WLV Vorarlberg)

Bibliografische Information Der Deutschen Nationalbibliothek
Die Deutsche Nationalbibliothek verzeichnet diese Publikation in der Deutschen Nationalbibliografie; detaillierte bibliografische Daten sind im Internet über <http://dnb.d-nb.de> abrufbar.

Umschlaggestaltung: Sonja Frank, Berlin
Satz: Druckhaus „Thomas Müntzer" GmbH, Bad Langensalza
Druck und Bindung: betz-druck GmbH, Darmstadt

Printed in the Federal Republic of Germany.
Gedruckt auf säurefreiem Papier.

ISBN 978-3-433-02947-3
Electronic version available. o-Book ISBN 978-3-433-60085-6

Vorwort

Die Zerstörungskraft von Lawinen ist aufgrund der großen bewegten Schneemassen und der hohen kinetischen Energie enorm. Jährlich treten weltweit Lawinenkatastrophen auf, die zahlreiche Todesopfer fordern und großen Sachschaden verursachen. In der Umgangssprache hat sich daher für Lawinen die Bezeichnung „Weißer Tod" etabliert. Während in vielen Gebieten der Alpen durch die Umsetzung technischer Lawinenschutzmaßnahmen ein hoher Sicherheitsgrad für den Siedlungsraum erreicht werden konnte, ist durch die Entwicklung des Gebirgsraums zu einer Wirtschafts-, Transitverkehrs-, Tourismus- und Freizeitregion (Skifahren, Alpinismus, Extrem- und Trendsportarten) ein neuer Risikoschwerpunkt außerhalb der gesicherten Zonen entstanden. Aufgrund dieses Trends steigt der Bedarf an technischen Lawinenschutzmaßnahmen weltweit stark an.

Der *Technische Lawinenschutz* hat sich in den letzten Jahrzehnten von einer – hauptsächlich auf die Alpenländer Österreich, Schweiz, Italien und Frankreich beschränkten – „Nischendisziplin" zu einer eigenständigen Sparte des Ingenieurwesens entwickelt. Heute werden weltweit Bauwerke und Anlagen zum Schutz vor Lawinengefahren errichtet. Mit dem vorliegenden Handbuch haben die Herausgeber erstmals eine umfassende Gesamtdarstellung dieses Fachgebietes vorgelegt, die den Stand der Technik erschöpfend beschreibt und dem Leser eine kompakte Informationsquelle für die Planung, Bemessung, Durchführung und Erhaltung von technischen Lawinenschutzmaßnahmen bietet.

Technischer Lawinenschutz im engeren Sinne bezieht sich auf bauliche (strukturelle) Schutzmaßnahmen, welche vorzugsweise in dauerhaft vom Menschen genutzten Gebieten eingesetzt werden, in denen Lawinen mit hoher Frequenz auftreten und bedeutende Schadenspotenziale oder Personenrisiken verursachen. Es handelt sich um Ingenieurbauwerke aus Stahl, Beton, Erdreich, Gestein oder Holz, deren Planung auf der Analyse der maßgeblichen Gefahren- und Risikoszenarien basieren. Die Bemessung von Lawinenschutzbauwerken ist auf die statischen und dynamischen Einwirkungen der Lawinen (des Schnees) im Ausmaß eines Bemessungsereignisses auszulegen. Die Besonderheiten des baulichen Lawinenschutzes ergeben sich unter anderem aus der außergewöhnlichen Intensität dieser Einwirkungen und den extremen Umweltbedingungen in alpinen Hochlagen, denen diese Bauwerke ausgesetzt sind, sowie den besonderen Bedingungen der Baudurchführung im extremen Gelände.

Mehrere Jahrzehnte Erfahrung mit Maßnahmen des baulichen Lawinenschutzes haben allerdings auch dessen Grenzen in der Anwendbarkeit und Wirkung deutlich gemacht. Als Alternative wurden in den letzten Jahren neue Technologien im Bereich des temporären Lawinenschutzes, insbesondere für die Lawinenbeobachtung (Monitoring) und die künstliche Lawinenauslösung entwickelt, die im Sinne eines integralen Schutzkonzeptes eine sinnvolle Ergänzung zu den baulichen (permanenten) Schutzmaßnahmen darstellen. Auch diesen Anlagen – *Technischer Lawinenschutz im weiteren Sinne* – wird im vorliegenden Werk entsprechender Platz eingeräumt.

Ein „Stand der Technik" – einschließlich normativer Regelungen für den technischen Lawinenschutz – war bis vor kurzem nur in wenigen Teilbereichen verfügbar, die meisten Entwicklungen entstanden aus der Empirie der Ingenieurpraxis. Den höchsten Entwicklungsgrad hinsichtlich technischer Standards weist der Sektor der *Lawinenanbruchverbauung* auf, wobei in Europa sämtliche bestehenden Normen im Wesentlichen auf die *Schweizer Richtlinien für den Lawinenverbau im Anbruchgebiet* (*SLF*, 1990 [68]; in der Fassung

Handbuch Technischer Lawinenschutz. 1. Auflage. Florian Rudolf-Miklau, Siegfried Sauermoser (Hrsg.).

2007 [189]) zurückzuführen sind. Trotz der Tendenz zur internationalen Harmonisierung der technischen Normung wurden in der Folge in einigen europäischen Ländern Schritte gesetzt, um die allgemeinen Planungs-, Bemessungs- und Ausführungsstandards an die spezifischen naturräumlichen Verhältnisse und die nationale Normenlandschaft anzupassen: z. B. Frankreich: *Norme Française* (1992) [211]; Island: *Jóhannesson und Margreth* [145]; Österreich: *ÖNORM-Regeln 24805 ff.* [235][236][237]. Eine der wichtigsten Entwicklungen ist die Anpassung dieser Normen an die Regeln der Eurocodes (Europäische Normen EN) und deren nationale Anwendungsdokumente. Das Handbuch enthält einen umfassenden Überblick über den aktuellen Stand der normativen Regelungen im Bereich des technischen Lawinenschutzes und stützt sich dabei in erster Linie auf die österreichischen Normen (ÖNORM), in wichtigen Bereichen auch auf Schweizer (SIA) und deutsche (DIN) Normen.

Im Detail bietet das Werk dem Leser folgende Inhalte: In der *Einführung* (*Kapitel 1*) wird ein Überblick über die Lawinengefahren und die entsprechenden technischen Schutzmaßnahmen (Klassifikation) gegeben. Das *Kapitel 2* bietet einen historischen Überblick über die Lawinenkatastrophen im Alpenraum und die Entwicklung des in Reaktion darauf entstandenen technischen Lawinenschutzes. Im *Kapitel 3* werden die Grundlagen und Faktoren der Lawinenentstehung und Lawinenwirkung dargestellt. Die Dynamik der Lawinenbewegung ist Gegenstand des *Kapitels 4* und umfasst die physikalischen Grundsätze der Lawinendynamik sowie der Einwirkung von Lawinen auf Strömungshindernisse. Darüber hinaus enthält das Kapitel einen Überblick über die Modelle für die Lawinensimulation. Die wichtigste Grundlage der Planung von Lawinenschutzmaßnahmen ist die in *Kapitel 5* behandelte Analyse und Bewertung von Lawinengefahren und -risiken, die Darstellung der Ergebnisse erfolgt in Gefahrenkarten, Gefahrenzonenplänen und Risikokarten. *Kapitel 6* stellt die Grundsätze der Planung von technischen Lawinenschutzmaßnahmen dar, wobei insbesondere auf Schutzziele und Schutzkonzepte, den Planungsablauf, die ökonomische Bewertung sowie die sozio-politische und ökologische Verträglichkeit der Maßnahmen eingegangen wird. Ein systematischer Überblick über die Schutzsysteme und Bautypen des baulichen Lawinenschutzes ist in *Kapitel 7* enthalten, gegliedert nach Maßnahmen im Lawinenanbruch- und -ablagerungsgebiet. *Kapitel 8* behandelt umfassend die Bemessung und Konstruktion von baulichen Lawinenschutzmaßnahmen, wobei der Schwerpunkt auf den Bemessungsgrundlagen und der Tragwerksplanung für die Lawinenanbruchverbauung liegt. In *Kapitel 9* werden die besonderen Bauverfahren des technischen Lawinenschutzes einschließlich der Baustellenerschließung, der Baukosten, der spezifischen Geräte und Baumaschinen sowie der Arbeitnehmersicherheit behandelt. Der zweite Abschnitt dieses Kapitels ist dem Lebenszyklusmanagement von Lawinenschutzbauwerken (Überwachung, Erhaltung, Sanierung, Abtrag) gewidmet. Der technische Gebäudeschutz (Objektschutz) für Bauwerke in lawinengefährdeten Zonen wird in *Kapitel 10* behandelt. *Kapitel 11* stellt den temporären Lawinenschutz mit dem Schwerpunkt der Technologie der künstlichen Lawinenauslösung dar. In *Kapitel 12* werden die Technologien der Lawinenbeobachtung (Monitoring) für wissenschaftliche und ingenieurpraktische Anwendungen vorgestellt. Den Abschluss des Buches bildet ein Überblick über den technischen Lawinenschutz weltweit in Zahlen und Fakten (*Kapitel 13*). Eine Übersicht über die in diesem Handbuch behandelten Planungs-/Projektierungsschritte (mit Verweisen) findet sich in Tabelle 6-5.

Für die Erstellung dieses Werks konnten die Herausgeber ein Team von ausgewiesenen Experten des Lawinenschutzes aus zahlreichen Ländern (Österreich, Schweiz, Frankreich, Italien, Deutschland, Norwegen, Island, Spanien, Kanada, USA, Japan) für Beiträge gewinnen. Das Handbuch stellt die Fortsetzung eines Publikationsschwerpunktes des Verlages Ernst & Sohn zum Thema „Schutzmaßnahmen gegen Naturgefahren“ dar, zu dem bereits das Handbuch „Schutzbauwerke gegen Wildbachgefahren: Grundlagen, Entwurf und Bemessung, Beispiele" (*Bergmeister et al., 2009*) [22] erschienen ist.

Besonderer Dank gebührt dem Bundesministerium für Land- und Forstwirtschaft, Umwelt und Wasserwirtschaft (Wien), dem Forsttechnischen Dienst für Wildbach- und Lawinenverbauung, seiner Leiterin *Maria Patek* und seinen MitarbeiterInnen, dem Österreichischen Normungsinstitut, dem Tiroler Lawinenwarndienst (Innsbruck), dem Bundesforschungs- und Ausbildungszentrum für Wald, Naturgefahren und Landschaft BFW (Innsbruck), der Zentralanstalt für Meteorologie und Geodynamik (Wien, Innsbruck), dem Schnee- und Lawinenforschungsinstitut SLF (Davos), der Lawinenwarnzentrale im Bayerischen Landesamt für Umwelt (München), der Abteilung Wasserschutzbauten der Autonomen Provinz Südtirol (Bozen), dem Institut de recherche pour l'ingénierie de l'agriculture et de l'environnement CEMAGREF (Grenoble), dem Norwegian Geotechnical Institute NGI (Oslo), dem Japanischen Snow Avalanche and Landslide Research Center (Myoko-City/Niigata), dem Institut Geologic de Catalunya (Barcelona), dem Icelandic Meteorological Office (Reykjavík), dem South East Alaska Avalanche Center (AAC) und der Canadian Avalanche Association CAA (Revelstoke) für die hilfreiche und großzügige Unterstützung, die das Zustandekommen dieses Handbuches erst ermöglicht hat. Der Dank richtet sich auch an Frau *Emily Procter* für die geleisteten Übersetzungsarbeiten und Herrn *Andreas Herbert* für die Erstellung zahlreicher Grafiken.

Wien und Innsbruck, im Dezember 2010

Florian Rudolf-Miklau
Siegfried Sauermoser

Herausgeber

DI. Dr. Florian Rudolf-Miklau
Bundesministerium für Land- und Forstwirtschaft, Umwelt und Wasserwirtschaft
Marxergasse 2, 1030 Wien, Österreich
florian.rudolf-miklau@lebensministerium.at

DI. Siegfried Sauermoser
Forsttechnischer Dienst für Wildbach- und Lawinenverbauung, Sektion Tirol
Liebeneggstrasse 11, 6020 Innsbruck, Österreich
siegfried.sauermoser@die-wildbach.at

Autorenübersicht

Dr. Karl Gabl
Zentralanstalt für Meteorologie und Geodynamik ZAMG, Aussenstelle Innsbruck
Fürstenweg 180, 6020 Innsbruck, Österreich
karl.gabl@zamg.ac.at

Dr. Peter Gauer
Norges geotekniske institutt NGI
Sognsveien 72, Oslo, Norwegen
peter.gauer@ngi.no

DI. Matthias Granig
Forsttechnischer Dienst für Wildbach- und Lawinenverbauung, Stabstelle Schnee und Lawinen
Swarovskistraße 22a, 6130 Schwaz, Österreich
matthias.granig@die-wildbach.at

Dr. Robert Hofmann
Staatlich befugter und beeideter Ziviltechniker Ingenieurkonsulent für Bauwesen
Hochstraße 17/2, 2380 Perchtoldsdorf, Österreich
hofmann.geotechnik@aon.at

Dr. Karl Kleemayr
Bundesforschungs- und Ausbildungszentrum für Wald, Naturgefahren und Landschaft BFW, Institut für Naturgefahren und Waldgrenzregionen
Rennweg 1, 6020 Innsbruck, Österreich
karl.kleemayr@uibk.ac.at

Dipl. Bauing. ETH Stefan Margreth
WSL-Institut für Schnee- und Lawinenforschung SLF, Forschungseinheit Warnung und Prävention
Flüelastrasse 11, 7260 Davos Dorf, Schweiz
margreth@slf.ch

Mag. Michael Mölk
Forsttechnischer Dienst für Wildbach- und Lawinenverbauung Stabstelle Geologie
Liebeneggstrasse 11, 6020 Innsbruck, Österreich
michael.moelk@die-wildbach.at

Handbuch Technischer Lawinenschutz. 1. Auflage. Florian Rudolf-Miklau, Siegfried Sauermoser (Hrsg.).

DI. Patrick Nairz
Lawinenwarndienst des Landes Tirol,
Abteilung Zivil- und Katastrophenschutz
Herrengasse 1-3, 6020 Innsbruck, Österreich
patrick.nairz@tirol.gv.at

DI. Wolfgang Schilcher
Forsttechnischer Dienst für Wildbach- und Lawinenverbauung, Sektion Vorarlberg
Oberfeldweg 6, 6700 Bludenz, Österreich
wolfgang.schilcher@die-wildbach.at

DI. Christoph Skolaut
Forsttechnischer Dienst für Wildbach- und Lawinenverbauung, Sektion Salzburg
Bergheimerstraße 57, 5021 Salzburg, Österreich
christoph.skolaut@die-wildbach.at

DDI. Dr. Jürgen Suda
Universität für Bodenkultur, Institut für konstruktiven Ingenieurbau
Peter Jordan Straße 82, 1190 Wien, Österreich
juergen.suda@boku.ac.at
und
alpinfra, consulting + engineering gmbh
Kuefsteingasse 15-19, 1140 Wien, Österreich
juergen.suda@alpinfra.com

Dipl. Bauing. ETH Lukas Stoffel
WSL-Institut für Schnee- und Lawinenforschung SLF,
Forschungseinheit Warnung und Prävention
Flüelastrasse 11, 7260 Davos Dorf, Schweiz
stoffell@slf.ch

Dr. Markus Stoffel
Universität Bern, Institut für Geologie, Labor für Dendrogeomorphologie
Baltzerstrasse 1+3, 3012 Bern, Schweiz
und
Université de Genève
Institut des Sciences de l'Environnement
7, route de Drize
1227 Carouge-Genève, Schweiz
markus.stoffel@dendrolab.ch

DI. Gebhard Walter
Forsttechnischer Dienst für Wildbach- und Lawinenverbauung, Sektion Tirol
Liebeneggstrasse 11, 6020 Innsbruck, Österreich
gebhard.walter@die-wildbach.at

Internationale Berichterstatter (in Abschnitt 13)

Österreich	Florian Rudolf-Miklau (Bundesministerium für Land- und Forstwirtschaft, Umwelt und Wasserwirtschaft Wien)
Schweiz	Stefan Margreth (WSL-Institut für Schnee- und Lawinenforschung SLF Davos)
Frankreich	Francois Rapin (CEMAGREF, ETNA St. Martin D'Herès)
Deutschland	Bernhard Zenke (Bayrisches Landesamt für Umwelt, Lawinenwarnzentrale, München)
Italien	Rudolf Pollinger (Autonome Region Südtirol - Alto Adige, Bozen)
Norwegen	Krister Kristensen (Norges geotekniske institutt NGI, Oslo)
Island	Tomas Johannesson (Veðurstofa Islands, Reykiavik)
Spanien	Pere Oller (Institut Geológic de Catalunya, Barcelona)
Vereinigte Staaten von Amerika	Art Mears (senior consultant)
Kanada	Chris Stethem (Chris Stethem & Associates Ltd., Canmore)
Japan	Yasuo Ishii (Snow Avalanche and Landslide Research Center, Myoko-City, Niigata Precture)

Inhaltsverzeichnis

Vorwort V

Herausgeber IX

Autorenübersicht IX

Internationale Berichterstatter XI

1 Einführung 1

1.1 Lawinen und Lawinengefahren 1
1.1.1 Begriffsdefinition und Problemstellung 1
1.1.2 Lawinengefahren in den Alpen und anderen Gebirgsregionen 2
1.1.3 Auswirkungen von Lawinengefahren auf den menschlichen Lebensraum 4
1.2 Technischer Lawinenschutz: Klassifikation und Umfang 6
1.2.1 Systematik und Wirkung der Maßnahmen 6
1.2.2 Permanenter technischer Lawinenschutz (Baulicher Lawinenschutz) 8
1.2.3 Technischer Lawinenschutz mit temporärer Wirkung 10

2 Entwicklung der Lawinen und des Lawinenschutzes: Historischer Überblick 13

2.1 Postglaziale Entwicklung der alpinen Lawinen 13
2.2 Chronik der Lawinenkatastrophen 14
2.2.1 Alpine Lawinenkatastrophen 14
2.2.2 Außeralpine Lawinenkatastrophen 16
2.3 Entwicklung des Technischen Lawinenschutzes 17
2.3.1 Historische Lawinenschutzbauten 17
2.3.2 Entwicklung der systematischen Lawinenverbauung 17

3 Lawinen: Entstehung und Wirkung 21

3.1 Charakteristik von Lawinen 21
3.1.1 Definitionen und Klassifikation 21
3.1.2 Räumliches und zeitliches Auftreten von Lawinen 23
3.1.3 Generelle Lawinenwirkung 24
3.2 Meteorologische Grundlagen der Lawinenentstehung 25
3.2.1 Wettersysteme im Winter 25
3.2.1.1 Allgemeines 25
3.2.1.2 Hoch- und Tiefdruckgebiete 26
3.2.1.3 Kalt- und Warmfronten 27
3.2.2 Lawinenbildende Wetterlagen im Alpenraum 29

Handbuch Technischer Lawinenschutz. 1. Auflage. Florian Rudolf-Miklau, Siegfried Sauermoser (Hrsg.).

3.2.2.1 Nordwest(stau)lage . . . 29
3.2.2.2 Westwetterlage . . . 30
3.2.2.3 Südföhnlage . . . 30
3.2.2.4 Okklusion aus Nordosten – Nordostlage . . . 31
3.2.2.5 Lawinenbildende Wetterlagen in Österreich . . . 31
3.2.2.6 Lawinenbildende Wetterlagen in der Schweiz . . . 31
3.3 Nivologische Grundlagen der Lawinenentstehung . . . 32
3.3.1 Eigenschaften des Materials „Schnee" . . . 32
3.3.2 Entstehung des Schnees . . . 32
3.3.3 Metamorphose des Schnees . . . 34
3.3.3.1 Allgemeines . . . 34
3.3.3.2 Grundlagen zur Schneemetamorphose . . . 34
3.3.3.3 Mechanische Metamorphose . . . 35
3.3.3.4 Abbauende Metamorphose . . . 35
3.3.3.5 Aufbauende Metamorphose . . . 36
3.3.3.6 Schmelzmetamorphose . . . 37
3.3.4 Die Schneedecke . . . 38
3.3.4.1 Aufbau der Schneedecke . . . 38
3.3.4.2 Energiebilanz der Schneedecke . . . 38
3.3.4.3 Bewegungen und Spannungen in der Schneedecke (Lawinenauslösung) . . . 40
3.3.4.4 Genetische Lawinenklassifikation . . . 42
3.4 Quantitative Darstellung von Lawinenereignissen . . . 43
3.4.1 Allgemeines . . . 43
3.4.2 Kriterien zur Darstellung von Lawinenereignissen . . . 44
3.4.2.1 Eintrittswahrscheinlichkeit (Jährlichkeit) . . . 44
3.4.2.2 Intensität (Magnitude) . . . 45
3.4.3 Extremwertanalyse . . . 46
3.4.3.1 Methodik und Extremwertverteilungen . . . 46
3.4.3.2 *Beispiel:* Ermittlung extremer Niederschlagsmengen aus einer Zeitreihe der Station Gastein (Salzburg) . . . 47
3.5 Morphologische Grundlagen der Entstehung von Lawinen . . . 49
3.5.1 Lawineneinzugsgebiet . . . 49
3.5.2 Anbruchgebiet . . . 50
3.5.3 Sturzbahn . . . 54
3.5.4 Ablagerungsgebiet . . . 56
3.6 Wirkung der Vegetation und Schutzwald . . . 58
3.6.1 Vegetations- und Waldwirkungen auf Lawinen . . . 58
3.6.2 Wirkung von Lawinen auf Vegetation und Bäume . . . 61

4 Grundlagen und Modelle der Lawinendynamik und Lawinenwirkung . . . 63

4.1 Lawinendynamik: Grundlagen . . . 63
4.1.1 Physikalische Grundlagen der Bewegung von Lawinen . . . 63
4.1.1.1 Allgemeines . . . 63
4.1.1.2 Charakteristische Größen der Lawinenbewegung . . . 63
4.1.1.3 Lawinengeschwindigkeit . . . 63
4.1.1.4 Modellgesetze der Lawinenbewegung . . . 65
4.1.1.5 Physikalische Beschreibung des Bewegungsvorgangs . . . 66
4.1.1.6 Konstitutivgesetze . . . 67
4.1.2 Dynamik von Fließ- und Staublawinen . . . 68

4.1.2.1 Lawinenauslösung 68
4.1.2.2 Bewegung von Fließlawinen 68
4.1.2.3 Bewegung von Staublawinen. 68
4.1.2.4 Bewegung von Mischlawinen 70
4.1.2.5 Bewegung von Nassschneelawinen 71
4.2 Lawinendynamik: Numerische Modellierung und Simulation 72
4.2.1 Anwendungsbereich von Lawinenmodellen. 72
4.2.2 Grundlagendaten und -informationen der Lawinenmodellierung 73
4.2.3 Lawinenmodelle im Überblick: Einteilung und Klassifizierung 73
4.2.4 Statistisch-topographische Lawinenmodelle. 75
4.2.4.1 Alpha-Beta-Modell. 75
4.2.4.2 Andere statistisch-topographische Modelle 76
4.2.5 Physikalisch-dynamische Lawinenmodelle 76
4.2.5.1 Voellmy-Salm-Modell. 76
4.2.5.2 AVAL-1D 79
4.2.5.3 Elba+ 81
4.2.5.4 RAMMS 82
4.2.5.5 SamosAT 84
4.2.6 Anwendungsbereiche und Grenzen der Lawinenmodellierung. 86
4.2.7 Anwendung der Modellergebnisse in der Ingenieurpraxis 89
4.3 Lawinenwirkung auf Strömungshindernisse. 90
4.3.1 Dynamische Lawinendruckwirkung 90
4.3.1.1 Allgemeines. 90
4.3.1.2 Fließlawinenwirkung normal auf ein nicht umströmtes Hindernis. 91
4.3.1.3 Fließlawinenwirkung auf ein umströmtes Hindernis. 93
4.3.1.4 Staublawinenwirkung 95
4.3.1.5 Aufprall fester Komponenten (Steine, Bäume) 97
4.3.1.6 Druck durch vertikale Umlenkung 98
4.3.1.7 Nassschneelawinenwirkung 98
4.3.2 Schadenswirkung an Objekten. 98
4.3.2.1 Allgemeines. 98
4.3.2.2 Schadenswirkung durch Fließlawinen 101
4.3.2.3 Schadenswirkung durch Staublawinen 101

5 Analyse, Bewertung und planliche Darstellung von Lawinengefahren (-risiken) 103

5.1 Grundlagen und Bewertungsansätze 103
5.1.1 Modell der Gefahrenanalyse und Risikokonzept 103
5.1.2 „Gefahr“ und „Risiko“: Begriffsbestimmung 104
5.1.2.1 Lawinengefahr und Lawinenszenarien 104
5.1.2.2 Lawinenschaden und Lawinenrisiko 105
5.1.3 Ansätze zur Bewertung für Lawinengefahren und -risiken 106
5.1.3.1 Allgemeines. 106
5.1.3.2 Quantifizierung der Lawinengefahr. 106
5.1.3.3 Quantifizierung von Lawinenschäden und Lawinenrisiken. 108
5.2 Methoden der Gefahren- und Risikoanalyse. 109
5.2.1 Lawinengefahrenanalyse 109
5.2.1.1 Überblick über die Methoden und Datengrundlagen. 109
5.2.1.2 Historische Methode. 111
5.2.1.3 Morphologische Methode. 112

5.2.1.4 Einschränkungen und Unsicherheiten in der Lawinengefahrenanalyse 115
5.2.2 Lawinenrisikoanalyse 115
5.3 Planliche Darstellung von Gefahren und Risiken 117
5.3.1 Überblick und Anwendungsbereich 117
5.3.2 Gefahrenhinweiskarten 117
5.3.3 Prozesskarten 120
5.3.4 Gefahrenzonenpläne 120
5.3.5 Risikokarten 125
5.3.6 Berücksichtigung von Gefahrenzonenplänen bei raumwirksamen Aktivitäten 126
5.3.7 Darstellung der Lawinengefahr für Verkehrswege 128

6 Planung von permanenten technischen Lawinenschutzmaßnahmen 129

6.1 Planungsgrundsätze und Planungsumfang 129
6.1.1 Elemente der Planung: Definitionen 129
6.1.2 Planung als Teil des technischen Risikomanagements 130
6.1.3 Kriterien des Planungsprozesses: Überblick 131
6.2 Schutzziele des Lawinenschutzes 131
6.2.1 Klassifizierung der Schutzziele 131
6.2.2 Gesellschaftlicher Schutzzielrahmen und allgemeine Schutzziele 132
6.2.3 Quantifizierte und risikobasierte Schutzziele 134
6.3 Sektorale Schutzkonzepte des Technischen Lawinenschutzes 136
6.3.1 Allgemeines 136
6.3.2 Schutzkonzepte für den Siedlungsraum 136
6.3.3 Schutzkonzepte für Verkehrswege und Infrastruktur 138
6.3.4 Schutzkonzepte für Skigebiete 139
6.4 Planungs- und Projektierungsablauf des Lawinenschutzes 140
6.4.1 Genereller Planungsablauf 140
6.4.2 Projektierung technischer Lawinenschutzmaßnahmen 144
6.5 Ökonomische Bewertung des Lawinenschutzes 144
6.5.1 Allgemeines 144
6.5.2 Gesamtwirtschaftliche Bewertung 144
6.5.3 Wirtschaftlichkeit und Effizienz von Schutzmaßnahmen 146
6.5.3.1 Allgemeines 146
6.5.3.2 Methoden zum Nachweis der Wirtschaftlichkeit 146
6.5.3.3 Bewertung der Kosten von Lawinenschutzmaßnahmen 149
6.5.3.4 Bewertung des Nutzens von Lawinenschutzmaßnahmen 150
6.5.3.5 Bestimmung der Wirksamkeit von Lawinenschutzmaßnahmen 151
6.5.3.6 Kriterien für die Wirtschaftlichkeit von Lawinenschutzprojekten 153
6.5.3.7 Grenzkostenkriterium 154
6.6 Soziale und politische Verträglichkeit von Lawinenschutzmaßnahmen 154
6.6.1 Öffentlichkeitsbeteiligung und Partizipation 154
6.6.2 Risk Governance 155
6.7 Umweltverträglichkeit von Lawinenschutzprojekten 156
6.7.1 Ökologische Bewertung 156
6.7.2 Lawinenschutzbauten als Landschaftselement 156

7 Permanenter technischer Lawinenschutz: Schutzsysteme und Bautypen . . . 159

7.1 Schutzsysteme und Bautypenwahl . . . 159
7.2 Technische Schutzmaßnahmen im Lawinenanbruchgebiet . . . 159
7.2.1 Überblick . . . 159
7.2.2 Lawinenanbruchverbauung: Bautypen . . . 161
7.2.2.1 Wirkungsweise . . . 161
7.2.2.2 Klassifizierung der Lawinenstützwerke: Systematik und Kriterien . . . 162
7.2.2.3 Bautypen: Stahlschneebrücke . . . 165
7.2.2.4 Bautypen: Schneenetze . . . 168
7.2.2.5 Bautypen: Kombinierte Schneebrücke . . . 172
7.2.2.6 Bautypen: Holzschneebrücke und Holzschneerechen . . . 174
7.2.2.7 Historische Baumethoden und Sonderbautypen. . . . 176
7.2.2.8 Typenprüfung für Lawinenstützwerke . . . 180
7.2.3 Fundierung und Verankerung in der Lawinenanbruchverbauung . . . 180
7.2.3.1 Allgemeines . . . 180
7.2.3.2 Methoden der Fundierung und Verankerung . . . 180
7.2.3.3 Historische Fundierungsmethoden . . . 183
7.2.4 Verwehungsverbauung . . . 186
7.2.4.1 Klassifikation und Wirkungsweise . . . 186
7.2.4.2 Bautype: Triebschneezaun (Triebschneehag) . . . 186
7.2.4.3 Bautype: Kolktafeln . . . 188
7.2.4.4 Bautype: Schneedüsen. . . . 189
7.2.5 Technischer Gleitschneeschutz . . . 190
7.2.5.1 Wirkungsweise . . . 190
7.2.5.2 Methoden des Gleitschneeschutzes: Überblick . . . 191
7.2.5.3 Bautypen: Verpfählungen. . . . 192
7.2.5.4 Bautypen: Gleitschutzböcke . . . 193
7.2.5.5 Bautypen: Bermen . . . 195
7.3 Technische Lawinenschutzmaßnahmen in der Sturzbahn und im Ablagerungsgebiet . . . 195
7.3.1 Überblick . . . 195
7.3.2 Lawinenleit- und Lawinenablenkverbauung. . . . 196
7.3.2.1 Wirkungsweisen und Methoden . . . 196
7.3.2.2 Bautypen: Leitdämme . . . 197
7.3.2.3 Bautypen: Lawinenablenkbauwerke (-damm, -mauer) . . . 197
7.3.3 Lawinenbrems- und Lawinenauffangverbauung . . . 199
7.3.3.1 Wirkungsweisen und Methoden . . . 199
7.3.3.2 Bautypen: Auffangdamm (-mauer) . . . 199
7.3.3.3 Bautypen: Bremshöcker, Bremskegel, Bremskeil . . . 201
7.3.3.4 Bautypen: Lawinenbrecher . . . 202
7.3.4 Überleitungsbauwerke und Sonderbauwerke . . . 203
7.3.4.1 Bautypen: Lawinengalerie, Lawinentunnel . . . 203
7.3.4.2 Bautypen: Rohrbrücke. . . . 204

8 Permanenter Technischer Lawinenschutz: Bemessung und Konstruktion . . . 207

8.1 Grundlagen der Bemessung . . . 207
8.1.1 Bemessungsnormen: Überblick . . . 207

8.1.2 Generelles Bemessungskonzept . . . 209
8.1.2.1 Sicherheitskonzept . . . 209
8.1.2.2 Grenzzustände . . . 209
8.1.2.3 Nachweise in den Grenzzuständen der Tragfähigkeit . . . 209
8.1.2.4 Bemessungswerte . . . 210
8.1.2.5 Bemessungssituationen . . . 211
8.1.2.6 Einwirkungskombinationen . . . 211
8.1.3 Geotechnische Nachweisverfahren . . . 212
8.1.3.1 Allgemeines . . . 212
8.1.3.2 Nachweisverfahren 1 (NV 1) . . . 212
8.1.3.3 Nachweisverfahren 2 (NV 2) . . . 212
8.1.3.4 Nachweisverfahren 3 (NV 3) . . . 213
8.1.4 Generelle Vorgehensweise bei der Bemessung . . . 213
8.1.5 Bemessungsgrundlagen Stahlbau . . . 213
8.1.5.1 Generelle Querschnittsabmessungen und Bezeichnungen . . . 214
8.1.5.2 Ermittlung der Schnittkräfte . . . 214
8.1.5.3 Klassifizierung der Querschnitte . . . 214
8.1.5.4 Beanspruchbarkeit des Querschnitts . . . 214
8.1.5.5 Bauteile mit einer Beanspruchung durch eine zentrische Druckkraft . . . 218
8.1.5.6 Schraubverbindungen . . . 220
8.1.5.7 Bolzenverbindungen . . . 220
8.1.5.8 Schweißverbindungen . . . 220
8.2 Bemessung der Lawinenanbruchverbauung . . . 220
8.2.1 Allgemeine Bemessungsregeln . . . 220
8.2.2 Extreme Schneehöhen (Dimensionierungsschneehöhe H_{ext}) . . . 221
8.2.2.1 Methodik . . . 221
8.2.2.2 Extreme Schneehöhen in der Schweiz und Österreich (Tirol, Vorarlberg) . . . 222
8.2.3 Lage der zu schützenden Objekte . . . 223
8.2.4 Statische Systeme für Lawinenstützwerke . . . 224
8.2.5 Einwirkungen auf Lawinenstützwerke . . . 225
8.2.5.1 Überblick . . . 225
8.2.5.2 Schneedruck . . . 226
8.2.5.3 Randkräfte . . . 230
8.2.5.4 Resultierender Schneedruck und Lastanordnung . . . 231
8.2.5.5 Schneedruck auf den Rost . . . 233
8.2.5.6 Schneedruck auf schlanke Objekte und Bauteile . . . 234
8.2.5.7 Seitenkräfte . . . 235
8.2.5.8 Eigengewicht . . . 235
8.2.5.9 Windkräfte . . . 235
8.2.5.10 Andere Einwirkungen . . . 236
8.2.6 Planung und Anordnung der Stützverbauung im Anbruchgebiet . . . 236
8.2.6.1 Allgemeines . . . 236
8.2.6.2 Verbauungswürdige Hangneigung . . . 236
8.2.6.3 Vertikale Ausdehnung der Stützverbauung . . . 236
8.2.6.4 Horizontale Ausdehnungen der Stützverbauung . . . 237
8.2.6.5 Verbauungsweisen . . . 238
8.2.6.6 Werkhöhe . . . 239
8.2.6.7 Werkabstände in der Falllinie . . . 239
8.2.6.8 Seitliche Werkzwischenräume . . . 242
8.2.6.9 Kombinationen mit Gleitschneeschutz . . . 242

8.2.7 Baustoffe der Lawinenanbruchverbauung . . . 243
8.2.7.1 Allgemeines . . . 243
8.2.7.2 Baustahl . . . 243
8.2.7.3 Holz . . . 245
8.2.7.4 Verbindungsmittel . . . 245
8.2.7.5 Seile und Betonstähle . . . 246
8.2.7.6 Ankermörtel . . . 246
8.2.8 Tragwerksanalyse und Tragwerksbemessung . . . 248
8.2.8.1 Allgemeines . . . 248
8.2.8.2 Einwirkungskombinationen . . . 248
8.2.8.3 Berechnung der Auflagerreaktionen und Schnittgrößen . . . 249
8.2.8.4 Bemessung der Tragkonstruktion von Stahlstützwerken . . . 252
8.2.8.5 Bemessung des Rostes von Stahlstützwerken . . . 252
8.2.8.6 Bemessung von Holztragwerken . . . 254
8.2.8.7 Bemessung von Schneenetzen . . . 254
8.2.8.8 Bemessung von Schneerechen . . . 256
8.2.8.9 Korrosionsschutz für die Oberkonstruktion . . . 257
8.2.9 Geotechnische Bemessung der Fundierung der Lawinenanbruchverbauung 258
8.2.9.1 Allgemeines . . . 258
8.2.9.2 Bemessung der Fundierung von Lawinenanbruchverbauungen . . . 258
8.2.9.3 Bemessungssituationen . . . 259
8.2.9.4 Teilsicherheitsbeiwerte für Stützenfundierungen . . . 260
8.2.9.5 Bemessung Stützenfundierung . . . 260
8.2.9.6 Bemessung der Trägerfundierung . . . 263
8.2.9.7 Korrosionsschutz für die Fundierung . . . 267
8.2.9.8 Prüfung von Mikropfählen . . . 267
8.2.10 Lawinenanbruchverbau im Permafrost . . . 268
8.3 Bemessung der Verwehungsverbauung . . . 271
8.3.1 Bemessung von Triebschneezäunen und Kolktafeln . . . 271
8.3.1.1 Bemessung der Wirkung von Triebschneezäunen . . . 271
8.3.1.2 Statische Systeme von Triebschneezäunen und Kolktafeln . . . 272
8.3.1.3 Einwirkungen und Einwirkungskombinationen von Triebschneezäunen und Kolktafeln . . . 273
8.3.1.4 Bautechnische Bemessungsgrundlagen von Triebschneezäunen und Kolktafeln . . . 273
8.3.2 Bemessung von Schneedüsen . . . 273
8.3.2.1 Bemessungsgrundlagen . . . 273
8.3.2.2 Statische Systeme . . . 273
8.3.2.3 Einwirkungen und Einwirkungskombinationen . . . 274
8.4 Bemessung der Lawinenleit-, Lawinenbrems- und Lawinenauffangverbauung . . . 275
8.4.1 Näherungsweise Bemessung der Wirkhöhe von Auffang- und Ablenkdämmen (Klassisches Bemessungsverfahren) . . . 275
8.4.2 Bemessung der Wirkung nach exakteren physikalischen Verfahren . . . 275
8.4.2.1 Allgemeine Bemessungsgrundlagen . . . 275
8.4.2.2 Auffang- und Ablenkdämme . . . 276
8.4.2.3 Leitdämme . . . 279
8.4.3 Bemessung von Lawinenablagerungsräumen . . . 280
8.4.4 Einwirkungen auf Leit-, Brems- und Auffangbauwerken . . . 281
8.4.5 Statische und geotechnische Bemessung . . . 282

8.4.5.1 Geotechnische Bemessung von Lawinendämmen . . . 282
8.4.5.2 Erdbau: Geotechnische Untersuchungen . . . 284
8.4.5.3 Regeln für den Bau von Lawinendämmen . . . 285
8.4.6 Bemessung von Lawinenbrechern . . . 286
8.4.6.1 Allgemeines . . . 286
8.4.6.2 Bautechnische Bemessung . . . 286
8.4.6.3 Konstruktive Durchbildung . . . 289
8.4.7 Bemessung von Lawinenschutzgalerien . . . 290

9 Bauausführung und Erhaltungsmanagement . . . 295

9.1 Bauausführung des Technischen Lawinenschutzes . . . 295
9.1.1 Allgemeines . . . 295
9.1.1.1 Rahmenbedingungen auf Lawinenbaustellen . . . 295
9.1.1.2 Anforderungen an Geräte und Bauverfahren . . . 297
9.1.2 Einrichtung und Erschließung von Lawinenbaustellen . . . 297
9.1.2.1 Umfang und Ausstattung der Baustelleneinrichtung . . . 297
9.1.2.2 Sozial- und Büroeinrichtungen, Unterkünfte . . . 298
9.1.2.3 Lagerräume und Manipulationsplätze . . . 299
9.1.2.4 Kommunikationseinrichtungen für Lawinenbaustellen . . . 300
9.1.2.5 Ver- und Entsorgung von Lawinenbaustellen . . . 300
9.1.2.6 Baustellengemeinkosten (Kosten der Baustelleneinrichtung) . . . 301
9.1.3 Erschließung und Transport im Bereich von Lawinenbaustellen . . . 302
9.1.3.1 Güterwegerschließung . . . 302
9.1.3.2 Seilkran . . . 305
9.1.3.3 Helikopter . . . 306
9.1.3.4 Kosten der Baustellenerschließung . . . 307
9.1.4 Besondere Baumethoden der Lawinenanbruchverbauung . . . 308
9.1.4.1 Allgemeines . . . 308
9.1.4.2 Absteckung im Gelände . . . 308
9.1.4.3 Herstellung von Mikropfahlfundamenten (Mikropfahlböcken) . . . 309
9.1.4.4 Herstellung von Seilankerfundamenten . . . 311
9.1.4.5 Herstellung von Sprengankerfundamenten (historisch) . . . 312
9.1.4.6 Herstellung von Grundplattenfundamenten . . . 312
9.1.4.7 Herstellung von Betonfundamenten . . . 313
9.1.4.8 Herstellung von Mikropfahlfundamenten im Fels . . . 314
9.1.4.9 Herstellung von „Toter- Mann“-Fundamenten . . . 314
9.1.4.10 Herstellung von Rammfundamenten . . . 314
9.1.4.11 Montage der Lawinenstützbauwerke . . . 314
9.1.5 Baukosten der Lawinenanbruchverbauung . . . 315
9.1.5.1 Allgemeines . . . 315
9.1.5.2 Baukosten für Stahlschneebrücken (Beispiel) . . . 316
9.1.5.3 Baukosten für kombinierte Schneebrücken (Beispiel) . . . 317
9.1.5.4 Baukosten für Schneenetze (Beispiel) . . . 318
9.1.6 Baugeräte und Maschinen für die Lawinenanbruchverbauung . . . 319
9.1.6.1 Allgemeines . . . 319
9.1.6.2 Bohrgeräte . . . 320
9.1.6.3 Hydraulikaggregate (Kraftstationen) . . . 321
9.1.6.4 Kompressoren . . . 322
9.1.6.5 Injektionsstationen und Ankermörtelpumpen . . . 322

9.1.6.6 Treibstofftanks . . . 324
9.1.7 Arbeitssicherheit auf Lawinenbaustellen . . . 324
9.1.7.1 Allgemeine Sicherheitsbestimmungen . . . 324
9.1.7.2 Präventiver Arbeitnehmerschutz (vor Baubeginn) . . . 325
9.1.7.3 Anforderungen an das eingesetzte Baupersonal . . . 325
9.1.7.4 Persönliche Schutzausrüstung (PSA) . . . 326
9.1.7.5 Persönliche Schutzausrüstung bei angeseilten Arbeiten . . . 327
9.1.7.6 Schutz gegen Witterungseinflüsse . . . 328
9.1.7.7 Absturzsicherungen und Hanggerüste . . . 328
9.1.7.8 Arbeitssicherheit bei Lastflügen mit Helikopter . . . 330
9.1.7.9 Blitzschutz auf Lawinenbaustellen . . . 330
9.1.7.10 Steinschlagschutz auf Lawinenbaustellen . . . 330
9.1.7.11 Unfallversorgung: Erste Hilfe und Bergung . . . 331
9.2 Erhaltung von Lawinenschutzbauwerken . . . 331
9.2.1 Allgemeines . . . 331
9.2.2 Erhaltungsmanagement und Zustandsbeurteilung . . . 332
9.2.2.1 Lebensdauer der Lawinenverbauung . . . 332
9.2.2.2 Funktionen der Erhaltung und Erhaltungsstrategien . . . 332
9.2.2.3 Inspektion und Zustandsbeurteilung . . . 334
9.2.3 Schäden und Mängel an Schutzbauwerken . . . 336
9.2.3.1 Übersicht und Definitionen . . . 336
9.2.3.2 Ursachen für Schäden an Lawinenschutzbauwerken . . . 337
9.2.3.3 Schadenerhebung und Zustandsbeurteilung . . . 338
9.2.3.4 Schäden an Lawinenstützwerken . . . 340
9.2.3.5 Schäden an Lawinendämmen . . . 340
9.2.3.6 Schäden an Lawinengalerien . . . 341
9.2.3.7 Schäden an Verwehungsverbauungen . . . 341
9.2.4 Maßnahmen der Erhaltung von Lawinenschutzbauwerken . . . 354
9.2.4.1 Erhaltung (Unterhalt): Instandsetzung und Wartung . . . 354
9.2.4.2 Methoden der Sanierung von Lawinenschutzbauwerken . . . 354
9.2.4.3 Dringlichkeit von Sanierungsmaßnahmen . . . 355
9.2.4.4 Sanierung von Lawinenmauern . . . 356
9.2.4.5 Sanierung von Schneebrücken . . . 357
9.2.4.6 Sanierung von Lawinennetzen . . . 358
9.2.4.7 Erhaltungskosten, jährliche Kosten . . . 359
9.2.4.8 Sanierungskosten, Kostenbeispiele . . . 359
9.2.4.9 Abtrag oder Verfall . . . 361

10 Gebäude- und Objektschutz . . . 363

10.1 Maßnahmen des technischen Gebäudeschutzes (Objektschutzes) . . . 363
10.1.1 Allgemeines . . . 363
10.1.2 Maßnahmen am Gebäude . . . 363
10.1.2.1 Lage und Form des Gebäudes . . . 363
10.1.2.2 Konstruktive Gebäudeschutzmaßnahmen . . . 365
10.1.2.3 Temporäre Maßnahmen an Gebäuden . . . 366
10.1.2.4 Bauweisen und Bauprodukte für den Gebäudeschutz . . . 367
10.1.3 Vorgelagerte Gebäudeschutzmaßnahmen . . . 368
10.1.3.1 Allgemeines . . . 368
10.1.3.2 Spaltkeile . . . 368

10.1.3.3 Ebenhöh 369
10.1.3.4 Prallmauer 370
10.1.4 Objektschutzmaßnahmen für andere Bauwerksarten 371
10.2 Normative Grundlagen des Gebäudeschutzes gegen Lawinen 371
10.3 Bemessung von Gebäuden gegen Lawinendruckwirkung 373
10.3.1 Allgemeines 373
10.3.2 Einwirkungskombinationen 373
10.3.3 Bemessung im GZT 376
10.3.4 Bemessung im GZG 376
10.4 Nutzungskonzepte für lawinengefährdete Liegenschaften 377

11 Temporärer Lawinenschutz 379

11.1 Methoden des temporären Lawinenschutzes 379
11.2 Aktiver Temporärer Lawinenschutz 379
11.2.1 Künstliche Lawinenauslösung 379
11.2.1.1 Allgemeines 379
11.2.1.2 Grundsätze der künstlichen Lawinenauslösung 380
11.2.1.3 Wirkung der künstlichen Lawinenauslösung 381
11.2.1.4 Methodenübersicht 382
11.2.1.5 Methodenvergleich 386
11.2.1.6 Sicherheitsrisiken der künstlichen Lawinenauslösung 387
11.2.2 Akute Sperre von Anlagen 387
11.2.3 Evakuierungen 388
11.3 Passiver temporärer Lawinenschutz 388
11.3.1 Lawinenwarnung und Lawinenprognose 388
11.3.1.1 Allgemeines 388
11.3.1.2 Organisation der Lawinenwarnung 389
11.3.1.3 Erstellung des Lawinenlageberichts 390
11.3.1.4 Informationsverbreitung 394
11.3.2 Saisonale Sperre von Anlagen 394
11.3.3 Organisatorische Maßnahmen 394

12 Lawinenbeobachtung (Monitoring) und Ereignisdokumentation 395

12.1 Methoden der Lawinenbeobachtung und -dokumentation 395
12.2 Technologien des Lawinenmonitorings 395
12.2.1 Allgemeines: Monitoring 395
12.2.2 Meteorologisches Monitoring (Beobachtung lawinenauslösender Wetterereignisse) 396
12.2.2.1 Allgemeines 396
12.2.2.2 Automatische Wetterstationen 396
12.2.2.3 Wetterradar (Beispiel Valluga) 398
12.2.3 Monitoring der ruhenden Schneedecke 400
12.2.4 Schneemechanisches Monitoring 402
12.2.5 Remote Sensing (luftgestütztes Monitoring) 403
12.2.6 Monitoring der Einwirkung des Schnees auf Lawinenschutzbauten 403
12.2.7 Monitoring der Lawinendynamik 404
12.2.7.1 Lawinendynamische Monitoringanlagen 404
12.2.7.2 Kraftmessungen mit Druckplatten 404
12.2.7.3 Fließhöhenmessungen in Lawinen 406

12.2.7.4 Optische Geschwindigkeitssensoren 407
12.2.7.5 Geschwindigkeitsmessungen mit dem gepulsten Dual Doppler Radar 407
12.3 Dokumentation von Lawinenereignissen 408

13 Technischer Lawinenschutz international: Zahlen und Fakten 409

13.1 Überblick und Vergleich 409
13.2 Länderberichte: Faktenblätter 417
13.2.1 Österreich 417
13.2.2 Schweiz 418
13.2.3 Frankreich 420
13.2.4 Italien 421
13.2.5 Deutschland (Bayern) 422
13.2.6 Norwegen 423
13.2.7 Island 424
13.2.8 Spanien (Katalonien) 426
13.2.9 Kanada 427
13.2.10 Vereinigte Staaten von Amerika (USA) 428
13.2.11 Japan 429
13.2.12 Andere Länder 431

14 Zusammenfassung und Ausblick 433

Literatur 435

Index der Abbildungsquellen 453

Stichwortverzeichnis 455

Inserentenverzeichnis 465

1 Einführung

Siegfried Sauermoser, Florian Rudolf-Miklau

1.1 Lawinen und Lawinengefahren

1.1.1 Begriffsdefinition und Problemstellung

Als *Lawine* („Schneelawine", in begrifflicher Abgrenzung zu anderen Lawinenformen, wie z. B. „Geröllawine", „Schlammlawine" oder „submarine Suspensionslawine"), werden große Massen von Schnee oder Eis bezeichnet, die sich von Berghängen ablösen und zu Tal gleiten oder stürzen. Gemäß ONR 24805, 3.34 [235] ist diese durch die schnelle Bewegung einer Schneemasse charakterisiert, die aus der Schneedecke angebrochen ist. Lawinen, die große Sach-, Personen- oder Umweltschäden verursachen, werden zu den Naturkatastrophen gezählt und auch als „Schadlawinen" bezeichnet.

Lawinen haben die Besiedlung von Gebirgsräumen seit jeher stark beeinflusst (Bild 1-1). Dies ist sowohl an der Lage und Struktur von Siedlungen und Verkehrswegen als auch an häufigen Namensgebungen wie „Lähn" oder „Lavin" zu erkennen. Beide Bezeichnungen leiten sich wahrscheinlich von den lateinischen Begriffen „labi" (herabgleiten) und „labes" (Fall) ab [7]. Jahrhunderte lang war der Mensch nicht in der Lage, den Schneelawinen wirksame Schutzmaßnahmen entgegen zu setzen, so blieb als einzige Option die Meidung von lawinengefährdeten Bereichen. Trotz der dünnen Besiedlung des Alpenraums kam es im Laufe der Geschichte immer wieder zu schweren Lawinenkatastrophen mit zahlreichen Todesopfern, da die Menschen nicht in der Lage waren, seltene Katastrophenereignisse richtig einzuschätzen.

Bild 1-1 Alpiner Lebensraum, von Lawinen geprägt (© *Sauermoser*)

Handbuch Technischer Lawinenschutz. 1. Auflage. Florian Rudolf-Miklau, Siegfried Sauermoser (Hrsg.).

Die Zunahme der Bevölkerung im Alpenraum (1870: 7,8 Mio.; 2010: 13,6 Mio. Menschen), verbunden mit einem stark angestiegenen Bedarf an Mobilität, hat die Lawinengefährdung vor allem im letzten Jahrhundert massiv verschärft. Ursprünglich waren die Gebirgstäler durch die traditionelle Berglandwirtschaft geprägt und nur spärlich besiedelt, heute konkurrieren zahlreiche Raumnutzungsinteressen - insbesondere die Siedlungsentwicklung, Verkehr, Gewerbe und Industrie, Tourismus und Freizeiteinrichtungen - und führen zu einem ständig steigenden Flächenbedarf auch in lawinengefährdeten Gebieten. Manche Alpentäler in wirtschaftlich gut entwickelten Regionen unterliegen einer zunehmenden Zersiedelung und Urbanisierung, in vielen Teilen der Alpen stellt jedoch der Tourismus den einzigen rentablen Wirtschaftszweig dar und führt zu einer intensiven Erschließung bis in die hochalpinen Regionen (Skigebiete). Hingegen herrscht in strukturschwachen Regionen der Süd- und Westalpen eine starke Abwanderungstendenz („Bergflucht"). Für den europäischen Transitverkehr stellen die Alpen eine massive Barriere dar. Das ständig steigende Verkehrs- und Transportaufkommen erhöht daher den Bedarf nach leistungsfähigen und ganzjährig sicheren, alpenquerenden Verbindungen (z. B. Tendapass, Fréjus, Mont-Blanc-Tunnel, Simplonpass, Lötschbergtunnel, St. Gotthard, San Bernadino, Arlberg, Reschenpass, Brenner, Felbertauern, Tauern- und Katschbergtunnel, Tauernbahnschleuse Böckstein/Mallnitz, Gesäusebahn). Als Quelle natürlicher Rohstoffe und Ressourcen (Holz, Wasser, Energie, Bergbau) werden die Alpen auch zukünftig intensiv genutzt werden. Nicht zuletzt hat der Trend zu „Outdoor"-Freizeitaktivitäten (Bergsport, Skisport, Jagd) der Menschen zu einer starken Ausdehnung der frequentierten Gebiete bis in die Hochlagen geführt. Der größte Teil der Lawinenopfer in den letzten Jahrzehnten sind Freizeitsportler abseits der gesicherten Pisten und im Freigelände. Die hier dargestellten Entwicklungstrends sind – wenn auch zeitlich verzögert – ebenso in anderen Gebirgsregionen der Erde zu erwarten.

Diese Entwicklungsdynamik in den Gebirgsregionen hat zu einer starken Zunahme und Verlagerung des Lawinenrisikos geführt. Die Zahl der exponierten Personen und gefährdeten Sachwerte in Lawinengebieten ist in den letzten 100 Jahren auf ein Vielfaches angewachsen. Gleichzeitig haben sich die Sicherheitsanforderungen und die Risikobereitschaft der Menschen dramatisch verändert. Dadurch ist die Nachfrage nach Lawinenschutzmaßnahmen in den letzten Jahrzehnten in den Alpen stark gestiegen. Der hohe Schutzbedarf hat eine dynamische technologische Entwicklung im Bereich des Lawinenschutzes in Gang gesetzt (siehe Abschnitt 2.3). Insbesondere auf dem Sektor des technischen Lawinenschutzes fanden in den letzten Jahrzehnten umfangreiche Innovationen statt. Neben den permanenten, baulichen Schutzmaßnahmen (Lawinenverbauung) wurden auch zahlreiche technische Systeme mit temporärer Schutzwirkung (Lawinenbeobachtung, Warnung und Alarmierung, künstliche Lawinenauslösung) entwickelt, wodurch sich der technische Lawinenschutz im Lauf der Zeit als eigenständige Ingenieurdisziplin etabliert hat.

1.1.2 Lawinengefahren in den Alpen und anderen Gebirgsregionen

Alleine in Österreich sind 6018 Lawinenstriche, welche den „raumrelevanten" Bereich gefährden und somit Schadenspotenzial aufweisen, dokumentiert [44]. Zahllose weitere Lawinenstriche gefährden den freien Gebirgsraum und entlegene, saisonal genutzte Gebiete. In der Schweiz wurden bisher ca. 20.000 Lawinenstriche registriert.

Das Wort *Lawinengefahr* beinhaltet verschiedene Dimensionen von Gefährdung und ist in der fünfteiligen *Europäischen Lawinengefahren-Skala* [97] (Tabelle 5-1) ausgedrückt. Der Begriff *Lawinenrisiko* steht für die Intensität und Wahrscheinlichkeit der Schadenswirkung von Lawinen (siehe Abschnitt 5.1.2). Lawinengefahr muss nicht zwangsläufig mit einer Katastrophensituation zu tun haben. Zahlreiche Lawinenunfälle treten im Bereich des freien Skiraums oder des alpinen Geländes ein, wo Personen bei der Ausübung von Ski- oder Bergsportaktivitäten Lawinen selbst auslösen und häufig dadurch ums Leben kommen. Allerdings werden Infrastruktureinrichtungen und Siedlungen von diesen Lawinen, den sog. „Skifahrerlawinen", selten erreicht, permanente technische Schutzmaßnahmen gegen diese Kategorie von Lawinen sind daher aus technischen und wirtschaftlichen Gründen nicht zweckmäßig. Mit zunehmender Größe der Lawinen sind auch Verkehrswege und Siedlungsräume gefährdet. Die Größenordnung einer Lawine wird durch die Wiederkehrswahrscheinlichkeit und das Ausmaß ihrer Wirkung (Magnitude) ausgedrückt; wenn man von einer „Jahrhundertlawine" spricht, so entspricht dies im statistischen Sinne einem Lawinenereignis, welches durchschnittlich alle 100 Jahre einmal eintritt (siehe Abschnitt 3.4.2).

Bild 1-2 Gefährdung des isländischen Dorfes Seydisfjördur durch Lawinen (© *Sauermoser*)

Nicht nur in den Alpen besteht in zahlreichen Gebieten Lawinengefahr, beispielsweise ist Juneau, die Hauptstadt von Alaska, stark von Lawinen bedroht [76] (Bild 5-7). Bereits der griechische Geograph Strabon (63 v. Chr. bis 23 n. Chr.) berichtet in seinen Schriften „Geographica" von Lawinenereignissen im Kaukasus [7]. Ebenso sind zahlreiche Orte in den Pyrenäen, im Apennin (Italien), in Norwegen, in Island (Bild 1-2), in den Rocky Mountains, in den Anden, in den Japanischen und Neuseeländischen Alpen, im Elbrusgebirge, im Hindukusch und Pamir-Gebirge, im russischen Altai- und Baikalgebirge, im chinesischen Tianshan sowie im Himalaya lawinengefährdet (siehe Abschnitt 13.2). Generell können überall dort auf der Erde, wo viel Schnee innerhalb kurzer Zeit auf Hänge mit einer Neigung über 30° fällt, Lawinen entstehen (Bild 1-3).

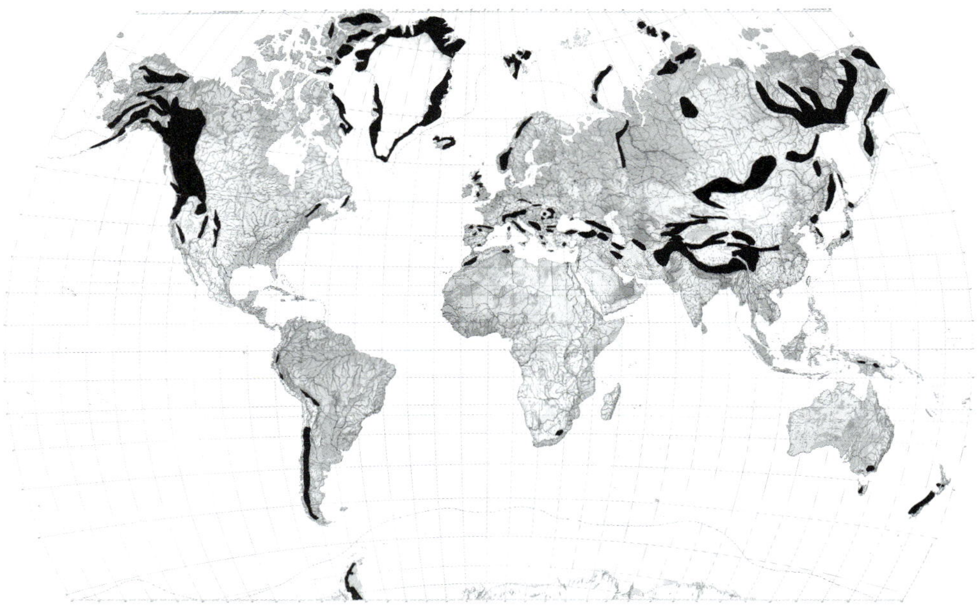

Bild 1-3 Weltkarte der Gebirgsregionen mit Lawinengefahren (erstellt nach *Glazovszkaya* [96]) (Die Karte bietet nur einen groben Überblick über Gebirgsregionen, in denen Lawinen auftreten. Detaillierte Untersuchungen liegen nicht zugrunde.)

1.1.3 Auswirkungen von Lawinengefahren auf den menschlichen Lebensraum

In früheren Jahrhunderten waren die Alpen dünn besiedelt, es wurden Gunstlagen wie Geländeterrassen oder Geländerücken für den Bau von Bauernhäusern und Siedlungen genutzt. Erst durch die Erschließung mit Straßen und Eisenbahnlinien sowie durch die Intensivierung des Wintertourismus (im Zusammenhang mit der Entwicklung des Skisports) nahm die Besiedlung in vielen Alpentälern deutlich zu. Die Folge war die Ausdehnung von Siedlungsräumen und Infrastruktureinrichtungen in Richtung der von Lawinen gefährdeten Zonen. Gegenwärtig sind zahlreiche Sektoren von Lawinenrisiken betroffen, sodass sich der Lawinenschutz zu einer bedeutenden Grundlage und Voraussetzung der Wirtschaftsentwicklung in den Alpen entwickelt hat. Tabelle 1-1 gibt einen Überblick über die Auswirkungen von Lawinen auf den menschlichen Lebensraum in den betroffenen Sektoren.

Tabelle 1-1 Auswirkungen (Gefahren, Risiken, Schäden) von Lawinen in den betroffenen Sektoren: Überblick

Betroffener Sektor	Lawinenwirkung
Siedlungsraum	Personenschäden innerhalb und außerhalb von Gebäuden Zerstörung und Schäden an Gebäuden Schäden an Liegenschaften und Gebäudezubehör Evakuierung von Gebäuden (Siedlungen)

Tabelle 1-1 (Fortsetzung)

Betroffener Sektor	Lawinenwirkung
Land- und Forstwirtschaft	Zerstörung von Waldbeständen Schäden an land- und forstwirtschaftlichen Betriebseinrichtungen Ertragsverluste
Verkehrsanlagen	Unterbrechung (Sperre) von Verkehrswegen (Straße, Bahn) Zerstörung von Verkehrsanlagen Zerstörung und Beschädigung von Fahrzeugen (fahrend, parkend) Personenschäden innerhalb und außerhalb des Verkehrsmittels (Fahrgäste)
Infrastruktur, Versorgung, Energie	Unterbrechung der Versorgung (Energie, Wasser, Nachrichten) Zerstörung und Schäden an energiewirtschaftlichen Leitungen Zerstörung und Schäden von Kraftwerksanlagen Zerstörung und Schäden an anderen Versorgungseinrichtungen (Telekommunikation, Gas, Abwasser etc.)
Tourismus	Personenschäden innerhalb und außerhalb von Gebäuden Personenschäden im gesicherten Skiraum (Piste) Zerstörung von touristischen Gebäuden (Hotels, Bergbahnen) Sperre von touristischen Anlagen (Bergbahnen, Pisten, Wanderwege, Loipen) Ertragsverluste durch hohes Lawinenrisiko (Vertrauensverlust der Touristen)
Freizeit	Personenschäden im ungesicherten Gebirgsraum (Tourengeher, Variantenskifahrer, Schneeschuhgeher, Alpinisten, Schneemobilfahrer)
Gewerbe und Industrie	Personenschäden inner- und außerhalb von Betriebsanlagen Zerstörung und Schäden an Betriebsgebäuden und Produktionseinrichtungen Produktionsausfälle und Zerstörung von Mobilien (Gütern)
Öffentlicher Sektor	Personenschäden inner- und außerhalb öffentlicher Gebäude (Einrichtungen) Zerstörung und Schäden an öffentlichen Gebäuden (Ämter, Schulen, Spitäler etc.) und militärischen Anlagen Sperre und Evakuierung öffentlicher Gebäude und Plätze
Natur-, Landschafts- und Kulturgüter, Umweltschutz	Zerstörung und Schäden an Kulturgütern (materiell, immateriell; kulturelles Erbe) Auswirkungen auf wertvolle (geschützte) Naturräume und Landschaftselemente (Naturerbe) Verlust an traditionellen Bewirtschaftungsformen Umweltschäden (unmittelbar oder mittelbar)
Katastrophenschutz	Lawinenwarnung Organisation des Katastrophenmanagements und Einsatzorganisationen Einsatz- und Evakuierungspläne für den Katastrophenfall Schadensregulierung nach Lawinenkatastrophen

Im alpinen Lebensraum traten immer wieder Phasen mit hoher Lawinengefährdung auf, in denen die Benutzung von Verkehrsverbindungen und die Versorgung der Bevölkerung nicht möglich waren. Die bevorzugte Wirtschaftsform der betroffenen Bevölkerung war folglich die Vorratswirtschaft. Für die bäuerliche Bevölkerung stellte es kein Problem dar, die Häuser mehrere Tage nicht verlassen zu können. In den letzten Jahrzehnten ging diese Anpassungsfähigkeit der Bevölkerung infolge der zunehmenden Anforderungen an Wohlstand, Lebensqualität und Mobilität verloren. Durch den Tourismus kommen zudem Menschen in die Alpen, die keine Erfahrung im Umgang mit Lawinengefahren haben. Daraus ist zu schließen, dass das Lawinenrisiko in den Alpen trotz umfangreicher Schutzmaßnahmen insgesamt stark angestiegen ist.

Der Eintritt von Lawinenereignissen ist trotz moderner Technologie der Lawinenbeobachtung (siehe Kapitel 12) schwer prognostizierbar, in der Vergangenheit war die Vorhersage ohne technische Hilfsmittel überhaupt nicht möglich. Dies führte zu Irrtümern und Fehleinschätzung von Lawinengefahren; die Folge waren zahlreiche Todesopfer und die Zerstörung von Siedlungen oder Verkehrseinrichtungen. Heute sichern umfangreiche planerische, technische und organisatorische Schutzmaßnahmen (siehe Abschnitt 1.2) die von Lawinen gefährdeten Gebiete. Die sichere Nutzung des alpinen Lebensraums wäre ohne technische Lawinenschutzbauten nicht mehr vorstellbar.

1.2 Technischer Lawinenschutz: Klassifikation und Umfang

1.2.1 Systematik und Wirkung der Maßnahmen

Wie in Abschnitt 1.1 dargestellt wurde, verursachen Lawinen vielfältige Gefahren- und Risikoszenarien, ebenso variantenreich ist das Spektrum der Maßnahmen des Lawinenschutzes. Es hat sich daher in den von Lawinen stark betroffenen Ländern das System des *integralen Lawinenschutzes* etabliert, welches auf einer vollständigen (gesamtheitlichen), für sich stehenden Betrachtung aller möglichen und sinnvollen Schutzkonzepte aufbaut.

Lawinenschutz umfasst in diesem Sinne die Gesamtheit aller Maßnahmen, die im Einzugs- und Wirkungsgebiet einer Lawine ausgeführt werden, um das angestrebte Schutzziel zu erreichen [235]. Dazu zählen nach [187]:

- *aktive Schutzmaßnahmen*, die der Entstehung von Lawinen vorbeugen bzw. direkt auf den Prozess der Lawine einwirken und
- *passive Schutzmaßnahmen*, die die Folgen des nicht direkt beeinflussbaren Gefährdungspotenzials ausschließen oder verringern.

Aktive Schutzmaßnahmen sind geeignet, entweder die Häufigkeit von gefährlichen Lawinenereignissen zu verändern oder den Prozess „Lawine“ direkt zu beeinflussen (Ereignisintensität). Passive Lawinenschutzmaßnahmen bewirken hingegen entweder eine Reduktion der potenziellen Schäden oder der Schadensempfindlichkeit (Vulnerabilität). Lawinenschutzmaßnahmen könnten eine permanente, also dauerhaft bestehende, oder temporäre, also kurzfristige oder auf eine bestimmte Situation abgestimmte Schutzwirkung entfalten [263]. Tabelle 1-2 gibt einen Überblick über die Systematik der Lawinenschutzmaßnahmen.

Tabelle 1-2 Systematik der Schutzmaßnahmen gegen Lawinengefahren

Schutzmaßnahmen			Permanente Wirkung	Temporäre Wirkung
Aktive	vorbeugende Wirkung	Ereignisdisposition beeinflussend	Forstlich-biologische Maßnahmen (Schutzwald, Hochlagenaufforstung) Bauliche Lawinenschutzmaßnahmen: Stützverbau, Verwehungsverbau	Künstliche Lawinenauslösung
		direkt auf den Prozess einwirkend	Bauliche Lawinenschutzmaßnahmen: Auffang- und Bremsverbau, Galerien, Tunnels	Sperre im Akutfall Evakuierung im Akutfall
	Reaktion auf das Ereignis			Sofortmaßnahmen (im Ereignisfall) Katastrophenmanagement
Passive	vorbeugende Wirkung		Rechtliche Maßnahmen (Gebote, Verbote) Gefahrenzonenplanung Planerische Maßnahmen (Raumplanung) Administrative Maßnahmen (Baugenehmigung, Absiedelung) technischer Gebäudeschutz (Objektschutz) Katastrophenschutzplanung	Information (Risikokommunikation) Lawinenprognose Lawinenkommissionen Lawinenwarnung
	Reaktion auf das Ereignis			Vorbereitung Katastrophenmanagement

Eine Klassifikation ist auch durch die Einordnung der Lawinenschutzmaßnahmen in die *Modelle des Risikokreislaufs* des Naturgefahren-Managements möglich [242]. Nach [263] zählen zu den Maßnahmen der Bewältigung der Katastropheneinsatz, die Hilfeleistung und der Wiederaufbau, zu den Maßnahmen der Vorsorge die Prävention, die Vorbeugung und die Vorbereitung. Der überwiegende Teil der in diesem Buch behandelten Lawinenschutzmaßnahmen ist der Prävention oder Vorbeugung zuzuordnen.

Systeme eines integralen Lawinenschutzes haben sich in den Alpenländern (Österreich, Schweiz, Frankreich, Italien, Deutschland, Slowenien) sowie in Kanada, den USA, Japan, Norwegen und Island etabliert. In den meisten dieser Länder stellt der Lawinenschutz eine öffentliche Sicherheitsaufgabe (Aufgabe des Staates) dar, die jedoch von den Staaten in sehr unterschiedlichem Umfang wahrgenommen wird. Dies gilt insbesondere für die Finanzierung und Umsetzung des technischen Lawinenschutzes. Auch in den Gebirgsregionen anderer Länder, insbesondere in Tschechien, Polen, der Slowakei, Rumänien, Bulgarien, Spanien, Großbritannien, Russland, der Türkei, den Anden- und Himalaya-Staaten, China und Neuseeland hat in den letzten Jahren die Bedeutung des Lawinenschutzes zugenommen (siehe Abschnitt 13).

1.2.2 Permanenter technischer Lawinenschutz (Baulicher Lawinenschutz)

In der einschlägigen Fachliteratur (z. B. *Margreth* [191], *ONR 24805* [235]) wird technischer Lawinenschutz mit dem permanenten baulichen (strukturellen) Lawinenschutz (im Gegensatz zum temporären technischen Lawinenschutz, siehe Abschnitt 1.2.3) gleichgesetzt, also mit jenen Maßnahmen, deren Wirkung – unabhängig von Jahreszeit oder Lawinengefahr – ständig vorhanden ist. Betrachtet man zunächst die technischen Lawinenschutzmaßnahmen im engeren Sinn, so handelt es sich um *Lawinenschutzbauwerke*, definitionsgemäß also um bauliche Anlagen (ggf. einschließlich maschineller und elektronischer Bestandteile), die nach [235] in der Ingenieurpraxis auch als „Lawinenverbauung" bezeichnet werden (Beispiele siehe Bild 1-4a und b).

(a)

(b)

Bild 1-4 Beispiele des baulichen Lawinenschutzes: (a): Lawinenanbruchverbauung mit Schneenetzen (© Sauermoser); (b) Lawinenauffangdämme zum Schutz der Gemeinde Galtür (Tirol) (© Rudolf-Miklau)

Beim baulichen Lawinenschutz stehen nach [191] zwei Strategien im Vordergrund:

- einerseits, die Auslösung von Lawinen durch Abstützung der Schneedecke (Stützverbauung) oder Einschränkung der windbedingten Schneeverfrachtung (Verwehungsverbauung) zu verhindern,
- andererseits eine abstürzende Lawine mit Bauwerken wie Dämmen oder Galerien zu bremsen, aufzufangen oder wegzuleiten (Ablenk- oder Bremsverbauung).

Die erste Gruppe von Maßnahmen wird im Anbruch- oder Nährgebiet der Lawine eingesetzt (Bild 1-4a), die zweite Gruppe in der Sturzbahn oder im Ablagerungsgebiet (Bild 1-4b). Tabelle 1-3 gibt einen Überblick über die Systematik und Wirkungsweise baulicher Lawinenschutzmaßnahmen (Lawinenverbauung). Eine dritte Gruppe ist der *Objektschutz* (technischer Gebäudeschutz), dessen Schutzwirkung sich in der Regel nur auf ein einzelnes Bauwerk (z. B. Wohnhaus, Seilbahnstütze, E-Mast) bezieht. Objektschutzmaßnahmen werden nicht der Lawinenverbauung zugerechnet (siehe Abschnitt 10).

Tabelle 1-3 Überblick über die Maßnahmen des baulichen Lawinenschutzes, gegliedert nach ihrer Wirkungsweise (Funktion) und Lage im Lawinengebiet, erstellt nach [187]

Baulicher Lawinenschutz	Lawinenverbauung				Objektschutz
Verbauungstyp	Verwehungsverbauung	Anbruchverbauung	Auffang- und Bremsverbauung	Ablenkverbauung Überleitungsbauwerke	Technischer Gebäudeschutz
Funktion	Bauwerke, die unter Ausnützung der Windwirkung die Schneeablagerung beeinflussen.	Bauwerke, die das Anbrechen von Lawinen verhindern oder kleine Schneebewegungen, die auch in einer Verbauung auftreten können, abbremsen oder auffangen.	Bauwerke, die die Lawinenbewegung vollständig stoppen oder die Lawinengeschwindigkeit reduzieren, um so eine kürzere Auslaufstrecke zu erreichen.	Bauwerke, die die Ableitung der Lawine vom Schutzobjekt oder Überleitung der Lawine über einen Verkehrsweg bewirken.	Das gefährdete Gebäude (Objekt) wird so ausgebildet, dass die Lawineneinwirkung nur geringe Schäden bewirken kann.
Maßnahmentyp	Triebschneezaun Kolktafel Schneedüsen	Schneebrücke/-rechen Schneenetz Kombinierte Stützwerke Schneebrücke/-rechen in Holz (Gleitschnee)	Auffangdamm Bremshöcker/-kegel/-keil Lawinenbrecher	Leitdamm Ablenkdamm Lawinengalerie Lawinentunnel Rohrbrücke	Spaltkeil Ebenhöh Maßnahmen am Bauwerk
Einsatzbereich	Nährgebiet Anbruchgebiet	Anbruchgebiet	Sturzbahn Ablagerungsgebiet	Sturzbahn Ablagerungsgebiet	Sturzbahn Ablagerungsgebiet

1.2.3 Technischer Lawinenschutz mit temporärer Wirkung

In diesem Handbuch soll der Begriff „technischer Lawinenschutz“ weiter gefasst werden und auch die (aktiven und passiven) technischen Lawinenschutzmaßnahmen mit temporärer Wirkung mit einschließen, also jene Maßnahmen, die vorübergehend ergriffen werden und eine aktuelle Beurteilung der Lawinengefahr (z. B. durch eine Lawinenkommission) voraussetzen.

Dazu zählen insbesondere die Technologien der künstlichen Lawinenauslösung (siehe Abschnitt 11.2.1). Diese Maßnahmen können – auf bestimmte Gefahrensituationen abgestimmt – bauliche Lawinenschutzmaßnahmen ergänzen oder in besonderen Fällen sogar ersetzen. Bei der künstlichen Lawinenauslösung werden Instabilitäten in der Schneedecke durch das Aufbringen von Zusatzlasten dazu genützt, den Lawinenabgang zum gewünschten Zeitpunkt zu erzeugen. Dadurch soll die Dauer der Gefahrenzeit und somit der Zeitraum einer Sperre (z. B. Straßen, Eisenbahnlinien, Seilbahnen, Skipisten) (siehe Abschnitt 11.2.2) oder Evakuierung (z. B. Gebäude, öffentliche Plätze) (siehe Abschnitt 11.2.3) mög-

Bild 1-5 Künstliche Lawinenauslösung mit dem System Gaz.Ex (© Interfab Snowbusiness GmbH)

lichst gering gehalten werden. Nach [316] stehen heute eine Vielzahl unterschiedlicher Technologien der künstlichen Lawinenauslösung zur Verfügung (z. B. Handsprengung, Sprengschlitten, Sprengung aus Hubschraubern, Lawinensprengbahnen, Lawinenorgeln, Sprengmasten oder Absprengen mit Gaskanonen (Bild 1-5). In Europa kommt die künstliche Lawinenauslösung überwiegend zum Schutz von Skigebieten und – mit Einschränkungen – für Verkehrswege zum Einsatz. Als Maßnahme zum Schutz von Gebäuden (des Siedlungsraums) wird dieser Maßnahmentyp hingegen aus rechtlichen oder sicherheitstechnischen Gründen kaum eingesetzt.

Technische Systeme werden im Lawinenschutz darüber hinaus im Bereich der Lawinenbeobachtung, Lawinenprognose und Lawinenwarnung eingesetzt (passive temporäre Lawinenschutzmaßnahmen). Lawinenbeobachtung und Lawinenprognose (Lawinenwarnung) (siehe Abschnitt 11.3.1) haben erst durch den Einsatz digitaler Messtechnik und computergestützter Prognosemodelle den Charakter technischer Maßnahmen erhalten. Nach [130] dienen diese Methoden der Beurteilung der Lawinengefahr, der Beschreibung des Schneedeckenaufbaus und der Zusammenstellung relevanter Wetterdaten mit dem Ziel der Erstellung des tagesaktuellen Lawinenlageberichts, der eine Prognose der Lawinengefahr mit Regionalbezug bietet. Computerbasierte Prognosemodelle sind hingegen geeignet, die Beurteilung der akuten Lawinengefahr auf lokaler Ebene zu unterstützen, wenn ausreichende Daten bekannter Lawinenereignisse verfügbar sind. Alle diese Instrumente bilden eine unverzichtbare Grundlage für die Entscheidungen von Behörden und Lawinenkommissionen im Akutfall (Sperre, Evakuierung, Räumung). Für Forschungszwecke wird auch die direkte Beobachtung von Lawinen – beispielsweise mit Hilfe von Hochgeschwindigkeitskameras, Dopplerradar oder Geophonen – eingesetzt. Die im Bereich der Lawinenbeobachtung und Lawinenprognose eingesetzten Technologien werden im Kapitel 12 im Detail behandelt.

2 Entwicklung der Lawinen und des Lawinenschutzes: Historischer Überblick

Siegfried Sauermoser, Markus Stoffel, Stefan Margreth

2.1 Postglaziale Entwicklung der alpinen Lawinen

Lawinenereignisse treten in den Alpen seit der letzten Eiszeit regelmäßig auf. Der Nachweis *prähistorischer Lawinen* basiert auf der Datierung organischen Materials in lawinenbedingten Schuttablagerungen und Mooren und beschränkt sich in der Regel auf die Erfassung extremer Lawinenereignisse.

Erste Untersuchungen zu postglazialen Lawinen fanden im Oberen Gurgeltal (Tirol) statt, wo im Pollenprofil des Rotmooses [264] durch das Auftreten minerogener Partikel eine Großlawine auf die Zeit von 4500 vor heute datiert werden konnte. Jüngere Arbeiten aus Norwegen basieren ebenfalls auf dem Vorhandensein minerogener Partikel, aber auch auf Radiokarbon datierten Sedimenten (makroskopische Pflanzenreste) in lawinenbedingten Schuttablagerungen oder Seebohrkernen. Dabei zeigt sich, dass *extreme Lawinen* vornehmlich in Phasen klimatischer Abkühlung auftraten und sehr gut mit lokalen Gletschervorstößen korrelieren. Solche Klimapessima und Phasen verstärkter Lawinenaktivität sind in Norwegen direkt nach der Entgletscherung, während der jüngeren Dryas und um ca. 5400 vor heute aufgetreten. Die jüngsten Perioden verstärkter Lawinentätigkeit in Skandinavien datieren aus der „Kleinen Eiszeit" (1450 bis 1920 n. Chr.), im 14. und 16. Jahrhundert [23][200][295].

Im Gegensatz zu den zahlreichen Analysen aus Norwegen sind lange Reihen aus den Alpen selten. Im Zillertal (Tirol) konnten mit subfossilen Hölzern aus dem Schwarzensteinmoor (Oberer Zemmgrund) holozäne Lawinenereignisse jahrgenau nachgewiesen werden. Die dendrochronologische Datierung der Moorzirben erlaubte die Rekonstruktion von 64 Lawinenereignissen für den Zeitraum von 7050 v. Chr. bis 1300 n. Chr. [182]. Extreme, waldzerstörende Lawinen traten auch im Zillertal während kurzfristiger kühler Phasen des Holozän auf. Im Gegensatz zu den Daten aus Norwegen können im Schwarzensteinmoor aber auch während klimatisch günstiger Phasen große Lawinen identifiziert werden, wenn auch in kleinerer Zahl und mit größerem zeitlichen Abstand zwischen einzelnen Ereignissen.

Für die Erfassung großer Lawinen der letzten Jahrhunderte wurden wiederholt Jahrringbreitenkurven und anatomische Untersuchungen an lebenden Bäumen durchgeführt, die durch vergangene Lawinenaktivität in ihrem Wachstum gestört wurden (Bild 2-1). Dadurch entstanden für die Gebirgszüge Nordamerikas [50][65] zahlreiche Frequenzreihen zu großen Lawinenniedergängen und wichtige Informationen zur Ausdehnung und Reichweite von Extremereignissen [318]. Diese Daten sind für die Beurteilung einzelner Lawinenstriche von großem Wert; generelle Aussagen über die Frequenz großer Lawinenereignisse alpenweit oder in bestimmten alpinen Regionen lassen sich daraus jedoch nicht unmittelbar ableiten.

Handbuch Technischer Lawinenschutz. 1. Auflage. Florian Rudolf-Miklau, Siegfried Sauermoser (Hrsg.).

Bild 2-1 Lawinenverletzung im Jahrringbild einer Lärche aus den Walliser Alpen (Schweiz) (© Stoffel, M.)

2.2 Chronik der Lawinenkatastrophen

2.2.1 Alpine Lawinenkatastrophen

Alpine Lawinenkatastrophen sind seit der Besiedlung der Alpen dokumentiert. Bereits *Livius* [7] berichtet, dass Hannibal bei seiner Alpenüberquerung schwere Verluste durch Lawinen erlitten hat (Verlust von 18.000 Mann und 2000 Pferden). Bekannte Alpenorte wie *Heiligenblut* oder *St. Christoph am Arlberg* verdanken ihre Entstehung unmittelbar Lawinenereignissen. Einer der katastrophalsten Lawinenwinter in den Alpen ereignete sich 1689, als im Februar alleine in Österreich 265, im schweizerischen *Saas* und *St. Antönien* 80 Menschen ums Leben kamen [136]. Eine der größten Lawinenkatastrophen in der Schweiz ereignete sich 1667, als praktisch das gesamte Dorf *Anzonico* zerstört wurde (88 Todesopfer). Eine wesentliche Rolle spielten Lawinen im Ersten Weltkrieg an der Dolomitenfront in Italien. Außergewöhnliche Schneefälle und extrem tiefe Temperaturen sorgten für riesige Lawinen, unter denen Tausende italienische und österreichische Soldaten begraben wurden. Am 16.12.1916, dem sog. „Schwarzen Donnerstag“, kamen auf der österreichischen Seite der Front mindestens 6000 Soldaten ums Leben.

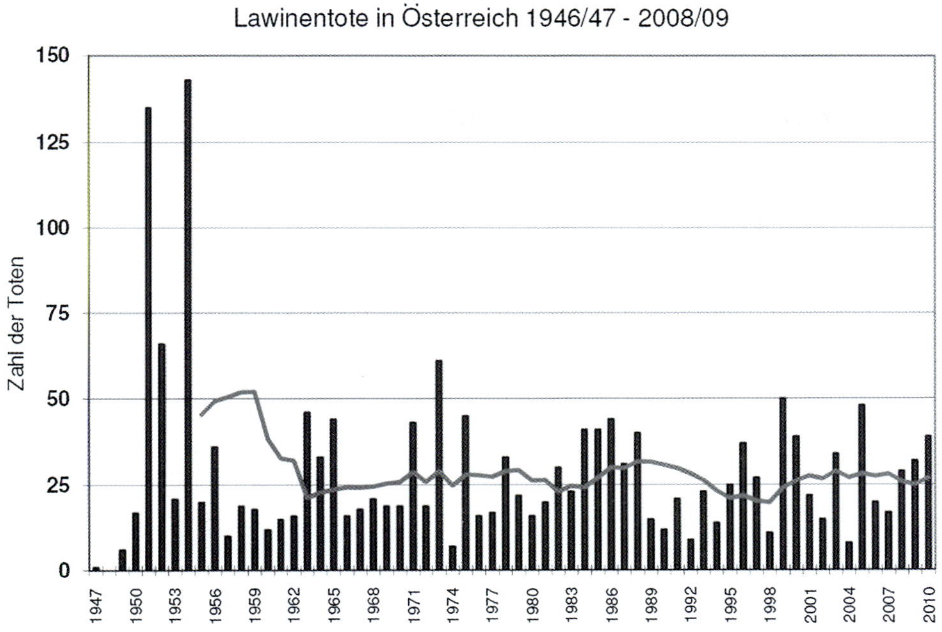

Bild 2-2 Übersicht über die jährliche Zahl an Todesopfern durch Lawinen nach 1945 in Österreich (erstellt nach © Kuratorium Alpine Sicherheit)

Im 20. Jahrhundert traten wiederholt Winter mit extremen Lawinenereignissen auf („Lawinenwinter", siehe auch Bild 2-2):

1909 Beim Bau der Tauernbahn ereignete sich in Böckstein/Bad Gastein (Salzburg) die größte Lawinenkatastrophe der europäischen Eisenbahngeschichte, wobei 26 Arbeiter den Tod fanden [136].

1924 Schwere Lawinenabgänge forderten insgesamt 9 Todesopfer in der Steiermark [105].

1935 Heftige Schneefälle (z. B. 12,5 m Gesamtschneehöhe in Langen am Arlberg) führten zu zahlreichen Lawinenabgängen in Österreich, der Schweiz und Südtirol, die mehr als 100 Todesopfer (davon 50 % Skifahrer) forderten [74].

1950/51 In diesem Winter starben in der Schweiz 98 und in Österreich 135 Menschen beim Abgang von über 1000 Lawinen [7].

1954 Die Lawinenkatastrophe beschränkte sich auf Vorarlberg, wo in diesem Winter 143 Lawinenopfer zu beklagen waren [136].

1968/70 24 Todesopfer durch Lawinen 1968 in der Schweiz, insbesondere in der Region Davos [5]. 1970: Zahlreiche Großlawinen in Nordtirol (Bild 2-3)

1998/99 Die jüngsten extremen Lawinenkatastrophen ereigneten sich im Winter 1998/99, welche in Frankreich, der Schweiz und Österreich 70 Lawinenopfer forderten [136]. Alleine in der Tiroler Ortschaft Galtür kamen bei einem Lawinenabgang 31 Menschen ums Leben.

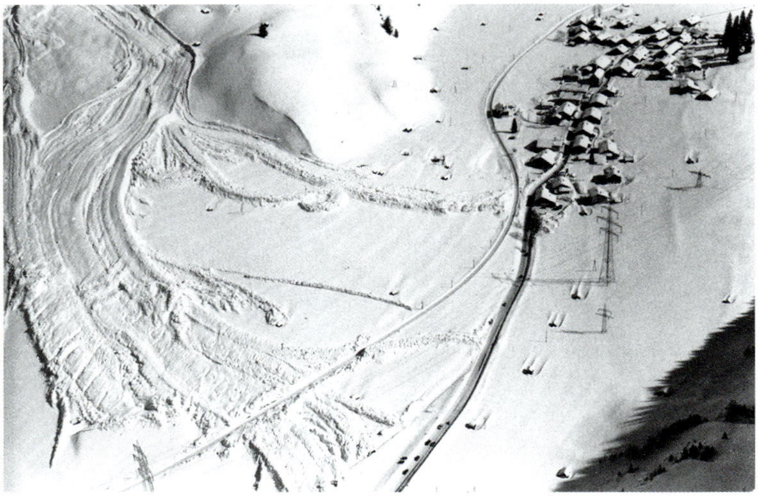

Bild 2-3 Wiestallawine (Gemeinde Bichlbach, Tirol): Lawinenereignis 1970 (© WLV Tirol)

Eine statistische Einordnung der jeweiligen Ereigniszyklen in eine Zeitreihe ist auf Grund fehlender langer Beobachtungsreihen (Bild 3-16) nur mit Einschränkungen möglich, am ehesten gelingt das für den Lawinenwinter 1999, das Lawinenereignis in Galtür wurde von *McClung* [197] als ein 100- bis 200-jährliches eingestuft, das Niederschlagsereignis im Bereich von Tirol wurde von *Gabl* [84] für einen 10-Tages-Niederschlag mit mehr als einer 300-jährlichen Wiederkehrswahrscheinlichkeit bewertet.

2.2.2 Außeralpine Lawinenkatastrophen

Lawinen sind ein weltweit beobachtetes Phänomen. Die meisten Opfer verursachen Sturzströme in Form von Eis- und Schlammlawinen (z. B. Katastrophe am Huascaran in Peru 1970: Eine durch Erdbeben ausgelöste Eislawine, welche sich in der Folge zu einer Schlammlawine entwickelte, forderte ca. 25.000 Todesopfer.) [105]. Folgende weitere außergewöhnliche Lawinenkatastrophen sind weltweit bekannt:

Norwegen	Seit dem Jahre 1836 sind 1510 Menschen durch Lawinen ums Leben gekommen. (1679: 130 Opfer in Westnorwegen, 1868: 161 Opfer) [162].
Island	1995 kamen bei zwei Lawinenereignissen (Januar: Sudavik, Oktober: Flateyri) 34 Personen ums Leben [148].
USA und Kanada	Lawinenkatastrophen treten vor allem entlang der Verkehrswege auf: In Wellington am Stevens Pass (Washington State) wurden 1910 zwei Personenzüge von Lawinen erfasst, dabei kamen 97 Personen ums Leben [8].
Türkei	Am 1.2.1992 sterben in Görmec in der Türkei mehr als 200 Personen infolge von Lawinen [212].
Chile	Das verhängnisvollste Lawinenunglück in den letzten 100 Jahren fand in der Arbeitersiedlung der Kupfermine El Teniente am 8. August 1944 statt. 102 Personen kamen dabei ums Leben [172].

2.3 Entwicklung des Technischen Lawinenschutzes

2.3.1 Historische Lawinenschutzbauten

Die ersten Lawinenschutzbauten im Alpenraum waren Schutzmauern und Erd- oder Steinhaufen direkt oberhalb von gefährdeten Gebäuden, welche manuell errichtet wurden. Der erste nachweisliche Direktschutz (steingeschichteter Ablenkkeil) für eine Einzelsiedlung in Österreich wurde 1613 für die Lawinensicherheit des Weilers Birche in Galtür (Tirol) errichtet. In der Schweiz wurden im 16. Jh. erste Schutzmauern errichtet, wie der Lawinenkeil zum Schutze der Frauenkirche in Davos (Bild 2-4) oder eine bis 4 m hohe und 80 m lange Leitmauer in Leukerbad.

Bild 2-4 Historische Lawinenschutzbauten: Wegen der drohenden „Frauentobellawine" wurde vermutlich im 16. Jh. ein Spaltkeil an die Frauenkirche angebaut (© Margreth)

Neben den Lawinenschutzmauern – in Österreich auch als „Schneearchen", „Spaltecken" oder „Sauköpfe" [141] bekannt – wurden in alten Siedlungen und Höfen Ausweichquartiere angelegt, in denen man sich während Zeiten hoher Lawinengefahr aufhielt. Vereinzelt (z. B. in Saas Grund/Schweiz) verfügten Gebäude über Lawinenkeller – sog. „Lahngruben", „Lahnkeller" oder „Lawinengruften" –, in denen ebenfalls Schutz gesucht werden konnte. Die Häuser wurden vielfach mit Pultdächern – sogenannten „Ebenhöchen" – ausgestattet und soweit in den Hang versenkt, dass eine Lawine ungehindert über das Gebäude hinwegfegen konnte. Diese Beispiele zeigen, dass die ersten technischen Lawinenschutzmaßnahmen nach heutigem Verständnis Objektschutzmaßnahmen waren.

2.3.2 Entwicklung der systematischen Lawinenverbauung

Die Forderung nach einer systematischen Lawinenverbauung im Anbruchgebiet reicht ins frühe 19. Jh. zurück. Damals standen die Erhaltung und der Wiederaufbau von Schutzwäldern im Vordergrund. Nach *Coaz* [55] (erster eidgenössischer Oberforstinspektor und Schweizer Pionier des Lawinenschutzes) dürften die ersten Lawinenschutzbauten im Anbruchgebiet im 18. Jh. im Wallis in der Form von 0,8 m tiefen und 100 bis 200 m langen Gräben in Distanzen von ungefähr 20 m errichtet worden sein.

Zu Beginn des Lawinenverbaus und auch viele Jahre danach wurden in Anbruchgebieten *Mauer- und Erdterrassen* (Bild 2-5) gebaut. *Coaz* erkannte schon 1910, dass die damals erstellten Terrassen zu niedrig waren, um in der Schneedecke anbrechende Lawinen zu

Bild 2-5 Historische Lawinenverbauung: Mauerterrassen in der Verbauung Schafberg in Pontresina (Schweiz), erbaut um 1900 (© Margreth)

verhindern. Dies führte zu Mauerhöhen von bis zu 9 Metern. Von 1876 bis 1938 wurden in der Schweiz gegen 100 km solcher Werke errichtet [80]. Zum Schutze von Aufforstungen wurden insbesondere Verpfählungen eingesetzt.

Die erste *systematische Lawinenanbruchverbauung* in Österreich wurde vom k.k. Forsttechnischen Dienst für Wildbachverbauung auf der Rax (Niederösterreich) errichtet. Dort wurden zur Verbauung der *Lahngrubenlawine* in den Jahren 1898/99 53 trockengemauerte Terrassenstützmauern aus Steinen mit einer gesamten Länge von 770 m sowie 23 hölzerne Schneerechen errichtet [41]. Auch im Bundesland Tirol wurden die ersten Verbauungen von Lawinen in Form von Erdterrassen ausgeführt. Im Jahre 1925 wurden diese Terrassen beispielsweise zum Schutze des Weilers Mitteregg (Gemeinde Berwang) ausgeführt.

Die Errichtung von alpenquerenden Bahnlinien und Straßen führte erstmals zur Errichtung technischer Lawinenschutzmaßnahmen in größerem Umfang. Insbesondere bei der Errichtung der Arlbergbahn in den Jahren 1880 bis 1884 kam es zu schweren Lawinenunfällen entlang der Westrampe. *Pollack* (Lehnen-Baumeister bei der Arlbergbahn) errichtete daraufhin entlang der Bahnstrecke die ersten Lawinenstützverbauungen (Bild 2-6a). Der dabei entwickelte „Arlbergrechen" war eine lotrechte Rechenkonstruktion, welche in Anbruchgebieten von Lawinenstrichen zur Abstützung der Schneedecke montiert wurde. Ähnliche Stützwerke wurden auch zum Schutz der Rhätischen Bahn gebaut. In der Schweiz wurden die ersten *Lawinengalerien* zwischen 1800 und 1824 am *Splügen-* (Bild 2-6b) und am *Simplonpass* gebaut. Die erste Lawinengalerie in Österreich zum Schutz einer Straße wurde am Reschenpass von *Karl Ritter von Gehga* im Jahre 1854 geplant. 1888 gab es bereits 21 Lawinengalerien mit einer totalen Länge von 1,6 km.

(a) (b)

Bild 2-6 Pionierleistungen des technischen Lawinenschutzes: (a): Lawinenanbruchverbauung mittels Mauerterrassen und Arlbergrechen an der Arlbergbahn (© ÖBB); (b): Lawinengalerie mit Tonnengewölbe, erbaut um 1824 am Splügenpass in Graubünden (© Kantonale Denkmalpflege Graubünden)

Die Lawinenkatastrophen 1951 und 1954 führten zu einem Umdenken im technischen Lawinenschutz und setzten eine umfangreiche Verbauungstätigkeit in Gang. Aufgrund der Erfahrungen dieser Katastrophenereignisse wurden die theoretischen Grundlagen für das System der *Anbruchverbauung mit Lawinenstützwerken* geschaffen. Man erkannte, dass durch die Errichtung von nahezu hangsenkrechten Stützbauten aus Stahl, Drahtseilen oder Holz, die mindestens so hoch wie die extreme Schneehöhe waren, eine wesentlich bessere Wirkung erzielt werden kann, als mit lotrechten Terrassen oder Mauern, welche relativ leicht zugeschneit oder eingeweht werden konnten. Auch boten sich nach dem zweiten Weltkrieg zahlreiche neue, technologische Möglichkeiten (z. B. Feldbahnen, Seilkräne). Die Österreichisch-Alpine Montangesellschaft entwickelte 1955 einen aus vorfabrizierten Stahlelementen bestehenden Schneebrückentyp, welcher erstmals in großem Umfang in der Lawinenverbauung am *Heuberg in Häselgehr* (Tirol) (Bild 2-7) eingesetzt wurde. In der Schweiz wurden Stützwerke auch aus Aluminium oder vorgefertigten Betonelementen

Bild 2-7 Erste Lawinenanbruchverbauung in vorgefertigten Stahlstützwerken: Heuberglawine in Häselgehr (© WLV Tirol)

(VOBAG-Stützwerke) hergestellt, beide Systeme setzten sich jedoch nicht durch. Da die Stahlstützwerke mit Betonfundamenten verankert werden mussten, war auch der Transport von Zement und Wasser erforderlich, sodass die Lawinenanbruchverbauung mit hohen Transportkosten verbunden war. Aus diesem Grund wurden in den 1980er Jahren erste Versuche mit gebohrten Verankerungen und Sprengankern durchgeführt, die infolge des geringeren Materialbedarfs Kosteneinsparungen ermöglichten. Grundplatten-, Anker- und Mikropfahlfundamente haben sich bis heute durchgesetzt (siehe Abschnitt 7.2.3).

In der Schweiz wurde bereits 1955 für die Bemessung und Anordnung von gegliederten Lawinenstützwerken die „*Schweizer Richtlinien für den Lawinenverbau im Anbruchgebiet*" [66][67] veröffentlicht, welche heute mehrfach überarbeitet, in vielen Ländern als Grundlage für den Einsatz von Stützwerken anerkannt ist. In ihrer aktuellen Fassung [189] stellt die Richtlinie das Produkt einer mehr als 50-jährigen Entwicklungsgeschichte dar, welche auf die von *Haefeli* [14][106] und *Bucher* [33] formulierte Schneedrucktheorie zurückgeht.

Ergänzend zur Stützverbauung wurden auch Versuche unternommen, die Schneeverteilung in Anbruchgebieten durch sogenannte „Verwehungsverbauungen" zu beeinflussen. Erste Schutzbauwerke gegen Triebschnee wurden um 1908 in der Lawinenverbauung *Faldumalp im Wallis* (Schweiz) in der Form von freistehenden Mauern erstellt. In Österreich wurden am *Heuberg in Häselgehr* (Tirol) Schneedüsen und Kolktafeln errichtet. Diese sollten ein zu starkes Einwehen der Anbruchgebiete und somit ein Überschneien der Stützwerke verhindern. Verwehungszäune wurden schon seit langer Zeit zum Schutze von Verkehrsachsen vor Triebschneeanhäufungen eingesetzt (siehe Abschnitt 7.2.4).

Seit jeher versuchte man Lawinen auch in den Sturzbahnen zu bremsen oder aufzufangen, insbesondere dort, wo die Errichtung einer Verbauung im Anbruchgebiet nicht möglich oder zu aufwendig war. Umfangreiche Bremsverbauungen wurden z. B. an der *Innsbrucker Nordkette* (Tirol) nach den Lawinenabgängen von 1935 und 1951 errichtet. Sowohl an der *Arzleralm-Lawine* als auch an der *Penzenlehner Lawine* wurden betonierte und gemauerte Spaltkeile und kegelförmige Bremshöcker aus Steinen und Erdreich errichtet. Erst der Einsatz von großen Baumaschinen (Bagger, Schubraupen) erlaubten die Errichtung von Lawinenauffang- oder Lawinenablenkdämmen in größerem Ausmaße.

Viele der zuvor beschriebenen, historischen Lawinenverbauungsmaßnahmen erfüllen noch heute ihre Schutzfunktion. Auch zeigt die Übersicht, dass sich seit Beginn die wesentlichen Grundprinzipien der Lawinenverbauung im Laufe der Geschichte kaum verändert haben.

3 Lawinen: Entstehung und Wirkung

Patrick Nairz, Siegfried Sauermoser, Karl Kleemayer,
Karl Gabl, Markus Stoffel, Stefan Margreth

3.1 Charakteristik von Lawinen

3.1.1 Definitionen und Klassifikation

Als Lawinen bezeichnet man mit hoher Geschwindigkeit gleitende, fallende, stürzende Schnee-, Eis-, Gesteins- oder Schlammmassen (schnelle Massenbewegung des Schnees) mit einem Volumen von mehr als 100 m³ und einer Lauflänge von mehr als 50 Metern [97]. Je nach Art der bewegten Masse spricht man von Schnee-, Eis-, Gesteins-, oder Schlammlawinen. Nach [235] ist eine Lawine als bewegte Schneemasse, die infolge ihrer kinetischen Energie oder durch ihre Ablagerung Gefahren oder Schäden verursachen kann, definiert. Der Begriff umfasst den gesamten Bewegungsvorgang. Beginnend mit dem Anbruch des abgelagerten Schnees im *Anbruchgebiet* bewegt sich der Schnee – durch die vorgegebene Geländeform gelenkt – in der Sturzbahn zu Tal, in der im Allgemeinen kein Lawinenschnee zur Ablagerung kommt. Erst wenn die *Sturzbahn* auf längerer Strecke ausreichend verflacht (< 10°), spricht man von der *Auslaufstrecke* der Lawine. In diesem Abschnitt verringert sich die Bewegung bis zum Stillstand und der Lawinenschnee lagert sich ab (Ablagerungsbereich) [7]. Das Österreichische Forstgesetz 1975 idgF [71] enthält eine ähnlich formulierte Legaldefinition (§ 99 Abs. 2). Im Gegensatz dazu wird das *Schneekriechen* und *-gleiten* als langsame Massenbewegungen des Schnees bezeichnet (Geschwindigkeit einige mm bis m pro Tag).

(a)

Bild 3-1 Lawinenarten: (a): Schneebrettlawine und (b): Staublawine (© WLV Tirol)

Handbuch Technischer Lawinenschutz. 1. Auflage. Florian Rudolf-Miklau, Siegfried Sauermoser (Hrsg.).

(b)

Bild 3-1 (Fortsetzung) Lawinenarten: (a): Schneebrettlawine und (b): Staublawine (© WLV Tirol)

Tabelle 3-1 *Morphologische Lawinenklassifikation* (Lawinenatlas 1981 [333], modifiziert in *ONR 24805* [235]): Die Einteilung von Lawinen erfolgt nach der Art des Anrisses, der Art der Bewegung, der Form der Sturzbahn und der Art und Form der Ablagerung

Zone	Kriterium	Alternative Merkmale, Bezeichnung	
Anbruchgebiet	Form des Anrisses	Von einem Punkt ausgehend: *Lockerschneelawine*	Von einer Linie anreißend: *Schneebrettlawine* (Bild 3-1a)
	Lage der Gleitfläche	Innerhalb der Schneedecke: *Oberlawine*	Auf der Bodenoberfläche: *Bodenlawine*
	Flüssiges Wasser im Lawinenschnee	Trocken: *Trockenschneelawine*	Nass: *Nassschneelawine*
Sturzbahn	Form der Sturzbahn	Flächig: *Flächenlawine*	Runsenförmig: *Runsenlawine* (kanalisierte Lawine)
	Form der Bewegung	Stiebend, als Schneewolke durch die Luft: *Staublawine* (Bild 3-1b)	Fließend, dem Boden folgend: *Fließlawine*
		Gemischte Bewegungsform *Mischlawine*	
Ablagerungsgebiet	Oberflächenrauigkeit der Ablagerung	Grob (über 0,3 m): Grobe Ablagerung	Fein (unter 0,3 m): Feine Ablagerung
	Flüssiges Wasser in der Ablagerung	Trocken: Trockene Ablagerung	Nass: Nasse Ablagerung
	Fremdmaterial in der Ablagerung	Fehlend: Reine Ablagerung	Vorhanden (Steine, Erde, Äste, Bäume): Gemischte Ablagerung

Literatur zum Brückenbau bei Ernst & Sohn

Abb. vorläufig

KLAUS IDELBERGER

Fuß- und Radwegbrücken

Beispielsammlung

2010.
ca. 200 S., ca. 600 Abb., Br.
ca. € 49,90*
ISBN 978-3-433-02937-4
Erscheint Dezember 2010

■ Bauingenieure mögen Fußwegbrücken mäßiger Breite und Traglasten weniger beachten als Straßen- und Eisenbahnbrücken von spektakulärer Spannweite und Konstruktion. Städtebauer und Landschaftsplaner hingegen erachten innerstädtische Rad- und Gehwegbrücken für weitaus entscheidender und veranlassen in der Regel Wettbewerbe. Da es keine einheitlichen Entwurfsrichtlinien gibt, bilden die Erfahrungen aus realisierten Brücken eine wichtige Informationsquelle für Planer.

Das vorliegende Buch enthält über 100 Beispiele, die in den letzten zehn Jahren weltweit gebaut wurden: offene Fuß- und Radwegbrücken, Viehtrieb- und Medienbrücken sowie einige geschlossene Verbindungsstege. Die Beispielsammlung ist nach Tragwerkstypen und Spannweiten gegliedert. Zu jeder Brücke gibt es eine kurze Darstellung der Randbedingungen und eine Bauwerksbeschreibung, illustriert anhand von Fotos, Grund- und Aufrissen, besonderen Konstruktionsdetails. Somit bildet es eine Fundgrube für Bauingenieure.

preliminary

KLAUS IDELBERGER

Footbridges

2011.
approx. 200 pages.
approx. 600 figures.
Softcover.
approx. € 69,–*
ISBN 978-3-433-02943-5
Date of publication:
February 2011

JOACHIM SCHEER

Failed Bridges

Case Studies, Causes and Consequences

2010.
321 pages. 120 fig. 15 tab.
Hardcover.
€ 79,–*
ISBN 978-3-433-02951-0

■ Mit diesem Buch liegt eine systematische Zusammenstellung von über 500 Versagensfällen vor, die in besonderer Weise betrachtet werden: Sie werden nach dem Zeitpunkt ihres Auftretens im Lebenszyklus der Brücke, z. B. im Bauzustand oder im Betrieb, und nach den Schadensereignissen, z. B. Anprall oder Erdbeben, geordnet. Die wichtigsten Ursachen sind: menschliches Versagen, mangelnde Aussteifung, Materialversagen oder Überlastung. Es werden vorwiegend Brückeneinstürze, die in der Literatur wenig oder nach dem Urteil des Verfassers nicht vollständig oder nicht zutreffend behandelt sind, ausführlich analysiert.

Mit Akribie gesammelt, kompetent und exzellent aufgearbeitet und mit Mut präsentiert, ergibt dies eine unverzichtbare Erkenntnisquelle für jeden Bauingenieur in der Praxis und für das Studium. Ein Katalog von Regeln wurde erstellt. Seine Beachtung kann helfen, Fehler bei Entwurf, Planung und Ausführung zu vermeiden.

Online-Bestellung: www.ernst-und-sohn.de

Ernst & Sohn
A Wiley Company

Ernst & Sohn
Verlag für Architektur und technische Wissenschaften GmbH & Co. KG

Kundenservice: Wiley-VCH
Boschstraße 12
D-69469 Weinheim

Tel. +49 (0)6201 606-400
Fax +49 (0)6201 606-184
service@wiley-vch.de

In der Literatur ist eine große Zahl von *Lawinenklassifikationen* verfügbar, die überwiegend auf genetischen oder morphologischen Kriterien beruhen. Die Einteilung nach Lawinenarten ist für Analyse und Bewertung der Lawinenwirkung von großer Bedeutung.

Die ersten Lawinenklassifikationen wurden für Alpinisten erstellt und waren entsprechend einfach gestaltet. *Flaig* [74] entwickelte eine Lawinentafel, in der er Trockene Schneelawinen, Nasse Schneelawinen und Eislawinen unterschied. *Zsigmondy & Paulke* [349] unterschieden Trockene und Nasse Neuschneelawinen und Altschneelawinen.

Die erste detaillierte Lawinenklassifikation wurde von der UNESCO im *Lawinenatlas 1981* publiziert [333]. Ziel dieser Nomenklatur war es, den Praktiker in die Lage zu versetzen, eine Lawine mit knappen, einheitlichen Begriffen definieren zu können und dadurch eine wissenschaftliche, statistische oder physikalische Bearbeitung zu ermöglichen. Die unmittelbaren Erscheinungsformen der Lawine werden in der *Morphologischen Lawinenklassifikation* (Tabelle 3-1), die Klassifikation der Bildungsbedingungen wird in der *Genetischen Lawinenklassifikation* (Tabelle 3-3) beschrieben.

3.1.2 Räumliches und zeitliches Auftreten von Lawinen

Räumlich treten Lawinen überall dort auf, wo große Schneemengen auf unbewaldete Hänge ausreichender Größe und einer Neigung von über 28° (30°) fallen. Die meisten Lawinenanbruchgebiete liegen oberhalb der potenziellen Waldgrenze, die in den Alpen – je nach Entfernung von den Alpenrändern – zwischen 1800 und 2300 m Seehöhe schwankt (Bild 3-2). Verschärfend kommt hinzu, dass viele potentielle Waldflächen in den letzten Jahrhunderten gerodet wurden und sich die aktuelle Waldgrenze im Schnitt 200–400 Höhenmeter tiefer

Bild 3-2 Lawinenstriche an steilen Talflanken inneralpiner Täler (© Sauermoser)

als die potentielle Waldgrenze befindet [79]. Die Oberhänge von typisch glazial überprägten, alpinen Trogtälern liegen häufig im Neigungsbereich von 30°–50°, welcher charakteristisch für Lawinenanbruchgebiete ist [189]. Gleichförmige Flächen oder muldenförmige Kare fördern die Möglichkeit der Schneeakkumulation und begünstigen so die Lawinenbildung. Besonders die Alpenränder sind aufgrund des – gegenüber den inneralpinen Bereichen – deutlich erhöhten Niederschlagsangebots häufig von starken Schneefällen und somit von häufigen Lawinensituationen betroffen.

Zeitlich treten Schadlawinen häufig „zyklisch“ auf. Da sich Schlechtwetterfronten über eine bestimmte Region ausdehnen (siehe Abschnitt 3.2.1) und sich intensive Schneefälle somit auf Gebiete unterschiedlicher Größe erstrecken können, treten auch Lawinen, welche durch die eigene Schneelast ausgelöst werden, in regionalen Zyklen auf. Dieses Phänomen ist in den Lawinenchroniken deutlich nachvollziehbar. Lawinenbildende Wetterlagen (siehe Abschnitt 3.2.2) wirken sich meist entweder nur an der Nord- oder der Südseite der Alpen aus und führen nur gebietsweise zu starken Schneefällen (z. B. erstreckte sich das Lawinenereignis 1954 nur auf Teile Vorarlbergs).

3.1.3 Generelle Lawinenwirkung

Lawinen zählen zu den schnellen Massenbewegungen und erreichen hohe Geschwindigkeiten (siehe Abschnitt 4.1): z. B. Trockene Fließlawine 20–40 m/s, Staublawinen 30–70 m/s [7]. Die primäre Lawinenwirkung ist – infolge der großen kinetischen Energie – der *Druck* auf ein in der Sturzbahn oder im Auslaufbereich situiertes Objekt, der je nach unterschiedlichem Lawinentypus von Eispartikeln oder der umströmenden Luft dominiert wird. In der Sturzbahn und im Auslaufbereich wirken extreme Druckkräfte (über 100 kN/m²), die zur Zerstörung von Bauwerken führen können (Bild 3-3). Charakteristisch für die Dynamik von Lawinen ist außerdem die starke Beschleunigung auf kurzer Strecke.

(a)

Bild 3-3 Zerstörungspotential großer Schadlawinen: (a): Zerstörtes Wohnhaus, Wolfgrubenlawine (St. Anton am Arlberg/Tirol): Ereignis 1988 (© WLV Tirol)

(b)

Bild 3-3 (Fortsetzung) Zerstörungspotential großer Schadlawinen: (b): Zerstörung des Bahnhofs von Dalaas (Vorarlberg): Ereignis 1954 (© WLV Vorarlberg)

Die Lawinenwirkung kann aber auch andere Facetten haben. Bei sogenannten „Skifahrerlawinen" (siehe Abschnitt 1.1.2) handelt es sich in der Regel um kleine Lawinen, für deren Wirkung nicht der Druck, sondern die Höhe und Breite der Ablagerung maßgeblich für das Ausmaß des potenziellen Schadens sind (Ablagerungskriterium).

3.2 Meteorologische Grundlagen der Lawinenentstehung

3.2.1 Wettersysteme im Winter

3.2.1.1 Allgemeines

Die Entstehung von Lawinen ist in hohem Maße von extremen Wetterphänomenen (Schneefall, Temperatur, Wind) abhängig. Seit etwa 50 Jahren erfolgte eine ständige Verbesserung der numerischen Wettervorhersage. Insbesondere die Modellsimulationen des *Europäischen Zentrums für Mittelfristige Wettervorhersagen* (EZMW) in Reading (Großbritannien) liefern eine zuverlässige Prognose über extreme Niederschlagsmengen. Verfeinert durch kleinräumige meteorologische Modelle (z. B. Modell *Aladin* der österreichischen *Zentralanstalt für Meteorologie und Geodynamik* ZAMG) werden auch die Prognosen der Niederschlagsmengen und Neuschneehöhen sowie die Schneefallgrenzen genauer und damit die Beurteilung der Lawinengefahr erleichtert. Allerdings ist durch die gegliederte Orographie der Alpen die Modellierung des Temperatur-, Feuchte- und Windfeldes noch verbesserungsfähig. Starkschneefälle, Warmluft- und Kaltlufteinbrüche, Starkwindsituationen, sowohl an der Alpennord- als auch an der Alpensüdseite, sind Auswirkungen von bestimmten Wetterlagen.

3.2.1.2 Hoch- und Tiefdruckgebiete

Isobaren sind Linien gleichen Druckes. Je dichter die Isobaren auf einer Wetterkarte gedrängt sind, umso stärker weht der Wind in dieser Region. In höheren Schichten weht der Wind parallel zu den Isobaren, in Bodennähe (bis 1500 m über Grund) wird der Wind durch den Einfluss der Reibung leicht in das *Tiefdruckgebiet* hinein bzw. leicht aus dem *Hochdruckgebiet* heraus abgelenkt. Wenn zwischen zwei rasch aufeinanderfolgenden Tiefdruckgebieten für kurze Zeit Hochdruckeinfluss herrscht, spricht man von einem *Zwischenhoch*.

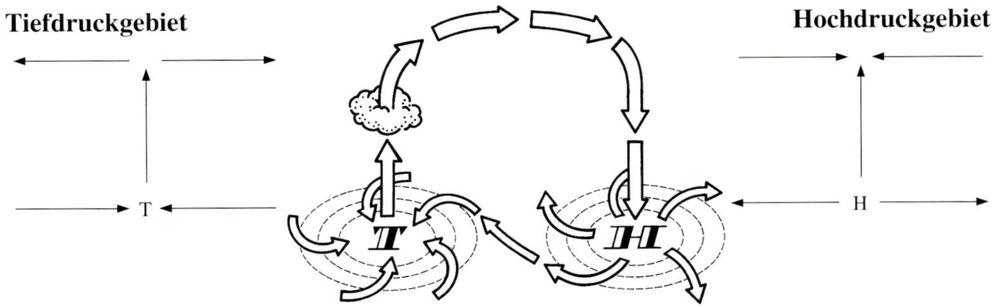

- Am Boden strömt die Luft in das Tief im Gegenuhrzeigersinn hinein.
- Im Zentrum steigt die Luft auf.
- Die aufsteigende Luft kühlt ab, Wolken und Niederschlag bilden sich.
- In der Höhe strömt die Luft aus dem Tief heraus.

- Am Boden strömt die Luft aus dem Hoch im Uhrzeigersinn heraus.
- Im Zentrum sinkt die Luft ab.
- Die absteigende Luft erwärmt sich und Wolken lösen sich auf.
- In der Höhe strömt die Luft in das Hoch hinein.

Bild 3-4 Hoch- und Tiefdruckgebiete (nach [7])

Tiefdruckgebiete, die das Wetter in Europa bestimmen, bilden sich meist über dem Atlantik und wandern mit der Westströmung Richtung Kontinent. Bild 3-5 und Bild 3-6 zeigen schematisch die Entwicklung eines Tiefdrucksystems.

Wegen der *Temperaturinversion* in den Tälern kann nicht immer von der Temperatur im Tal direkt auf die Temperaturen im Hochgebirge geschlossen werden. Liegt der Alpenraum am Rand eines Hochdruckgebietes über Russland, so strömt von Osten (ein Hoch dreht sich im Uhrzeigersinn) her hochreichende kontinentale Kaltluft in den Alpenraum. Bei geringen Schneemengen führt diese Wetterlage zur Schwimmschneebildung. Befindet sich der Alpenraum jedoch im Einfluss eines Hochdruckgebietes mit Zentrum über den Alpen oder dem Mittelmeer, so gelangen die Ostalpen in den Einflussbereich von tropischer Warmluft.

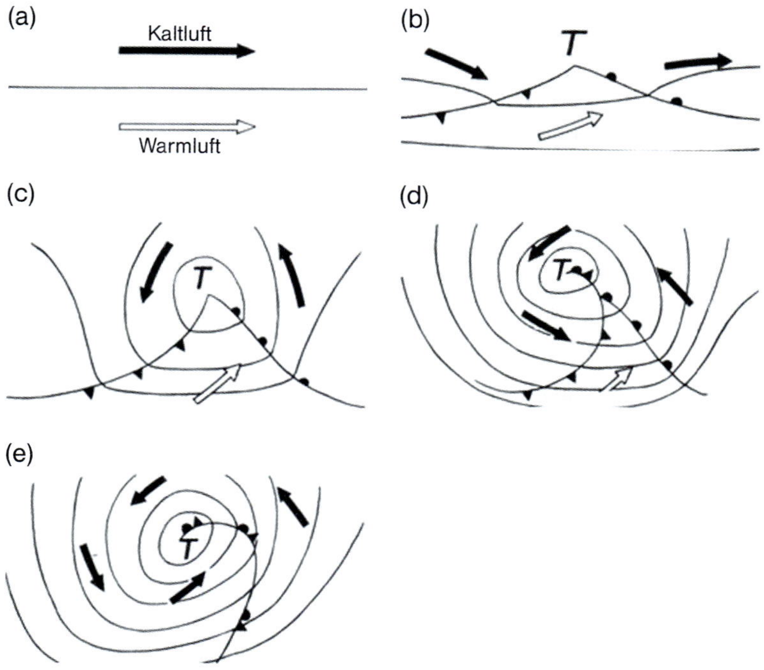

Bild 3-5 Entwicklung eines Tiefdrucksystems in mittleren Breiten: Über dem Atlantik besteht ein Nebeneinander zwischen kalter polarer Luft im Norden und warmer Luft im Süden (a). Wenn der Temperaturgradient zwischen der Warmluft und der unmittelbar daneben befindlichen Kaltluft zu groß wird, entwickelt sich ein Tiefdruckgebiet (b). Das Tief intensiviert sich, seine Drehrichtung ist der Gegenuhrzeigersinn (Nordhalbkugel) (c). Dabei wird Warmluft an der Vorderseite (östlich) des Tiefs nach Norden geführt und diese gleitet auf die Kaltluft auf (Warmfront). Die Kaltluft an der Rückseite (westlich) des Tiefs strömt in Richtung Süden und schiebt sich unter die Warmluft (Kaltfront). Höhepunkt der Tiefdruckentwicklung (d). Die Kaltfront bewegt sich schneller und holt die Warmfront ein. Wenn die Kaltfront die Warmfront erreicht hat, bildet sich nahe dem Zentrum des Tiefs eine Okklusion. Diese Zone ist oft die Zone des größten Niederschlages. Sehr viele Fronten der Tiefs wirken sich in Mitteleuropa bereits als Okklusion aus. Am Ende der über dem Atlantik begonnenen Tiefdruckentwicklung bleibt eine Okklusion über. Die Temperaturunterschiede zwischen Norden und Süden sind kaum noch vorhanden und das Tiefdruckgebiet füllt sich auf

3.2.1.3 Kalt- und Warmfronten

Die Grenzflächen zwischen warmen und kalten Luftmassen werden als Fronten bezeichnet. Ein Vergleich von Warmfronten und Kaltfronten ist in Tabelle 3-2 zusammengestellt.

Warmfronten bringen vor allem im Winter intensive Niederschläge, weil physikalisch gesehen wärmere Luft auch mehr Feuchtigkeit aufnehmen kann als kältere. Nach dem Durchzug einer Kaltfront dreht die Strömung oftmals von Nordwest auf Nord. Starke Stauniederschläge entlang der Nordstaulagen der Alpen sind die Folge.

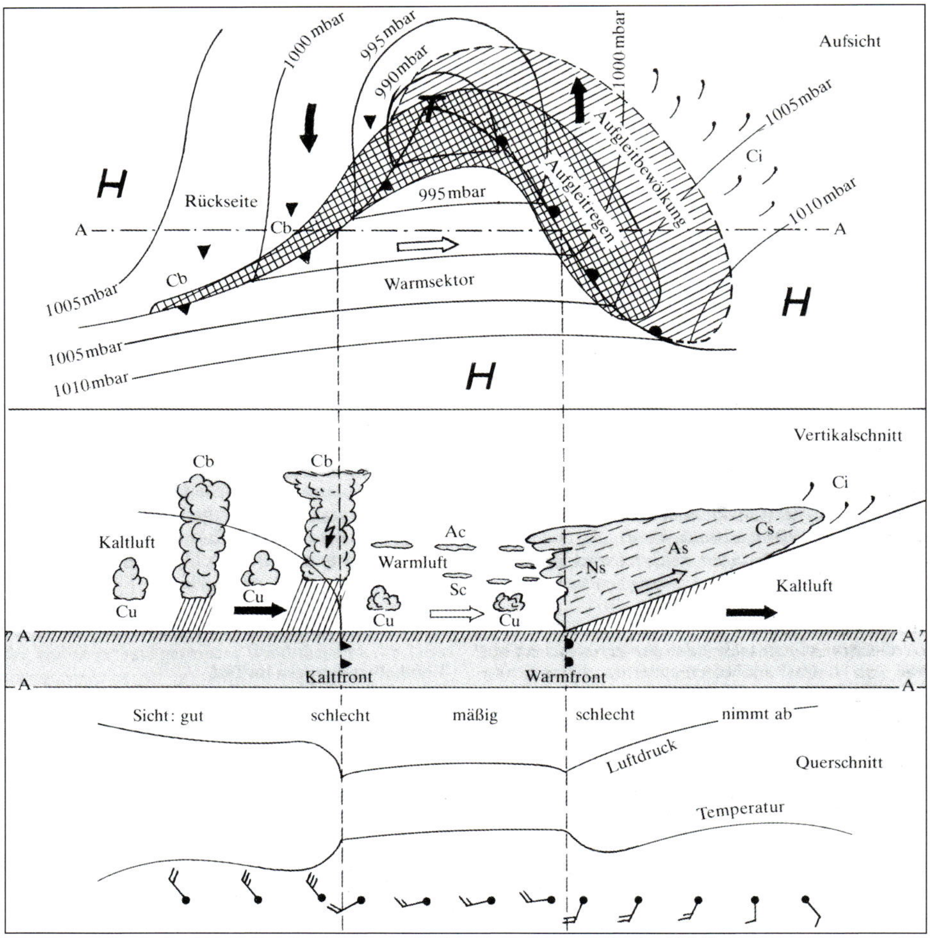

Bild 3-6 Aufbau eines Tiefdruckgebietes: (oben): Warmfront und Kaltfront; (unten): Vertikalschnitt entlang der Linie A und Verlauf von Sichtweite, Luftdruck, Temperatur und Wind entlang des Schnittes (Abkürzungen: Ci ... Cirrus; Cb ... Cumulonimbus; Cu ... Cumulus; Ac ... Altocumulus; Sc ... Stratocumulus ; Ns ... Nimbostratus; As ... Altostratus; Cs ... Cirrostratus) (© Gabl)

Tabelle 3-2 Vergleich Warmfront – Kaltfront

Warmfront	Kaltfront
– Warmluft gleitet auf Kaltluft auf (Bild 3-6) – Hohe Bewölkung weit vor der Front, die sich zur Front hin verdichtet (Schichtwolken) – Langsame Hebung – Andauernder Regen oder Schneefall vor der Front, Nieseln an der Front – Anstieg der Schneefallgrenze – Starker Druckfall vor der Front – Langsame Erwärmung in allen Höhen – Winddrehung von Südost auf Südwest	– Kaltluft schiebt sich unter Warmluft – Stark quellende Bewölkung (Haufenwolken) – Schnelle Hebung – Heftige schauerartige Niederschläge an der Front, im Sommer meist von Gewittern begleitet – Sinkende Schneefallgrenze – Starker Druckanstieg bei Frontdurchgang – Temperaturrückgang – Winddrehung von Südwest auf Nordwest, böig auffrischender Wind

3.2.2 Lawinenbildende Wetterlagen im Alpenraum

3.2.2.1 Nordwest(stau)lage

Zwischen einem Tief, welches von Polen bis nach Nordskandinavien reicht, und einem Hoch über dem Atlantik (Azoren bis zum Golf von Biskaya) herrscht in den Alpen eine *nordwestliche Höhenströmung*. Während das Tief an seiner Westflanke arktische Kaltluft aus dem Nordmeer in Richtung Mitteleuropa steuert, führt das Hoch über dem Atlantik warme und vor allem feuchte Luft aus Nordwesten zu den Alpen. An der Grenze dieser Luftmassen entstehen Kalt- und Warmfronten (Bild 3-7).

Durch die nordwestliche Anströmung kommt es zur Hebung am Alpennordrand und zum Stau der Luft an den Alpen. Bei dieser Lage kommen direkt am Alpennordrand und in den Staugebieten (z. B. Bregenzerwald, Arlberg, Salzkammergut) ergiebige Neuschneemengen vor. Geringere Mengen erhalten inneralpine Regionen, größtenteils trocken ist es an der nordföhnigen Alpensüdseite. Bei einer derartigen Wetterlage fiel in Rauz am Arlberg im Januar 1954 innerhalb von zwei Tagen 222 cm Neuschnee (125-jährliches Ereignis) oder in Galtür im Februar 1999 innerhalb einer Periode von 10 Tagen 245 cm (300-jährliches Ereignis).

Die hohen Neuschneemengen in inneralpinen Regionen aus Nordwestlagen lassen sich durch Warmfronten und durch *Strömungswirbel* (Vorticity) erklären. Warme Luft aus Nordwest gleitet auf die Kaltluft auf und zusätzlich sorgen Wirbel in der Nordwestströmung dafür, dass durch die starke Vertikalbewegung die Niederschläge intensiv ausfallen.

Eine starke Windverfrachtung des Schnees lässt sich aus den Wetterkarten (Isobaren) ableiten.

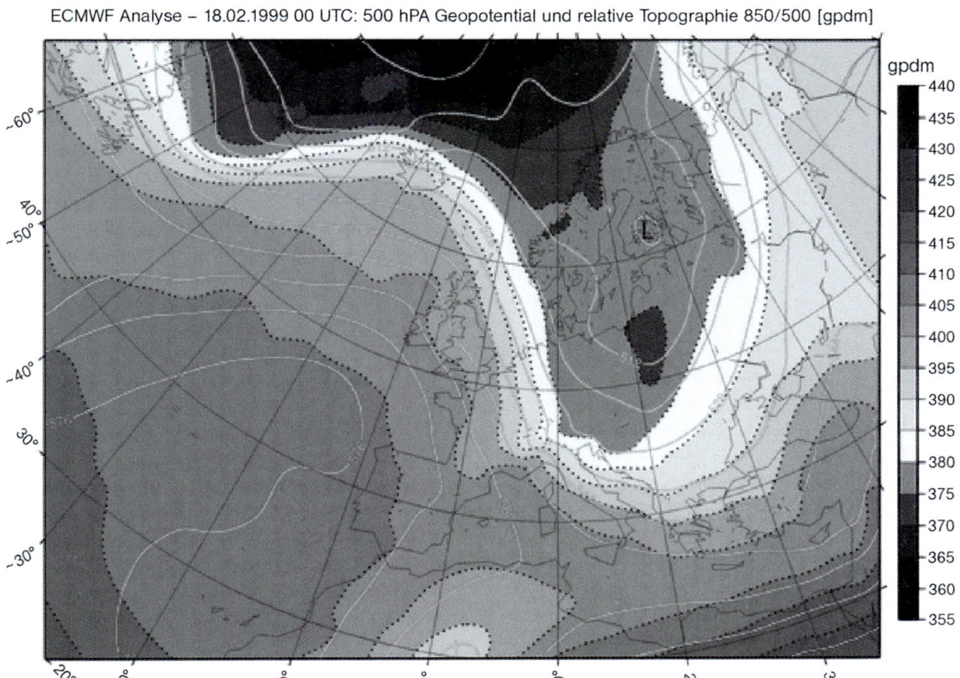

Bild 3-7 Nordwestwetterlage am 20.02.1999 (500 hPa-Fläche) (© ZAMG, EZMWF)

3.2.2.2 Westwetterlage

Tiefdruckgebiete mit den dazugehörigen Fronten überqueren die Alpen von West nach Ost. Der rasche Wechsel von Warmfronten und Kaltfronten führt zu größeren Temperaturschwankungen.

Wie schon erwähnt sind starke Hebungseffekte in der Atmosphäre für ergiebige Niederschläge ursächlich. Neben den beschriebenen Hebungen an Gebirgen (Stau), an Fronten (frontale Hebung) sowie aufgleitender Warmluft spielt die starke Höhenströmung (Jetstream) und Wirbelbildungen (Vorticity) im Zusammenhang mit dieser eine große Rolle. Im Bereich des Jetstreams führen in seinem linken Einzugsbereich (left entrance) und in seinem rechten Ausgangsbereich (right exit) Hebungen zu stärkeren Schneefällen. Bei starken Niederschlägen im Winter wird daher bei der meteorologischen Beratung die Lage des Jetstreams zu berücksichtigen sein. Wirbel in der Atmosphäre können durch Geschwindigkeitsunterschiede in einer großräumigen Strömung entstehen, sie führen zu Hebungen oder Absinken von Luftmassen. Durch Auswertung der numerisch ermittelten Wirbelgröße können markante Hebungen – zumindest im großräumigen Maßstab – erkannt und für Prognosen von extremen Schneefällen verwendet werden.

3.2.2.3 Südföhnlage

Im Gegensatz zu einer Nordwestlage, bei der sich das Tief in Osteuropa befindet, liegt bei einer *Südanströmung* das steuernde Tiefdruckgebiet über Westeuropa. In Bild 3-8 liegt ein

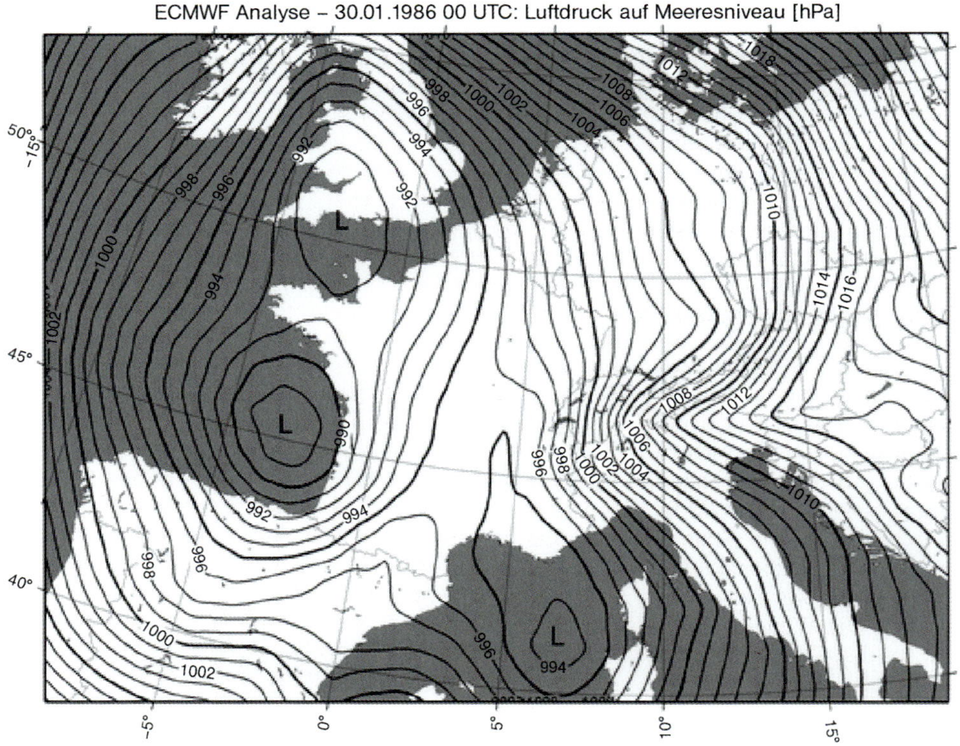

Bild 3-8 Bodenwetterkarte bei einer Südföhnlage (© ZAMG, EZMWF)

Tiefdruckgebiet mit dem Zentrum nahe dem Golf von Biskaya und nahe den Britischen Inseln sowie ein Sekundärtief über dem Löwengolf. Die resultierende Strömung transportiert feuchtwarme Luft aus Südeuropa gegen die Alpen, wobei die Luft über dem Mittelmeer große Mengen an Feuchtigkeit aufnehmen kann. Diese feuchten Luftmassen stauen sich an der Alpensüdseite und am Alpenhauptkamm und führen zu großräumigen und ergiebigen Niederschlägen und Schneefällen.

Die Situation an der Alpennordseite – nur wenige Kilometer nördlich – ist eine völlig andere. Die absinkende Luftbewegung führt zur Auflösung der Wolken. Es treten nur geringe Niederschläge auf, Südföhn lockert die Bewölkung auf. Umfangreiche Windverfrachtungen durch den Föhn erfolgen auf den Nordhängen.

3.2.2.4 Okklusion aus Nordosten – Nordostlage

Bei dieser Wetterlage kommt ein Tiefdrucksystem nordöstlich der Alpen zu liegen. Die Okklusion dieses Tiefs erreicht von Nordosten her die Ostalpen und führt Warmluft in der Höhe mit, die auf die kalte Luft in den Alpen aufgleitet bzw. an den Alpen zum Aufsteigen gezwungen wird. Dadurch kommt es zu intensiven Niederschlägen. Je nach Lage der Okklusion sind entlang des Alpennordrandes sehr intensive Niederschläge zu erwarten.

3.2.2.5 Lawinenbildende Wetterlagen in Österreich

Zwischen der herrschenden Großwetterlage und ihren Auswirkungen in den geographischen Regionen in Österreich besteht eine enge Beziehung. In grober Annäherung ergeben sich folgende Zonen mit der größten Niederschlagswahrscheinlichkeit:

- *Westlagen*: Vorarlberg, Montafon, Bregenzer Wald, Klostertal, Arlberg, Außerfern.
- *Nordwestlagen*: Bregenzer Wald, Arlberg, Außerfern, Kitzbüheler Alpen, Loferer Steinberge, Ybbstaler Alpen, Dachstein, in abgeschwächter Form im Paznaun, Zillertal, Ennstal, Gesäuse, Tauernhauptkamm.
- *Südost-, Süd- bis Südwestlagen*: Karnischen Alpen, Karawanken, südliches Osttirol, in abgeschwächter Form Otztal, Osttirol, südliche Zillertaler Alpen, Tauernbereich. Die stärkste Ergiebigkeit entsteht bei Aufgleitniederschlägen infolge Tiefdruckbildung im Golf von Genua.

3.2.2.6 Lawinenbildende Wetterlagen in der Schweiz

Nordwest- und Süd-Staulagen sind in der Schweiz die Wetterlagen, die am häufigsten Schadlawinen verursachen. Oft sind diese Staulagen mit starken Winden verbunden. Wenn solche stürmischen Niederschlagsperioden mehrere Tage anhalten, entstehen große Neuschneemengen (Lawinenwinter 1951: bis 250 cm Neuschnee in 6 Tagen; Lawinenwinter 1954: bis 200 cm Neuschnee in 3 Tagen; Lawinenwinter 1984: bis 200 cm Neuschnee in 4 Tagen; Lawinenwinter 1999: 500 bis 800 cm in 3 Perioden in 1 Monat), die über größere Regionen eine katastrophale Lawinenaktivität verursachen können. Die regionalen Unterschiede in der Lawinenaktivität sind jedoch meist groß. Es ist eher unwahrscheinlich, dass die gesamte Schweiz von einem solchen Ereignis getroffen wird. Etwa alle 10 Jahre treten in der Schweiz Wetterlagen mit nachfolgend verstärkter Lawinenaktivität auf, die größere Personen- und Sachschäden zur Folge haben kann. Wärmeperioden können ebenfalls große Lawinen verursachen, doch ist ihr Ausmaß meist kleiner als bei Neuschneesituationen.

3.3 Nivologische Grundlagen der Lawinenentstehung

3.3.1 Eigenschaften des Materials „Schnee“

Als Schnee bezeichnet man entweder die aus einzelnen oder zusammenhängenden Kristallen bestehende feste Form von Niederschlag oder deren Ablagerung am Boden [205]. Schnee zählt zu den komplexesten, sich ständig verändernden Materialien, die wir kennen. Der Hauptgrund dafür ist, dass Schnee aus Formen aller drei Aggregatzustände besteht: *fest* (= Schneekristalle), *flüssig* (= eingelagertes Wasser) und *gasförmig* (= Luft und Wasserdampf in den Hohlräumen). Je nach dem Mischungsverhältnis dieser drei Komponenten und je nach dem Verunreinigungsgrad hat Schnee sehr unterschiedliche physikalische Eigenschaften, welche sich auf das Lawinengeschehen auswirken.

Neuschnee reflektiert einen Großteil der einfallenden kurzwelligen Strahlung. Hingegen ist Schnee in Bezug auf langwellige Strahlung ein „schwarzer Strahler“ (vollständige Absorption der Strahlung). Die in die Schneedecke eindringende Strahlung nimmt mit der Tiefe exponentiell ab. Schnee ist aufgrund seiner Lufteinschlüsse weiters ein perfekter Isolator. Die thermische Leitfähigkeit des Schnees ist deshalb gering; sie ist struktur- und texturabhängig und nimmt mit der Dichte zu. Schnee ist außerdem hinsichtlich der Materialeigenschaften ein viskoses Medium, das bei hoher Deformationsgeschwindigkeit spröd wird.

3.3.2 Entstehung des Schnees

Das gesamte Wettergeschehen (siehe Abschnitt 3.2) spielt sich innerhalb der Troposphäre ab. Entscheidend für die Entstehung von Niederschlag ist der in der Luft enthaltene Wasserdampf. Dessen Anteil am Gesamtvolumen der Luft beträgt zwischen wenigen Promille und maximal 4 %. Wichtig sind auch noch in der Luft enthaltene Aerosole, also kleine feste Teilchen (z. B. Rußpartikel, Pollen oder Salze). Diese dienen als Kondensationskerne, an denen sich der in der Luft enthaltene Wasserdampf bei entsprechender Sättigung anlagert. Es entstehen sehr reine (unterkühlte) Wassertröpfchen, die selbst noch bei Temperaturen um –40 °C flüssig sein können.

Für die Entstehung von Schnee bedarf es zusätzlich so genannter Gefrierkerne. Dabei handelt es sich ebenso um Aerosolteilchen, die jedoch eine ähnliche Struktur wie Eiskristalle aufweisen müssen und deutlich seltener anzutreffen sind als Kondensationskerne. Erreicht die Lufttemperatur Werte von unter –40 °C, gefrieren die Wassertröpfchen spontan zu Eiskristallen. Das weitere Kristallwachstum erfolgt durch so genannte Deposition oder Resublimation, das ist die direkte Anlagerung von Wasserdampf an den bereits bestehenden Kristallen.

Eiskristalle sind in ihrer Grundform immer 6-eckig oder 6-kantig. Dies hat mit der Anordnung der Sauerstoff- und Wasserstoffatome an klar definierten Stellen eines hexagonalen Raumgitters (60°-Winkel) zu tun. In Abhängigkeit der Lufttemperatur und der Luftfeuchte entstehen unterschiedlichste Kristallformen (Bild 3-9). Typisch sind Sterne, Plättchen, Nadeln, Säulen oder Prismen.

Die Kristalle werden innerhalb der Wolken herumgewirbelt. Dabei können einzelne Kristalle miteinander verkleben bzw. sich untereinander verhaken; man bezeichnet die entstehenden Aggregate als *Schneeflocken*. Eiskristalle bzw. Schneeflocken fallen erst dann zu

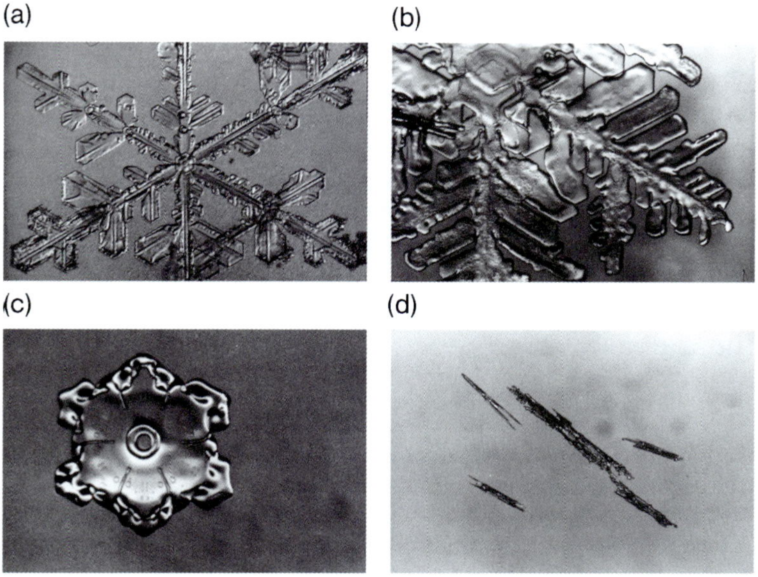

Bild 3-9 Unterschiedliche Formen von Schneekristallen: (a): Sternförmiger Schneekristall (Dendrit); (b): Übergangsform zwischen Dendrit und plättchenförmigem Schneekristall; (c): Blättchenförmiger Schneekristall; (d): Nadelförmige Schneekristalle (© EAWS)

Bild 3-10 Ablagerung von Anraum (Raureif) an einer automatischen Wetterstation (© Nairz)

Boden, wenn der innerhalb der Wolken wirkende Auftrieb kleiner als deren Gewicht wird. Eine Sonderform des Schnees stellt *Graupel* dar. Dieser entsteht durch die Anlagerung von unterkühlten Wassertröpfchen an bestehende Eiskristalle. Letztere dienen in diesem Fall quasi als Gefrierkerne.

Reif und *Anraum* (auch: *Raureif*) gelten im Gegensatz dazu als abgesetzter Niederschlag (Bild 3-10). Reif entsteht durch Deposition des in der Luft vorhandenen Wasserdampfs an der Schneeoberfläche. Anraum bildet sich hingegen, wenn unterkühlte Wassertröpfchen auf kalte, feste Gegenstände treffen. Dazu bedarf es eher kräftigen Windes. Anraum wächst somit gegen die Windrichtung.

3.3.3 Metamorphose des Schnees

3.3.3.1 Allgemeines

Die Schneemetamorphose beschreibt die Umwandlung des liegenden Schnees. Es handelt es sich dabei um einen stetigen Prozess, der seinen Beginn schon in der Atmosphäre nimmt. Bereits während des Schneefalls ändern sich in verschiedenen Höhenniveaus ständig die Temperatur-, Feuchte- und Windverhältnisse, die sich unmittelbar auf das Kristallwachstum bzw. dessen Zerstörung auswirken. Die Umwandlung setzt sich dann im Zuge der Schneeablagerung am Boden bis zum endgültigen Abschmelzprozess fort. Die Metamorphose ist entscheidend für die Lawinenentstehung, weil sich dadurch Schwachschichten in der Schneedecke bilden.

3.3.3.2 Grundlagen zur Schneemetamorphose

Während der Metamorphose verändern sich die Dichte, Struktur, Textur und Festigkeit des Schnees. Dies kann durch unterschiedliche Prozesse erfolgen:

- Windeinfluss führt zu einer mechanischen Zerstörung der Eiskristalle.
- Diffusionsprozesse innerhalb der Schneedecke führen zu einem Wachstum bzw. auch zu einem Schrumpfen von Schneekristallen.

Weiters beeinflusst eindringendes Schmelz- oder Regenwasser – vor allem im Frühjahr – die Schneedecke. Zusätzlich wirkt auch das Eigengewicht der Schneedecke auf die einzelnen Schneekristalle ein und führt in der Summe zu einer Verdichtung.

Entscheidend für Metamorphoseprozesse, die durch *Diffusionsprozesse* erfolgen, ist der innerhalb der Schneedecke vorhandene *Temperaturgradient*: Je steiler dieser Gradient, desto intensiver ist der Umwandlungsprozess. Ein Gradient von 25°/m gilt als hoch und führt zu einem massiven Massenaustausch. Aufgrund des hohen Dampfdruckes von Eis und Schnee erfolgt der Materialtransport zu einem Großteil durch Dampfdiffusion, d. h. Eiskristalle sublimieren, während Wasserdampf an festen Teilen deponiert wird. Neueste Forschungen von *Schneebeli et. al* [288] zeigen, dass der tatsächlich innerhalb der Schneedecke auftretende Materialtransport zwischen den Kristallen wesentlich dynamischer abläuft als bisher vermutet. Es zeigt sich, dass bei großen Temperaturgradienten die meisten Kristalle bereits nach drei Tagen aus völlig neuem, innerhalb der Schneedecke umgelagertem Eis bestehen.

Grundsätzlich werden folgende *Umwandlungsprozesse* in der Schneedecke unterschieden:

- Mechanische Metamorphose
- Abbauende Metamorphose

- Aufbauende Metamorphose
- Schmelzmetamorphose

Die Klassifikation der Schneekristalle nach aktuellen Standards ist der *International Classification of Seasonal Snow on the Ground* [73] zu entnehmen.

3.3.3.3 Mechanische Metamorphose

Die mechanische Metamorphose erfolgt im Wesentlichen durch Windeinfluss und Gravitation. Die Kristalle werden dabei mechanisch zerstört. Typischerweise lagert sich der Schnee im Lee, also auf der windabgewandten Seite, ab und bildet dort mitunter mächtige, teils gefährliche Triebschneeansammlungen (Bild 3-11). Grundvoraussetzung dafür ist jedoch eine schlechte Verbindung mit der Altschneedecke.

Bild 3-11 Schneeverfrachtung durch Wind (© Nairz)

3.3.3.4 Abbauende Metamorphose

Die abbauende Metamorphose beginnt sofort nach dem Schneefall. Dabei verlieren die oftmals verästelten Schneekristalle ihre Spitzen und Kanten. Als Folge davon können im extremen Steilgelände einzelne, anfangs noch zusammenhängende, locker abgelagerte Kristalle aus dem Gleichgewicht fallen. Dieser minimale Impuls reicht oftmals aus, um weitere Kristalle mitzureißen und Lockerschneelawinen entstehen zu lassen. Ansonsten führt die abbauende Umwandlung zu einer Setzung der Schneedecke: Das Porenvolumen nimmt ab, der Schnee wird dichter. Dies geht meist mit einer Stabilisierung der Schneedecke einher, weil sich die Kontaktpunkte zwischen den Kristallen erhöhen. Fällt hingegen auf eine ausgeprägte Schwachschicht (z. B. Schwimmschnee) lockerer Neuschnee, der anschließend z. B. durch Strahlungseinfluss oder Erwärmung gebunden wird, so kann sich dies auch ungünstig auswirken, weil plötzlich Spannungen über größere Flächen übertragen und mitunter Schneebrettlawinen ausgelöst werden können.

(a) (b)

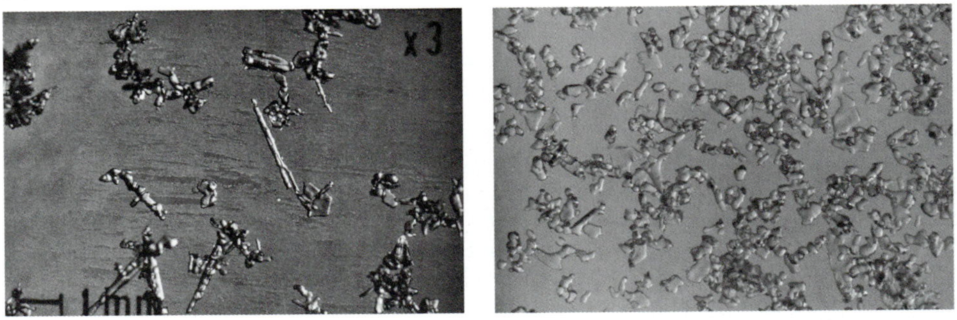

Bild 3-12 (a): Filziger und (b): rundkörniger Schnee (© EAWS)

Bei der abbauenden Umwandlung spielen Dampfdiffusionsprozesse eine wesentliche Rolle. Dabei wird der Schneekristall in einen energetisch günstigeren Zustand versetzt. Zusätzlich spielt das Eigengewicht bei der Umwandlung eine gewisse Rolle. Entscheidend ist die Lufttemperatur. Je wärmer diese ist, desto schneller verläuft die abbauende Umwandlung. Zu den Kristallformen der abbauenden Umwandlung zählen filziger sowie rundkörniger Schnee (Bild 3-12 a,b).

3.3.3.5 Aufbauende Metamorphose

Im Gegensatz zur abbauenden Metamorphose wachsen die Kristalle im Zuge der aufbauenden Metamorphose. Die thermischen Eigenschaften des Schnees haben zur Folge, dass man am Boden meist um 0 °C misst, während die Schneeoberflächentemperatur häufig –25 °C erreichen kann. Bei einer Schneehöhe von 1 Meter beträgt der für die aufbauende Umwandlung entscheidende Temperaturgradient somit 25°/m. Da die bodennahe, warme Luft mehr Wasserdampf aufnehmen kann als die darüber gelagerte kalte Luft, stellt sich ein Wasserdampfdruckgradient ein, der umso größer ist, je größer das Temperaturgefälle ausfällt. Dementsprechend diffundieren Wassermoleküle von unten nach oben und lagern sich an den kälteren Kristallen ab. Von dort geht wiederum ein ständiger, jedoch insgesamt geringerer Massentransport aus. In der Summe wachsen die Kristalle und werden zunehmend kohäsionslos.

Es entstehen anfangs kantige Formen, die sich weiter zum becherartigen *Schwimmschnee* entwickeln (Bild 3-13). Dieser wird auch als Tiefenreif bezeichnet, weil sich Schwimmschnee vornehmlich in Bodennähe bildet und somit von außen – z. B. ohne Schneeprofilaufnahmen oder „Stocktest" – meist nicht erkennen lässt. Zusätzlich beobachtet man Schwimmschnee auch innerhalb der Schneedecke, bevorzugt unter harten Schichten. Entscheidend ist dafür wiederum ein möglichst großer Temperaturgradient auf kleinem Raum, der insbesondere auch dann auftritt, wenn es auf eine feuchte Schneedecke kalt schneit bzw. umgekehrt.

Die Bildung von *Oberflächenreif* ist vergleichbar mit jener des Schwimmschnees: Der für dessen Entstehung notwendige Wasserdampf kommt aus der Umgebungsluft. Verstärkt bildet sich Oberflächenreif im Nahbereich von Wasserläufen während klarer, kalter Winternächte.

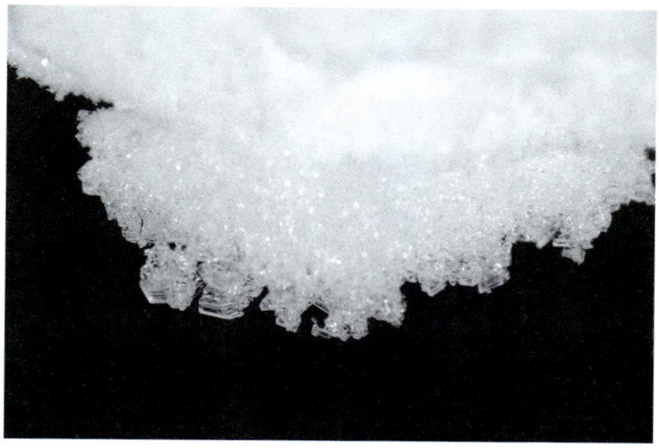

Bild 3-13 Schwimmschneekristalle (© Nairz)

Oberflächenreif und Schwimmschnee zählen zu den kritischsten Schwächeschichten. Gemeinsam mit den kantigen Formen treten sie bei den meisten Lawinenunfällen in Erscheinung. Während sehr langer Kälteperioden wandelt sich häufig die gesamte Schneedecke aufbauend um und ist dann locker und spannungsarm. Es herrscht zunächst geringe Lawinengefahr, die jedoch bei beginnenden Schneefällen samt Windeinfluss rapide ansteigen und innerhalb kurzer Zeit – d. h. innerhalb desselben Tages – auch auf groß ansteigen kann.

3.3.3.6 Schmelzmetamorphose

Die *Schmelzmetamorphose* beginnt, sobald die Schneeoberflächentemperatur 0°C erreicht. Dies kann durch frühlingshafte Witterung oder aber durch Regen erfolgen. Dabei werden die ursprünglichen Eisverbindungen zunehmend durch Wasserverbindungen ersetzt. Dies bewirkt zwei entgegengesetzte Prozesse: Die Kohäsion zwischen den Kristallen wird verringert, während Kapillarkräfte zunehmen. Freies Wasser wirkt sich jedoch in der Summe immer ungünstig auf die Schneedeckenstabilität aus.

Speziell während des Frühjahrs bahnt sich deshalb regelmäßig eine sehr lawinenaktive Zeit an. Dabei löst sich an wenigen Tagen häufig ein Großteil der spontanen Lawinen einer Wintersaison in Form von Nassschneelawinen. Entscheidend ist eine hohe Lufttemperatur in Kombination mit zunehmender Luftfeuchte, allgemein hoher Strahlungsintensität und geringem Windeinfluss, wobei sich die Schneeoberflächentemperatur der Nullgradgrenze nähert und diese erreicht. Ist die Schneedecke locker aufgebaut, entstehen vorwiegend nasse Lockerschneelawinen; ist die Schneedecke gebunden und findet sich zumindest eine eingelagerte Schwachschicht, so werden mitunter auch große, nasse Schneebrettlawinen entstehen.

Günstig hingegen ist der Wechsel aus tageszeitlicher Durchfeuchtung und nächtlicher Abkühlung der Schneedecke. Dabei bilden sich meist oberflächennahe, tragfähige „Harschdeckel", die umso stabiler sind, je kühler die Temperatur, je geringer die Luftfeuchtigkeit und je klarer die Nacht ist.

Das Endprodukt der Schmelzmetamorphose stellt *Sulzschnee* dar, das ist ein grobkörniger, vom Wasser beeinflusster Kristall. Ist die Schneedecke vollkommen durchnässt, spricht man von *Isothermie*. Die Schneetemperatur beträgt dann überall 0 °C.

3.3.4 Die Schneedecke

3.3.4.1 Aufbau der Schneedecke

Die Schneedecke stellt ein Abbild des Wettergeschehens ab dem Zeitpunkt des Einschneiens dar und besteht aus dem in unterschiedlich beschaffenen Schichten abgelagerten Schnee (Bild 3-14). Zusätzlich wandelt sich die Schneedecke in Abhängigkeit der Exposition und Höhenlage unterschiedlich um. Kleinräumig sind mitunter recht große Unterschiede beim Schneedeckenaufbau festzustellen. Hingegen findet man großräumig unter der Voraussetzung ähnlicher meteorologischer Bedingungen (z. B. innerhalb derselben Exposition und Höhenlage) wiederum einen sehr ähnlichen Schneedeckenaufbau. So kann im steilen, südseitigen und kammnahen Gelände aufgrund von Sonneneinstrahlung eine kompakte Schneedecke mit einem Schmelzharschdeckel ausgebildet sein, während unmittelbar hinter dem Grat im sehr steilen schattigen Gelände Oberflächenreif auf einer störanfälligen Schneedecke angetroffen werden kann. Großräumig gesehen ähneln sich dann wieder die in südseitigen Hängen, aber auch die in schattigen Hängen aufgenommenen Profile.

3.3.4.2 Energiebilanz der Schneedecke

Bei der Energiebilanz der Schneedecke stehen sich Energie-Input und -Output gegenüber. Beide steuern maßgeblich die Umwandlungsprozesse innerhalb der Schneedecke. Der Energieaustausch findet einerseits zwischen Boden und Schneedecke, andererseits innerhalb der Schneedecke und zusätzlich zwischen Schneedecke und Atmosphäre statt. Der Energieaustausch erfolgt in Form von Strahlung, Wärme, Wasserdampf und Niederschlag.

Ein Großteil der einfallenden kurzwelligen *Strahlung* (Sonneneinstrahlung) wird reflektiert. Die dafür maßgebliche Reflexzahl wird Albedo genannt und beträgt bei trockenem Neuschnee Werte von bis zu 95 %, bei nassem Altschnee meist um 60 %, während Gletschereis eine Albedo von um die 30 % aufweist. Der restliche Teil der Strahlung dringt in die Schneedecke ein und führt dieser Energie zu. Diese Energie wird entweder für die Erwärmung oder aber für den Schmelzprozess der Schneedecke herangezogen. Wichtig für die Energiebilanz ist weiterhin der Effekt, dass Schnee entsprechend seiner Temperatur Wärme in Form von langwelliger Strahlung abgibt. Während wolkenloser Nächte kühlt sich die

(a)

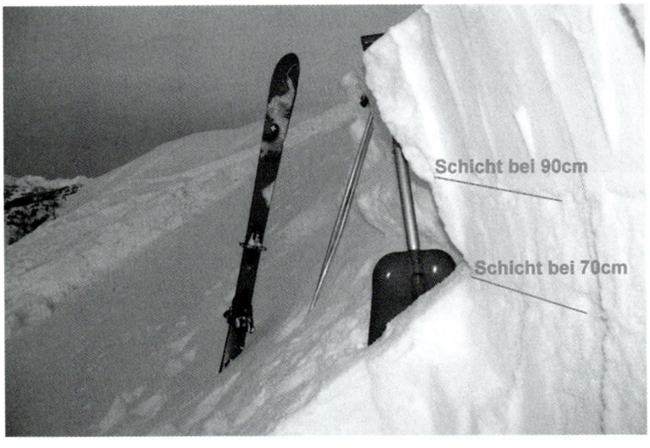

Bild 3-14 Schichtaufbau einer Schneedecke: Schneeprofil (a): im Gelände (© Nairz)

(b)

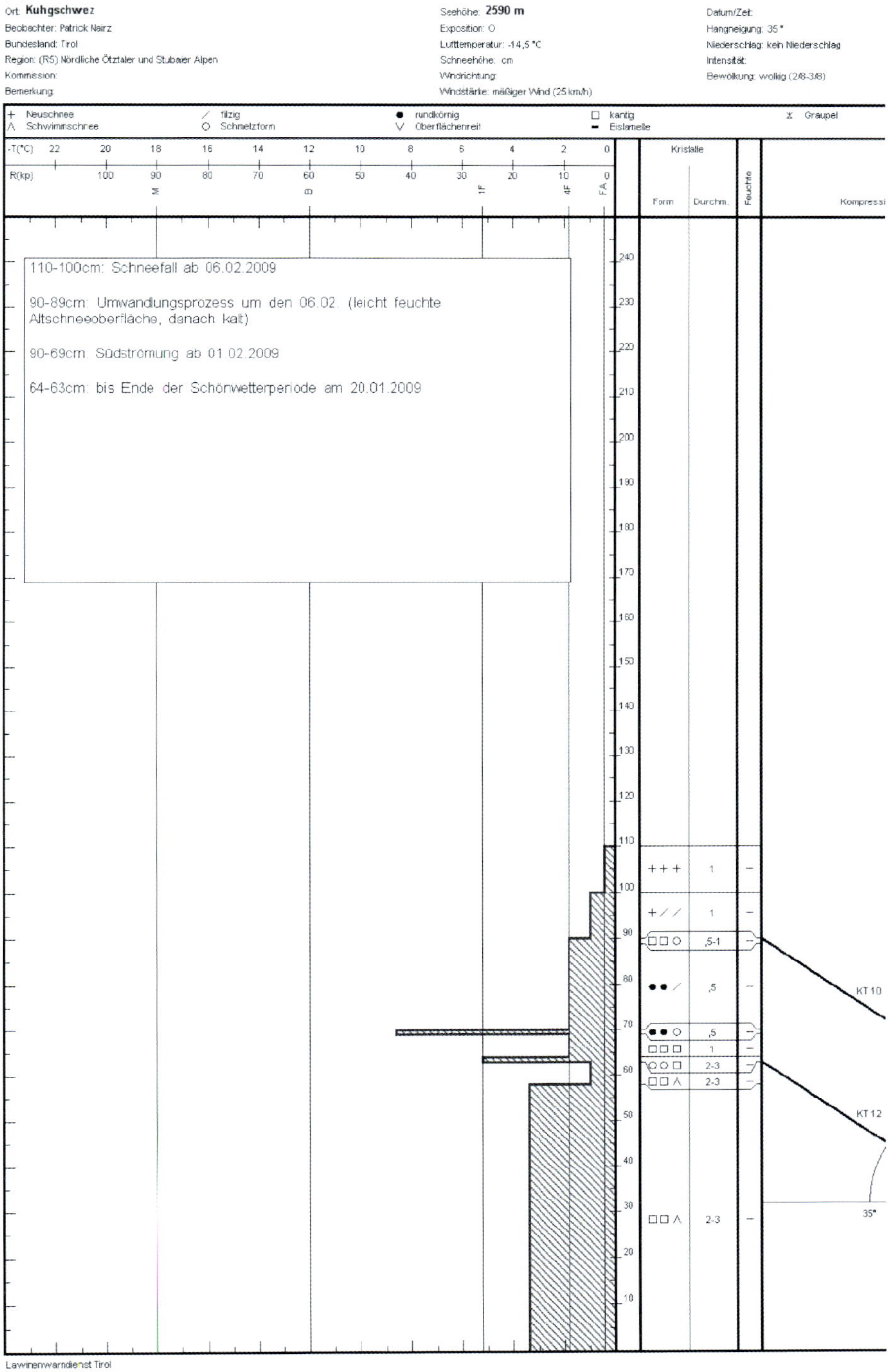

Bild 3-14 (Fortsetzung) Schichtaufbau einer Schneedecke: (b): Aufnahmeblatt (© Nairz)

Schneeoberfläche deshalb deutlich unter die Lufttemperatur ab. Hohe Lufttemperatur, hohe Luftfeuchte sowie ein bedeckter Himmel bewirken hingegen eine große atmosphärische Gegenstrahlung, welche der Abkühlung der Schneedecke entgegenwirkt und diese aufhebt.

Ein weiterer Faktor in der Energiebilanz der Schneedecke ist die *Wärme*. Tritt ein Temperaturunterschied zwischen der Grenzfläche Schnee und Atmosphäre auf, so wird dieser auszugleichen versucht. So führt beispielsweise warmer Wind (Föhn) der Schneedecke Energie zu, die von der Schneedecke aufgenommen wird. Aufgrund der schlechten Wärmeleitfähigkeit der Schneedecke dringt die Wärme jedoch verzögert und nur bis ca. 50 cm tief in die Schneedecke ein.

Der *Dampfaustausch* kann innerhalb der Schneedecke, aber auch zwischen der Schneedecke und der Atmosphäre stattfinden. Insbesondere an sehr trockenen Tagen sublimiert ein Teil des Schnees. Der Schneedecke wird dadurch viel Energie entzogen. Dies erklärt u. a. auch, warum an solchen Tagen während des Frühjahrs trotz warmer Temperaturen oftmals kein Schmelzprozess eintritt. Im umgekehrten Fall, also bei einer entsprechend feuchten Luftmasse, kann der Schneedecke durch Kondensationsprozesse zusätzlich Energie hinzugefügt werden. Der Durchnässungs- und Destabilisierungsprozess schreitet dann rasch voran.

Niederschlag ist hinsichtlich der Energiebilanz der Scheedecke insbesondere dann relevant, wenn er in Form von Regen fällt und der Schneedecke dadurch Energie zuführt.

3.3.4.3 Bewegungen und Spannungen in der Schneedecke (Lawinenauslösung)

Prinzipiell bewegt sich jede im geneigten Gelände abgelagerte Schneedecke aufgrund der Schwerkraft geringfügig talwärts. Dies geschieht als Folge des *Setzungsprozesses* der Schneedecke ohne erkenntliche Rissbildung. Die Schneedecke bleibt dabei am Boden verankert und bewegt sich nur in den darüber gelagerten Schneeschichten. Je steiler das Gelände, je mächtiger die Schneedecke und je näher an der Schneeoberfläche, desto intensiver ist diese sogenannte *Kriechbewegung* und desto größer sind die dabei auftretenden Spannungen (Bild 3-15a).

Bei der *Gleitbewegung* bewegt sich hingegen die gesamte Schneedecke hangparallel um einige Millimeter bis Meter pro Tag, dadurch kann die gesamte Schneedecke bis zum Boden aufreißen. Es bilden sich die „Gleitschneemäuler“ (Bild 3-15b), in deren Folge können sich daraus auch Gleitschneelawinen entwickeln. Ein Gleitschneemaul kann jedoch auch den gesamten Winter über bestehen bleiben, ohne dass sich eine Gleitschneelawine löst.

Die Einwirkung der Kriech- und Gleitbewegungen auf die Lawinenanbruchverbauung wird in Abschnitt 8.2.5.1 behandelt.

Sowohl die Kriech- als auch die Gleitbewegungen können zu einem Ab- bzw. Aufbau von Spannungen innerhalb der Schneedecke führen. Davon sind sowohl Zug-, Druck-, als auch Scherspannungen betroffen. *Zugspannungen* entstehen typischerweise im Bereich von Rücken, also bei Neigungszunahmen, *Druckspannungen* im Bereich von Mulden, also bei Neigungsabnahmen. Die für die Lawinenentstehung entscheidende Spannungskomponente ist jedoch die *Scherspannung*, die umso größer wird, je schlechter Schichten untereinander verbunden sind. Primär bricht eine Schneedecke also immer innerhalb einer Schwachschicht und nicht in der Zug- bzw. Druckzone. Sehr wohl kann jedoch in der Druckzone, also z. B. im flachen Hangfuß eine Schwachschicht, gestört werden und sich von dort der

(a)

(b)

Bild 3-15 Bewegungen in der Schneedecke: (a): Kriechbewegungen (© Sauermoser); (b): Gleitbewegung: „Lawinenmaul“ (© Nairz)

Bruch in den benachbarten Hang ausbreiten. Man spricht dann von „Fernauslösung“. Erst in der Folge kommt es dann zum Bruch der Schneedecke, sowohl in der Zug-, als auch in der Druckzone.

Der Bruchmechanismus konnte von *Van Herwijnen et. al* [335] experimentell nachgestellt werden. Dabei bestätigte sich die These, dass der Bruch innerhalb der Schneedecke an einem Punkt (z. B. durch Zusatzbelastung) initiiert wird. Es kommt lokal zu einem Bruch der Schneekristalle innerhalb der Schwachschicht, was eine geringfügige Setzung bewirkt. Manchmal kann man in diesem Moment das dafür typische „Wumm“-*Geräusch* hören. Der Bruch pflanzt sich in Folge fort, wobei eine Lawinenauslösung schlussendlich auch von der Geländesteilheit abhängig ist. Die dafür typische Neigung beträgt mehr als 30°, da unterhalb dieses Grenzwinkels die Reibungskräfte gegenüber den Schubkräften überwiegen.

3.3.4.4 Genetische Lawinenklassifikation

Die veränderlichen (nicht ortsgebundenen) Rahmenbedingungen für die Lawinenbildung sind die Grundlage der Genetischen Lawinenklassifikation (Tabelle 3-3). Die Kriterien dieser Klassifikation entsprechen den zuvor ausgeführten Bildungsmechanismen für Lawinen.

Tabelle 3-3 *Genetische Lawinenklassifikation* (UNESCO-Lawinenatlas 1981 [333]): Eine streng genetische Klassifikation würde eine Lawine nach ihrer Bildungsursache bezeichnen. Da aber die meisten Lawinen das Ergebnis verschiedener zusammenwirkender Ursachen sind, wurde in der Genetischen Klassifikation versucht, eine Übersicht der ortsfesten und veränderlichen Rahmenbedingungen wiederzugeben.

Veränderliche Rahmenbedingungen für die Lawinenbildung	Auswirkung auf Lawinenintensität
1 Laufendes Wetter (Periode ca. 5 Tage zurück)	
1.1 Schneefall	Zunehmende Belastung, zunehmende Masse geringer Stabilität; wichtigster Faktor der Lawinenbildung
– Art des Neuschnees	Flaumiger Schnee: Lockerschneelawinen Bindiger Schnee: Schneebrettlawinen
– Täglicher Neuschneezuwachs	Zunehmende Instabilität mit Neuschneehöhe, Neu- oder Altschneebruch
– Intensität des Schneefalls	Mit hoher Intensität progressive Instabilität, Förderung des Neuschneebruches, Ausweitung der Gefahr auf Hänge geringerer Neigung
1.2 Regen	Förderung nasser Lockerschneelawinen oder weicher Schneebrettlawinen. Gemischte Schnee- und Erdrutsche
1.3 Wind	Zwei Wirkungen: – örtlich erhöhte Schneeablagerungen – erhöhte Sprödigkeit des Schnees
– Windrichtung	Verstärkte Bildung von Schneebrettlawinen an Lee-Hängen; Bildung von Wächten
– Windgeschwindigkeit und Dauer	Mit zunehmender Geschwindigkeit und Dauer örtliche Bildung von Schneebrettlawinen erhöht; Schneebrettlawinen möglich
Thermische Bedingungen Maßgebende Bedingungen: – Schneetemperatur – Schneefeuchte	Ambivalente Wirkung auf Festigkeit und Spannung, d. h. auf Lawinenbildung Erhöhung der Schneetemperatur verursacht Krise, aber schließlich Stabilisierung Erhöhung der Feuchtigkeit fördert Lawinenbildung
– Lufttemperatur	Ähnliche Wirkung in allen Hanglagen
– Sonnenstrahlung	Vorherrschende Wirkung auf sonnenexponierte Hänge
– Temperaturstrahlung	Abkühlung der Schneeoberfläche in der Nacht und im Schatten, bedeutsam bei wolkenlosem Himmel. Förderung der Bildung von Oberflächen- und Tiefenreif

Tabelle 3-3 (Fortsetzung)

Veränderliche Rahmenbedingungen für die Lawinenbildung	Auswirkung auf Lawinenintensität
2. Altschneebedingungen Vergangene Wettereinflüsse über den ganzen bisherigen Winter integriert	
2.1 Gesamtschneehöhe	Nicht vorherrschender Faktor für die Lawinengefahr. Mitbestimmend für Masse von Bodenlawinen. Wichtig für die Verfestigung und die Umwandlung der Schneedecke
2.2 Schichtung Festigkeitsprofil	Stabilität bestimmt durch schwächste Schicht bezüglich Spannungszustand
– Oberflächenschicht	Lockerheit (Oberflächenreif), Sprödigkeit, Rauigkeit wichtig für die Haftung weiterer Ablagerungen
– Innere Schichten	Altschneebruch verursacht durch schwache Zwischenschichten (alte Oberflächen) und Schwimmschnee (Tiefenreif)
3 Auslösebedingungen	
3.1 Natürliche Auslösung	Natürliche Lawine
– innere Einflüsse	Spontane Lawine
– äußere (nicht menschliche) Einflüsse	Natürlich ausgelöste Lawine
3.2 Auslösung durch Menschen	
– unbeabsichtigte Auslösung	Unbeabsichtigte Lawine
– beabsichtigte Auslösung	Künstlich ausgelöste Lawine

3.4 Quantitative Darstellung von Lawinenereignissen

3.4.1 Allgemeines

Ein *Lawinenereignis* kann als zeitlich und räumlich abgrenzbares Auftreten der schnellen Verlagerung von Schneemassen (Definition „Lawine“; siehe Abschnitt 3.1.1) definiert werden und wird durch die Häufigkeit des Eintritts und die Größenordnung (Intensität) beschrieben.

Ein *Extremereignis* entspricht dem maximalen Wert einer Beobachtungsreihe. Bei Lawinen werden Extremereignisse oft wegen der devastierenden Wirkung mit trockenen Mischlawinen oder Staublawinen assoziiert.

3.4.2 Kriterien zur Darstellung von Lawinenereignissen

3.4.2.1 Eintrittswahrscheinlichkeit (Jährlichkeit)

Die *Eintrittswahrscheinlichkeit* einer Lawine wird üblicherweise mit Hilfe der Extremwertstatistik (siehe Abschnitt 3.4.3) auf Basis von Messdaten über einen längeren Beobachtungszeitraum (30–100 Jahre) und auf Grundlage von Gl. (3.1) ermittelt. In einer „unendlich" lang gedachten Reihe von Beobachtungsjahren wird das n-jährliche Lawinenereignis im Durchschnitt alle n Jahre erreicht oder überschritten. Aus dieser Angabe ist aber eine Prognose des Zeitpunktes, zudem dieses Ereignis eintreten wird, nicht möglich.

$$p = 1 - \left(1 - \frac{1}{T_n}\right)^n \tag{3.1}$$

mit:

p	Eintrittswahrscheinlichkeit
T_n	Jährlichkeit oder Wiederkehrsintervall, in [Jahren]
n	Betrachtungszeitraum, in [Jahren]

Die *Jährlichkeit* ist gleich dem Reziprokwert der Überschreitungswahrscheinlichkeit dieser Messwerte, die die Größenordnung des Lawinenereignisses ausdrücken. Theoretisch können der 3-tägige Schneehöhenzuwachs, die Anrissmächtigkeit oder die Auslaufstrecke als Kriterien herangezogen werden, gegebenenfalls können auch Informationen über historische Lawinenereignisse (Chroniken, „Stumme Zeugen") ergänzend berücksichtigt werden.

In der Praxis werden weitgehend die Messdaten des Schneeniederschlages für die Bestimmung der Jährlichkeit verwendet, da in den einzelnen Lawinenstrichen üblicherweise die Datenreihen zu kurz für statistische Auswertungen der Auslauflängen sind. Tatsächlich wird somit von der Jährlichkeit des Niederschlagsereignisses auf die Jährlichkeit des Lawinenereignisses geschlossen.

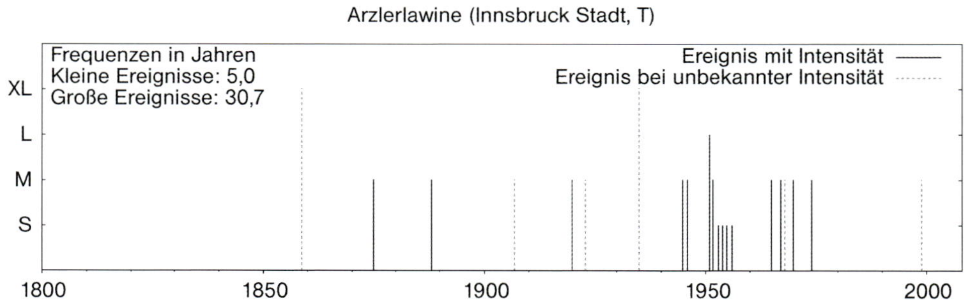

Bild 3-16 Übersicht über die Anzahl der dokumentierten Lawinenereignisse (Häufigkeitsdiagramm) für die Arzleralm-Lawine (Innsbruck): Derartige systematische Aufzeichnungen sind leider selten und entstehen fast nur für Lawinenstriche, mit denen eine besondere Gefährdung verbunden ist (nach [136])

3.4.2.2 Intensität (Magnitude)

Ingenieurmäßige Ansätze zur *Quantifizierung der Intensität* der Lawinenwirkung basieren auf physikalischen Größen wie z. B. dem Druck p in Abhängigkeit der Dichte ρ des Lawinenschnees, der Lawinengeschwindigkeit v und die Fließhöhe h. Die *Intensitätskriterien* werden in der Regel mit Hilfe von mathematischen Modellen (siehe Abschnitt 4.2) ermittelt. Beispiele für die in der Gefahrenzonenplanung (siehe Abschnitt 5.3.4) geltenden Intensitätskriterien sind Tabelle 3-4 (Österreich, Schweiz) und Bild 3-17 (Schweiz) zu entnehmen.

Tabelle 3-4 Intensitätsklassen für den Prozess Lawine für die Gefahrenzonenplanung und zur Berücksichtigung bei der raumwirksamen Tätigkeit für Österreich und Schweiz (nach [34][276])

Intensitätsklasse Gefahrenzone	Österreich Bemessungsereignis: 150-jährlich	Schweiz Bemessungsereignis: 300-jährlich
	Lawinendruckwirkung p auf ein großes, senkrecht stehendes Hindernis in [kN/m²]	
Starke Intensität Ö/S:Rote Gefahrenzone	$p \geq 10$	$p \geq 30$
Mittlere Intensität Ö: Gelbe Gefahrenzone S: Blaue Gefahrenzone	$1 \leq p < 10$	$3 \leq p < 30$
Schwache Intensität Ö: – S: Gelbe Gefahrenzone	$p < 1$	$p < 3$

Anmerkung: Die Grenzwerte für die Lawinendruckwirkung lagen in Österreich (ähnlich den Schweizer Kriterien) bis 1999 bei ≥ 25 kN/m² (Rote Zone) bzw. ≥ 3 kN/m³ (Gelbe Zone), wurden aber nach [276] aufgrund der Erfahrungen der Lawinenkatastrophe von Galtür durch das zuständige Bundesministerium für Land- und Forstwirtschaft auf die in der Tabelle angeführten Werte gesenkt.

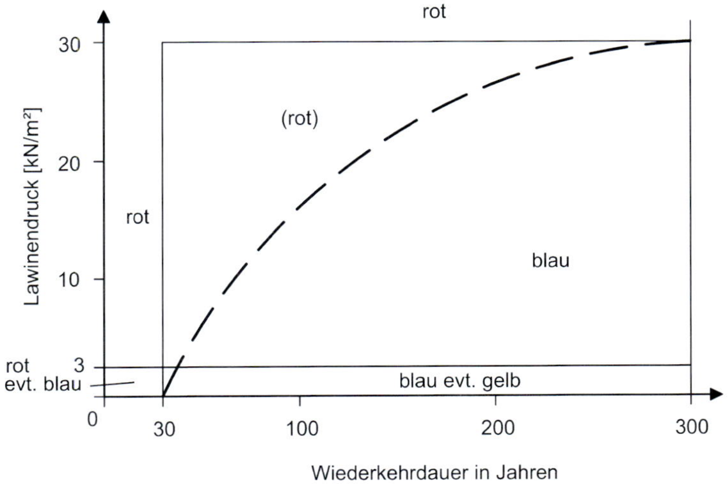

Bild 3-17 Beispiel eines Jährlichkeit-/Intensitäts-Diagramms für die planliche Darstellung von Lawinengefahren in der Schweiz, nach [34]

3.4.3 Extremwertanalyse

3.4.3.1 Methodik und Extremwertverteilungen

Die Extremwertanalyse baut auf den statistischen Methoden der Extremwerttheorie auf und liefert unter anderem Aussagen zu den folgenden Fragen:

- Wie häufig tritt ein Extremereignis bestimmter Intensität statistisch gesehen auf?
- Mit welchem Extremwert muss man in einem bestimmtem Zeitintervall statistisch gesehen rechnen?

In der Extremwerttheorie untersucht man das Verhalten von stochastischen Prozessen, wenn ungewöhnlich große oder kleine Werte gegeben sind. Die zwei üblichen Analyseansätze sind zum einen die „Block-Maxima-Methode" und zum anderen die „Peaks-Over-Threshold-Methode".

Bei der *Block-Maxima-Methode* wird nicht die Gesamtheit der Daten zur Berechnung herangezogen, sondern man betrachtet die Maxima einzelner Blöcke (z. B. Jahresmaxima). Bei der *Peaks-Over-Threshold-Methode* wird hingegen der gesamte zur Verfügung stehende Datensatz untersucht, wobei nur jene Fälle betrachtet werden, bei denen ein zuvor definierter Schwellwert (threshold) überschritten wird (d. h. unabhängig vom Jahr des Auftretens).

Für die statistische Auswertung werden zufällige und repräsentative Stichproben (z. B. Zeitreihe von Extremniederschlagsereignissen) als Grundlage für die weiteren Berechnungen benötigt. Mittels statistischer Methoden wird versucht, aus den Informationen der Stichprobe auf die Gesetzmäßigkeiten der Grundgesamtheit zu schließen. Hauptaufgabe ist es hierbei auf Grund der empirischen Verteilung, welche aus der Stichprobe resultiert, die i. a. unbekannte Verteilungsfunktion der Grundgesamtheit zu ermitteln.

Der zentrale Grenzwertsatz der Extremwerttheorie besagt, dass Maxima zufälliger (unabhängiger und identisch verteilter) Größen einer der drei *Extremwertverteilungen* folgen:

Gumbel-Verteilung: $$G_0(x) = \exp(-\exp(-(X-\mu)/\sigma)_\alpha), \alpha = 0 \tag{3.2}$$

Fréchet-Verteilung: $$G_0(x) = \exp(-((X-\mu)/\sigma)_\alpha), \alpha < 0 \tag{3.3}$$

Weibull-Verteilung: $$G_0(x) = \exp(((X-\mu)/\sigma)_\alpha), \alpha > 0 \tag{3.4}$$

mit:

G_0 Verteilungsfunktion der sogenannten verallgemeinerten Extremwertverteilung (GEV)
σ Skalenparameter
μ Lokationsparameter
α Formparameter

Welche der drei Extremwertverteilungen gewählt werden muss, ergibt sich über den Formparameter α, welcher die Langschwänzigkeit der Verteilung regelt. Bei $\alpha = 0$ wird die *Gumbel-Verteilung* verwendet, bei $\alpha < 0$ die *Fréchet-Verteilung* und bei $\alpha > 0$ die *Weibull-Verteilung*.

Die wichtigsten Anwendungsbereiche der Extremwerttheorie sind u. a. die Vorhersage von Wettereigenschaften, Pegelständen, Versicherungsverlusten und Bruchwahrscheinlichkeiten von technischen Konstruktionen. In Bezug auf Schnee und Lawinen wird die Extremwerttheorie überwiegend für die Bestimmung von zu erwartenden extremen Niederschlagsmengen und Schneehöhen verwendet. Die Verwendung etwa zur Ermittlung extremer Auslauflängen scheitert bisher daran, dass es nur in wenigen Ausnahmefällen eine ausreichende Zeitreihe von Ereignissen in einem Prozessraum (z. B. Lawinenstrich) gibt.

3.4.3.2 *Beispiel:* Ermittlung extremer Niederschlagsmengen aus einer Zeitreihe der Station Gastein (Salzburg)

Bild 3-18 stellt für den Zeitraum 1981 bis 2001 die maximalen 3-Tages-Neuschneesummen der meteorologischen Messstation *Bad Gastein* (Salzburg) dar. Aus der kontinuierlichen Zeitreihe (Tageswerte) können entweder mit der Block-Maxima-Methode (BM) die maximalen jährlichen Werte oder mit der Peaks-Over-Threshold-Methode (POT) die maximalen Werte über einem bestimmten Grenzwert (der in diesem Fall mit 40 cm festgelegt wurde) ausgelesen werden. Die Gesamtsumme der Datenmenge wurde in diesem Fall mit 21 konstant gehalten. Für die POT-Methode ist dabei zu beachten, dass die ausgelesenen Ereignisse möglichst unabhängig zueinander sind (es dürfen also keine direkt aufeinander folgenden Werte ausgelesen werden).

Mit der Momentenmethode können die Parameter der entsprechenden Extremwertverteilung geschätzt werden. Tabelle 3-5 zeigt die Ergebnisse für die drei wichtigsten Parameter μ, σ und α, die in Bild 3-19 als Extremwertfunktion mit dargestellt sind. Die Abbildungen

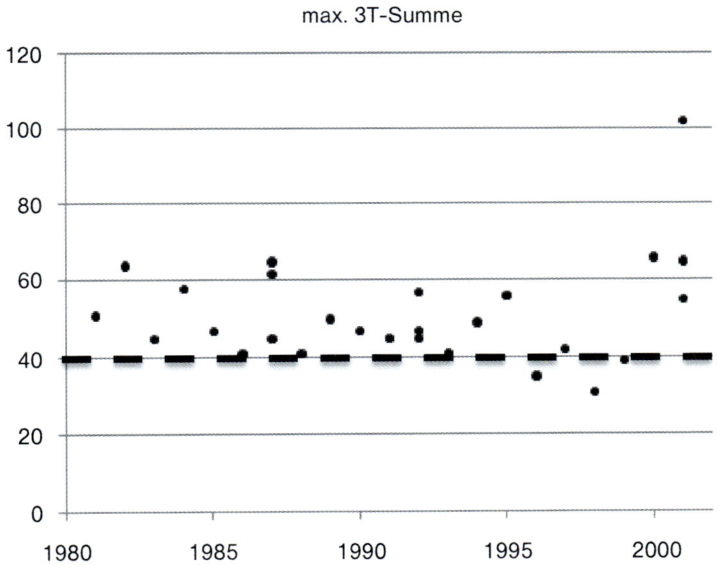

Bild 3-18 Verteilung der 3-Tages-Neuschneesummen von 1981 bis 2001 für die Station *Bad Gastein* (Salzburg): gestrichelt der Grenzwert für die Ableitung der partiellen Zeitreihe (POT) (© Kleemayr)

Tabelle 3-5 Skalenparameter σ, Lokationsparameter μ und Formparameter α für die beiden Datensätze 3-Tages-Summe und 3-Tages-Summe POT40

	μ	σ	α	max/min	$\lambda = 1/50$	$\lambda = 1/1000$
3T-Summe	51,0	17,6	–0,29	18,5	98,0	209,3
3T-Summe POT40	53,6	16,0	–0,33	29,6	94,3	203,4

zeigen die ausreichenden Sicherheitsbereiche für die prognostizierten Werte bis 70 cm einerseits, aber auch den sprunghaften Anstieg der Unsicherheit darüber. Dies ist im vorliegenden Fall vor allem auf die ungünstige Verteilung der Ausgangsdaten (Bild 3-19) und die kurze Datenreihe zurückzuführen.

(a)

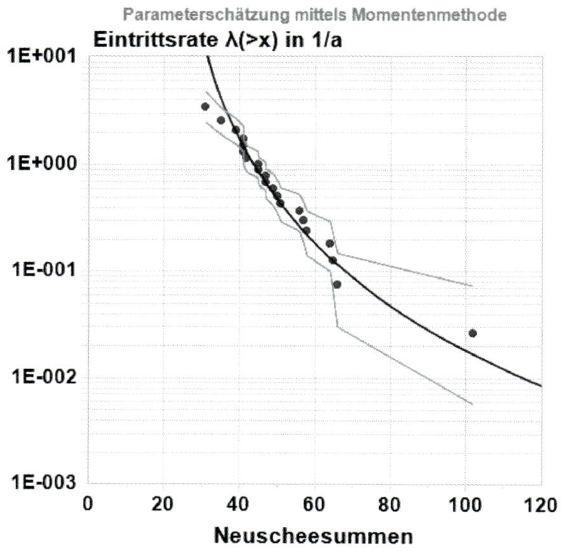

(b)

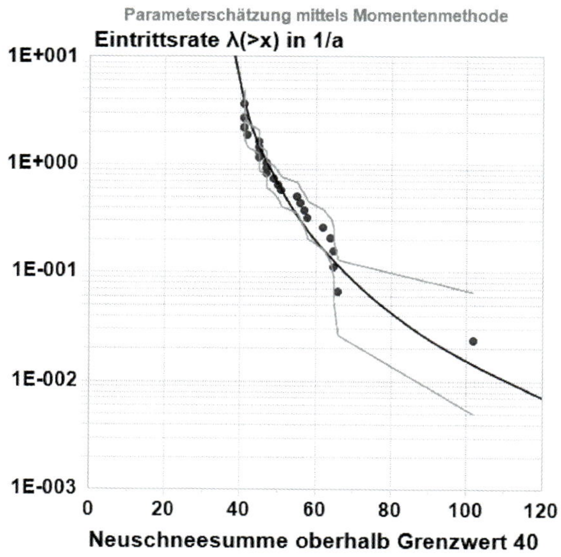

Bild 3-19 Verteilung der jährlichen Neuschneesummenmaxima, angepasste Extremwertfunktion und Sicherheitsbereich: Beispiele (a, b) (© Kleemayr)

3.5 Morphologische Grundlagen der Entstehung von Lawinen

3.5.1 Lawineneinzugsgebiet

Das gesamte von einer Lawine beeinflusste Gebiet wird als *Einzugsgebiet* bezeichnet. Dieses besteht aus dem Anriss-, dem Anbruchgebiet oder der Anbruchzone, der Sturzbahn oder der Lawinenbahn und dem Ablagerungsgebiet bzw. dem Ablagerungsbereich [235][333]. Die *morphologische Lawinenklassifikation* der UNESCO [333] baut auf dieser morphologischen Einteilung eines Einzugsgebietes auf und diese hat sich bis heute weitgehend erhalten. Im Österreichischen Forstgesetz [71] wird zusätzlich noch das Nährgebiet genannt. Dies ist jenes Gebiet, aus dem windverfrachteter Schnee aufgenommen wird und welches somit für die Situierung von Verwehungsverbauungen maßgeblich ist. Ein Überblick über die *ortsfesten Rahmenbedingungen der Lawinenbildung* ist in Tabelle 3-6 enthalten.

Tabelle 3-6 Ortsfeste Rahmenbedingungen für die Lawinenbildung (*UNESCO-Lawinenatlas 1981* [333])

Ortsfeste Rahmenbedingung für die Lawinenbildung	Auswirkung auf Lawinenintensität
1. Geländebedingungen:	
1.1 Relative Höhenlage	
Allgemeine topographische Situation	Wirkung abhängig von der geogr. Breite und der Überhöhung durch umgebende Berge
– Kammlagen und Hochflächen	starker Windeinfluss, Wächten, örtliche Schneebrettlawinen
– Lage zwischen Waldgrenze und Kämmen	ausgedehnte Gebiete der Bildung von Schneebrettlawinen
– Lage unterhalb der Waldgrenze	Verminderter Windeinfluss, Verminderte Bildung von Schneebrettlawinen, weiche Form vorherrschend
1.2 Neigung	
$> 35°$	Bildung von Lockerschneelawinen möglich
$> 25°$ (28°–30°)	Bildung von Schneebrettlawinen möglich
$> 15°$	stationäre oder beschleunigte Fließbewegung
$< 20°$ (10°)	verzögerte Bewegung oder Ablagerung
1.3 Hangrichtung	
– relativ zur Sonne	an Schatthängen verstärkte Bildung von trockenen Schneebrettlawinen, an Sonnhängen verstärkte Bildung von Nassschneelawinen
– relativ zum Wind	An Lee-Hängen Treibschneeanhäufungen. Verstärkte Bildung von Schneebrettlawinen, an Luv-Hängen umgekehrt
1.4 Geländeform	
– offene ebenmäßige Hänge	Flächenlawinen

Tabelle 3-6 (Fortsetzung)

Ortsfeste Rahmenbedingung für die Lawinenbildung	Auswirkung auf Lawinenintensität
– Rinnen, Trichter, Rippen	Runsenlawinen, konzentrierte seitliche Begrenzung
– Gefällsänderungen	Schneebrett- und Lockerschneelawinen an konvexen Hängen
– Gefällsstufen	Staublawinen, Kaskadenbildung
1.5 Rauigkeit	
– glatter Boden	Schneegleiten (auf nassem Boden) Bodenlawinen begünstigt
– herausragende Hindernisse (Felsen, Querrippen)	Oberlawinen über Niveau der Rauigkeit
– Vegetation	Gras: Schneegleiten und Bodenlawinen begünstigt Gebüsch: Verminderung der Lawinenbildung, wenn nicht schneebedeckt Wald: Lawinenbildung verhindert, wenn dicht

3.5.2 Anbruchgebiet

Das Anbruchgebiet (Anrisszone) ist jener Bereich, in dem eine Lawine abbricht. Das wesentliche Merkmal eines Anbruchgebietes ist die *Hangneigung*, welche maßgeblich das Abbrechen von Lawinen beeinflusst. Hänge mit einer Neigung >30° werden allgemein als Anbruchgebiete eingestuft [7][88]. Lawinenanbrüche unterhalb von 30° sind selten, von

Bild 3-20 Schneebrettabbruch (© Nairz)

Tabelle 3-7 Lawinenarten nach unterschiedlicher Hangneigung nach *Schaerer & McClung* [299]

Hangneigung	Lawinenart
60°–90°	Lawinen selten, Schneerutsche häufig in kleinen Portionen
30°–60°	Trockene Lockerschneelawinen
45°–55°	Häufige kleine Schneebrettlawinen
35°–45°	Schneebrettlawinen aller Größen
25°–35°	Seltene (oft große) Schneebrettlawinen, Nassschneelawinen
10°–25°	Seltene Nassschneelawinen und „slush flows"

Margreth [189] werden 28° als Untergrenze der Hangneigung genannt, auch die ONR 24805 [235] definiert einen Hangneigungsbereich von 28°–55°. Im Lawinenatlas der UNESCO [333] wird erwähnt, dass große und gefährliche Lawinen hauptsächlich bei einer Hangneigung zwischen 35° und 40° abbrechen (Neigungsbereich der häufigsten Schneebrettabbrüche).

Oberhalb von 45° brechen hauptsächlich Lockerschneelawinen an [187] (Bild 3-21). Die Größe eines Lawinenanbruchgebietes variiert mit Faktoren wie Hangneigung, Rauigkeit, Seehöhe und Exposition. In [299] wird das durchschnittliche Verhältnis der Länge zur Breite einer Schneebrettanbruches mit 0,5 angegeben, wobei die Breite von der 10-fachen bis zur mehrhundertfachen Anbruchhöhe variiert. Nach oben ist die Größe eines Anbruchgebietes unbegrenzt und ist im Wesentlichen von den Faktoren abhängig, die in der genetischen Lawinenklassifikation (Tabelle 3-6) als ortsfeste Rahmenbedingungen aufgezählt sind.

Die *absolute Höhenlage* eines Anbruchgebietes beeinflusst die Wahrscheinlichkeit von Schneeakkumulation genau so wie die Exposition, die Lage zu Kamm- oder Hochflächen, die Gesamtform im Profil und im Längenschnitt, die Rauigkeit des Untergrundes und die Lage zur Waldgrenze.

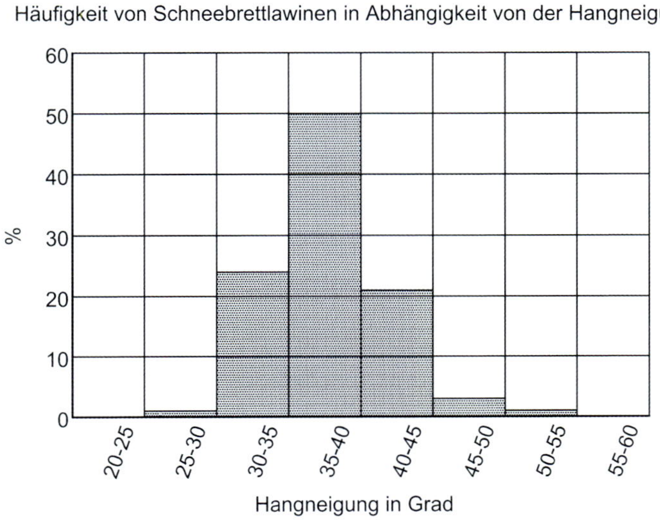

Bild 3-21 Häufigkeit von Schneebrettlawinen in Abhängigkeit der Hangneigung, nach [7]

Bild 3-22 Typisches muldenförmiges inneralpines Lawinenanbruchgebiet oberhalb der Waldgrenze (© Sauermoser)

Je höher ein Anbruchgebiet liegt, umso mehr Schnee kann sich dort ansammeln, umso tiefer sind die Temperaturen und umso mehr ist die Verteilung des Schnees vom Wind beeinflusst. In Kammbereichen, insbesondere in Leeseiten von Gebirgen, kommt es zu massiven Schneeakkumulationen, welche weit über den normalen Niederschlag hinausgehen (Bild 3-23). Diese Akkumulationen werden noch durch die Morphologie eines Anbruchgebietes gefördert, wenn dieses eine leichte Muldenform aufweist, sodass Einwehungen von mehreren Richtungen möglich sind. Im Gegenzug dazu weisen Anbruchgebiete mit einem konvexen Profil eine geringere Möglichkeit zur Schneeakkumulation auf. Schneeakkumulation in Lee-Hängen findet entlang des Alpennordrandes hauptsächlich in SW-SO gerichteten Hängen statt, da die Wetterlagen, welche für intensive Schneefälle sorgen, NW-W-Wetterlagen (siehe Abschnitte 3.2.21 und 3.2.2.2) sind, welche mit starken Winden aus W-N-Richtung verbunden sind. Umgekehrt ist die Situation am Alpensüdrand, wo vor allem Tiefdruckgebiete (siehe Abschnitt 3.2.2.3), welche mit starken Südwinden verbunden sind, nach NO-NW exponierte Anbruchgebiete einwehen.

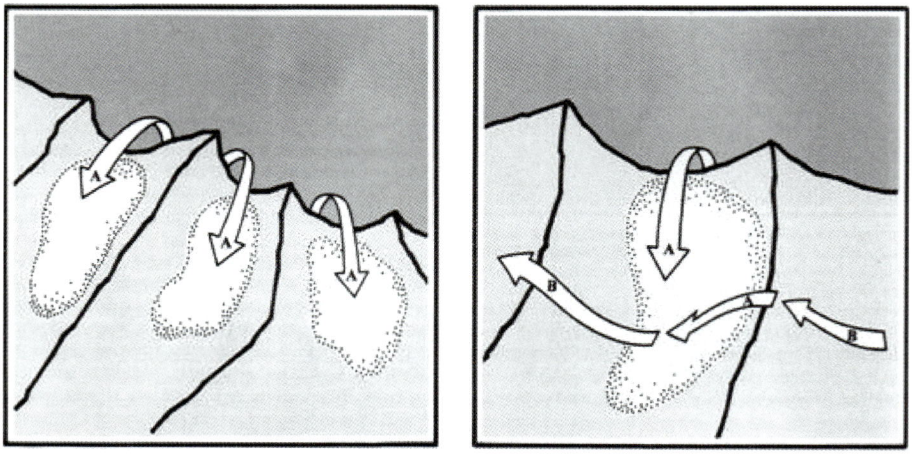

Bild 3-23 Einfluss der Kammlage auf die Schneeablagerung: (a, links): Schneeeinwehung über dem Kamm; (b, rechts): Schneeverteilung entlang des Hanges, nach [7]

Typische potentielle Anbruchgebiete von Großlawinen befinden sich häufig in steilen kammnahen, sowohl im Profil als auch im Längenschnitt konkaven Hangbereichen mit geringen Rauigkeiten oder markanten Geländeunterbrechungen (Bild 3-22, Bild 3-24). Allerdings kann es unter extremen Bedingungen auch zu Bruchfortpflanzungen über markante Geländerücken hinweg kommen, welche unter normalen Rahmenbedingungen nicht einschätzbar sind. Die Einschätzung der Breite eines potentiellen Anbruchgebietes ist deshalb oft sehr schwierig. Die maximale Anbruchbreite beim Lawinenereignis im Februar 1999 betrug in der Schweiz etwa 4 km [289]. Mehrere Geländekammern, welche unter normalen Bedingungen als unabhängige nebeneinander liegende Anbruchgebiete betrachtet werden, können so unter extremen Bedingungen zu einem gemeinsamen Anbruchgebiet zusammenwachsen. Dies gilt auch für untereinander liegende potentielle Anbruchgebiete, welche üblicherweise unabhängig voneinander abbrechen. Lawinen aus *primären* Anbruchgebieten oberhalb von Verebnungen – wie Trogschultern in typischen inneralpinen Trogtälern – können unter extremen Bedingungen Lawinen aus *sekundären* Anbruchgebieten, welche innerhalb der steilen Trogflanken liegen, auslösen. Dies trifft dann zu, wenn die Auslauflängen aufgrund zunehmender Lawinenmasse aus den primären Anbruchgebieten so groß werden, dass die Verebnungen oberhalb von Trogschultern oder Karschwellen [299] überfahren werden, was unter normalen Bedingungen nicht vorkommt, und die Lawinen dort abgelagert werden. Die große Masse der Schadlawine in Galtür im Winter 1998/99 kam aus diesem Grunde zustande [275]. Problematisch ist die Abgrenzung eines potentiellen Anbruchgebietes nach unten, wenn die Hangneigung in der Sturzbahn ebenfalls mehr als 30° beträgt. Der Übergang in die *potentielle Sturzbahn* einer Lawine ist ein gutachtlich festzulegender Bereich.

Bild 3-24 Lawinenanbruchgebiet oberhalb der potentiellen Waldgrenze (© Sauermoser)

Neben der unmittelbaren Lage zu Kammlagen kann auch die Lage zu windexponierten Hochflächen eine deutliche Schneeakkumulation in potentiellen Anbruchgebieten bewirken. Aus diesen Nährgebieten kann extrem viel Schnee in oberste Hangbereiche eingeblasen werden, während die Nährgebiete selbst fast schneefrei sind.

Die Exposition eines Anbruchgebietes ist nicht nur für die Lage zu den Hauptwinden wichtig, sondern auch die *Lage zur Sonneneinstrahlung* ist ein entscheidender Faktor für die Lawinenbildung. Auf Südhängen setzt sich der Schnee auf Grund der höheren Einstrahlung schneller [7] und somit kommt es zu einer schnelleren Verfestigung der Schneedecke. Die intensivere Strahlung an Südhängen kann allerdings wiederum im Frühjahr zu einem gehäuften Auftreten von Nassschneelawinen führen.

Ein wesentlicher Faktor für die Eigenschaften von potentiellen Lawinenanbruchgebieten ist die *Rauigkeit des Untergrundes*, welche in unterschiedlichen Bodenklassen und Rauigkeitsbeiwerten [68] ausgedrückt wird. Große, einheitliche Flächen ohne wesentliche Geländerauigkeiten, insbesondere glatte, langhalmige geschlossene Grasnarbe oder glatte anstehende Felsplatten mit hangparalleler Schichtung, werden der Bodenklasse vier zugeordnet und weisen die geringste Rauigkeit auf. Die Wirkung der Rauigkeiten dürfen allerdings nicht überschätzt werden. Frühwinterliche Schneefälle können auch große Rauigkeiten ausgleichen und somit können auch in rauem und unregelmäßigem Gelände Gleithorizonte mit großer Ausdehnung entstehen.

Die meisten *potentiellen* Lawinenanbruchgebiete liegen in den Alpen oberhalb der *natürlichen Waldgrenze* (Bild 3-22). Nach Einschätzungen von *Sauermoser* [273] trifft dies in Österreich für ca. $^2/_3$ aller potentiellen Anbruchgebiete zu. Die natürliche Waldgrenze ist nach [194] eine allgemeinklimatische Grenze mit erheblichen lokalklimatischen und reliefbedingten sowie orografischen und edaphischen Abweichungen und ein einheitlicher Wert ist deshalb nur grob anzugeben. Für den inneralpinen Bereich werden 2100–2300 m angegeben, für randalpine Bereiche SH 1800 bis 1900 m. Natürliche Waldgrenzen sind nach jahrhundertelanger anthropogener Beeinflussung nur noch teilweise vorhanden und auch nur sehr schwer rekonstruierbar. Nach [79] beträgt die durchschnittliche Höhendifferenz zwischen der natürlichen und der aktuellen Waldgrenze in Tirol inneralpin 208 m. Die durchschnittliche Höhendifferenz von der natürlichen Waldgrenze zur Gipfelregion beträgt somit mehrere hundert Meter in den Ostalpen und liegt in den Westalpen noch wesentlich höher.

3.5.3 Sturzbahn

Die morphologische Lawinenklassifikation (Tabelle 3-6) unterscheidet eine flächige (Bild 3-25a, Bild 3-25b) und eine kanalisierte Sturzbahn. Die flächige Sturzbahn hat etwa die gleiche Breite wie das Anbruchgebiet, während sich bei der kanalisierten Lawine die Sturzbahn infolge morphologischer Geländeformen wie Gräben oder Geländemulden verengt.

Kleine Lawineneinzugsgebiete haben Sturzbahnlängen von weniger als 100 m, während große Lawineneinzugsgebiete Sturzbahnen bis zu mehreren Kilometern aufweisen können. Nicht nur die Form, sondern auch das Relief, die Neigung, die Vegetation und die Rauigkeit in der Sturzbahn bestimmen die Charakteristik einer Lawine. Steile Sturzbahnen führen zu hohen Lawinengeschwindigkeiten, Reliefunterbrechungen (z. B. Felsabstürze) bewirken eine zusätzliche Auflockerung des Lawinenschnees und somit Erhöhung des Staubanteiles einer Lawine. Der Staubanteil folgt auf Grund der Trägheit des Luft-Schnee-Gemisches eher der Falllinie als der Fließanteil, sodass es zu einer Trennung dieser beiden Komponenten bei kurvenreichen Sturzbahnen kommen kann.

(a)

(b)

Bild 3-25 Formen der Lawinensturzbahn: (a): Flächige Sturzbahn (© Sauermoser) und (b): kanalisierte Sturzbahn einer Lawine (© WLV Tirol)

Bild 3-26 Staublawinen- und Fließlawinenwirkung entlang der Sturzbahn einer Lawine (© WLV Tirol)

In den Alpenländern sind die Sturzbahnen von Lawinen häufig durch baumfreie Zonen innerhalb der Waldbereiche gekennzeichnet (Bild 1-1), die Baumvegetation kann daher wertvolle Aufschlüsse über die Frequenz von Lawinen geben (siehe Abschnitt 3.6.2).

3.5.4 Ablagerungsgebiet

Hangbereiche mit einer Hangneigung von weniger als ca. 10° werden als *potentielle Ablagerungsgebiete* bezeichnet (Bild 3-27), obwohl sich Lawinen auch bereits bei größeren

Bild 3-27 Ablagerungsbereiche von Lawinen im Bereich des Talbodens eines inneralpinen Tales (© Sauermoser)

Hangneigungen ablagern. Hangbereiche können somit bei kleineren Lawinen als Ablagerungsbereiche angesprochen werden, während sie von Großlawinen überfahren werden. Eine exakte Zuordnung ist somit nicht möglich.

Eine Hangneigung von 10° markiert jenen Neigungsbereich, bei dem große trockene Fließlawinen in die verzögerte Bewegung übergehen und zu bremsen beginnen [104]. Die Ablagerungsgebiete von Großlawinen in den Alpentälern befinden sich üblicherweise im Bereich der Talböden und Schwemmkegel, dort wo die Flanken der steilen Trogtäler in den Talboden übergehen (Bild 3-28a).

(a)

(b)

Bild 3-28 Lawinenablagerungsbereich: (a): Unterschiedliche Ablagerungszonen von Staub- und Fließanteil einer Trockenschneelawine (© WLV Tirol); (b): Fingerförmige Ablagerung einer Nassschneelawine (© Sauermoser)

Der Übergang von der Sturzbahn in den Auslaufbereich ist abrupt, wenn die Sturzbahn bis zum Talboden steil ist, dieser jedoch durch eine alluviale Verfüllung weitgehend flach ist, wie dies im Bereich der Täler in den Kalkalpen häufig der Fall ist. Parabelförmige Ausformung der Sturzbahn und des Ablagerungsbereiches mit kontinuierlicher Abnahme der Neigung von der Sturzbahn bis zum Ende des Ablagerungsbereiches führen zu langen Auslauflängen von Lawinen. Die Abgrenzung jenes Bereiches, welcher noch der Sturzbahn zuzuordnen ist, von jenem Bereich, welcher als Ablagerungsgebiet bezeichnet wird, ist in solchen Fällen schwierig. Potentielle Ablagerungsgebiete von großen Lawinen befinden sich häufig auf konvexen Schwemmkegeln von Wildbächen, was zu einer Ausbreitung der Lawinenablagerung führen kann (Bild 3-28b). Allerdings führt die konvexe Form eines Schwemmkegels auch dazu, dass sich eine Lawine entlang der Schwemmkegelverschneidenden in konzentrierter Form weiterbewegen kann. Die Ausdehnung eines Ablagerungsbereiches ist schwer abzuschätzen und Gegenstand der Szenarienbildung in der Gefahrenzonenplanung. Je größer die Masse einer Lawine ist, umso weiter ist die *Auslauflänge* und umso größer der potentielle Auslaufbereich. Dieser kann wiederum deutlich von der Art der Lawine abhängen. Der Staubanteil läuft in der Hauptstoßrichtung der Lawine aus, während sich der langsamere Fließanteil entlang von Geländemulden oder der Schwemmkegelverschneidenden ablagert. Feuchte Fließlawinen oder Nassschneelawinen, welche sich durch geringe Fließgeschwindigkeiten auszeichnen, lagern sich in fingerförmiger Ausprägung ab, wobei die Reichweite und vor allem die Richtung einzelner Finger nicht vorhersehbar ist. Richtungsänderungen um 90° am Schwemmkegel werden häufig beobachtet (Bild 4-19).

3.6 Wirkung der Vegetation und Schutzwald

3.6.1 Vegetations- und Waldwirkungen auf Lawinen

In Gebirgsregionen übernehmen *Waldbestände* wichtige Schutzfunktionen und können die Entstehung, Größe und bisweilen auch die Reichweite von Lawinen wesentlich beeinflussen. Das Auftreten von Lawinen, deren Häufigkeit und Intensität (Magnitude) hängen dabei auch von der Struktur des Waldbestandes ab [20][199].

Die *Bodenvegetation* in Waldbeständen – wie zum Beispiel Baumstämme, Stöcke, liegende Stämme – und andere Oberflächenstrukturen erhöhen den Reibungskoeffizienten zwischen der Schneedecke und dem Untergrund und führen so zu einer unregelmäßigen und unterbrochenen Ablagerung des Schnees. Durch herabfallenden Schnee aus Baumkronen sowie Kolke um Baumstrünke wird die Schneestruktur zusätzlich verändert und die Ausbildung mechanisch schwacher Schichten gestört [30]. Aufgrund dieser Eigenschaften bilden eine intakte Bestockung und das Vorhandensein von Vegetation im Entstehungsgebiet von Lawinen (Bild 3-29) eine ausgezeichnete Grundlage für die Verhinderung großer, homogener Schneeflächen und können so ein Auftreten hochfrequenter Lawinen auf Hängen mit einer Neigung über 30° in signifikanter Weise verringern [285]. Im Extremfall ist es allerdings möglich, dass bei Bäumen mit hohem Kronenansatz und fehlender tiefer Beastung der herabfallende Schnee schwache Schichten in einem Maße stört, welches zur Auslösung von Lawinen führen kann [77].

Ein Rückhalt von Schnee durch Baumstämme und die Verhinderung von Schneebrettbildung im Wald ist grundsätzlich möglich, die Stützwirkung eines Bestandes kommt aber erst bei relativ großen Stammzahlen (Brusthöhendurchmesser BHD > 8 cm) zum Tragen: Als

Bild 3-29 Waldbestand im Anrissgebiet von Lawinen (© Rudolf-Miklau)

Richtwerte gelten 500 Stämme pro Hektar bei 30° Hangneigung und 1000 Stämme pro Hektar bei einer Hangneigung von 40° [77][267]. Neben topographischen und meteorologischen Bedingungen wirken sich in erster Linie die Kronendichte, die Größe von Waldlichtungen sowie das Vorhandensein winterkahler Baumarten (vorab Laubbäume, aber zum Beispiel auch Lärchen) entscheidend für das Auftreten von Lawinenanbrüchen an bewaldeten Hängen aus. Auf diesen kann die Interzeption von Schnee – im Vergleich zum Freiland – je nach Schneefall, Schneemenge, Baumart, Lufttemperatur und Windverhältnissen 30 bis 70 % betragen. Ebenso verursacht das Bestandesklima in immergrünen Wäldern (z. B. in Weißtannen- oder Fichtenbeständen) eine geringere Erwärmung der Schneedecke während des Tages und eine kleinere Abstrahlung derselben in der Nacht und nimmt so Einfluss auf die Umwandlung des Schnees. Infolge des „Mikroklimas" im Wald treten Oberflächenreif und Schwimmschnee deutlich seltener auf als auf freien Flächen, und die durchwegs wärmeren Temperaturen schaffen eine kompaktere und stabilere Schneedecke [77].

Die Schutzwirkung des Waldbestands kann auch auf *Windwurfflächen* während Jahrzehnten fortdauern, falls geworfene Stämme, Wurzelteller, Totholzständer und Strünke nicht entfernt werden [286]. Voraussetzung ist jedoch, dass die Lage des Lawinenanrisses unter normalen Bedingungen und durchschnittlichen Schneehöhen eine Hangneigung von 40° nicht übersteigt [77] und der Verhau eine Mindesthöhe von 2 m aufweist. In deutlich steilerem Gelände und bei schneereichen Situationen ist es dagegen möglich, dass das Wurfholz dem Schneedruck nicht standhalten und in Bewegung geraten kann [198]. Als Faustregel gilt, dass Bäume die Schneehöhe um das Doppelte überragen müssen, um einen Beitrag zum Lawinenschutz leisten zu können [77].

Im Gegensatz dazu wirken sich Buchenlaub, nicht mehr bewirtschaftete Weideflächen und das Vorhandensein von Zwergsträuchern negativ auf die Stabilität der Schneedecke aus, da sie ideale Oberflächen für Schneegleiten bilden [208]. Bei systematischer Rodung von Hängen – wie sie etwa in Kanada praktiziert wird – entstehen dagegen neue Anbruchgebiete von Lawinen [198].

Schutzwaldbauliche Maßnahmen wirken sich auf die Häufigkeit von Lawinen aus und können so den Schutz tiefer gelegener Siedlungen und Infrastrukturanlagen wesentlich erhöhen [28][77]. Daher nehmen der oberste Bereich eines Bestands sowie die Kampfzone des Waldes eine zentrale Rolle für die Stabilität des gesamten darunter liegenden Waldes ein. Da jedoch die extremen Bedingungen an der Waldgrenze ein Aufwachsen nur im Schutze alter Bäume und auf Rippen ermöglichen, muss in Runsen und bei fehlendem adultem Bestand der Aufwuchs regelmäßig mit technischen Maßnahmen unterstützt werden [77][273].

Ein *Schutzwald im Entstehungsgebiet von Lawinen* (subalpine und hochmontane Stufe) sollte aus immergrünen Nadelhölzern bestehen und bei einem Deckungsgrad von mindestens 50 % und einer Hangneigung von $\geq 30°$ keine Lücken in der Falllinie aufweisen, die 50 m überschreiten. Mit zunehmender Hangneigung reduziert sich die Lückenlänge und sollte bei $\geq 45°$ weniger als 25 m betragen [77]. Ähnliche Kennwerte ergeben sich für hoch- und tiefmontane Laub- und Mischwälder, der potentielle Beitrag des Waldes zum Schutz vor Lawinen ist jedoch, im Gegensatz zu den Nadelwäldern, nur mäßig und an sonnigen Expositionen sind regelmäßig Gleitschnee- und feuchte Lockerschneelawinen zu beobachten [77].

Bei extremen Wetterlagen verringert sich die Schutzwirkung des Waldes generell, bei lang anhaltenden Schneefällen bei tiefen Temperaturen und fehlender Abstrahlung bzw. starkem Schneefall mit nachfolgendem Regen können die Bäume nicht genügend Einfluss auf die Schneeinterzeption, Abstrahlung oder Geländerauigkeit nehmen [21][289]. Ebenso vermögen Schutzwälder große Lawinen, die oberhalb der Waldgrenze losgebrochen sind, nicht zu stoppen und wirken sich auch nur unwesentlich auf die Geschwindigkeit derselben aus [60]. Nach [17] zeigt sich überdies, dass nicht nur die Bremswirkung eines Schutzwaldes auf derartige Lawinen gering ist, sondern auch, dass verbreiterter Stammbruch keine wesentliche Verringerung der Lawinenenergie herbeiführen kann (Bild 3-31). Bei kleinen Ereignissen mit geringeren Energien, Entstehungsgebieten nahe der Waldgrenze sowie Fließhöhen von 1 bis 2 m kann dagegen davon ausgegangen werden, dass der Waldbestand eine Bremswirkung auf die Lawine ausüben dürfte [188]. Im Auslaufgebiet ist die Geschwindigkeit der Lawine aufgrund der topographischen Bedingungen oft gering, sodass der Wald eine bessere Bremswirkung haben und die Reichweite von Lawinen reduzieren kann [77].

Bild 3-30 Lawinenbannwald in Andermatt (Schweiz) (© Margreth)

Am Beispiel des „Bannwaldes von Andermatt“ (Uri/Schweiz, Bild 3-30) konnte in [328] nachgewiesen werden, dass die jährlichen Kosten im Falle eines 300-jährigen Ereignisses ohne Waldbestand und unterstützende Schutzmaßnahmen – wie sie heute vor Ort bestehen – von € 50.000 auf knapp € 2 Mio. ansteigen würden. Daraus ergibt sich ein Nutzen dieses Bannwaldes von jährlich € 1.8 Mio.

3.6.2 Wirkung von Lawinen auf Vegetation und Bäume

So wie der Wald auf die Entstehung und Bewegung von Lawinen wirkt, haben Lawinen auch Auswirkungen auf den Wald (Bild 3-31). In Gebieten hoher Intensität und Frequenz üben Lawinen eine gewisse Kontrolle auf das Überleben, die Wachstumsraten und Wuchsformen der Bäume aus [21]. Auf Lawinenhängen und in Runsen der subalpinen und montanen Stufen mit hochfrequenter Lawinenaktivität vermögen sich adulte und hochstämmige Bäume, aufgrund wiederholter mechanischer Beanspruchung und Schädigung nur schlecht zu etablieren. Ebenso zeigt sich, dass wintergrüne Baumarten im Randbereich von Lawinenzügen praktisch gänzlich fehlen, da sie – im Vergleich zu winterkahlen Baumarten – aufgrund des größeren Luftwiderstands nicht überleben können [77]. In den zentralen Hochalpen kommen in diesen Bereichen daher oft Lärchen, in voralpinen Lagen Bergahorne und Buchen vor. Wesentlich häufiger wird jedoch auf Standorten hochfrequenter Lawinenaktivität das Aufkommen einer „natürlichen“ Vegetation (Wald) gänzlich verhindert [29][69] und die Vegetation wird von nährstoffarmen Gräsern, Zwergsträuchern und vereinzelten Nadelbaum-Sämlingen bestimmt. Vermögen sich (winterkahle) Baumarten trotzdem zu etablieren, so weisen die Bäume verhältnismäßig kleine Durchmesser, ein kleineres Ausmaß und engere Zuwachsringe auf [50][149][168]. Zudem dominieren Baumdichten weit unter dem Durchschnitt [21][50].

Bild 3-31 Entwurzelte und gebrochene Lärchen durch Einwirkung des Lawinenereignisses 1999 in der Lareitlawine in Val Poschiavo (Schweiz) (© Reto Tiri, WSL/SLF)

Die Aufprallkräfte und Frequenz der Lawinen verursachen unterschiedliche mechanische Schäden am Baum, die im Wesentlichen von der Flexibilität des Baumes (in Abhängigkeit von seinem Durchmesser und seiner Höhe) abhängen, sowie von der Lage des Baumes im Lawinenzug [149]. In Zonen mit häufiger Aktivität werden Bäume eliminiert, sobald sie eine kritische Größe bzw. einen kritischen Durchmesser erreichen [298]. Der maximale Durchmesser flexibler Stämme liegt bei Nadelbäumen je nach Art zwischen 6 bis 14 cm [149][200], bei Laubbaumarten wie Ahorn, Birke und Weide sowie strauchähnlichen Bäumen wie Grünerlen (*Alnus viridis*) oder Legföhren (*Pinus mugo*) bleibt eine gewisse Flexibilität auch in dickeren Stämmen bestehen [50][78]. Mit größeren Durchmessern und Höhen verlieren die Bäume jedoch ihre Flexibilität. In Zonen mit unregelmäßiger Aktivität und Lawinenanriss-Lagen, die mehr als 150 m oberhalb der Waldgrenze liegen, können Lawinen auch ganze Bestände mit hochstämmigen Bäumen zerstören [287] (Bild 3-32). Bei Fließlawinen wird davon ausgegangen, dass für einen Stammbruch Schneedrücke zwischen 10 und 50 kN/m^2 erforderlich sind [192], bei Staublawinen liegen die Werte um 3 bis 5 kN/m^2 tiefer.

Im Gegensatz zu anderen Prozessen wie Feuer oder Murgang wirkt sich eine Störung des Waldbestandes durch Lawinen nicht auf ein verstärktes Aufkommen neuer Sämlinge aus, da einzelne Ereignisse nur sehr selten zu einer kompletten Zerstörung des Bestandes bis auf den Boden führen [151]. Daher erweist sich auch eine Erfassung vergangener Ereignisse, die auf Schüben in der Altersverteilung basiert, als schwierig [336] und nicht geeignet. Vielmehr finden junge Bäume, welche das Lawinenereignis mehr oder weniger unbeschadet überstehen, verbesserte Licht- und Wachstumsbedingungen vor und tragen so zur Regeneration des Waldbestandes durch die überlebenden Bäume bei [21][50].

Bild 3-32 Vegetation in der Lawinensturzbahn (© Sauermoser)

4 Grundlagen und Modelle der Lawinendynamik und Lawinenwirkung

Siegfried Sauermoser, Matthias Granig, Karl Kleemayr, Stefan Margreth

4.1 Lawinendynamik: Grundlagen

4.1.1 Physikalische Grundlagen der Bewegung von Lawinen

4.1.1.1 Allgemeines

Physikalische Kriterien und mathematische Modelle zur Beschreibung der Lawinenbewegung zählen zu den wichtigsten Grundlagen der Planung von technischen Lawinenschutzmaßnahmen. Nachfolgend sind die wichtigsten Charakteristika der Lawinenbewegung zusammengestellt und wird ein kurzer Überblick über grundlegende physikalische Konzepte zur Beschreibung der Lawinenbewegung gegeben.

Grundsätzlich lassen sich Lawinen als *gravitativer Fließprozess von Schnee* beschreiben (siehe Abschnitt 3.1.1). Eine physikalisch genaue und mathematisch geschlossene Beschreibung der Lawinenbewegung fehlt bis jetzt; dies hängt mit der großen Variabilität des Materials Schnee (siehe Abschnitt 3.3.1) zusammen.

4.1.1.2 Charakteristische Größen der Lawinenbewegung

Für praktische Zwecke lässt sich die Bewegung einer Lawine durch die *Geschwindigkeit* v und die *Fließhöhe* h und die *Massendichte* ρ des Lawinenschnees charakterisieren. Zudem sind die *maximale Auslauflänge* der Lawine sowie die von ihr ausgeübte *Druckwirkung* als Kriterien der Lawinenbewegung bei der Gefahrenanalyse relevant. Diese Messgrößen lassen sich – in ausgewiesenen Versuchsgebieten [138][139] – experimentell bestimmen, wobei sich die Fließhöhen durch optische Methoden (Videogrammetrie, terrestrisches Laserscanning) auch flächig über die Lawine bestimmen lassen [334]. Ähnliches gilt für die Messung der Verteilung der Frontgeschwindigkeiten mittels Radar [248][85]. Bei der Bestimmung von Fließgeschwindigkeiten oder Aufpralldrücken innerhalb des Lawinenkörpers ist man auf Punktmessungen, etwa an einem Mast oder einem in der Sturzbahn aufgestellten Hindernis, angewiesen [156][157][331][313]. Die Technologie der Messung der Lawinenbewegung wird in Abschnitt 12.2 behandelt. Lawinendynamische Naturmessungen liefern Richtwerte für die Charakteristika verschiedener Lawinentypen. Hierbei ist jedoch zu beachten, dass solche Experimente auf speziell eingerichtete Messfelder beschränkt sind.

4.1.1.3 Lawinengeschwindigkeit

Jede Lawine startet als laminares Fließen oder als rutschender Block, ab einer Geschwindigkeit von 10 m/s muss mit einer Zertrümmerung der Schneedecke und dem Übergang in eine turbulente Bewegungsform gerechnet werden [337].

Zeitabhängige und tiefenaufgelöste Geschwindigkeitsmessungen geben zusammen mit der Fließhöhe Aufschluss über grundlegende Bewegungsmuster und die „physiologische" Struk-

Handbuch Technischer Lawinenschutz. 1. Auflage. Florian Rudolf-Miklau, Siegfried Sauermoser (Hrsg.).

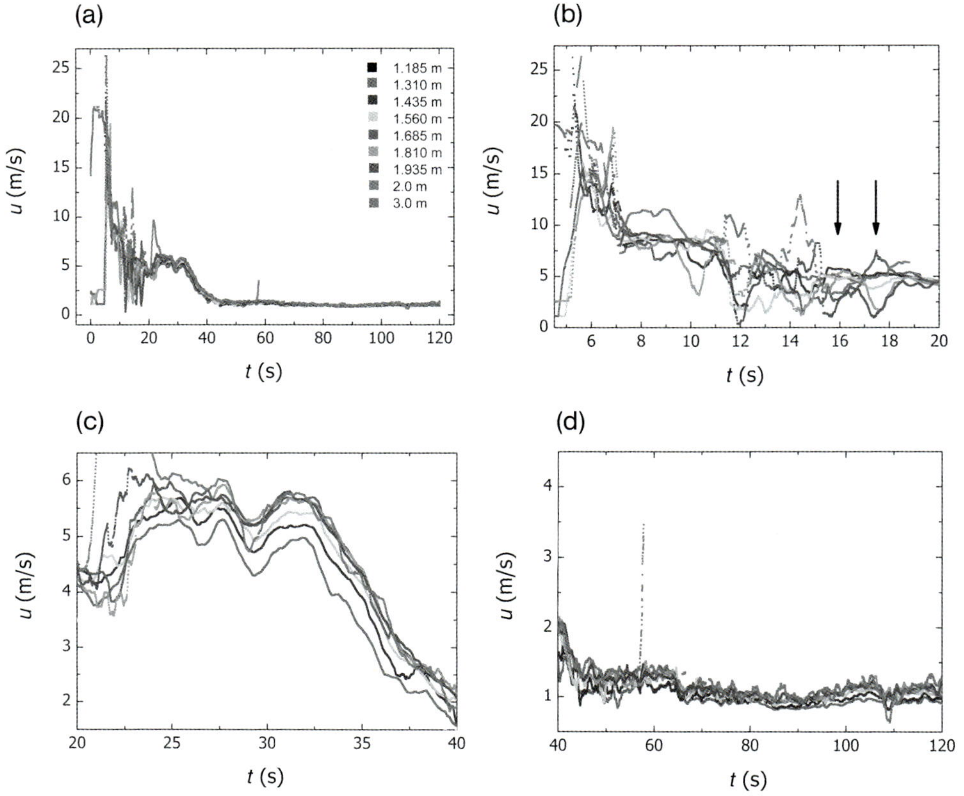

Bild 4-1 Geschwindigkeitszeitserien einer Lawine im Messfeld Vallée de la Sionne (Schweiz): (a): gesamte Lawine; (b): Kopf der Lawine; (c): Körper der Lawine; (d): Schwanz der Lawine (u … Frontgeschwindigkeit der Lawine, t … Zeit), nach [157]

tur der Lawine [156]. Man muss bei Fließlawinen zwischen dem „Kopf", dem „Körper" und dem „Schwanz" der Lawine (Bild 4-1d) differenzieren, in denen jeweils unterschiedliche Geschwindigkeitsprofile auftreten.

In der Lawinenfront (Kopf) beobachtet man die höchsten Geschwindigkeiten des Fließanteils, wobei sich das fließnormale (d. h. senkrecht zur Topographie aufgenommene) Geschwindigkeitsprofil als ungeordnet darstellt; die Geschwindigkeiten fluktuieren stark (Bild 4-1b).

Der Lawinenkörper ist durch ein typisches Schergeschwindigkeitsprofil charakterisiert, wobei die Geschwindigkeit mit zunehmender Höhe über dem Boden zunimmt. Ob an der Grenzfläche zwischen Lawine und unbewegtem Schnee eine Gleitschicht besteht und damit die basale Geschwindigkeit von v = 0 verschieden ist, lässt sich aus den Messergebnissen oft nicht eindeutig feststellen. Modellversuche auf der Schneegleitbahn des WSL-Institut für Schnee- und Lawinenforschung SLF in Davos deuten jedoch darauf hin, dass auch basales Gleiten und eine basale Scherschicht parallel auftreten können [155][329]. Oftmals wird die Scherschicht durch einen Bereich mit nur schwacher oder fehlender Scherbewegung (plug) überlagert. Dieser Zustand ist häufig über einen gewissen Zeitraum stabil (Bild 4-1c).

Tabelle 4-1 Größenordnungen von Lawinengeschwindigkeiten nach [7]

Lawinentyp	Geschwindigkeit [m/s]
Nasse Fließlawine	10–20
Trockene Fließlawine	20–40
Staublawine	30–70

Der Schwanz der Lawine hingegen ist in vielen Fällen hauptsächlich durch schwache oder ganz fehlende Scherung der Strömung charakterisiert: Der Schnee fließt blockartig auf einer sehr dünnen Scherschicht oder gleitet direkt auf dem Untergrund (Bild 4-1d). Zwischen den einzelnen Lawinenteilen beobachtet man jeweils Übergangsphasen.

Einblick in die innere dynamische Struktur von Lawinen erhält man durch die Messung von Geschwindigkeitsprofilen, etwa mit Hilfe von optischen Geschwindigkeitssensoren (siehe Abschnitt 12.2.7.4), die in verschiedenen Höhen an einem im Lawinenstrich situierten Mast angebracht sind. Solche *invasiven Messmethoden* beeinflussen die Lawinenströmung, und die Messeinrichtungen müssen so situiert werden, dass die Störung der Strömung minimiert wird. *Nichtinvasive Messmethoden* wie Videogrammetrie oder Radarmessungen (siehe Abschnitt 12.2.7.5) liefern keine tiefenaufgelösten Geschwindigkeitsinformationen, geben aber wichtige Informationen zur räumlich-zeitlichen Entwicklung der Oberflächen- und Frontgeschwindigkeiten von Lawinen.

Die gemessenen Geschwindigkeitsprofile erlauben Schlüsse auf die die Dynamik der fließenden Lawine bestimmenden Reibungsvorgänge bzw. Energiedissipationsprozesse in dem Sinne, dass Konsistenz mit Modellvorstellungen gezeigt wird [18][329].

4.1.1.4 Modellgesetze der Lawinenbewegung

Die große Variabilität der Lawinenbewegung und die erheblichen Unsicherheiten bei Messungen an realen Lawinen stellen für die Ableitung von physikalischen Modellgesetzen grundlegende Hindernisse dar. Daher greift man ersatzweise auf skalierte Modellversuche (z. B. Schneegleitbahn (SLF), Laborrutsche mit Glasperlen oder Polystyrol als Modellmaterial) zurück.

Bei skalierten Versuchen spricht man von „Ähnlichkeit" zur realen Lawine, wenn die Modelllawine hinsichtlich ihrer dimensionslosen Kennzahlen, die man gewöhnlich aus dem *Buckingham'schen Π-Theorem* herleitet, mit realen Lawinen übereinstimmt [15]. Versuche mit skalierten Modelllawinen wurden bisher vor allen für das Design technischer Lawinenschutzbauten (Bremshöcker, Auffangdämme) verwendet [15][16][109][110][111][147], wobei die durch die *Froude-Zahl*

$$F_r = \frac{v}{(g \cdot h)^{1/2}} \tag{4.1}$$

mit:

F_r Froude-Zahl [–]
v Fließgeschwindigkeit, in [m/s]
g Erdbeschleunigung, Konstante [= 9,81 m/s²]
h Fließhöhe der Lawine, in [m]

beschriebene kinematische Ähnlichkeit zwischen den realen und den Modelllawinen ausgenutzt wird. Nach *Issler* in [147] liegen die Froude-Zahlen für den Fließanteil von trockenen Fließlawinen zwischen 5–10, somit sind Lawinen als superkritische Strömungen ($F_r > 1$) definiert.

Bei der Interpretation und Nutzung von Versuchsergebnissen mit skalierten Lawinen ist zu beachten, dass die Ähnlichkeit mit realen Lawinen limitiert ist: Zunächst sind die Prozesse, die in die Bewegung realer Lawinen involviert sind, nicht vollständig bekannt und selbst wenn dem so wäre, ist es nicht sichergestellt, dass sich ein skalierter Versuchsaufbau realisieren ließe, der alle relevanten Ähnlichkeitskriterien erfüllt. Zum Beispiel beruhen die aus Laborversuchen abgeleiteten Bemessungsregeln für Lawinendämme (siehe Abschnitt 8.4) auf rein kinematischen Ähnlichkeiten wie dem Froude-Kriterium. Dynamische Ähnlichkeiten wurden nur sehr grob berücksichtigt, da die Dynamik realer Lawinen noch gar nicht hinreichend bekannt ist, um entsprechende Ähnlichkeitskriterien anzugeben.

4.1.1.5 Physikalische Beschreibung des Bewegungsvorgangs

Obwohl das komplexe Zusammenspiel der an der Lawinenbewegung beteiligten physikalischen Prozesse nach wie vor nicht im Detail bekannt ist, lassen sich Lawinen formal als kontinuierliches Medium auffassen, dessen Bewegung durch die Massen- und Impulsbilanzgleichungen beschrieben wird.

Die *Massenbilanzgleichung* lässt sich wie folgt ausdrücken:

$$\partial_t \rho + \nabla \cdot (\rho\, v) = 0 \tag{4.2}$$

mit:

ρ	Schneedichte, in [kg/m³]
v	Geschwindigkeit der Lawine, in [m/s]

Die Impulsbilanzgleichungen lauten:

$$\partial_t (\rho\, v) + \nabla \cdot \Pi = \rho \cdot k \tag{4.3}$$

$$\Pi = \rho\, vv - T \tag{4.4}$$

$$T = \sigma - 1\, p \tag{4.5}$$

mit:

ρv	Impulsdichte
Π	Impulsstromdichte
v	Geschwindigkeitsfeld der Lawine
vv	dyadisches Produkt von v und v
k	auf den fließenden Schnee wirkende Kräfte wie zum Beispiel die Hangabtriebskraft
T	deviatorischer Spannungstensor
σ	Spannungstensor
p	Hydrostatischer Spannungstensor

Wählt man geeignete Anfangs- und Randbedingungen, die charakteristische Größen – wie Anrissgebiet und Anrissmasse, Topographie der Sturzbahn usw. – berücksichtigen, lässt sich die Lawinenbewegung im Prinzip durch das Lösen der Massenbilanz- und Impulsbilanzgleichungen berechnen. Dies geschieht – unter geeigneten Vereinfachungen – meist mittels numerischer Lösungsverfahren, wie beispielsweise in den Lawinenmodellen AVAL-1D (siehe Abschnitt 4.2.5.2), RAMMS (siehe Abschnitt 4.2.5.4) oder SamosAT (siehe Abschnitt 4.2.5.5). Mittelt man die Gleichungen über die Fließtiefe, indem man die vertikale Dynamik integriert, und nimmt diese als auf eine der Topographie aufliegende 2-dimensionale Fläche wirkend an („Flachwassernäherung"), erhält man aus dem Gleichungssystem die charakteristischen Größen der Lawinenbewegung (Geschwindigkeiten, Fließhöhen, Auslauflängen und Aufpralldrücke).

4.1.1.6 Konstitutivgesetze

Aus mathematischer Sicht ist das Gleichungssystem aus Massen- und Impulserhaltungsgleichungen unterbestimmt, d. h. es sind weitere Angaben erforderlich, um das Gleichungssystem zu schließen und die Lösungen für die Beschreibung der Lawinenbewegung bestimmen zu können.

Das Gleichungssystem aus Massen- und Impulsbilanz lässt sich durch eine Beziehung zwischen dem Spannungstensor σ und dem Deformationstensor D

$$D_{ij} = \frac{1}{2} \cdot \left(\partial_i v_j + \partial_j v_i \right) \tag{4.6}$$

schließen. Diese Relation

$$\sigma = \sigma(D) \tag{4.7}$$

wird als *Konstitutivgesetz* oder in der Praxis der Lawinendynamik als „Rheologie" bezeichnet. Das Konstitutivgesetz eines Materials beschreibt dessen Deformation D als Reaktion auf wirkende Spannung σ.

Der einfachste Fall eines Konstitutivgesetzes ist eine lineare Beziehung zwischen σ und D, die das Verhalten einer inkompressiblen „Newtonschen Flüssigkeit" (z. B. Wasser) beschreibt. Das reale rheologische Verhalten des Mediums Schnee ist weitaus komplexer. Das primäre Problem der mathematischen Beschreibung des Fließens von Schnee liegt darin, dass die tensoriellen Größen σ und D in einer Lawine durch Punktmessungen bestimmt werden müssten, um aus Experimenten ein Konstitutivgesetz ableiten zu können. Selbst falls dies technisch lösbar wäre, würde die starke Variabilität des Materialverhaltens des Lawinenschnees es sehr schwierig machen, aus Messungen ein universell gültiges Konstitutivgesetz abzuleiten. Die mathematischen und numerischen Lawinenmodelle basieren daher ausnahmslos auf grob vereinfachten Modellvorstellungen für das Konstitutivverhalten fließenden Schnees. Generell fassen sie die Lawine als strömendes Kontinuum oder Granulat, beziehungsweise Hybrid aus beidem auf. Im letzteren Fall fließen die granularen Eigenschaften parametrisiert in eine kontinuumsmechanische Beschreibung ein. Beispiele für solch stark vereinfachte empirische Modelle sind die *Voellmy-artigen 2-parametrigen Reibungsgesetze* (siehe Abschnitt 4.2.5.1) oder die *Savage-Hutter-Gleichungen* (siehe Abschnitt 4.2.5.5).

4.1.2 Dynamik von Fließ- und Staublawinen

4.1.2.1 Lawinenauslösung

Die Lawinenauslösung (Entstehung und Ausbreitung des Lawinenbruches) von Schneebrettlawinen ist ein eigenständiges Forschungsgebiet. Ein Überblick über den aktuellen Stand des Wissens findet sich in [293].

Grundsätzlich entsteht in einer der Schneedecke eingelagerten Schwachschicht zunächst ein Initialbruch, wenn die auf die Schwachschicht wirkenden Kräfte ihre Kompressions- oder Scherfestigkeit übersteigen (siehe Abschnitt 3.3.4.3). Zusatzbelastungen können einen solchen Bruch auslösen. Die Ausbreitungsgeschwindigkeit des Lawinenbruches kann mehrere 100 m/s erreichen, wobei die Schwachschicht über ein größeres Gebiet kollabiert („Wumm"-Geräusch). Diese als *Primärbruch* bezeichnete Ausbreitung wird durch eine räumlich homogene Schneedecke mit entsprechend ausgebreiteter Schwachschicht begünstigt. Hingegen wirkt sich kleinräumige Variabilität der Schneedecke und der darin eingelagerten Schwachschichten für die Ausbreitung des Primärbruchs hinderlich aus. Eine Lawine wird ausgelöst, wenn zusätzlich zum Primärbruch der Schwachschicht sogenannte *Sekundärbrüche* entstehen und die Schneedecke die durch die kollabierte Schwachschicht nicht mehr aufgefangenen Spannungen auch nicht mehr tragen kann. Die Sekundärbrüche markieren den Umfang des Schneebretts. Detaillierte Diskussionen der Bruchausbreitung finden sich in [113][114][306].

4.1.2.2 Bewegung von Fließlawinen

Fließlawinen entwickeln sich meist aus einem Schneebrettanriss, wobei das abgleitende Schneebrett infolge der Oberflächenrauigkeit in kleinere Blöcke zerbricht. Die Oberflächenrauigkeit und innere, durch Scherung und Deformation im fließenden Lawinenschnee verursachte Reibung wirken als verzögernde Kräfte. Das Wesen des Fließanteiles einer Lawine oder einer Fließlawine ist der permanente Kontakt zwischen den einzelnen Eispartikeln, über die die Impulsfortpflanzung erfolgt. Typische Dichten von Fließlawinen liegen bei ca. 300 kg/m³ und typische Fließhöhen von flächigen Abflüssen liegen bei 1–3 m [147].

Die *innere Reibung* wird in den gängigen Lawinenmodellen oft mit der Bodenreibung kombiniert, indem die im Lawinenkörper auftretenden Reibungsprozesse parametrisch der Bodenreibung zugeschlagen werden.

4.1.2.3 Bewegung von Staublawinen

Staublawinen entstehen in jedem Fall aus Fließlawinen, aber nicht jede Fließlawine wird zu einer Staublawine. Für die Bildung einer Staublawine sind insbesondere die Neigung der Sturzbahn (> 30°) und die Schneeeigenschaften entscheidend.

Zunächst bewegt sich die Lawine in mehr oder weniger ruhender Umgebungsluft, sodass zwischen Schnee und Luft ein Geschwindigkeitsgradient vorhanden ist. Bei zunehmender Geschwindigkeit der Fließlawine erhöhen sich die Scherkräfte zwischen Schnee und Luft, bis sie einen bestimmten Grenzwert erreichen, und Schneepartikel infolge einer Querbeschleunigung in die Luft eindringen; es bildet sich eine *Staubwolke* (Suspensionsschicht). (Bild 4-2a). Ab einer Geschwindigkeit ca. 15–20 m/s überschreitet die Vertikalkomponente der turbulenten Bewegung die Fallgeschwindigkeit der Partikel, und die Bildung eines Schnee-Luft-Gemischs (Suspension) setzt ein, wobei die von den Partikeln durchdrungene Luft weiter in Fließrichtung beschleunigt wird. Bei einer vollentwickelten Staublawine bewegen sich Luft und Schneepartikel in etwa mit der gleichen mittleren Geschwindigkeit. Die verzögernden Kräfte bei einer Staublawine sind wesentlich kleiner als bei einer Fließlawine. Sie entstehen bei der Beschleunigung der eindringenden Außenluft und durch turbulente Reibung.

Die Staubwolke kann man als turbulent strömendes Medium modellieren, das durch eine von der Reynoldszahl abhängige *Energiedissipationsrate* charakterisiert wird. Da dieser Ansatz die Tatsache vernachlässigt, dass Staublawinen Zweiphasenströmungen sind und nicht klar ist, wie die in der Luft gelösten Partikel die Turbulenzstruktur der Staubwolke beeinflussen, sind solche Abschätzungen der turbulenten Reibung prinzipiellen Unsicher-

(a)

(b)

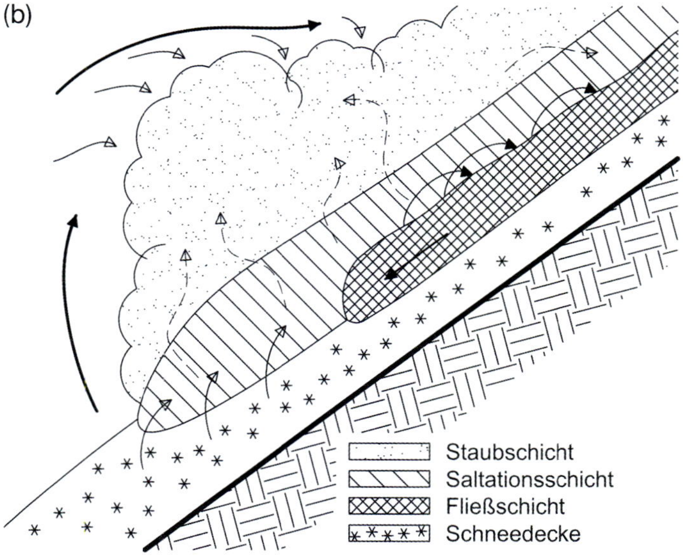

Bild 4-2 Misch- und Staublawinen: (a): Staublawine in Bewegung (© WLV Tirol); (b): Schematischer Aufbau (Bewegung) einer Mischlawine (Fließ- und Staubanteil) (nach ONR 24805 [235])

heiten unterworfen. Neuere Ansätze modellieren deshalb Staublawinen als Zweiphasenströmungen (SamosAT, siehe Abschnitt 4.2.5.5).

Die Frontgeschwindigkeiten von Staublawinen sind wegen des Luftwiderstandes geringer als die Kerngeschwindigkeiten. Die Masse, die von hinten gegen die Front vorstößt, wird dort stark verzögert und damit langsamer als der Lawinenkern, bildlich gesprochen wird das Material also „zurückgewirbelt". Dieser Prozess verursacht die charakteristischen Instabilitäten der Staublawinenfront. Oft kommt es vor, dass große, massive Schneebrocken des Lawinenkerns geschossartig weit aus der Staublawinenfront herausgeschleudert werden.

Die mittleren Dichten ρ von Staublawinen liegen im Bereich 2–15 kg/m^3 und nehmen im Allgemeinen gegen den Boden hin zu, wobei die Dichten von Luft (1,25 kg/m^3) bzw. des leichtesten Schnees (30 kg/m^3) Schätzwerte für die obere und untere Grenze der Dichte der Staubwolke darstellen.

4.1.2.4 Bewegung von Mischlawinen

Da sich Staublawinen immer aus Fließlawinen entwickeln, kommen beide Lawinenformen in der Regel gemeinsam als „Mischlawine" vor. Dies ist auch die häufigste Form von großen Katastrophenlawinen. Beobachtungen legen nahe, dass die Bewegung der Staublawine von der permanenten Energie- und Massenzufuhr durch die darunter fließende Fließlawine abhängt. Tatsächlich beobachtet man häufig, dass die Staubwolke beim Stillstand der unterliegenden Fließlawine „verhungert", d. h. sich stark verlangsamt und auflöst. Obwohl es mathematische Modelle für reine Staublawinen gibt [331][332], ist es derzeit strittig, ob und unter welchen Umständen sich eine Staublawine von einer Fließlawine ablösen und auch alleine schadenswirksam sein kann. Der Staubanteil einer Lawine folgt weniger der Richtung von Gullys und Gräben, sodass es im stark strukturierten Gelände zu einer Trennung von Fließ- und Staubanteil einer Lawine kommt, wenn der Fließanteil einer Richtungsänderung in einer Sturzbahn folgt und der Staubanteil diese Richtungsänderung nicht annimmt.

Dem Prinzip der Mischlawine folgend werden Staublawinen im operationellen Lawinenmodell SamosAT als an die Fließlawine gekoppelte Zweiphasenströmung mit einer Fließphase als Randbedingung für den Staubanteil modelliert (siehe Abschnitt 4.2.5.5), wobei die Art des Überganges (Resuspensionsschicht) und die physikalisch korrekte Beschreibung der internen turbulenten Reibung in der Staubwolke noch große Unsicherheiten bergen. Während in den am häufigsten verwendeten Lawinenmodellen eine Zweiphasenströmung angenommen wird (Bild 4-2b), existieren auch experimentelle Hinweise [140], dass sich zwischen Fließ- und Staublawine eine *fluidisierte Übergangsschicht* befindet. Diese fluidisierte Schicht kann sich in steilem Gelände aus einer schnell bewegenden Fließschicht bilden und bewegt sich meist mit hohen Geschwindigkeiten an der Spitze der Lawine [88] und kann somit signifikant zur Dynamik der Gesamtlawine beitragen. Fallweise wird diese Übergangsschicht – auch als *Saltationsschicht* bezeichnet – als die unterste Schicht des Staubanteiles angesehen, und eine exakte Trennung der Schichten ist nicht möglich. Physikalisch ist diese Schicht nur noch durch fallweisen unmittelbaren Partikelkontakt gekennzeichnet, und die Abstände zwischen den einzelnen Eispartikeln betragen bereits mehrere Parktikeldurchmesser, während in der Suspensionsschicht direkter Partikelkontakt in der Impulsübertragung überhaupt keine Rolle mehr spielt. Nach [147] beträgt die Dichte der Übergangsschicht ca. 10–100 kg und die typische Höhe 2–5 m.

4.1.2.5 Bewegung von Nassschneelawinen

Von Nassschneelawinen spricht man, wenn in der gesamten abgleitenden Schneedecke flüssiges Wasser enthalten ist. Die Auslösung von Nassschneelawinen erfolgt über einer wasserundurchlässigen Gleitfläche meist unmittelbar nach einsetzender Schneeschmelze oder starken Regenfällen. Durch das freie Wasser in den Poren der Schneedecke wird die Stabilität derselben herabgesetzt. Nassschneelawinen haben typischerweise eine geringe Fließgeschwindigkeit – ausgenommen bei sehr steiler Sturzbahn – und eine deutliche Knol-

(a)

(b)

Bild 4-3 Nassschneelawinen: (a): Ablagerung einer Nassschneelawine (© Sauermoser); (b): Sulzstrom in Bewegung (© E. Hestnes)

lenstruktur (Bild 4-3a). Nassschneelawinen treten hauptsächlich im Frühjahr auf und unterliegen einer starken tageszeitlichen Schwankung. Auch wenn der Feuchtigkeitsgehalt höher ist als bei Trockenschneelawinen, wird die Lawinenmasse fast ausschließlich von Schnee- und Eisklumpen gebildet. Der Gehalt an freiem Wasser ist üblicherweise gering. Nassschneelawinen können sowohl aus Schneebrettanbrüchen als auch aus Lockerschneelawinen entstehen. Eine Sonderform des Schneebrettanbruches ist die *Grund- oder Gleitschneelawine*, bei der sich die Schneedecke bis zum Boden ablöst. Wegen ihrer hohen Dichte können diese Lawinen sehr große Drücke entwickeln. Für die Berechnung von Lawinendrücken oder Auslauflängen von Nassschneelawinen existieren derzeit noch keine geeigneten Berechnungsmodelle (die für die Berechnung trockener Fließlawinen entwickelten Modelle können für das Phänomen der Nassschneelawine nicht angewendet werden). Nassschneelawinen zeigen spezielle Ablagerungsmuster, extrem lange und in der Richtung nicht vorhersagbare Auslauflängen. Ein Phänomen ist die spontane Richtungsänderung von Nassschneeströmungen, wenn diese bereits auf kleine Hindernisse oder Geländeunebenheiten stoßen.

Eine der Nassschneelawine verwandte Sonderform stellen die *Sulzströme* (slushflows) dar [119], die vor allem in arktischen und subarktischen Gebieten (Alaska, Kanada, Island, Russland, Norwegen, Schweden) vorkommen und eine Suspension von in Wasser gelöstem Schnee darstellen (Bild 4-3b). Sulzströme bestehen im Gegensatz zu Nassschneelawinen aus einem Gemisch aus Wasser und Eis, das durch die hohe Dichte und die geringe innere Reibung ein beträchtliches Schadpotential besitzt. Ein hoher Anteil an freiem Wasser in der Schneedecke ist eine Grundvoraussetzung für die Bildung von Sulzströmen. Im Gegensatz zu Nassschneelawinen besitzt beim Anbruch die Bodenrauigkeit und Geländeneigung einen geringen Einfluss. Sulzströme wurden bereits bei Geländeneigungen von 12° oder weniger beobachtet. Die Rheologie eines Sulzstroms lässt sich durch ein Hybrid aus Flüssigkeits- und granularem Konstitutivgesetz beschreiben [86]. In Experimenten auf der Schneegleitbahn konnten die sehr hohen Aufpralldrücke gemessen und der Flüssigkeitsanteil des Materialverhaltens demonstriert werden [143].

4.2 Lawinendynamik: Numerische Modellierung und Simulation

4.2.1 Anwendungsbereich von Lawinenmodellen

Wie im vorangegangenen Abschnitt gezeigt wurde, handelt es sich bei der Bewegung von Lawinen um hochkomplexe Verlagerungsprozesse, die nur mit vereinfachten physikalisch-mathematischen Modellen angenähert werden können. Die verfügbaren Lawinenmodelle unterscheiden sich bezüglich ihrer Komplexität sowohl hinsichtlich der verwendeten physikalischen Methoden und der erforderlichen Anfangs- und Randbedingungen als auch hinsichtlich des Detaillierungsgrades der Berechnungsresultate. Die erforderlichen Eingangsgrößen wurden mit Katasterdaten und Resultaten von lawinendynamischen Versuchen kalibriert. Der Einsatz von computerunterstützen Modellen ermöglicht Lawinen realistisch zu berechnen, mit Parameterstudien kann die Sensitivität der Eingangsgrößen erfasst werden. Die Ergebnisse von Simulationsmodellen stellen jedoch in jedem Fall nur eine grobe Näherung der realen Prozesse dar und bedürfen der Prüfung auf Plausibilität und der Interpretation.

Lawinensimulationsmodelle sind zweifellos das objektivste Werkzeug, um die charakteristischen Größen der Lawinenbewegung (Geschwindigkeiten, Fließhöhen, Auslauflängen,

Aufpralldrücke) für Planungsaufgaben zu bestimmen. In der Ingenieurpraxis des technischen Lawinenschutzes werden seit den 1970er-Jahren Berechnungsmodelle routinemäßig eingesetzt. Nach dem Lawinenwinter 1999 wurde die Modellentwicklung in Mitteleuropa forciert, besonders bei den mehrdimensionalen dynamischen Modellen wurden große Fortschritte erzielt. In der Gefahrenzonenplanung und der Maßnahmenplanung des technischen Lawinenschutzes gehören Simulationsmodelle mittlerweile zum Stand der Technik.

4.2.2 Grundlagendaten und -informationen der Lawinenmodellierung

Eine wesentliche Basis für den Einsatz von Lawinenberechnungen liefert die Datenerhebung vor Ort. Im Gelände müssen zahlreiche Faktoren – z. B. Schlüsselstellen für den Prozessablauf, „stumme Zeugen", die Lage und Größe von Lawinenanbruchgebieten, mögliche Einwehungsbereiche, Flächen mit zusätzlicher Schneeaufnahme oder Oberflächenrauigkeiten (Blockhalden, Hochwald) – ermittelt werden. Die Lawinenchronik, die Analyse „stummer Zeugen" und die Befragungen der ortsansässigen Bevölkerung können zusätzliche Hinweise über den Prozessablauf von Lawinenereignissen liefern. Der Ermittlung realistischer Inputdaten kommt eine überragende Bedeutung zu, da die Ergebnisse der Berechnungen hauptsächlich von diesen Daten abhängig sind.

Bei der Modellierung eines Lawinenereignisses mit bestimmter Jährlichkeit müssen insbesondere die *Größe der Lawinenanbruchgebiete* und die *potentielle Anrissmächtigkeit* festgelegt werden. *Salm et. al.* [269] schlagen vor, als Ausgangswert für die Anrissmächtigkeit den Schneedeckenzuwachs der letzten drei Tage für eine bestimmte Jährlichkeit zu verwenden (3-Tages-Niederschlag) und diesen Wert als Funktion der Höhenlage und der Hangneigung im Anrissgebiet zu korrigieren.

Als topographische Berechnungsgrundlage dienen Karten, Orthofotos und digitale Geländemodelle, die mittlerweile aus luftgestützten (airborne) Laserscan-Auswertungen generiert werden. Die entsprechenden Reibungswerte für Lawinen und die einzelnen Simulationsparameter können den jeweiligen Anwendungsrichtlinien und Modellhandbüchern entnommen werden. Als Berechnungsgrundlage für mehrdimensionale Lawinenmodelle dienen digitale 3D-Geländemodelle (DGM). Luftgestützte Laserscanner ermöglichen hochauflösende DGM in einer Größenordnung von zumeist einem Datenpunkt pro Quadratmeter, die in der Anwendung für die Zwecke der Simulationen auf eine Rasterweite von 5 m ausgedünnt werden. Die Untersuchungen nach [330] haben gezeigt, dass eine höhere Auflösung unter 5 m Rasterweite keine signifikante Verbesserung der Modellergebnisse bewirkt und sich der wesentlich höhere Bearbeitungs- und Rechenaufwand nicht auszahlt.

4.2.3 Lawinenmodelle im Überblick: Einteilung und Klassifizierung

Ein Überblick über die Entwicklungen im Bereich der Lawinensimulation wird von *Harbitz* [112] im Rahmen des Projektes SAME (Snow Avalanche Modelling, Mapping and Warning in Europe) gegeben. Eine Überarbeitung der Einteilung der gebräuchlichsten Lawinenmodelle am aktuellen Stand wurde von den Autoren (*Granig & Margreth*) auf Basis der Berechnungsoberfläche in Bild 4-4 umgesetzt. Berechnungsmodelle können demnach in *statistisch-topographische* und *physikalisch-dynamische* Modelle eingeteilt werden. Je nach Lawinentypus gibt es eigene Modelle z. B. für Fließ- oder Staublawinen.

Ein großer Teil der physikalisch-dynamischen Modelle geht auf das *Voellmy-Fluid-Stoffgesetz*, welches auf einer Kombination des *Chezy*-Reibungsterms mit der trockenen Rei-

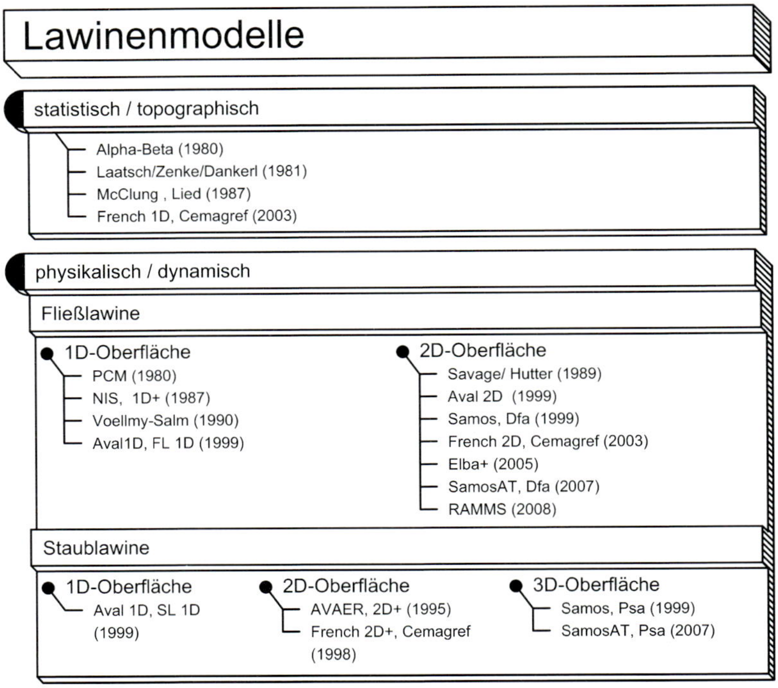

Bild 4-4 Übersicht und Klassifizierung der gebräuchlichen Lawinenmodelle (Einteilung und Dimensionalität bezogen auf die jeweilige Berechnungsplattform) (© Granig, Margreth)

bung von *Coulomb* beruht [337], zurück. Zu den Folgeentwicklungen zählen das *Voellmy-Salm-Modell* [269] (siehe Abschnitt 4.2.5.1), das Massenschwerpunktmodell nach *Perla et al.* [239], genannt PCM-Modell, welches Lawinen als ein eindimensionales granulares Kontinuum darstellt, das numerische Lawinenmodell AVAL-1D [56] (siehe Abschnitt 4.2.5.2), das bei den Praktikern in vielen Ländern breite Anwendung findet, und das zweidimensionale Simulationsmodell ELBA [339] (aktuell: ELBA+) (siehe Abschnitt 4.2.5.3), welches den Vorteil aufweist, dass kein spezifischer Lawinenpfad vordefiniert werden muss, sondern die Berechnung auf einer dreidimensionalen digitalen Geländeoberfläche erfolgt. In Österreich wurde nach der Lawinenkatastrophe 1999 die Entwicklung eines dynamischen 3D-Lawinenmodelles SAMOS(99) [270] stark gefördert, das sowohl Fließ- als auch Staublawinen berechnen konnte, seit dem Jahr 2008 ist die Weiterentwicklung *SamosAT* (siehe Abschnitt 4.2.5.5) [213][271] verfügbar. Im Jahr 2010 wurde ein zusätzliches Suspensionsmodell für SamosAT kalibriert und eingeführt [150]. Am Schnee- und Lawinenforschungsinstitut (SLF) (Davos, Schweiz) wurde seit 2005 das numerische Berechnungsprogramm RAMMS (siehe Abschnitt 4.2.5.4) entwickelt, bei dem neben Lawinen in der nächsten Entwicklungsstufe auch Murgänge und Steinschlag in dreidimensionalen Topographien berechnet werden können [57].

In der Gruppe der statistisch-topographischen Modelle erwähnenswert ist das 1980 von *Lied & Bakkehoi* [174] veröffentlichte *Alpha-Beta-Modell* (siehe Abschnitt 4.2.4.1), eine statistische Methode zur Berechnung von Lawinenauslaufstrecken. Dieses Modell wurde 1995 von *Lied et al.* [175] für den Alpenraum adaptiert und ist heute vor allem für einfache, rasche Abschätzungen von Auslauflängen im Einsatz.

Nicht nur in Europa wurden Berechnungsmodelle für Lawinenauslauflängen entwickelt. *Yoshimatsu* [348] entwickelte solche für Japan und *Grigorian et al.* (zit. in [112]) entwickelten das als *MSU-dense* bekannte Fließlawinenmodell in Russland.

Nachfolgend wird ein Überblick über die in Europa gebräuchlichsten Lawinenmodelle gegeben.

4.2.4 Statistisch-topographische Lawinenmodelle

4.2.4.1 Alpha-Beta-Modell

Das Alpha-Beta-Modell wurde von *Lied & Bakkehoi* [174] am Norwegischen Geotechnischen Institut (NGI) in Oslo entwickelt, um anhand von leicht messbaren und objektiv verifizierbaren Kriterien zu einer kalkulierten Auslauflänge zu gelangen. Eine Reihe von gut bekannten Lawinenauslauflängen wurde statistisch analysiert. Mittels multipler Regressionsanalyse konnten schließlich vier topographische Parameter bestimmt werden, die für die Bestimmung der maximalen Auslauflänge (ausgedrückt durch den Winkel α) entscheidend sind. Die vier topographischen Parameter – die vertikale Fallhöhe H, die Neigung des Anrissgebietes ψ, die durchschnittliche Neigung der Sturzbahn β und das Längsprofil als Ausgleichsgerade, ausgedrückt durch die 2. Ableitung y'' – beziehen sich ausschließlich auf das Längsprofil der Lawinenbahn (Bild 4-5). Die durchschnittliche Neigung der Sturzbahn β kristallisierte sich als der dominierende Faktor der Berechnungsformel heraus [174]. Somit konnte eine statistisch abgesicherte Formel mit nur zwei Parametern aufgestellt werden.

Die Adaption des Modells für die Alpen erfolgte auf Basis der Auswertung von 80 bekannten, maximalen Auslauflängen in Österreich [175]. Die folgende 2-Parameter-Gleichung (4.8) wurde mittels Regressionsanalyse nach [175][341] für rasche, grobe Abschätzungen

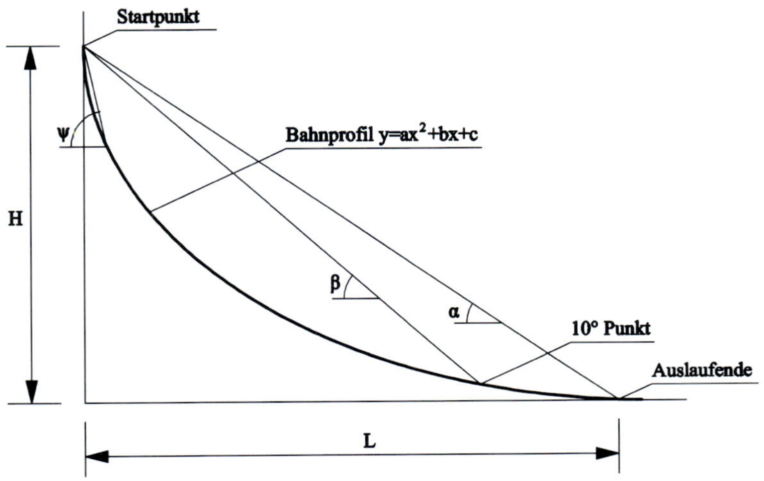

Bild 4-5 Schema der Lawinenparameter des Alpha-Beta-Modells im Längsschnitt (© WLV Tirol)

von großen Fließlawinen, bzw. Fließlawinen mit Staubanteil ermittelt:

$$\alpha = 0{,}946 \cdot \beta - 0{,}83^\circ \quad \text{mit} \quad R = 0{,}96 \quad \text{und} \quad SD = 1{,}5^\circ \tag{4.8}$$

mit:

α	Winkel der maximalen Auslauflänge, in [°]
β	durchschnittliche Neigung der Sturzbahn oberhalb des 10°-Punktes, in [°]
R	Regressionskoeffizient
SD	Standardabweichung

Zur Verbesserung der Handhabung wurde von *Granig & Luxner* [101] das Modell auf eine einfache handhabbare Berechnungsplattform (Alpha-Beta-Modell06) gestellt. Die Neuerungen im „Alpha-Beta-Modell06" bestehen in der raschen Anwendbarkeit und in der Entwicklung einer Matrix zur Ermittlung der entsprechenden Standardabweichung auf Grund von nachvollziehbaren, topologischen und klimatischen Faktoren. Im Rahmen eines Updates [102] wurden zusätzliche Regressionsgeraden und Adaptierungsmöglichkeiten eingeführt. Das Modell eignet sich für Lawinenbahnen mit parabelförmiger Sturzbahn, um in einer ersten Annäherung die potentielle maximale Auslauflänge für Fließlawinen ggf. mit Staubanteil zu ermitteln.

4.2.4.2 Andere statistisch-topographische Modelle

Im Laufe der Zeit wurden einige andere, statistisch-topografische Modelle entwickelt, insbesondere der *Runout ratio* nach *McClung* (zit. in [299]) und das Lawinenmodell nach *Laatsch/Zenke/Dankerl* (zit. in [341]), welches auf dem *Schlittenmodell für Massenbewegungen nach Heim & Körner* [165] beruht und bei dem die Reichweite der Lawine ausschließlich über ein Pauschalgefälle bestimmt wird (1-parametriges Modell). Diese Modelle sind jedoch in der Praxis nicht mehr in Verwendung.

4.2.5 Physikalisch-dynamische Lawinenmodelle

4.2.5.1 Voellmy-Salm-Modell

Nach den Lawinenkatastrophen von 1951 und 1954 hat *Voellmy* [337] das erste Lawinenmodell in der Schweiz entwickelt (Voellmy-Modell). Er rechnete die beim Lawinenereignis 1954 in Vorarlberg aufgetretenen Schäden nach und überprüfte das auf den Gesetzen der Hydraulik (Kombination des *Chezy*-Reibungsterms mit der trockenen Reibung von *Coulomb*) basierende Modell mit diesen Schadenereignissen. Ab 1966 entwickelte *Salm* [268] das Voellmy-Modell weiter, in dem er eine interne Reibung und den aktiven und passiven Fließzustand einführte. Es handelt sich um ein deterministisch-dynamisches Modell, bei dem die Lawinenmasse als Massenschwerpunkt vereinfacht wird („Blockmodell").

1990 wurde vom SLF zum *Voellmy-Salm-Modell* eine Anleitung herausgegeben, in der die Anwendung des Modells praxisgerecht dargestellt wurde [269]. Bis zur Entwicklung des numerischen Lawinenberechnungsmodelles AVAL-1D wurde das Voellmy-Salm-Modell weltweit für die Bestimmung von Auslaufstrecken und Lawinendrücken verwendet.

Tabelle 4-2 Übersicht über die Reibungsparameter im Voellmy-Salm-Modell

Reibungsparameter		Beschreibung
μ	*trockene Reibung*	Hängt vom Druck senkrecht auf den Boden und den Schneeeigenschaften ab. Für Großlawinen (> 10^5 m^3) oberhalb von 1300 m und Fließhöhen von mehr als 1 bis 2 m wird ein μ von 0.155 empfohlen. Bei Nassschneelawinen wird mit einem μ von 0.3 gerechnet. Die Länge der Auslaufstrecke hängt sehr stark vom Reibungskoeffizienten μ ab.
ζ	*turbulente Reibung*	Ist proportional zum Quadrat der Geschwindigkeit und hängt von der Rauigkeit der Lawinenbahn ab. Für flächiges Gelände wird ein ζ von 1000 m/s^2 empfohlen und bei starker Kanalisierung oder im Wald ein ζ von 400 m/s^2. Der Parameter ζ hat einen großen Einfluss auf die Geschwindigkeit.

Beim Voellmy-Salm-Modell wird angenommen, dass die aus dem Anrissgebiet anfallende Durchflussmenge Q entlang der Lawinenbahn – mit Ausnahme des Auslaufgebietes, wo die Bewegung als Massenpunkt angenähert wird – konstant ist. Die Geschwindigkeit v_0 berechnet sich im Anrissgebiet nach folgender Gleichung:

$$v_0 = \sqrt{d_0 \cdot \xi \cdot (\sin\psi_0 - \mu\cos\psi_0)} \quad [m/s] \tag{4.9}$$

$$Q = B_0 \cdot d_0 \cdot v_0 \quad [m^3/s] \tag{4.10}$$

mit:

B_0 Anrissbreite, in [m]
ψ_0 Neigung des Anrissgebietes, in [°]
d_0 Anrissmächtigkeit, in [m]
v_0 Lawinengeschwindigkeit im Anrissgebiet, in [m/s]
ξ, μ Reibungparameter [–] gemäß Tabelle 4-2

Dann wird die Geschwindigkeit v_P und Fließhöhe d_P am Anfangspunkt der Auslaufstrecke (Bild 4-6), dem so genannten Punkt P, bestimmt. Unterhalb vom Punkt P muss für die mittlere Neigung der Auslaufstrecke ψ_s gelten:

$$\tan\psi_s < \mu \tag{4.11}$$

Die Geschwindigkeit v_P beim Punkt P berechnet sich für eine Flächenlawine in Abhängigkeit der Hangneigung ψ_P oberhalb vom Punkt P – gemessen über eine Übergangsstrecke von rund 100 bis 200 m – und der Fließbreite B_P wie folgt:

$$v_P = \left[\frac{Q}{B_P} \cdot \xi \cdot (\sin\psi_P - \mu \cdot \cos\psi_P)\right]^{1/3} \quad [m/s] \tag{4.12}$$

Die Fließhöhe d_P im Punkt P beträgt:

$$d_P = \frac{Q}{B_P \cdot v_P} \quad [m] \tag{4.13}$$

Die Auslaufstrecke s der Lawine vom Punkt P berechnet sich wie folgt:

$$s = \frac{d_s \cdot \xi}{2 \cdot g} \ln\left[1 + \frac{v_P{}^2}{V^2}\right] [m] \tag{4.14}$$

Darin die mittlere Ablagerungshöhe d_s

$$d_S = d_P + \frac{v_P{}^2}{10 \cdot g} \tag{4.15}$$

$$V^2 = d_S \cdot \xi \cdot (\mu \cdot \cos\psi_S - \sin\psi_S) \tag{4.16}$$

mit:

ψ_S mittlere Neigung im Auslaufgebiet, in [°]
g Erdbeschleunigung, Konstante [= 9,81 m/s²]
d_P Fließhöhe im Punkt P der Sturzbahn, in [m]
v_P Fließgeschwindigkeit im Punkt P, in [m/s]
V mittlere Lawinengeschwindigkeit im Auslaufgebiet der Lawine, in [m/s] (Hilfsvariable)

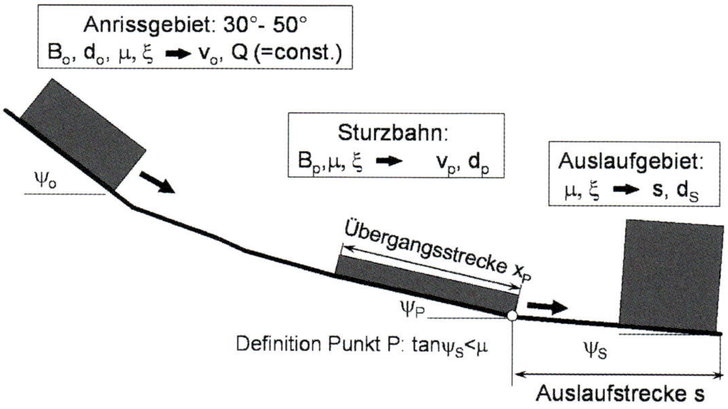

Bild 4-6 Prinzipskizze Voellmy-Salm-Modell (© Margreth)

Das Voellmy-Salm-Modell war gut validiert und eignete sich mit geringem Zeitaufwand zur Berechnung „einfacher" Lawinen. Über das schrittweise Eingeben der Parameter konnten die Berechnungsresultate laufend kontrolliert werden.

Das Modell wies jedoch auch einige Nachteile auf: In der Sturzbahn wurden die Fließgeschwindigkeiten unterschätzt und die berechneten Ablagerungshöhen im Auslaufgebiet waren oft nicht realistisch. Die Position vom Punkt P und der dazugehörenden Fließbreite musste gutachtlich erfolgen, was bei terrassiertem Gelände oder bei Geländeneigungen nahe der kritischen Neigung Schwierigkeiten bereiten konnte. Es findet daher in der Praxis heute kaum noch Verwendung, ist aber die Grundlage der meisten nachfolgend beschriebenen Modelle.

4.2.5.2 AVAL-1D

AVAL-1D [290][56] ist die numerische Version des Voellmy-Salm-Modells. Als wesentliche Neuerung geht die Lawinenmasse mit in die Berechnung ein und die Modellierung erfolgt entlang der realistischen Topographie. Es enthält zwei voneinander unabhängige Berechnungsmodule, FL-1D für Fließlawinen und SL-1D für Staublawinen. Beide Module basieren auf der Lösung von Differentialgleichungen, die Massen-, Energie- und Momentenerhaltung mit Hilfe der Methode der finiten Differenzen beschreiben. AVAL-1D wurde durch das SLF entwickelt und wird weltweit eingesetzt.

FL-1D ist ein numerisches „quasi" 1-dimensionales Berechnungsmodell, das auf dem Voellmy-Fluid-Stoffgesetz basiert. Der fließende Lawinenschnee wird als „Quasi-Flüssigkeit" mit konstanter Schneedichte betrachtet. Die Fließgeschwindigkeit v ist über die Höhe konstant und die Fließhöhe d_P ist über die Breite konstant. Während des Absturzes bleibt die Masse konstant, eine mögliche Schneeaufnahme entlang der Sturzbahn wird nicht berücksichtigt. Der Fließwiderstand wird mit 3 Parametern – trockene Reibung μ, turbulente Reibung ξ, innerer Verformungswiderstand des Schnees λ – beschrieben. Eine schematische Darstellung der Eingabegrößen ist Bild 4-7 zu entnehmen. AVAL-1D liefert kontinuierliche Informationen über Fließhöhe, Geschwindigkeit und Druck entlang der gesamten Lawinenbahn, ebenso werden die Auslaufdistanz und Massenverteilung der Lawinenablagerung berechnet.

Die Lawinenmasse hat bei der Modellierung einen Einfluss auf die Länge der Auslaufstrecke, dadurch kann z. B. der Einfluss von Stützverbauungen berücksichtigt werden. Da im Modell keine Schneeaufnahme berücksichtigt wird, können die berechneten Ablagerungshöhen zu klein sein. Im Vergleich zum Voellmy-Salm-Modell sind die berechneten Geschwindigkeiten (Bild 4-8) höher und damit realistischer. Das Modell berücksichtigt keine Zentripetal- und Aufpralleffekte, in stark gewundenen Lawinenbahnen sind die Berech-

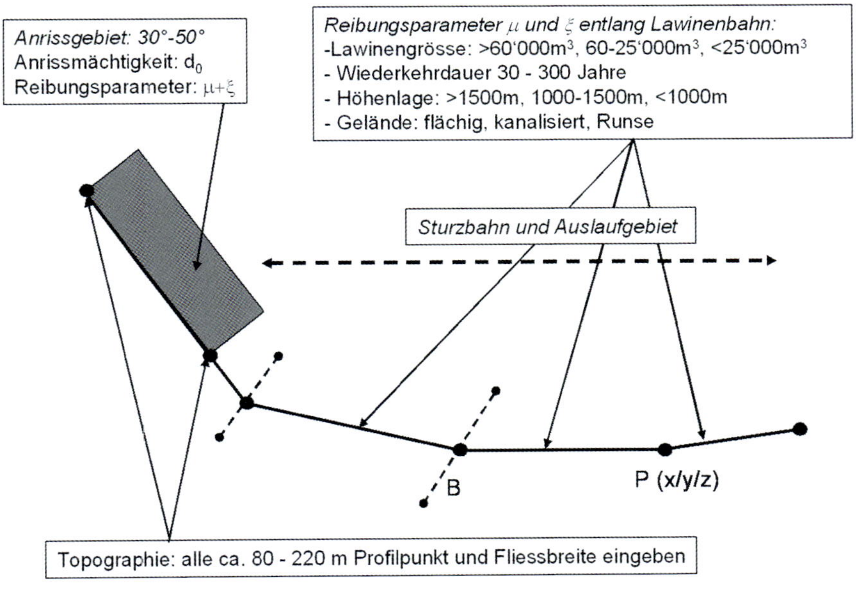

Bild 4-7 Eingabegrößen AVAL-1D-FL-1D (nach [290])

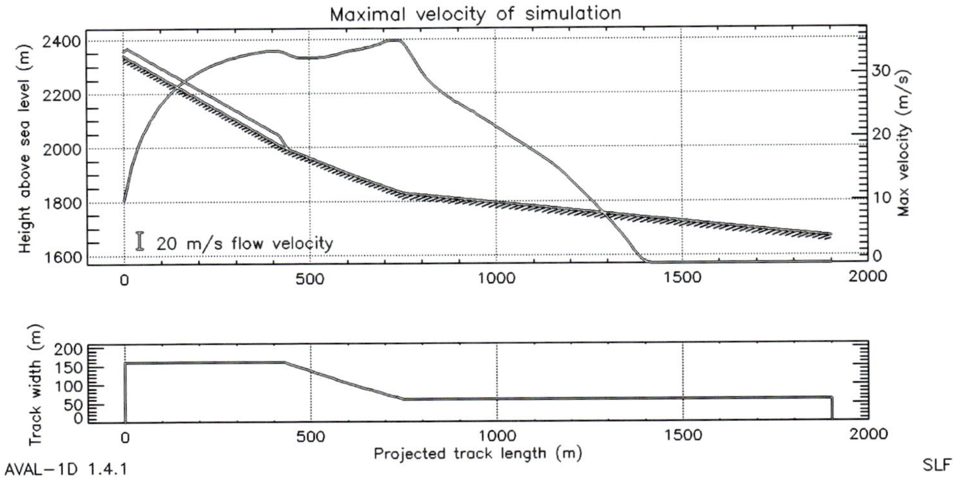

Bild 4-8 Maximale Lawinengeschwindigkeit entlang der Sturzbahn berechnet mit AVAL-1D-FL-1D (© Margreth)

nungsergebnisse deshalb „konservativ". Des Weiteren kann die Wirkung von Auffangdämmen nicht direkt modelliert werden.

Die Staublawine besteht im Modell SL-1D aus einer Saltations- und Suspensionsschicht, der Fließanteil wird vernachlässigt. Es findet ein Massenaustausch von Schnee zwischen Schneedecke (Erosion), Saltations- und Suspensionsschicht statt, wobei die entsprechenden Reibungskräfte an den Schichtgrenzen berücksichtigt werden. Eine schematische Darstellung der Eingabegrößen ist Bild 4-9 zu entnehmen.

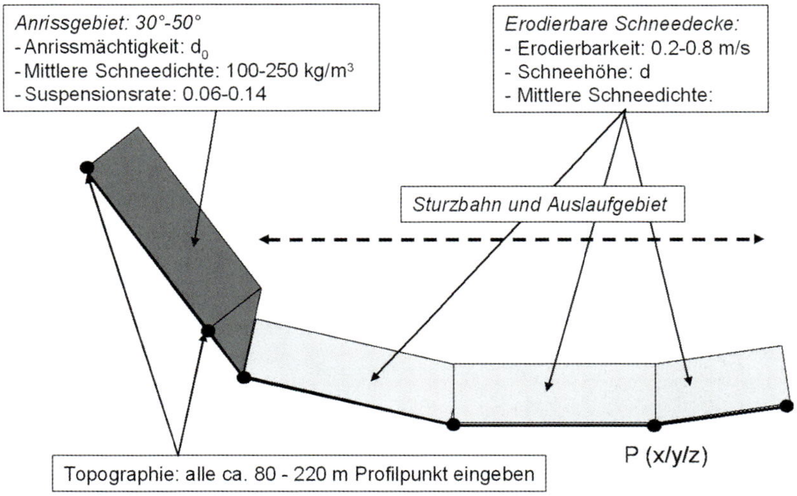

Bild 4-9 Eingabegrößen AVAL-1D-SL-1D (nach [290])

SL-1D liefert kontinuierliche Informationen über Fließhöhe, Geschwindigkeit und Druck entlang der gesamten Lawinenbahn. Weiterhin können an beliebigen Punkten entlang der Lawinenbahn Druckprofile erstellt werden. Die Wahl des Suspensionsgrades und der Erosions-Parameter erfordert viel Erfahrung und beeinflusst die Resultate sehr stark.

Beim SL-1D handelt es sich um ein reines 1-D-Modell. Der Einfluss der Fließbreite (Ausbreitung/Kanalisierung) muss gutachtlich berücksichtigt werden. Die Lawinendrücke müssen insbesondere im Auslauf entsprechend reduziert werden. Im Modell wird der Luftwiderstand an der Lawinenfront vernachlässigt, dadurch ist die Verzögerung im Auslaufgebiet zu klein. Insbesondere in Verbindung mit Beobachtungen erlaubt SL-1D die realistische Berechnung von Staublawinendrücken.

4.2.5.3 Elba+

Das 2D-Modell Elba+ ist ein rasterbasiertes, numerisches Lawinensimulationsmodell. Elba+ ist ein Berechnungsmodul (Bild 4-10), das in eine GIS-Oberfläche integriert wurde, um Dateneingabe und Ausgabe rasch und übersichtlich bearbeiten zu können (Bild 4-11).

Das Modell baut auf dem Voellmy-Fluid, das durch die trockene (μ) und die turbulente (ξ) Reibung charakterisiert wird, auf. Die Modellgleichungen werden numerisch mit einem vorwärts gerichteten, expliziten Finite-Differenzen-Schema über einem Raster mit konstanter Zellengröße (5×5 m) gelöst. Das Modell erlaubt auch eine vereinfachte Beschreibung des Snow-Entrainments entlang der Sturzbahn [340].

Der turbulente Reibungswert ξ hängt vorwiegend von der Geometrie der Gleitfläche ab und wird über ein logarithmisches Gesetz für jede Rasterzelle neu berechnet (Keulegan-Relation). In dieser Gleichung wird nach [340] eine Rauigkeitslänge (k_s) und die Fließhöhe zu einer relativen Rauigkeit in Beziehung gesetzt. Durch die Einführung der Keulegan-Relation entfällt die Bestimmung des Parameters ξ. Damit verbleibt die Festlegung der trockenen Reibung (μ) und der Normalbeschleunigung, die wiederum von der Hangneigung und der Zentrifugalbeschleunigung abhängt. Der Wert μ wurde in Elba+ für das Reibungsmodell „Variables Fließregime" anhand einer Reihe von Referenzlawinen des Lawinenwinters 1999 kalibriert, wobei für die Lawinenabbruch- und Ablagerungsphasen *Mohr Cou-*

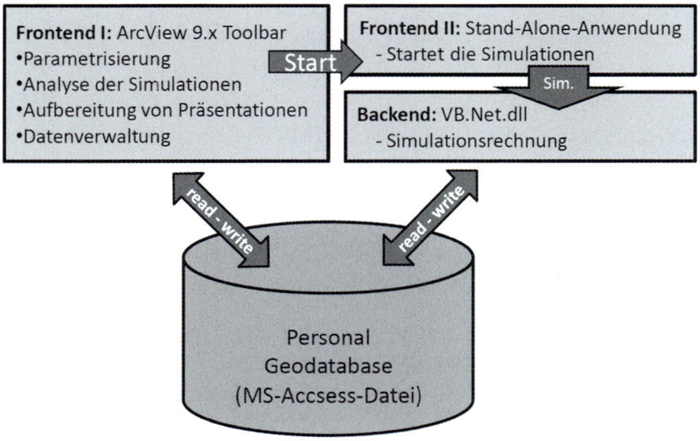

Bild 4-10 Aufbau des Modells Elba+ (© Natur Information Technologie)

Bild 4-11 Beispiel der Darstellung der maximalen Druckwirkung einer Lawinenmodellierung mit Elba+ (© WLV Tirol)

lomb'sche Reibung und für die Sturzphase ein *Voellmy-Fluid* mit unterschiedlichen Reibungswinkeln vorgeschlagen wird. Die Übergangsphasen werden interpoliert.

In Anbetracht der numerischen Lösung in Elba+ besitzt die realistische Abschätzung des Anbruchgebietes und somit der Lawinenmasse eine herausragende Bedeutung [340]. Des Weiteren zeigt die Anwendung des Modells, dass im Auslaufbereich mit abnehmender Geschwindigkeit die errechneten Fließhöhen einen wesentlichen Einfluss auf die Reibung aufweisen. Das Lawinentool Elba+ hat sich in der breiten Anwendung zur Gefahrenpotentialerhebung von Fließlawinen im Besonderen durch die Sensitivität auf die Geländestrukturen bewährt.

4.2.5.4 RAMMS

Das zweidimensionale Fließlawinenberechnungsmodell RAMMS ist eine direkte Weiterentwicklung des eindimensionalen numerischen Modells AVAL-1D. Es wurde vom WSL-Institut für Schnee- und Lawinenforschung SLF (Davos/Schweiz) seit 2005 entwickelt und wird seit 2010 kommerziell angeboten. Der Geschwindigkeitsvektor wird im dreidimensionalen Gelände in 2 Richtungen berechnet und folglich werden die Fließrichtung und Fließbreite durch das Modell bestimmt. Das Berechnungsgitter wird aus einem digitalen Geländemodell generiert.

Das Modell basiert auf der Annahme, dass sich im Lawinenkörper keine internen Deformationen ereignen. Die Reibungskräfte wirken hauptsächlich in einer Gleitschicht, die sich zwischen der Lawine und dem Untergrund befindet. Die Reibungsparameter μ und ξ beschreiben den Anteil der trockenen Reibung von *Coulomb* bzw. den geschwindigkeitsabhängigen Reibungswiderstand. Beide Reibungswiderstände sind abhängig von der Größe der Lawine. Der basale Widerstand ist – gleich wie beim *Voellmy-Salm-Modell* – durch einen *Coulomb-Reibungsterm* proportional zur Normalkraft und einen *turbulenten Reibungsterm* proportional zum Geschwindigkeitsquadrat gegeben. Ein Finite-Volumen-Verfahren löst das mit den Flachwassergleichungen verwandte System im komplexen Gelände. Das Modell ist an das GIS-System GRASS gekoppelt, um die Bestimmung gewisser Eingabeparameter (Anrissgebiete und Reibungsparameter) mit Hilfe von automatischen Verfahren zu vereinfachen.

RAMMS wurde anhand von vielen beobachteten Großlawinen vom Lawinenwinter 1999 kalibriert, ebenso anhand von Lawinen aus der SLF-Lawinendatenbank sowie aus dem Lawinenversuchsgelände Vallée de la Sionne (Wallis/Schweiz). Für die Visualisierung der Eingabegrößen (Bild 4-12) und Resultate (Bild 4-13) können georeferenzierte Karten oder Luftbilder als Texturdaten eingelesen und auf der Topographie abgebildet werden.

Im bisherigen praktischen Einsatz hat sich RAMMS als sehr nützliches Hilfsmittel erwiesen, um insbesondere Fließwege in einer komplexen Geländesituation zu beurteilen. Des Weiteren hat sich gezeigt, dass im Vergleich zum Voellmy-Salm-Modell oder AVAL-1D die Festlegung der Lage und Größe eines Anrissgebietes von größerer Bedeutung ist. Für die Berechnung ist die Qualität des Geländemodelles sehr wichtig. Kleine Rinnsale, die im Winter mit Schnee verfüllt sind, können zu einer unrealistischen Ablenkung der Lawine führen. Mit RAMMS können vollautomatische Lawinenberechnungen über große Flächen realisiert werden.

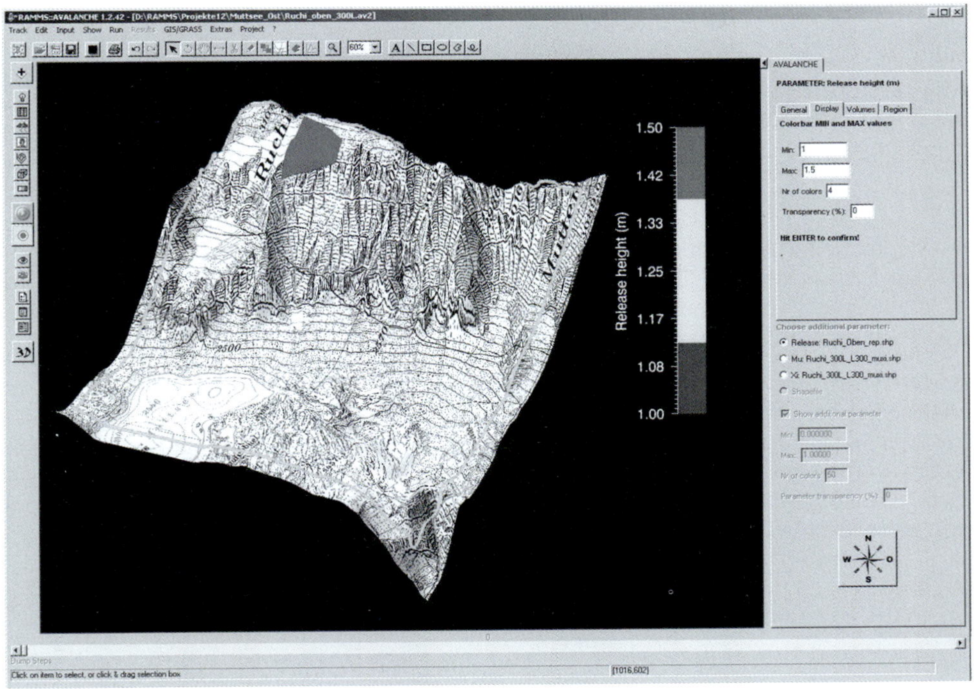

Bild 4-12 Eingabe des Anrissgebietes und der Anrisshöhe in dreidimensionaler Darstellung in RAMMS (© WSL/SLF)

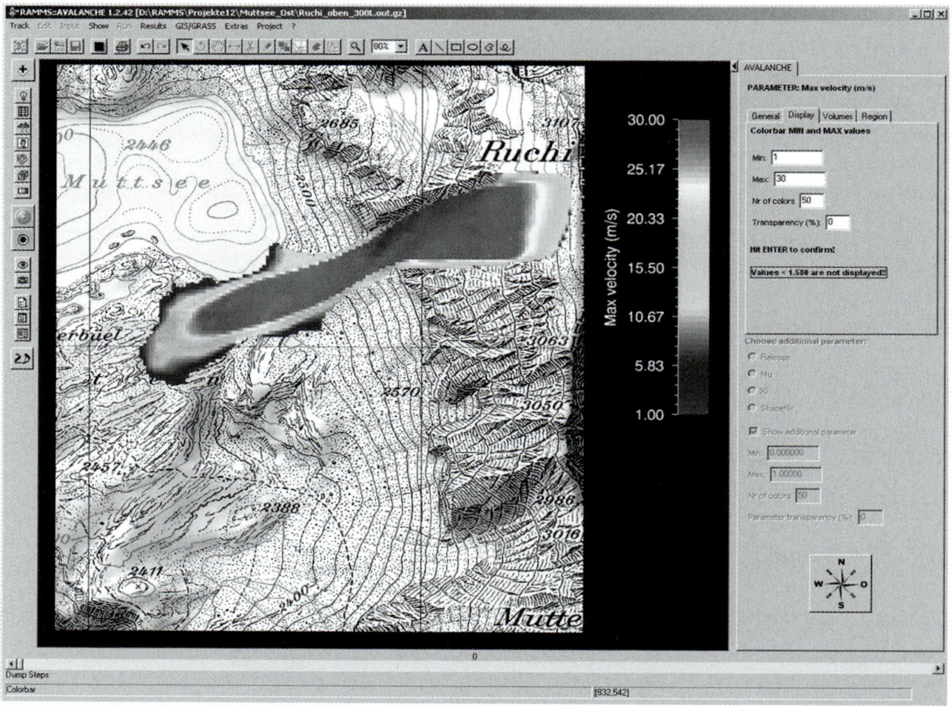

Bild 4-13 Darstellung der maximalen Geschwindigkeit der Simulation mit RAMMS (© WSL/SLF)

4.2.5.5 SamosAT

Das Modell SamosAT wurde anhand von 22 Referenzlawinen kalibriert [213] und wird seit 2007 im Forsttechnischen Dienst für Wildbach- und Lawinenverbauung in Österreich als Nachfolgemodell von Samos99, darüber hinaus auch in Island [94] sowie im Rahmen von Expertisen auch in Südtirol und Russland eingesetzt (Bild 4-15).

Der *Modellansatz von Savage-Hutter* wurde im Modell SamosAT überarbeitet und entspricht einem erweiterten *Voellmy-Ansatz* mit variablen Reibungsbeiwerten μ und ξ unter Beachtung des *Flachwasser-Ansatzes* [271]. Das Reibungsmodell für Fließlawinenberechnungen wurde sowohl von Fließgeschwindigkeiten als auch von Fließhöhen abhängig gemacht. Dadurch wird einerseits eine stärkere Bremsung im Auslauf und andererseits ein geringeres Nachfließen erreicht.

$$\tau^{(b)} = \tau_0 + \tan\delta \cdot \left(1 + \frac{R_s^{\,0}}{R_s^{\,0} + R_s}\right) \cdot \sigma^{(b)} + \frac{\bar{\rho}\bar{u}^2}{\left(\frac{1}{\kappa}\ln\frac{\bar{h}}{R} + B\right)^2} \tag{4.17}$$

mit:

τ_0 Mindestschubspannung, in [N/m²]

$\tan\delta$ Tangens des Bettreibungswinkels, in [°]

R_S^0	Bettreibungsüberhöhung
$\sigma^{(b)}$	Normalspannung, in [N/m²]
$\overline{\rho}$	Fließdichte, in [kg/m³]
$\overline{u}$	Fließgeschwindigkeit, in [m/s]
$\overline{h}$	Fließhöhe, in [m]
B	dimensionslose Konstante (Prandl-Grenzschicht)
K	Karman-Konstante
R_s	Rauigkeitskonstante

Der modellhafte Aufbau einer Staublawine (Mischlawine) (Bild 4-14) besteht nach [56][108][137] aus einer Fließschicht, die über die Geländeoberfläche abgleitet. Der Fließzustand ohne nennenswerte zwischengelagerte Luftanteile wird als Fließlawine bezeichnet (Volumsanteil < 1 : 10). Die mittlere Dichte einer solchen Strömung beträgt im Mittel ca. 300 kg/m³. An die Fließschicht schließt sich die als sehr dünn zu betrachtende Resuspensionsschicht an. Darüber kann sich eine Staubschicht entwickeln, welche in ihrer Ausdehnung die zuvor angeführten Schichten bei weitem übertreffen kann.

Eine Staublawine wird im Modell wie eine turbulente, partikelbeladene Gasströmung mit kleinem Geschwindigkeitsunterschied zwischen Partikel und Luft behandelt. Die Berechnung des Staubanteils erfolgt in SamosAT in der AVL-FIRE© Berechnungsplattform, die über das Resuspensionsmodell mit dem Fließanteil als Randbedingung gekoppelt wird [271].

SamosAT ermöglicht eine echte Zweiphasen-Berechnung der Eispartikel und der Luftschichten, um die gasdynamischen Prozesse realistischer darstellen zu können. Neben dem Massenzuwachs ermöglicht diese Methode auch den Massenverlust durch Sedimentation entlang der Lawinensturzbahn. Somit kann dieser Massenverlust auch zu einer Verzögerung der Lawine führen, insbesondere an starken Knickungen und Biegungen. Das Berechnungsgitter muss in Lawinen-Stoßrichtung entsprechend groß ausgelegt werden, damit die bremsende Wirkung der zu verdrängenden Luft auch im Auslaufbereich ausreichend berücksichtigt wird.

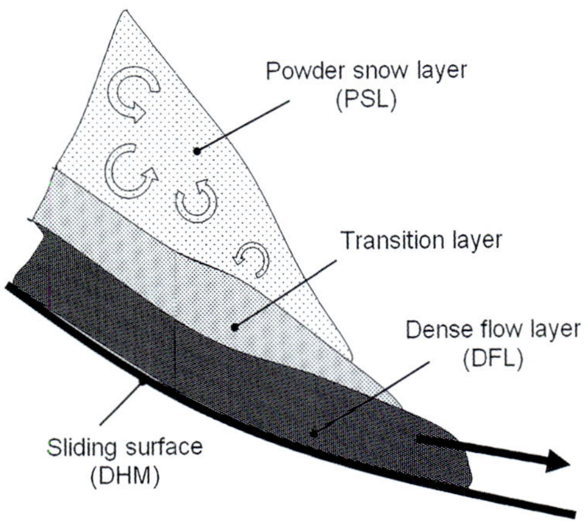

Bild 4-14 Schichtenstruktur einer Staublawine (© AVL)

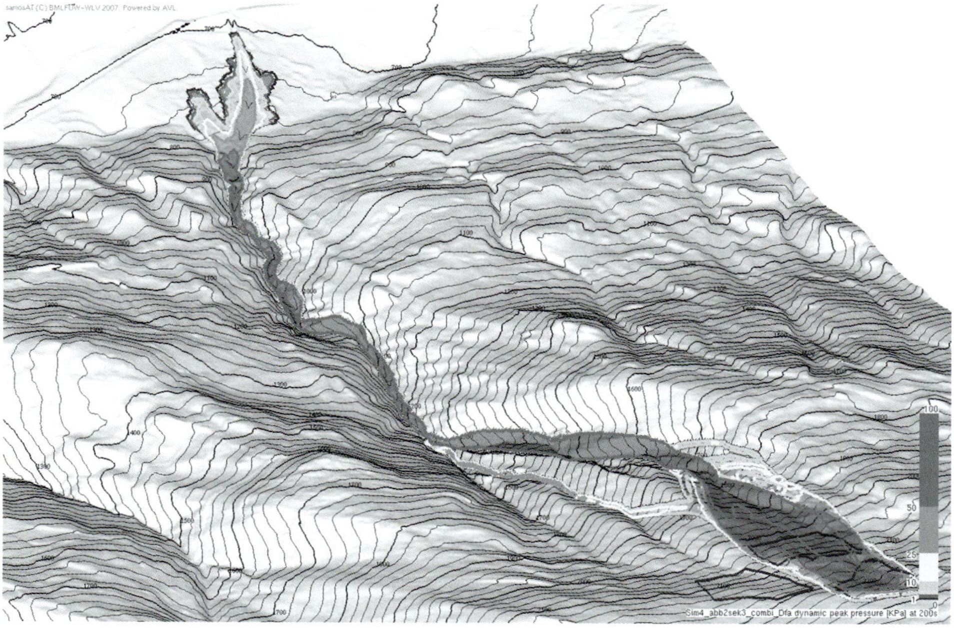

Bild 4-15 Darstellung der maximalen Fließdruckverteilung mit SamosAT (© WLV Tirol)

4.2.6 Anwendungsbereiche und Grenzen der Lawinenmodellierung

Die numerische Modellierung ist eine wertvolle Unterstützung in der Planung von Lawinenschutzmaßnahmen, kann jedoch die Aufnahmen und Einschätzungen vor Ort, die Interpretation der Chronik, „stummen Zeugen", Geländeuntersuchungen und die Befragungen der ansässigen Bevölkerung nicht ersetzen. Diese Informationen sind vielmehr für realitätsnahe Simulationen essentiell. Je mehr Informationen über ein Einzugsgebiet verfügbar sind, desto größer wird im Allgemeinen die Aussagekraft und Qualität der Berechnungen. Wichtig ist, dass der Modellanwender das mögliche Prozessausmaß unabhängig von Berechnungen realistisch abschätzen kann und so zur Validierung der Ergebnisse in der Lage ist.

Aufgrund der Unsicherheiten, sowohl bei den Eingangsdaten als auch in den Modellrechnungen selbst, können keine „exakten" Berechnungen von Lawinen erreicht werden. In Bild 4-16 wurde die Abhängigkeit der Lawinenauslaufstrecke im Auslaufgebiet einer Großlawine in Funktion der Anrissmächtigkeit mit dem Berechnungsprogramm AVAL-1D [290] berechnet. Im Bild 4-17 wurde die Auslaufstrecke in Abhängigkeit der Neigung des Auslaufgebietes dargestellt. Liegt die Hangneigung nahe bei der Grenzneigung, reagiert die Auslaufstrecke sehr empfindlich auf Neigungsänderungen. Somit kann die Abhängigkeit der Berechnungsresultate von den jeweiligen Eingabegrößen untersucht werden. Mit darauf aufbauenden Unsicherheitsmodellierungen wird die Streuung der berechneten Resultate aufgezeigt, was eine möglichst genaue Annäherung an den potentiellen maximalen Lawinenauslauf ermöglicht.

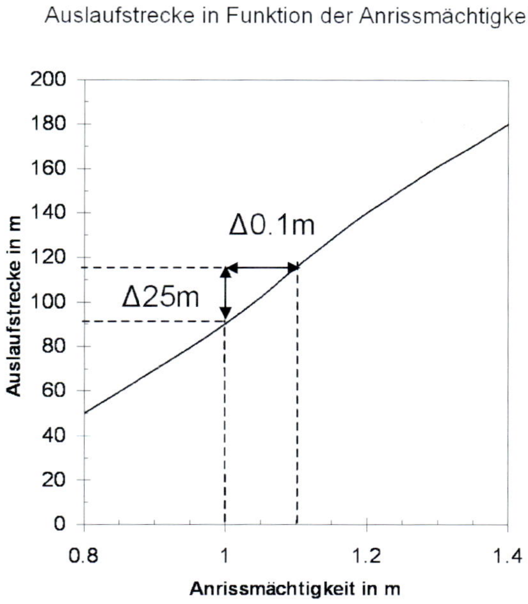

Bild 4-16 Sensitivitätsanalyse Lawinenauslaufstrecke in Funktion der Anrissmächtigkeit: Mit AVAL-1D wurden diese Parameter für Großlawinen dargestellt. Die Berechnungen wurden für eine parabelförmige Lawinenbahn mit einer Neigung von 35° im Anbruchgebiet und einer Neigung von 2,9° im Auslauf durchgeführt. Eine Zunahme der Anrissmächtigkeit von 10 cm führt in diesem Beispiel zu einer 25 m längeren Auslaufstrecke

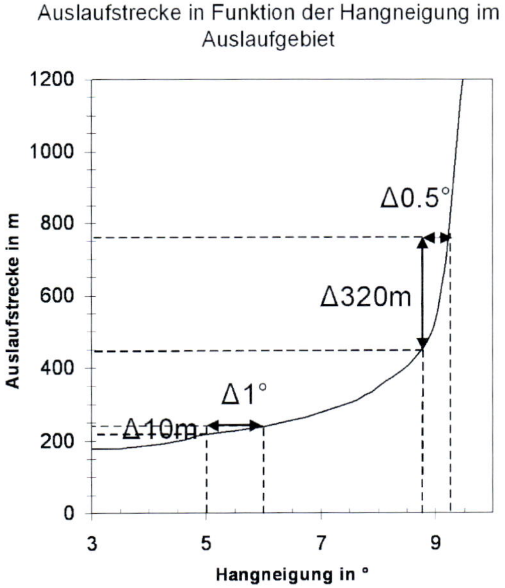

Bild 4-17 Sensititätsanalyse Lawinenauslaufstrecke in Funktion der Hangneigung im Auslaufgebiet: Mit AVAL-1D wurden diese Parameter für Großlawinen berechnet. Im Beispiel führt eine Neigungszunahme von 0,5° von 8,7° auf 9,2° zu einer um 320 m längeren Auslaufstrecke

Grundsätzlich wurden die meisten Simulationsmodelle für den Einsatz zur Berechnung von trockenen Schneelawinen der Größenordnung von Katastrophenlawinen entwickelt, daher werden die besten Ergebnisse für diese Lawinengrößenordnung erzielt. Für die Modellanwendung bei kleineren und mittleren Lawinen (bis ca. 35.000 m^3) muss das Anwendungsverfahren entsprechend der Anwenderrichtlinien und Handbücher angepasst werden [103]. Eine eindeutige Grenze zum Einsatz der verschiedenen Modelle kann nicht gezogen werden.

Das Fließlawinenmodell SamosAT ist ein Granularmodell, dessen Reibungsverluste grundsätzlich massenunabhängig funktionieren. Die Verringerung oder Erhöhung der Lawinenmasse wirkt sich nur im beschränkten Maße direkt auf die Auslauflänge aus (Bild 4-17). Zum einen bedeuten beispielsweise geringere Lawinenmassen, dass geringere Flächen entlang der Sturzbahn überstrichen werden und somit die Massen konzentrierter entlang der Tiefenlinien strömen können (Bild 4-18). Zum anderen werden die entscheidenden Bremseffekte erst nach Unterschreiten des Grenzneigungswinkels je nach Geschwindigkeit und Fließhöhe erreicht.

Das gasdynamische Staublawinenmodell in SamosAT verhält sich wiederum völlig anders. Die zu verdrängende Luft und besonders die Geländeunstetigkeiten wie Knickungen und Biegungen im Staub-Berechnungsgitter, welches über die digitale Geländeoberfläche gelegt wird, wirken sich auf die Suspension bremsend aus.

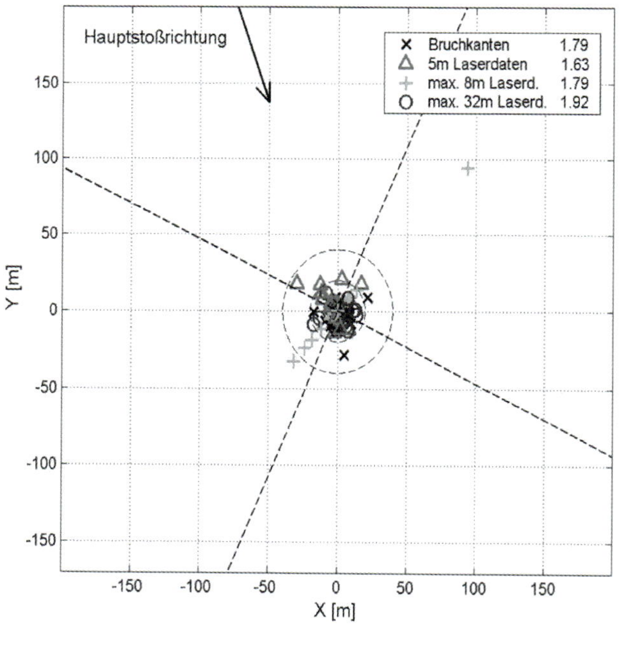

Bild 4-18 Ergebnisstreuung in SamosAT bei unterschiedlichen Lawinenmassen und Geländemodellauflösungen [330] (© SSL WLV)

Die Nassschneeereignisse des Jahres 2009 haben gezeigt, dass diese Lawinen mit den derzeit verfügbaren Modellen nicht in dieser Form nachvollzogen werden können [103]. Dies ist verständlich, da die derzeit verfügbaren Lawinenberechnungsmodelle die große trockene Fließlawine mit einem mehr oder weniger großen Staubanteil abbilden. Die außergewöhn-

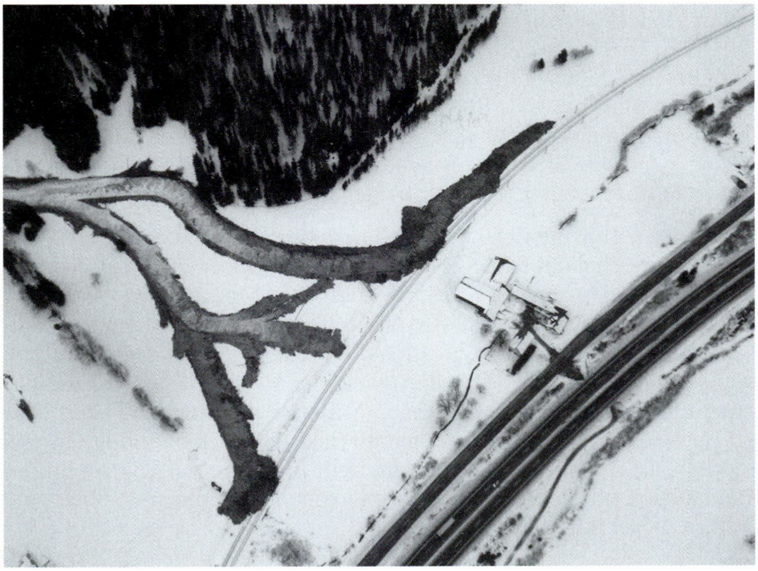

Bild 4-19 Auslaufverhalten der Schoberlawine am 28.2.2009 (© WLV Steiermark)

lichen Nassschneearme – z. B. der Schoberlawine vom 28.2.2009 (Bild 4-19) [45] – unterliegen anderen Reibungs- und Fließgesetzen als jene, die in den aktuellen Modellen derzeit implementiert sind. Der mögliche Auslaufbereich von potentiellen Nassschneearmen muss vor Ort gutachtlich abgeschätzt werden.

Die meisten operationell verfügbaren Lawinenmodelle basieren auf den 2-parametrigen *Voellmy-Reibungsgesetzen*. Diese sind bei geeigneter Parametrisierung in der Vorhersage von Auslauflängen recht erfolgreich und dienen daher als Grundlage für Lawinengefahrenkartierungen. Vergleicht man Simulationsergebnisse mit Messdaten von realen Lawinenzügen, erhält man jedoch Hinweise, dass es problematisch ist, mit solchen Modellen beobachtete Auslauflängen und Geschwindigkeiten von Lawinen gleichzeitig korrekt zu reproduzieren. Näheres zu dieser prinzipiellen Problematik bei der Modellierung physikalischer Prozesse in Lawinen findet sich in [88][258] und – auf konzeptionellerer Ebene – in [257].

Zu den hier beschriebenen stark vereinfachten empirischen Modellen existieren etwaige Erweiterungen. Zum Beispiel kann die grundlegende Annahme der Massenerhaltung durch verschiedene *Entrainment-Mechanismen* [87] erweitert werden; das bedeutet, dass Prozesse wie Erosion oder Einpflügen von vorhandenen Schneemassen, welche in der Natur beobachtet werden, die Dynamik und die Mächtigkeit des fließenden Schnees stark beeinflussen können. Beobachtungen zeigen, dass die Gesamtmasse einer Lawine auf das Zwei- bis Siebenfache der Anbruchmasse anwachsen kann [311].

4.2.7 Anwendung der Modellergebnisse in der Ingenieurpraxis

Die klassische Anwendung von Lawinensimulationen liegt im Bereich der *Gefahrenpotentialerhebung* und *Gefahrenzonenplanung*. Hier sind in der Regel die maximale Auslaulänge und die Druckverteilung innerhalb der Lawinen für eine Abgrenzung gemäß den richtliniengemäßen Kriterien [34][276] (siehe Abschnitt 5.3.4) erforderlich. Die Ausgabe der Fließhöhen bzw. Fließgeschwindigkeiten geben zusätzlichen Aufschluss über das potentielle Fließverhalten einer bestimmten Lawine. Berichte über kartierte Schäden ermöglichen eine „Kalibrierung" der Berechnungsergebnisse. Die Lawinensimulationen ermöglichen weiterhin das Studium der unterschiedlichen Lawinenszenarien, basierend auf verschiedenen Anbruchkombinationen, Einwehungsverhältnissen oder Reibungsbeiwerten.

In der Planung von technischen Lawinenschutzmaßnahmen werden Simulationen für die Optimierung von Lawinenstützverbauungen eingesetzt. Zur Prüfung der maximal notwendigen vertikalen Ausdehnung einer Anbruchverbauung liefert das Modell *Elba+* aufgrund der hohen Geländesensitivität besonders zuverlässige Werte für Fließlawinen. Häufig stellt sich die Frage der Restrisikoberechnung nach getätigten Verbauungen, diese ist mit den Modellen jedoch nur eingeschränkt verifizierbar. Ein wichtiger Einsatzbereich ist die Dimensionierung und Überprüfung von Lawinendämmen. Simulationen können Daten über Geschwindigkeiten und Fließhöhen an einem bestimmten Punkt liefern, die in Folge für die Berechnung der erforderlichen Dammhöhen (siehe Abschnitt 8.4) eingesetzt werden können. Vor allem die Simulationen über die Wirkung von Lawinenleitdämmen ergeben gute Daten über die Wirksamkeit dieser Schutzbauwerke.

Nach komplexeren Lawinenabgängen unterstützen Simulationen die Analysen und Auswertungen der Ereignisse. Die Nachrechnungen geben Aufschlüsse über die Verteilung der Masse, die Fließwege sowie die Druck-, Geschwindigkeits- und Fließhöhenverteilungen zur Rekonstruktion einer Lawine. Diese Simulationen von Referenzlawinen geben wiederum wichtige Informationen und Hinweise auf eine mögliche Optimierung der jeweiligen Lawinenmodelle und ermöglichen somit eine Rückkoppelung für die Modellentwicklung.

4.3 Lawinenwirkung auf Strömungshindernisse

4.3.1 Dynamische Lawinendruckwirkung

4.3.1.1 Allgemeines

Treffen Lawinen auf ein Hindernis, so entsteht ein dynamischer Druck, welcher in der Regel als stationär (d. h. zeitunabhängig) betrachtet wird [104]. Beim Aufprall von Schneeblöcken oder von eingeschlossenen festen Komponenten (Felsblöcken, Baumstämmen) (siehe Abschnitt 4.3.1.5) entstehen zusätzlich kurzzeitige Stoßdrücke, die wesentlich größer sein können als die stationären Drücke.

Dabei ist von Bedeutung, ob ein Hindernis umströmt oder überströmt werden kann und ob sich das Hindernis im Wirkungsbereich des Staub- oder Fließanteiles einer Lawine befindet. Ein Hindernis wird dann als umströmt betrachtet, wenn die Mehrheit der Schneepartikel dieses tatsächlich umströmt. In der Praxis ist nicht feststellbar, ob sich ein Hindernis tatsächlich in einem potentiellen Fließ- oder Staublawinenbereich befindet. Folglich wird nach einer schematisch gewählten Vorgangsweise der unterste Bereich einer Mischlawine als der Fließanteil, der nächst höhere als der Bereich der Übergangsschicht oder Saltationsschicht und der oberste Bereich der Lawine als die Suspensionsschicht oder Staubschicht betrachtet. Die tatsächlichen Höhen der einzelnen Schichten können nur teilweise berechnet werden, in der Praxis werden diese – mit Ausnahme der Höhe des Fließanteiles –

angeschätzt. Dabei ist zu beachten, ob sich das Hindernis, auf welches eine Lawine trifft, in einem kanalisierten Bereich befindet, in dem die Fließhöhen der Lawinen durch die Einengung in der Lawinenbahn größer sind, oder ob es sich um eine Flächenlawine handelt. Der schematisierte Schichtaufbau einer Lawine ist in Bild 4-2b dargestellt. Als typische Abflusshöhen für die Übergangsschicht einer Lawine werden 1 bis 5 m und für die Staubschicht mehrere Zehnermeter angegeben [147].

Im folgenden Abschnitt werden die relevanten Fälle der Lawinenwirkung auf Strömungshindernisse behandelt.

4.3.1.2 Fließlawinenwirkung normal auf ein nicht umströmtes Hindernis

In diesem Fall ist der Anströmwinkel der Fließlawine (mehr oder weniger) normal auf das Hindernis und dieses ist so groß, dass die Hauptmasse der Lawine das Hindernis nicht umströmt. Es entsteht ein Staudruck auf die Einwirkungsfläche (Bild 4-20).

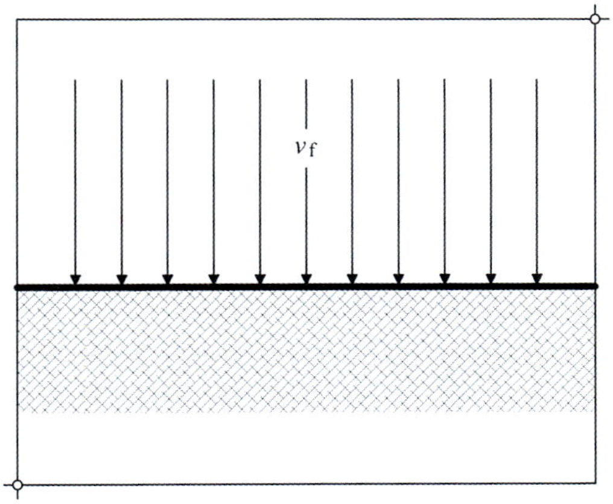

Bild 4-20 Fließlawinendruck normal auf ein nicht umströmtes Hindernis, nach [235]

Nach ONR 24805 [235] wird der Lawinendruck p_f auf ein großes, nicht umströmtes Hindernis wie folgt berechnet:

$$p_f = \rho_f \cdot v_f^2 \quad [\mathrm{N/m^2}] \tag{4.18}$$

mit:

ρ_f Dichte der Fließlawine [für Berechnung empfohlen: 300 kg/m³]

v_f Geschwindigkeit der Fließlawine, in [m/s]

Nach [147] ist die weit verbreitete Methode der Berechnung des Lawinendruckes nach Gl. (4.18) eine zu starke Vereinfachung und berücksichtigt nicht den *Spitzendruck* p_{peak}, welcher während der ersten Millisekunden des Anpralles auf ein Hindernis auftreten kann. Die Autoren schlagen als Ergänzung zum stationären Druck die Berechnung des Spitzendruckes wie folgt vor:

$$p_{peak} = 3 \cdot p_f \quad [\mathrm{N/m^2}] \tag{4.19}$$

Es ist nicht näher festgelegt, über welchen Bereich der Kontaktfläche Lawine – Hindernis der Spitzendruck p_{peak} aufgebracht werden soll. Es wird allerdings empfohlen, den zu erwartenden Spitzendruck zusätzlich zum Basisdruck bei der Dimensionierung von besonders vulnerablen Gebäuden zu berücksichtigen.

Wird eine Fließlawine durch ein Hindernis abgelenkt, erfolgt die Ermittlung der auftretenden Normal- und Tangentialdrücke p_n bzw. p_t wie folgt:

$$p_n = \varphi_f \cdot v_f{}^2 \cdot \sin^2 \cdot \alpha \quad [\mathrm{N/m^2}] \tag{4.20}$$

$$p_t = \mu \cdot p_n \quad [\mathrm{N/m^2}] \tag{4.21}$$

mit:

v_f Geschwindigkeit der Fließlawine, in [m/s]
α Ablenkwinkel, in [°]
μ Reibungsbeiwert [–]
0,30 ..... für die Kontaktfläche Schnee/Schnee oder Schnee/Boden
0,40 ..... für Schnee auf groben Böden oder rauen Wänden

Trifft eine Fließlawine auf ein Hindernis, so kommt es zu einem Rückstau oberhalb des Hindernisses, innerhalb dessen der Lawinendruck linear abnimmt. Die *Stauhöhe* errechnet sich bei einem nicht umströmten Hindernis nach Gl. (4.22), bei einem umströmten Hindernis nach Gl. (4.25). Der *Energieumwandlungsfaktor* λ ist eine empirische Variable in Gl. (4.22), der vor allem bei der Berechnung der Höhe von Auffang- oder Ablenkdämmen eine große Bedeutung zukommt.

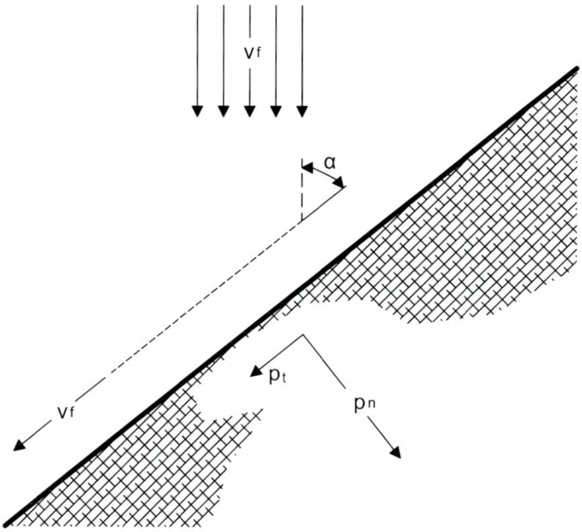

Bild 4-21 Fließlawinendruck auf ein ablenkendes Hindernis, nach [235]

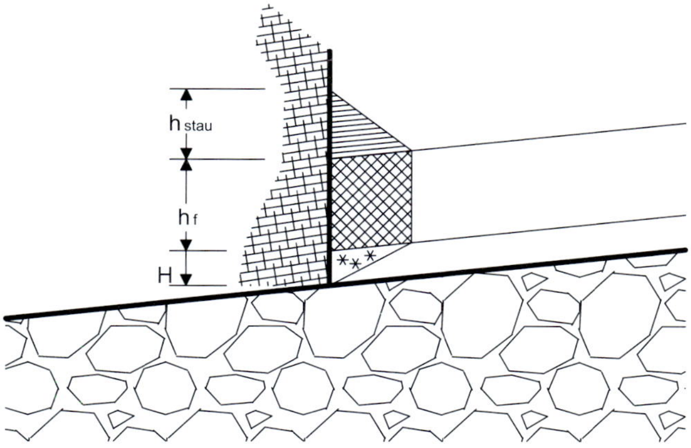

Bild 4-22 Der Staudruck nimmt innerhalb der Stauhöhe (h_{stau}) linear ab [235]

Die Stauhöhe h_{stau} (Bild 4-22) bei einem nicht umströmten Hindernis errechnet sich mit:

$$h_{stau} = \frac{v_f^2}{2 \cdot g \cdot \lambda} \quad [m] \tag{4.22}$$

mit:

g Erdbeschleunigung, Konstante [= 9,81 m/s²]

λ Energieumwandlungskonstante [–]:
bei trockenen, großen Lawinen: 1,5;
bei dichten (nassen) Lawinen: 2 bis 3 (gemäß [104])

4.3.1.3 Fließlawinenwirkung auf ein umströmtes Hindernis

Ein Hindernis gilt dann als umströmt, wenn es so klein ist, dass die Mehrzahl der Schneepartikel das Hindernis umfließt (Bild 4-23). Dies trifft vor allem bei Bäumen, Liftstützen oder Masten für Energieversorgungsleitungen zu.

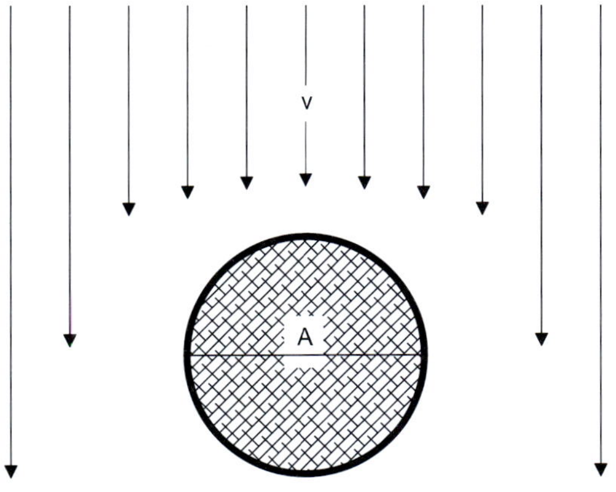

Bild 4-23 Fließlawinendruck auf ein umströmtes Hindernis, nach [235]

Der Fließlawinendruck auf ein umströmtes Hindernis p_f errechnet sich nach ONR 24805 [235] wie folgt:

$$p_f = c_d \cdot \frac{p_f \cdot v_f^2}{2} \quad [\text{N/m}^2] \tag{4.23}$$

mit:

c_d Widerstandskoeffizient, nach Tabelle 4-3

Die resultierende Fließlawinenkraft auf ein umströmtes Hindernis wird wie folgt ermittelt:

$$p_f = A \cdot \frac{p_f \cdot v_f^2}{2} \quad [\text{N/m}^2] \tag{4.24}$$

mit:

A Einwirkungsfläche, in [m²]

Tabelle 4-3 Widerstandskoeffizient c_d für Fließlawinen (Fließanteil) nach [147]

Form	Schneeart	
	trocken	nass
Kreiszylinder	1,5	3 bis 5
Rechteck	2	4 bis 6
Spaltkeil	1,5	3 bis 6

Wird ein rechteckiges Hindernis von einer Fließlawine umströmt, so ist auf den lawinenparallelen Seiten des rechteckigen Hindernisses eine wandparallele Reibungskraft zu berücksichtigen. Zur Erhöhung der Sicherheit wird empfohlen, an den lawinenparallelen Seiten eines rechteckigen Hindernisses die Fließlawine mit einem Winkel von 20° anströmen zu lassen [91][92].

Die Stauhöhe h_{stau} auf ein umströmtes Hindernis errechnet sich mit:

$$h_{stau} = \frac{v_f^2}{2 \cdot g \cdot \lambda} \cdot f\left(\frac{b}{d_f}\right) \quad [\text{m}] \tag{4.25}$$

mit:

b Breite eines umströmten Hindernisses normal zur Anströmrichtung der Lawine, in [m]

d_f Fließmächtigkeit der Lawine, in [m]

f Reduktionsfaktor, nach Tabelle 4-4

Tabelle 4-4 Reduktionsfaktor f nach [104]

b/d_f	0,1	0,5	1,0	2,0	≥ 3
f	0,1	0,4	0,7	0,9	1

4.3.1.4 Staublawinenwirkung

Wie in Abschnitt 4.1.2.4 ausgeführt, treten große Lawinen selten in Form reiner Fließ- oder Staublawinen auf; meistens bestehen diese aus einem Staub- und einem Fließanteil (Mischlawinen). Zwischen den beiden Hauptschichten liegt die Übergangs- oder Saltationsschicht. Die Übergänge sind fließend, wobei unklar ist, wo genau tatsächlich die Suspensions- oder Saltationsschicht liegt. Die Berechnung der auftretenden Lawinendrücke kann daher nur einem schematischen Verfahren folgen, bei dem fiktive Grenzen zwischen diesen Schichten angenommen werden. Entsprechend der schematischen Annahme ergibt sich für die Berechung einer Mischlawine ein Druckbild, wie es in Bild 4-24 gezeigt wird.

Bei der Abschätzung der Staublawinenwirkung und der Wirkung der Saltationsschicht ist zu berücksichtigen, dass diese beiden Schichten der Lawine zwar eine bedeutend geringere Dichte aufweisen, auf der anderen Seite aber eine höhere Geschwindigkeit haben und somit dem Fließanteil vorauseilen. Die Staublawine ist eine Mischung aus Eispartikeln und Luft, und die Schneekörner vermögen nach [137] der Luft bei der Umströmung eines Hindernisses oft nicht zu folgen und prallen stattdessen auf die strömungsbehindernde Fläche. Dadurch erfährt diese einen Druck, welcher sich nach Gl. (4.18) bzw. (4.23) errechnet.

Issler [137] empfiehlt zusätzlich die Berücksichtigung eines *Staudruckkoeffizienten* (f_{stau}), welcher je nach Geschwindigkeit der Strömung, der Partikelgröße und der Partikelkonzentration zwischen 0,5 und 1 anzunehmen ist. Bei Unsicherheiten bzw. bei Anströmungsrichtung normal zum Hindernis ist der Staudruckkoeffizient mit 1 anzunehmen. Die Dichte der Suspensionsschicht ist mit 3–15 kg/m³ anzunehmen und jene der Saltationsschicht mit 20–50 kg/m³.

Die *Widerstandskoeffizienten* c_d für Staublawinen sind in Österreich nach ONR 24805 [235] gem. Tabelle 4-5 zu wählen. Die Berücksichtigung eines Staudruckkoeffizienten ist in der ONR 24805 auf Grund der großen Unsicherheit bei der Annahme nicht vorgesehen und generell mit 1 anzunehmen.

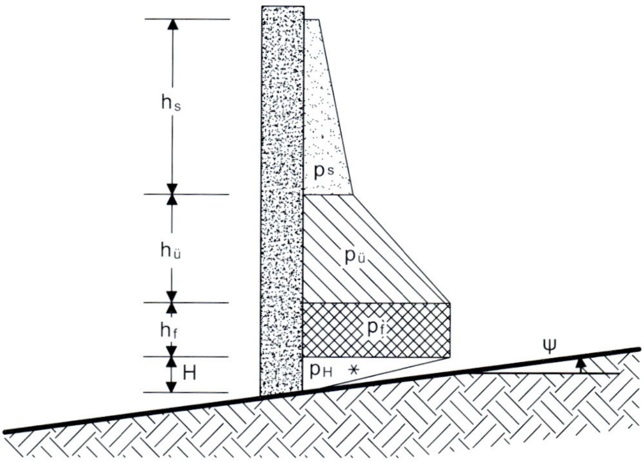

Bild 4-24 Schematische Darstellung des Druckes einer Mischlawine auf ein umströmtes Hindernis, nach [147]

Tabelle 4-5 Widerstandskoeffizienten für Staublawinen c_d nach [147]

Form	Werte für c_d	
	Staubschicht	Saltationsschicht
Kreiszylinder	1	1
Rechteck	1,5	2
Spaltkeil	1,2	1,5

Die Druckverteilung in der Längs- und Querrichtung einer Staublawine kann sehr unregelmäßig sein. Diese Inhomogenitäten sind nach [137] in strukturbedingten, turbulenzbedingten und topgraphisch bedingten Druckunterschieden begründet. Alleine turbulenzbedingte Druckunterschiede können turbulente Spitzendrücke verursachen, welche bis um einen Faktor 2 über den Mittelwerten liegen können. Kommt es zum Über- oder Umströmen von Gebäuden oder Hindernissen, sind vier Effekte von Bedeutung:

- Während des Überströmens übt die Staublawine einen hydrostatischen Überdruck aus. Er ist in der Mitte des Kopfes am höchsten und hängt direkt von der Lawinenmasse, nicht aber von der Geschwindigkeit ab. Typische Werte liegen zwischen 0,5 und 2 kPa.
- Gegen die Strömungsrichtung orientierte Gebäudeteile sind dem Staudruck ausgesetzt. Der wirkende Druck hängt über den Widerstandskoeffizienten von der Form und Orientierung des Gebäudes zur Fließrichtung ab und nimmt generell von der Mitte der Hindernisfront zu den Rändern ab.
- An Seitenwänden und Dächern bildet sich ein dynamischer Unterdruck (Sog), welcher

  $$p_{sog} = -{}^1/_2 \cdot \rho_{staub} \cdot v_{staub}{}^2 \tag{4.26}$$

  mit:

  ρ_{staub} Dichte der Staublawine, in [kg/m³]
  v_{staub} Fließgeschwindigkeit der Staublawine, in [m/s]

  beträgt. Er wird im Allgemeinen vom hydrostatischen Druck nur zu einem kleinen Teil kompensiert.
- Auf flachen Hindernissen oder Lawinengaleriedächern sind Scherspannungen im Bereich von 0,5–5 kPa zu erwarten, wo die Saltationsschicht noch ausgeprägt ist, d. h. in der Sturzbahn oder einem frühen Stadium des Auslaufes.
- Für die Höhenentwicklung einer Staublawine gibt es nur näherungsweise Schätzungen. In Abhängigkeit von der Hangneigung ergeben sich folgende Höhenentwicklungen. Für die Berechnung des Staublawinendruckes wird eine lineare Abnahme von der Grenze der Saltationsschicht nach oben angenommen.

Tabelle 4-6 Höhenentwicklung von Staublawinen in Abhängigkeit von der Hangneigung

Hangneigung	dh/dx
10°	0.05
30°	0.10
50°	0.15

Nach [147] berechnet sich die Höhe der Staubwolke h_p wie folgt:

$$h_p = 10^{-5} \cdot l_{track} \cdot v^2 \quad [m] \tag{4.27}$$

mit:

l_{track} Länge der Lawinenbahn, in [m]
v Geschwindigkeit der Lawine, in [m/s]

4.3.1.5 Aufprall fester Komponenten (Steine, Bäume)

Häufig werden in Lawinen feste Komponenten wie Steine, Eisknollen oder Bäume mitgeführt, die beim Auftreffen auf ein Hindernis einen *Stoßdruck* (Impuls) verursachen (Bild 4-25). Sofern diese Einwirkung anzunehmen ist, ist vereinfachend eine statische Ersatzlast zu berücksichtigen (Bild 4-26). Diese wird auf der lawinenseitigen Wand eines Hindernisses als Einzellast mit einer kreisförmigen Anprallfläche mit einem Durchmesser von 25 cm angenommen [92].

Bild 4-25 Stark durch Lawinenholz verunreinigte Lawinenablagerung (© Sauermoser)

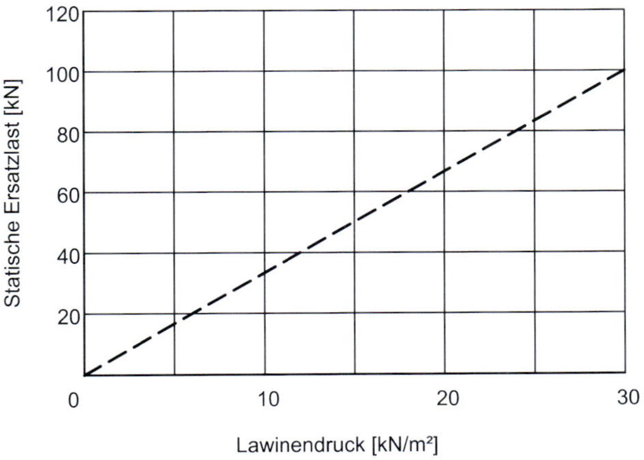

Bild 4-26 Statische Ersatzkraft Q_e für Anpralllasten in Abhängigkeit des Lawinendrucks [92]: Diese Einzellast ist gleichzeitig wirkend mit der Belastung p_f der Lawine anzunehmen. Sie kann an beliebiger Stelle der Wirkungshöhe der Lawine auftreten [91]

4.3.1.6 Druck durch vertikale Umlenkung

Bei der vertikalen Umlenkung von Fließlawinen durch Galerien oder Gebäude ist zusätzlich zur Schnee- bzw. Lawinenauflast der Druck durch vertikale Umlenkung q_u zu ermitteln (Gl. 4.27). Nach neueren Untersuchungen in der Schweiz [10] ist die Länge der Umlenkstrecke von der Mächtigkeit der Fließlawine abhängig und ist auf einer Länge von $6.d_f$ in Rechnung zu stellen.

$$q_u = (\rho_f \cdot d_f \cdot v_f{}^2 \cdot \sin\delta)/l_u \quad [\text{N/m}^2] \tag{4.28}$$

mit:

ρ_f	Dichte der Fließlawine, in [kg/m³]
d_f	Mächtigkeit der Fließlawine, in [m]
v_f	Geschwindigkeit der Fließlawine, in [m/s]
δ	Umlenkwinkel [°]
l_u	Umlenkstrecke, in [m]: wird mit $6.d_f$ angenommen

4.3.1.7 Nassschneelawinenwirkung

Das in Abschnitt 4.1.2.5 beschriebene Fließverhalten von Nassschneelawinen ist noch weitgehend unerforscht, die Druckberechnung auf ein Hindernis erfolgt daher näherungsweise nach Gl. (4.18 bis 4.21 bzw. 4.23 bis 4.24). Nassschneelawinen haben eine geringe Fließgeschwindigkeit, hingegen eine hohe Dichte. Für die Berechnung des Lawinendruckes wird eine Dichte von $\rho = 400$ kg/m³ empfohlen [7].

4.3.2 Schadenswirkung an Objekten

4.3.2.1 Allgemeines

Treffen Lawinen auf Objekte in der Sturzbahn oder im Auslaufbereich und sind diese nicht ausreichend auf Lawinendruck dimensioniert, treten Schäden auf, welche bis zur totalen Zerstörung des Objekts führen können (Bild 4-27c, d). Art und Umfang der Schäden sind völlig unterschiedlich und hängen von der Art der Lawine, der Lage des Objektes in der Sturzbahn oder im Auslaufbereich und der Art des Objektes ab.

Voellmy [337] untersuchte die Zerstörungswirkungen der Lawinen 1954 in Vorarlberg und kam als Folge der unmittelbaren Beobachtungen der aufgetretenen Schäden zu folgenden Ergebnissen:

- Die Kräfte, welche die untersuchten Zerstörungen im Lawinenzug verursachten, entstanden aus der Stauwirkung, welche das Objekt der strömenden Schneemasse entgegensetzte. Seine Beobachtungen haben ergeben, dass bei den untersuchten Fällen das Ansteigen der Kräfte auf ihr Maximum verhältnismäßig langsam erfolgte. Die Wirkung auf die Objekte muss deshalb nicht nach der Theorie des Stoßes verfolgt werden, sondern man kann nach statischen Prinzipien auf die wirkenden Kräfte schließen.
- Die resultierende Stoßkraft bei den untersuchten Lawinen wirkte in den meisten Fällen von unten nach oben und nur an sehr steilen Hängen von oben nach unten. Die infolge Staus einer Lawine durch ein in der Gleitbahn stehendes Hindernis auftretenden Vertikalkräfte konnten etwa die Hälfte der Horizontalkraft erreichen (Bild 4-27a).
- Durch mitgeschleppte Steine, Bäume und mitgerissene Objekte traten *Rammeffekte* auf.

– Die Zerstörungskraft des Luftstoßes, welcher der Lawine vorauseilte, war bei den untersuchten Fällen gering und reichte nur zum Eindrücken von Fenstern und leichten Türen, wofür erfahrungsgemäß ein Druckstoß von höchstens 5 kN/m² genügt. Dagegen konnten sich die Wirbelschichten einer Staublawinenfront ähnlich auswirken wie Druck- und Sogwirkungen eines Verdichtungsstoßes der Luft. Zerstörungen, welche auf eine typische Sogwirkung zurückzuführen wären, konnten weder bei den Zerstörungen in Vorarlberg noch aus den verfügbaren Angaben aus der Schweiz nachgewiesen werden.

(a)

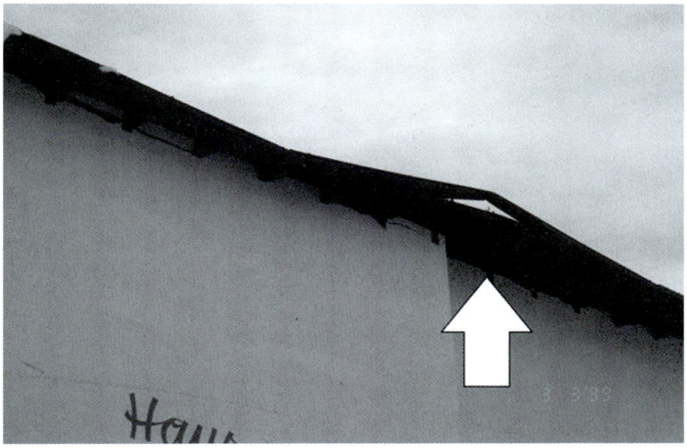

(b)

Bild 4-27 Gebäudeschäden durch Fließ- und Staublawinen: (a): Typischer Lawinenschaden an einem Gebäude durch vertikal nach oben wirkende Kräfte; (b): Schäden durch Staublawine an einem Gebäude: Das Gebäude ist bis unter das Dach mit Schnee vollgepflastert und einige Fensterscheiben sind zerbrochen (© WLV Tirol)

(c)

(d)

Bild 4-27 (Fortsetzung) Gebäudeschäden durch Fließ- und Staublawinen: (c): In alle Richtungen verstreute Gebäudeteile, verursacht durch die Turbulenzen in der Staublawine; (d): Totalzerstörung von Gebäuden durch trockene Fließlawine oder Übergangschicht (eine exakte Unterscheidung ist nicht möglich) (© WLV Tirol)

Hagen & Heumader [108] berichten von Schäden durch das Schnee-Luft-Gemisch von Staublawinen, welche nur durch *gasdynamische Theorien* zu erklären sind und welche Explosionsschäden ähnlich sind. Dies zeigen Nachrechnungen von Schäden, welche in Österreich durch die Lawinen 1984, 1986 und 1988 verursacht wurden. Besonders bei der Wolfsgruben-Lawine in St. Anton in Tirol (Ereignis 1988) (Bild 3-3a) zeigten abgehobene Vordächer und horizontale Risse im Mauerwerk typische Schadensbilder aus einer vertikal nach oben umgelenkten Druckkraft des Schnee-Luft-Gemisches.

Näherungsweise kann auf Grund von aufgetretenen Schäden auf die aufgetretenen Lawinenkräfte geschlossen werden, wobei eine Unterscheidung in Staub- oder Fließanteil auf Grund der Tabelle 4-7 nicht möglich ist.

Tabelle 4-7 Schadenspotentiale von Lawinen in Abhängigkeit des Lawinendruckes, nach [7]

Lawinendruck [kPa]	Schadenspotential
1	Fenster werden eingedrückt und zerbrochen.
5	Türen werden eingedrückt.
30	Holzkonstruktionen und gemauerte Gebäude werden zerstört.
100	Fichtenwald wird großflächig geworfen.
1000	Bewehrte Betonkonstruktionen werden beschädigt oder zerstört.

4.3.2.2 Schadenswirkung durch Fließlawinen

Typische durch den Fließanteil einer Lawine verursachte Schäden an Objekten sind:

- Totalzerstörungen von Gebäuden durch hohe Lawinendrücke (Bild 4-27d)
- Massive Gebäudeschäden im untersten Gebäudebereich, verbunden mit massiven Lawinenablagerungen
- Kleinräumige Abgrenzung der Schäden durch einzelne Fließlawinenarme
- Räumlich eng begrenzte Schadenswirkungen durch einzelne Arme einer Nassschneelawine

4.3.2.3 Schadenswirkung durch Staublawinen

Die Unterscheidung, ob ein Schaden an einem Gebäude durch die Staub-, Übergangs- oder Fließschicht einer Lawine verursacht wurde, ist selten eindeutig möglich, da die Übergänge zwischen den einzelnen Schichten fließend sind. Schäden, verursacht alleine durch den Staubanteil einer Lawine, sind naturgemäß jene, welche sich bereits auf Grund der Lage in den äußersten Auslaufbereichen von Lawinenablagerungen oder im Bereich von Kurvenüberhöhungen in Sturzbahnen befinden.

Typische Schadbilder an Objekten verursacht durch den Staubanteil einer Lawine sind:

- Gebrochene Fensterscheiben im Bereich des gesamten Gebäudes
- Schäden am Dach insbesondere durch vertikal nach oben gerichtete Kräfte (Bild 4-27a)
- Schäden an Kaminen, Dachrinnen, Windläden
- Anpflasterung von Schnee bis in den Dachbereich (Bild 4-27b), Ablagerungsdichten bis 600 kg/m³ können von Staublawinen erreicht werden [137]
- Spuren von „innerer“ Explosion von Gebäuden durch eingedrungene Staublawinenteile
- Weit verstreute Einzelteile von Gebäuden, insbesondere von Holzteilen bei Holzhäusern (Bild 4-27c)
- Abgedeckte und abtransportierte Dächer oder Dachteile

5 Analyse, Bewertung und planliche Darstellung von Lawinengefahren (-risiken)

Christoph Skolaut, Florian Rudolf-Miklau, Markus Stoffel

5.1 Grundlagen und Bewertungsansätze

5.1.1 Modell der Gefahrenanalyse und Risikokonzept

Technische Schutzmaßnahmen werden eingesetzt, um negativen Folgen zukünftiger Lawinenereignisse vorzubeugen. Als Grundlage der Maßnahmenplanung sind daher Prognosen über das Ausmaß (Magnitude) und die Eintrittswahrscheinlichkeit der Ereignisse (siehe Abschnitt 3.4.2) und der möglichen, unerwünschten (schädigenden) Auswirkungen auf die menschliche Gesundheit, die wirtschaftlichen Tätigkeiten, die Umwelt und das kulturelle Erbe (Lawinenrisiken) erforderlich.

Die Grundlage der Planung von Lawinenschutzmaßnahmen ist die Gefahrenanalyse. Diese umfasst die Untersuchung der Lage von Lawineneinzugsgebieten, der Faktoren für die Lawinenentstehung (siehe Kapitel 3), der Auslösemechanismen (siehe Abschnitt 3.3.4.3), der Prozessabläufe (Kapitel 4) sowie der potenziellen Auswirkungen von Lawinenereignissen (Schadenswirkung; siehe Abschnitt 4.3.2). Die planliche Darstellung der Analyse-

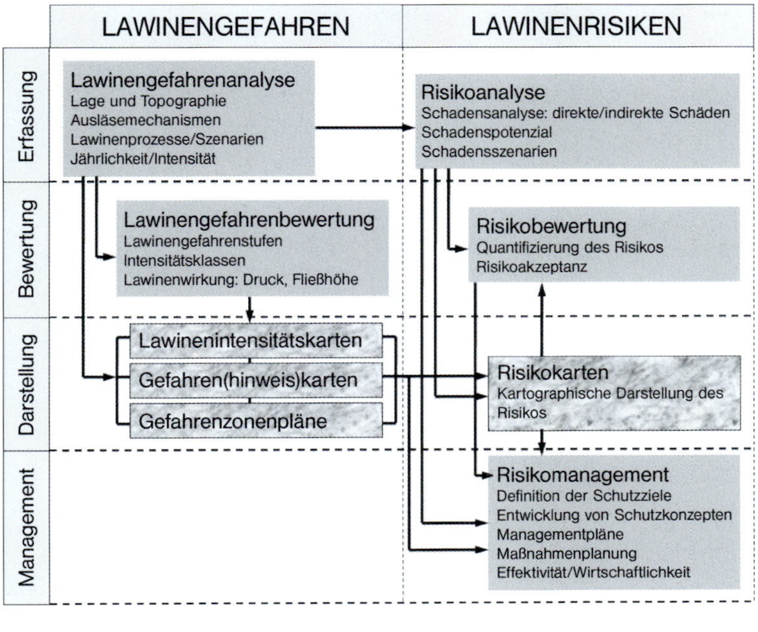

Bild 5-1 Schema des Modells der Analyse, Bewertung und planlichen Darstellung von Lawinengefahren und -risiken als Grundlage des Risikomanagements (erstellt nach *Heinimann et al.* [116], *Hübl et al.* [133] und *Kienholz* [158]) (© Rudolf-Miklau)

Handbuch Technischer Lawinenschutz. 1. Auflage. Florian Rudolf-Miklau, Siegfried Sauermoser (Hrsg.).

ergebnisse in *Gefahrenkarten* und *Gefahrenzonenplänen* (siehe Abschnitt 5.3) ist gemäß den international üblichen Standards die Planungsgrundlage für technische Lawinenschutzmaßnahmen.

Eine Weiterentwicklung der Gefahrenanalyse unter Einbeziehung potenzieller Lawinenschäden stellt das *Risikokonzept* dar, welches nach [32] als universelles Modell zur Lösung von Sicherheitsfragen im Lawinenschutz sowie ebenfalls als Grundlage der Maßnahmenplanung herangezogen werden kann. Es erlaubt nach [344] Aussagen über die Zweckmäßigkeit, Zuverlässigkeit und Effektivität von Schutzkonzepten. Als erstes Land in Europa setzt die Schweiz das Risikokonzept in ihren Richtlinien für den Schutz vor Naturgefahren konsequent um [244].

Eine schematische Darstellung des Modells der Analyse und Bewertung von Lawinengefahren und -risiken ist in Bild 5-1 dargestellt.

5.1.2 „Gefahr" und „Risiko": Begriffsbestimmung

5.1.2.1 Lawinengefahr und Lawinenszenarien

Für den technischen Lawinenschutz sind ausschließlich Lawinenereignisse relevant, von denen Gefahren für Personen oder Sachwerte ausgehen [344] Die *Lawinengefahr* ist eine Funktion der „Eintrittswahrscheinlichkeit" (siehe Abschnitt 3.4.2.1) und der „Intensität" (siehe Abschnitt 3.4.2.2) eines Ereignisses und tritt grundsätzlich unabhängig von konkreten Risiken auf [31]. Für die Zwecke der Gefahren- und Risikobewertung wird die geschätzte Eintrittswahrscheinlichkeit (statistischer Erwartungswert) eines zukünftigen Lawinenereignisses bezogen auf einen bestimmten Zeitraum durch die *Jährlichkeit* T_n ausgedrückt (siehe Abschnitt 3.4.2.1, [95]). Bild 5-2 zeigt den schematischen Zusammenhang der Lawinenaktivität eines einzelnen Lawineneinzugsgebietes oder für eine ganze Region (als Funktion der Lawinenwahrscheinlichkeit und der Lawinenintensität) mit den gefährdeten Objektkategorien (siehe Abschnitt 5.1.2.2).

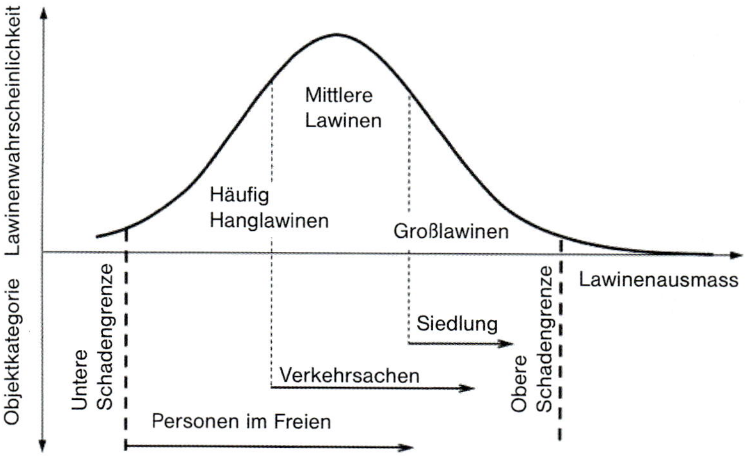

Bild 5-2 Schematische Darstellung des Zusammenhangs der Lawinenaktivität einer Region (als Funktion von Lawinenwahrscheinlichkeit und Lawinenintensität) mit den Lawinentypen und Objektkategorien: Die Grafik zeigt u. a., dass Personen im freien Gelände bereits von häufigen Lawinen geringen Ausmaßes gefährdet sind, während Siedlungen in der Regel nur von Großlawinen bedroht werden (nach *Wilhelm* [344])

Die Analyse von Lawinengefahren, die ein komplexes Gefüge von Ursachen, Prozessen und Wirkungen darstellen, ist kein monokausaler Vorgang, sondern muss eine Vielzahl möglicher Entwicklungen (Szenarien) einbeziehen. Als Methode zur Darstellung der möglichen Abläufe zukünftiger Naturereignisse oder der damit verbundenen Gefahren (Schadenswirkungen) hat sich die *Szenarienanalyse* etabliert [133][158][276][297]. Dabei werden nicht nur ein bestimmter Prozessablauf, sondern alle möglichen oder maßgeblichen Abläufe eines Lawinenereignisses (in den Grenzen des Bemessungsereignisses bestimmter Jährlichkeit) betrachtet, insbesondere den wahrscheinlichen und den extremen Fall.

5.1.2.2 Lawinenschaden und Lawinenrisiko

Hat ein Lawinenereignis negative Auswirkungen auf Personen oder Sachwerte, entsteht ein Schaden. Lawinenschäden treten häufig als „Totalschaden" ein. Nach [263] umfassen Lawinenschäden alle negativ bewerteten Folgen (Wirkungen) eines Lawinenereignisses (Schadensereignis), wobei für den technischen Lawinenschutz insbesondere folgende *Schadenskategorien* zu berücksichtigen sind:

- Personen (Tote, Verletzte)
- Sachwerte (Gebäude, Verkehrsanlagen, Infrastruktur, Fahrzeuge, Maschinen, Waren, Energie)
- Natürliche Ressourcen
- Wirtschaftsaktivitäten
- Sozialgefüge, Gemeinwesen
- Kulturgüter (kulturelles Erbe)
- Umwelt

Des Weiteren wird zwischen *direkten* und *indirekten* Schäden unterschieden, wobei letztere nicht durch das Ereignis selbst, sondern mittelbar durch dessen Folgen verursacht werden. Zu diesen *Folgeschäden* zählen die Umwegekosten bei Straßensperren, Produktionsausfälle von Wirtschaftsbetrieben, die Nichterfüllung von Beförderungsverpflichtungen oder Umsatzrückgänge im Tourismus. Das *Schadenspotenzial* umfasst – im Gegensatz zum *Schadensausmaß* eines konkreten Lawinenereignisses – alle Objekte (Werte), die in einem abgegrenzten Gebiet (Zeitraum) durch Lawinen zu Schaden kommen können, entspricht also dem maximal möglichen Schaden.

Das *Lawinenrisiko* ist nach [263][314] als Wahrscheinlichkeit eines Schadens definiert, der sich aus dem Zusammentreffen einer Lawinengefahr mit Personen oder Objekten im Gefährdungsbereich ergibt, hängt also von der Exposition und Schadensempfindlichkeit dieser Personen (Objekte) ab. Für die weitere Betrachtung des Lawinenrisikos stellt die Person oder das Objekt (z. B. Gebäude, Straßenabschnitt) die kleinste Betrachtungseinheit dar (Individualrisiko, Objektrisiko); daraus kann nach [32] das *Kollektivrisiko* als Summe aller Objektrisiken oder als gesellschaftliches (gemeinschaftliches) Risiko abgeleitet werden.

Das Lawinenrisiko $R_{i,j}$ ist nach [25] eine Funktion der Eintrittswahrscheinlichkeit und des Schadensausmaßes, welches sich aus den Faktoren Schadenspotenzial und Schadensempfindlichkeit zusammensetzt:

$$R_{i,j} = p_j \cdot V_i \cdot p_{i,j} \cdot SE_{i,j} \quad [\text{€/Jahr}] \tag{5.1}$$

mit:

p_j Wahrscheinlichkeit eines Gefahrenszenarios j [–]

$p_{i,j}$ Wahrscheinlichkeit, dass ein Objekt i den Gefahrenszenarien j ausgesetzt ist (Exposition) [–]

$SE_{i,j}$ Schadensempfindlichkeit des Objektes i in Abhängigkeit des Gefahrenszenarios j (Vulnerabilität) [–]

V_i Wert des Objektes i, in [€/Jahr]

Die darin enthaltene *Exposition* $p_{i,j}$ drückt aus, wo und wie lange sich eine Person oder ein Objekt im Gefahrenbereich befindet (Präsenzwahrscheinlichkeit). Die *Schadensempfindlichkeit* $SE_{i,j}$ – ausgedrückt als Erwartungswert eines Schadens an einem Objekt als Folge eines bestimmten Ereignisses – umfasst alle direkten Beeinträchtigungen eines Objektes durch Lawinen. Äquivalent dazu drückt die *Letalität* die Wahrscheinlichkeit der Todesfolge einer Person durch die direkte Einwirkung eines Lawinenereignisses aus.

5.1.3 Ansätze zur Bewertung für Lawinengefahren und -risiken

5.1.3.1 Allgemeines

Die Quantifizierung von Gefahren und Risiken stellt eine wichtige Grundlage für deren planliche Darstellung (Gefahren- und Risikokarten sowie Gefahrenzonenpläne; siehe Abschnitt 5.3) sowie für den Nachweis der Wirtschaftlichkeit und Effektivität von Schutzkonzepten dar. Lawinengefahren können quantitativ bewertetet werden, indem die Eintrittswahrscheinlichkeit und Größenordnung von Ereignissen mit statistischen (siehe Abschnitt 3.4) und mathematisch-physikalischen (siehe Kapitel 4) Methoden ermittelt werden. Ziel der quantitativen Risikobewertung ist, unterschiedliche Kategorien von Lawinenrisiken nach einheitlichen Wertmaßstäben vergleichbar zu machen, um eine objektive Entscheidungsgrundlage für die wirkungsvollsten Maßnahmen zur Risikoreduktion zu entwickeln. Das Lawinenrisiko kann nach [148] als ökonomisches Risiko in Geldeinheiten [in €], als erwartete Anzahl der Todesopfer und Schadensobjekte oder als die auf einen bestimmten Zeitraum (z. B. ein Jahr) bezogene Wahrscheinlichkeit [in 0,0p] des Schadens oder Todesfalls ausgedrückt werden.

5.1.3.2 Quantifizierung der Lawinengefahr

Die einfachste Methode zur Quantifizierung der Lawinengefahr stellt die Anwendung von *Gefahren- und Intensitätsskalen* auf der Basis „semi-quantitativer" Kriterien dar. Die gängigste Lawinengefahrenskala wurden von den Lawinenwarndiensten der Alpenländer entwickelt (*Europäische Lawinengefahren-Skala* [97]; Tabelle 5-1). Weitere Skalen für die Klassifikation von Lawinenintensitäten wurden unter anderem von *CAA* [53], *Rapin* [251] sowie *Schaerer & McClung* [299] (Tabelle 5-2) publiziert.

Für ingenieurmäßige Fragestellungen im Zusammenhang mit Lawinengefahren ist jedoch die statistisch-physikalische Ermittlung der Faktoren Lawinenwahrscheinlichkeit und Intensität (siehe Abschnitt 3.4.2) erforderlich.

Tabelle 5-1 Europäische Lawinengefahren-Skala [97]

Gefahrenstufe			Schneedecken-stabilität	Lawinen-Auslöse-wahrscheinlichkeit
5	Sehr groß		Die Schneedecke ist allgemein schwach verfestigt und weitgehend instabil.	Spontan sind viele große, mehrfach auch sehr große Lawinen, auch in mäßig steilem Gelände zu erwarten.
4	Groß		Die Schneedecke ist an den meisten Steilhängen* schwach verfestigt.	Lawinenauslösung ist bereits bei geringer Zusatzbelastung** an zahlreichen Steilhängen wahrscheinlich. Fallweise sind spontan viele mittlere, mehrfach auch große Lawinen zu erwarten.
3	Erheblich		Die Schneedecke ist an vielen Steilhängen* nur mäßig bis schwach verfestigt.	Lawinenauslösung ist bereits bei geringer Zusatzbelastung** vor allem an den angegebenen Steilhängen möglich. Fallweise sind spontan einige mittlere, vereinzelt aber auch große Lawinen möglich.
2	Mäßig		Die Schneedecke ist an einigen Steilhängen* nur mäßig verfestigt, ansonsten allgemein gut verfestigt.	Lawinenauslösung ist insbesondere bei großer Zusatzbelastung** vor allem an den angegebenen Steilhängen möglich. Große spontane Lawinen sind nicht zu erwarten.
1	Gering		Die Schneedecke ist allgemein gut verfestigt und stabil.	Lawinenauslösung ist allgemein nur bei großer Zusatzbelastung** an vereinzelten Stellen im extremen Steilgelände* möglich. Spontan sind nur Rutsche und kleine Lawinen möglich.

Erklärungen:

* Das lawinengefährliche Gelände ist im Lawinenlagebericht im Allgemeinen näher beschrieben (Höhenlage, Exposition, Geländeform). Mäßig steiles Gelände: Hänge flacher als rund 30°. Steilhänge: Hänge steiler als rund 30°. Extremes Steilgelände: besonders ungünstige Hänge bezüglich Neigung (steiler als etwa 40°), Geländeform, Kammnähe und Bodenrauigkeit.

** Zusatzbelastung: gering: einzelner Skifahrer/Snowboarder, sanft schwingend, nicht stürzend; Schneeschuhgeher; Gruppe mit Entlastungsabständen (> 10 m). groß: zwei oder mehrere Skifahrer/Snowboarder etc. ohne Entlastungsabstände; Pistenfahrzeug; Sprengung; einzelner Fußgänger/Alpinist.

Tabelle 5-2 Klassifizierung der Lawinenintensität (Zerstörungspotenzial) nach der Reichweite, dem Schadenspotenzial sowie nach Kriterien der Lawinenintensität (Lauflänge, Lawinenkubatur, Druckwirkung) (zusammengestellt nach *CAA* [53], *Glade & Stötter* [69], *Rapin* [243], *Schaerer & McClung* [299])

Größenordnung/ Lawinenintensität		Klassifikation nach Reichweite	Klassifikation nach Schadenspotenzial	Klassifikation nach Lauflänge/Volumen/Druck		
				m	m^3	kPa
1	sehr niedrig Schneerutsch	unbedeutende Schneeumlagerung im Hang	geringes Personenrisiko	< 50	< 100	~ 2
2	niedrig Kleine Lawine	kommt im Steilhangbereich (über 30°) zum Stillstand	Personenrisiko: Verschüttung und Todesopfer möglich	< 100	< 1000	~ 10
3	mittel Mittlere Lawine	erreicht den Fuß des Steilhanges	Zerstörungsrisiko für PKW, Schadensrisiko für LKW und kleine Bauwerke	< 1000	< 10000	~ 50
4	hoch Große Lawine	überwindet flachere Geländeteile (unter 30°) von mehr als 50 m, erreicht den Talboden	Zerstörungsrisiko für größere Bauwerke und PKW, Personenrisiko innerhalb von Gebäuden	> 1000	< 80000	~ 200
5	sehr hoch Extremereignis	bis dahin unbekannte Sturzbahn und Reichweite	Totalzerstörung von großen Bauwerken und Siedlungsteilen, hohe Opferzahlen	>> 1000	bis 400000	~ 500

5.1.3.3 Quantifizierung von Lawinenschäden und Lawinenrisiken

Die durch Lawinen verursachten *Sachschäden* können i. d. R. direkt in Geldeinheiten (€) quantifiziert werden. Der Schadenswert entspricht jenem finanziellen Aufwand, der notwendig ist, um das Objekt in den Zustand vor dem Schadensereignis zu versetzen. Schwieriger gestaltet sich die Bewertung von indirekten Schäden oder *Folgeschäden*, wobei die größten Probleme in der klaren Zuordnung der Kosten zum Schadensereignis, in der Verfügbarkeit realistischer Wertansätze und in der Abgrenzung zu anderen Kosten bestehen. Folgeschäden bleiben daher in der Schadensbewertung häufig unberücksichtigt oder werden nach standardisierten Verfahren ermittelt.

Personen (Opfer), die von Lawinen getötet oder verletzt werden, repräsentieren ebenfalls einen wirtschaftlichen Wert, doch ist eine direkte monetäre Bewertung von Personenschäden nicht immer möglich oder nicht erwünscht. Nach [148] sind Personenopfer als der prioritäre Lawinenschaden anzusehen, weshalb in Island die Risikobewertung ausschließlich auf der Todeswahrscheinlichkeit aufbaut, ohne Menschenleben jedoch einen monetären Wert zuzuordnen. Indirekt kann jedoch nach [32] eine Bewertung in Geldeinheiten aus der gesellschaftlichen Zahlungsbereitschaft zur Verhinderung von Todesfällen abgeleitet werden.

Für Fragen des technischen Lawinenschutzes wird in der Regel das *Schadenspotenzial* auf Grundlage von Gefahrenzonenkarten ermittelt. Das konkrete *Schadensausmaß* im Ereignisfall kann nach [32] durch Überlagerung der räumlichen Verteilung der Lawinenintensitäten unterschiedlicher Szenarien (Intensitätskarten) mit der Lage der gefährdeten Objekte unter Berücksichtigung der Schadensempfindlichkeit (Letalität) $SE_{i,j}$, der Auftretenswahrscheinlichkeit p_j und der Präsenzwahrscheinlichkeit $p_{i,j}$ ermittelt werden.

Das quantifizierte Schadenspotenzial (Schadensausmaß) bildet die Grundlage für die *Ermittlung des Lawinenrisikos* (Gl. 5.1), unterteilt in die Komponenten Personenrisiko (individuelles Risiko einer Person, Kollektivrisiko) und Sachrisiko. Nach [32] ist es zweckmäßig, die Quantifizierung des Lawinenrisikos differenziert („Risikomatrix") unter Berücksichtigung der relevanten Ereignisszenarien (z. B. Szenarien mit unterschiedlicher Jährlichkeit: 30, 100, 300) und Expositionssituation durchzuführen.

Zur quantitativen Darstellung der Exposition für Lawinengefahren ist es nach [32] erforderlich, die potenziell gefährdeten Objekte zu identifizieren und hinsichtlich der Lage, Anzahl, Art, Nutzung und Wert zu beschreiben. Dabei ist zwischen ortsfesten (fixen) Objekten (z. B. Gebäude, Verkehrseinrichtungen, Infrastruktur), zeitlich oder örtlich variablen Objekten (Fahrzeuge, mobile Einrichtungen) und Personen (einschließlich des Aufenthaltsortes) zu differenzieren. Für variable Objekte und Personen ist zusätzlich die Angabe der durchschnittlichen Belegung und der Präsenzwahrscheinlichkeit im Gefahrengebiet erforderlich. Im Bedarfsfall können auch Sondersituationen berücksichtigt werden, wenn sich innerhalb kurzer Zeiträume überdurchschnittlich viele Personen oder variable Objekte im Gefahrenbereich aufhalten (z. B voller Parkplatz eines Skigebietes im Lawinengefahrenbereich).

Die *Schadensempfindlichkeit* (Vulnerabilität) $SE_{i,j}$ kann als relative Maßzahl für die Beeinträchtigung eines Objekts durch die Einwirkung eines Lawinenprozesses (Wert zwischen 0 und 1) in Abhängigkeit der Objektart aus in der Literatur verfügbaren Tabellen [32][134] ermittelt werden. Gleiches gilt für den *Letalitätsfaktor*, der von der Exposition der Person – konkret, ob sich die Person im Freien oder innerhalb von Gebäuden aufhält – abhängt.

5.2 Methoden der Gefahren- und Risikoanalyse

5.2.1 Lawinengefahrenanalyse

5.2.1.1 Überblick über die Methoden und Datengrundlagen

Wirksame Lawinenschutzmaßnahmen setzen voraus, dass die drohenden Gefahren vollständig erkannt, lagemäßig erfasst (verortet) sowie hinsichtlich ihrer Ursachen und Auswirkung beurteilt werden können. Ziel der Lawinengefahrenanalyse ist nach [32] daher die Ermittlung der relevanten Szenarien und deren Eintrittswahrscheinlichkeit, um eine Prognose über die Art, Ausdehnung und Intensität des maßgeblichen Lawinenereignisses zu ermöglichen.

Da weder die wissenschaftlichen Grundlagen der Lawinenprozesse (siehe Abschnitt 3.6.1) vollständig geklärt, noch ausreichende Daten über vergangene Lawinenereignisse verfügbar sind, gilt nach [158] als wichtigster Grundsatz der Lawinengefahrenanalyse die Einhaltung einer möglichst hohen Redundanz der eingesetzten Verfahren und Methoden. Hinsichtlich der Vorgehensweise stehen grundsätzlich die Auswertung vergangener Lawinenereignisse

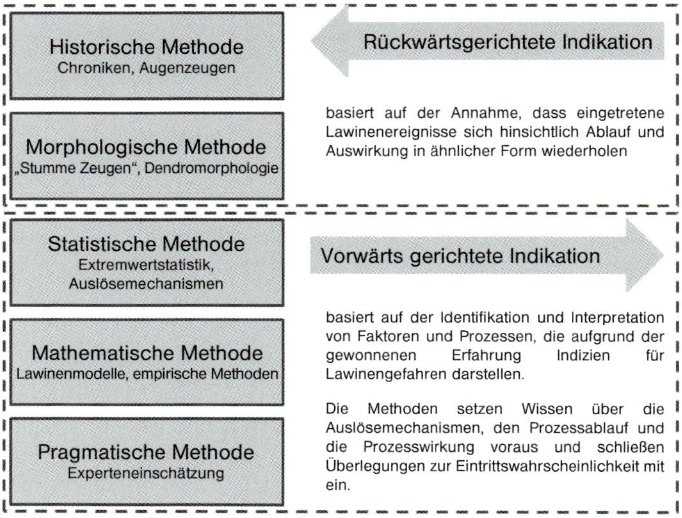

Bild 5-3 Grundprinzipien und Methoden der Gefahrenanalyse (nach *Kienholz* in *Heinimann et al.* [116])

Tabelle 5-3 Übersicht über Methoden der Lawinengefahrenanalyse (nach [32][116][133][158])

Methode	Beschreibung und Anwendungsbereich
historische Methode	Diese Methode stützt sich auf die Auswertung und statistische Analyse von Berichten, Zeugenaussagen und Chroniken über vergangene Lawinenereignisse. Daraus könnten Rückschlüsse auf die Frequenz von Lawinenereignissen gezogen werden, seltener Hinweise auf die Auslöseursache, den Ablauf, die Reichweite und Ausbreitung der Lawine sowie die aufgetretenen Schäden. Historische Quellen sind jedoch in der Regel lückenhaft und in der Darstellung häufig subjektiv (siehe Abschnitt 5.2.1.2).
morphologische Methode	Diese Methode basiert auf der Identifikation des Lawinenprozesses und der räumlichen Abgrenzung anhand von „stummen Zeugen" im Gelände oder an der Vegetation. Dazu zählt u. a. die dendrogeomorphologische Datierung, welche unter bestimmten Voraussetzungen gute Aussagen über die Häufigkeit von Lawinen liefert (siehe Abschnitt 5.2.1.3).
statistische Methode	Diese Methode umfasst die Analyse von Messdaten und Beobachtungsreihen. Die Ableitung gesicherter Trends und Prognosen erfordert allerdings eine große Anzahl von Daten und eine ausreichende Beobachtungsdauer (siehe Abschnitt 3.4).
numerisch-mathematische Methode	Diese Methode basiert auf numerischen Lawinenmodellen, die in der Regel gute Aussagen über die Intensität von Ereignissen bestimmter Eintrittswahrscheinlichkeit liefern und daher bevorzugt zur Festlegung der Gefahrenszenarien herangezogen werden. Die Modelle bedürfen jedoch stets einer Kalibrierung mit Naturdaten und sollten anhand des Expertenwissens validiert werden (siehe Abschnitt 4.2).
pragmatische Methode	Diese Methode stützt sich auf die „gutachtliche" Einschätzung des Gefahrenpotenzials durch Experten und ortskundige Personen. Sie wird in der Regel zur Validierung der Ergebnisse der anderen Methoden eingesetzt.

Tabelle 5-4 Übersicht über die in der Praxis erforderlichen Daten und Informationen zur Durchführung einer Lawinengefahrenanalyse (zusammengestellt nach [32][81])

Kategorie	Daten/Informationen
Lawinenkataster	Basisinformationen über Lawineneinzugsgebiete, allgemeine Lageinformationen
topographische Daten	Gebietsabgrenzung, Orthofoto, Digitales Geländemodell (DGM) oder Höhenmodell (DHM), Lage von Objekten in der Lawinenbahn, Lage von permanenten Schutzmaßnahmen
meteorologische Daten/Faktoren	Häufigkeit von lawinenauslösenden Wetterlagen, 3-Tages- Neuschneesumme, Gesamtschneehöhe, maximale Schneehöhe, Windverhältnisse/-geschwindigkeit, Temperatur
nivologische Daten	Neuschneemenge in einer bestimmten Zeiteinheit, lokale Windrichtung und Windgeschwindigkeit, Luft- und Schneetemperatur, Schneedeckenaufbau, Stabilität der Schneedecke, Belastungen
morphologische Daten	Geländeanalyse im Anrissgebiet, in der Sturzbahn und im Ablagerungsbereich: Neigung, Exposition, Geländeformen, Rauigkeit, Vegetation, Hindernisse
Ereignisdaten	Ereigniskataster, historische Quellen und Zeugenaussagen, Expertenwissen, „stumme Zeugen“
aktuelle Lawinensituation	Lawinenlagebericht (Bulletin), Lawinengefahrenstufe, Erhebungen der örtlichen Lawinenkommission, beobachtete Lawinenabgänge

(rückwärtsgerichtete Indikation) und die Prognose (möglicher) zukünftiger Ereignisse (vorwärtsgerichtete Indikation) zur Auswahl (Bild 5-3). Diesem Prinzip folgend stehen nach [32][116] [133][158] für die Gefahrenanalyse die in Tabelle 5-3 angeführten Methoden zur Auswahl, die auf historischen Informationen, Naturbeobachtungen, Messdaten, Modellen und Experteneinschätzung beruhen und zur Sicherstellung des Redundanzprinzips in Kombination angewandt werden müssen.

Die Grundlage der *statistischen Methode* wurde in Abschnitt 3.4 kurz dargestellt, die *numerisch-mathematische Methode* wurde bereits im Zusammenhang mit den Lawinenmodellen in Abschnitt 4.2 behandelt. Nachfolgend wird daher speziell auf die *historische* (siehe Abschnitt 5.2.1.2) und die *morphologische Methode* (siehe Abschnitt 5.2.1.3) eingegangen. Die *pragmatische Methode* kommt vor allem dann zum Einsatz, wenn mit den anderen Methoden keine ausreichende Gefahrenanalyse und -bewertung möglich ist. Die Methode dient auch zur „Validierung“ (Plausibilitätsprüfung) der Ergebnisse der übrigen Analysemethoden.

5.2.1.2 Historische Methode

Die historische Methode zählt neben der morphologischen Methode zur rückwärtsgerichteten Indikation. Diese Methode stützt sich auf die Auswertung und statistische Analyse von Berichten, Zeugenaussagen und Chroniken über vergangene Lawinenereignisse. Als Quellen dienen Chroniken der Kirche und Gemeinden, Votivbilder und Gedenktafeln (Bild 5-4), Aufzeichnungen von Feuerwehren und Eisenbahnverwaltungen, Polizeiberichte sowie in den letzten Jahrzehnten Berichte von Lawinenkommissionen. Zu bedenken ist jedoch, dass diese Quellen in der Regel lückenhaft und in der Darstellung manchmal subjektiv sind.

Bild 5-4 Votivbild der Lawinenabgänge der Wiestallawine (Gemeinde Bichlbach/Tirol) in den Jahren 1456 und 1689. (Quelle: WLV Tirol)

Als Ergebnis der *historischen Methode* lassen sich zumindest Rückschlüsse auf die Frequenz ziehen. Es ist jedoch zu berücksichtigen, dass Chroniken in der Regel nicht alle stattgefundenen, sondern zumeist nur größere (mit Schaden verbundene) Ereignisse beinhalten. Im Idealfall finden sich auch Hinweise auf die Auslösungsursache, den Verlauf, die Intensität, die Ausbreitung der Lawine und den aufgetretenen Schaden.

In den letzten Jahrzehnten haben verschiedene Organisationen in den Alpenländern und der Schweiz (staatliche Institutionen des Lawinenschutzes, Eisenbahnunternehmungen) in ihrem Zuständigkeitsbereich die Aufgabe der *Ereignisdokumentation* entwickelt und wahrgenommen. Die systematische Erfassung von Naturkatastrophen hat dazu geführt, dass inzwischen umfangreiche Datenbanken und Zeitreihen über dokumentierte Lawinenereignisse existieren, die allgemeine Aussagen über Gefahren und Risiken zulassen. Als Beispiele sind der Naturgefahren-Ereigniskataster *StoreMe* [37] in der Schweiz oder das Ereignisportal des digitalen Wildbach- und Lawinenkatasters (WLK) [136] in Österreich zu nennen. Darüber hinaus führen in einigen Ländern öffentliche oder private Institutionen (Österreich: Kuratorium für Alpine Sicherheit/KAS; Schweiz: Bundesamt für Umwelt/BAFU und WSL-Institut für Schnee- und Lawinenforschung SLF; Frankreich: Enquete Permanente sur les Avalanches/EPA) Statistiken über die Personenunfälle durch Lawinen. International wird die Dokumentation von Lawinenereignissen nach einem einheitlichen Standard durchgeführt. Dieser Mindeststandard (kurz „5W-Standard") umfasst im Wesentlichen die Informationen, welche Naturgefahr (WAS?) in welchem Bereich (WO?) zu welchem Zeitpunkt (WANN?) von welcher Person (WER?) beobachtet wurde und optional was die vermutlichen Gründe der Auslösung waren (WARUM?) [136].

5.2.1.3 Morphologische Methode

Die Lawinengefahrenanalyse mittels morphologischer Methoden basiert auf der Bewertung des Geländes sowie sogenannter „stummer Zeugen" [12]. Bei Lawinen werden unter stummen Zeugen das Vorhandensein von Erosions- und Ablagerungsspuren sowie Zeugnisse an der Vegetation verstanden.

Lawinen prägen das Landschaftsbild (Zeugnisse im Gelände) wesentlich mit und tragen – entgegen der landläufigen Meinung – in entscheidendem Ausmaß zum Schutttransport auf steilen Hängen bei [180]: Auf felsigem Untergrund vermag eine wiederholte und konzentrierte Lawinenaktivität zur Ausbildung trichterförmiger Runsen mit gerundetem Querprofil führen. Lawinen, die in vegetationslosen Lockerschuttzonen abbrechen, können zudem Steine und Blöcke mitreißen, insbesondere wenn sie in Form nasser Grundlawinen niedergehen. Im Ablagerungsgebiet einer Lawine können durch den wiederholten Schutttransport diffuse Kordons („Blockzungen") entstehen [253]. Eine Analyse des Flechtenbewuchses der abgelagerten Blöcke ermöglicht eine grobe Altersbestimmung der Ablagerungsformen sowie eine Datierung von Phasen erhöhter Lawinenaktivität [193].

Zeugnisse an der Vegetation (siehe Abschnitt 3.6.2) stellen einen weiteren zentralen Baustein in der Beurteilung der Lawinenaktivität dar [298]. Baumschäden, die auf vergangene Lawinen zurückzuführen sind, lassen sich mit dendrogeomorphologischen Methoden jahrgenau datieren [319] (Bild 5-5a). Die mechanische Schädigung von Bäumen und Sträuchern führt dabei einerseits zu äußerlich sichtbaren Verletzungen, der Schrägstellung der Stammachse oder zu Kandelaberwuchs. Daneben reagiert der betroffene Baum aber auch mit anormalem Jahrringbreitenzuwachs und spezifischen anatomischen Abweichungen im Holz [320][321]: Ein Baum, der verletzt wurde, versucht seine Wunde so rasch wie möglich zu schließen. Dazu bildet er Kallusgewebe aus, das für den Verschluss der Wunde zuständig ist. Gleichzeitig treten in Nadelbäumen tangentiale Harzkanalreihen auf. Auch wenn die Spuren der Verletzung auf der Stammoberfläche bereits verschwunden sind, lassen

(a)

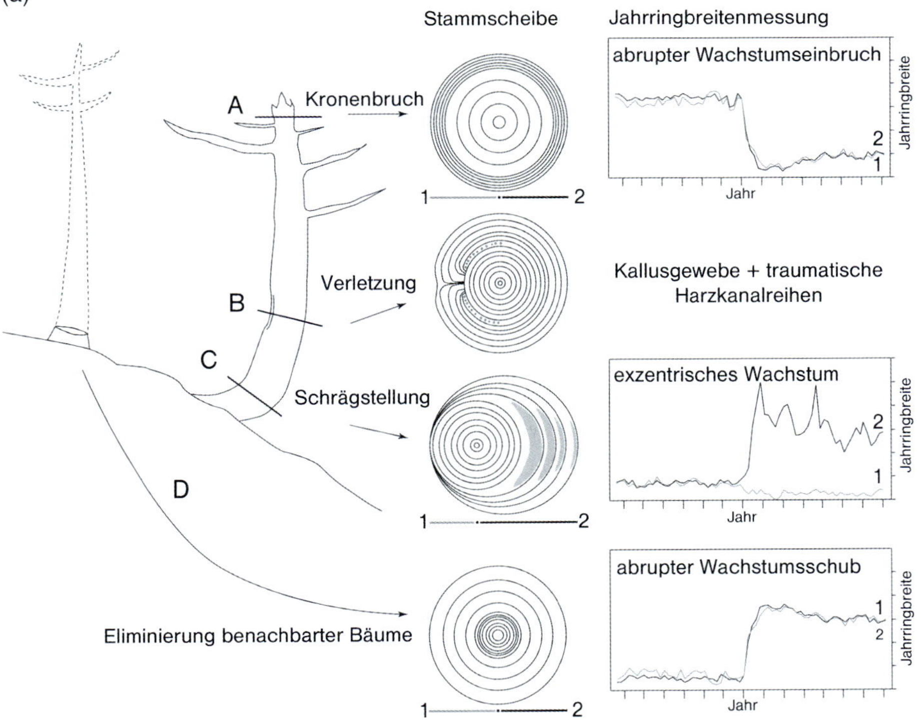

Bild 5-5 Dendrogeomorphologische Untersuchungen zur Datierung von Lawinen: (a): Veränderungen im Jahrringbild von Lawinenbäumen (© Stoffel, M.)

(b)

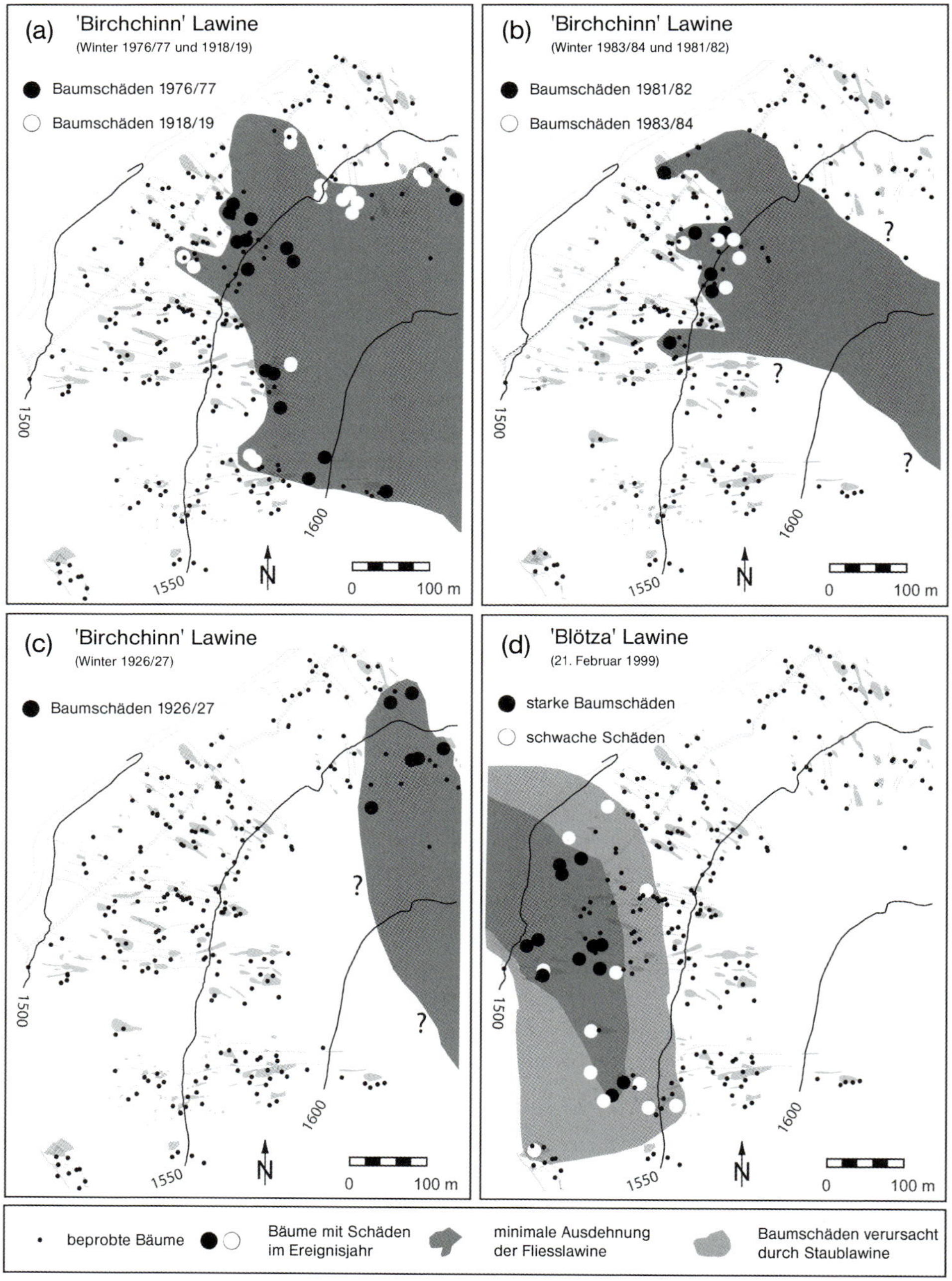

Bild 5-5 (Fortsetzung) Dendrogeomorphologische Untersuchungen zur Datierung von Lawinen: (b): Minimale Ausdehnung der *Birchchinn- und Blötza-Lawinen* (Blatten im Lötschental/Schweiz). Die Darstellungen basieren auf Jahrringdaten. Für die *Blötza-Lawine* konnte aufgrund der Jahrringschäden zwischen Fließ- und Staubschneelawinenschäden unterschieden werden (© Stoffel, M.)

sich durch Harzkanalreihen im Holz längst überwachsene Verletzungen jahrgenau datieren [317]. Wenn ein Baum von einer Lawine geköpft wird oder wichtige Äste verliert, tritt eine Reduktion im Jahrringbreitenzuwachs ein, da Photosynthese nicht mehr im gleichen Ausmaß stattfinden kann. Einseitiger Druck auf die Stammachse kann zu einer Schrägstellung des Baumes führen. Nadelbäume reagieren auf Kippung, indem sie auf der schräggestellten Stammunterseite mehr Holz mit stärkeren Zellwänden ausbilden (Druckholz). Extrem große und seltene Lawinen können Waldbestände eliminieren. Am Rand des Einflussbereichs profitieren überlebende Bäume von besseren Wachstumsbedingungen und bilden markant breitere Jahrringe aus. Die Jahrringanalyse von Bäumen in Lawinenzügen und deren Auslaufbereich lässt so die Rekonstruktion wertvoller Zeitreihen zur Frequenz, Größe und zu räumlichen Mustern einzelner Ereignisse zu [181]. Im Idealfall ist es sogar möglich, Schäden durch Fließlawinen von jenen durch Staublawinen [318] zu unterschieden (Bild 5-5b).

5.2.1.4 Einschränkungen und Unsicherheiten in der Lawinengefahrenanalyse

Die Lawinengefahrenanalyse ist aufgrund verschiedener Ursachen (Tabelle 5-5) mit Einschränkungen hinsichtlich der Ergebnisqualität und Unsicherheiten in der Aussagegenauigkeit behaftet. Die Kenntnis dieser Faktoren ist für die korrekte Interpretation der Analyseergebnisse und für die Szenarienbildung unbedingt erforderlich.

Tabelle 5-5 Faktoren für Einschränkungen und Unsicherheiten in der Lawinengefahrenanalyse (nach [154])

Unsicherheitsfaktoren	Ursachen
Beschränkte Datenlage	Punktuelle und beschränkte Verfügbarkeit von meteorologischen Messdaten und Daten über die Lawinenauslösung (Ursachen, Anrissmächtigkeit, Stabilität der Schneedecke), zu kurze Beobachtungsperioden, weitgehendes Fehlen direkter Messungen der Lawinenprozesse (Geschwindigkeiten, Druckwirkung, Bewegungsprozess)
Unvollständige und fehlerhafte Dokumentation von Ereignissen	Fehlende Aufzeichnungen und Ereignisdatenbanken, unterschiedliche Qualität der Information und Dokumentation, unterschiedliche Dichte und Intensität der Aufnahmen, unterschiedliche Aufnahmestandards und Dateninterpretation
Unsicherheiten in der Szenarienwahl	Unvollständigkeit in der Szenarienauswahl, Fehleinschätzung in der Auswahl der Szenarien, nicht nachvollziehbare Vorgehensweise
Berücksichtigung von Schutzmaßnahmen	Fehleinschätzung über den Wirkungsgrad und den Zustand der Schutzmaßnahmen, Fehleinschätzung über die Auswirkungen auf die Eintrittswahrscheinlichkeit und Intensität der Lawinenprozesse, Fehleinschätzung über das Restrisiko

5.2.2 Lawinenrisikoanalyse

Die Risikoanalyse gliedert sich nach [32][153] in die Identifikation und Beurteilung der gegenwärtigen und zukünftigen Lawinengefahren und in die Analyse des Schadenspotenzials. Sie dient der möglichst objektiven Ermittlung der Risikogrößen für ein konkretes Schadensereignis, für ein spezifisches Objekt (Person) oder ein bestimmtes Gebiet und umfasst definitionsgemäß

- die Gefahrenanalyse,
- die Expositionsanalyse,
- die Analyse der Auswirkungen (Schäden) und
- die Risikoermittlung.

Anhand differenzierter Schadensszenarien wird bestimmt, welche Faktoren und Umstände zum Gesamtrisiko beitragen. Darauf aufbauend dient die *Risikobewertung* dem Nachweis, ob die ermittelten Risiken über oder unter den festgelegten Schutzzielen liegen, ob also ein Schutzdefizit besteht. Auf dieser Grundlage kann die optimale Kombination von Schutzmaßnahmen zur Erreichung des Schutzziels bestimmt werden oder auch der Nachweis der Wirtschaftlichkeit und Effizienz der Maßnahmen geführt werden (siehe Abschnitt 6.5.3).

Lawinenrisikoanalysen werden in der Praxis – je nach Fragestellung – für verschiedene räumliche Betrachtungseinheiten, etwa bezogen auf eine Gemeinde (Davos/Schweiz: *Fuchs et al.* [81][82]; Galtür/Österreich: *Keiler & Stötter* [154]), für ein Tal (Pitztal/Österreich: *Huber et al.* [132]; Suldenta/Italien: *Keiler et al.* [153]) oder für größere Regionen, sowie bezogen auf verschiedene Zeiträume, etwa auf den aktuellen Zeitpunkt, eine vergangene Zeitperiode (zeitliche Entwicklung) oder auch als Prognose für die zukünftige Entwicklung durchgeführt. Die Intensität der Datenerhebung hat sich der räumlichen und zeitlichen Betrachtungseinheit anzupassen (Tabelle 5-6).

Tabelle 5-6 Übersicht über die in der Praxis erforderlichen Daten und Informationen zur Durchführung einer Lawinenrisikoanalyse (zusammengestellt nach [32][132][133])

Kategorie	Daten/Informationen
Gefahrendarstellung	Ergebnisse der Lawinengefahrenanalyse: Gefahrenkarte, Gefahrenzonenplan, Intensitätskarte aus Modellierung
Nutzungsinformationen	Gebäude: Adressdatenbanken, Raumordnungskataster (Gebäudebestand), Gebäudestatistik Verkehrswege: Straßen- und Eisenbahnkataster Personen: demographische Statistik, Bevölkerungsentwicklung, mittlere Haushaltsgröße Wirtschaftsbetriebe: Betriebsstatistik, Umsätze, Produktionsmittel Arbeit: Statistik der Arbeitsplätze nach Branchen Flächennutzung: Nutzungsanteile (Siedlungen, Verkehrsflächen, landwirtschaftliche Flächen, Wald etc.) Landwirtschaft: Betriebsstruktur, Betriebsgröße, Erträge, Förderungsdatenbank Tourismus: Bettenzahl, Übernachtungsstatistik, Belegung, Übernachtungsumsätze, Nebenumsätze
Schadensbewertung	Gebäudewert: Versicherungswert, Liegenschaftbewertung, Bruttorauminhalt/Grundrissfläche der Gebäude; Gebäude mit Sonderfunktion (Kirchen, Spitäler etc.): Kultureller Wert (intangibel)
Schutzmaßnahmen	Lage, Investitionen (inflationsbereinigt), Instandhaltungskosten, Lebensdauer
Räumliche Verteilung der Objekte	Kataster, Flächenwidmungsplan (Raumnutzungsplan)
Zeitliche Entwicklung	Nutzungsinformationen aus verschiedenen Zeiträumen; Zeitreihen

5.3 Planliche Darstellung von Gefahren und Risiken

5.3.1 Überblick und Anwendungsbereich

Die planliche Gefahrendarstellung umfasst nach [158] die Erarbeitung der wissenschaftlich-technischen Grundlagen (siehe Abschnitt 5.2.1) und deren kartographische Darstellung in *Gefahrenkarten* (Gefahrenhinweiskarten). Auf dieser Grundlage erfolgen die Ausarbeitung der für die Raumordnung relevanten *Gefahrenzonenpläne* und/oder die Übertragung der Gefahrenzonen in die (mehr oder weniger) rechtsverbindlichen Planungsinstrumente der allgemeinen oder örtlichen Raumplanung.

Folgende Kategorien der planlichen Darstellung von Gefahren und Risiken werden grundsätzlich unterschieden:

- Gefahrenhinweiskarten
- Prozesskarten (Intensitätskarten)
- Gefahrenzonenpläne (Gefahrenkarten)
- Risikopläne

5.3.2 Gefahrenhinweiskarten

Gefahrenhinweiskarten bieten einen groben Überblick, in welchen Gebieten mit Lawinengefahren zu rechnen ist. Sie haben also eine rein indikative Funktion, sagen jedoch nichts über das konkrete Ausmaß der Gefahr aus. Wenn keine detaillierten Gefahrenzonenpläne (Gefahrenkarten) existieren, sind Gefahrenhinweiskarten meist die einzige Informationsquelle über die Lage und räumliche Ausdehnung einer Lawinengefährdung.

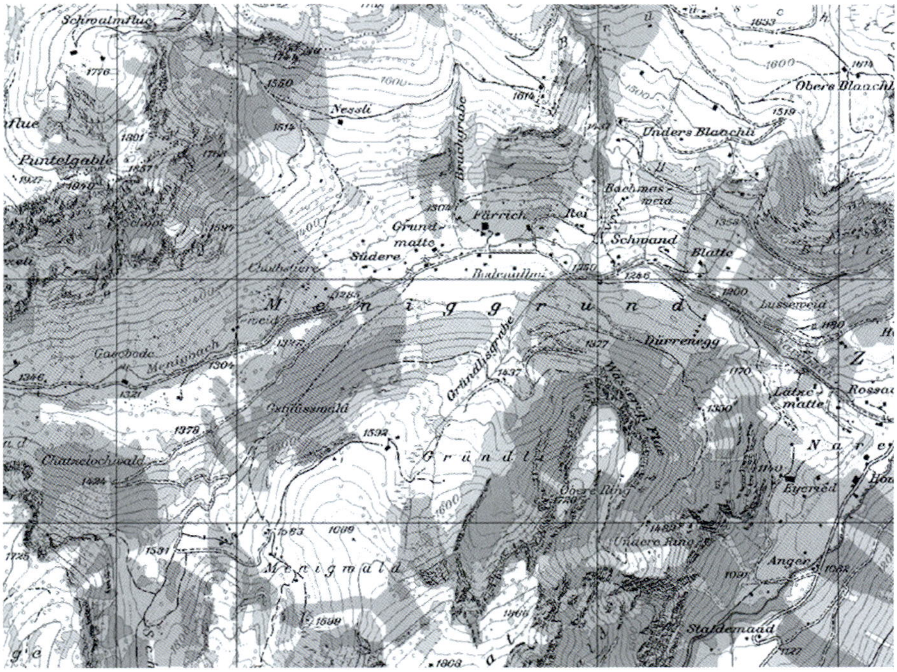

Bild 5-6 Gefahrenhinweiskarten: (a) Ausschnitt aus einer Gefahrenhinweiskarte nach Schweizer Standard (© Kanton Bern)

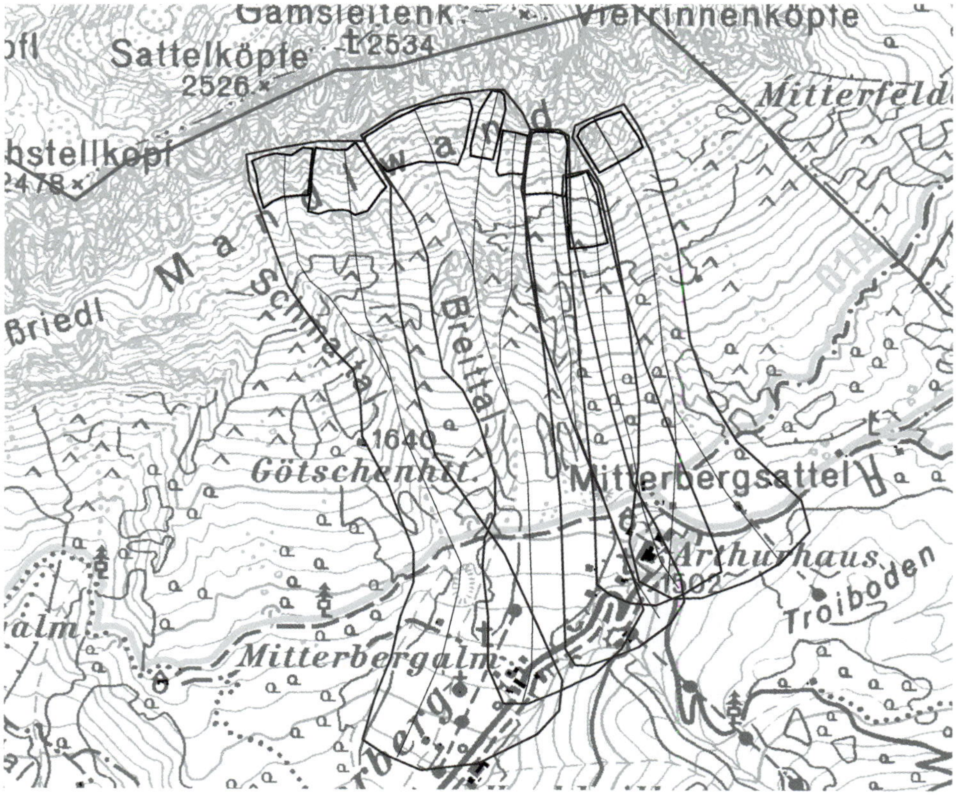

Bild 5-6 (Fortsetzung) Gefahrenhinweiskarten: (b) Gefahrenkarte als Teil des Gefahrenzonenplans in Österreich (Gemeinde Mühlbach am Hochkönig) (© WLV Salzburg)

Gefahrenhinweiskarten werden in der *Schweiz* für große Gebietseinheiten (Kantone) mit geringer Genauigkeit (Maßstab 1:10.000–1:50.000) erstellt (Bild 5-6a). In *Österreich* werden keine Gefahrenhinweiskarten erstellt, jedoch haben die als „Gefahrenkarten" bezeichneten Übersichtskarten (Maßstab 1:10.000–1:50.000) in den Gefahrenzonenplänen eine vergleichbare Funktion (Bild 5-6b).

In *Italien* gibt eine Lawinengefahrenhinweiskarte (CLPV: La Carta localizzazione delle valanghe) für jene Regionen Italiens mit Lawinenproblemen im Maßstab 1:25.000. Zusätzlich wird in einigen Regionen Italiens ein Lawinenkataster im Maßstab 1:10.000 geführt. In *Südtirol* gibt es seit den 1980er-Jahren Gefahrenhinweiskarten für Lawinen, die in Kombination mit den Schadenpotenzialkategorien (Intensität der Raumnutzung) als Grundlage für die Erstellung der Gefahrenzonenpläne verwendet werden. In *Deutschland (Bayern)* erfolgt die planliche Darstellung der Lawinengefahr ausschließlich auf Basis von Gefahrenhinweiskarten, detaillierte Gefahrenzonenpläne werden nicht erstellt. In *Frankreich* erfolgt die Ausweisung von Lawinengebieten auf Basis von Datenbanken der Schadereignisse – wie z. B. der EPA (Enquete Permanente sur les Avalanches), die die laufende Erhebung der Lawinentätigkeit von rund 650 wichtigen Lawinen dokumentiert –, aber auch

(a)

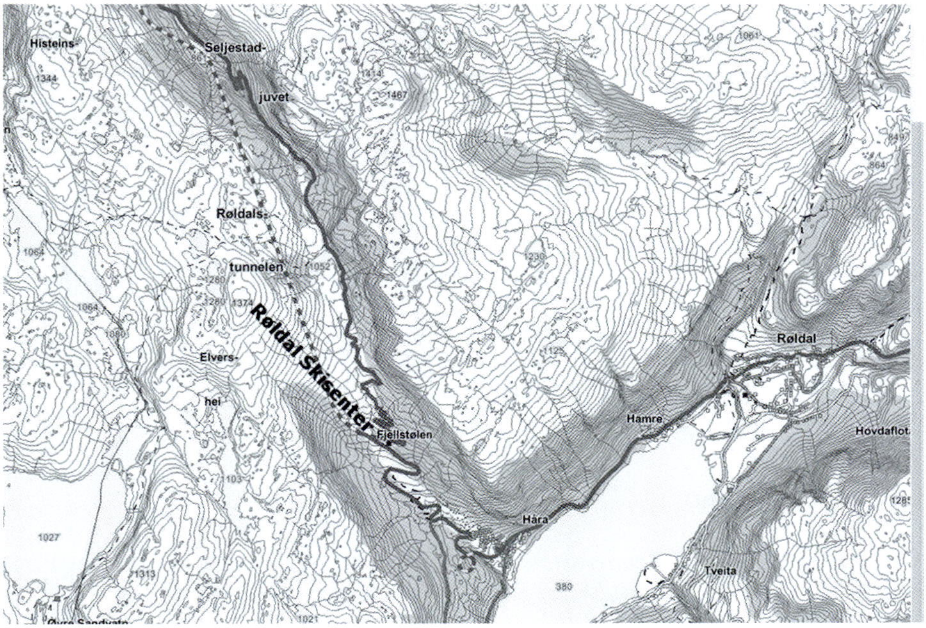

(b)

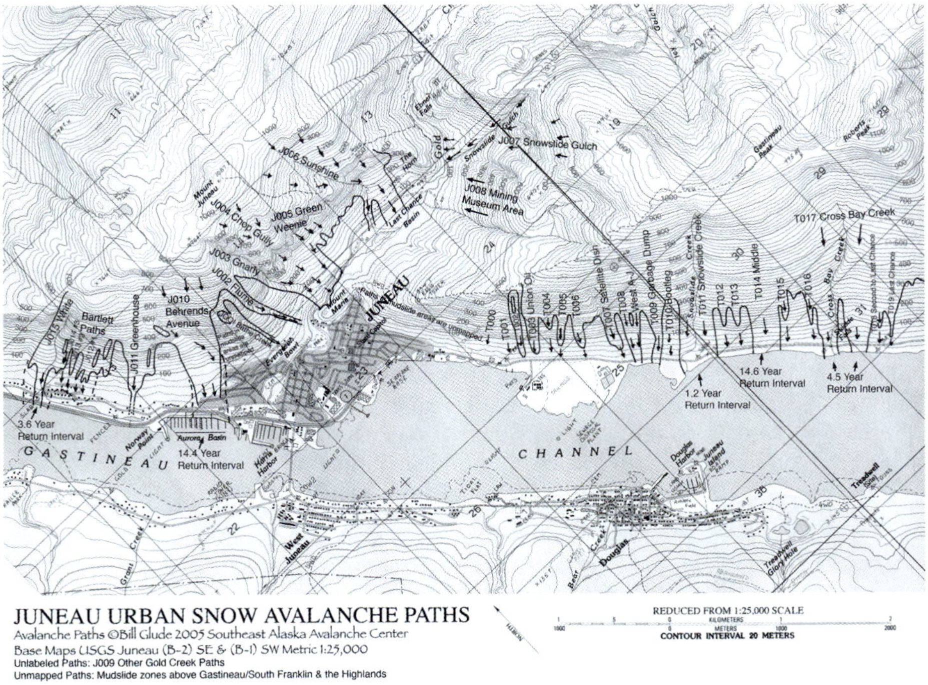

Bild 5-7 Gefahrenhinweiskarte (a): nach norwegischem Standard für die Gemeinde Røldal (© NGI) und (b): für die Stadt Juneau (Alaska/USA) (© South East Alaska Avalanche Center)

auf Basis der jährlich aktualisierten „Carte des Localisation Probable des Avalanches" (CLPA), die im Maßstab 1:25.000 eine Fläche von ca. 6.000 km² umfasst [133]. In *Spanien* sind für Teile der Pyrenäen *Suszeptibilitätskarten* (Gefahrenkarten) im Maßstab 1:25.000 verfügbar, die sich auf die Standards des französischen CLPA stützen. In *Slowenien* werden auf Grundlage des Wassergesetzes 2002 u. a. jene Gebiete dargestellt, die durch Lawinen gefährdet sind. Es ist vorgesehen, auf Basis der wasserwirtschaftlichen Grundlagen grobmaßstäbliche (für das gesamte Staatsgebiet) und feinmaßstäbliche (für das Gebiet einer Gemeinde) Gefahrenhinweiskarten zu erstellen [131]. Bereits seit 1979 werden in *Norwegen* Gefahrenhinweiskarten im Maßstab 1:50.000 erstellt, die einen allgemeinen Hinweis auf Lawinengefahren geben. (Bild 5-7a) Diese Karten sind bereits für zahlreiche Gebiete Norwegens verfügbar. Sie bestehen aus Ereigniskarten, die in erster Linie auf historischen Daten und Chroniken basieren, und geomorphologischen Gefahrenkarten, die Informationen aus der Gelände- und Fernerkundung enthalten. Auch in *Kanada* und den *USA* (Bild 5-7b) sind regional Gefahrenhinweiskarten verfügbar. In *Japan* weisen die Gefahrenkarten (Maßstab 1:25.000) die Lawinengebiete von der Anbruchzone bis zur Ablagerungszone aus und sind von der Gemeinde zu erstellen.

5.3.3 Prozesskarten

Prozesskarten stellen den Lawinenprozess als flächenhafte Verteilung physikalischer Parameter (z. B. Lawinendruckwirkung, Fließgeschwindigkeit) dar und sind meist das Ergebnis einer numerischen Modellierung (siehe Abschnitt 4.2). Sie geben auf Basis von Geländeerhebungen und Auswertungen von vergangenen Ereignissen detaillierte Auskünfte über Anbruchgebiete, den Verlauf der Sturzbahn sowie der Ablagerungsbereiche bei Fließ- und Staublawinen. In der *Schweiz* wird das Ergebnis der Gefahrenanalyse von Lawinenprozessen mitunter als *Intensitätskarte* erstellt [34].

5.3.4 Gefahrenzonenpläne

Der *Gefahrenzonenplan* stellt die Häufigkeit und Intensität von Lawinen auf Basis eines Grenzkatasters dar. In diesen Plänen werden neben Lawinengefahren auch Gefahren durch Hochwasser, Muren oder Massenbewegungen (Steinschlag, Felssturz, Rutschung) im Maßstab 1:2.000 bis 1:10.000 dargestellt.

Gefahrenzonenpläne sind in den Alpenländern dem Charakter nach flächenhafte Fachgutachten mit Prognosecharakter (Schweiz, Österreich, Italien/Südtirol, Slowenien), nur in Frankreich sind sie unmittelbar Teil der Allgemeinen Raumplanung. Sie basieren auf einem durch Gesetz oder Richtlinien festgelegten *Bemessungsereignis*, das die Intensität der Lawinenwirkung in Relation zu einer bestimmten Jährlichkeit setzt (Details siehe Tabelle 5-7).

In *Österreich* basiert der Gefahrenzonenplan für Lawinen (Bild 5-8) auf den Bestimmungen des Forstgesetzes 1975 [71] und wurde primär als Grundlage für die Planung von Schutzmaßnahmen, die Reihung derselben nach ihrer Dringlichkeit und für die Sachverständigentätigkeit der Dienststellen der Wildbach- und Lawinenverbauung entwickelt. Dieser ist jedoch – wie auch in den übrigen Ländern – so zu erstellen, dass er auch in der Raumordnung sowie im Bau- und Sicherheitswesen Anwendung finden kann. Es werden Rote und Gelbe Gefahrenzonen auf der Grundlage physikalischer Abgrenzungskriterien als Summenlinien aller möglichen Gefahrenszenarien eines Bemessungsereignisses ausgewiesen.

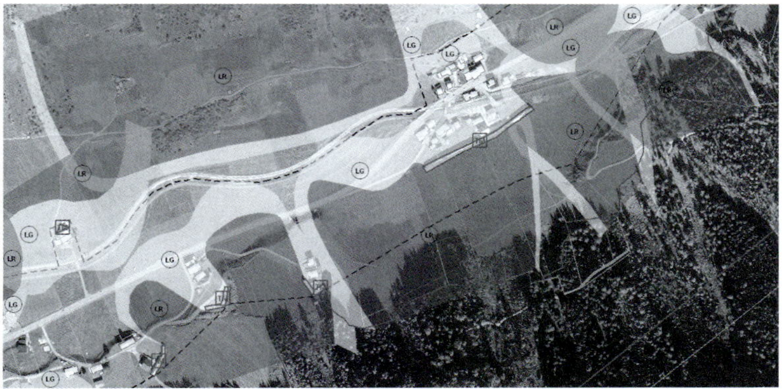

Bild 5-8 Gefahrenzonenplanung Österreich: Lawinengefahrenzonen (© WLV Tirol)

In der *Schweiz* werden nach [176] die Ergebnisse der Lawinengefahrenbeurteilung mit Hilfe der Intensitäts/Wahrscheinlichkeitsmatrix (Bild 5-9b) in die Roten, Blauen, Gelben und Gelb-Weiß-schraffierten Bereiche der Gefahrenkarte (Bild 5-9a) übersetzt. In *Frankreich* erfolgt die kartographische Darstellung von Lawinengefahren seit 1995 im „Plan de Prévention des Risques Naturels“ (PPR) auf Grundlage einer diesbezüglichen Verordnung aus dem Jahr 1995 [177]. Gefährdungen werden in drei Zonen unterschieden: Rot (hohe Gefahr, Bauverbotszone), Blau (mittlere Gefahr, Gebotszone) und Grün (Zone ohne identifizierbare Gefahr) (Vergleich der Gefahrenzonenplan-Signaturen Österreich/Schweiz/Frankreich siehe Tabelle 5-8). In *Norwegen* werden die von Lawinen gefährdeten Gebiete entsprechend den Sicherheitsanforderungen des Planungs- und Baugesetzes 1985 [179] auf Basis der Gefahrenhinweiskarten und von Lawinenmodellen in detaillierten Gefahrenzonenkarten (Maßstab 1:1.000–1:5.000) für die Zwecke des örtlichen Planungs- und Bauwesens dargestellt. Die Gefahrenzonen (Rot, Blau, Grün) entsprechen den 3 Sicherheitsklassen und hängen ausschließlich von der Eintrittswahrscheinlichkeit, nicht jedoch von Intensitätsparametern ab (Tabelle 5-9) [277]. Tabelle 5-7 gibt einen Überblick über die Gefahrenzonenplanung in den am meisten von Lawinen betroffenen Ländern.

Tabelle 5-7 Übersicht über die Gefahrenzonenplanung in den am stärksten von Lawinen betroffenen Ländern (Auswahl)

Land	Bezeichnung	Maßstab	Zonen	Jährlichkeit Kriterien Gefahrenzonen	Rechtsgrundlage Richtlinien	Erstellung Inkraftsetzung
Österreich	Gefahren-zonenplan	1:2.000–1:5.000	Rot – Gelb – Weiß	150 10/1 kN	Forstgesetz 1975 [71] Gefahrenzonenplan-Verordnung 1976 [93] Richtlinien für die Gefahrenzonen-planung [46]	Bundesminister für Land- und Forstwirtschaft/ Wildbach- und Lawinen-verbauung (Bund)
Schweiz	Gefahren-zonenplan	1:5.000	Rot – Blau – Gelb – Gelb/Weiß – Weiß	300/100/30 30/3 kPa	Bundesgesetz über den Wald (WaG, 04.10.1991, Stand: 1.1.2008) [40] Richtlinien zur Berücksichtigung der Lawinengefahr bei raumwirksamen Tätigkeiten [34]	Ingenieurbüros im Auf-trag der Kantone Kantonalverwaltung Bundesamt für Umwelt (BAFU) (Bund)
Italien (Südtirol)	Gefahren-zonenplan	1:5.000–1:10.000	Rot – Blau – Gelb – Gelb/Weiß – Weiß	300 zusätzlich häu-figes Ereignis (<30 J.)	Dekret 42/2008 „Durchführungsverordnung betreffend die Gefahrenzonenpläne“ [59] Richtlinie zur Erstellung der Gefahren-zonenpläne 2008 [256]	Zivilingenieure im Auftrag der Gemeinden Provinzverwaltung
Frankreich	Plan de Pré-vention des Risques Natu-rels (PPR)	1:10.000	Rot – Blau – Weiß	100 (300) 30/1 kPa	PPR-Verordnung 1995 (décret n°95-1089 de l'octobre 1995) [177] Gesetz über die Prävention technischer und natürlicher Risiken (Loi n 2003-699 du 30 juillet 2003) [178]	Präfektur Gemeinden
Norwegen	Lawinengefah-renkarten	1:2.000–1:5.000	Sicherheits-stufen: Rot – Blau – Grün	5000/1000/300 –	Norwegisches Planungs- und Baugesetz 1985 idF. 2005 [179]	Ziviltechniker im Auftrag der Gemeinden Gemeinden
Kanada	Snow Avalanche Risk Map	1:5.000	Rot – Blau-Weiß	300/30 30/1 kPa	Guidelines for Snow Avalanche Risk Determination and Mapping in Canada der CAA (2002) [52]	Zertifizierte Zivil-ingenieure Canadian Avalanche Association (CAA)

(a)

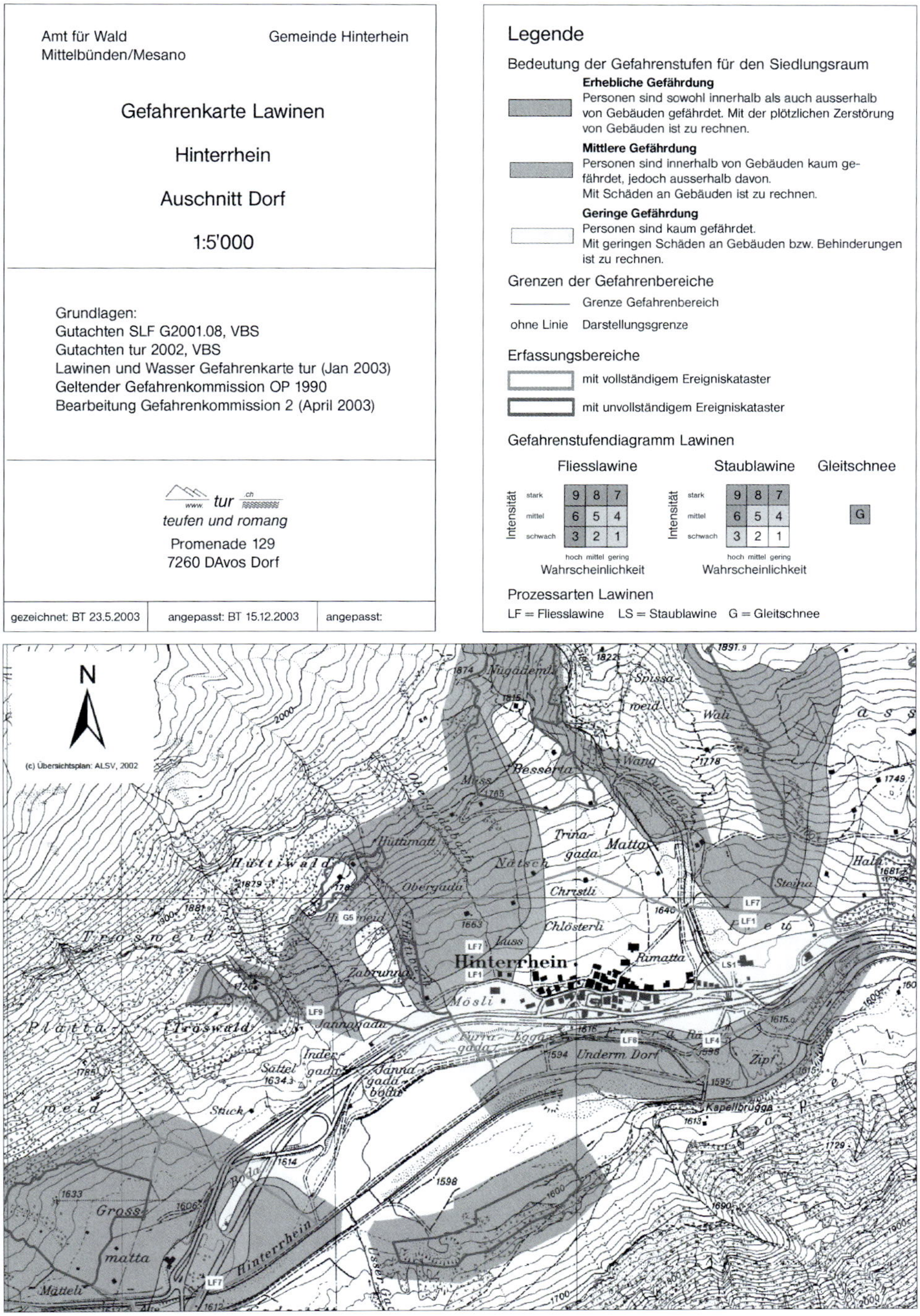

Bild 5-9 Gefahrenzonenplanung Schweiz: (a): Gefahrenkarte „Lawinen" der Gemeinde Hinterrhein (Dorf) (© Kanton Graubünden)

(b)

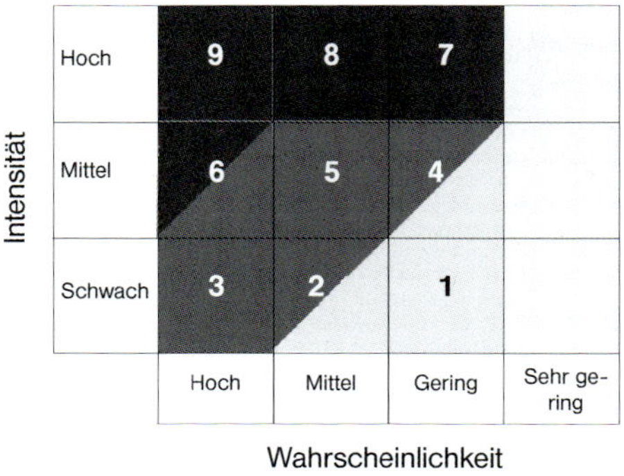

Bild 5-9 (Fortsetzung) Gefahrenzonenplanung Schweiz: (b): Intensitäts-/Wahrscheinlichkeitsmatrix (© BAFU)

Tabelle 5-8 Definition der Signaturen für Lawinengefahrenzonen in Österreich, der Schweiz und Frankreich

Lawinenintensität	Österreich	Schweiz	Frankreich
Hoch	**Rote Gefahrenzone:** Die ständige Benützung der Fläche für Siedlungs- und Verkehrszwecke ist wegen der voraussichtlichen Schadenswirkungen des Bemessungsereignisses für Wildbäche und Lawinen oder wegen der Häufigkeit der Gefährdung nicht oder nur mit unverhältnismäßig hohem Aufwand möglich.	**Verbotsbereich (Rot)**: Personen sind sowohl innerhalb als auch außerhalb von Gebäuden gefährdet. Mit der plötzlichen Zerstörung von Gebäuden ist zu rechnen.	Bauverbotszone (Rot)
Mittel	**Gelbe Gefahrenzone:** Alle übrigen durch Lawinen gefährdeten Flächen, deren ständige Benützung für Siedlungs- oder Verkehrszwecke infolge dieser Gefährdung beeinträchtigt ist.	**Gebotsbereich (Blau)**: Personen sind innerhalb von Gebäuden kaum gefährdet, jedoch außerhalb davon. Mit der Beschädigung von Gebäuden ist zu rechnen, die Zerstörung ist unter Beachtung bestimmter Bauauflagen nicht zu erwarten.	Gebotszone (Blau)
Schwach		**Hinweisbereich (Gelb)**: Personen sind kaum gefährdet. Mit geringen Schäden an Gebäuden bzw. mit Behinderungen ist zu rechnen. Innerhalb der Gebäude können erhebliche Sachschäden auftreten.	
Restgefährdung		**Hinweisbereich (gelb-weiß schraffiert):** Hinweisbereich, der eine Restgefährdung bzw. ein Restrisiko mit einer sehr geringen Eintretenswahrscheinlichkeit aufzeigt.	
Ohne Gefahr	Weiß	Weiß	Weiß

Tabelle 5-9 Sicherheitsklassen des Lawinenschutzes in Norwegen in Abhängigkeit der Wiederkehrswahrscheinlichkeit und des Bauwerktyps (nach [179][277])

Sicherheitsklasse	Maximale normale jährliche Lawinenwahrscheinlichkeit	Wiederkehrsperiode der Lawine	Bauwerkstyp
1	10^{-2}	100	Garagen, Nebengebäude, Bootshütten
2	10^{-3}	1000	Wohnhäuser, Betriebsgebäude
3	$<10^{-3}$	5000	Spitäler, Schulen, öffentliche Hallen

5.3.5 Risikokarten

Vollwertige *Risikokarten* für Lawinen wurden nur in Einzelstudien erstellt und zählen bisher nicht zum Standard der planerischen Lawinenschutzmaßnahmen in Europa. Allerdings gibt es in einigen Ländern Kartendarstellungen, die vereinfachte Ansätze für das Lawinenrisiko enthalten.

In *Italien* erfolgt die kartographische Darstellung von Gefahren und Risiken auf der Grundlage der Umsetzung des „Nationalen Gesetzesdekrets für die Abgrenzung von Risikozonen" in regional gültigen Gesetzen. Nach diesem Gesetz werden Naturgefahren, darunter auch Lawinen, durch diese Risikozonen berücksichtigt, die sich aus der Überlagerung von jeweils vier Gefährdungs- und Vulnerabilitätsklassen ergeben [158].

Auch in *Island* wurde ein System zur kartographischen Darstellung der Lawinengefahren entwickelt (Bild 5-10), welches die Gefahrenzonenabgrenzung ausschließlich auf Risikoniveaus abstellt. Die wichtigsten Faktoren dieses Modells sind die Schätzung der Lawinenhäufigkeit, die Auslauflänge und die Schadensempfindlichkeit, die auf der Grundlage des Individualrisikos oder der jährlichen Wahrscheinlichkeit des Lawinentodes (Letalität) ermittelt wird [9].

Tabelle 5-10 Kriterien der Risikoabgrenzung in Island (siehe Bild 5-10)

Risikozone	Untergrenze des lokalen Risikos	Beschränkungen für das Bauwesen
Zone C	$3 \cdot 10^{-4}$ pro Jahr	Keine neuen Gebäude, Ausnahme: saisonale Nutzung im Sommer.
Zone B	$1 \cdot 10^{-4}$ pro Jahr	Betriebsgebäude ohne Schutzmaßnahmen zulässig, Wohngebäude nur mit Objektschutzmaßnahmen, öffentliche Gebäude: nur Erweiterung mit Objektschutz. Weitere Entwicklung von Siedlungsflächen unzulässig.
Zone A	$0{,}3 \cdot 10^{-4}$ pro Jahr	Objektschutz für Gebäude, in denen große Menschenansammlungen zu erwarten sind (Schulen, Spitäler).

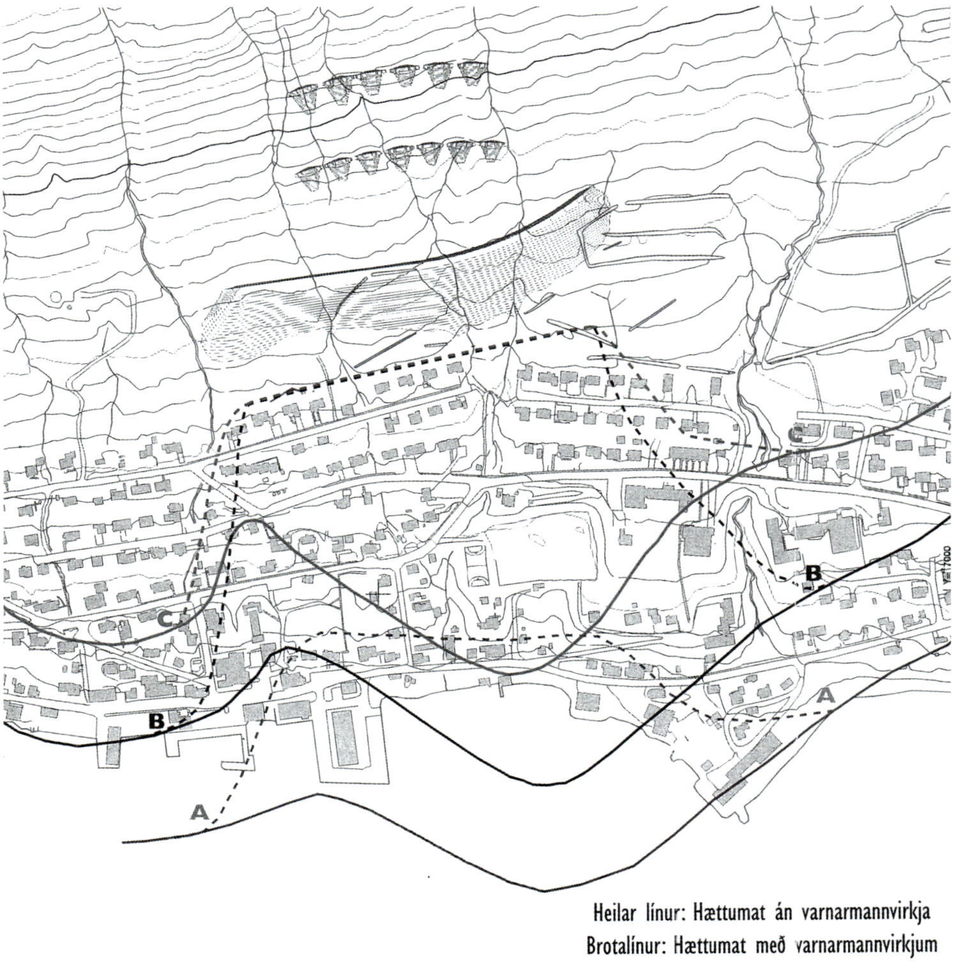

Bild 5-10 Gefahrenzonenplanung in Island auf Grundlage des Lawinenrisikos sowie Kriterien der Zonenabgrenzung nach *Arnalds et al.* [9] (siehe Tabelle 5-10).

5.3.6 Berücksichtigung von Gefahrenzonenplänen bei raumwirksamen Aktivitäten

Nach [276] ist der für eine dauerhafte Nutzung verfügbare Lebensraum im Gebirge begrenzt (z. B. in Tirol nur 12 % der Gesamtfläche) und unterliegt daher einem wachsenden Druck durch konkurrierende Raumnutzungsinteressen. Gefahrenzonenpläne (Gefahrenkarten) und ihre Übertragung in die Planungsinstrumente der allgemeinen Raumplanung beziehen sich im Wesentlichen auf den bestehenden Siedlungsraum und die für Bauland gewidmeten Flächen. Demnach gilt als Grundprinzip einer gefahrenangepassten Raumordnung, dass Gebäude nur dort errichtet werden dürfen, wo keine oder nur geringe (nur mit geringer Wahrscheinlichkeit) Schäden durch Lawinen zu erwarten sind. Die Raumordnung im Zusammenhang mit Lawinengefahren hat nach [158] zwei grundlegende Anforderungen zu erfüllen:

- Anpassung der Raumnutzung an die Gefahren einschließlich der Beschränkung der Nutzung in gefährdeten Gebieten
- Anpassung der Raumnutzung an die Erfordernisse der Gefahrenprävention, z. B. durch Freihaltung von Ablagerungsräumen oder gezielte Flächenbewirtschaftung

In den meisten Alpenländern (Österreich, Schweiz, Italien) haben die Gefahrenzonenpläne (Gefahrenkarten) den Charakter eines unabhängigen Fachgutachtens [133], eine rechtliche Verbindlichkeit der Gefahrenzonen entsteht nur mittelbar durch deren Ersichtlichmachung in Planungen auf Grundlage anderer Gesetzesmaterien (Raumordnung, Bauwesen) [263]. In *Frankreich* ist die Gefahrendarstellung kein unabhängiges Planungsinstrument, sondern Teil des allgemeinen Raumplans. Einen Überblick über den Status der Gefahrenzonenpläne in den Alpenländern gibt Tabelle 5-11.

In *Norwegen* haben die Gemeinden in Bauangelegenheiten die Bestimmungen des Planungs- und Baugesetzes 1985 und die Gutachten über Gefahrenzonen zu beachten [277]. Das Gesetz sieht drei Sicherheitsklassen entsprechend der Eintrittswahrscheinlichkeit eines Lawinenereignisses vor. Des Weiteren sieht das Gesetz vor (Tabelle 5-9), dass eine Wiedererrichtung von zerstörten Gebäuden mit entsprechenden Schutzmaßnahmen nur für Sicherheitsklasse 2 bei einer „normalen" jährlichen Wiederkehrswahrscheinlichkeit von kleiner als 3×10^{-3} zulässig ist.

Tabelle 5-11 Inhalt, Funktion und Wirkung der Gefahrenzonenplanung in den Alpenländern

Land	Inhalt	Funktion	Umsetzung in der Raumplanung
Österreich	Gefahrenkarte (1:10.000–1:50.000) Gefahrenzonenkarte (1:2.000)	Grundlage der Maßnahme der Wildbach- und Lawinenverbauung, Anwendung in der Raumordnung, im Bau und Sicherheitswesen	Darstellung der Gefahrenzonen in Flächenwidmungsplänen und Bebauungsplänen
Schweiz	Gefahrenhinweiskarte (1:10.000–1:50.000) Gefahrenkarte (1:2.000–1:10.000)	Grundlage für die Raumplanung (Richt- und Nutzungsplanung) und die Projektierung von Schutzmaßnahmen	Darstellung in Richtplan (behördenverbindlich) und Raumnutzungsplan (allgemeinverbindlich, Interessensabwägung)
Italien/ Südtirol	Gefahrenhinweiskarte (1:5.000–1:10.000)	Grundlage der Bauleitplanung und für Lawinenschutzmaßnahmen	Bauleitplan ist an die Ergebnisse der Gefahrenzonenplanung anzupassen
Frankreich	Karte der Risiken (Gefahrenkarte) Karte der menschlichen Nutzungen Darstellung der Gefahrenzone (1:1.000–1:5.000)	Grundlage der Berücksichtigung von Naturgefahren in der Raumplanung, allgemeine Schutzmaßnahmen können definiert und vorgeschrieben werden	Gefahrenzonenplanung ist bereits Teil der Raumordnungsplanung, Berücksichtigung verpflichtend bei Baugenehmigungen

5.3.7 Darstellung der Lawinengefahr für Verkehrswege

Aufgrund der hohen Mobilitätsansprüche der Gesellschaft ist die kartographische Darstellung von Lawinengefahren für Verkehrswege (Straßen, Bahnlinien, Fußwege) von steigender Bedeutung. Nach [158] sind jedoch die auf der Wahrscheinlichkeits-/Intensitäts-Relation basierenden Gefahrenzonenpläne (Gefahrenkarten) nur bedingt geeignet, da das Kriterium der Ereignisfrequenz einen viel höheren Stellenwert für die Verkehrssicherheit (Schutz der Verkehrsteilnehmer) als die Ereignisintensität hat. Eisenbahnunternehmungen und Straßenhalter entwickeln daher eigene Instrumente für die planliche Darstellung ihrer Risiken und Gefahren, die in erster Linie auf der Präsenzwahrscheinlichkeit von Verkehrsteilnehmern (Fahrzeugen) beruht.

6 Planung von permanenten technischen Lawinenschutzmaßnahmen

Florian Rudolf-Miklau, Siegfried Sauermoser

6.1 Planungsgrundsätze und Planungsumfang

6.1.1 Elemente der Planung: Definitionen

Planung ist definitionsgemäß die gedankliche Vorwegnahme von Maßnahmen und Handlungsschritten, die zur Erreichung eines Ziels – im konkreten Fall der Schutz vor Lawinen – notwendig scheinen (Zukunftsbezogenheit der Planung). Dabei ist zu berücksichtigen, mit welchem Aufwand das Schutzziel erreicht und wie die Nachhaltigkeit der Schutzwirkung kontrolliert werden können.

In diesem Kapitel werden die Grundsätze und Aufgaben der *Planungsphase des Lawinenschutzes* bis zur Genehmigung (Abnahme) eines Plans vor Beginn der Realisierung der Maßnahmen behandelt. Planungsprozesse laufen in mehreren Phasen (Bild 6-5) ab und beziehen sich nicht nur auf das unmittelbare Einzugs- und Wirkungsgebiet einer Lawine, sondern auf den insgesamt von den Maßnahmen unmittelbar oder mittelbar beeinflussten Raum. Planungen beschränken sich somit nicht nur auf das Schutzziel, sondern haben einen weitreichenden Gestaltungscharakter. Ein wichtiges Merkmal von Planungen ist die Informationsfunktion für die Entscheidungsträger, die von der Planung Betroffenen, die Ausführenden und die Öffentlichkeit im Allgemeinen. Planungen des Lawinenschutzes, die diesen komplexen Anforderungen gerecht werden, ermöglichen eine frühzeitige Analyse von Problemstellungen und bieten Lösungen für Verteilungs- und Interessenskonflikte. Die negative Konsequenz der Nichterfüllung dieser Ansprüche an Planungen können die fehlende Durchsetzbarkeit von Schutzzielen, überproportionale Durchführungskosten (Baukosten) oder das Scheitern konkreter Schutzvorhaben in der Umsetzungsphase sein.

Das *Planverfahren* bezeichnet im Rahmen eines Planungsprozesses alle rechtlich normierten Planungs- und Entscheidungsabläufe. Der Lawinenschutz entzieht sich in den meisten Ländern dem Regime des allgemeinen Baurechts, sodass jeweils spezifisch gesetzlich geregelte Verfahrensschritte zur Aufstellung von Planwerken gelten, je nachdem, in welchem Sektor (Schutz des Siedlungsraums, Schutz von Verkehrswegen, Schutz von Skigebieten; siehe Abschnitt 6.3) die Planung erfolgt. Für öffentlich subventionierte Lawinenschutzprojekte ist das Planungsprozedere in der Regel in Richtlinien (Österreich: [42], Schweiz: [32]) oder Normen festgelegt. Meist enthalten formalisierte Planverfahren Beschlüsse politischer Gremien zur Aufstellung, Feststellung und Finanzierung der jeweiligen Pläne und darin festgelegten Maßnahmen sowie Beteiligungen der Öffentlichkeit und fachlich relevanter Behörden bzw. anderer Träger öffentlicher Belange. Neben den rechtlich normierten Planungsverfahren existieren im Lawinenschutz – vor allem im privaten Sektor – zahlreiche informelle Planungen. Da in der etablierten Planungskultur des Lawinenschutzes in den Alpenländern immer noch ein überwiegend regionaler Ansatz verfolgt wird, hat sich bisher keine übergeordnete Leitplanung, wie sich diese beispielsweise durch die Umsetzung der *Europäischen Hochwasserrichtlinie* [255] in der Schutzwasserwirtschaft entwickelt, eta-

Handbuch Technischer Lawinenschutz. 1. Auflage. Florian Rudolf-Miklau, Siegfried Sauermoser (Hrsg.).

bliert. Die meisten Abschnitte dieses Buches beziehen sich folglich auf jene Teile des Planungsprozesses, der die Gefahren- und Risikoanalyse sowie den Entwurf, die Konstruktion und die Bemessung von Lawinenschutzbauten zum Gegenstand haben.

Die Realisierung von technischen Lawinenschutzmaßnahmen erfolgt auf der Grundlage von Projekten. Das *Projekt* ist der der Ausführung zugrunde liegende Entwurf, der die geplanten Maßnahmen durch Beschreibung, Pläne, Berechnungen, Betriebsregelungen und sonstige dafür erforderliche Unterlagen darstellt [42]. In konsequenter Umsetzung der vorangegangenen Ausführungen haben Lawinenschutzprojekte daher – abgesehen von den technischen Entwürfen – auch alle Unterlagen zu enthalten, die für die erfolgreiche Realisierung des Projektes in rechtlicher, sozialer und ökologischer, darüber hinaus auch in politischer und wirtschaftlicher Hinsicht erforderlich sind.

6.1.2 Planung als Teil des technischen Risikomanagements

Als Teil eines integralen Lawinenschutzes sind technische (bauliche) Schutzmaßnahmen ein Element des *Risikomanagements*. Dieses Modell basiert auf dem Prinzip, dass auf der Grundlage der erfassten, bewerteten und planlich dargestellten Lawinengefahren und Lawinenrisiken (siehe Kapitel 5) die effizienteste und wirtschaftlichste Kombination vorbeugender Schutzmaßnahmen ermittelt werden kann. Dadurch soll das angestrebte Maß an Sicherheit erreicht bzw. das Lawinenrisiko auf ein vertretbares Ausmaß gesenkt werden (Bild 6-1).

Das *technische Risikomanagement* des präventiven Lawinenschutzes unterlag im Laufe der historischen Entwicklung (siehe Abschnitt 2.3) hinsichtlich der Zielsetzung einem grundlegenden Wandel: Standen zunächst permanente technische Maßnahmen und Aufforstungen der Anbruchgebiete im Mittelpunkt, deren Ziel die Vorbeugung der Entstehung von Lawinen war, so hat sich das Spektrum der in Frage kommenden Schutzmaßnahmen im Lauf der Zeit wesentlich erweitert (Tabelle 1-2). Dadurch ist es heute möglich, die Lawinensicherheit durch die Kombination von Maßnahmen mit unterschiedlicher räumlicher und zeitlicher Wirkung – angepasst an das maßgebliche Schutzziel – zu optimieren.

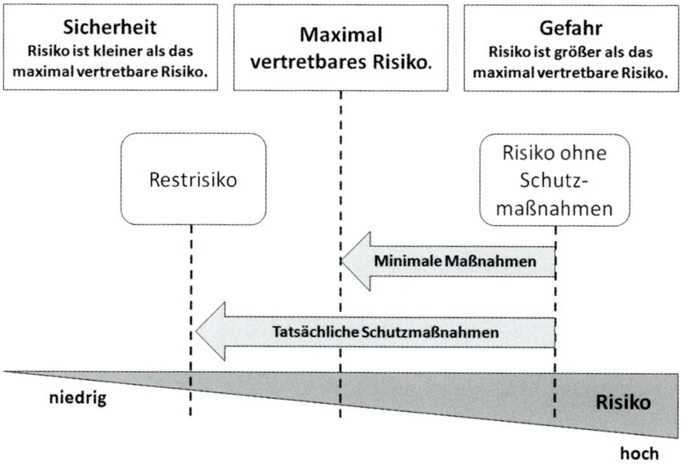

Bild 6-1 Schematische Darstellung der Wirkung von technischen Lawinenschutzmaßnahmen (im Sinne des technischen Risikomanagements) (© Rudolf-Miklau)

Grundlage jeder Planung sind allgemeine und spezielle Ziele (Schutzziele) und Maßnahmenkonzepte (Schutzkonzepte) einschließlich der zielführenden Varianten. Als Nachweis der Zielerfüllung von Planungsprozessen und der Optimierung von Schutzkonzepten werden üblicherweise technische und sozio-ökonomische Kriterien (Kenngrößen) eingesetzt. Das Risikokonzept geht von der Annahme aus, dass sämtliche Wirkungen geplanter Schutzmaßnahmen auf Grundlage des quantifizierten Risikos messbar und vergleichbar gemacht werden können [263].

6.1.3 Kriterien des Planungsprozesses: Überblick

Aus der Ausrichtung der Planung an den Grundsätzen des technischen Risikomanagements ergeben sich wesentliche Modifikationen und Erweiterungen des Planungsprozesses gegenüber rein bautechnisch orientierten Entwürfen. Für die Planung von technischen Lawinenschutzmaßnahmen sind insbesondere folgende grundlegende Kriterien von Bedeutung [263]:

1. Schutzziele, die einem allgemein akzeptierten (normierten) Sicherheitsniveau entsprechen (siehe Abschnitt 6.2)
2. Schutzkonzepte, die dem spezifischen Risiko und Sicherheitsbedarf des zu schützenden Objektes angepasst sind (siehe Abschnitt 6.3)
3. Methoden zum Nachweis der Wirtschaftlichkeit von Schutzmaßnahmen (siehe Abschnitt 6.5.3)
4. Methoden zum Nachweis der Effizienz und Effektivität von Schutzmaßnahmen
5. Nachweis der Standsicherheit, Gebrauchstauglichkeit und Dauerhaftigkeit der Bauwerke (siehe Abschnitt 8)
6. Verfahren der Bürgerbeteiligung (Partizipation) sowie der Lösung von Interessenskonflikten (siehe Abschnitt 6.6.1)
7. Nachweis der ökologischen und ästhetischen Verträglichkeit (Natur- und Landschaftsschutz) (siehe Abschnitt 6.7)

Die Kriterien, die die gesamtheitliche Dimension der Planung erfassen, werden im nachfolgenden Abschnitt behandelt.

6.2 Schutzziele des Lawinenschutzes

6.2.1 Klassifizierung der Schutzziele

Wesentlicher Bestandteil des Planungsprozesses im Lawinenschutz ist die Ausrichtung der Maßnahmen auf ein *Schutzziel*. Schutzziele sind nach [243] auch ein zentrales Element der Risikobewertung, wobei entschieden wird, welche Ziele das Risikomanagement verfolgen soll. Sie dienen nach [263] der Festlegung des angestrebten Sicherheitsniveaus und ermöglichen nach Durchführung der Schutzmaßnahmen die Überprüfung des Erfolges. Schutzziele hängen maßgeblich vom Schutzbedürfnis der Betroffenen, vom gesellschaftlichen Umfeld, von den rechtlichen Rahmenbedingungen, von der Mitverantwortung der Nutznießer des Schutzes, von der wirtschaftlichen Effizienz sowie der Sozial- und Umweltverträglichkeit der Maßnahmen ab [117].

Umgelegt auf das Risikokonzept bedeutet dies, dass Schutzziele auf der Unterscheidung von (bedingt) akzeptierten und nicht akzeptierten Risiken basieren. Schutzziele können *quantitativer* oder *qualitativer* Natur sein und sich auf das Sicherheitsbedürfnis eines Individuums, einer Gruppe von Personen oder der Gesellschaft (des Kollektivs) beziehen. Des Weiteren ist bei der Festlegung von Schutzzielen zu beachten, dass bestimmte Risiken freiwillig eingegangen werden, andere unfreiwillig (z. B. Lawinenrisiko im freien Skiraum bzw. im Dauersiedlungsraum).

Technisch gesehen entsprechen Schutzziele nach [243] der Festlegung von Grenzwerten für die Sicherheitsanforderung an Schutzmaßnahmen. Damit wird gleichzeitig ein öffentlich akzeptiertes Risikoniveau verankert und es können – zumindest in der Theorie – Risikoszenarien an verschiedenen Orten und für verschiedene Gefahrenarten miteinander verglichen werden.

6.2.2 Gesellschaftlicher Schutzzielrahmen und allgemeine Schutzziele

Die Ausrichtung von Maßnahmen des Lawinenschutzes im öffentlichen Interesse setzt das Bestehen eines gesellschaftlichen Zielrahmens voraus. Als allgemeines Bewertungsschema für die Festlegung von Zielen des Lawinenschutzes kann das „Vier-Konten-Modell“ der LAWA (Bund-Länder-Arbeitsgemeinschaft Wasser, Deutschland) herangezogen werden [185]. Dieses Modell (Bild 6-2) gliedert die Ziele für Schutzmaßnahmen in vier Teilbereiche:

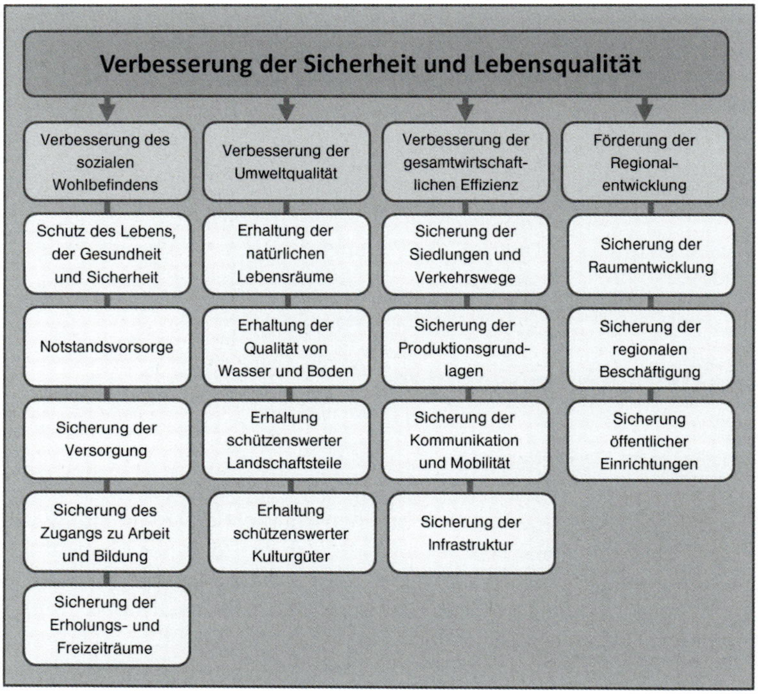

Bild 6-2 „Vier-Konten-Modell“ der LAWA als Zielrahmen zur die Bewertung von Maßnahmen des Schutzes vor Naturgefahren (nach [185], modifiziert in [263])

- Verbesserung des sozialen Wohlbefindens
- Verbesserung der Umweltqualität
- Verbesserung der gesamtwirtschaftlichen Effizienz
- Förderung der Regionalentwicklung

Wichtige Funktion des „Vier-Konten-Modells" ist eine quantitative oder qualitative Analyse der Teilziele (partiellen Auswirkungen) von staatlichen Maßnahmen im Lawinenschutz. Das Modell eignet sich auch zur Einbeziehung anderer Zielsetzungen, die von den Maßnahmen beeinflusst (beeinträchtigt) werden (externe Ziele).

Aus dem gesellschaftlichen Zielrahmen können *konkrete Schutzziele* abgeleitet werden. Im Lawinenschutz dienen Schutzziele der Priorisierung der Projekte, der Bewertung der ökonomischen, ökologischen und sozialen Effekte und der Auswahl der effizientesten und wirtschaftlichsten Schutzvariante. Die wichtigsten Schutzziele des Lawinenschutzes sind der Schutz des Lebens und der Gesundheit der Menschen, der Schutz des Siedlungs- und Wirtschaftsraums, der Schutz von Verkehrswegen, Infrastruktur- und Versorgungseinrichtungen, der Schutz der wirtschaftlichen Leistungsfähigkeit sowie der Schutz der Umwelt (Tabelle 6-1).

Tabelle 6-1 Übersicht über die Zielhierarchie des Lawinenschutzes nach [11], modifiziert

Lawinenschutz	Direkte Schutzwirkung	Schutz immaterieller Werte	Schutz der Menschen	Leben, Gesundheit
			Schutz kultureller Werte	Kulturelles Erbe, Denkmäler, Landeskultur
			Sicherheit	Sicherheitsgefühl, allgemeines Sicherheitsniveau, Lebensqualität
		Schutz materieller Werte	Schadensvorbeugung	Siedlungen, öffentliche Einrichtungen, Wirtschafts- und Produktionsbetriebe, Verkehrsanlagen, Versorgungseinrichtungen, Schutzbauwerke
			Vermeidung von Folgekosten	Kosten für den Katastropheneinsatz, Kosten für Wiederherstellung
	Nebeneffekte	Strukturverbesserung	Parallelnutzungen	andere Wassernutzungen, Erholung und Freizeit
			Nutzungsumstellung	Erschließung, höherwertige Nutzung, Infrastrukturverbesserung
		Veränderung des Lebensraums	Wirtschaftlicher Eingriff	Umverteilung, Erwerbsänderung
			Sozialer Eingriff	Änderung der Siedlungsstruktur, Änderung der sozialen Stellung
			Ökologischer Eingriff	Änderung des Ökosystems, Belastung der Umwelt
		Nachhaltige Entwicklung	Erhaltung und Betrieb	Bewirtschaftung des Einzugsgebietes, Überwachung und Instandhaltung von Schutzmaßnahmen

6.2.3 Quantifizierte und risikobasierte Schutzziele

Als *quantifizierte* oder *technische Schutzziele* werden in der Regel maximal zulässige Ereignisintensitäten (z. B. Lawinendruck, Reichweite) je Wiederkehrperiode oder je Objektart festgelegt, in einigen Ländern auch ausschließlich die Wiederkehrswahrscheinlichkeit von Ereignissen (Bemessungsereignis: siehe Abschnitt 3.4.2 und 5.1.3.2).

Eine weitere Möglichkeit der Quantifizierung besteht in der Darstellung der Schutzziele als *maximal zulässiges Risiko*. In der Schweiz wird nach [243] als allgemeines Schutzziel für das individuelle Todesfallrisiko (für Personen mit niedriger Selbstverantwortung, i. A. Privatpersonen) ein maximaler Wert von 1×10^{-5} vorgeschlagen. Höhere Risiken fallen in den Verantwortungsbereich des Einzelnen. Als Grenzkosten (siehe Kapitel 6.5.3.7) für das kollektive Todesfallrisiko, die den gleichen Sicherheitsanstrengungen zur Vermeidung des letzten möglichen Todesfalls entsprechen, wurden CHF 5.000.000,– festgelegt. Für Maßnahmen zur Vorbeugung von Sachschäden inklusive Folgekosten gilt, dass nicht mehr als CHF 1,– für Schutzmaßnahmen zur Verhinderung eine Schadens von CHF 1,– ausgegeben werden soll (Kosten-Nutzen-Verhältnis < 1). Dieser Wert ist auch auf das Gesamtrisiko (Personen- und Sachrisiko) anzuwenden, allerdings ist dafür erforderlich, Personenrisiken zu monetarisieren. Der dabei angesetzte Wert entspricht der Geldmenge, die die Gesellschaft zur Sicherung eines Menschenlebens aufzuwenden bereit ist (siehe Abschnitt 5.1.3.3).

Risikobasierte Schutzziele wurden auch in anderen Ländern (z. B. Island, Norwegen) verbindlich festgelegt, in Österreich und Deutschland wurden hingegen für den Lawinenschutz bisher keine derartigen Festlegungen getroffen. Grenzen in der Anwendung risikobasierter Schutzziele bestehen vor allem hinsichtlich der mangelnden Quantifizierbarkeit bestimmter Risikosektoren und in der begrenzten, politischen und öffentlichen Akzeptanz von Entscheidungen über Schutzmaßnahmen, die ausschließlich auf wirtschaftlichen Überlegungen basieren. Gegen die monetäre Bewertung von Personenrisiken bestehen in einigen Ländern zudem ethische und politische Vorbehalte.

Für konkrete Schutzprojekte wird das in Tabelle 6-2 dargestellte, (generelle) Zielsystem von Planern und Behörden angewendet. Für staatlich geförderte Lawinenschutzmaßnahmen sind in Österreich die in den Gefahrenzonenplänen und der einschlägigen Technischen Richtlinie [42] festgelegten Schutzziele anzuwenden.

Eine Differenzierung der Schutzziele für konkrete Maßnahmen ist dann erforderlich, wenn die Festlegung der angestrebten Sicherheit abgestuft nach Nutzungskategorien oder dem Wert der zu schützenden Objekte (Schutzgüter) erfolgen soll. Als Instrument zur Darstellung abgestufter Schutzziele wird in der Schweiz die „Schutzzielmatrix" eingesetzt (Tabelle 6-3).

Tabelle 6-2 Zielsystem für Schutzmaßnahmen gegen Naturgefahren (nach [259], modifiziert in [263])

Oberziel	Schutz von Menschen und Sachwerten	Optimaler Ressourceneinsatz	Förderung der Umweltqualität
Bewertungskriterium	Verbleibendes Restrisiko	Effizienz	Guter ökologischer Zustand
Indikator	Schadensausmaß und -wahrscheinlichkeit Vulnerabilität und Schutzdefizit Risikobewertung	Kosten-Nutzen-Untersuchung Kosten-Wirksamkeits-Analyse Nutzwertanalyse	Ökologische Risikoanalyse Anpassung an das Landschaftsbild Raumbedarf

Tabelle 6-3 Beispiel einer Schutzzielmatrix als Richtwert für öffentliche Investitionen im Lawinenschutz in der Schweiz, (modifiziert nach [35])

Objektkategorie			Zulässige Gefährdung		
Sachwerte	Infrastrukturanlagen	Nutzwerte	Wiederkehrsperiode		
			1–30 häufig	30–100 selten	100–300 sehr selten
Standortgebundene Bauten (außer Sonderbauwerke)	Skirouten Bergwanderwege	Alpines Ödland Naturlandschaften	3	3	3
	Wanderwege und Loipen Land- und forstwirtschaftliche Wege Kommunale Versorgungsleitungen	Alpweiden	2	3	3
Unbewohnte Gebäude (Wirtschaftsgebäude)	Kommunale Verkehrswege, Überregionale Versorgungsleitungen	Wald mit Schutzfunktion, landwirtschaftlich genutzte Flächen	2	2	3
Zeitweise bewohnte Einzelgebäude und Weiler, Ställe	Überregionale Verkehrswege, Hauptversorgungsleitung, Seilbahnen, Skiabfahrten		1	1	2
	Nationale Verkehrverbindungen, Ski- und Sessellifte		0	1	2
Geschlossene Siedlungen, Wirtschaftsbetriebe, Bauzonen, Campingplätze, Freizeit- und Sportanlagen, sonstige öffentliche Plätze	Stationen von Verkehrsmitteln und Beförderungsanlagen		0	1	1
Sonderrisiken, besondere Schadensempfindlichkeit	Sonderrisiken, besondere Schadensempfindlichkeit	Quellschutzgebiete	Festlegung im Einzelfall		

Intensitäten:	0: keine Intensität	1: schwache Intensität	Vollständiger Schutz	Schutz bis schwache Intensität
	2: mittlere Intensität	3: starke Intensität	Schutz bis mittlere Intensität	Kein Schutz

Diese dient im Sinne eines landesweit einheitlich anzuwendenden Sicherheitsniveaus als Richtwert zur Beschreibung der Schutzziele in Abhängigkeit der Objektart (Art des Schutzgutes) in einem *Wahrscheinlichkeits-Intensitäts-Diagramm* [35].

6.3 Sektorale Schutzkonzepte des Technischen Lawinenschutzes

6.3.1 Allgemeines

Schutzkonzepte sind die der Planung von Lawinenschutz zugrunde liegende Strategien und dienen der konkreten Umsetzung der Schutzziele, um das angestrebte Maß an Sicherheit zu erreichen. Nach [42] umfassen Schutzkonzepte die jeweils effizienteste und wirtschaftlichste Kombination von aktiven und passiven Maßnahmen mit permanenter oder temporärer Wirkung (siehe Abschnitt 1.2) und beziehen sich auf das gesamte Lawineneinzugsgebiet (das Nähr- und Anbruchgebiet, die Sturzbahn oder den Ablagerungsbereich), berücksichtigen also alle relevanten, naturräumlichen und wirtschaftlichen Faktoren. Man spricht daher auch von „integralen" oder „gesamtheitlichen" Schutzkonzepten.

Ein wesentliches Element der Planung konkreter Schutzmaßnahmen ist daher das *Variantenstudium*, also der Vergleich möglicher Maßnahmenkombinationen hinsichtlich der technischen Eignung, Effizienz, Wirtschaftlichkeit sowie der ökologischen und sozialen Verträglichkeit. Die Variantenplanung ist zwar für jedes Schutzvorhaben spezifisch durchzuführen, allerdings sind je nach Objektkategorie nicht nur unterschiedliche Sicherheitsniveaus anzusetzen (Tabelle 6-3), die Auswahl der Maßnahmen ist auch hinsichtlich der Schutzwirkung zu differenzieren. Es sind beispielsweise für den *Siedlungsraum*, *Verkehrswege* oder *Skigebiete* unterschiedliche Sicherheitskonzepte maßgeblich.

Nachfolgend wird ein kurzer Überblick über die Charakteristik von Schutzkonzepten für diese wichtigen Sektoren des Lawinenschutzes gegeben.

6.3.2 Schutzkonzepte für den Siedlungsraum

Gemäß Schutzzielmatrix (Tabelle 6-3) ist *geschlossener Siedlungsraum* (Bild 6-3) der Bereich, innerhalb dessen die geringste Gefährdung akzeptabel bzw. das höchste Sicherheitsniveau anzusetzen ist. Es handelt sich um jenen Raum, in dem die Bürger ihr privates Vermögen anlegen und sich am längsten aufhalten, wo folglich die Verweildauer von Personen am höchsten ist. Auch das subjektive Sicherheitsgefühl sollte im Bereich des Wohnens am größten sein. Das tatsächliche Risiko muss somit beträchtlich niedriger sein als zum Beispiel auf Verkehrswegen oder in anderen Bereichen des täglichen Lebens.

Mittelpunkt des Schutzkonzeptes ist somit nicht nur die Sicherheit von baulichen Anlagen wie Wohnhäusern und zugehörigen Infrastruktureinrichtungen, sondern in erster Linie der Schutz des Lebens und der Gesundheit der Bewohner. Dabei kann nicht davon ausgegangen werden, dass sich die Bewohner bei Gefahr immer in den Häusern aufhalten oder trotz Warnung darin verbleiben. Deshalb muss sich ein Schutzkonzept für den Siedlungsraum auch auf die Bereiche zwischen und um die Häuser beziehen und auch die Erreichbarkeit der Gebäude mit berücksichtigen.

Basis für Schutzkonzepte für Siedlungsraum bildet in den Alpenländern und Skandinavien ein Gefahrenzonenplan [133] oder eine Risikokarte (Island) [9] (siehe Abschnitt 5.3). Grundsätzlich ist es Aufgabe der Raumordungsbehörden, Gefahrenbereiche von Besiedlung – sofern dies nicht vor der Gefahrenkartierung bereits geschehen ist – freizuhalten.

Bild 6-3 Lawinenschutz für einen geschlossenen Siedlungsraum in Galtür (Tirol) (© WLV Tirol)

Schutzkonzepte für den Siedlungsraum, die eine Rücknahme von Gefahrenzonen rechtfertigen, dürfen in der Schweiz und in Österreich nur permanente Schutzmaßnahmen umfassen [187][263]. Temporäre Schutzmaßnahmen sind nur in Ausnahmefällen für den Schutz des Siedlungsraumes geeignet. Permanente technische Maßnahmen werden in der Bevölkerung als die wirkungsvollste Maßnahme zum Schutz von Siedlungsraum empfunden und erfüllen diesen Anspruch bei fachgerechter Planung und Ausführung auch. Allerdings müssen die für die Errichtung und Erhaltung von technischen Lawinenschutzmaßnahmen Verantwortlichen auch berücksichtigen, dass diese nur bis zu einem bestimmten Ausmaß Schutz gewähren, weshalb Schutzkonzepte zwingend auch Vorkehrungen gegen erhöhtes Risiko oder Restrisiko umfassen müssen [244]. Permanente technische Schutzmaßnahmen unterliegen auch einer Alterung und Abnutzung, Teil des Schutzkonzeptes ist daher auch die laufende Erhaltung und Überwachung entsprechend den einschlägigen Richtlinien (Österreich: [237]; Schweiz: [189]; siehe Abschnitt 9.2.2 und 9.2.4).

6.3.3 Schutzkonzepte für Verkehrswege und Infrastruktur

Im Mittelpunkt der Schutzkonzepte für Verkehrswege steht nicht nur die Sicherheit der Anlage selbst, sondern insbesondere jene der Verkehrsteilnehmer. Das Lawinenrisiko für Verkehrsachsen ermittelt sich daher zu wesentlichen Teilen aus der Frequenz und Anzahl der Lawinen, die den Verkehrsweg bedrohen bzw. der Präsenzdauer der Fahrzeuge (Kfz, Züge) und Verkehrsteilnehmer (Personen) im Gefahrenbereich. Ausschlaggebend ist oft weniger die Reichweite oder Intensität der Lawinenwirkung als vielmehr deren Häufigkeit. Lawinen mit einer häufigeren Frequenz haben einen größeren Einfluss auf die Sicherheit der Verkehrsteilnehmer und sind im Rahmen eines Sicherheitskonzeptes vordringlich zu behandeln. Lawinen, die selten niedergehen, stellen für Verkehrsteilnehmer grundsätzlich ein geringeres Risiko dar, sind jedoch aufgrund geringerer Erfahrungen hinsichtlich ihrer Gefahr schwieriger einzuschätzen.

Neben dem Schutz von Menschenleben, der Fahrzeuge und der Verkehrsanlage selbst steht als wichtigstes Schutzziel die Aufrechterhaltung der Mobilität und Erreichbarkeit im Fokus von Schutzkonzepten. Da die Präsenz der Verkehrsteilnehmer im Gefahrenbereich zeitlich begrenzt ist, liegt der Schwerpunkt der Lawinenschutzmaßnahmen für Verkehrswege (Bild 6-4) auf Maßnahmen mit temporärer Schutzwirkung. In kritischen Lawinensituationen erfolgt eine Sperre des Verkehrsweges durch die Behörde oder den Wegehalter und damit eine temporäre Einschränkung der Mobilität. Sperren von Hauptverkehrsachsen sind grundsätzlich anders zu beurteilen als jene von Nebenstraßen (-bahnlinien), die Möglichkeit einer Umfahrung (Notweg) führt zu einer anderen Einschätzung als im Falle einer Totalsperre (einzige Zufahrt in ein Tal). Die Art und Dauer der Sperre ist maßgeblich von der Eingrenzbarkeit der Gefahrenzeit aufgrund der meteorologischen Verhältnisse abhängig. Weiterhin entscheidend ist die Möglichkeit, die Gefahrenzeit durch aktive Maßnahmen zu verkürzen. Je nach Bedeutung der Verkehrsachse und der Anzahl der Lawinenstriche kann auch ein permanenter Schutz wirtschaftlich sein.

Bild 6-4 Lawinenschutzmaßnahmen zur Sicherung von Verkehrswegen: Lawinengalerie St. Anton am Arlberg (Tirol) (© Sauermoser)

Lawinenschutzkonzepte für Verkehrswege stützen sich in erster Linie auf die Tätigkeit der Lawinenwarndienste und Lawinenkommissionen. Lawinenwarndienste erstellen ihre Prognose auf Basis meteorologischer und nivologischer Daten und liefern die Grundlage für die konkrete Entscheidung der Lawinenkommissionen über Sperre oder Öffnung des Verkehrsweges, die sich vor allem auf eine profunde Gebietskenntnis stützt. Maßnahmen zur künstlichen Auslösung von Lawinen sind grundsätzlich eine Option zur Reduktion der Gefahrenzeit und damit der Sperrdauer. Temporäre Lawinenschutzmaßnahmen weisen jedoch eine Fehlerquote oder Subjektivität in der Entscheidung auf (vorsorgliche Sperre), sodass der permanente Schutz des Verkehrswegs durch eine Lawinengalerie, einen Lawinentunnel oder eine Anbruchverbauung das wirkungsvollste, gleichzeitig aber teuerste Schutzkonzept darstellt.

6.3.4 Schutzkonzepte für Skigebiete

Skigebiete sind in der Regel von Lawinengefahren betroffen, da sie sich im alpinen Raum befinden und steile Hänge Voraussetzung für den Skilauf sind. In Skigebieten halten sich in der Wintersaison sehr viele Personen gleichzeitig in potentiell lawinenexponiertem Gelände auf, weshalb besondere Schutzkonzepte zur Lawinensicherung erforderlich sind.

In Österreich wurde 1975 nach schweren Lawinenereignissen in Skigebieten mit zahlreichen Todesopfern der sog. „Lawinenerlass" des Bundesministeriums für Verkehr [47][48] in Kraft gesetzt, welcher die Lawinensicherheit in Skigebieten regelt. Dabei wurde festgelegt, dass sowohl die Anlage selbst – also Stationen und Stützen inkl. der zugehörigen Parkplätze – permanent lawinensicher sein müssen oder, sofern dies aus naturräumlichen Gründen nicht möglich ist, diese mit permanenten Schutzmaßnahmen gesichert werden müssen. Ebenso muss mindestens eine zur Anlage gehörende Abfahrt, welche der Kapazität der Anlage entspricht, permanent lawinensicher oder lawinengesichert sein. Seit 2003 ist in Österreich durch das Seilbahngesetz (BGBl I Nr 103/2003 idgF) für die Errichtung und den Betrieb von Standseilbahnen, Seilschwebebahnen (Kabinenseilbahnen, Sesselbahnen/-lifte) und Schlepplifte im Rahmen des Konzessionsverfahrens eine Sicherheitsanalyse vorgeschrieben, die der Ermittlung aller Betriebsrisiken (einschließlich Lawinen) sowie der Festlegung der erforderlichen Schutzmaßnahmen dient. Im vorgeschriebenen Sicherheitsbericht können auch temporäre Lawinenschutzmaßnahmen oder die Kombination von permanenten und temporären Maßnahmen festgelegt werden [47]. Temporärer Lawinenschutz ist allerdings nur für Ergänzungsbahnen und Ersatzanlagen in bereits erschlossenen Skigebieten unter der Voraussetzung zulässig, dass permanenter Lawinenschutz nicht möglich ist. Das Abrücken vom Prinzip der ausschließlichen Zulässigkeit permanenter Lawinenschutzmaßnahmen ist dadurch gerechtfertigt, dass die Qualität der Technologie des temporären Lawinenschutzes (siehe Kapitel 11) in den letzten Jahren stark gestiegen ist, sodass dieser in Teilbereichen sogar bessere Schutzwirkung erzielt, als durch permanente Schutzmaßnahmen erreicht werden kann.

In der Schweiz ist die Lawinensicherheit in Skigebieten durch *Richtlinien des Bundesamtes für Verkehr* [39] und der *Seilbahnen Schweiz* (SBS) [296] geregelt. Im Gegensatz zu den österreichischen Richtlinien werden unterschiedliche Sicherheitsniveaus für Stationsgebäude, Stützenstandorte und Abfahrten definiert (Tabelle 6-4). In der SBS-Richtlinie ist festgelegt, dass Pisten grundsätzlich so anzulegen sind, dass sie unter normalen winterlichen Bedingungen lawinensicher sind. Eine absolute Sicherheit vor Lawinen- und Schneebrettgefahr ist für die markierten Abfahrten allerdings nicht erreichbar.

Tabelle 6-4 Zu berücksichtigende Fließ- und Staublawinen-Wiederkehrsdauern für Anlagen und Abfahrten nach [39]

Objektkategorie		Wiederkehrsperiode					
		für Anlagen				für Personen	
		10 J.	30 J.	100 J.	300 J.	1-2 J.	100 J.
Erschließungsbahnen	Stationen		•		•		
Beschäftigungsbahnen	Stationen	•		•			
Erschließungs- und Beschäftigungsbahnen	Stützen Trasse Kunstbauten	•		•			
Erschließungs- und Beschäftigungsbahn	Abfahrten Trasse (ohne Rettungsbahn)					•	• (Hinweise)

Eine *Erschließungsbahn* ist eine Anlage mit einer Zubringerfunktion ins Schneesportgebiet.
Eine *Beschäftigungsbahn* ist eine Anlage ohne Zubringerfunktion.

6.4 Planungs- und Projektierungsablauf des Lawinenschutzes

6.4.1 Genereller Planungsablauf

Der Planungsablauf für Lawinenschutzprojekte soll dem jeweils geltenden Stand der Technik und den in Normen und Richtlinien festgelegten Planungsschritten folgen. Es ist zielführend, einem standardisierten Prozedere zu folgen, um sämtliche Anforderungen an die Planung von Lawinenschutzmaßnahmen zu erfüllen. Dem *normierten Planungsablauf* steht in der Regel eine in der Ingenieurpraxis etablierte *Planungskultur* gegenüber, die den technischen, organisatorischen, rechtlichen und politischen Rahmenbedingungen des Landes entspricht.

Die in den Alpenländern, insbesondere aber in Österreich übliche, praktische Vorgehensweise (Bild 6-5) für die Planung von öffentlich subventionierten Lawinenschutzprojekten wird nachfolgend kurz beschrieben:

Schutzbedarf entsteht in der Regel entweder aufgrund wiederholt auftretender Lawinenereignisse mit Schadenswirkung oder durch ein wahrgenommenes Sicherheitsdefizit, beispielsweise infolge der Erstellung eines Gefahrenzonenplans. Der konkrete Bedarf manifestiert sich im Auftreten einer Gemeinde oder einer Körperschaft öffentlichen Rechts (Verband) als Bauherr und Antragsteller (Interessent) für staatliche Subventionen. In einem ersten Schritt wird (auf der Grundlage des Gefahrenzonenplans oder der Risikokarte) die Priorität des Lawinenschutzvorhabens eingestuft, im Falle einer großen Zahl von Vorhaben auf Grundlage von Regionalplanungen (-studien) oder der Generellen Planung (Vorplanungsphase). Der eigentliche Prozess der Projektierung (Projektierungsphase) beginnt mit der Festlegung des Schutzziels und der Entwicklung eines Schutzkonzepts einschließlich der Alternativvarianten (Variantenstudium). Es erfolgt die Erhebung der Planungsgrund-

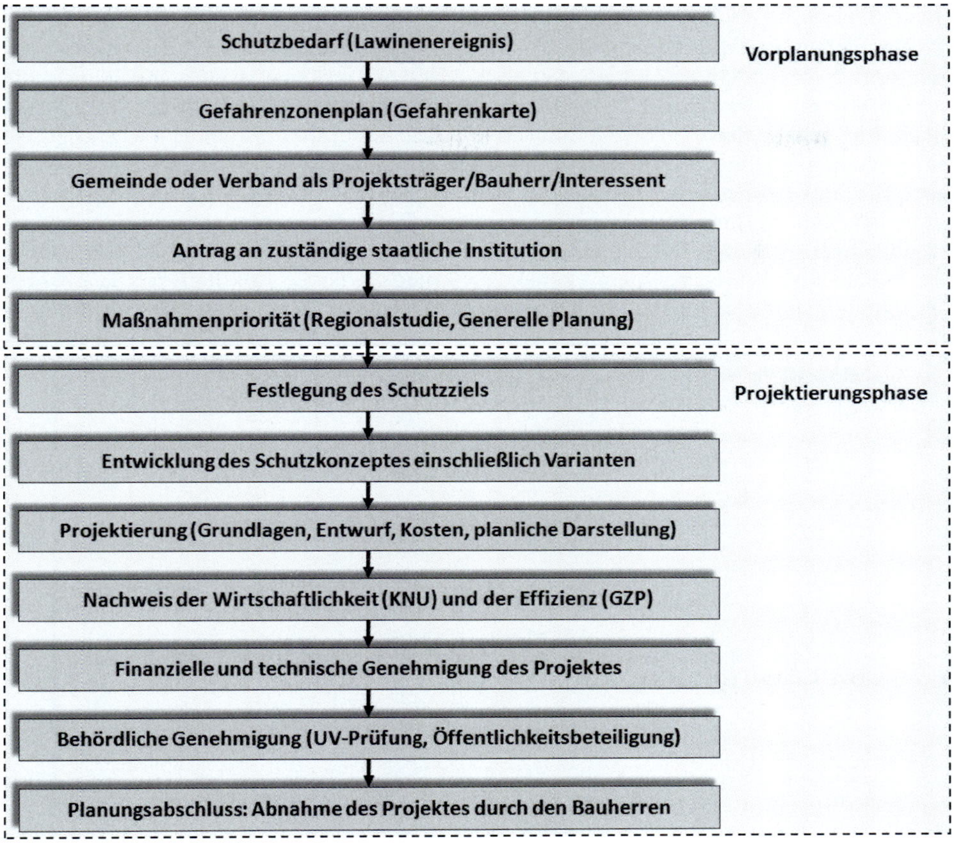

Bild 6-5 Planungsablauf in der Praxis für öffentlich subventionierte Lawinenschutzprojekte in Österreich (vereinfacht) (© Rudolf-Miklau)

lagen, der Entwurf (Konzeption) der Maßnahmen (-varianten), deren planliche Darstellung, die Ermittlung der Kosten sowie der Nachweis der Wirtschaftlichkeit (Kosten-Nutzen-Untersuchung) (siehe Abschnitt 6.5.3). Die Ergebnisse der Planung werden in einem Projekt zusammengefasst, welches die Grundlage für die Investitionsentscheidung, die technische Genehmigung und das gesetzlich festgelegte Behördenverfahren bildet. Entsprechend der herrschenden Praxis wird die Umweltverträglichkeitsprüfung und Öffentlichkeitsbeteiligung (siehe Abschnitt 6.6.1) bei Lawinenschutzprojekten in das Behördenverfahren integriert. Abschluss der Planungsphase bildet die Abnahme des Projekts durch den Bauherrn und die Erteilung der rechtlichen, technischen und finanziellen Genehmigungen.

Dieses den praktischen Gepflogenheiten entsprechende Planungsprozedere setzt eine hohe öffentliche Akzeptanz für den Lawinenschutzes und gut etablierte Abläufe im Zusammenspiel zwischen dem Bauherrn, den staatlichen Institutionen und den Behörden voraus. Die Vorgehensweise kann eine hohe Planungseffizienz bewirken, ist allerdings beim Auftreten von Anomalien (z. B. Interessenskonflikte, Finanzierungsprobleme, fehlende Umweltverträglichkeit) relativ unflexibel.

Dem trägt ein in der Schweiz neu entwickelter [244] stark formalisierter Ablauf für die Maßnahmenplanung auf Grundlage des Risikokonzepts Rechnung (Bild 6-6). Auslöser der Planungsprozesse ist ein vermutetes Sicherheitsdefizit, welches die Grundlage für die Durchführung einer Risikoanalyse und -bewertung darstellt (siehe Abschnitt 5.2.2). Auf Basis der Ergebnisse der Risikobewertung werden das Schutzziel festgelegt sowie konkrete Maßnahmenkombinationen und Maßnahmenvarianten entwickelt. Der Nachweis der Wirksamkeit der Maßnahmen erfolgt durch die Ermittlung der Risikoreduktion, wobei der Prozess der Risikobewertung mit der angenommenen Expositionssituation nach Umsetzung der Maßnahmen nochmals durchlaufen wird. Die ökonomische Bewertung der vorgeschlagenen Maßnahmen erfolgt nach ein Grenzkostenkriterium (siehe Abschnitt 6.5.3.7), wobei die gewählte Variante unter diesem Kriterium liegen muss. Weitere Faktoren für die Aus-

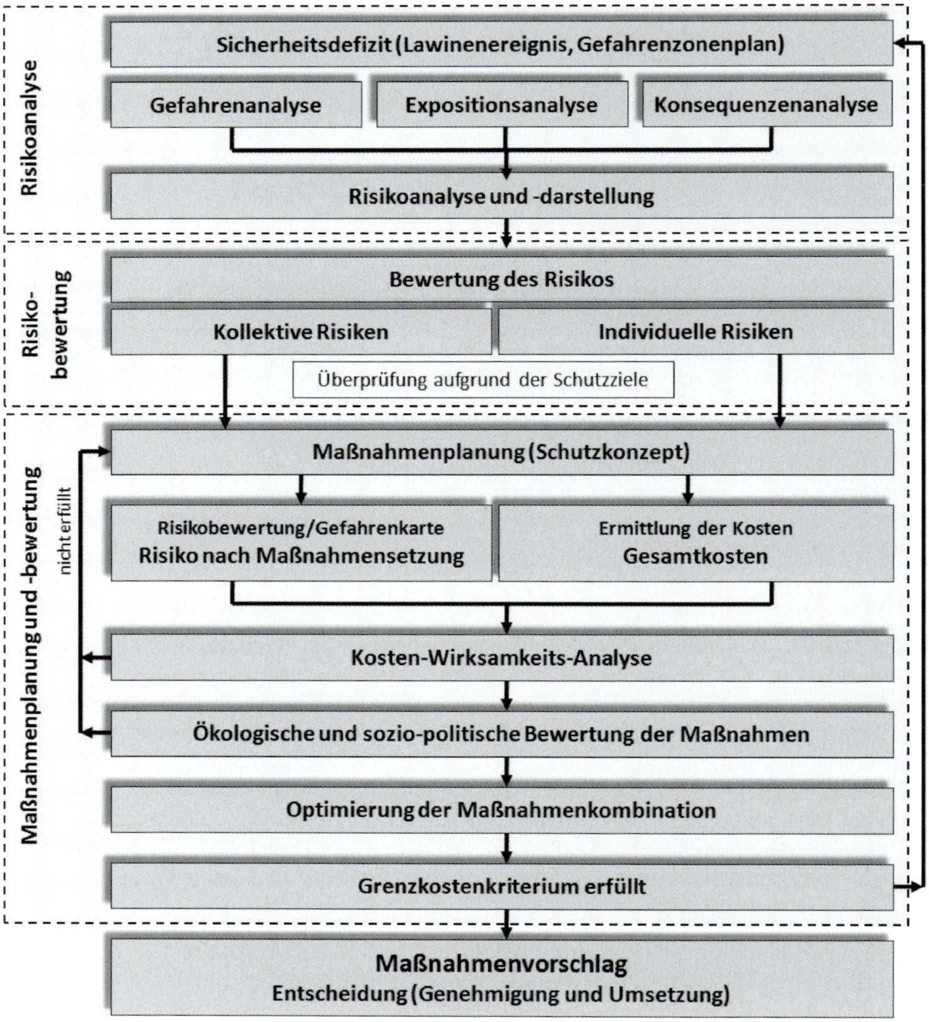

Bild 6-6 Formalisierter Planungsablauf gemäß dem in der Schweiz etablierten Risikokonzept, nach [244] (vereinfacht)

Tabelle 6-5 Überblick über die in diesem Handbuch festgelegten Projektierungsschritte zur Bemessung und Konstruktion von Lawinenschutzbauwerken (Die Planungsschritte verweisen jeweils auf die bezughabenden Kapitel/Abschnitte.)

Schritt	Aufgabe	Kapitelbezug
0	Planinitiierung (Sicherheitsdefizit)	Kapitel 5
1	Erhebung der Grundlagendaten (meteorologisch, nivologisch, morphologisch; Frequenz und Magnitude von Lawinenereignissen; Schutzwirkung des Waldes)	Kapitel 3
2	Gefahrenanalyse	Abschnitt 5.2.1
2.1	Historische Methode: Lawinenchronik	Abschnitt 5.2.1.2
2.2	Statistische Methode: Extremwertstatistik	Abschnitt 3.4.3
2.3	Numerisch-mathematische Methode: Lawinenmodellierung	Abschnitt 4.2
2.4	Morphologische Methode	Abschnitt 5.2.1.3
3	Risikoanalyse (Expositionsanalyse, Analyse der Auswirkungen, Risikobewertung)	Abschnitt 5.2.2
4	Planliche Darstellung von Gefahren und Risiken	Abschnitt 5.3
4.1	– Erstellung von Gefahrenzonenplänen (Gefahrenkarten)	Abschnitt 5.3.4
4.2	– Erstellung von Risikokarten	Abschnitt 5.3.5
5	Festlegung des Schutzziels (Bemessungsereignis)	Abschnitt 6.2.3
6	Festlegung des Schutzkonzeptes, einschließlich des Vergleichs potenzieller Varianten	Abschnitt 6.3
7	Nachweis der Effizienz und Wirtschaftlichkeit des Schutzkonzeptes	Abschnitt 6.5.3
8	Festlegung der Funktion und Kategorie der geplanten Schutzbauwerke	Abschnitt 7.2.2.1
9	Erhebung der Bemessungsgrundlagen	Abschnitt 8.1
10	Entwurf der Bauwerke (Standortwahl, Festlegung der Bautypen, Wahl der geometrischen Abmessungen der Bauwerke, Festlegung wichtiger Bauteile)	Abschnitt 8.2.1–8.2.4
11	Festlegung der maßgeblichen Einwirkungen und Einwirkungskombinationen	Abschnitt 8.2.5
12	Festlegung der maßgeblichen Grenzzustände und Bemessungssituationen	Kapitel 8
13	Nachweis der Tragfähigkeit und Gebrauchstauglichkeit	
14	Konstruktive Detailplanung	
15	Ausarbeitung aller erforderlichen Planunterlagen	–
16	Prüfung der Erfüllung des Schutzziels nach Abschluss des Planungsprozesses	–
17	Festlegung der Regeln für den Betrieb der Schutzmaßnahmen	Abschnitt 9.2.2
18	Projektierungsabschluss: Abnahme und Genehmigung der Planung	–

wahl der Schutzvariante sind die Aspekte der Verhältnismäßigkeit, Akzeptanz und ökologischen Verträglichkeit. Zur Absicherung dieser „weichen" Entscheidungskriterien wird eine frühzeitige Einbindung der Bevölkerung, der NGOs und politischen Entscheidungsträger angestrebt. Einbezogen werden auch Überlegungen für die zukünftige Raumnutzung unter Berücksichtigung des Restrisikos. Erst auf Grundlage dieser umfassenden Vorplanung und Wirkungsprüfung wird die Auswahl der Maßnahmen und Entscheidung über deren Projektierung und Umsetzung getroffen.

6.4.2 Projektierung technischer Lawinenschutzmaßnahmen

In diesem Buch werden die Grundlagen der Projektierung konkreter technischer Lawinenschutzmaßnahmen dargestellt. Als *Projektierung* wird der Vorgang des Entwurfes und der Vorbereitung der erforderlichen Grundlagen, der technischen Unterlagen und der Planunterlagen für die Durchführung von Lawinenschutzmaßnahmen (Errichtung von Schutzbauwerken) bezeichnet. Tabelle 6-5 fasst die prinzipielle Vorgehensweise bei der Projektierung und die einzelnen Projektierungsschritte im Überblick zusammen. Das Prozedere gilt als Empfehlung, der tatsächliche Projektierungsablauf ist auf den Einzelfall abzustimmen.

6.5 Ökonomische Bewertung des Lawinenschutzes

6.5.1 Allgemeines

Für die ökonomische Bewertung von Lawinenschutzmaßnahmen sind grundsätzlich zwei Betrachtungsebenen relevant:

1. die gesamtwirtschaftliche Bewertung
2. die projektbezogene Bewertung

Die unmittelbare Wirkung von Lawinenschutzprojekten ist mit Hilfe von Nutzen-Kosten-Relationen oder durch Bewertung der Risikoreduktion relativ einfach zu quantifizieren und wird insbesondere zur Legitimation der Finanzierung einzelner Lawinenschutzprojekte mit öffentlichen Mitteln genutzt. Die Darstellung der gesamtwirtschaftlichen Effekte der öffentlichen Investitionen für den Lawinenschutz ist aufgrund der komplexen Zusammenhänge innerhalb einer Volkswirtschaft schwieriger nachzuweisen, jedoch von nicht minderer Bedeutung für die Entscheidung der öffentlichen Hand – in Konkurrenz zu anderen staatlichen Investitionsaufgaben –, Budgetmittel für diesen Zweck zur Verfügung zu stellen.

6.5.2 Gesamtwirtschaftliche Bewertung

Eine Volkswirtschaft kann in vielen Sektoren von Lawinenkatastrophen beeinflusst sein, auch wenn nur ein Teil des Staatsgebietes von Lawinen betroffen ist. Den größten Einfluss haben Lawinengefahren allerdings auf der Ebene der *regionalwirtschaftlichen Entwicklung*. Die stärksten Auswirkungen sind auf den Tourismus, die Standortwahl von Produktionsbetrieben, die Sicherheit der Transportwege, die Nachfrage nach bestimmten Gütern und Dienstleistungen oder im Zusammenhang mit Schäden, Produktionsausfällen und Betriebsunterbrechungen nach Katastrophen zu verzeichnen. Die Verfügbarkeit sicherer Flächen für

Siedlungs-, Industrie- und Gewerbegebiete ist eine zentrale Frage für die Raumentwicklung einer Gemeinde. Darüber hinaus hängen die Entwicklungspotenziale des alpinen ländlichen Raumes, insbesondere aber der Berglandwirtschaft, eng mit der Lawinensicherheit zusammen [263]. Auswirkungen von Lawinenschutzprojekten auf die regionale Entwicklung sind nachweisbar, Investitionen in den Lawinenschutz können daher negative Entwicklungen ausgleichen, aber auch regionale Disparitäten verstärken.

Aus gesamtwirtschaftlicher Sicht können Naturkatastrophen *Auswirkungen auf das Bruttoinlandsprodukt (BIP)* eines Landes haben. Dies gilt insbesondere für großflächige Katastrophen mit großem Schadenspotenzial (Hochwasser, Sturm, Erdbeben). Lawinen sind hingegen eher von regionaler Bedeutung, fallen jedoch mehr durch die potenziell hohe Zahl an Todesopfern und die Betroffenheit der Bevölkerung als durch überproportional hohen, volkswirtschaftlichen Schaden ins Gewicht. Ein kurzfristiger Umsatzeinbruch im Tourismus einer von einer Lawinenkatastrophe betroffenen Region ist zwar möglich, langfristige Schäden – etwa durch Vertrauensverlust der Touristen in die Sicherheit vor Lawinen – konnten bisher in Österreich und der Schweiz nicht nachgewiesen werden.

Durch die *Investitionstätigkeit in Lawinenschutz* werden wie bei allen öffentlichen Investitionen positive Wirtschaftseffekte erzielt. Eine Nachrechnung des Österreichischen Wirtschaftsforschungsinstituts (WIFO) 2006 mit dem Modell *MutiReg®* [307] ergab, dass für jeden in Schutzmaßnahmen investierten Euro 1,32 € Bruttowertschöpfung erzielt werden kann. Aus sektoraler Sicht profitieren vor allem der öffentliche Sektor (23 %), die Bauwirtschaft (14 %), der Handel (11 %) und die Immobilienwirtschaft (8 %), indirekt insbesondere auch die Tourismuswirtschaft. Durch indirekte und induzierte Wirkungen und die Handelsverflechtungen profitieren auch Landesteile von den Investitionen, auf die ein relativ geringer (oder gar kein) Anteil der Investitionen entfällt.

Von gesamtwirtschaftlichem Interesse ist auch die Entwicklung der öffentlichen Investitionen in den Lawinenschutz. Die Ermittlung des *Kapitalstocks an Lawinenschutzmaßnahmen* in Österreich seit 1970 (unter Annahme einer 40-jährigen Abschreibungsperiode) (Bild 6-7)

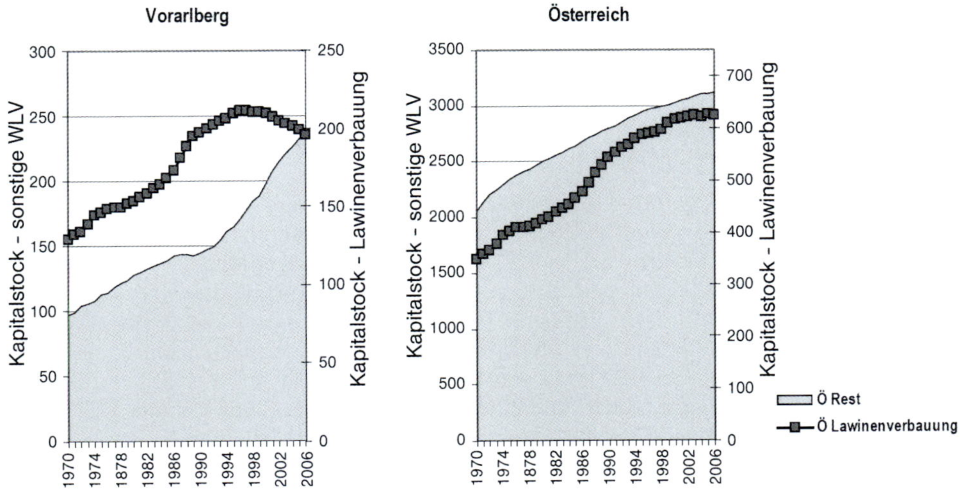

Bild 6-7 Kapitalstöcke der Lawinenverbauung in Relation zu den Gesamtinvestitionen in Schutzmaßnahmen gegen Alpine Naturgefahren für das Bundesland Vorarlberg und Österreich (Zeitraum: 1970–2006) [in Mio. €] [307]

zeigt einen relativ konstanten Anstieg auf ca. 620 Mio. € im Jahr 2006 [307] Der Trend deutete auf eine aktuelle Kulmination des Kapitalstocks hin, in den kommenden Jahren ist bei stagnierenden öffentlichen Investitionen von einer degressiven Entwicklung des Kapitalstocks an Schutzmaßnahmen auszugehen. Daraus könnte der Schluss gezogen werden, dass aus volkswirtschaftlicher Sicht zukünftig die öffentlichen Investitionen prioritär in die Instandhaltung bestehender Lawinenschutzmaßnahmen gerichtet werden müssen, andernfalls mit einem Absinken des globalen Sicherheitsniveaus im Lawinenschutz zu rechnen ist.

6.5.3 Wirtschaftlichkeit und Effizienz von Schutzmaßnahmen

6.5.3.1 Allgemeines

Bei der Bewertung von Lawinenschutzmaßnahmen sind zwei zentrale Fragen zu klären:

- Wie ist das Verhältnis des erzielten Nutzens bzw. der Risikoreduktion zu den Kosten, welche die Maßnahmen verursachen (Wirtschaftlichkeit des Projektes)?
- Wie stark kann das Risiko durch Lawinen gesenkt werden (Wirkung des Projektes)?

In diesem Abschnitt wird ein kurzer Überblick über die Methoden, Bewertungsansätze und Kriterien für den Nachweis der Wirtschaftlichkeit und Effizienz konkreter Lawinenschutzprojekte gegeben. Hinsichtlich der Grundlagen dieser Verfahren wird auf die einschlägige Literatur [11][61][185] verwiesen.

6.5.3.2 Methoden zum Nachweis der Wirtschaftlichkeit

Besondere Bedeutung hat der Nachweis der Wirtschaftlichkeit eines Projekts im Zusammenhang mit Investitionsentscheidungen oder dem Einsatz öffentlicher Subventionen. Die öffentliche Hand verfolgt mit der Subventionierung von Lawinenschutzmaßnahmen eine volkswirtschaftliche Sicht. Im Gegensatz dazu steht für den Subventionsempfänger oder private Bauherren die betriebswirtschaftliche Sicht im Vordergrund.

Wirtschaftlichkeitsüberlegungen zielen grundsätzlich darauf ab, die Vorteilhaftigkeit einer Investitionsentscheidung zu prüfen und zu bewerten. Dies kann in betriebswirtschaftlichem Rahmen (private Investitionen) in Form von Wirtschaftlichkeitsberechnungen oder als gesamtwirtschaftliche Betrachtungsweise (öffentliche Investitionen) in Form von Nutzen-Kosten-Untersuchungen erfolgen [185].

Unter dem Überbegriff *Nutzen-Kosten-Untersuchungen* werden Entscheidungsmodelle verstanden, die durch eine systematische Gegenüberstellung der positiven und negativen Wirkungen (Nutzen und Kosten) der untersuchten Maßnahmen rationale Entscheidungshilfen geben. Der Begriff fasst verschiedene Verfahren zusammen, die öffentliche Projekte nach ihrer wirtschaftlichen Effizienz bewerten, insbesondere die *Kosten-Nutzen-Analyse (KNA)*, die *Nutzwertanalyse (NWA)* und die *Kostenwirksamkeitsanalyse (KWA)* [61]. Bei allen drei Verfahren liegt eine gemeinsame Grundstruktur vor, der zufolge die Entscheidung im Rahmen eines Sach- und eines Wertegerüsts zustande kommt. Das Sachgerüst umfasst die Wirkungen (Nutzen) der zu untersuchenden Maßnahmen, während das Wertegerüst die zugeordneten (monetär und nicht monetär erfassbaren) Werte beinhaltet. Tabelle 6-6 gibt einen detaillierten Überblick über die Methoden der Kosten-Nutzen-Untersuchung.

Tabelle 6-6 Gegenüberstellung der verschiedenen Verfahren zur Wirtschaftlichkeitsermittlung, modifiziert nach [61]

Nutzen-Kosten-Untersuchungen			
Verfahren	Eingangsgrößen	Bewertung	Eigenschaften
Kosten-Nutzen-Analyse (KNA)	betriebliche und gesellschaftliche Nutzen- und Kostenfaktoren	in monetären Werten (EURO)	Nutzen- und Kostenfaktoren sind überwiegend monetär bewertbar; gesamtwirtschaftlicher Nutzen-Kosten-Vergleich
Nutzwertanalyse (NWA)	betriebliche und gesellschaftliche Nutzenfaktoren (Kosten = Teilnutzen)	in gewichteten Nutzenpunkten	Nutzen- und Kostenfaktoren sind überwiegend nicht monetär bewertbar; gesamtwirtschaftlicher Vergleich der Nutzenpunkte
Kostenwirksamkeitsanalyse (KWA)	betriebliche und gesellschaftliche Nutzen- und Kostenfaktoren	in monetären Werten (EURO) Nutzenfaktoren in gewichteten Nutzenpunkten	Kostenfaktoren sind überwiegend monetär bewertbar; Nutzenfaktoren sind überwiegend nicht monetär bewertbar; gesamtwirtschaftlicher Vergleich der Kostenwerte und Nutzenpunkte sowie des Nutzen-Kosten-Verhältnisses

In der Praxis des Lawinenschutzes kommen zurzeit zwei Verfahren der Kosten-Nutzen-Analyse zum Einsatz:

- *Österreich*: Kosten-Nutzung-Analyse lt. Richtlinie „Wirtschaftlichkeitsuntersuchung und Prioritätenreihung“ des BMLFUW [43]
- *Schweiz*: EconoMe 2.0 lt. Richtlinie des Bundesamts für Umwelt [38]

Der monetäre Wert von Auswirkungen eines Projektes ist zeitabhängig. Infolge der in der Zukunft auftretenden Unsicherheiten kommt gegenwärtigen Aufwendungen und Erträgen eine höhere Bedeutung zu als zukünftigen. Während die Kosten K für ein Projekt großteils kurzfristig entstehen, kann der Nutzen N des Projektes überwiegend erst mittel- oder langfristig ermittelt werden. Der für die Kosten-Nutzen-Untersuchung maßgebliche Untersuchungszeitraum n (auch „kalkulatorische Lebensdauer“) beginnt mit dem Projektbeginn und endet mit dem Planungshorizont, der so gewählt wird, dass alle (auch langfristigen) ökonomischen Auswirkungen des Projekts berücksichtigt werden können. Für die praktische Durchführung von Kosten-Nutzen-Analysen sind im Hinblick darauf, dass die Lebensdauer von Lawinenschutzbauwerken durch fachgerechten Unterhalt und sukzessive Erneuerung fast „beliebig“ verlängert werden kann, als Untersuchungszeitraum Zeitspannen von 50 bis 100 Jahren üblich (Bild 6-8).

Der monetäre Wert von Aufwendungen und Erträgen unterliegt im Laufe der Zeit einer Verzinsung. Dieser wird in der in Österreich üblichen Kosten-Nutzen-Untersuchung [43] auf den Bezugszeitpunkt abgemindert, d. h. die Zahlungen werden mit einem entsprechenden Zinssatz p („kalkulatorischer Zinssatz“) diskontiert.

Für die *diskontierten Kosten* K_0 auf den Stichtag gilt generell folgende Gleichung:

$$K_0 = \frac{K \cdot (1 + \frac{p}{100})^n}{(1 + \frac{p}{100})^n \cdot \frac{p}{100}} \; [€] \tag{6.1}$$

mit:

K_0 Kosten diskontiert, in [€]
K Kosten nicht diskontiert, in [€]
p Kalkulatorischer Zinssatz, in [%]
n Untersuchungszeitraum, in [Jahren]

Die Kalkulation des *diskontierten Nutzens* N_0 erfolgt nach den folgenden Gleichungen:

$$N_{nK,0} = \frac{N}{\left(n - \frac{(nK-1)}{2}\right)} \cdot \frac{\left(nK + \left(1 + \frac{p}{100}\right) \cdot \left(\left(1 + \frac{p}{100}\right)^{nK} - nK - 1\right)\right)}{\left(nK \cdot \left(1 + \frac{p}{100}\right)^{nK} \cdot \left(\frac{p}{100}\right)^2\right)} \; [€] \tag{6.2}$$

$$N_{nK-n,0} = \frac{N}{\left(n - \frac{(nK-1)}{2}\right)} \cdot \frac{\left(\left(1 + \frac{p}{100}\right)^{(n-nK)} - 1\right)}{\left(\left(1 + \frac{p}{100}\right)^{n} \cdot \frac{p}{100}\right)} \; [€] \tag{6.3}$$

$$N_0 = N_{nK,0} + N_{nK-n,0} \; [€] \tag{6.4}$$

mit:

$N_{nK,0}$ Nutzen vom Verbauungsbeginn bis zum Abschluss der Verbauung diskontiert, in [€]
N Nutzen nicht diskontiert, in [€]
nK Dauer der Bauausführung, in [Jahren]
$N_{nK-n,0}$ Nutzen vom Abschluss der Verbauung bis Ende der Nutzungsdauer diskontiert, in [€]
N_0 Nutzen diskontiert, in [€]

Für das Schweizer Berechnungsprogramm *EconoMe* [38] wird hingegen die Verteilung der Kostenströme über die Zeit vereinfachend als konstant angenommen. Zur Anwendung kommt eine statische Kostenrechnung, welche eine dynamische Diskontierung nicht berücksichtigt.

Die *Höhe des Zinssatzes* hat sich an den Zinssätzen des Kapitalmarktes (Zinsen für Investitionen öffentlicher Haushalte) aber auch an gesellschaftlichen und politischen Präferenzen zu orientieren und wurde für die praktische Durchführung in der für Österreich anzuwendenden KNA mit 3,5 %, in der Schweiz mit 2 % festgelegt.

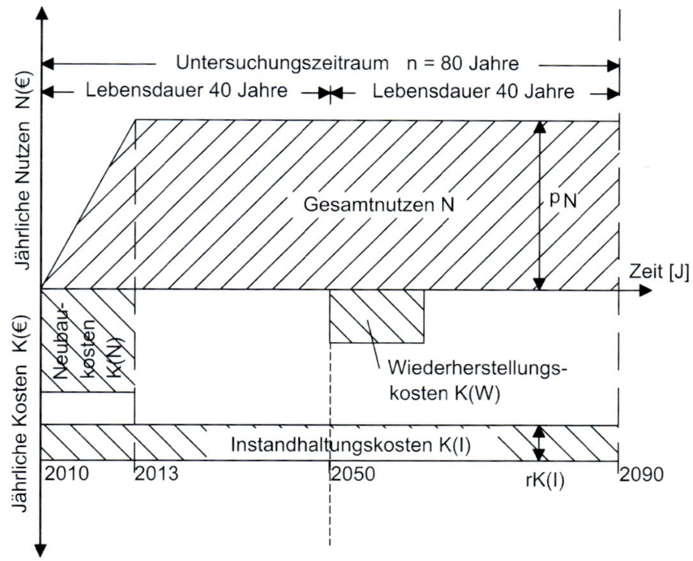

Bild 6-8 Modell der Nutzen- und Kostenströme über einen Untersuchungszeitraum von 80 Jahren gemäß dem für die Bewertung der Wirtschaftlichkeit von Lawinenschutzprojekten in Österreich festgelegten Verfahren („Richtlinie Wirtschaftlichkeitsuntersuchung für Maßnahmen der Wildbach- und Lawinenverbauung" des BMLFUW) [43]

6.5.3.3 Bewertung der Kosten von Lawinenschutzmaßnahmen

In Lawinenschutzprojekten werden in der Praxis nur die *Planungs- und Baukosten* kalkuliert. Für den Wirtschaftlichkeitsnachweis sind jedoch die Kosten von Lawinenschutzmaßnahmen über deren gesamte Lebensdauer einschließlich der Entsorgungskosten relevant. Man spricht daher von „Lebenszykluskosten". Eine Betrachtung der reinen Baukosten ohne die Berücksichtigung des Danach würde in vielen Fällen zu unwirtschaftlichen Investitionsentscheidungen führen, da Lawinenschutzsysteme in der Überwachung und Instandhaltung aufwendig sein können. Lebenszykluskosten können als Summe von Entwicklungskosten, Anschaffungs- oder Herstellungskosten sowie Folgekosten definiert werden (Tabelle 6-7) [1].

Die Kosten der Instandhaltung (-setzung) K_I werden in der Regel als jährlicher, über den gesamten Untersuchungszeitraum gleich bleibender Prozentsatz der Herstellungskosten (Neubaukosten bzw. Wiederherstellungskosten) angenommen (Tabelle 6-8). Zwar werden in der Realität die Instandhaltungskosten mit der Zeit steigen (Alterungsprozess), für die Zwecke der Kosten-Nutzen-Untersuchung kann jedoch vereinfachend eine über die Zeit konstante Zahlungsreihe angenommen werden.

Tabelle 6-7 Übersicht über die für die Wirtschaftlichkeitsuntersuchung von Lawinenschutzprojekten relevanten Lebenszykluskosten

Kostenkategorie	Kostenarten	Beispiele
Entwicklungskosten K_E	Planungskosten	Projektierungskosten K_{pl}
		Sonstige Entwicklungskosten (Verfahrenskosten, Gutachten, Lizenzgebühren)
Herstellungskosten K_H	Gesamtkosten	Neubaukosten K_{NB}
		Wiederherstellungskosten K_W (bei Bauwerken mit kurzer Lebensdauer $n = 40$)
	Finanzierungskosten	Zinsenkosten $K_{p\%}$
Folgekosten K_F	Nutzungskosten	Betriebskosten K_B
		Instandhaltungskosten K_I
		Abschreibung K_A
	Beseitigungskosten	Abtragskosten K_Z

Tabelle 6-8 Richtwerte für die Betriebskosten, die Instandhaltungskosten, die Nutzungsdauer (Lebensdauer) und den Restwert von Lawinenschutzmaßnahmen, bezogen auf Herstellungskosten [244]

Lawinenschutzmaßnahme	Betriebskosten K_B in [%]	Instandhaltungskosten K_I in [%]	Nutzungsdauer n in [Jahren]	Restwert RW in [€]
Stützverbau in Stahl	–	1,0	80	0,–
Stützverbau in Holz	–	2,0	30	0,–
Galerie, Tunnel	–	2,0	80	0,–
Ablenkverbau (Ablenkdamm)	–	0,5	100	0,–
Bremsbauwerk (Höcker)	–	0,5	100	0,–
Auffangbauwerk (Damm)	–	0,5	100	0,–
Objektschutz	–	0,5	50	0,–
Warnsystem	5,0	–	10	0,–
Künstliche Lawinenauslösung	5,0	4,0	20	0,–

6.5.3.4 Bewertung des Nutzens von Lawinenschutzmaßnahmen

Für die Darstellung der positiven Wirkungen von Lawinenschutzprojekten kann die Nutzwirkung nach dem „4-Konten-Modell" [185] gegliedert werden (siehe Abschnitt 6.2.2). Im Rahmen der KNA für Lawinenschutzprojekte erfolgt die Bewertung des Nutzens N in der Regel monetär. Manche Auswirkungen von Projekten entziehen sich aber der monetären Bewertung und werden daher als *intangibel* bezeichnet (z. B. Gefährdung des Menschen, Verbesserung der Lebensqualität, Schutz des kulturellen Erbes). Diese Auswirkungen müssen nach anderen Kriterien als nach monetären Ansätzen beurteilt werden (Tabelle 6-9).

Tabelle 6-9 Überblick über die Nutzenkategorien entsprechend der in Österreich für den baulichen Lawinenschutz anzuwendenden KNA [43]

Bewertbarer (quantifizierbarer) Nutzen	
	– Schäden an Gebäuden (einschließlich Inventar und Außenanlagen) – Schäden in der Land- und Forstwirtschaft bzw. in sonstigen land- und forstwirtschaftlichen Erwerbszweigen – Schäden an Schutzanlagen – Schäden an Verkehrsanlagen – Schäden an Ver- und Entsorgungseinrichtungen – Schäden im Fremdenverkehr – Schäden in Gewerbe und Industrie sowie im Handel und Dienstleistungsbereich – Schäden an öffentlichem Eigentum, Katastropheneinsatzkosten
Intangible und indirekte Nutzwirkungen	
	– Schutz von Menschenleben – Vorbeugung gegen eine Erhöhung des Gefährdungspotenzials (nachhaltiger Schutz) – Sicherung der Lebensqualität (Sicherheitsgefühl) – Sicherung der Mobilität (Erreichbarkeit) – Sicherung der Versorgung – Sicherung öffentlicher Einrichtungen – Schutz von Natur-, Landschafts- und Kulturgütern

6.5.3.5 Bestimmung der Wirksamkeit von Lawinenschutzmaßnahmen

In dem für Lawinenschutzmaßnahmen in der Schweiz anzuwendenden Modell *EconoMe* [38] wird nicht der kapitalisierte Nutzen, sondern die *Effizienz der Maßnahmen* in Form der Risikoreduktion ermittelt. Zur Quantifizierung der Risikoreduktion muss die Risikoanalyse gemäß Abschnitt 5.2.2 zweimal (vor und nach Lawinenschutzmaßnahmen) durchlaufen werden. Je nach Maßnahme werden entweder angepasste Ereignisszenarien und Intensitätskarten erstellt oder neue Expositionssituationen entworfen sowie die Konsequenzen (Risiko nach Maßnahmen) bestimmt. Die Wirksamkeit einer Maßnahme entspricht der resultierenden Risikoreduktion und lässt sich als Differenz von Ausgangsrisiko zu verbleibendem Risiko (nach Maßnahmen) bestimmen.

Damit das verbleibende Risiko berechnet werden kann, muss der Einfluss der Maßnahmen auf die verschiedenen Parameter der Risikoformel (Gl. 5.1) bestimmt werden. In erster Näherung lassen sich die verschiedenen Maßnahmentypen hinsichtlich ihres Einflusses grob einordnen (Tabelle 6-10).

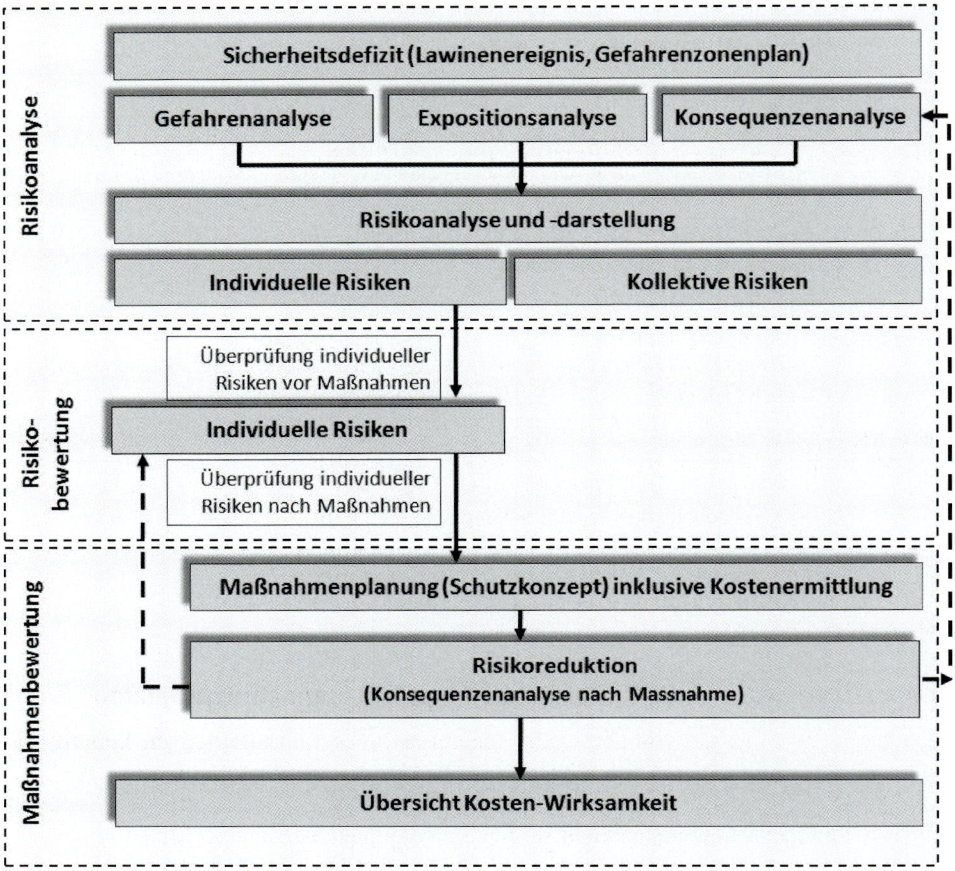

Bild 6-9 Ablauf der Bewertung der Wirksamkeit von Lawinenschutzmaßnahmen nach dem Modell *EconoMe* (Schweiz) [38]

Tabelle 6-10 Auswirkung verschiedener Kategorien von Lawinenschutzmaßnahmen auf das Risiko (nach [244], modifiziert)

Maßnahmen	Wirkung auf			
	p_j Wahrscheinlichkeit eines Gefahrenszenarios j [–]	$p_{i,j}$ Wahrscheinlichkeit, dass ein Objekt i den Gefahrenszenarien j ausgesetzt ist [–]	V_i Wert des Objekts i in [€/Jahr][1)]	$SE_{i,j}$ Schadensempfindlichkeit des Objektes i in Abhängigkeit des Gefahrenszenarios j [–]
Raumplanerische Maßnahmen	kein Einfluss	Langfristige Reduktion des Schadens	Langfristige Reduktion des Schadens	Bauauflagen

Tabelle 6-10 (Fortsetzung)

Maßnahmen	Wirkung auf			
	p_j	$p_{i,j}$	V_i	$SE_{i,j}$
Umsiedelung	kein Einfluss	Entfernung des Objekts aus dem Gefahrengebiet	Entfernung des Objekts aus dem Gefahrengebiet	kein Einfluss
Baulicher Lawinenschutz	Schutz vor Lawinenauslösung oder -wirkung	Objektschutz	kein Einfluss	Reduzierte Einwirkung durch Lawinen
Forstliche Maßnahmen	Schutz vor Lawinenauslösung oder -wirkung	kein Einfluss	kein Einfluss	Reduzierte Einwirkung durch Lawinen
Organisatorische Maßnahmen	Künstliche Auslösung	Reduktion der Präsenzwahrscheinlichkeit des Objekts durch Sperre und Evakuierung	kein Einfluss	Reduktion durch Hilfeleistung oder Rettung

[1)] Für den Wert des Objekts wird in der Regel der Wiederherstellungswert, nicht jedoch der Verkehrswert (einschließlich eines Affektionswerts) angesetzt.

6.5.3.6 Kriterien für die Wirtschaftlichkeit von Lawinenschutzprojekten

Für den direkten Vergleich von zwei oder mehreren Investitionsalternativen kommt zunächst die direkte *Kostenvergleichsrechnung* in Frage [185]. Die Kostenvergleichsrechnung lässt allerdings keine Aussagen über eine absolute Wirtschaftlichkeit zu, bei der der monetäre Nutzen die monetären Kosten übersteigt.

Ein Kriterium für die absolute Bewertung der Wirtschaftlichkeit eines Projektes ist der *Kapitalwert KW* (in Geldeinheiten). Der Kapitalwert wird nach folgender Gleichung ermittelt:

$$KW = N_0 - K_0 \tag{6.5}$$

mit:
KW Kapitalwert, in [€]
N_0 Nutzen diskontiert, in [€] Gl. (6.2–6.4)
K_0 Kosten diskontiert, in [€] Gl. (6.1)

Die Wirtschaftlichkeit des Projektes ist dann gegeben, wenn der Kapitalwert positiv ist; im Vergleich mehrerer Projekte ist offensichtlich jenes das relativ wirtschaftlichste, welches den höchsten Kapitalwert aufweist.

Ein weiteres Kriterium für die Wirtschaftlichkeit eines Projektes ist das Ertrags-Aufwands-Verhältnis (Nutzen-Kosten-Verhältnis, N/K-Verhältnis) (einheitsfrei). Das *N/K-Verhältnis* kann wie folgt ermittelt werden:

$$Q_{N/K} = \frac{N_0}{K_0} \tag{6.6}$$

Projekte können als absolut wirtschaftlich bezeichnet werden, wenn das N/K-Verhältnis (gleich dem Quotienten aus dem Barwert der Einzahlungen und dem Barwert der Auszahlungen) größer als 1 ist. Über die relative Wirtschaftlichkeit beim Vergleich mehrerer Projekte gibt jedoch das N/K-Verhältnis keine Auskunft.

6.5.3.7 Grenzkostenkriterium

Ziel der Bewertung von Lawinenschutzmaßnahmen ist, die aus wirtschaftlicher Sicht optimale Maßnahme oder Maßnahmenkombination zu finden. Dazu werden die Maßnahmen im *Risiko-Kosten-Diagramm* aufgezeichnet (Bild 6-10). Damit Sachrisiken und Personenrisiken gleichwertig in die Bewertung einbezogen werden können, werden letztere in Geldeinheiten umgewandelt.

Die *Grenzkosten* beschreiben die Kosteneinheit ΔK, welche zum Erzielen einer „Einheit Wirksamkeit" (Nutzen) ΔN eingesetzt werden muss. Grafisch entsprechen sie der Tangente an der Risiko-Kosten-Kurve. Diese Optimierung verlangt, dass in allen Risikosituationen Sicherheitsanstrengungen bis zu den gleichen Grenzkosten (bestimmter Betrag pro verhinderter Todesfall oder Wert eines statistischen Lebens) vorgenommen werden. Die Grenzkosten für die Sicherheitsmaßnahmen können daher als Kriterium für das Schutzziel beim kollektiven Risiko angesehen werden.

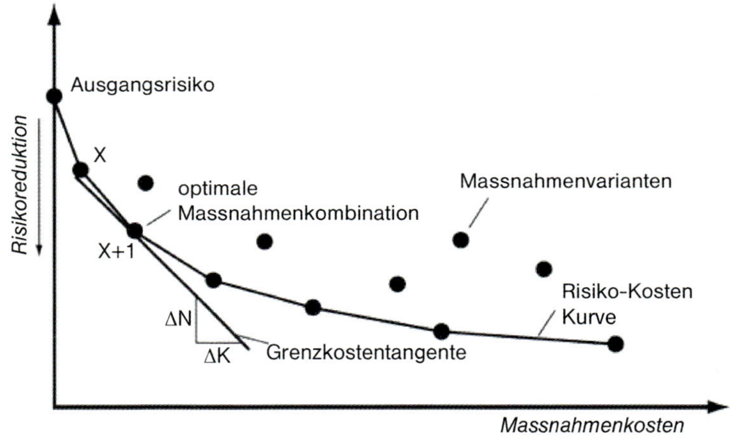

Bild 6-10 Ermittlung der optimalen Maßnahmenkombination nach dem Grenzkostenkriterium (nach [244])

6.6 Soziale und politische Verträglichkeit von Lawinenschutzmaßnahmen

6.6.1 Öffentlichkeitsbeteiligung und Partizipation

Die Einbindung der Öffentlichkeit im Allgemeinen und der Betroffenen im Besonderen ist Teil jedes Planungsprozesses. Für Lawinenschutzmaßnahmen, die den Schutz der Menschen und ihres Eigentums zum Gegenstand haben, gilt das in besonderem Maße. Die Öffentlichkeits- und Bürgerbeteiligung hat in der rechtspolitischen Landschaft einen besonderen Stellenwert und kann über den Erfolg oder Misserfolg eines Projektes entscheiden. Die wichtigsten Instrumente zur Herstellung der „sozio-politischen Verträglichkeit" von Lawinenschutzmaßnahmen sind die Partizipation und das Modell des „Risk-Governance" (siehe Abschnitt 6.6.2).

Partizipation bedeutet die Einbeziehung von Individuen und Organisationen (sogenannte „Stakeholder") in Entscheidungs- und Willensbildungsprozesse. Aus legitimatorischen oder auch aus Gründen gesteigerter Effektivität gilt Partizipation häufig als wünschenswert. Partizipation kann die unterschiedlichsten Beteiligungsformen annehmen (z. B. Bürgerbeteiligung, Anhörungsrecht im Behördenverfahren, Projektinformation). Beim Schutz des Lebensraums vor Lawinen geht es um die Sicherheit und Gesundheit aller, sodass Partizipation den Planungen und Schutzmaßnahmen immanent ist. Im überwiegenden öffentlichen Interesse der Sicherheit kann es dabei, insbesondere in gefährdeten Gebieten, auch zur Einschränkung der Ausübung persönlicher Eigentumsrechte kommen, beispielsweise durch Beschränkungen in der Raumordnung oder im Bauwesen. Auch unter diesem Aspekt genießt Partizipation einen hohen Stellenwert im Lawinenschutz, stößt aber auch an Grenzen.

In Österreich enthält bereits das Forstgesetz 1975 [71] durch die Umsetzung des Publizitätsgebotes für Gefahrenzonenpläne (§ 11 *„...öffentliche Auflage und Recht auf Stellungnahme..."*) einen weit reichenden partizipatorischen Ansatz. Der Schwerpunkt liegt allerdings nicht auf der Beteiligung der Öffentlichkeit an Planungsabläufen oder Entscheidungsfindungsprozessen, sondern in der Einbindung der Betroffenen in die Herstellung von Schutz. Eigenverantwortung und solidarische Schutzleistung zählen zu den Grundprinzipien des Naturgefahrenmanagements. Verhaltensvorsorge ist – neben Flächen- und Bauvorsorge – eine der drei Säulen moderner Schutzstrategien. Partizipationsprozesse können so aus einem kollektiven Sicherheitsbedürfnis heraus von selbst entstehen. Es ist zur Routine geworden, den Bürger bei jedem Schutzprojekt im Rahmen einer eigenen Veranstaltung in der Gemeinde über das geplante Vorhaben zu informieren.

Bild 6-11 Bürgerbeteiligung bei Lawinenschutzprojekten (© Rudolf-Miklau)

6.6.2 Risk Governance

Die „klassischen" Instrumente der Eingriffsverwaltung stoßen im Lawinenschutz dort an ihre Grenzen, wo Bürger aktiv die Einbindung in Entscheidungsprozesse verlangen. Ein alternatives Konzept für das staatliche Handeln ist „Risk Governance", welches seine Wirkung entfaltet, wenn eine Vielzahl von Akteuren in einen Entscheidungsprozess – bezogen auf ein bestimmtes Risiko – involviert sind und in hohem Maße Koordination und Kompromissfindung erforderlich sind. Da die Lösungskompetenz der einzelnen Akteure im Zusammenhang mit dem Risiko durch Lawinen in der Regel nicht ausreicht (mangelndes Wissen, Grenzen der Leistungsfähigkeit, mangelnde Bereitschaft zur Eigenvorsorge), wird ein koordinierter und kollektiver Entscheidungsprozess zur Herstellung des erforderlichen Schutzes initiiert und angeleitet.

Risk Governance kann aber auch einen Ausgleich von Risiken bewirken. Der Ausgleich ist erforderlich, da häufig nicht die gleichen Akteure durch Risiken betroffen sind, die an den Chancen von Schutzmaßnahmen teilhaben.

6.7 Umweltverträglichkeit von Lawinenschutzprojekten

6.7.1 Ökologische Bewertung

Aus ökologischer Sicht bringen Maßnahmen des Lawinenschutzes vielschichtige Folgen für den alpinen Lebensraum, stellen aber kein außergewöhnliches Umweltrisiko dar. Am stärksten beeinflusst wird die Vegetation, da für die Herstellung von Bauwerken Rodungen oder der Abtrag der Vegetationsdecke erforderlich sein können. Besonders alpine Rasengesellschaften reagieren sensibel und regenerieren sich nur über längere Zeiträume. Des Weiteren wird durch Lawinenschutzbauten die Verteilung des Schnees im Gelände stark beeinflusst, was durch die Veränderung der edaphischen und mikroklimatischen Verhältnisse am Standort Auswirkungen auf die lokale Vegetationsgesellschaft haben kann. Der Abtrag der Bodendecken kann zudem Erosionsprozesse in Gang setzen, was in der alpinen Stufe dramatische Folgen haben kann. Durch die Aufforstung von Lawinenanbruchgebieten und Sturzbahnen werden alpine Rasen- und Zwergstrauchgesellschaften durch Waldgesellschaften verdrängt.

Die Veränderung der Vegetationsgesellschaft hat auch Auswirkungen auf die Fauna in den Alpen. Betroffen sind Arten wie das Schalenwild, Greifvögel, Raufußhühner oder das Murmeltier. Allerdings ist die Ausdehnung von Lawinenschutzbauten räumlich so begrenzt, dass es zu keiner großräumigen Veränderung von Biotopen kommt. Während der Bauphase kann eine Beunruhigung des Wildbestandes zum Problem werden.

Eine Beeinträchtigung der Luft oder der Gewässer durch Lawinenschutzmaßnahmen ist praktisch kaum gegeben. Lediglich, wenn Lawinenbrems- und Lawinenauffangbauwerke in der Nähe von Bächen errichtet werden, können ähnliche Problemstellungen wie im Bereich der Wildbachverbauung [22] bestehen.

6.7.2 Lawinenschutzbauten als Landschaftselement

Lawinenschutzbauten können im alpinen Raum ein markantes Landschaftselement darstellen und unterliegen daher in der Regel dem Regime des Naturschutzrechts. Insbesondere bei starker Exposition und Sichtbarkeit der Bauwerke kann die Ästhetik der Bauwerke in der Planung eine entscheidende Rolle spielen. Generell herrscht heute – getragen von ökologischen Strömungen – der Trend vor, technische Bauwerke möglichst an die Landschaft anzupassen und deren Sichtbarkeit zu reduzieren. Diese Werthaltung steht im Widerspruch zur Auffassung vergangener Jahrzehnte, in der ein Bauwerk als technische Errungenschaft galt und als prägendes Landschaftselement akzeptiert wurde. Eine substanzielle Auseinandersetzung mit dem Lawinenschutzbauwerk als Landschaftselement findet aktuell nicht statt.

Für die Lawinenanbruchverbauung fokussiert sich die Landschaftsanpassung auf die *Sichtbarkeit* der Werke vom Tal aus. Stahlschneebrücken sind in der Regel wesentlich stärker sichtbar als Schneenetze. Aus Gründen des Landschaftsschutzes kann es daher zweckmäßig sein, Schneenetze zum Einsatz zu bringen (Bild 6-12). Andere Möglichkeiten der Reduktion der Sichtbarkeit bestehen in der Aufforstung der Verbauungsfläche oder in der Änderung der Farbgebung der Stützwerke. Im Bereich des Designs von Lawinenstützwerken liegen nur geringe Freiheitsgrade für eine bessere Landschaftsanpassung.

(a)

(b)

Bild 6-12 Landschaftsanpassung der Lawinenverbauung: Sichtbarkeit von (a): Stahlschneebrücken (Heuberg bei Häselgehr/Tirol) (© Rudolf-Miklau) und (b): Schneenetzen (Wanne-Litze-Lawine/Vorarlberg) im Gelände (© WLV Vorarlberg)

Lawinenbrems- und Lawinenauffangbauwerke sind meist mit großen Veränderungen des Geländes verbunden, sodass die Topographie des Talbodens oder Hanges stark modifiziert wird. Zwar besteht die Möglichkeit, diese überwiegend als Erdbauwerke ausgeführten Anlagen durch Bepflanzung und Begrünung besser in die Landschaft einzupassen, vollständig lässt sich der künstliche Charakter der Bauwerke jedoch selten kaschieren.

Eine andere Perspektive auf das Landschaftselement „Lawinenschutzbauwerk“ wird eröffnet, wenn man die Anlagen in den Gesamtzusammenhang der Veränderung der alpinen Landschaft setzt. Dabei sind die Schutzbauwerke in Relation zu anderen Baumaßnahmen (Siedlungen, Seilbahnen, Hotels, Verkehrswege) zu sehen, die ebenfalls landschaftsprägend sind. Der Alpenraum unterliegt insgesamt einer intensiven Veränderung durch verschiedene Formen der Raumnutzung, wobei Faktoren wie Siedlungstätigkeit, Industrie und Gewerbe, Fremdenverkehr oder Mobilität die traditionellen Nutzungsformen der Land- und Forstwirtschaft stark konkurrieren und vielfach zurückdrängen. In der Bewertung der Landschaftsanpassung ist auch zu beachten, von welchem Status aus sich eine Landschaft durch Baumaßnahmen verändert. Die als ästhetisch empfundene Landschaft der Alpen ist durch Alm- und Berglandwirtschaft sowie die intensive Nutzung der Wälder in den vergangenen Jahrhunderten starken Veränderungen unterlegen. Die offenen, als „schön“ empfundenen Landschaftsbilder vieler Alpentäler entsprechen hingegen nicht dem Naturzustand, welcher viel stärker durch dichte Bewaldung geprägt war. Lawinenschutzmaßnahmen führen häufig zu einer Zunahme der Waldfläche infolge Aufforstung und Schutzwaldverbesserung. Damit findet im Sinne der Sicherheit auch eine Veränderung der Landschaft in Richtung eines „natürlicheren“ Landschaftsbildes statt.

Diese kurze Auseinandersetzung mit der Landschaftsbezogenheit von Lawinenschutzbauwerken zeigt, dass in einem Planungsprozess durchaus divergierende Standpunkte zu dieser Fragestellung auftreten können. Letztendlich läuft die Planung in der Regel jedoch auf einen Interessenkonflikt zwischen der Lawinensicherheit und der Erhaltung des Landschaftsbildes hinaus, der nur auf dem Wege der Öffentlichkeitsbeteiligung gelöst werden kann.

HRSG.: K. BERGMEISTER, J.-D. WÖRNER, F. FINGERLOOS (SEIT 2009)

Beton-Kalender 2011
Schwerpunkte: Kraftwerke, Faserbeton

2010.
1372 S., 931 Abb., 325 Tab. Gb.
ca. € 165,– *
Fortsetzungspreis:
ca. € 145,– *

ISBN 978-3-433-02954-1

■ Der Beton-Kalender bietet seit 100 Jahren umfangreiches Fachwissen, präsentiert in übersichtlicher und praxistauglicher Form. Beiträge aus Praxis und Wissenschaft, Details, Normen – kompaktes Wissen zu jedem Thema!

■ Jährliche Schwerpunkte:
2003 – Hochhäuser, Geschossbauten
2004 – Brücken, Parkhäuser
2005 – Fertigteile, Tunnel
2006 – Turmbauwerke, Industriebauten
2007 – Verkehrsbauten, Flächentragwerke
2008 – Konstr. Wasserbau, Erdbebensicheres Bauen
2009 – Aktuelle Massivbaunormen, Konstr. Hochbau
2010 – Brücken, Betonbau im Wasser

HRSG.: W. JÄGER (AB 2007) H.-J. IRMSCHLER, P. SCHUBERT, W. JÄGER (BIS 2006)

Mauerwerk-Kalender 2011
Schwerpunkte: Nachhaltige Bauprodukte und Konstruktionen

2011.
657 S., 439 Abb., 182 Tab., Gb.
ca. € 135,– *
Fortsetzungspreis:
ca. € 115,– *

ISBN 978-3-433-02956-3

■ Für die Bemessung und Ausführungsplanung schadenfreier Konstruktionen geben namhafte Bauingenieure praxisgerechte Hinweise rund ums Mauerwerk.

■ Beitragsreihen:
Schadenfreies Konstruieren / Instandsetzung / Genauere Bemessung nach dem Teilsicherheitskonzept / Beispiele / Mauerwerkkonstruktionen

■ Jährliche Schwerpunkte:
2007 – Eurocode 6, Ertüchtigung
2008 – Abdichtung und Instandsetzung, Lehmmauerwerk
2009 – Ausführung von Mauerwerk
2010 – Normen für Bemessung und Ausführung

HRSG.: U. KUHLMANN

Stahlbau-Kalender 2011
Schwerpunkte: Eurocode 3 – Grundnorm, Verbindungen

2011.
ca. 800 S., Gb.
ca. € 135,– *
Fortsetzungspreis:
ca. € 115,– *

ISBN 978-3-433-02955-5

Erscheint April 2011

■ Der Stahlbau-Kalender dokumentiert und kommentiert den aktuellen Stand des deutschen Stahlbau-Regel-werkes. Herausragende Autoren vermitteln Grundlagen und geben praktische Hinweise für Konstruktion und Berechnung.

■ Jährliche Schwerpunkte:
2004 – Schlanke Tragwerke
2005 – Verbindungen
2006 – Dauerhaftigkeit
2007 – Werkstoffe
2008 – Dynamik, Brücken
2009 – Stabilität
2010 – Verbundbau

HRSG.: N. A. FOUAD (AB 2006) E. CZIESIELSKI (BIS 2005)

Bauphysik-Kalender 2011
Schwerpunkt: Brandschutz

2011.
ca. 700 S., ca. 550 Abb., ca. 300 Tab., Gb.
ca. € 135,– *
Fortsetzungspreis:
ca. € 115,– *

ISBN 978-3-433-02965-7

Erscheint März 2011

■ Ein Kompendium praxisgerechter Lösungen für Konstruktion, Berechnung und Nachweisführung des Wärme- und Feuchteschutzes sowie des Brand- und Schallschutzes. Normen, Kommentare, Beispiele und Details runden die Titel ab.

■ Jährliche Schwerpunkte:
2003 – Schimmelpilze in Gebäuden
2004 – Zerstörungsfreie Prüfungen in Gebäuden
2005 – Nachhaltiges Bauen und Bauwerksabdichtungen
2006 – Brandschutz
2007 – Gesamtenergieeffizienz von Gebäuden
2008 – Bauwerksabdichtung
2009 – Schallschutz und Akustik
2010 – Energetische Sanierung von Gebäuden

Online-Bestellung: www.ernst-und-sohn.de

* Der €-Preis gilt ausschließlich für Deutschland. Inkl. MwSt. zzgl. Versandkosten. Irrtum und Änderungen vorbehalten. 0179200006_dp

Ernst & Sohn
A Wiley Company

Ernst & Sohn
Verlag für Architektur und technische Wissenschaften GmbH & Co. KG

Kundenservice: Wiley-VCH
Boschstraße 12
D-69469 Weinheim

Tel. +49 (0)6201 606-400
Fax +49 (0)6201 606-184
service@wiley-vch.de

7 Permanenter technischer Lawinenschutz: Schutzsysteme und Bautypen

Wolfgang Schilcher, Stefan Margreth, Siegfried Sauermoser, Christoph Skolaut, Michael Mölk, Florian Rudolf-Miklau

7.1 Schutzsysteme und Bautypenwahl

Die grundlegenden Schutzstrategien des baulichen Lawinenschutzes – einerseits die Prävention der Auslösung von Lawinen durch Abstützung der Schneedecke (Lawinenanbruchverbauung) oder Einschränkung der windbedingten Schneeverfrachtung (Verwehungsverbauung), andererseits die Bremsung oder Ableitung (Überleitung) abstürzender Lawinen (Ablenk- oder Bremsverbauung) – wurde bereits in Abschnitt 1.2.2 dargestellt. Im Rahmen von integralen Lawinenschutzkonzepten werden permanent wirkende, technische Schutzmaßnahmen, sofern dies möglich ist, mit temporären Lawinenschutzmaßnahmen (künstliche Lawinenauslösung, Lawinenwarnung) (Abschnitt 1.2.3) kombiniert, um eine optimale Schutzwirkung für alle relevanten Gefahrenszenarien zu erzielen.

Die Auswahl der geeigneten technischen *Schutzsysteme und Bautypen* richtet sich nach dem Schutzziel und ist der konkreten Gefahrensituation anzupassen. Sie ist abhängig von den Grundlagen der Planung (Kapitel 6) und Bemessung (Kapitel 8), insbesondere den Einwirkungen auf das Bauwerk. Des Weiteren ist maßgeblich, welches Sicherheitskonzept den Maßnahmen zugrunde gelegt werden soll (Abschnitt 8.1.2.1) bzw. welches Restrisiko als akzeptabel angesehen wird. Dies richtet sich nach der Art der zu schützenden Objekte (des Schadenspotenzials) (Abschnitt 6.2.3), der Bewertung der maßgeblichen Gefahren und Risiken (Abschnitt 5.3), aber auch nach den Schadensfolgen eines Versagens der Schutzbauwerke. Von zunehmender Bedeutung für die Wahl der Maßnahmen (Bautypen) ist das Kriterium der Dauerhaftigkeit (Abschnitt 9.1.7.1) und der Lebenszykluskosten (Abschnitt 9.2.4.7); ebenso bedeutsam ist der Überwachungs- und Wartungsaufwand der Anlagen (Abschnitt 9.2.4.1) sowie die Anfälligkeit nach Einwirkung von Extremereignissen. Die Umweltverträglichkeit (Abschnitt 6.7.1) und Landschaftsverträglichkeit (Abschnitt 6.7.2) der Maßnahmen stellen weitere wichtige Auswahlkriterien dar.

Aufgrund der Vielzahl der Kriterien ist es praktisch nicht möglich, einen einfachen Leitfaden für die „richtige" Wahl der Maßnahmen zu geben. Allerdings soll die Darstellung der Schutzsysteme und Bautypen des baulichen Lawinenschutzes den Leser in die Lage versetzen, aufgrund der maßgeblichen Kriterien im Einzelfall selbst die optimale Maßnahme(nkombination) zu wählen.

7.2 Technische Schutzmaßnahmen im Lawinenanbruchgebiet

7.2.1 Überblick

Maßnahmen im Lawinenanbruchgebiet wirken generell der Entstehung von Lawinen entgegen. Dazu zählen die Lawinenanbruchverbauung, die Verwehungsverbauung und die Gleitschneeverbauung.

Handbuch Technischer Lawinenschutz. 1. Auflage. Florian Rudolf-Miklau, Siegfried Sauermoser (Hrsg.).

(a)

(b)

Bild 7-1 (a): Lawinenanbruchverbauung mit Stahlschneebrücke: Lawine Heiligenblut (Kärnten) (© Sauermoser) und (b): Verwehungsverbauung: Triebschneezäune in Stahl (© WLV Salzburg)

Die wichtigste und häufigste bauliche Maßnahme am Lawinenanbruchgebiet ist die *Lawinenanbruchverbauung*. Durch unterschiedliche Bauwerkstypen wird die Schneedecke abgestützt und so das Entstehen von Lawinen verhindert. Die Bauwerke werden auf die statische Einwirkung der Schneedecke im Hang bemessen. Sie werden so angeordnet und gestaltet, dass sie kleine Lawinenanbrüche innerhalb der Verbauung bremsen können. Dadurch können sich diese im Bemessungsfall nicht zu Schadenlawinen entwickeln und keine Schäden an der Verbauung verursachen.

Tabelle 7-1 Überblick über die Maßnahmen im Lawinenanbruchgebiet: Klassifikation nach Lage, Wirkung, Schutzziel und maßgeblicher Einwirkung

Maßnahme	Lage	Wirkung	Schutzziel	maßgebliche Einwirkung
Anbruch-verbauung	im Anbruchgebiet	Abstützung der Schneedecke gegen Lawinenanbrüche, Minimierung von Lawinenanbrüchen	Schutz von Siedlungsraum und Infrastruktur vor Lawinenschäden	hangparalleler Schneedruck bei extremer Schneehöhe
Verwehungs-verbauung	außerhalb des Anbruchgebietes/im Nährgebiet, bzw. am Rand des Anbruchgebietes	Ablagerung von Triebschnee außerhalb von Lawinenanbruchgebieten, Verhinderung von extremen Schneewächten	Entlastung von Anbruchgebieten, bzw. Anbruchverbauungen durch Reduktion der Schneemenge	Windlasten, extreme Schneehöhe, Setzungs-schneedruck
Technischer Gleitschnee-schutz	im Anbruch-gebiet	Eindämmen bzw. Einschränken des Schneegleitens und -kriechens, beschränkte Abstützung der Schneedecke, Reduktion des Gleitfaktors	Schutz von Aufforstungen gegen schneemechanische Schäden, Reduktion des hangparallelen Schneedrucks für die Bemessung von Anbruchverbauungen	hangparalleler Schneedruck, erforderliche Wirkhöhe

Die *Verwehungsverbauung* wird in der Regel im sogenannten Nährgebiet errichtet. Die Bauwerke verändern das Windfeld und beeinflussen somit die Schneeablagerung in ihrem Wirkungsbereich. Dadurch wird Triebschnee außerhalb des Anbruchgebietes deponiert und die potenzielle Anbruchshöhe reduziert. Die Verwehungsverbauung unterstützt in der Regel die Wirkung der Lawinenabbruchverbauung und wird häufig mit dieser gemeinsam errichtet.

Die *Gleitschneeverbauung* verhindert oder bremst das kontinuierliche oder plötzliche Abgleiten der Schneedecke auf dem Boden bzw. reduziert das Kriechen der Schneedecke. Der technische Gleitschneeschutz wird zum Schutz von Aufforstungen und zur Reduktion des Gleitfaktors auch in Kombination mit der Lawinenanbruchverbauung ausgeführt. Die Bauwerke bieten auch einen beschränkten Schutz gegen Anbrüche von Grundlawinen.

7.2.2 Lawinenanbruchverbauung: Bautypen

7.2.2.1 Wirkungsweise

Die Wirkungsweise einer Lawinenanbruchverbauung beruht gemäß der *Schweizer Richtlinie* [189] darauf, dass der kriechenden und (eventuell) gleitenden Schneedecke eine im Boden verankerte, mehr oder weniger hangsenkrechte, bis an die Schneeoberfläche reichende Stützfläche entgegengestellt wird. Dadurch entsteht eine Stauwirkung, d. h. die Kriech- und Gleitgeschwindigkeiten nehmen hangabwärts zum Hindernis stetig ab. Innerhalb der Stauzone, die praktisch über eine hangparallele Distanz von mindestens der dreifachen lotrechten Schneehöhe reicht, entstehen im Schnee zusätzliche hangparallele Druck-

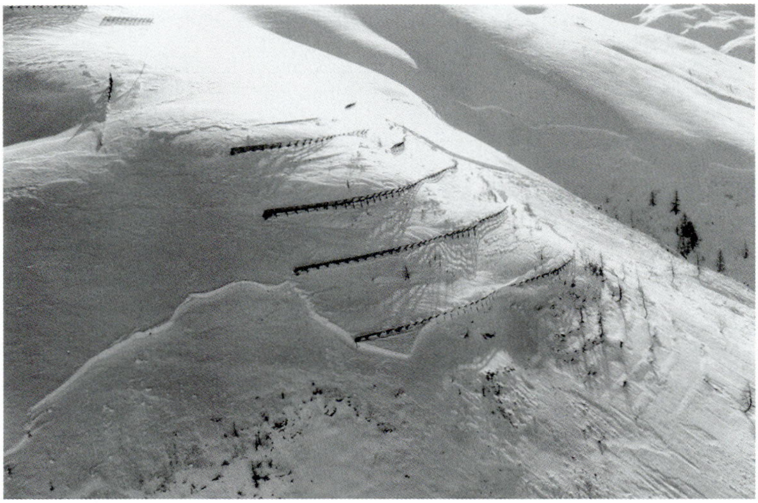

Bild 7-2 Anbruch einer Schneebrettlawine neben der Verbauung „Nolla" im Goms (Oberwallis, Schweiz) im Februar 1999: Die Anbruchmächtigkeit beträgt rund 2 m. In der Verbauung wurden die Schneemassen so stabilisiert, dass es nicht zu einem größeren Anbruch kam (© Margreth)

spannungen. Diese werden von der Stützfläche aufgenommen, wodurch die im Staubereich liegenden, vor der Abstützung vorhandenen schneebrettbildenden Scher- und Zugspannungen vermindert werden. Bei Lawinenabbrüchen verhindert die Stützverbauung das Mitreißen der Altschneedecke und beschränkt flächenmäßig das Gebiet, über welches sich Scherrisse fortpflanzen können. Durch die Bremswirkung der Werke wird die Geschwindigkeit von anbrechenden Schneemassen in Schranken gehalten. Schließlich wirkt sich auch das Auffangvermögen der Stützwerke günstig aus.

Eine Anbruchverbauung schränkt die Lawinengefahr ein, indem die Lawinenwahrscheinlichkeit und das Lawinenausmaß reduziert werden. Lawinenanbruchverbauungen bieten für die untenliegenden Gebiete einen flächenhaften Schutz. Im Lawinenwinter 1999 haben diese Maßnahmen eine sehr gute Wirkung gezeigt; in der Schweiz konnten Schätzungen zufolge 300 Schadenlawinen durch Lawinenanbruchverbauungen verhindert werden [289].

7.2.2.2 Klassifizierung der Lawinenstützwerke: Systematik und Kriterien

Die Klassifizierung der Lawinenstützwerke (Bild 7-3) erfolgt nach den Kriterien der Nutzungsdauer und der Reaktion der Stützfläche (starr, flexibel). Die Wahl des Baumaterials orientiert sich an der Nutzungsdauer. Man unterscheidet Stützwerke mit einer Nutzungsdauer von über 80 Jahren, die in der Regel aus Stahl gefertigt sind, und Stützwerke mit einer Nutzungsdauer unter 50 Jahren, die in der Regel kleinere Werkhöhen aufweisen und aus Holz gefertigt sind. (Die früher üblichen Bezeichnungen „permanent" bzw. „temporär" werden nach aktuellem Stand der Normung in Österreich [235] für diese Klassifikation nicht mehr verwendet. In der Schweiz ist die „temporäre Lawinenverbauung" ein fester Begriff in der Fachsprache.) Weiterhin wird zwischen Werken mit *starren Stützflächen* (Schneebrücke, Schneerechen, massive Stützbauwerke) und Werktypen mit einer *nachgiebigen Stützfläche* (Schneenetze) unterschieden. Gelegentlich werden auch kombinierte Stützwerke mit einer Tragkonstruktion aus Stahl und einem Rost aus Holz errichtet.

Tabelle 7-2 Wahl des Werktyps: Vorteile (•) von Stahlschneebrücken und Schneenetzen

Kriterien für die Typenwahl	Stahlschneebrücke	Schneenetz
Materialkosten	•	
Transportgewicht		•
Montageaufwand	•	
Fundierungsaufwand Lockermaterial	•	
Fundierungsaufwand Fels	•	•
Beeinträchtigung des Landschaftsbildes		•
Instandhaltungsaufwand	•	
Anpassung an strukturiertes Gelände	•	
Steinschlaggefährdung		•
Schneerückhalt bei Lockerschnee	•	
Eignung in Kriechhängen		•
Erhöhte Anforderung an den Korrosionsschutz	•	

Die erwartete *Nutzungsdauer* von Lawinenstützwerken in Stahl liegt bei mindestens 80 Jahren. Der Zustand der ältesten Bauwerke dieses Bautyps lässt darauf schließen, dass bei Projektierung und Ausführung entsprechend dem Stand der Technik und unter Berücksichtigung der örtlichen Erfahrungen eine solche Nutzungsdauer mit vertretbarem Erhaltungsaufwand erreicht werden kann. Stützwerke mit geringerer Nutzungsdauer kommen bevorzugt in der Schutzwaldsanierung und als Objektschutzmaßnahme in tieferen Lagen zum Einsatz, wo mit einem raschen Aufkommen der Aufforstung zu rechnen ist. Für diese Anwendungen werden überwiegend Holzschneebrücken eingesetzt. Kombinierte Stahl-Holz-Stützwerke werden ebenso nur dort verwendet, wo innerhalb von etwa 50 Jahren ein schutzwirksamer Bewuchs zu erwarten ist.

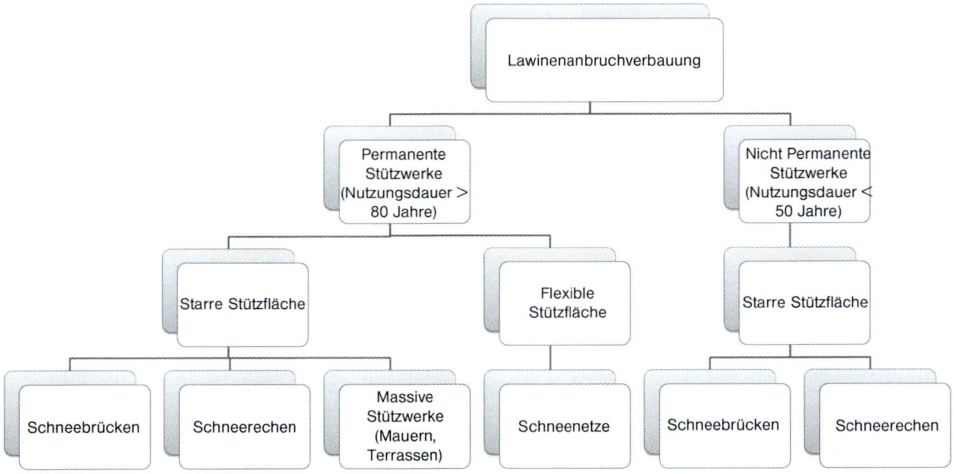

Bild 7-3 Systematik des Lawinenanbruchverbaus: Klassifizierung nach Nutzungsdauer und Reaktion der Stützfläche (© Margreth)

(a)

(b)

Bild 7-4 (a): Schneebrücken in Stahl in geschlossenen Werksreihen: Bachertallawine (Neustift im Stubaital, Tirol) (© Rudolf-Miklau); (b): Holzschneebrücken (© Schilcher)

Zu den *Stützbauwerken mit starrer Stützfläche* zählen insbesondere Schneebrücken (Bild 7-4) und Schneerechen. *Schneerechen* wurden beispielsweise zu Beginn des systematischen Lawinenanbruchverbaus am Arlberg eingesetzt. Schneerechen aus Stahl kommen heute nur noch selten zum Einsatz, weil die Anordnung von Zwischenwerken im Vergleich zu Stahlschneebrücken aufwändiger ist. In der Schweiz stellen Holzschneerechen den Standardstützwerktyp im „nicht permanenten" Lawinenverbau dar.

Massive Stützwerke in der Form von Mauer- oder Erdterrassen sowie freistehenden Mauern zählen zu den ältesten Werktypen der Lawinenanbruchverbauung. Sie stellten die Standardverbauungsmethode bis etwa 1940 dar. Insbesondere wegen der meist geringen Werkhöhe war die lawinenverhindernde Wirkung beschränkt (Bild 7-5a).

Zu den *Stützbauwerken mit einer flexiblen Stützfläche* werden die *Schneenetze* gezählt (Bild 7-5b). Anstelle der starren Rostbalken wird ein flexibles Drahtseilnetz verwendet. Im Vergleich zu Stahlschneebrücken sind sie weniger empfindlich auf Kriechbewegungen des Untergrundes und Steinschlag, dafür sind sie in wenig tragfähigen Böden nur schwierig zu verankern.

(a)

(b)

Bild 7-5 (a): Massive Stützwerke (Mauerterrassen) am Schafberg (Schweiz) (© Margreth); (b): Schneenetz auf der Hohen Munde (Telfs, Tirol) (© Rudolf-Miklau)

Nachfolgend werden die wichtigsten Bautypen der Lawinenanbruchverbauung im Detail behandelt.

7.2.2.3 Bautypen: Stahlschneebrücke

Schneebrücken sind Stützbauwerke mit einem Rost aus horizontalen Balken. Die „klassische“ Schneebrücke besteht aus 2 Stützen, 2 Trägern und je nach Bauwerkshöhe aus einer unterschiedlichen Anzahl von Rostbalken (Bild 7-6):

Der Trägeranschluss beim bergseitigen Fundament, der Stützenanschluss am Träger und der Stützenanschluss bei der Grundplatte sind mit Bolzen gelenkig ausgeführt. Der Rost be-

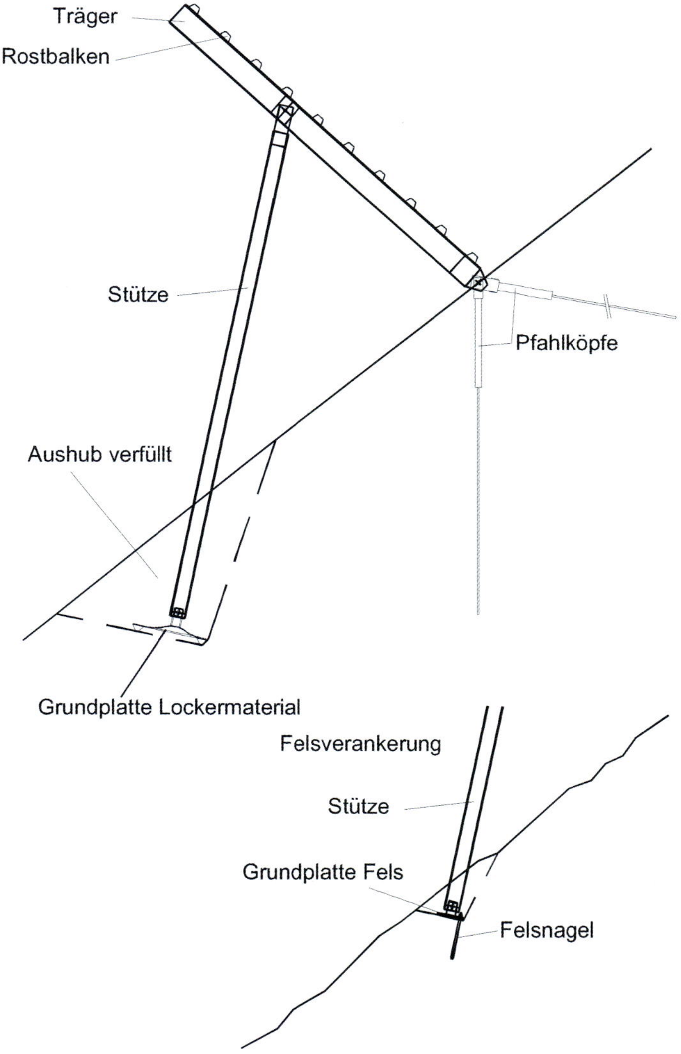

Bild 7-6 „Klassische“ Stahlschneebrücke (Dreigelenksbogen) D = 4,0 m (Typenskizze) (© WLV Vorarlberg, nachgezeichnet Herbert)

steht aus gepressten oder gewalzten hutförmigen Stahlbalken mit einer Länge von 4 m. Zwei Träger werden mit den Balken zum Stützrost verschraubt. Der Rost wird durch 2 Stützen getragen und wird mit 10° bis 15° talwärts der Hangsenkrechten geneigt errichtet. Der Winkel zwischen Träger und Stütze beträgt 60° bis 70° (Bild 7-7c).

In der Regel werden die Schneebrücken mit einem seitlichen Abstand von 2 m errichtet (Bild 7-7a). Die Zwischenräume werden mit Profilbalken (Zwischenbalken) geschlossen, die auf die verschraubten Balken der Schneebrücken aufgelegt und mit Klemmschienen befestigt werden. Diese Zwischenbalken (zusammen mit den Klemmschienen) werden als *Zwischenwerke* bezeichnet (Bild 7-7b, d). Die etwas größere Form der Zwischenbalken gegenüber den Hauptbedielungsbalken ermöglicht bei der Anordnung der Schneebrücken einen gewissen Spielraum, um die Bauwerke der Geländeform anzupassen. Stahlschneebrücken werden meist für Schneemächtigkeiten von 2,5 m bis 4,5 m, in selteneren Fällen bis 5 m errichtet.

Die Bautype der Stahlschneebrücke unterlag im Laufe der Entwicklung in der Konstruktion wesentlichen Veränderungen und Verbesserungen. Die ursprüngliche Bautype der *Stahlschneebrücke als Dreigelenksbogen* wurde Mitte der fünfziger Jahre von österreichischen

(a) (b)

(c) (d)

Bild 7-7 (a): Stahlschneebrücke D 4,0: Dreigelenksbogen, Einzelwerk (Madleinlawine, Ischgl/Tirol); (b): Einzelwerke verbunden mit einem Zwischenwerk (Madleinlawine, Ischgl/Tirol) (© Rudolf-Miklau); (c): Stahlschneebrücke D 4,0 mit Mikropfahl und Grundplattenfundierung (© WLV Vorarlberg).; (d): Stahlschneebrücken in geschlossenen Werksreihen (Großtallawine, Galtür/Tirol) (© Rudolf-Miklau)

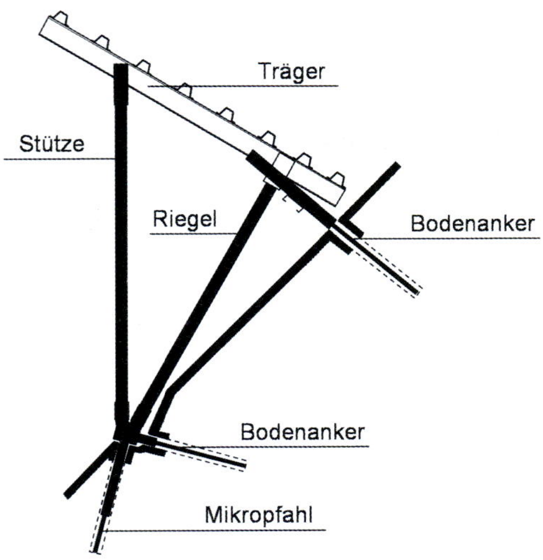

Bild 7-8 Systemskizze Riegelwerk: V-förmig angeordnete Stützen tragen die Kräfte auf Terrainhöhe direkt über eine Fußkonstruktion auf die Fundation ab (© Margreth)

und Schweizer Experten zusammen mit dem Unternehmen Voest-Alpine (Österreichische Alpine Montangesellschaft) entwickelt und in Österreich erstmals serienmäßig hergestellt. Der Oberbau (Bedielung, Träger, Stützen) hat sich bis heute nur unwesentlich verändert. Die Bemessung erfolgte nach den *Schweizer Richtlinien für den permanenten Stützverbau* [66].

Die Stahlschneebrücken wurden bis Mitte der 1970er Jahre vorwiegend mit Betonfundamenten für Träger und Stützen verankert. In selteneren Fällen kamen Grundplattenfundamente oder Rammfundierungen für die Trägerverankerung zur Ausführung. In der Folge sorgten kombinierte Beton-Sprengankerfundamente sowie reine Sprengankerfundamente für reduzierte Aushübe und Betonkubaturen bei der Verankerung der Träger. Seit Anfang der neunziger Jahre hat sich die heute übliche Mikropfahlfundierung mit hohem Mechanisierungsgrad bei minimalen Aushubarbeiten für die Träger durchgesetzt (siehe Abschnitt 7.2.3).

In der Schweiz erfolgte zur Reduktion des Gesamtgewichts und der Fundamentkräfte in den siebziger Jahren die Entwicklung des sogenannten *Riegelwerks* (Bild 7-8 und Bild 8-10b). Die V-förmig angeordneten Stützen tragen die Kräfte auf Terrainhöhe direkt über eine Fußkonstruktion auf die Fundation ab. Die talseitige Fundation besteht aus einem Mikropfahl, der um 15° geneigt ist, und einem rechtwinklig angeschlossenen Zuganker. Je nach lokaler Topographie können die Länge von Stütze und Riegel mit Teleskopen oder auf Maß angepasst werden. Im Vergleich zum klassischen Dreigelenkbogen reagiert das Riegelwerk empfindlicher auf Setzungen, stürzt jedoch auf Grund des steifen Rahmens auch bei einem Versagen der talseitigen Fundation nicht ein. Das Riegelwerk zählt in der Schweiz noch heute zu den am häufigsten eingesetzten Werktypen.

7.2.2.4 Bautypen: Schneenetze

Schneenetze bestehen aus gelenkig gelagerten Pendelstützen, die talseitig mit Abspannseilen gehalten werden und bergseitig mit dreieck- oder rechteckförmigen, flexiblen Drahtseilnetzen mit der bergseitigen Verankerung über eingeschlaufte Verbindungsseile verbunden sind (Bild 7-9a). Aufgrund dieser mit Drahtseilklemmen in der Länge anpassbaren Seilverbindungen ist eine gewisse Flexibilität in der Wahl der exakten Position der berg- und talseitigen Verankerungspunkte gegeben, was bei schwierigen topographischen Verhältnissen oder bei kriechenden Böden vorteilhaft ist.

Bei den verwendeten Drahtseilen im Oberbau handelt es sich um normalverzinkte Litzenseile. Die Netze und Abspannseile werden über verstellbare Bolzen oder mit Schäkeln am Stützenkopf befestigt. Die Stützen werden aus Rohr- oder HEA-Stahlprofilen gefertigt. Sofern die Stütze ein Kugelgelenk am Fuß aufweist, kann sich diese zwängungsfrei in alle Richtungen bewegen. Die Stützen sind gegenüber der Lotrechten um 10° bis 15° bergseitig geneigt. Die Netze weisen einen Durchhang von mindestens 15 % auf. Da sich je nach vorhandener Schneehöhe die Geometrie eines Schneenetzes im Verlaufe des Winters ändern kann, haben sich Fundationselemente wie Seilanker und Grundplatten durchgesetzt, die relativ unempfindlich gegenüber Änderungen der Kraftrichtung sind (Bild 7-9c, d). Der Stützenabstand variiert in der Regel zwischen 3,5 m und 4 m (Bild 7-18a, b). Die Werkhöhen liegen zwischen 2 m und 4,5 m. Durch den modularen Aufbau der Netze lassen sich beliebig lange Werkreihen erstellen. Um auch bei rechteckförmigen Netzen eine genügende Seitenstabilität zu erreichen, werden in den Randfeldern dreieckförmige Netze eingesetzt. Wegen der flexiblen Stützfläche sind die Schneedruckkräfte gegenüber starren Werken etwas reduziert und das Montagegewicht ist kleiner. Im Vergleich zu Stahlschneebrücken sind insbesondere die bergseitigen Verankerungskräfte sehr groß, sodass gute Fundationsbedingungen (z. B anstehender Fels) Voraussetzung für den Einsatz von Schneenetzen sind.

Die klassischen Netze in Dreiecks- oder Rechtecksform bestehen aus einem Randseil und mit Klemmen fixierten 6 bis 8 mm dicken Maschenseilen. Die Maschenweite beträgt meist 200 bis 250 mm. Bei dieser Maschenweite kann das Rückhaltevermögen der Netze bei Lawinenanbrüchen unzureichend sein. Das Problem wurde gelöst, indem die Netze mit einem engmaschigen Drahtgeflecht (Maschenweite 5 × 5 cm) vollständig oder streifenweise (Maschenweite 2,5 × 2,5 cm) abgedeckt werden (siehe Abschnitt 8.2.8.7, Bild 7-9b). In den letzten Jahren haben die Herstellerfirmen spezielle Netze für den Lawinenschutz mit höherer Leistungsfähigkeit auf den Markt gebracht (z. B. „Omega-Netz“®, TECCO-Geflecht“®).

Die ersten Schneenetze wurden in der Schweiz 1951 gebaut, wobei die Stützen zunächst aus Holz, bald jedoch aus Stahl gefertigt wurden. Da die ersten Schneenetze rein „empirisch“ (ohne theoretische Grundlagen und statische Bemessung) hergestellt wurden, traten in der Anfangsphase teilweise sehr große Schäden auf. Aufgrund dieser Erfahrungen wurde das System im Lauf der Zeit wesentlich verbessert. Heute sind die Stützen rund viermal stärker ausgebildet, die Schadenanfälligkeit ist daher mit jener von Stahlschneebrücken vergleichbar (siehe Abschnitt 9.2.3.4). Schneenetze werden heute weltweit eingesetzt.

(a)

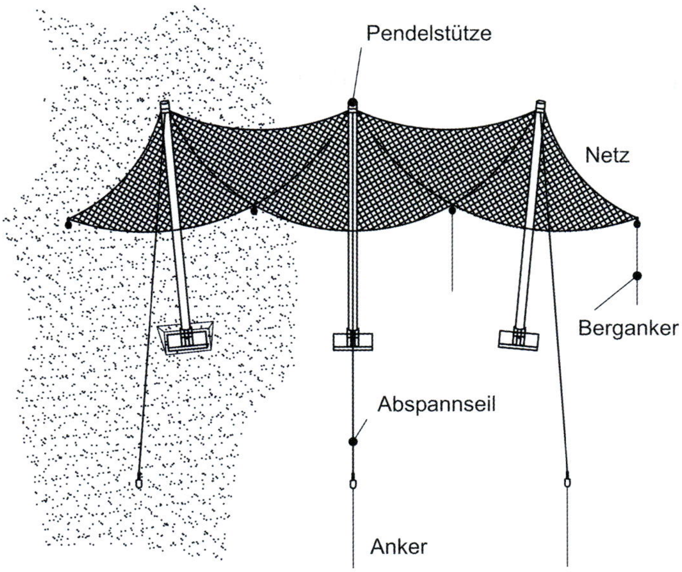

(b)

Bild 7-9 (a): Systemskizze Schneenetz mit Grundplatte (© Schilcher); (b): Dreieckförmiges Drahtseilnetz mit kreuzweise angebrachten Abdeckungsstreifen (© Margreth)

(c)

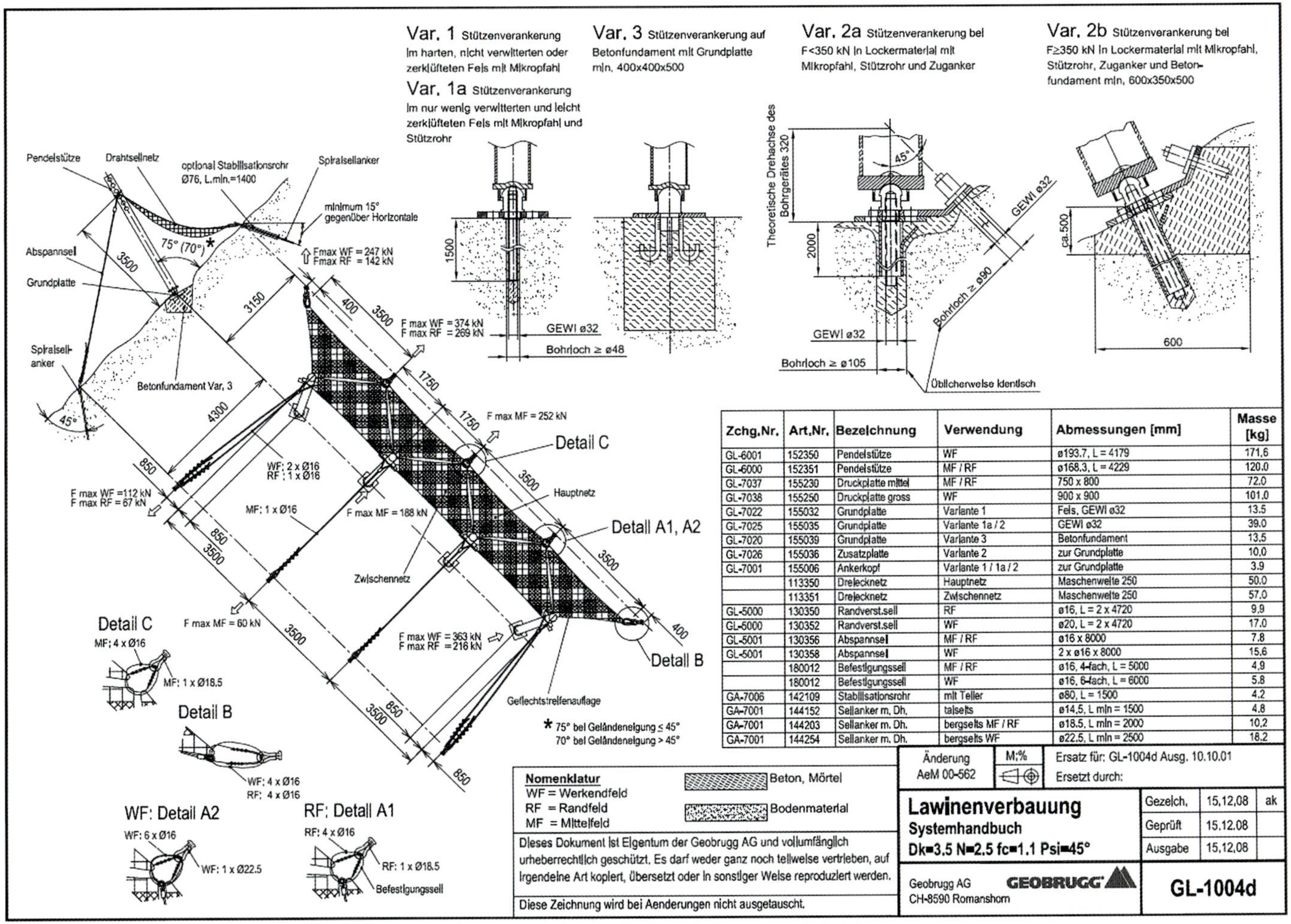

Zchg.Nr.	Art.Nr.	Bezeichnung	Verwendung	Abmessungen [mm]	Masse [kg]
GL-6001	152350	Pendelstütze	WF	ø193.7, L = 4179	171,6
GL-6000	152351	Pendelstütze	MF / RF	ø168.3, L = 4229	120,0
GL-7037	155230	Druckplatte mittel	MF / RF	750 x 800	72,0
GL-7038	155250	Druckplatte gross	WF	900 x 900	101,0
GL-7022	155032	Grundplatte	Variante 1	Fels, GEWI ø32	13,5
GL-7025	155035	Grundplatte	Variante 1a / 2	GEWI ø32	39,0
GL-7020	155039	Grundplatte	Variante 3	Betonfundament	13,5
GL-7026	155036	Zusatzplatte	Variante 2	zur Grundplatte	10,0
GL-7001	155006	Ankerkopf	Variante 1 / 1a / 2	zur Grundplatte	3,9
	113350	Dreiecknetz	Hauptnetz	Maschenweite 250	50,0
	113351	Dreiecknetz	Zwischennetz	Maschenweite 250	57,0
GL-5000	130350	Randverst.seil	RF	ø16, L = 2 x 4720	9,9
GL-5000	130352	Randverst.seil	WF	ø20, L = 2 x 4720	17,0
GL-5001	130356	Abspannseil	MF / RF	ø16 x 8000	7,8
GL-5001	130358	Abspannseil	WF	2 x ø16 x 8000	15,6
	180012	Befestigungsseil	MF / RF	ø16, 4-fach, L = 5000	4,9
	180012	Befestigungsseil	WF	ø16, 6-fach, L = 6000	5,8
GA-7006	142109	Stabilisationsrohr	mit Teller	ø80, L = 1500	4,2
GA-7001	144152	Seilanker m. Dh.	talseits	ø14,5, L min = 1500	4,8
GA-7001	144203	Seilanker m. Dh.	bergseits MF / RF	ø18,5, L min = 2000	10,2
GA-7001	144254	Seilanker m. Dh.	bergseits WF	ø22,5, L min = 2500	18,2

Bild 7-9 Fortsetzung (c): Systemplan des Schneenetzes GL 1004d (Dk = 3,5, N = 2,5, f_c = 1,1) (© Fa. Geobrugg)

(d)

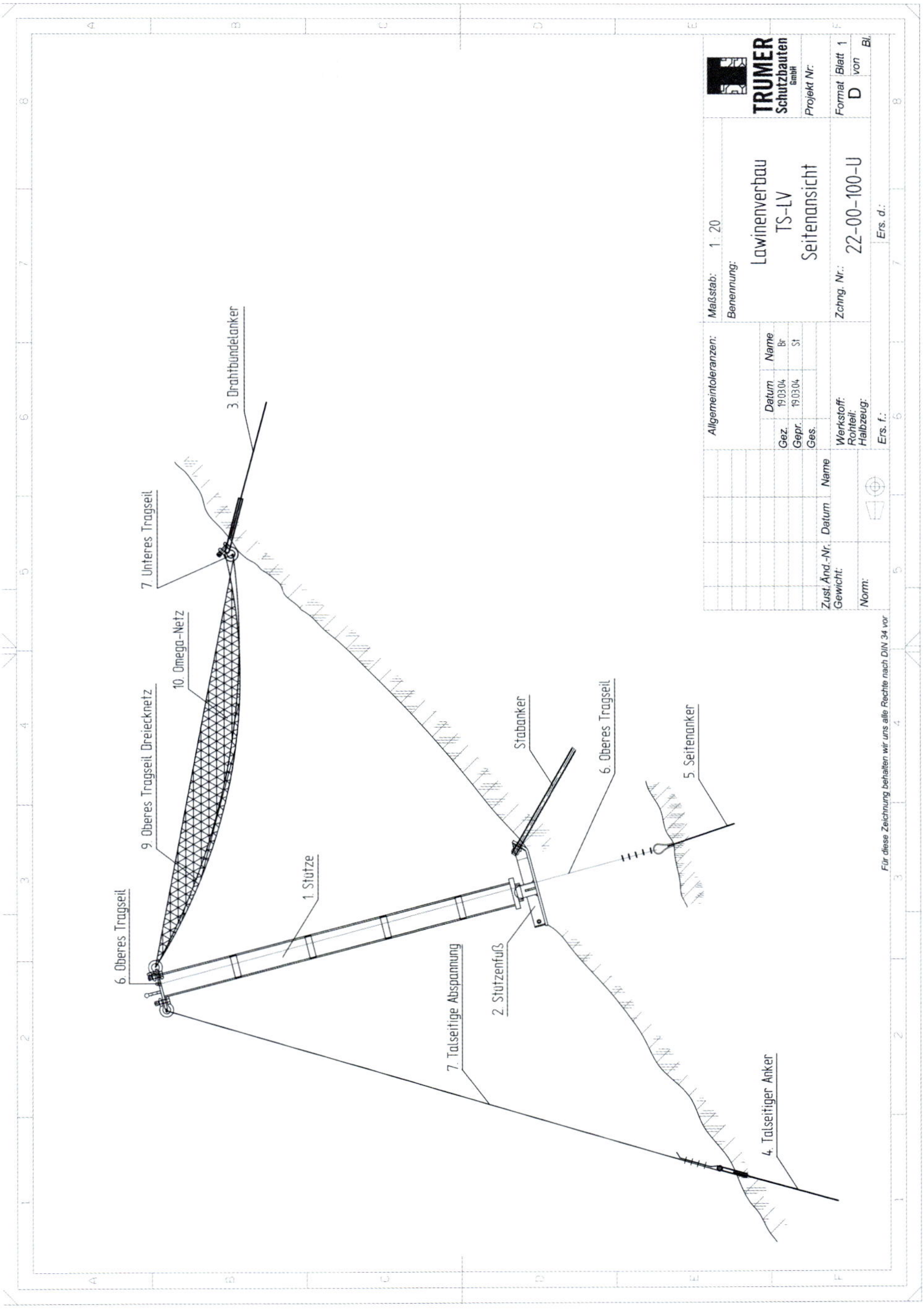

Bild 7-9 Fortsetzung (d): Systemplan des Schneenetzes TS-LV (© Fa. Trumer Schutzbauten GmbH)

7.2.2.5 Bautypen: Kombinierte Schneebrücke

Die kombinierte Schneebrücke besteht aus einer Stahltragkonstruktion mit Rundholzbedielung und wies ursprünglich die gleiche Geometrie wie Stahlschneebrücken auf (Dreigelenksbogen, Bild 7-10a). Die Holzbedielung wurde aus Kostengründen gewählt. Heute fällt das Kostenargument als Begründung für die Wahl eines Holzrostes kaum mehr ins Gewicht. Die kombinierte Schneebrücke wurde in Österreich in den vergangenen 40 Jahren primär nur als „leichte" Bautype für maximale Schneehöhen bis 3 m eingebaut. Der Einsatz erfolgt ausschließlich in solchen Bereichen, wo innerhalb von 50 Jahren mit der Entwicklung eines schutzwirksamen Waldbestandes zu rechnen ist.

Aus diesem Grund wurde die ursprüngliche Konstruktion der kombinierten Schneebrücke geändert. Es werden die Träger ca. 1 m in den Boden eingegraben. Die Träger-Stützenpaare werden – je nach Belastung – in einem seitlichen Abstand von 2,5 bis 3,5 m angeordnet. Als Bedielung dienen naturbelassene Robinienrundhölzer, da beim Einsatz von Hölzern ohne Imprägnierung am Ende der Nutzungsdauer kein Aufwand für die Entsorgung erforderlich ist. Durch das Eingraben des Trägers und der Stützen wird auch eine seitliche Stabilität erzielt, daher sind keine zusätzlichen seitlichen Aussteifungen erforderlich. Bei Verwendung eines „Toten Mannes" (siehe Abschnitt 7.2.3.3) für die Trägerverankerung werden die hangparallelen Kräfte und die Zugkräfte über den „Toten Mann" in den Boden abgeleitet. Beim Einsatz von Felsankern oder Sprengankern für die Aufnahme der Zugkräfte sind zur Ableitung der hangparallelen Kräfte Grundplatten vorzusehen. Die Druckkräfte der Stützen werden durch Druckplatten in den Boden übertragen (Bild 7-10b, d).

In der Schweiz wird eine ähnliche, kombinierte Schneebrücke, der sogenannte *„Rempar Grischun®"* in den letzten Jahren erfolgreich eingesetzt. Es handelt sich um ein kombiniertes Stützwerk mit Stahlträgern und Rundholzbedielung (Edelkastanie, Robinie oder Eiche). Die Zugverankerung erfolgt mit Seilankern oder Sprengankern, die Stützenfundierung über eine Grundplatte in Stahl [58] (Bild 7-10c).

Der Einsatz erfolgt überwiegend in Kombination mit technischen Gleitschneeschutzmaßnahmen für die Aufforstung, der zusätzlich auch eine Wirkung für die Reduktion des Gleitfaktors als Grundlage der Bemessung der kombinierten Schneebrücken entwickelt.

(a)

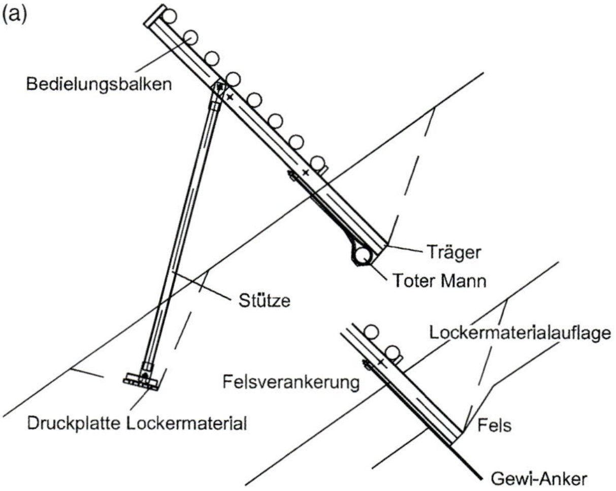

Bild 7-10 Kombinierte Schneebrücken D 2,5 mit Robinienholzbedielung: Österreichisches System (a): Systemskizze (© WLV Vorarlberg)

(b)

(c)

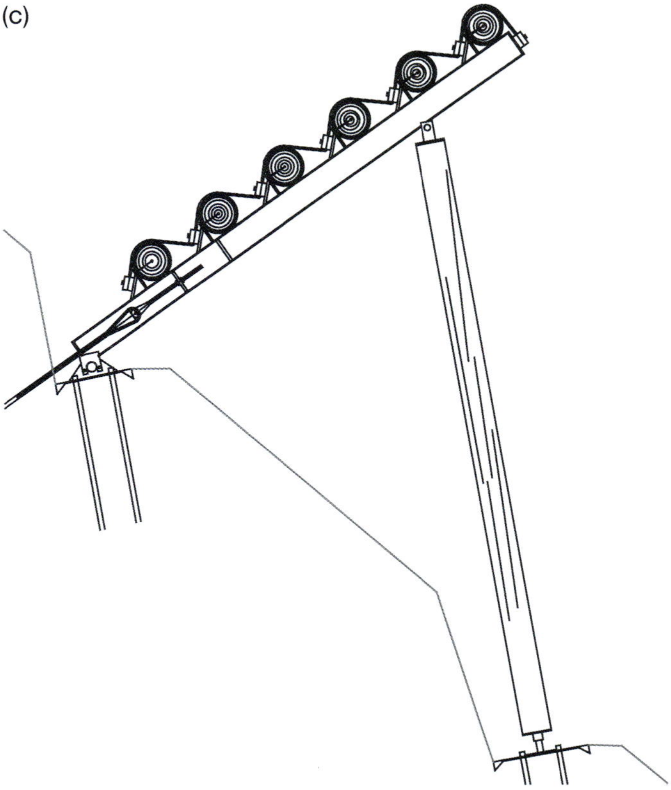

Bild 7-10 (Fortsetzung) Kombinierte Schneebrücken D 2,5 mit Robinienholzbedielung: Österreichisches System (b): Bautype (© Schilcher)
Schweizer Bautype „Rempar Grischun“: (c): Systemskizze (© Fa. CrestaGeo)

(d)

Bild 7-10 (Fortsetzung) Schweizer Bautype „Rempar Grischun“: (d): Bautype (© Fa. CrestaGeo)

7.2.2.6 Bautypen: Holzschneebrücke und Holzschneerechen

Schneebrücken und Schneerechen aus Holz werden vor allem zum Schutz der Aufforstung unterhalb der Waldgrenze eingesetzt. Die Nutzungsdauer liegt i. d. R. unter 50 Jahren.

In Österreich werden in der Regel Schneebrücken in Holz eingesetzt, wobei zwei unterschiedliche Bautypen verbreitet sind: Die *Holzschneebrücke „Typ 1“* setzt sich aus zwei Gleitschneeböcken zusammen, die mit Rundhölzern zur Schneebrücke verbunden werden. Ein Gleitschneebock besteht aus zwei Rundholzträgern, die am oberen Ende mit einer Rundholzstütze verschraubt werden. Es sind Bautypen mit einer Länge von 5 m bis 6 m für Schneemächtigkeiten von 1,5 m bis 2,8 m üblich. Die *Holzschneebrücke „Typ 2“* hat die Geometrie der klassischen Schneebrücke und ist aus 2 Rundholzträgern, 2 Rundholzstützen und Rundhölzern als Bedielung aufgebaut. Die Verbindung von Trägern und Stützen erfolgt mit verschraubten Stahlprofilen. Die Rostlänge beträgt 4 bis 5 m bei Schneemächtigkeiten von 2 bis 3,5 m. Bei Bedarf werden auf den Rost und die Stützen Hölzer oder Stahlbänder zur seitlichen Aussteifung aufgeschraubt.

In der Schweiz werden im nicht-permanenten Lawinenverbau fast ausschließlich *Rundholz-Schneerechen Typ „SLF“* eingesetzt. Schneerechen werden bevorzugt, weil die bergseitige Verankerung der Schwelle auf der ganzen Werklänge einfach erfolgen kann, die schief stehenden Rosthölzer weniger fäulnisgefährdet sind und das Jungholz beim Durchwachsen von Schneerechen weniger Bruchschäden erleidet. Der Rost überträgt die Schneedruckkräfte bergseits auf die Schwelle und talseits über eine Pfette auf die beiden Rundholzstützen. Die beiden Stützen und die Pfette sind mit zwei Hölzern (Bügen) stabilisiert, um die Quersteifigkeit des Werkes zu erhöhen. Die Fundierung der Stützen erfolgt bei allen Typen mit Grundplatten aus Stahl oder Beton. Die Träger der Schneebrücken sind verlängert ausgeführt, werden eingegraben und mit Seilankern im Fels, oder Injektionsankern im Lockermaterial fundiert. Bei Holzschneerechen wird die bergseitige Schwelle oft – mit oder ohne zusätzliche Pfahlverankerung – im Boden eingegraben.

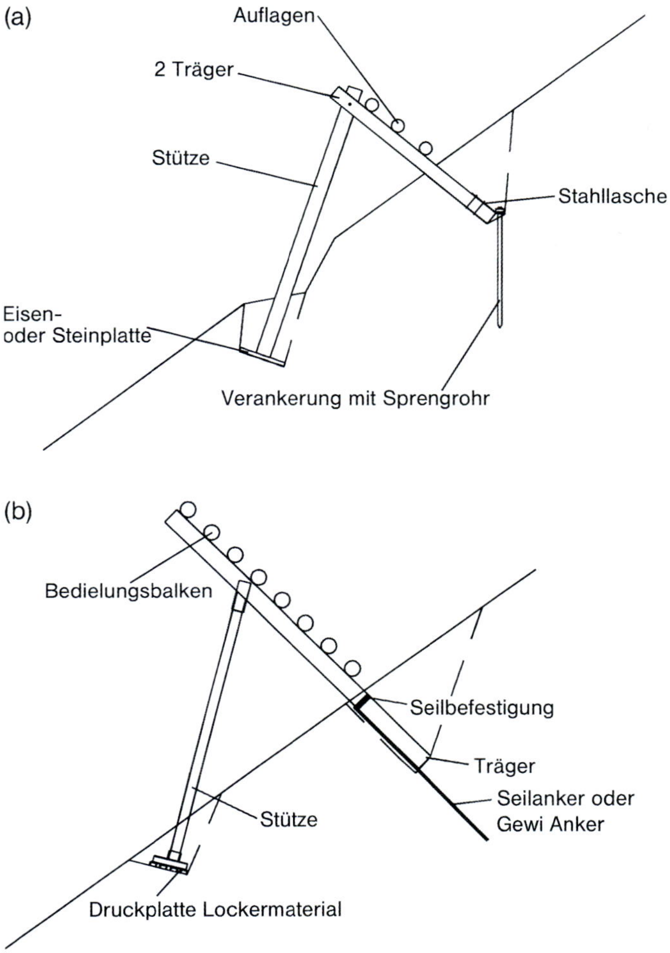

Bild 7-11 Holzschneebrücken: (a): „Typ 1", D 1,5; (b): „Typ 2", D 3,0 (© WLV Vorarlberg)

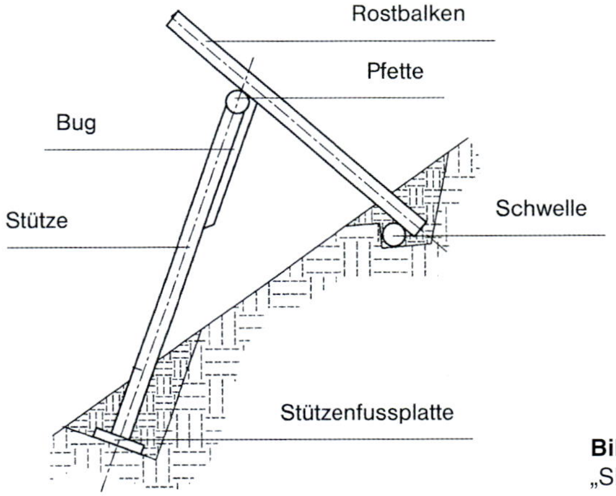

Bild 7-12 Systemskizze Holzschneerechen Typ „SLF" (© Margreth)

7.2.2.7 Historische Baumethoden und Sonderbautypen

Im Laufe der Geschichte der Lawinenanbruchverbauung entstand aus der „empirischen“ Entwicklungsarbeit der Ingenieurpraxis eine Vielzahl, heute als „historisch“ zu bezeichnender Baumethoden (Tabelle 7-3), die nicht mehr angewendet werden und nur noch im Zuge der Erhaltung (siehe Abschnitt 9.2.4) von Relevanz sind.

Darüber hinaus kam es vor allem in den letzten Jahrzehnten zur Entwicklung neuer Bautypen durch einige Unternehmen oder in Eigenentwicklung staatlicher Lawinenverbauungsdienste. Diese Systeme werden bisher nur in eingeschränktem Umfang und unter besonderen Bedingungen eingesetzt (Sonderbautypen) (Tabelle 7-4). Sie entsprechen daher in der Regel noch nicht dem Stand der Technik der Lawinenanbruchverbauung [187][236].

Tabelle 7-3 Historische Bautypen der Lawinenanbruchverbauung

Bautype	Beschreibung
Erdterrassen	Erdterrassen wurden mit einer Breite von 0,5 m bis 5 m angelegt. Die talseitige Böschung wurde mit Rasenziegeln mit einem Anzug von ca. 3:1 und einer maximalen Höhe von 2 m aufgebaut. Voraussetzung für solche Bauwerke waren bindige Böden und eine gute Grasnarbe. Die Schutzwirkung gegen Lawinenanbrüche ist auf geringe Schneehöhen beschränkt.
Lawinenmauern	Die Lawinenmauern bestehen aus Trockenmauerwerk und weisen einen talseitigen Anzug von 5:1 auf. Die bergseitige Wirkhöhe ist meist auf 2 m beschränkt. Es wurden auch größere Mauern in Beton ausgeführt und bergseitig hinterfüllt, sodass eine Wirkhöhe von 4 m bis 5 m entstand. Seit 1951 werden keine neuen Lawinenmauern mehr gebaut (Bild 7-13a).
Arlberg-Schneerechen	Der Arlbergrechen wurde im Zuge des Baus der Arlbergbahn entwickelt und besteht aus 4 m langen Eisenbahnschienen, die mit einem Abstand von 3,5 m einbetoniert sind und 2,5 bis 2,8 m lotrecht aus dem Boden ragen. Die Schienen werden bergseitig und seitlich mit vor Ort gedrillten Drahtseilen abgespannt. Es erfolgt auch eine Verbindung der einzelnen Schienen mit derartigen Drahtseilen. Auf die Drahtseile werden senkrecht 5 cm starke, runde oder gespaltene Holzstaketen mit Draht befestigt. Die Verankerung der berg- und talseitigen Drahtseile wird im Fels oder an Steinen im Lockermaterial vorgenommen (Bild 7-13b).
Schneerechen/ -brücken aus Leichtmetall	Schneebrücken oder Schneerechen aus Aluminium wurden in der Schweiz 1951 zum ersten Mal eingesetzt. Die ersten Werktypen bestanden aus voluminösen Aluminium-Abkantprofilen mit einer Dicke von 3 bis 4 mm oder aus Leichtmetall-Pressprofilen. Durch die Verwendung von Aluminium war kein Korrosionsschutz erforderlich. Das Gewicht einer Schneebrücke aus Aluminium betrug im Vergleich zu Stahl rund die Hälfte (schwerste Einzelteile ca. 70 kg). Die dünnwandigen Profile waren jedoch wenig resistent bei Steinschlageinwirkung und oft traten Stabilitätsprobleme (z. B. lokales Ausbeulen) auf. Wegen des hohen Materialpreises wird Aluminium als Baumaterial heute nicht mehr eingesetzt.
VOBAG-Schneebrücken	VOBAG-Schneebrücken bestehen aus vorfabrizierten Betonelementen. Der Träger wiegt bis 1000 kg. Die VOBAG-Schneebrücken sind steinschlagempfindlich und aufgrund des hohen Gewichts im Gelände aufwendig zu errichten. Diese Bautype wurde in der Schweiz bis etwa Mitte der siebziger Jahre eingesetzt. Die vorgespannten Betonelemente haben sich als nicht sehr haltbar erwiesen. Heute sind viele VOBAG-Schneebrücken in einem schlechten Zustand und müssen systematisch ersetzt werden.
BEDO-Werke	In den achtziger Jahren wurde in der Schweiz ein Werktyp eingesetzt, bei dem der Rost aus vertikal und horizontal angeordneten Rostbalken besteht. Beim BEDO-Werktyp bestehen die Hauptwerke aus Schneerechen und die Zwischenwerke aus Schneebrücken.

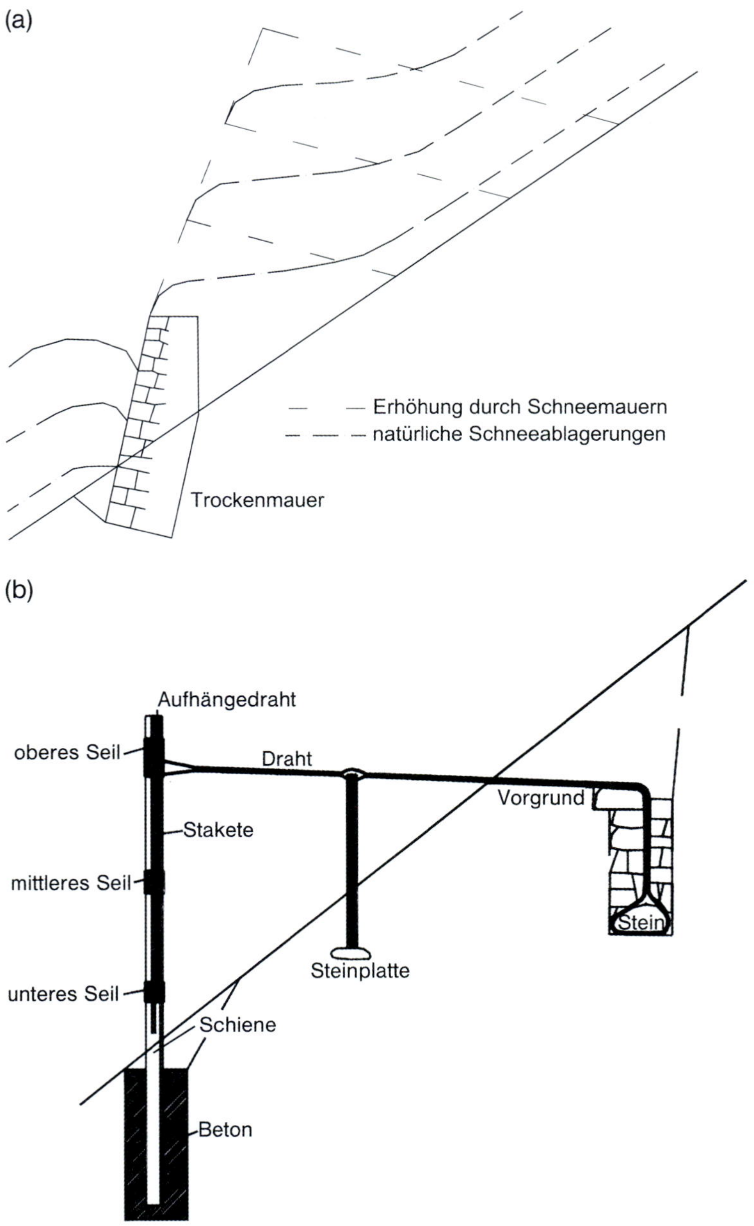

Bild 7-13 Historische Bautypen der Lawinenanbruchverbauung: (a): Lawinentrockenmauern, (b): Arlberg-Schneerechen (© WLV Vorarlberg)

Tabelle 7-4 Sonderbautypen der Lawinenanbruchverbauung: Überblick (Beispiele)

Bautype	Beschreibung
Aufgehängte Stützwerke	Mit der Entwicklung der aufgehängten Stützwerke wurde versucht, den Einbau so einfach wie möglich zu gestalten. Eine Stütze ist bei diesem Bautyp nicht mehr erforderlich. Das Stützwerk wird bergseitig an einem oder mehreren Verankerungspunkten aufgehängt. Dadurch wird eine Montage auch in sehr schwierigem Gelände möglich, oder bei wenig tragfähigen Böden kann der Verankerungspunkt über eine Seilverlängerung in tragfähigeren Boden verschoben werden. Problematisch bei den aufgehängten Konstruktionen ist, dass die Verbindung zwischen Stützfläche und Verankerung dem vollen Schneedruck ausgesetzt ist. Ein Hängewerk kann dadurch bergwärts kippen.
Schneehängebrücken	Die Schneehängebrücke ist ein Werktyp, der in Österreich vom Forsttechnischen Dienst für Wildbach- und Lawinenverbauung aus dem Arlbergschneerechen entwickelt wurde. Nach der Lawinenkatastrophe 1954 wurden als Soforthilfe auch Eisenbahnschienen zur Verfügung gestellt. Unter Berücksichtigung dieser Eisenbahnschienen konstruierte man eine Schneebrücke mit einer bergseitigen Zugverankerung (wahlweise) über Rundstähle oder Seile. Der Winkel zwischen Rost und bergseitigem Gelände betrug ca. 70° (Bild 7-14).
Glarner Hängewerk	Beim so genannten Glarner Hängewerk ist der Rost über eine Fachwerkkonstruktion mit der Verankerung verbunden. Das Werk liegt frei auf dem Boden auf. Dieser Werktyp wurde nur vereinzelt, insbesondere in sehr steilem, felsdurchsetztem Gelände eingesetzt (Bild 7-15a).
Ombrello-System®	Beim Ombrello-System, das von verschiedenen Produzenten angeboten wird, besteht der Stützrost aus quadratischen Drahtseilnetzen, die an kreuzweise angeordneten Stahlprofilen befestigt sind. Der Stützrost ist über eine Stahlstange und vier Drahtseile mit der Verankerung verbunden. Dieser Werktyp ist insbesondere in Italien verbreitet (Bild 7-15b).
Werktyp SIFA A® und SIFA C®	Durch die Verwendung einer zweiten Stütze, parallel zur ersten Stütze, konnte das Gewicht des Trägers reduziert werden. Beide Stützen waren je mit einem Mikropfahl und der Träger mit einem Zuganker fundiert, was ein sehr rationelles Bohren der Verankerungen ermöglichte. In den 1980er Jahren wurde dieser Werktyp – „SIFA A“ und „SIFA C“ genannt – in großem Stil im Gebiet des Brennerpasses eingebaut. In der Schweiz wurde der Werktyp 1986 für kurze Zeit zugelassen (Bild 8-6c).

Bild 7-14 Schneehängebrücke: Werk D = 3,0 mit Holzbedielung (© WLV Vorarlberg)

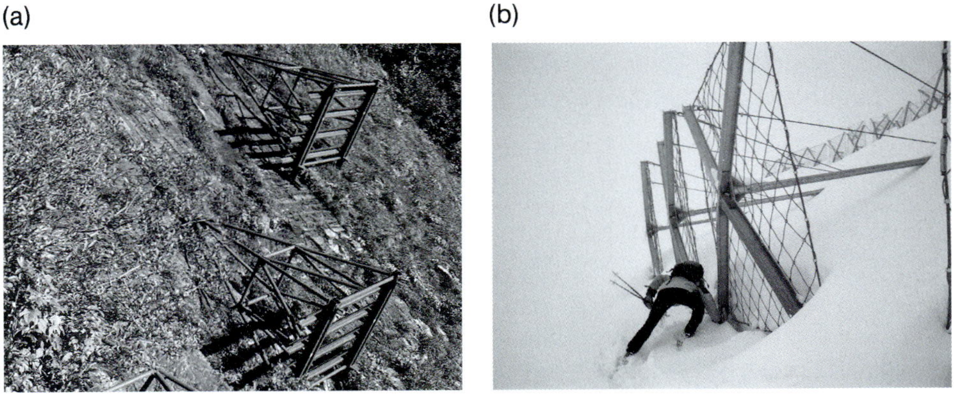

Bild 7-15 (a): Aufgehängtes Glarner Hängewerk und (b): Ombrello Lawinenstützwerk (© Margreth)

7.2.2.8 Typenprüfung für Lawinenstützwerke

In der Schweiz wird seit 1977 durch das Bundesamt für Umwelt (BAFU) eine Typenprüfung für Standardwerktypen und die dazugehörenden Fundationen auf Grundlage der *Schweizer Richtlinien* [189] durchgeführt. Werden für Lawinenverbauungen staatliche Subventionen beansprucht, so dürfen in diesen Verbauungen nur offiziell geprüfte und zugelassene Werktypen bzw. Ankermörtel verwendet werden.

In einer ersten Phase werden die statischen Berechnungen und Planunterlagen sowie die Eignung des Werktyps aus Sicht der Schnee- und Lawinenmechanik geprüft. Die Einwirkungen müssen gemäß der *Schweizer Richtlinie* [189], die statischen Nachweise gemäß den einschlägigen Tragwerksnormen angenommen werden. In einer zweiten Phase erfolgt die Prüfung der praktischen Verwendbarkeit. Bei neuartigen Stützwerktypen werden Versuchswerke aufgestellt, die während mindestens 2 Wintern beobachtet werden. Bei konstruktiven Änderungen von bestehenden Werktypen wird in der Regel nur ein Montageversuch verlangt. Wenn beide Phasen positiv durchlaufen wurden, kann ein Werktyp freigegeben werden. Typenlisten mit allen zugelassenen Werktypen sind auf der Homepage des Bundesamtes für Umwelt (www.bafu.admin.ch) abrufbar. Diese Typenprüfung wird zum Teil auch in anderen europäischen Ländern anerkannt. In Österreich wurde in den letzten Jahren die Verwendbarkeit verschiedener Systeme von Schneenetzen im Feldversuch getestet [249].

7.2.3 Fundierung und Verankerung in der Lawinenanbruchverbauung

7.2.3.1 Allgemeines

In Abhängigkeit verschiedener Parameter (Schneehöhen, Gleitfaktor, Werktype etc.) können durch das Abstützen der Schneedecke beträchtliche Kräfte entstehen, die durch geeignete Fundamente in den Boden bzw. Fels eingeleitet werden müssen. Der folgende Abschnitt gibt einen Überblick über die üblichen und historischen Methoden der Fundierung und Verankerung in der Lawinenanbruchverbauung.

7.2.3.2 Methoden der Fundierung und Verankerung

Die Wahl der Ankerungs- und Fundierungsmethode in der Lawinenanbruchverbauung richtet sich in erster Linie nach der eingesetzten Werkstype und den Untergrundverhältnissen. Ein weiterer Faktor liegt in der Möglichkeit des Einsatzes moderner Bohr- und Injektionstechnik sowie in der Manipulation von Lasten im Bereich der Lawinenbaustelle.

Für *auf Zug beanspruchte Verankerungen* werden in der Praxis starre Stabanker, Mikropfahlböcke (zwei Mikropfähle, welche über einen Bolzen zu einem Bock verbunden werden), Selbstbohranker oder Seilanker eingesetzt. Starre Stabanker werden vor allem bei bindigem Untergrund oder Fels eingesetzt, wenn das Bohrloch ohne Verschalung „steht". Bei nicht standfähigem Untergrund stellen Selbstbohranker eine sinnvolle Alternative dar. Bei nichtbindigem Lockergestein wird fallweise der Sprenganker eingesetzt. Seilanker bieten den Vorteil, dass an der Austrittsstelle des Ankers aus dem Bohrloch keine Schäden durch Biegebeanspruchung (wie beim starren Stabanker) auftreten und somit keine Bruchgefahr besteht. Für die *auf Druck beanspruchten Verankerungen* (Fundierungen) werden Grundplatten ohne Anker, Grundplatten mit Mikropfählen oder Mikropfahlsysteme eingesetzt, die Druck- und Zugkomponenten der Einwirkung getrennt voneinander in den Baugrund einleiten (Mikropfahlböcke).

Mikropfähle (Mikropfahlböcke) sind auf Zug oder Druck beanspruchte Pfähle (Bild 7-16a). Dabei handelt es sich um Einbauelemente, die eine aufgebrachte Druck- oder Zugkraft auf eine tragfähige Schicht im Baugrund übertragen können bzw. über die auftretende Mantelreibung abarbeiten. Der Durchmesser beträgt 90–110 mm (Bohrpfähle). Mikropfähle bestehen aus einem im Bohrloch zentrierten Zug- oder Druckglied aus Stahl (Durchmesser: 32–40 mm) und einer Ummantelung aus Ankermörtel. Wenn notwendig, ist die Ummantelung des Mikropfahles mit einem Textilstrumpf (Netzanker) erforderlich, um zu große Mörtelverluste zu vermeiden.

(a)

(b)

Bild 7-16 Fundierung eines Stahlstützwerkes: (a): bergseitig mittels auf Zug und Druck beanspruchten Mikropfählen und (b): talseitig mittels Grundplatte in Stahl (© Rudolf-Miklau)

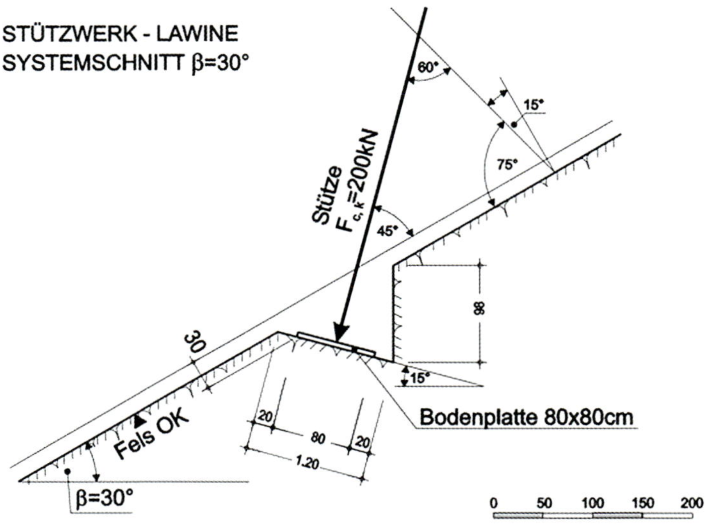

Bild 7-17 Geometrie der Grundplattenfundierung, nach [126] (© Hofmann)

Für die Abtragung von Druckkräften können – eine entsprechende Eignung des Baugrundes vorausgesetzt – auch *Grundplatten* verwendet werden (Bild 7-16b, Bild 7-17). Hierbei ist auf einen ausreichenden Abstand der talseitigen Kante der Platte auf die Urgelände-Oberfläche zu achten, um einen geotechnischen Nachweis der Grundbruchsicherheit zu erlauben. Die Methode der Grundplatte wird ausschließlich für die Fundierung der Stützen verwendet.

(a)

Bild 7-18 Verankerung von Lawinennetzen: (a): Seilanker zur bergseitigen Fundierung von Lawinennetzen – Ankerkopf mit Abspannseilen (© Rudolf-Miklau)

(b)

Bild 7-18 (Fortsetzung) Verankerung von Lawinennetzen: (b): Grundplatte einer Gelenksstütze für ein Lawinennetz (Die Stütze ist mit der Platte über eine splintgesicherte Bolzenverbindung verbunden. Die Platte sitzt ohne Verankerung am Boden auf und ist bergwärts durch Seile abgespannt.) (© Rudolf-Miklau)

Unter *Seilankern* werden Stahldrahtseile verstanden, die über die gesamte Verankerungslänge mittels Injektion verpresst werden (Bild 7-18).

Für die Herstellung von *Sprengankern* wird im Bohrlochtiefsten eine über ein Metallrohr eingebrachte Sprengladung gezündet, die einen Hohlraum ausbilden soll und so zur Bildung eines birnenförmigen Körpers aus dem Verpressgut führt. In weiterer Folge wird ein Bewehrungselement (z. B. Gewindestab) in das aufgesprengte Metallrohr bzw. Bohrloch eingeführt und dieses im Anschluss mittels Injektion verpresst.

7.2.3.3 Historische Fundierungsmethoden

Als Ergebnis der Entwicklung der Fundierung in der Lawinenanbruchverbauung haben sich die in Abschnitt 7.2.3.2 beschriebenen Verfahren als effizienteste und dem „Stand der Technik" entsprechende Methoden etabliert. Im Laufe der Zeit gelangte eine Vielzahl von unterschiedlichen Fundierungsmethoden zum Einsatz, die heute als „historisch" zu bezeichnen sind und in der Praxis nicht mehr zum Einsatz gelangen. Ihre Kenntnis ist jedoch in Hinblick auf die Bewertung von Schäden an bestehender Anbruchverbauung (siehe Abschnitt 9.2.3.2 und für die Beurteilung der Lebensdauer im Rahmen der Erhaltung von Bedeutung. In Tabelle 7-5 wird ein Überblick über historische Fundierungsmethoden in Österreich und der Schweiz gegeben.

Tabelle 7-5 Historische Fundierungsmethoden des technischen Lawinenschutzes in Österreich und der Schweiz: Überblick

Methode	Beschreibung
„Toter-Mann-Anker“	In der Anfangsphase der Lawinenanbruchverbauung waren die bautechnischen Möglichkeiten an steilen Hängen stark eingeschränkt, sodass die Fundierung zunächst vor allem mit manuell vergrabenen Schwellen („Toter-Mann-Anker“) und Platten hergestellt wurden.
Ortsfundamente	Einen wesentlichen Fortschritt in der Fundierung von Lawinenwerken brachte die Möglichkeit der Herstellung und Manipulation von Ortbeton im Bereich der Lawinenbaustellen. Ortsfundamente wurden erstmals in den fünfziger Jahren im Sinne der damals geltenden Fassung der *Schweizer Richtlinien* [66] in Österreich und der Schweiz eingesetzt. Dabei wurden sowohl die bergseitigen Trägerfundamente als auch die talseitigen Stützenfundamente in Beton hergestellt. Das auf Zug beanspruchte Trägerfundament wurde dabei massiv ausgeführt, um die auftretenden Zugkräfte durch die Scherspannung zwischen Betonkopf und Boden abdecken zu können. Bei schlechten Bodenverhältnissen erforderte diese Fundierungsmethode Aushubtiefen von 1,5 bis 2,0 m.
Sprengfundierung	Bei der Methode der Sprengfundierung, die auch heute noch teilweise eingesetzt wird, wurde im Lockermaterial ein Loch gebohrt und mit einem Stahlrohr gegen Einfallen „geschalt“. Es ist zwischen der österreichischen und der schweizer Methode der Sprengfundierung zu unterscheiden. In Österreich wurde im Lockermaterial ein gespitztes, geschlossenes Rohr ohne Bohrung eingerammt. Gebohrt wurde nur, wenn man mit dem Rohr auf einen Stein oder Fels traf. In der Schweiz wurde das Loch – wie für einen Mikropfahl – gebohrt. Das Rohr musste gelocht oder geschlitzt sein, damit das Injektionsgut auch entlang des Rohres austreten und eine Vermörtelung entlang des gesamten Rohres erzielt werden konnte. Dadurch war die Lastabtragung nicht allein auf den Verpresskörper im gesprengten Hohlraum beschränkt. In der Folge wurde eine Spengladung (ca. 30–100 g Gelatin-Donarit) in das Bohrloch eingeführt und eine Kaverne aufgesprengt, die danach mit Ankermörtel injiziert wurde. Der Anker wurde schließlich durch das Rohr in den Hohlraum eingeführt. Der Mörtel bildete nach der Aushärtung eine „unterirdische Birne“, die in der Lage war, die Ankerzugkräfte aufzunehmen [144].
Ortsfundamente mit Sprengfundierung	Eine Fortentwicklung stellte die Kombination der Ortsfundamente mit Sprengfundierung dar. Bei dieser Methode wurden die Zugkräfte durch parallele Sprenganker abgetragen, sodass die Kubatur der bergseitigen Fundamente deutlich reduziert werden konnte und nur mehr eine Dimensionierung des Ortsfundaments auf Bodendruckkräfte erforderlich war. Der Stützenträger der Stahlschneebrücke wurde um 1 m verlängert geliefert und in das Ortsfundament einbetoniert. Die talseitigen Fundamente wurden zylindrisch ausgeführt, wobei die Schalung mittels verschließbarer Halbschalungen erfolgte [160]. Die talseitige Fundierung erfolgte schon sehr früh mit Grundplatten aus Stahl [115].

Tabelle 7-5 (Fortsetzung)

Methode	Beschreibung
Tiroler Sprenganker (Parallelstabanker)	In Tirol setzte sich bereits in den 1970er Jahren Fertigteilfundamente (Parallelstabanker, Stützenplatten in Stahl) durch. Ab 1976 wurde die von *Eliskases* entwickelte Methode des Parallelstabankers eingesetzt. Bei dieser Methode wurden zwei parallele Stabanker (St 360 B) an eine Stahlplatte angeschweißt („Tiroler Parallelstabanker"). Die Anker wurden in zwei übereinander ins Lockergestein gebohrte und mit Ankermörtel verfüllte Sprenglöcher eingeführt. Der Träger der Schneebrücke wurde direkt über ein Gelenk (Bolzen) mit der Ankerplatte verbunden. Im festen Fels wurde nach der gleichen Methode geankert, jedoch auf die Aufsprengung der Bohrlöcher verzichtet [64]. Dieses Fundierungssystem war statisch nicht einwandfrei und entsprach auch nicht den *Schweizer Richtlinien* [68]. Schäden traten vor allem durch Abreißen der Schweißverbindung auf, wenn die Stahlplatte nicht direkt auf dem Boden aufsaß. Der Tiroler Sprenganker galt trotz der technischen Mängel über viele Jahre als effizienteste und wirtschaftlichste Fundierungsmethode in der Lawinenanbruchverbauung [160], wird heute aber nicht mehr eingesetzt (Bild 7-19).
Totale Sprengfundierung	Seit Anfang der 1980er Jahre wurden in der Schweiz sowohl Anker als auch Stützenfundamente mit Sprengankern gegründet (Totale Sprengfundation) [144]. Durch den Einsatz bestimmter Werkstypen (Riegelwerk) wurden die Trägerfundamente nur mehr mit Zugkräften konstanter Richtung belastet. Um einen rationellen Einsatz der Bohrlafetten zu gewährleisten, wurde talseitig die Stütze auf ein sog. „Ankerdreibein" gegründet, das eine zweifache Sicherheit – auch gegen Auskippen aufgrund ungleicher Setzung – erbrachte. Die Methode stellte sich als zeit- und kostenaufwendig heraus und erforderte besonders genaues Arbeiten [160].

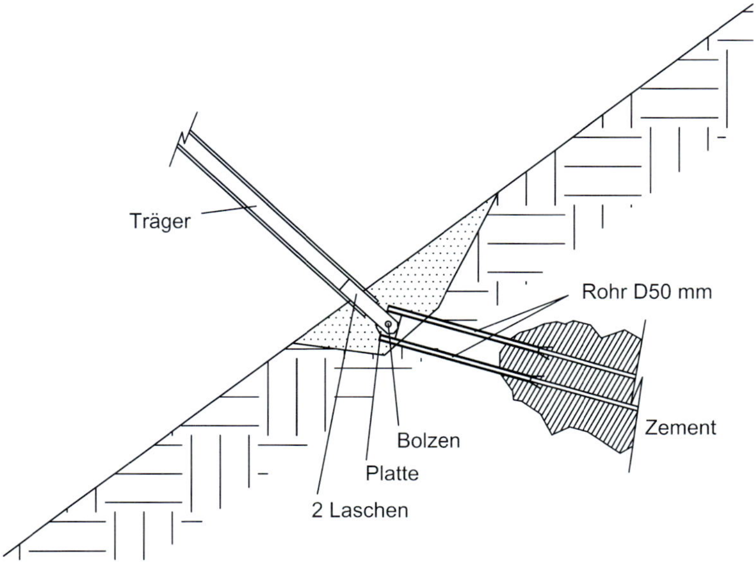

Bild 7-19 Systemskizze des Parallelstabankers mit Trägeranschluss nach [64] (© WLV Tirol, Herbert)

7.2.4 Verwehungsverbauung

7.2.4.1 Klassifikation und Wirkungsweise

Zur Verwehungsverbauung zählt man Bauwerke, die unter Ausnutzung der Windwirkung die Schneeablagerung beeinflussen. Unter Ausnützung der Windkräfte können die Schneeablagerungen mittels der Verwehungsverbauungen so beeinflusst werden, dass die Bildung von großen Wächten verhindert und die Schneedecke schneemechanisch günstig beeinflusst wird. Dies geschieht, indem dem Windstrom ein Hindernis entgegengesetzt wird, welches zur Verwirbelung der Luft und damit zur Ablagerung von Schnee führt (Triebschneezaun/-hag) oder die Windgeschwindigkeit punktuell erhöht und damit ein Weitertransport der Schneepartikel verursacht (Kolktafel, Schneedüse) wird.

Verwehungsverbauungen werden nicht nur im Lawinenschutz eingesetzt, sondern auch entlang von Straßen zur Verhinderung von Schneeverwehungen. Im Lawinenschutz werden Verwehungsverbauungen meistens im Zusammenwirken mit Stützverbauungen eingesetzt, um die Schneeakkumulation im Anbruchgebiet oder die Wächtenbildung entlang eines Grates zu verhindern (Bild 7-20). Eine Klassifikation der Maßnahmen der Verwehungsverbauung nach Funktion und der Wirkung ist in Tabelle 7-6 enthalten.

Tabelle 7-6 Klassifikation der Verwehungsverbauung nach Funktion und Wirkung

Wirkung	Funktion	Bautyp
Triebschneeverfrachtung hindernde Werke	Bremsung der Windgeschwindigkeit, Ablagerung des mitgeführten Triebschnees	Triebschneezaun (vertikaler Füllungsbelag)
		Triebschneehag (horizontaler Füllungsbelag)
Triebschneeverfrachtung fördernde Werke	Der Wind wird so abgelenkt, dass an bestimmten Lawinenanbruchstellen der Triebschnee fortlaufend weggefegt oder die Schneedecke durch Turbulenzwirkung in ihrem normalen Aufbau gestört wird.	Kolktafel
		Schneedüse

Die Wirkung von Verwehungsmaßnahmen ist stark an die richtige Situierung zur Hauptwindrichtung gebunden; die Kenntnis derselben sowie die entsprechenden morphologischen Gegebenheiten sind Voraussetzung für die optimale Wirkung. Eine wirksame Verwehungsverbauung setzt über mehrere Jahre regelmäßige Winterbeobachtungen voraus. In besonderen Fällen liefern Windmessungen an der Stelle, an der Verwehungsverbauungen errichtet werden sollen, wertvolle Zusatzinformationen. Dabei ist besonders auf die kleinräumige reliefbedingte Windsituation Bedacht zu nehmen, welche von den Windmessungen umliegender Wetterstationen (Kammwinde) erheblich abweichen kann. Nachfolgend wird ein Überblick über die wichtigsten Bautypen der Verwehungsverbauung gegeben.

7.2.4.2 Bautype: Triebschneezaun (Triebschneehag)

Idealerweise werden Triebschneezäune auf Hochplateaus oder Kammlagen oberhalb von Stützverbauungen errichtet, um die Einwehung von Triebschnee in das Abbruchgebiet zu minimieren (Bild 7-22). Die beste Wirkung erreichen die Werke, wenn sie normal zur

Hauptwindrichtung aufgestellt werden; Abweichungen zum Winkel der Anströmung bewirken eine deutliche Minimierung der Wirkung [327]. Abweichungen bis zu 25° sind tolerierbar [326]. Triebschneezäune können sowohl mit horizontaler (auch: *Triebschneehag*) (Bild 7-21b) als auch vertikaler (Bild 7-21a) Bedielung ausgeführt werden. Bevorzugt werden meistens Stahlträger mit Holzbedielung, in der Höhe versetzte vertikale Bedielung soll eine unregelmäßige Abrisskante des Zaunes und damit die Erhöhung von Turbulenzen verursachen. Triebschneezäune können mit oder ohne Bodenspalt ausgeführt werden. Die Fundierung erfolgt je nach Qualität des Untergrundes mit Ankern in Kombination mit Bodenplatten oder mit Betonsockeln.

Bild 7-20 Kombination einer Lawinenanbruchverbauung mit Kolktafeln in Kammlage (© WLV Vorarlberg)

(a)

(b)

Bild 7-21 Triebschneezäune: (a): mit Holzbedielung und unregelmäßiger Abrisskante und (b): mit horizontaler Stahlbedielung (© Sauermoser)

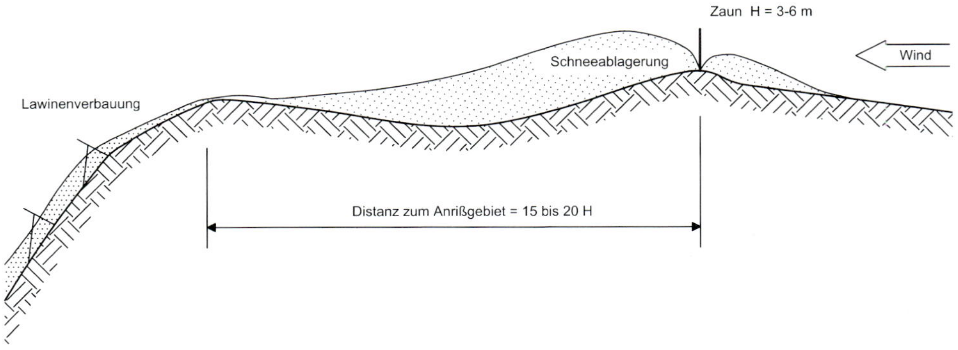

Bild 7-22 Räumliche Situierung eines Triebschneezauns (© Margreth, nachgezeichnet Herbert)

7.2.4.3 Bautype: Kolktafeln

Kolktafeln werden im Bereich potenzieller Wächtenbildung situiert (Bild 7-23a, b). Durch die Tafeln wird die Luftströmung so beeinflusst, dass es zu einer Beschleunigung der Strömung kommt und unmittelbar um die Tafeln durch hohe Turbulenzen Schneeerosion stattfindet; es bildet sich ein Kolk. Der Schnee wird um den Kolk herum abgelagert. Die Mächtigkeit und die Dichte der Schneeablagerung sind inhomogen. Dadurch wird die Ausbildung einer durchgehenden Wächte verhindert. Kolktafeln werden – ebenso wie Verwehungszäune – in Kombination mit Stützverbauungen errichtet. Durch den Absturz einer Wächte auf die obersten Verbauungsreihen können Schäden an dieser entstehen bzw. kann diese durch Einwehung aus dem Nährgebiet überlastet werden. Durch die Errichtung einer Reihe von Kolktafeln entlang des Gratrückens kann dies verhindert werden (Bild 7-20).

(a)

Bild 7-23 Kolktafeln: (a): Kolktafeln aus Holz entlang eines Gratrückens auf dem Jaufenpass (Südtirol) (© Sauermoser)

(b)

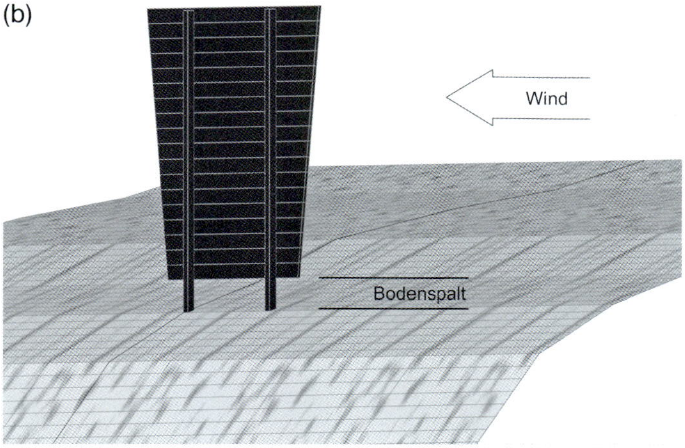

Bild 7-23 (Fortsetzung) Kolktafeln: (b): Systemskizze einer Kolktafel nach [236] (© WLV Tirol, Herbert)

Versuche über die Wirkung von Kolktafeln unterschiedlicher Formen wurden von *Wopfner & Hopf* [347] durchgeführt. Da sich um Kolke durch dichtere Lagerung des Schnees lokale Verfestigungszonen bilden, bewirken Kolktafeln eine Stabilisierung der Schneedecke und schließlich eine Auflösung zusammenhängender Spannungsfelder. Es gibt Kolktafeln *mit* und *ohne Bodenspalt*. Eine Verfestigung der Schneedecke führen beide Typen herbei, die Auflösung des Spannungsfeldes dagegen nur die Kolktafel ohne Bodenspalt. Als günstigste Form erwies sich dabei eine Tafel mit einem Bodenspalt von einem Meter [7]. Heute werden jedoch fast ausschließlich Kolktafeln ohne Bodenspalt eingesetzt. Die Trapezform hat sich besser bewährt als die Rechteckform. Bei Versuchen konnte auch nachgewiesen werden, dass trapezförmige Kolktafeln einen um ca. 30 % größeren Kolk verursachen. In der Schweiz haben sich kreuzförmige Kolktafeln ohne Bodenspalt bewährt.

7.2.4.4 Bautype: Schneedüsen

Schneedüsen werden – ebenso wie Kolktafeln – eingesetzt um die Bildung von Wächten entlang eines Kammes zu verhindern (7-24a, b). Durch die Situierung im beginnenden Lee wird die Windgeschwindigkeit in der Düse erhöht und der Schneeeintrag erfolgt bis weit in den Hang. Schneedüsen bewirken keine Reduktion der Gesamtmenge des eingewehten Schnees, durch den Düseneffekt wird der Schnee jedoch weiter transportiert und in den Hang verlagert. Ein Nachteil dieser Maßnahme ist, dass der Triebschnee im Lawinenhang abgelagert wird. Schneedüsen werden im Zusammenhang mit Stützverbauungen errichtet, um Überschneiungen oder Schädigungen der obersten Werksreihen zu verhindern. Nach [7] sollten Schneedüsen eine leeseitige Öffnung von 1 m Höhe haben, die luvseitige Öffnung sollte etwa 2 m in der Höhe betragen. Die Neigung des geschlossenen Daches sollte geringfügig höher als die Geländeneigung sein, um einen Düseneffekt zu erzielen. Schneedüsen können in Holz oder Stahl errichtet werden.

(a)

(b)

Bild 7-24 Schneedüsen: (a): Schneedüsen aus Holz (© WLV Tirol); (b): Systemskizze einer Schneedüse nach [236] (© WLV Tirol, Herbert)

7.2.5 Technischer Gleitschneeschutz

7.2.5.1 Wirkungsweise

Gleitschneeschutzmaßnahmen haben die Aufgabe, die langsamen Bewegungen der Schneedecke, das Gleiten und Kriechen (siehe Abschnitt 3.3.4.3) auf ein minimales Maß zu beschränken und damit auftretende Kräfte an Hindernissen zu reduzieren. Besonders zum Schutze von Aufforstungen werden Gleitschneeschutzmaßnahmen eingesetzt.

Gleitschneegefährdet sind vor allem nach SW bis SO exponierte Hänge mit einer Neigung von über 30° und einer geringen Rauigkeit. Auch innerhalb von Stützverbauungen sind auf Hängen mit geringer Rauigkeit die schneemechanischen Belastungen auf Pflanzen so groß, dass diese nur mit technischen Schutzmaßnahmen aufwachsen können [173]. Bei der Planung von Gleitschneeschutzmaßnahmen ist festzulegen, ob die betroffene Fläche ausschließlich von Gleitschneegefährdung oder aber auch von Lawinengefährdung betroffen ist.

Bild 7-25 Kombination von Lawinenanbruchverbauung mit technischen Gleitschneeschutzmaßnahmen (Gleitschneeböcke) in der Lenzerwaldlawine (Tirol) (© Sauermoser)

7.2.5.2 Methoden des Gleitschneeschutzes: Überblick

Die umfangreichsten und systematischsten Untersuchungen bezüglich der Eignung von verschiedenen Methoden des Gleitschneeschutzes wurden von *In der Gand* [135] durchgeführt. Allerdings untersuchte er nur manuell herstellbare Methoden, da zum Zeitpunkt der Untersuchungen (1955/56 bis 1961/62) noch keine geeigneten geländegängigen Kleinbagger vorhanden waren. Ein vollständiger Überblick über die Maßnahmen des Gleitschneeschutzes ist Tabelle 7-7 zu entnehmen.

Tabelle 7-7 Überblick über die Methoden des Gleitschneeschutzes: Herstellung und Wirkung (Vor- und Nachteile)

Art der Maßnahme	Beschreibung	Vorteil	Nachteil
Verpfählung	einzelne Holzpfähle in unterschiedlichem Verband manuell oder maschinell in den Boden gerammt	enger Pfahlverband möglich	nur bei tiefgründigen Böden möglich
Verpfählung abgespannt	einzelne Holzpfähle in unterschiedlichem Verband manuell oder maschinell in den Boden gerammt und mit Drähten abgespannt	auch bei flachgründigen Böden möglich	hoher Wartungsaufwand für Kontrolle und Instandsetzungen
Bermen/ Bermentritte maschinell	mit Kleinbagger oder Pflug hergestellte Hangterrassen unterschiedlicher Breite	billige maschinelle Herstellung bei tiefgründigen Böden	Erosionsanfälligkeit, Kantenabpressung
Bermen/ Bermentritte manuell	Manuell hergestellte Hangterrassen	kein maschineller Aufwand	arbeitsintensiv, erosionsanfällig, Hangwasserhaushalt gestört
Tellerbermen Lochpflanzung	Manuell hergestellte Kleinbermen 40 × 40/60 × 60 cm	kein maschineller Aufwand	kostenintensiv, erosionsanfällig, Hangwasserhaushalt gestört

Tabelle 7-7 (Fortsetzung)

Art der Maßnahme	Beschreibung	Vorteil	Nachteil
Druckhügel	Manuell hergestellte Erdhügel (250 Stk/ha)	gute Wirkung in tiefgründigen Böden	nur bei tiefgründigen Böden möglich, erosionsanfällig, Hangwasserhaushalt gestört
Gleitschutzböcke	Dreibeinböcke aus Robinien-/Edelkastanien-Holz (250 Stk/ha)	keine Erosion, unterschiedliche Dichte möglich, kostengünstig	Materialtransport schwierig
Gleitschutzwerk	Stahlschneebrücke für geringe Schneemächtigkeiten Holzschneebrücken, kombinierte Schneebrücken	keine Erosion, unterschiedliche Dichte möglich, kostengünstig	nur punktuelle Wirkung
Rundholzschwellen	Liegende Robinienrundhölzer: D = 30 cm Verankerung mit 2 Seilankern oder mittels Gewindestangen	schwierige Fundierung	geringe Wirkhöhe

Grundsätzlich gilt, dass Maßnahmen mit hoher Dichte (der Anordnung auf der Fläche) besser dazu geeignet sind, die Schneedecke zu stabilisieren, als Einzelelemente, welche nur punktuellen Schutz bieten [135][173]. Die Pflanzenabgänge in den von *In der Gand* untersuchen Flächen fielen im Zeitraum 1955 bis 1963 auf Bermentritten, auf Bermen und in Pfählungen mit 0–28 % geringer aus als in Flächen ohne Schutzmaßnahmen und mit Gleitstützwerken (8–57 %).

Die Dimensionierung von Gleitschneeschutzmaßnahmen auf hangparallelen und hangsenkrechten Schneedruck ist auf Grund der schwer zu definierenden Wechselwirkung zwischen einzelnen Elementen des Gleitschneeschutzes und der Schneedecke nicht möglich. Die Wirkung der in Tabelle 7-7 zusammengefassten Maßnahmen beruht auf jahrzehntelangen praktischen Erfahrungen.

7.2.5.3 Bautypen: Verpfählungen

Nach [135] sind Verpfählungen nur wirksam, wenn der Pfahlverband weniger als 2 m beträgt. Es gelten folgende Empfehlungen für den Pfahlverband gemäß Tabelle 7-8.

Tabelle 7-8 Richtwerte für den Pfahlabstand (horizontaler Abstand auf Niveaulinie und Abstand in der Falllinie) in Abhängigkeit der extremen Schneehöhe H und der Hangneigung bei versetzter Anordnung der Pfähle nach [135]

Hangneigung	Pfahlabstand in m			
	H = 1,5 m	H = 2,0 m	H = 2,5 m	H = 3,0 m
< 30°	2,0	1,7	1,5	1,3
> 30°–35°	1,9	1,6	1,4	1,2
> 35°–40°	1,8	1,5	1,3	1,1
> 40°–45°	1,7	1,4	1,2	1,0

(a) (b)

Bild 7-26 Verpfählungen: (a): ohne Verspannung (Gesamtlänge der Pfähle: 1,5 m, Wirkhöhe 0,5–0,75 m) (© WLV Tirol); (b): Verpfählung vorgespannt (© WLV Tirol)

Voraussetzung für Wirksamkeit von Verpfählungen ist neben der ausreichenden Dichte der Pfähle das Verhältnis der Pfahllänge über dem Boden zu jener im Boden, welches *In der Gand* [135] idealerweise mit 2:1, auf jeden Fall notwendig mit 1:1 angibt. Jede Abweichung von dieser Grundregel führt zu großen Ausfällen in Verpfählungen, wie Untersuchungen in der Schweiz [173] bestätigen. Als notwendiger Pfahldurchmesser wird für Rundhölzer 10 cm und für Halbrundhölzer 16 cm empfohlen (Bild 7-26a).

Die Wahl der Holzart ist von der notwendigen Einsatzdauer der Verpfählung abhängig. Pilzresistente Holzarten wie Edelkastanie, Robinie, Eiche oder druckimprägnierte Hölzer haben eine Lebensdauer bis zu 30 Jahren, bei der Verwendung von Lärche, Fichte oder Kiefer ist mit maximal 10 bis 15 Jahren zu rechnen.

Da eine Verpfählung nach [135] meistens auf Grund der Flachgründigkeit der montanen und subalpinen Böden nicht möglich ist, wird in Österreich häufig ein System verwendet, bei dem die Pfähle mit Drähten vorgespannt werden [121] (Bild 7-26b). Die Stahl- oder Holzpfähle mit einer Länge von 2 m werden mit einer Neigung von ca. 10° talwärts 0,5 m in den Boden eingeschlagen. Für die Dauerhaftigkeit von Holzpfählen gelten die gleichen Bedingungen wie bei normalen Verpfählungen. Um die Dauerhaftigkeit zu erhöhen, werden auch gespitzte Stahlrohre mit einem Durchmesser von 48 mm verwendet. Die Drahtverspannung wird mit verzinkten 4-mm-Drähten durchgeführt. Die Drähte sind so anzubringen, dass sie im entspannten Zustand schlaff durchhängen. Der Kopf eines Pfahles wird jeweils mit den oberhalb liegenden versetzten Pfählen in Bodennähe verbunden, sodass ein elastisches Gesamtsystem entsteht.

7.2.5.4 Bautypen: Gleitschutzböcke

Das Errichten von Gleitschneeböcken (Dreibeinböcken) aus Robinienholz oder druckimprägniertem Holz ist die in Österreich am meisten verwendete Gleitschneeschutzmaßnahme. Die Wirkhöhe der Böcke liegt zwischen 0,8 m und 1,5 m. Entsprechend der unterschiedlichen Wirkhöhe und damit verbundenen Belastung werden unterschiedliche Fundierungsmethoden verwendet. Bei Böcken bis zu einer Wirkhöhe von 0,9 m genügt das Eingraben der Träger bis zu einer Tiefe von 0,5 m und die Sicherung der Träger gegen Ausziehen mit einem ein Meter langen Torstahlnagel. Bei höheren Wirkhöhen ist die Verwendung von Sprengfundamenten notwendig, was wiederum zu einem erheblich höheren Kostenaufwand führt [274].

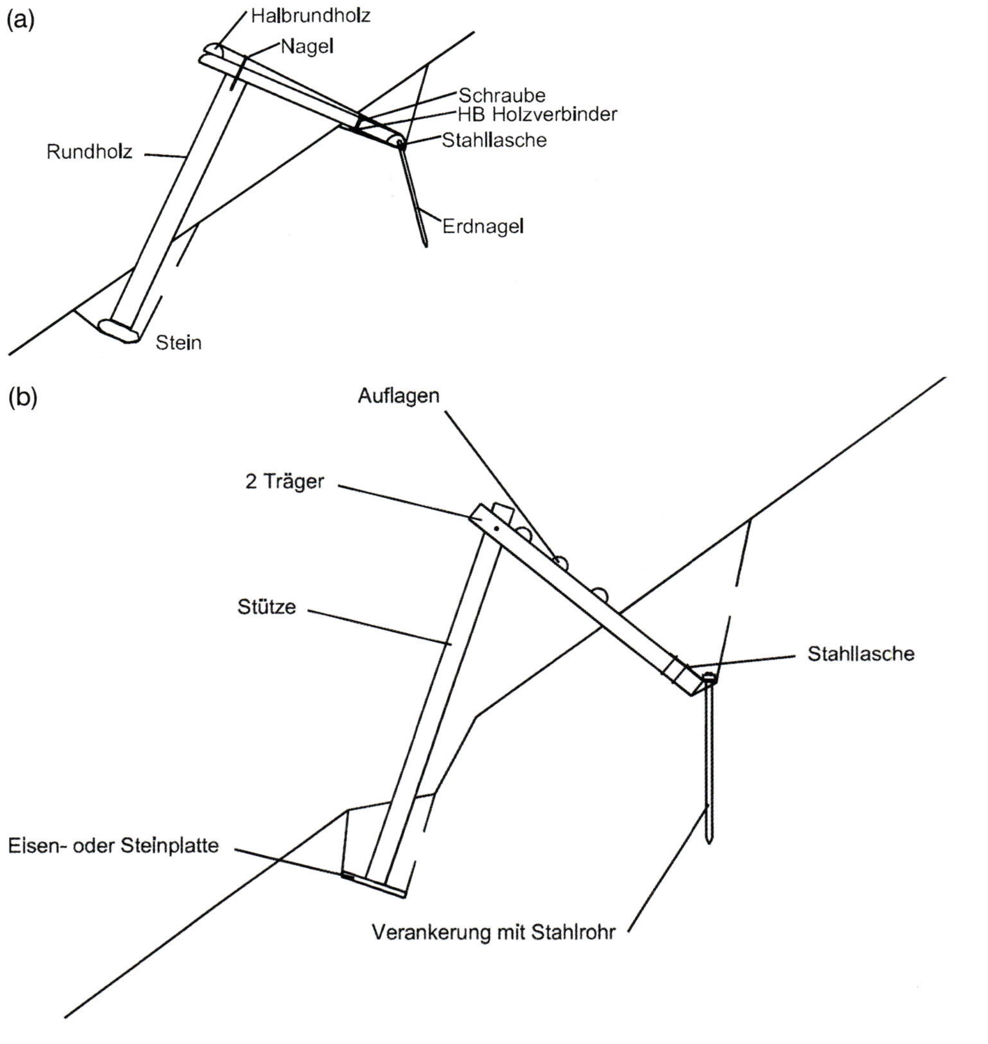

Bild 7-27 Gleitschneeböcke (Systemskizzen): (a): Dreibeinbock H ≤ 1 m; (b): Dreibeinbock H = 1 – 1,5 m (© WLV Vorarlberg)

Die Böcke können in einem einheitlichen Raster (Bild 7-25), welcher allerdings fünf Meter nicht überschreiten darf, oder in Gruppen eingebracht werden. Bewährt hat sich die gruppenweise Einbringung von ca. 10 Böcken, welche in einer engen Gruppe mit einem Abstand innerhalb der Böcke von max. 1,5 m eingebaut werden können. Dies entspricht dem Prinzip der Rottenstruktur des Waldes im subalpinen Bereich, und eine Gruppe von Böcken kann mit ca. 30–50 Pflanzen bepflanzt werden. Die Erfahrung hat gezeigt, dass durch das Anbringen eines bergseitigen bodennahen Querholzes Schneegleiten zusätzlich reduziert werden kann.

7.2.5.5 Bautypen: Bermen

Unter Bermen versteht man Erdterrassen unterschiedlicher Breite, welche durchgehend oder unterbrochen (Tellerbermen) an Hängen angeordnet werden, um Gleitschneebewegungen in ihrem Ausmaß zu reduzieren (Bild 7-28a). Die Errichtung kann mittels Schreitbagger erfolgen. Die manuelle Errichtung von Bermen wird auf Grund der hohen Kosten für die Handarbeit nicht mehr durchgeführt. Breitterrassen [173] erreichen eine Breite von 0,8–2,0 m.

Problematisch ist die Beeinträchtigung des Hangwasserhaushaltes durch Bermen und die Förderung der Erosion. In den Untersuchungen von *Leuenberger* [173] zeigte sich, dass das Abpressen der Bermenkanten besonders dann problematisch ist, wenn die Bermen im Ab- und Auftrag errichtet wurden und die Hangneigung oberhalb von 30° gelegen ist. Die Wirksamkeit von Bermen als Gleitschneeschutz verringert sich mit zunehmendem Bermenabstand. In labilen Hangbereichen, welche zu Vernässung oder erhöhter Erosionsbereitschaft neigen, ist auf die Errichtung von Bermen zu verzichten, allenfalls ist eine geotechnische Begutachtung der Hangstabilität durchzuführen.

Eine Sonderform von Bermen sind *Pflugbermen,* welche mit einem Bermenpflug, welcher horizontal zum Hang mittels einer Kleinseilwinde gezogen wird, errichtet werden [120]. Pflugbermen haben nur eine geringe Wirkhöhe und können nur auf Böden mit mächtiger Humusauflage errichtet werden. *Druckhügel* (Bild 7-28b) sind eine Sonderform von Bermen, welche nur in tiefgründigen Lehmböden errichtet werden können. Rasenziegel werden händisch aus dem Boden ausgestochen und mit der Rasenseite nach unten zu Hügeln aufgebaut. Gegenüber Bermen haben sie den Vorteil, dass sie den Hangwasserabfluss nicht so stark beeinflussen, da das Wasser zwischen den Hügeln abfließen kann.

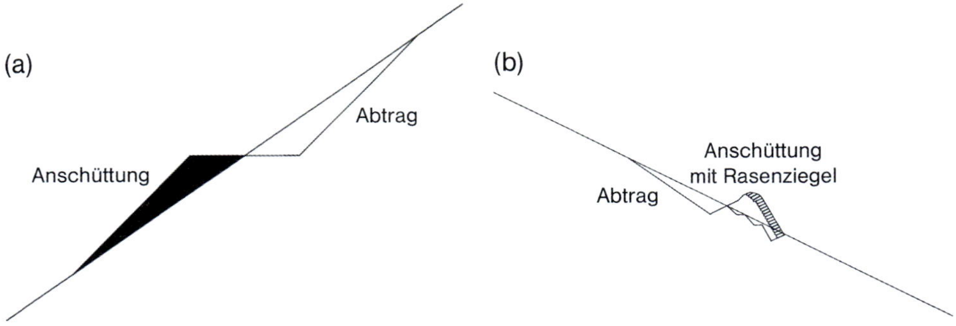

Bild 7-28 Gleitschneeschutz durch Bermen (Systemskizzen): (a): Erdterrassen; (b): Druckhügel (© WLV Vorarlberg)

7.3 Technische Lawinenschutzmaßnahmen in der Sturzbahn und im Ablagerungsgebiet

7.3.1 Überblick

Kann das Abbrechen von Lawinen im Anbruchgebiet nicht oder nur mit unverhältnismäßig hohen Kosten verhindert werden, stellen Maßnahmen in der Sturzbahn oder im Ablagerungsgebiet eine Alternative dar, um die Energie von Lawinen zu verringern und die Aus-

Tabelle 7-9 Übersicht der technischen Lawinenschutzmaßnahmen in der Sturzbahn und im Ablagerungsgebiet

Bezeichnung		Situierung	Wirkung auf	
Kategorie	Bautype		Fließlawinen	Staublawinen
Leit- und Ablenkverbauung	Damm/Mauer	Sturzbahn	++	–
Brems- und Auffangverbauung	Damm/Mauer	Ablagerungsgebiet	++	–
	Fallboden	Sturzbahn	+	– –
	Bremshöcker, -kegel, -keil	Sturzbahn Ablagerungsgebiet	+	– –
	Lawinenbrecher	Sturzbahn	++	+[1)]
Sonderbauwerke	Galerie, Tunnel	Sturzbahn Ablagerungsgebiet	++	++
	Rohrbrücke	Sturzbahn	++	++
Objektschutz	Ebenhöh	Sturzbahn Ablagerungsgebiet	+	+

++ große Wirkung
\+ Wirkung vorhanden
– untergeordnete Wirkung
– – Wirkung vernachlässigbar
[1)] Die Auswirkung des Lawinenbrechers auf die Staublawine konnte bisher weder empirisch noch durch Modelle gesichert nachgewiesen werden.

lauflängen zu verkürzen. Oftmals kommen aber auch Maßnahmen in der Sturzbahn oder im Ablagerungsgebiet in Kombination mit Maßnahmen geringeren Umfangs im Anbruchgebiet (Teilverbauung des Anbruchgebietes) zum Einsatz.

Grundsätzlich kann zwischen

- der Lawinenleit- und Lawinenablenkverbauung,
- der Lawinenauffang- und Lawinenbremsverbauung sowie
- den Überleitungs- und Sonderbauwerken

unterschieden werden. Die Tabelle 7-9 gibt einen Überblick über die in der Praxis verwendeten Schutzmaßnahmen in der Sturzbahn und im Ablagerungsgebiet und ihre Wirkung auf Fließ- und Staublawinen.

7.3.2 Lawinenleit- und Lawinenablenkverbauung

7.3.2.1 Wirkungsweisen und Methoden

Die Lawinenleit- und Lawinenablenkverbauung wird in Form von Dämmen oder Mauern ausgeführt, die die Lawine in der Sturzbahn „richtungsstabil" halten oder in eine andere Richtung zwingen bzw. sie vom/von zu schützenden Objekt/en ablenken. Ihre Wirkung ist allerdings vornehmlich auf den Fließanteil einer Lawine beschränkt, für einen voll entwickelten Staubanteil von Mischlawinen oder eine reine Staublawine ist diese hingegen sehr gering.

Spaltkeile und Ebenhöh zählen systematisch ebenfalls zur Ablenkverbauung. Sie liegen jedoch direkt vor einem zu schützenden Objekt und werden daher den Objektschutzmaßnahmen zugeordnet (siehe Abschnitt 10.1.3).

7.3.2.2 Bautypen: Leitdämme

Leitdämme haben die Aufgabe, die seitliche Ausbreitung und Richtungsabweichung von Lawinen dort in ihrer Breite zu beschränken, wo z. B. runsenförmige Sturzbahnen auf fächerförmige Schuttkegel im flacheren Talboden ausmünden. Leitdämme verhindern aber auch bei Flächenlawinen wirksam die seitliche Ausbreitung (Bild 7-29).

Lawinenleitdämme werden in Form von homogenen Erddämmen oder Mauern aus Stahlbeton ausgeführt und oft in Verbindung mit Galeriebauwerken bei Straßen oder Bahnanlagen errichtet, um deren Längenerstreckung auf ein unbedingt erforderliches Ausmaß reduzieren zu können. Die Richtung der Leitdämme ist parallel zur Lawinenbahn, eine Ablenkung der Lawine von ihrer Hauptstoßrichtung erfolgt nicht.

7.3.2.3 Bautypen: Lawinenablenkbauwerke (-damm, -mauer)

Ablenkdämme bewirken – im Gegensatz zu Leitdämmen – die Umlenkung einer Fließlawine in eine gewünschte Richtung oder wirken dem seitlichen Ausbrechen nach einer Rich-

Bild 7-29 Leitdämme verhindern die seitliche Ausbreitung von Fließlawinen in Richtung des Siedlungsraums (Ischgl/Tirol) (© Rudolf-Miklau)

(a)

(b)

Bild 7-30 Ablenkbauwerke: (a): Lawinenablenkmauer in Stahlbeton, Hanggerbachlawine, Gemeinde Tux (© Sauermoser) und (b): Ablenkdamm, Steinbichelelawine, Gemeinde Neustift/Stubaital (© WLV Tirol)

tungsänderung in der Sturzbahn entgegen. Für den voll entwickelten Staubanteil von Mischlawinen oder reine Staublawinen sind Ablenkdämme praktisch wirkungslos.

Die Wirksamkeit der Dämme hängt von der Lage des Dammes in der Sturzbahn (und damit von der Geschwindigkeit der Lawine am Dammstandort), von der Dammhöhe, von der Geländeneigung, vom Ablenkwinkel und von der geometrischen Form des Dammes ab. Je kleiner der Ablenkwinkel ist, umso leichter wird die Richtungsänderung von der Lawine angenommen. Bei einem zu großem Winkel kann der Damm von der Fließlawine übersprungen werden oder es kommt zur Ablagerung von Lawinenteilen und in der Folge zu einer unerwünschten Vorverfüllung und reduzierter Wirkhöhe des Dammes.

Der maximal mögliche Ablenkwinkel kann nach [147] ermittelt werden. Für die praktische Anwendung wird empfohlen, den maximalen Ablenkwinkel um 10° zu verringern. Lawinenseitig soll der Damm mit einer Neigung von mindestens 60° ausgestattet sein, was die Anwendung von Baumethoden zur Böschungsstabilisierung (z. B. bewehrte Erde, Steinschlichtungen) notwendig macht. Eine lawinenseitige Dammneigung von weniger als 30° wurde zumindest bei Modellversuchen als wenig effizient befunden, während Böschungsneigungen von 60° nahezu der maximalen Wirkung von senkrechten Mauern entsprachen [147]. Ablenkdämme können als Erddamm, Blocksteinmauerung oder Stahlbetonmauer ausgeführt werden.

Bei der Situierung von Lawinenleit- und Lawinenablenkdämmen ist eine genaue Analyse der Breite der Lawinensturzbahn anhand von „stummen Zeugen", Lawinenchroniken oder Simulationen notwendig, um die plangemäße Funktionsfähigkeit sicherzustellen. Liegt der Damm nicht am Rande oder außerhalb der Sturzbahn, werden nur Teile der Lawine in ihrer Richtung beeinflusst.

7.3.3 Lawinenbrems- und Lawinenauffangverbauung

7.3.3.1 Wirkungsweisen und Methoden

Lawinenbrems- und Lawinenauffangverbauungen werden der Lawine frontal entgegengestellt. Die Funktion dieser Schutzbauwerke ist das Auffangen der gesamten Lawinenmasse oder die Reduktion der Lawinengeschwindigkeit, wodurch die Lawinenauslauflänge verkürzt wird.

Folgende Bautypen können unterschieden werden:

- Auffangdamm
- Fallboden
- Bremskegel/-höcker, Bremskeil
- Lawinenbrecher

Bei der Situierung von Lawinenbremsverbauungen ist zu berücksichtigen, dass die Wirkung dieser Maßnahmen umso höher ist, je mehr das natürliche Gelände die eigentliche Lawinenablagerung begünstigt. Durch die Erhöhung der Rauigkeit werden die Geschwindigkeit extremer Lawinen und damit die Auslauflänge reduziert. Bereits Mitte des 19. Jahrhunderts wurden Lawinenbremsverbauungen zur Sicherung von höher gelegenen Siedlungen oder Almhütten errichtet.

7.3.3.2 Bautypen: Auffangdamm (-mauer)

Der Grundgedanke des Auffangdammes (der Auffangmauer) besteht darin, dass mit Hilfe eines künstlichen Hindernisses eine Lawine vollständig zum Stillstand gebracht und abgelagert wird (Bild 7-31a, b). Entscheidend für die Wirksamkeit eines Auffangdammes sind seine wirksame Höhe, die Situierung in der Lawinenbahn, die geometrische Ausgestaltung und das Speichervolumen des Ablagerungsraums. Lawinenauffangdämme sollten deshalb nur dort errichtet werden, wo die Lawinengeschwindigkeit schon gering ist, andererseits ist ein Sicherheitsabstand zu den zu schützenden Objekten erforderlich. Lawinen können zur Gänze aufgefangen und abgelagert werden, aber auch die teilweise Ablagerung einer Lawine und somit ein teilweises Überströmen eines Dammes kann Teil eines Sicherheitskonzeptes sein. Dies ist bei der Situierung eines Dammes zu berücksichtigen. Entscheidend ist des weiteren die Dammneigung an der Lawinenseite, welche möglichst steil sein muss. Auf die

(a)

(b)

Bild 7-31 Zweiteilige, massiv ausgeführte Lawinenmauer zum Schutz des Ortszentrums von Galtür (Tirol): (a): im Überblick; (b): von der Anströmseite gesehen mit dem dahinterliegenden Alpinarium (© WLV Tirol)

geotechnischen Erfordernisse – wie ausreichende Verdichtung des Schüttmaterials und Entwässerung des Stauraumes – ist bei der Errichtung eines Dammes Rücksicht zu nehmen. Die Einwirkung der Lawine spielt bei der Dimensionierung von Auffangdämmen eine untergeordnete Rolle, da die Masse des Dammes in der Regel diese bei weitem überwiegt. Bei der Dimensionierung der Dammhöhe sind Vorverfüllungen des lawinenseitigen Ablagerungsraums durch vorangegangene Lawinenereignisse zu berücksichtigen. Dadurch kann die wirksame Dammhöhe beim Bemessungsereignis deutlich reduziert werden.

Für den voll entwickelten Staubanteil von Mischlawinen und Staublawinen werden Auffangdämme in der Wirkung als vernachlässigbar bewertet. Laborversuche deuten aber darauf hin, dass auch der Staubanteil erheblich durch einen Damm beeinflusst werden kann, wenn die Dammhöhe ca. 40 % der Fließhöhe der Lawine beträgt. Dann kann die Geschwindigkeitsreduktion des Staubanteiles hinter dem Damm 20–40 % betragen [147].

Auffang- und Bremsverbauungen (siehe Abschnitt 7.3.3) können wirkungsvoll kombiniert werden. Die Fließgeschwindigkeit von Lawinen kann durch vorgesetzte Bremsverbauungen herabgesetzt werden, dadurch kann die wirksame Dammhöhe des Auffangbauwerks reduziert werden.

7.3.3.3 Bautypen: Bremshöcker, Bremskegel, Bremskeil

Als Vorreiter der Bremsverbauung wurden zu Beginn des vorigen Jahrhunderts einfache Bremshöcker aus Erdmaterial errichtet und in größerer Anzahl versetzt angeordnet. Die Idee leitete sich ursprünglich von den Spaltkeilen bei alten Häusern in Lawinensturzbahnen ab. Durch die versetzte Anordnung soll eine Verästelung der Lawine im Auslaufbereich und eine Reduktion der Auslauflänge erreicht werden. Bremskegel wurden häufig in einfacher Erdbauweise geschüttet oder mit Bruchsteinen gepflastert, um deren Wirkung zu erhöhen (Bild 7-32a).

Erst neuere Experimente von *Hákonardóttir und Johannesson* [147] zeigen, dass eine Geschwindigkeitsreduktion durch Bremshöcker von 20 % durch eine Höckerreihe und 30 % von zwei Höckerreihen (Bild 7-32b) erreicht werden kann, wenn folgende Kriterien erfüllt werden:

- Die Höhe der Bremshöcker muss mindestens die 2- bis 3-fache Fließhöhe der Lawine betragen.
- Die Lawinenseite der Bremshöcker muss mindestens 60° steil sein, und das Verhältnis der Breite zur Höhe der Höcker muss 1 betragen.

(a)

(b)

Bild 7-32 Lawinenbremsverbauung: (a): Bremskegel in der Heiligenblutlawine (Kärnten); (b): Bremshöcker in Neskaupstadur (Island), bemessen nach [147] (© Sauermoser)

- Die Höcker müssen systematisch über die gesamte Fließbreite der Lawine angeordnet sein, der Zwischenraum zwischen den trapezförmigen Höckern darf nicht mehr als die Kronenbreite der Höcker betragen.
- Die Bremshöcker müssen im Auslaufbereich der Lawine situiert sein, in der Sturzbahn haben die Höcker kaum eine geschwindigkeitsreduzierende Wirkung.

7.3.3.4 Bautypen: Lawinenbrecher

Lawinenbrecher sind massive Bauwerke aus hochbewehrtem Stahlbeton, die einerseits durch die Verwirbelung des Luft-Schneestaub-Gemisches, andererseits durch den Rückstau des Fließanteiles der Mischlawine direkt in den Prozessablauf von Fließ- und Staublawinen eingreifen und die Lawinengeschwindigkeit und somit die Auslauflängen deutlich verkürzen.

Lawinenbrecher können bei Lawinen mit kanalisierter Sturzbahn effiziente und kostengünstige Alternativen zur Errichtung von großflächiger Lawinenanbruchverbauung bzw. Lawinenbrems- und Lawinenauffangverbauung darstellen, wenn diese aus topographischen oder technischen (wirtschaftlichen) Gründen nicht realisiert werden können. Die in der Sturzbahn situierten Lawinenbrecher werden fallweise mit Auffangdämmen und/oder Bremskegeln im beginnenden Ablagerungsgebiet kombiniert. Bei besonderen morphologischen Gegebenheiten (z. B. felsige Steilstufe unterhalb des Anbruchgebiets) wurden Lawinenbrecher auch auf flächigen Lawinenbahnen eingesetzt [308].

In Österreich wurden bisher fünf Lawinenbrecher in Stahlbeton errichtet: Die Lawinenbrecher in der Mühlauerklammlawine (Innsbruck/Tirol) (Bild 7-33a), in der Hörndlgraben- und Hasentallawine (Salzburg) und im Rastetzenbach (Bad Hofgastein/Salzburg) sind in kanalisierten Sturzbahnen situiert, in der Gamsleitenlawine (Obertauern/Salzburg) (Bild 7-33b) wurden 9 Lawinenbrecher auf einer flächigen Sturzbahn errichtet.

Die erstmalige Beobachtung der Wirkung von Lawinenbrechern im Rahmen eines Schutzprojektes im Rastetzenbach in Salzburg zeigte, dass das Bauwerk eine Störung des Schnee-Luft-Gemisches im Grenzbereich zwischen Fließ- und Staubanteil bewirken könnte. Diese Wirkung wird verstärkt, wenn das Bauwerk an einem natürlichen Gefällsbruch in der Sturzbahn situiert wird. Die Wirkung des Lawinenbrechers in der Mühlauerklamm-Lawine

(a) (b)

Bild 7-33 Lawinenbrecher: (a): Bauwerke in der Mühlauerklammlawine (Innsbruck/Tirol) (© Skolaut) und (b): in der Gamsleitenlawine (Obertauern/Salzburg) (© WLV Salzburg)

(Tirol) wurde in einem Modellversuch [152] in einer vereinfachten Versuchsanordnung untersucht. Dieser Modellversuch zeigte eine Geschwindigkeitsreduktion in der Größenordnung von 40–60 % gegenüber der Geschwindigkeit der Referenzlawine, also vor dem Auftreffen auf den Lawinenbrecher.

7.3.4 Überleitungsbauwerke und Sonderbauwerke

7.3.4.1 Bautypen: Lawinengalerie, Lawinentunnel

Lawinengalerien und Lawinentunnel sind Direktschutzmaßnahmen für Verkehrswege in der Sturzbahn oder im Ablagerungsgebiet. Sie schützen Straßen oder Eisenbahnlinien vor Lawinenwirkung, indem sie diese darüber ableiten (Bild 7-34a, b). Lawinengalerien unterscheiden sich von den Lawinentunnels durch Öffnungen an der lawinenabgewandten Seite. Die Errichtung von Lawinengalerien oder -tunnels ist besonders dann effizient, wenn es sich um große Anbruchgebiete mit schmalen, klar definierten Sturzbahnen handelt [10][75][310].

Bei der Projektierung von Lawinengalerien ist es notwendig, die Art und Größe der Einwirkungen und die Breite der Lawinenbahn zu kennen. Diese Größen können anhand von „stummen Zeugen", Lawinenchroniken und -simulationen bestimmt werden. Für die Bemessung einer Galerie sind vielfach die Ablagerungen einer Lawine oder Umlenkkräfte entscheidend. Die Galerie soll deshalb für die fließende Lawine ein möglichst kleines Hindernis darstellen. Gefällsbrüche sind möglichst weit oberhalb des Galeriedaches anzuordnen. Da Galerien auch oftmals vor Steinschlägen schützen, sind die bei diesen Prozessen auftretenden Einwirkungen zusätzlich durch einen Geologen zu ermitteln und in die Bemessung mit einzubeziehen.

Die Sturzbahnbreite oder die Breite möglicher Lawinenablagerungen ist das Kriterium für die Bestimmung der Länge einer Galerie oder eines Tunnels. Aus Kostengründen werden häufig Leitdämme bergaufwärts der Galerie zur eindeutigen Begrenzung der Sturzbahn in diesem Abschnitt errichtet, um die Portale auf beiden Seiten vor Lawinenablagerung zu schützen. Bei Lawinengalerien kommen Konstruktionen von Halbrahmen – das sind einstielige Rahmen mit bergseitiger Stützwand oder im Fels verankerter Auflagerkonsole – wie auch in den letzten Jahren Gewölbekonstruktionen aus Stahlbeton zum Einsatz. Monolithische Betonkonstruktionen ohne Dilatationsfugen werden heute bevorzugt. Die Größe

(a)

(b)

Bild 7-34 Überleitungsbauwerke: (a): Lawinengalerie in Kühtai (Tirol); (b): im Bau befindliche Galerie in der Mahdermähderlawine (Schmirntal/Tirol) (© Sauermoser)

(a) (b)

Bild 7-35 Verschiedene Varianten der talseitigen Verschalung der Öffnungen von Lawinengalerien: (a): Verschalung mit Betonbalken; (b): Verschalung in Holz (© Sauermoser)

der talseitigen Öffnungen ist davon abhängig, ob der Rückfluss einer Lawine durch die Öffnungen stattfinden kann (Bild 7-35a, b). Dies ist dann der Fall, wenn sich die Galerie im Auslaufbereich der Lawine befindet und das Gelände talseits der Galerie so flach ist, dass es zu einer Ablagerung der Lawine kommt. Befindet sich eine Galerie direkt in der Sturzbahn der Lawine und es ist kein talseitiges Eindringen der Lawine in die Galerie zu erwarten, können die talseitigen Öffnungen größer gehalten werden.

7.3.4.2 Bautypen: Rohrbrücke

Überquert ein Verkehrsweg eine Lawinensturzbahn in ausreichender Höhe, so kann dieser auch in einer lawinensicheren Rohrbrücke geführt werden. Als Rohrbrücke bezeichnet man ein Brückendeck mit einem geschlossenen Überbau (Bild 7-36). Derartige Konstruktionen werden bei der Querung von Lawineneinzugsgebieten mit einer hohen Wahrscheinlichkeit von Staublawinenabgängen ausgeführt. Aufgrund der hohen Kosten und der komplexen Bauausführung werden derartige Schutzbauwerke nur bei schmalen, tief eingeschnittenen Lawinensturzbahnen mit ausreichenden beidseitigen Fundierungsmöglichkeiten (wenn möglich in Fels) errichtet. Rohrbrücken über Lawinenstriche existieren in Österreich beispielsweise im Großen Gröben (Bschlabs/Tirol) [75] oder in der Schweiz im Rohrbachgraben am St. Gotthard (Wassen/Kanton Uri) [254].

Bild 7-36 Rohrbrücke im Großen Gröben (Bschlaberstrasse/Tirol) (© WLV Tirol)

8 Permanenter Technischer Lawinenschutz: Bemessung und Konstruktion

Stefan Margreth, Jürgen Suda, Robert Hofmann, Peter Gauer, Siegfried Sauermoser, Wolfgang Schilcher, Christoph Skolaut

8.1 Grundlagen der Bemessung

8.1.1 Bemessungsnormen: Überblick

Die bautechnische Bemessung von Schutzbauwerken des permanenten technischen Lawinenschutzes findet auf Basis der Eurocode-Bemessungsnormen statt. Diese europäisch harmonisierte Normengeneration stellt seit 2010 den Stand der Technik bei der Bemessung von Tragwerken in den CEN-Mitgliedsstaaten (CEN = Comité Européen de Normalisation – Europäisches Komitee für Normung) dar. Das gesamte Normenwerk des Eurocode (EC) gliedert sich in 10 Bereiche (Normenreihen). In der Reihe EC 0 (EN 1990) sind die Grundlagen der Tragwerksplanung geregelt, die Reihe EC 1 (EN 1991) normiert die Einwirkungen auf Tragwerke. Danach folgen die einzelnen Bauartnormen. Von diesen sind für dieses Werk EC 2 (EN 1992) – Beton und Stahlbetonbau, EC 3 (EN 1993) – Stahlbau, EC 5 (EN 1995) – Holzbau und EC 7 (EN 1997) – geotechnische Bemessungen, EC 8 (EN 1998) – Bemessung bei Erdbeben relevant. Generell besteht eine Eurocode-Norm aus einem europäisch einheitlichen Basisdokument, welches mit EN bezeichnet wird (z. B.: EN 1992-1-1), und einem nationalen Anwendungsdokument (NAD), in dem jeder Staat zu bestimmten Punkten im Basisdokument nationale Festlegungen treffen darf. In *Österreich* werden diese nationalen Dokumente mit „B" bezeichnet (z. B. ÖNORM B 1992-1-1). In *Deutschland* wird der Bezeichnung ein „NA" nachgestellt (z. B. DIN EN 1992-1-2/NA). In der *Schweiz* werden Bauten gemäß den Tragwerksnormen des SIA (Schweizer Ingenieur- und Architektenverein) projektiert. Die SIA-Tragwerksnormen basieren in weiten Teilen auf den Eurocode-Normen. Die für die Bemessung von Lawinenschutzbauwerken relevanten Normen sind gegliedert nach Einsatzgebiet in Tabelle 8-1 zusammengestellt.

Neben den in Tabelle 8-1 zusammengestellten Normen sind auch spezielle Richtlinien zur Bemessung einer Lawinenanbruchverbauung verfügbar. In den meisten Fällen werden diese Schutzbauwerke nach der *Schweizer Richtlinie „Lawinenverbauung im Anbruchgebiet"* [189] bemessen. In Österreich befindet sich derzeit eine Reihe von ÖNORM-Regeln in Ausarbeitung, welche die Bemessung, Konstruktion und Erhaltung von Schutzbauwerken regelt. Die *ONR 24806* [236] wird sich mit der Bemessung und konstruktiven Ausgestaltung der Lawinenverbauungen befassen und mit dem Eurocode übereinstimmen.

Handbuch Technischer Lawinenschutz. 1. Auflage. Florian Rudolf-Miklau, Siegfried Sauermoser (Hrsg.).

Tabelle 8-1 Überblick über die wichtigsten Normenwerke zur bautechnischen Bemessung von Lawinenschutzbauwerken in Österreich, der Schweiz und Deutschland

Themengebiet	Europäisches Basis-dokument	Nationale Anhänge und andere nationale Umsetzungsnormen		
		Österreich	Schweiz	Deutschland
Beton und Stahlbeton				
Allgemeine Regeln	EN 1992-1-1	ÖNORM B 1992-1-1	SA EN 1992-1-1; SIA 262.001	DIN EN 1992-1-2/NA
Stützbauwerke	EN 1992-3	ÖNORM B 1992-3	SA EN 1992-3; SIA 262.004	–
Stahltragwerke				
Allgemeine Regeln	EN 1993-1-1	ÖNORM B 1993-1-1	SA EN 1993-1-1; SIA 263.001	DIN EN 1993-1-1/NA
Anschlüsse	EN 1993-1-8	ÖNORM B 1993-1-8	SA EN 1993-1-8; SIA 263.008	DIN EN 1993-1-8/NA
Stahlzugglieder	EN 1993-1-11	ÖNORM B 1993-1-11	SA EN 1993-1-11; SIA 263.011	DIN EN 1993-1-11/NA
Holztragwerke				
Allgemeine Regeln	EN 1995-1-1	ÖNORM B 1995-1-1	SA EN 1995-1-1; SIA 265.001	DIN EN 1995-1-1/NA
Geotechnik				
Allgemeine Regeln	EN 1997-1	ÖNORM B 1997-1-1	SA EN 1997-1; SIA 267.001	DIN EN 1997-1/NA
Flächengründungen		ÖNORM B 1997-1-2	–	DIN 4017
Pfahlgründungen		ÖNORM B 1997-1-3	–	DIN 4014
Erddruckberechnung und Stützbauwerke		ÖNORM B 1997-1-4	–	DIN 4085
Geländebruch		ÖNORM B 1997-1-5	–	DIN 4084
Messungen und Bauwerksbeobachtungen		ÖNORM B 1997-1-6	–	–
Baugrunderkundungen	EN 1997-2	ÖNORM B 1997-2	SA EN 1997-2; SIA 267.002	DIN 4020

8.1.2 Generelles Bemessungskonzept

8.1.2.1 Sicherheitskonzept

Jeder Bemessung eines Bauwerks liegt ein bestimmtes Sicherheitskonzept zugrunde. Ein Sicherheitskonzept dient dazu, die in den Eingangswerten und im Bemessungsmodell enthaltenen Vereinfachungen und Unschärfen zu kompensieren, um ein gesellschaftlich akzeptiertes Sicherheitsniveau der Bauwerke zu erreichen. Den Eurocode-Normenwerken liegt ein semiprobabilistisches Sicherheitskonzept zugrunde (Teilsicherheitskonzept). In diesem Konzept werden die Einwirkungen um einen Teilsicherheitsbeiwert erhöht und die Widerstände um einen Teilsicherheitsbeiwert abgemindert.

8.1.2.2 Grenzzustände

Die Basis jeder Bemessung ist die Festlegung eines Grenzzustandes. Je nachdem welche Eigenschaft eines Bauwerkes nachzuweisen ist, muss ein passender Grenzzustand überlegt werden, welcher nicht überschritten werden darf. Ein Grenzzustand ist erreicht, wenn ein Bauwerk, inklusive des umgebenden Untergrundes, oder ein Teil davon die gewünschten Entwurfsanforderungen nicht mehr erfüllt.

Im Eurocode-Konzept werden die *Grenzzustände der Tragfähigkeit* (GZT) und der *Gebrauchstauglichkeit* (GZG) unterschieden. Die Grenzzustände der Tragfähigkeit umfassen die STR-Grenzzustände, die sich auf inneres Versagen oder sehr große Verformungen des Tragwerks oder seiner Bauteile (einschließlich der Gründungen) beziehen, wobei der Widerstand durch die Festigkeiten der Werkstoffe aufgebaut wird, und die GEO-Grenzzustände, die das Versagen oder sehr große Verformungen des Baugrundes beschreiben, wobei die Festigkeit der Locker- und Festgesteine für den Widerstand entscheidend ist. Die Grenzzustände der Gebrauchstauglichkeit (GZG) werden bei Schutzbauwerken durch die funktionale Dimensionierung der Bauwerke und eine kontinuierliche Überwachung sichergestellt.

8.1.2.3 Nachweise in den Grenzzuständen der Tragfähigkeit

Für den Nachweis des Grenzzustandes der Tragfähigkeit – ob ein GZT mit ausreichender Wahrscheinlichkeit ausgeschlossen werden kann – wird der Widerstand R, der aus dem Tragwerk und dem Baugrund resultiert, der Einwirkung oder Beanspruchung E gegenübergestellt. Beanspruchungen sind Spannungszustände oder Schnittkräfte im Tragwerk oder im Baugrund, welche aus den Einwirkungen resultieren. Dabei wird zwischen den charakteristischen Werten der Einwirkung E_k und des Widerstandes R_k und deren Bemessungswerten (E_d und R_d) unterschieden. Der Nachweis wird immer mit Bemessungswerten geführt. Eine ausreichende Sicherheit gegen einen GZT ist gegeben, wenn der Bemessungswert der Einwirkung E_d kleiner als der Bemessungswert des Widerstandes R_d ist (Gl. 8.1). Das *Bemessungskriterium* lässt sich auch über den Ausnutzungsgrad μ anschreiben (Gl. 8.2). Der Ausnutzungsgrad ist für die Optimierung des Tragwerkes ein wichtiges Hilfsmittel.

$$E_d \leq R_d \quad \text{bzw.} \quad \mu = \frac{E_d}{R_d} \leq 1{,}0 \qquad (8.1, 8.2)$$

mit:

E_d Bemessungswert einer Einwirkung (Beanspruchung)

R_d Bemessungswert eines Widerstandes

8.1.2.4 Bemessungswerte

Bemessungswerte werden über Teilsicherheitsbeiwerte aus den charakteristischen Werten errechnet. Die charakteristischen Werte der Einwirkungen und Widerstände werden aus statistischen Verteilungen abgeleitet oder als Nennwerte festgelegt. Die Höhe der Teilsicherheitsbeiwerte hängt vom betrachteten Grenzzustand, der Art der Einwirkung (ständig, veränderlich, außergewöhnlich) und der Art des Widerstandes (Festigkeit, Bodenkennwert) sowie der Bemessungssituation (Abschnitt 8.1.2.5) ab.

Einen *Bemessungswert der Einwirkung* E_d erhält man, wenn der charakteristische Wert der Einwirkungen (Beanspruchung) mit dem Teilsicherheitsbeiwert für eine Einwirkung γ_E multipliziert wird, siehe Gl. (8.3):

$$E_d = \gamma_E \cdot E_k \tag{8.3}$$

mit:

γ_E Teilsicherheitsbeiwert einer Einwirkung
E_k charakteristischer Wert einer Einwirkung

Es werden Teilsicherheitsbeiwerte für ständige γ_G und veränderliche Einwirkungen γ_Q unterschieden. Die Höhe der Teilsicherheitsbeiwerte ist neben der Dauer der Einwirkung von der Bemessungssituation nach Abschnitt 8.1.2.5 abhängig. Die wichtigsten Teilsicherheitsbeiwerte für Einwirkungen sind in Tabelle 8-2 angegeben.

Ein Bemessungswert eines Bauteilwiderstandes, Werkstoffwiderstandes (R_d) oder einer geotechnischen Kenngröße (X_d) errechnet sich über den charakteristischen Wert und Division durch den Teilsicherheitsbeiwert für den Widerstand γ_R bzw. γ_M über Gl. (8.4 und 8.5). Teilsicherheitsbeiwerte für die wichtigsten Werkstoffe und Nachweise in den STR-Grenzzuständen sind in Tabelle 8-3 angegeben. Teilsicherheitsbeiwerte für GEO-Nachweise finden sich in Abschnitt 8.2.9.4 und 8.4.5.

$$R_d = \frac{R_k}{\gamma_R} \quad \text{bzw.} \quad X_d = \frac{X_k}{\gamma_M} \tag{8.4, 8.5}$$

mit:

R_k charakteristischer Wert des Tragwiderstandes
X_d geotechnische Kenngröße
γ_R, γ_M Widerstandsbeiwerte
X_k charakteristischer Wert der geotechnischen Kenngröße

Tabelle 8-2 Teilsicherheitsbeiwerte für Einwirkungen für STR- und GEO-Nachweise nach ÖNORM B 1997-1-1 [228]

Grenzzustand	Dauer der Einwirkung			Grenzzustände der Tragfähigkeit		
				BS1	BS2	BS3
GEO STR Stützbauwerke Flachgründungen Pfahlgründungen	ständig	ungünstig	$\gamma_{G,sup}$	1,35	1,20	1,00
		günstig	$\gamma_{G,inf}$	1,00	1,00	1,00
	veränderlich	ungünstig	$\gamma_{Q,sup}$	1,50	1,30	1,00
		günstig	$\gamma_{Q,inf}$	0	0	0

Tabelle 8-3 Teilsicherheitsbeiwerte für Widerstände der Baustoffe (γ_R) für STR-Nachweise

Baustoff			Grenzzustände der Tragfähigkeit		
			BS1	BS2	BS3
Beton, Stahlbeton[1)]	Beton	γ_c	1,50	1,50	1,20
	Bewehrungsstahl oder Spannstahl	γ_s	1,15	1,15	1,00
Stahl	Beanspruchbarkeit von Querschnitten[2)]	γ_{MO}	1,00	1,00	1,00
	Beanspruchbarkeit von Bauteilen bei Stabilitätsversagen[2)]	γ_{M1}	1,00	1,00	1,00
	Beanspruchbarkeit von Querschnitten bei Bruchversagen infolge Zugbeanspruchung[2)]	γ_{M2}	1,25	1,25	1,25
	Schrauben[5)]	γ_{Mb}	1,25	1,25	1,25
Holz[3)]	Vollholz	γ_M	1,30	1,30	1,00

1) laut EN 1992-1-1, Tab.2.1N
2) laut EN 1993-1-1, Abschnitt 6.1(1)
3) laut EN 1995-1-1, 2.4.1(1)
4) Bezeichnungen laut Abschnitt 8.1.2.5
5) laut EN 1993-1-8

8.1.2.5 Bemessungssituationen

Ein Tragwerk durchläuft in Laufe seiner Lebensdauer unterschiedliche Situationen. Dabei kann sich einerseits das Tragwerk selbst (Bauzustände, Beschädigung) und andererseits die Art und Höhe der Einwirkungen ändern. Somit besteht eine Bemessungssituation aus einem Widerstandsmodell und einer zugehörigen Einwirkungskombination.

Für Schutzbauwerke der Lawinenverbauung sind drei Bemessungssituationen zu unterscheiden:

- *Ständige Bemessungssituationen (BS 1)* sind Situationen, die den üblichen Nutzungsbedingungen des Bauwerkes entsprechen. Die Einwirkungen infolge des Bemessungsereignisses sind der BS1 zugeordnet.
- *Vorübergehende Bemessungssituationen (BS 2)* sind Situationen, die sich auf zeitlich begrenzte Zustände des Tragwerks beziehen (z. B. im Bauzustand).
- *Außergewöhnlichen Bemessungssituationen (BS 3)* sind Situationen, die sich auf außergewöhnliche Bedingungen für das Bauwerk beziehen (z. B. auf Erdbeben). Dazu zählen auch Einwirkungen aus einem Ereignis größer als das Bemessungsereignis.

8.1.2.6 Einwirkungskombinationen

Wirken mehrere Einwirkungen gleichzeitig auf ein Tragwerk, muss aus ihnen eine Einwirkungskombination gebildet werden. Als Einwirkungskombination (EK) bezeichnet man jenen Teil einer Bemessungssituation, der die Einwirkungen definiert. Auf Basis der Bemessungssituationen sind in der EN 1990-1-1 drei Einwirkungskombinationen für GZT und drei für GZG angegeben. Die Einwirkungskombinationen für die Nachweise in den GZT sind in Tabelle 8-4 dargestellt.

Tabelle 8-4 Allgemeine Einwirkungskombinationen für den Nachweis der Tragfähigkeit

Z	Bemessungs-situation	Ständige Einwirkungen G_d		Unabhängige veränderliche Einwirkungen Q_d		Außer-gewöhnliche Einwirkung und Einwirkung infolge Erdbeben
		ungünstig	günstig	vorherrschende	andere	
1	Ständig und vorüber-gehend	$\gamma_{Gj,sup} \cdot G_{kj}$	$\gamma_{Gj,inf} \cdot G_{kj}$	$\gamma_{Q1} \cdot Q_{k1}$	$\gamma_{Qi} \cdot \psi_{0i} \cdot Q_{ki}$	–
2	Außer-gewöhnlich	$G_{kj,sup}$	$G_{kj,inf}$	$\psi_{11} \cdot Q_{k1}$ oder $\psi_{21} \cdot Q_{k1}$	$\psi_{2i} \cdot Q_{ki}$	A_d
3	Erdbeben	$G_{kj,sup}$	$G_{kj,inf}$	–	$\psi_{2i} \cdot Q_{ki}$	$\gamma_E \cdot A_{Ek}$ oder A_{Ed}

Für eine Einwirkungskombination sind jeweils alle Lastanteile einer Zeile in Tabelle 8-4 miteinander zu kombinieren. Generell sind für Schutzbauwerke keine Kombinationsbeiwerte ψ definiert. Diese sind daher in den EK alle mit 1,0 anzusetzen. Kombinationsbeiwerte zur Bemessung von Hochbauten sind in Tabelle 10-6 angegeben. Um die Höhe der Teilsicherheitsbeiwerte festzulegen, muss jede Einwirkungskombination einer Bemessungssituation nach Abschnitt 8.1.2.5 zugeordnet werden.

8.1.3 Geotechnische Nachweisverfahren

8.1.3.1 Allgemeines

In der Geotechnik wird der Umgang mit den Teilsicherheitsbeiwerten über die geotechnischen Nachweisverfahren (NV) geregelt. Diese sind in der EN 1997-1 definiert. Die Nachweisverfahren legen fest, ob die Teilsicherheitsbeiwerte auf die Einwirkungen, die Bodenkennwerte oder die Beanspruchungen im Tragwerk (Schnittkräfte) angewendet werden. Diese Festlegungen sind deswegen wichtig, da für die Berechnung der Spannungszustände im Boden oft nichtlineare Modelle verwendet werden. In der ÖNORM B 1997-1-1 sind in Abhängigkeit der Tragwerksart (Stützbauwerk, Flachgründung, Anker) und der Art des Nachweises die zu verwendenden NV und die zugehörigen Teilsicherheitsbeiwerte festgelegt. Weitere Ausführungen dazu finden sich beispielsweise in [129] und [322].

8.1.3.2 Nachweisverfahren 1 (NV 1)

Im Nachweisverfahren 1 müssen zwei getrennte Nachweise mit unterschiedlichen Gruppen von Teilsicherheitsbeiwerten (Kombination 1 und Kombination 2) geführt werden. Für die Bemessung ist jene Kombination maßgeblich, die die höheren Beanspruchungen erzeugt. Bei den Kombinationen 1 und 2 werden die Teilsicherheitsbeiwerte auf die Einwirkungen und die Baugrund-Kenngrößen angewendet.

8.1.3.3 Nachweisverfahren 2 (NV 2)

Im Nachweisverfahren 2 werden gemäß EN 1997-1-1, 2.4.7.3.4.3 die Teilsicherheitsbeiwerte auf die Einwirkungen und die Widerstände (NV 2) oder auf die Beanspruchungen und die Widerstände (NV 2*) des Baugrundes angewendet.

8.1.3.4 Nachweisverfahren 3 (NV 3)

Im Nachweisverfahren 3 werden laut EN 1997-1, 2.4.7.3.4.4 die Teilsicherheitsbeiwerte auf die Einwirkungen oder Beanspruchungen des Tragwerkes und auf die Bodenkennwerte angewendet.

8.1.4 Generelle Vorgehensweise bei der Bemessung

Die Bemessung von Tragwerken ist ein iterativer Prozess. Es sollte immer vom Groben ins Feine gearbeitet werden. Generell kann die Bemessung von Lawinenschutzbauwerken entsprechend der in Tabelle 8-5 vorgeschlagenen Vorgehensweise durchgeführt werden.

Tabelle 8-5 Generelle Vorgehensweise bei der Bemessung von Lawinenschutzbauwerken

Schritt	Bemessungsaufgabe
1	Festlegung der Bemessungsgrundlagen (z. B. Bemessungsschneehöhe)
2	Ermittlung und Quantifizierung der Einwirkungen
3	Erstellung der Einwirkungskombinationen und der zugehörigen Geometrien des Tragwerkes (Vorentwurf)
4	Zuordnung der Einwirkungskombinationen zu den Bemessungssituationen
5	Festlegung der maßgeblichen Grenzzustände (in Abhängigkeit der Versagensarten des Tragwerkes)
6	Berechnung der Bemessungswerte der Einwirkungen und der Widerstände
7	Berechnung der Beanspruchungen des Tragwerkes und des Baugrundes
8	Führung der Nachweise in den Grenzzuständen der Tragfähigkeit
9	Genereller Entwurf und Detailentwurf des Tragwerkes

8.1.5 Bemessungsgrundlagen Stahlbau

Der wichtigste Baustoff für gegliederte Tragwerke des Lawinenschutzes ist Stahl. Stahlbauteile werden als biege-, zug- und druckbeanspruchte Bauteile eingesetzt. Biegebeanspruchte Bauteile sind auf Biegung, Querkraft und gegebenenfalls Stabilität (Biegedrillknicken) zu bemessen. Das Verhalten bei Stabilitätsversagen ist neben den Querschnittsabmessungen von den Lagerungsbedingungen und der Anordnung von Querträgern abhängig. Vorwiegend auf Druck beanspruchte Bauteile (Stützen) sind auf Biegeknicken zu bemessen. Die generelle Bemessung erfolgt nach EN 1993-1-1 mit dem jeweils zugehörigen nationalen Anwendungsdokument (NAD).

Der folgende Abschnitt gibt vereinfacht die wichtigsten Stahlbaugrundlagen zur Bemessung von Bauteilen in der Lawinenstützverbauung wieder. Diese Ausführungen behandeln I-Profile und sind auf die Querschnitte der Klassen 1 und 2 beschränkt. Zur Bemessung von anderen Profilen und Querschnitten der Klasse 4 wird auf die EN 1993-1-1 und die einschlägige Fachliteratur (z. B. [163] [247]) verwiesen.

Generell werden die Nachweise zur Beanspruchung eines Querschnittes und zum Stabilitätsversagen von Bauteilen unterschieden. Erstere werden nur aufgrund der im Querschnitt vorhandenen Spannungsverteilung an einer bestimmten Stelle geführt. Bei Stabilitätsnachweisen werden zusätzlich die Länge und die Lagerungsbedingungen des untersuchten Stabes berücksichtigt.

8.1.5.1 Generelle Querschnittsabmessungen und Bezeichnungen

Die generellen Querschnittsabmessungen und Bezeichnungen von I-Stahlprofilen sind Bild 8-1 zu entnehmen.

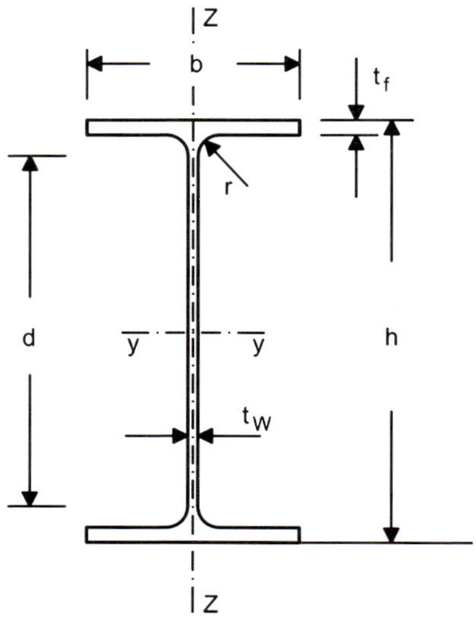

Bild 8-1 Bezeichnung der Geometrien eines I-Profiles

8.1.5.2 Ermittlung der Schnittkräfte

Zur Ermittlung der Schnittkräfte sollten nur elastische Verfahren eingesetzt werden.

8.1.5.3 Klassifizierung der Querschnitte

Um die plastische Verformungskapazität der Stahlquerschnitte in der Bemessung berücksichtigen zu können, müssen diese zuvor in Querschnittsklassen eingeteilt werden. Laut EN 1993-1-1:2005, Abschnitt 5.5.2(1) werden vier Querschnittsklassen unterschieden. Die Querschnittsklassen berücksichtigen die Fähigkeit eines Profils, durch das eigene Rotationsvermögen plastische Gelenke auszubilden. Querschnitte der Klasse 1 besitzen ein ausreichendes Rotationsvermögen und können bei der Bemessung am höchsten ausgenutzt (beansprucht) werden. Die Einteilung in Querschnittsklassen erfolgt nach EN 1993-1-1:2005, Tabelle 5.2. Bei gewalzten I-Profilen kann von einer Querschnittsklasse 1 oder 2 ausgegangen werden.

8.1.5.4 Beanspruchbarkeit des Querschnitts

Querschnitte können durch Biegemomente (einachsig, zweiachsig), Querkräfte und Normalkräfte beansprucht werden. Bei *Beanspruchung durch eine Zugnormalkraft* muss in jedem Querschnitt des Bauteiles das folgende Kriterium erfüllt sein:

$$\mu = \frac{N_{t,Ed}}{N_{t,Rd}} \leq 1{,}0 \tag{8.6}$$

mit:
$N_{t,Ed}$ Bemessungswert der einwirkenden Zugnormalkraft, in [N]
$N_{t,Rd}$ Bemessungswert des Widerstandes gegen eine Zugnormalkraft, in [N]

Der Widerstand bildet sich aus dem Minimum der Grenzzugkraft des Bruttoquerschnitts $N_{pl,Rd}$ und des Nettoquerschnitts $N_{u,Rd}$.

$$N_{t,Rd} = \min\begin{cases} N_{pl,Rd} = A \cdot f_{yk}/\gamma_{M0} \\ N_{u,Rd} = 0{,}9 \cdot A_{net} \cdot f_u/\gamma_{M2} \end{cases} \quad [N] \tag{8.7}$$

mit:
A Bruttoquerschnittsfläche, in [mm²]
A_{net} Nettoquerschnittsfläche (A minus der Fläche von Öffnungen), in [mm²]
f_{yk} charakteristische Streckgrenze des Baustahls nach Tabelle 8-13, in [N/mm²]
f_u charakteristische Bruchfestigkeit des Baustahls nach Tabelle 8-13, in [N/mm²]
γ_{M0}, γ_{M2} Tragsicherheitsbeiwerte gemäß Tabelle 8-3

Bei *Beanspruchung durch eine Drucknormalkraft* ohne Stabilitätsversagen muss folgendes Kriterium erfüllt sein:

$$\mu = \frac{N_{Ed}}{N_{c,Rd}} \leq 1{,}0 \tag{8.8}$$

mit:
$N_{c,Ed}$ Bemessungswert der einwirkenden Drucknormalkraft, in [N]
$N_{c,Rd}$ Bemessungswert des Widerstands gegen eine Drucknormalkraft, in [N]

Der Widerstand des Querschnittes $N_{c,Rd}$ ergibt sich für Querschnitte der Klassen 1 bis 3 nach Gl. (8.9). Ein Abzug für Schrauben und Bolzenlöcher muss nicht vorgenommen werden, da diese über die Schrauben Druckkräfte übertragen können. Bei Druckkräften ist zusätzlich ein Stabilitätsnachweis zu führen.

$$N_{c,Rd} = A \cdot \frac{f_{yk}}{\gamma_{M0}} \quad [N] \tag{8.9}$$

Bei einem Querschnitt, der durch *einachsige Biegung* beansprucht wird, muss folgendes Kriterium erfüllt sein:

$$\mu = \frac{M_{Ed}}{M_{Rd}} \leq 1{,}0 \tag{8.10}$$

mit:
M_{Ed} Bemessungswert des einwirkenden Momentes, in [Nm]
M_{Rd} Bemessungswert des Biegewiderstandes, in [Nm]

Der Biegewiderstand M_{Rd} für Querschnittsklasse 1 und 2 ergibt sich nach Gl. (8.11). W_{pl} ist das plastische Widerstandsmoment des Querschnittes in [mm^4]. Dieses kann berechnet oder aus Tabellen entnommen werden (z. B. Tabelle 8-12).

$$M_{Rd} = W_{pl} \cdot \frac{f_{yk}}{\gamma_{M0}} \quad [Nm] \tag{8.11}$$

Wenn der Druckgurt des I-Profils nicht über die Länge kontinuierlich seitlich gestützt ist (z. B. durch Rostbalken), ist zusätzlich ein Stabilitätsnachweis (Biegedrillknicken) zu führen. Bei runden oder eckigen Hohlprofilen mit Beanspruchung durch Biegung und bei I-Profilen mit Beanspruchung um die schwache Achse (M_z) ist Biegedrillknicken nicht maßgebend.

Bei einem auf Querkraft beanspruchten Bauteil muss in jedem Querschnitt Gl. (8.12) erfüllt sein.

$$\mu = \frac{V_{Ed}}{V_{pl,Rd}} \leq 1{,}0 \tag{8.12}$$

mit:

V_{Ed} Bemessungswert der einwirkenden Querkraft, in [N]

$V_{pl,Rd}$ Bemessungswert der plastischen Grenzquerkraft (Widerstand), in [N]

Die plastische Grenzquerkraft $V_{pl,Rd}$ errechnet sich nach Gl. (8.13).

$$V_{pl,Rd} = A_v \cdot \frac{f_{yk}/\sqrt{3}}{\gamma_{M0}} \quad [N] \tag{8.13}$$

mit:

A_v wirksame Schubfläche, in [mm²]

Als wirksam werden in der Regel jene Flächen gerechnet, die in der Ebene der vorhandenen Querkraft liegen. Ein Beispiel ist in Bild 8-2 dargestellt. Bei I-Profilen kann für A_v auch näherungsweise die Stegfläche A_{Steg} laut Tabelle 8-12 verwendet werden.

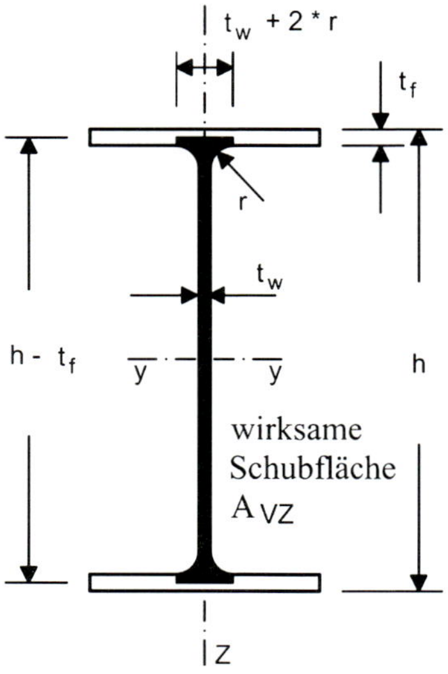

$$A_v = A - 2 \cdot b \cdot t_f + (t_w + 2 \cdot r) \cdot t_f$$

Bild 8-2 Wirksame Schubfläche eines I-Profiles bei einer Beanspruchung durch V_z

Bei Querschnitten, die durch Biegung und Querkraft beansprucht sind, ist das plastische Grenzmoment $M_{pl,Rd}$ abzumindern, wenn das Kriterium in Gl. (8.14) nicht erfüllt ist.

$$V_{Ed} \leq 0{,}5 \cdot V_{pl,Rd} \text{ [N]} \tag{8.14}$$

Bei einer *Beanspruchung durch Biegung und Längskraft ohne Querkraft* muss an Querschnitten der Klasse 1 und 2 das Kriterium in Gl. (8.15) erfüllt sein. $M_{N,Rd}$ ist das abgeminderte plastische Grenzmoment. Dieses berücksichtigt die Momenten-Normalkraft Interaktion. Wenn die Kriterien in Gl. (8.16) nicht erfüllt werden, muss keine Abminderung des plastischen Grenzmomentes aufgrund der Längskraft vorgenommen werden. Der Nachweis der Biegebeanspruchung erfolgt dann laut Gl. (8.11).

$$\mu = \frac{M_{Ed}}{M_{N,Rd}} \leq 1{,}0 \tag{8.15}$$

mit:

M_{Ed} Bemessungswert des einwirkenden Moments, in [Nm]
$M_{N,Rd}$ Bemessungswert des abgeminderten plastischen Grenzmoments (Widerstand), in [Nm]

Bei Querschnitten mit Flanschen ist eine Abminderung des plastischen Grenzmoments vorzunehmen, wenn der Bemessungswert der Längskraft folgende Grenzen überschreitet. Für Biegung um die Hauptachse (M_y) und Längskraft (der kleinere Wert ist maßgebend) gilt:

$$N_{Ed} > 0{,}5 \cdot N_{pl,w,Rd} \text{ oder } N_{Ed} > 0{,}25 \cdot N_{pl,Rd} \text{ [N]} \tag{8.16}$$

Für Biegung um die schwache Achse (M_z) und Längskraft gilt:

$$N_{Ed} > N_{pl,w,Rd} \text{ [N]} \tag{8.17}$$

Die plastische Grenzzugkraft des Stegbleches ($N_{pl,w,Rd}$) errechnet sich nach Gl. (8.18).

$$N_{pl,w,Rd} = a \cdot N_{pl,Rd} \quad \text{mit} \quad a = \frac{\left(A - 2 \cdot b \cdot t_f\right)}{A} \text{ [N]} \tag{8.18}$$

mit:

t_f, b Abmessungen des I-Profils lt. Bild 8-1, in [mm]

Bei gewalzten I-Profilen mit gleichen Flanschen ohne Lochschwächungen darf das abgeminderte plastische Grenzmoment für Biegung um die Hauptachse (M_y) und Längskraft über n nach Gl. (8.20) und für $a \leq 0{,}5$ näherungsweise nach Gl. (8.19) bestimmt werden.

$$M_{Ny,Rd} = M_{pl,y,Rd} \cdot \frac{1 - n}{1 - 0{,}5 \cdot a} \leq M_{pl,y,Rd} \text{ [Nm] mit } n = \frac{N_{Ed}}{N_{pl,Rd}} \tag{8.19, 8.20}$$

Eine *zweiachsige Biegung mit Längskraft* für Querschnitte der Klassen 1 und 2 darf vereinfacht über eine lineare Interaktion über das Kriterium in Gl. (8.21) nachgewiesen werden.

$$\mu = \frac{N_{Ed}}{N_{pl,Rd}} + \frac{M_{y,Ed}}{M_{pl,y,Rd}} + \frac{M_{z,Ed}}{M_{pl,z,Rd}} \leq 1{,}0 \tag{8.21}$$

mit:

N_{Ed} Bemessungswert der einwirkenden Normalkraft (Zug oder Druck), in [N]
$N_{pl,Rd}$ Bemessungswert des plastischen Widerstands gegen eine Normalkraft (Zug, Druck), in [N]

$M_{y,Ed}$ Bemessungswert des einwirkenden Moments um die y-Achse, in [Nm]
$M_{pl,y,Rd}$ Bemessungswert des abgeminderten plastischen Grenzmoments um die y-Achse, in [Nm]
$M_{y,Ed}$ Bemessungswert des einwirkenden Moments um die z-Achse, in [Nm]
$M_{pl,y,Rd}$ Bemessungswert des abgeminderten plastischen Grenzmoments um die z-Achse, in [Nm]

8.1.5.5 Bauteile mit einer Beanspruchung durch eine zentrische Druckkraft

Stützen sind durch eine Druck-Normalkraft beanspruchte Stäbe. Die folgenden Ausführungen gelten für einteilige, an beiden Enden gelenkig gelagerte Stützen aus I-Profilen oder Hohlprofilen.

Zentrisch durch eine Druckkraft beanspruchte Stützen sind auf Biegeknicken zu bemessen. Der folgende Berechnungsgang basiert auf dem Ersatzstabverfahren. Anstelle des Ersatzstabverfahrens kann auch eine Bemessung basierend auf den nach Theorie 2. Ordnung ermittelten Schnittkräften erfolgen. Nach EN 1993-1-1, 6.3.1.2(4) darf bei bezogenen Schlankeitsgraden $\bar{\lambda} \leq 0{,}2$ der Biegeknicknachweis entfallen, und es sind ausschließlich die Nachweise in Abschnitt 8.1.5.4 zu führen. Als Nachweis muss das Kriterium in Gl. (8.22) erfüllt sein.

$$\mu = \frac{N_{Ed}}{N_{b,Rd}} \leq 1{,}0 \tag{8.22}$$

mit:
N_{Ed} einwirkende Normalkraft (Druckkraft), in [N]
$N_{b,rd}$ Widerstand gegen Biegeknicken, in [N]

Der *Bemessungswert des Widerstandes* gegen Biegeknicken ergibt sich aus Gl. (8.23). Bei reinem Biegeknicken ist immer die schwächere Seite des Querschnittes nachzuweisen.

$$N_{b,Rd} = \chi \cdot \beta_A \cdot A \cdot \frac{f_{yk}}{\gamma_{M1}} \text{ [N]} \tag{8.23}$$

mit:
χ Abminderungsfaktor für Biegeknicken
β_A Beiwert zur Berücksichtigung der Querschnittsklasse ($\beta_A = 1$ für Querschnitte der Klassen 1 bis 3)
γ_{M1} Teilsicherheitsbeiwert nach Tabelle 8-3
f_{yk} charakteristische Streckgrenze des Baustahls nach Tabelle 8-13, in [N/mm]
A Querschnittsfläche des Profils, in [mm²]

Formal wird das Stabilitätsversagen durch den über einen Abminderungsfaktor χ reduzierten Widerstand des Querschnittes berücksichtigt. Im Abminderungsfaktor χ Gl. (8.24) werden Geometrie und Lagerung der Stütze berücksichtigt.

$$\chi = \frac{1}{\left(\phi + \sqrt{\phi^2 - \bar{\lambda}^2}\right)} \leq 1 \tag{8.24}$$

Der Beiwert ϕ errechnet sich über Gl. 8.25 mit dem bezogenen Schlankheitsgrad $\bar{\lambda}$ nach Gl. (8.26).

$$\phi = 0,5 \cdot \left[1 + \alpha \cdot \left(\bar{\lambda} - 0,2\right) + \bar{\lambda}^2\right] \quad (8.25)$$

mit:

$\bar{\lambda}$ bezogener Schlankheitsgrad für Biegeknicken
α Imperfektionsbeiwert aus Tabelle 8-6 in Anhängigkeit der Knicklinie nach Tabelle 8-7.

$$\bar{\lambda} = \frac{\lambda}{\lambda_1} \cdot \sqrt{\beta_A} \quad (8.26)$$

Der Schlankheitsgrad λ ist nur von der Geometrie und den Lagerungsbedingungen der Stütze abhängig und errechnet sich nach Gl. (8.27).

$$\lambda = \frac{l}{i} \text{ mit } l = \beta \cdot l_{col} \quad (8.27)$$

mit:

l Knicklänge [m]
β Eulerbeiwert zur Ermittlung der Ersatzstablänge (beidseitig gelenkig gelagerte Stäbe: $\beta = 1,0$)
l_{col} Stützenlänge, in [m]
i Trägheitsradius des Querschnittes (wird aus Tabellen entnommen: z. B. Tabelle 8-12), in [m]

Der Bezugsschlankheitsgrad ist vom E-Modul und der Festigkeit des Stahles abhängig und ergibt sich aus Gl. (8.28). Der Elastizitätsmodul des Stahles E in [N/mm²] ergibt sich aus Tabelle 8-13.

$$\lambda_1 = \pi \cdot \sqrt{\frac{E}{f_{yk}}} \quad (8.28)$$

Tabelle 8-6 Imperfektionsbeiwerte α in Abhängigkeit der Knicklinie laut EN 1993-1-1:2005, Tabelle 6.1

Knickline	a	b	c	d
Imperfektionsbeiwert α	0,21	0,34	0,49	0,76

Tabelle 8-7 Auswahl der Knicklinie eines Querschnittes laut EN 1993-1-1:2005, Tabelle 6.2

Querschnittstyp		Begrenzungen		Ausweichen rechtwinkelig zur Achse:	Knick-spannungslinie
gewalzte I-Profile		$\frac{h}{b} > 1{,}2$	$t_f \leq 40$ mm	yy zz	a b
		$\frac{h}{b} \leq 1{,}2$	$t_f \leq 100$ mm	yy zz	b c
Hohlprofile		warmgefertigt		jede	a
		kaltgefertigt		jede	c
U, L, T und Vollquerschnitte				jede	c

8.1.5.6 Schraubverbindungen

An Schutzbauwerken der Lawinenverbauung werden in der Regel nicht vorgespannte Schraubverbindungen (SL, SLP) eingesetzt. Schraubenverbindungen sind nach der EN 1993-1-8 zu bemessen. Die Schraubenlöcher für nicht vorgespannte Schraubverbindungen dürfen ein Lochspiel von maximal 0,3 mm aufweisen. Darüber hinaus sind die in der EN 1993-1-1 angegebenen Rand- und Lochabstände einzuhalten.

8.1.5.7 Bolzenverbindungen

Bolzen sind auf Biegung und Abscheren zu bemessen. Des Weiteren ist die Momenten-Querkraft-Interaktion im Bolzen nachzuweisen. An den angeschlossenen Stahllaschen ist die Lochleibung analog den Schrauben zu begrenzen.

8.1.5.8 Schweißverbindungen

In den meisten Fällen werden zur Verbindung Kehlnähte oder Stumpfnähte verwendet. Die Festigkeit der Schweißnaht muss jener der verbundenen Teile entsprechen. In der Schweißnaht ist nachzuweisen, dass die Resultierende aller einwirkenden Kräfte pro Längeneinheit ($F_{w,Ed}$) die Grenzkraft ($F_{w,Rd}$) nicht überschreitet. $F_{w,Rd}$ wird je nach Nahtart nach dem in der EN 1993-1-1 angegebenen Formelapparat berechnet.

8.2 Bemessung der Lawinenanbruchverbauung

8.2.1 Allgemeine Bemessungsregeln

Die *Stützverbauung* hat die Aufgabe, den Anbruch von Lawinen zu verhindern oder entstehende Schneebewegungen auf ein unschädliches Maß zu beschränken. Voll entfaltete Lawinen entwickeln Kräfte, die in der Regel von den Stützverbauungswerken nicht aufgenommen werden können [189]. In diesem Sinne hat die Bemessung der Stützverbauung in der räumlichen Anordnung der Gesamtverbauung insgesamt als auch in der Anordnung der einzelnen Stützwerke untereinander zu erfolgen. Da die Stützverbauung so zu dimensionieren ist, dass die Stützwerke die Schneedecke auch bei einer extremen Schneelage (H_{ext}) durchstoßen, kommt der Ermittlung der notwendigen Werkshöhe eine essentielle Bedeutung zu. Auf den Lastfall der Überschneiung werden die Werke nicht dimensioniert; dieser ist durch die Wahl einer ausreichenden Werkshöhe abzudecken. Dies ist allerdings oft schwierig, da die Schneehöhen relief- und expositionsbedingt kleinräumig sehr unterschiedlich sein können (Bild 8-3). Das Ausmaß und der Umfang der notwendigen Verbauungsmaßnahmen hängen von der Lage der zu schützenden Objekte ab (Bild 8-5).

8.2.2 Extreme Schneehöhen (Dimensionierungsschneehöhe H_{ext})

8.2.2.1 Methodik

Die Ermittlung der Dimensionierungsschneehöhe H_{ext} (extreme Schneehöhe an einem Werkstandort) kann über folgende Beziehung hergestellt werden [189]:

$$H_{ext} = H_{max} \cdot \frac{\overline{H_{ext}}}{\overline{H_{max}}} \quad [m] \tag{8.29}$$

mit:

$\overline{H_{ext}}$ Flächenmittel der extremen Schneehöhen H_{ext} über einen größeren Geländeabschnitt zum Zeitpunkt der extremen Schneebedeckung (durchschnittlich höchstens einmal innerhalb der Bemessungsperiode) nach Bild 8-4a,b (oder anderen zuverlässigen Quellen), in [m]

H_{max} Maximale Schneehöhe eines Winters an einem Werkstandort, gemessen durch Pegel oder Sondierung, in [m]

$\overline{H_{max}}$ Flächenmittel der maximalen Schneehöhen H_{max} über einen größeren repräsentativen Geländeabschnitt zum Zeitpunkt von H_{max}

Bild 8-3 Überschneite Stützverbauung in Muldenlage in der Großtallawine (Paznauntal, Tirol) (© Sauermoser)

Zu beachten ist, dass sich die Schneehöhenverteilung innerhalb eines Baufeldes relief- und expositionsbedingt kleinräumig stark verändert, das Verteilungsmuster aber über Jahre ähnlich ist. Vor der Planung einer Stützverbauung wird daher die Errichtung von Messpegeln im künftigen Baufeld empfohlen, welche über mehrere Jahre an repräsentativen Punkten beobachtet werden, oder die Kartierung von Ausaperungsmustern, welche Aufschluss über die Schneeverteilung im Verbauungsgebiet geben können. Nach [189] wird zur Ermittlung der maximalen Schneehöhe H_{max} die Durchführung von 25–100 Pegelmessungen oder Sondierungen/ha empfohlen. Nach Errichtung der Stützverbauung ist eine weitere Beobachtung der Schneeverteilung über mehrere Jahre notwendig, da die Stützwerke das Windfeld unmittelbar über dem Hang und somit die Verteilung der Schneedecke verändern und sich erst in der Folge zeigt, ob die Wahl der Werkshöhen tatsächlich richtig war.

8.2.2.2 Extreme Schneehöhen in der Schweiz und Österreich (Tirol, Vorarlberg)

Für die Schweiz und teilweise in Österreich können die Flächenmittel der extremen Schneehöhen ($\overline{H}_{ext}$) zur Bemessung der Lawinenanbruchverbauung nach Bild 8-4a, b bestimmt werden.

Als Grundlage für die in den *Schweizer Richtlinien* [189] enthaltenen Darstellungen dienten Schneehöhenmessungen der Vergleichsstationen des WSL-Institutes für Schnee- und Lawinenforschung SLF und der automatischen ENET-Stationen (SLF/MeteoSchweiz) mit Messreihen zwischen 10 und 66 Jahren. Die Karte ist auf eine einheitliche Wiederkehrdauer von 100 Jahren umgerechnet worden und gilt für das Schweizer Alpengebiet. Die in den 4 Zonen geltenden Meereshöhenabhängigkeiten sind Tabelle 8-8 zu entnehmen.

In Anlehnung an [189] wurde von der Zentralanstalt für Meteorologie und Geodynamik (ZAMG) [171] für Tirol und Vorarlberg eine Zonierung der Flächenmittel extremer Schneehöhen vorgenommen. Für das Flächenmittel der extremen Schneehöhe wird dabei eine Wiederkehrperiode von 150 Jahren festgelegt. Als Basis konnten Daten aus insgesamt 119 Messstationen der EVA-Datenbank (ZAMG) verwendet werden. Die Daten stammen aus langjährigen Reihen des Hydrographischen Dienstes (HD), aus Stationen des Tiroler Lawinenwarndienstes und der ZAMG. Für die Anwendung in Tirol und Vorarlberg war es notwendig, die vierstufige Zonenskala der *Schweizer Richtlinien* auf eine fünfstufige Skala zu erweitern. Das Ergebnis der Berechnung wird in der Zonenkarte für Tirol und Vorarlberg (Bild 8-4b) dargestellt.

Tabelle 8-8 Meereshöhenabhängigkeiten der 100-jährigen Ereignisse der Gesamtschneehöhe für die Schweiz (Bild 8-4a) bzw. der 150-jährigen Ereignisse der Gesamtschneehöhe für Tirol und Vorarlberg (Bild 8-4b) (Z ist die Seehöhe in [m]; die Farben beziehen sich auf die Originalkarten für Schweiz [189] und Österreich [171])

Zone	Höhenfaktor	Formel	Farbe lt. Bild 8-4		Höhengradient
			Schweiz	Österreich	
1	1	$\overline{H}_{ext} = 1{,}00 \cdot (0{,}15 \cdot Z - 20)$	Blau	Blau	0,15 cm/m
2	1,3	$\overline{H}_{ext} = 1{,}30 \cdot (0{,}15 \cdot Z - 20)$	Weiß	Grün	0,20 cm/m
3	1,65	$\overline{H}_{ext} = 1{,}65 \cdot (0{,}15 \cdot Z - 20)$	Rosa	Orange	0,25 cm/m
4	2	$\overline{H}_{ext} = 2{,}00 \cdot (0{,}15 \cdot Z - 20)$	Rot	Gelb	0,30 cm/m
5	2,3	$\overline{H}_{ext} = 2{,}30 \cdot (0{,}15 \cdot Z - 20)$		Rot	0,35 cm/m

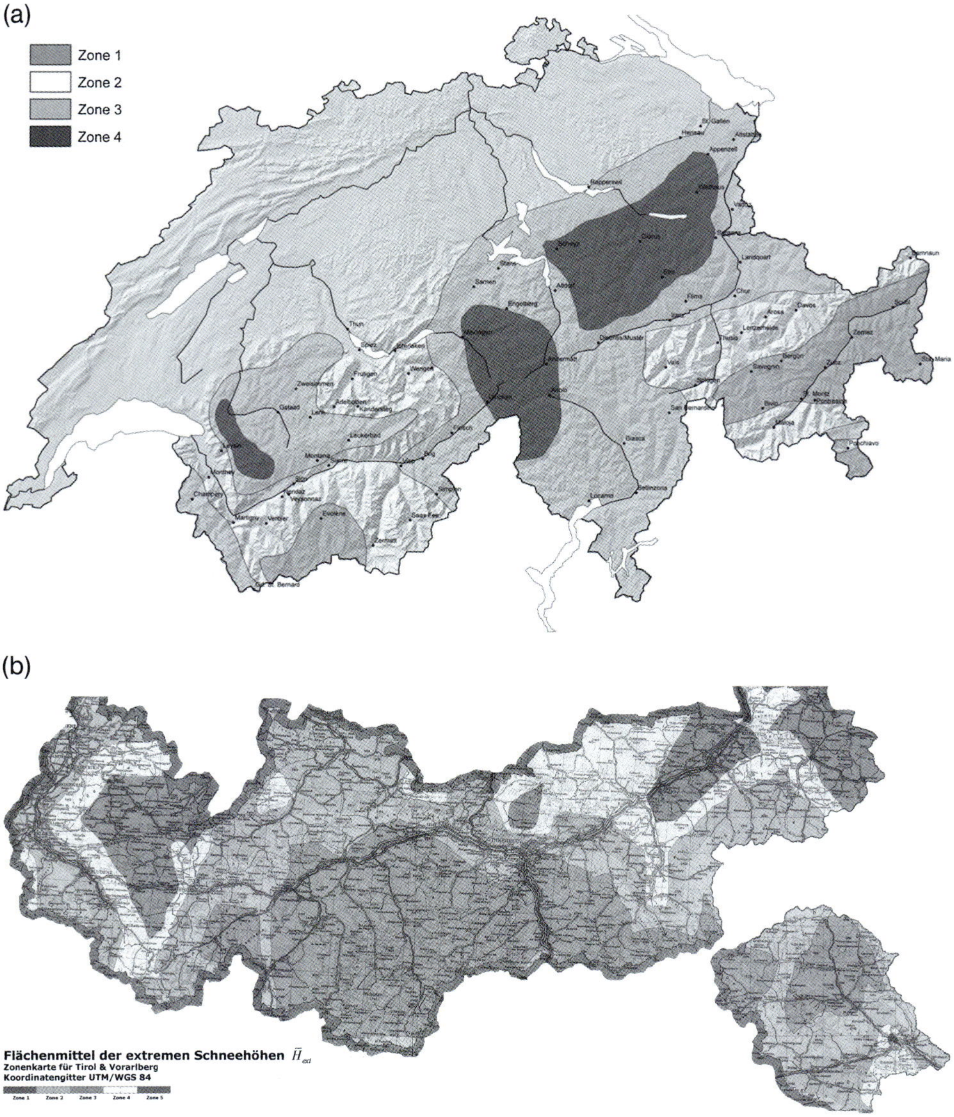

Bild 8-4 Flächenmittel der extremen Schneehöhen $\overline{H_{ext}}$ (a): in der Schweiz (nach [189]) und (b): für Tirol und Vorarlberg (nach [171])

8.2.3 Lage der zu schützenden Objekte

Die Lage der zu schützenden Objekte bestimmt den Umfang und vor allem die *vertikale Ausdehnung einer Stützverbauung* (Bild 8-5). Sind diese weit vom Hangfuß entfernt und liegen am Ende der potentiellen Auslaufbahn (A), kann mit einer geringeren Reduktion der Lawinenmasse die Auslauflänge so weit verkürzt werden, dass die Gebäude nicht mehr ge-

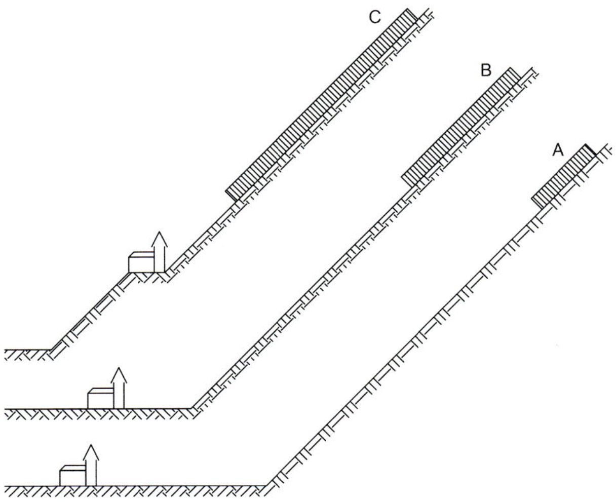

Bild 8-5 Ausdehnung eines Verbauungsfeldes in Abhängigkeit von der Lage der zu schützenden Objekte: A – Objekt liegt vom Hangfuß entfernt, B – Objekt liegt direkt am Hangfuß; C – Objekt liegt direkt in der Sturzbahn (© Sauermoser)

gefährdet sind. Eine entsprechend geringe Ausdehnung der Stützverbauung hangabwärts ist erforderlich. Nur ein Teil eines potentiellen Anbruchgebiets muss gesichert werden. Befinden sich die zu schützenden Objekte nahe am Hangfuß (B) und ist zur Sicherung der Gebäude eine wesentliche Reduktion der Auslauflänge notwendig, ist die Stützverbauung nach unten so abzugrenzen, dass Lawinen aus verbleibenden Anbruchgebieten die Gebäude nicht mehr erreichen können. Im ungünstigsten Fall liegen die zu schützenden Objekte innerhalb der Sturzbahn (C), was bedeutet, dass die Stützverbauung bis knapp oberhalb des Schutzgutes reichen muss, um auch kleine Lawinenabbrüche unterhalb der Stützverbauung zu verhindern. Dabei ist aber zu berücksichtigen, dass sich auch Kleinlawinen innerhalb der Stützverbauung lösen können, weshalb der Schutz von Objekten innerhalb der Sturzbahn mit einer Anbruchverbauung äußerst begrenzt ist (Restrisiko). Entsprechende Abwägungen sind insbesondere dann zu treffen, wenn ein Anbruchgebiet ohne Neigungsänderung oder Verengung in die Sturzbahn übergeht und die Grenze des potentiellen Anbruchgebietes aus morphologischer Sicht nicht erkannt werden kann.

8.2.4 Statische Systeme für Lawinenstützwerke

Die statischen Systeme von Lawinenstützwerken lassen sich generell in die *massiven Systeme* (Erdterrassen, Stützmauern: Bild 8-6a, b) und die *gegliederten Systeme* (Bild 8-6c-f) einteilen. Die gegliederten Systeme sind aus biegesteifen Balken, Trägern, Druck- und Zugstreben sowie biegeweichen Zugstreben (meist Seile) zusammengesetzt. Die Lasten werden an punktuellen Gründungen in den Untergrund eingeleitet.

Das am häufigsten verwendete System bei den gegliederten Stützbauwerken ist jenes in Bild 8-6c. In diesem System bilden die gelenkig verbundene Stütze und der Träger über dem Boden ein Dreieck. Das Trägerfundament muss in diesem Fall die den jeweiligen Werkstypen entsprechenden richtungsvariablen Zug- und Druckkräfte in den Boden über-

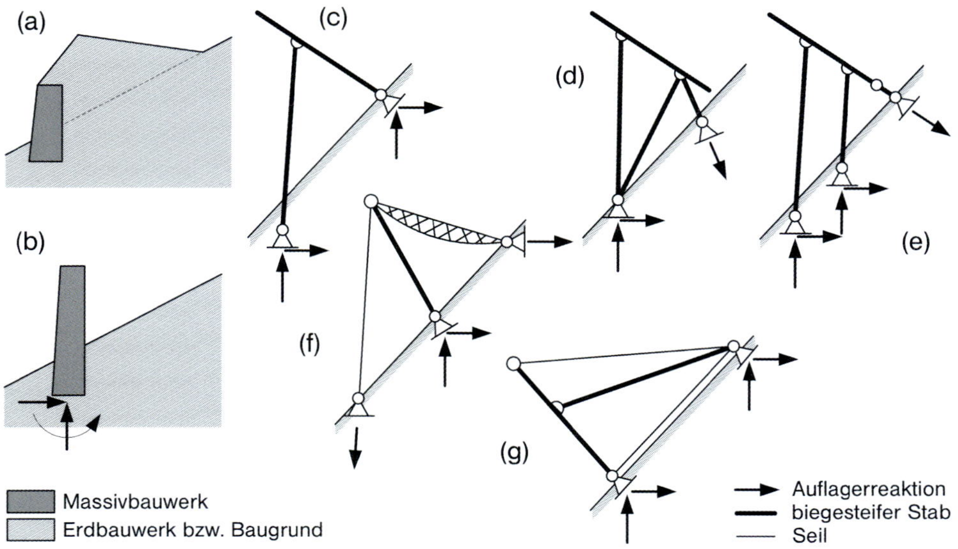

Bild 8-6 Statische Systeme von Lawinenstützwerken. Massive Systeme: (a) Erd-/Mauerwerksterrassen, (b) Stützmauern; Gegliederte Systeme: (c) bis (e) Biegesteife Systeme, (f) Schneenetz, (g) Glarner Hängewerk (© Suda, Margreth)

tragen. Über die Stütze wird eine axiale richtungskonstante Druckkraft in den Boden eingebracht. Beim System in Bild 8-6d bilden der Träger, die Stütze und der Riegel ein steifes Dreieck, welches diese Ebene durch ein Fachwerk aussteift. Bei diesem System entsteht am bergseitigen Trägerfundament nur eine Zugkraft in Stabachse. Die Belastungen des Stützenfundaments sind dadurch höher und nicht konstant in der Belastungsrichtung und werden deshalb durch einen Zug- und einen Druckpfahl aufgenommen.

Das System in Bild 8-6e besteht aus einem Trägerfundament und zwei Stützenfundamenten. Durch den Pendelstab zwischen Träger und der Gründung wird das Trägerfundament hauptsächlich auf Zug beansprucht. Ein Schneenetz (Bild 8-6f) besteht aus einer berg- und talseitig abgespannten Pendelstütze. Die Pendelstütze überträgt Druckkräfte in den Boden. Die Verankerungen der Abspannungen sind nur durch Zugkräfte beansprucht. Beim System in Bild 8-6g wird der Träger über Zugstreben (Abspannungen) am bergseitigen Auflager verankert. Die biegesteife Druckstrebe zwischen Träger und bergseitiger Gründung dient zur Aufnahme von talseitig angreifenden Windkräften.

8.2.5 Einwirkungen auf Lawinenstützwerke

8.2.5.1 Überblick

Die maßgebende Belastung für Lawinenstützwerke ist der *statische Schneedruck*, der durch ein lokales Abbremsen der Kriech- und Gleitbewegung der Schneedecke im Steilhang entsteht (Bild 8-7) (siehe Abschnitt 3.3.4.3). Durch eine geeignete Anordnung der Stützwerke (siehe Abschnitt 8.2.6) kann erreicht werden, dass dynamische Belastungen durch Lawinenaufprall nicht größer werden als der statische Schneedruck. Infolge von Randeffekten ist

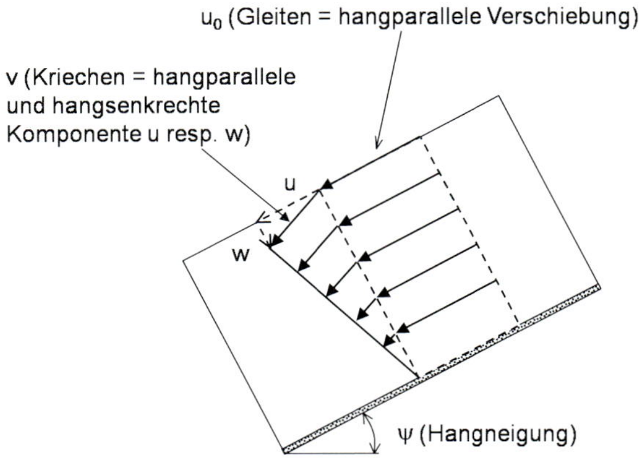

Bild 8-7 Kriechen und Gleiten der Schneedecke: Beim Kriechen ist die Translationsbewegung am Boden null und an der Schneeoberfläche maximal. Beim Gleiten verschiebt sich die gesamte Schneedecke gleichmäßig (nach [189])

der Schneedruck am Ende einer Stützwerkreihe oder bei einem Einzelwerk erhöht. Auf schlanke Objekte oder Bauteile wie Drahtseile wirken infolge von Randeffekten stark erhöhte Schneedruckkräfte. Wenn der Schneedruck (z. B. infolge einer unregelmäßigen Topographie) nicht senkrecht auf das Stützwerk wirkt, treten zusätzliche Seitenkräfte auf. Alle Einwirkungen infolge Schneedrucks treten gleichzeitig und maximal auf.

Da das Eigengewicht eines Stützwerkes im Vergleich zum Schneedruck viel kleiner ist, wird es bei der Bemessung im Allgemeinen vernachlässigt. Infolge von Wind kann ein Stützwerk auch durch Hubkräfte beansprucht werden. Je nach Standort können weitere Einwirkungen infolge Erdbeben, Lawinen, Steinschlag, Rutschungen oder Solifluktion auftreten. Die im Folgenden aufgeführten Berechnungsformeln für die Bestimmung der Einwirkungen basieren auf der Schweizer Richtlinie *Lawinenverbau im Anbruchgebiet* [189].

8.2.5.2 Schneedruck

Die theoretischen Grundlagen der Schneedruckberechnung wurden weitgehend für die Berechnung der Einwirkungen auf Lawinenstützwerke hergeleitet. *Haefeli* [14] erkannte, dass sich hinter den Stützwerken ein so genannter Staubereich bildet, eine Zone mit einer beschränkten Länge, innerhalb welcher zusätzliche Druckspannungen und reduzierte Scherspannungen entstehen. Die Staulänge bildet die Grundlage für die *eindimensionale Berechnungstheorie des Schneedruckes* auf eine Stützwand. Die Schneedrucktheorie wurde insbesondere von *Salm* [266] weiterentwickelt und für die Praxis zugänglich gemacht.

Das WSL-Institut für Schnee- und Lawinenforschung (SLF) misst in verschiedenen Verbauungen in der Schweiz Schneedruckkräfte auf Lawinenstützwerke (Bild 8-8a). Insbesondere im sehr schneereichen Winter 1998/99 wurden maximale Schneedruckkräfte von 46 kN/m gemessen, was etwa 87 % des Bemessungsschneedrucks der *Schweizer Richtlinie* [189] entspricht. Die durchgeführten Messungen und Erfahrungen im Lawinenverbau zeigen, dass mit den im Folgenden aufgeführten Berechnungsformeln die Einwirkungen auf Lawinenstützwerke relativ gut abgebildet werden können.

McClung [196] entwickelte ein *kontinuum-mechanisches Schneedruckmodell*, das den Schneedruckprozess im Vergleich zum Modell von *Haefeli* exakter abbildet. Die Berechnungsformeln der *Schweizer Richtlinie* [189] ergeben etwas konservativere Werte für den Schneedruck im Vergleich zu *McClung*, dessen Modell sich in der Praxis nicht durchgesetzt hat. Schneedruckmessungen in Norwegen und Island zeigen, dass dort im Vergleich zu den Alpen die Schneedecke im Allgemeinen wärmer und die Dichte mit typischerweise 500 kg/m^3 größer, dafür das Schneegleiten kleiner ist [146]. Für die Bestimmung der Schneedruckeinwirkungen in Island wird empfohlen, die Berechnungsformeln der *Schweizer Richtlinie* [189] zu verwenden und die höhere Schneedichte mit einer Erhöhung des Gleitfaktors um einen Faktor 2 zu berücksichtigen (*Johannesson und Margreth* [144]).

Unter Berücksichtigung eines dreieckförmig verteilten Kriechprofils und unter Berücksichtigung des Gleitens wird die *hangparallele Komponente des Schneedrucks* S'_N auf eine starre, senkrecht zum Hang stehende und in der Niveaulinie unendlich lange Stützfläche wie folgt berechnet, siehe Gl. (8.30):

$$S'_N = \rho \cdot g \cdot \frac{H^2}{2} \cdot K \cdot N \qquad [\text{kN/m}] \qquad (8.30)$$

mit:

S'_N Hangparallele Schneedruckkomponente pro Längeneinheit der Stützfläche (in Richtung der Niveaulinie), in [kN/m].
S'_N kann vereinfacht als gleichmäßig über die Höhe verteilt angenommen werden.

ρ Mittlere Dichte der Schneedecke, abhängig von der Höhenlage und der Hangexposition, in [t/m^3].
Die mittlere Schneedichte ρ kann für einen Schneedeckenaufbau, wie er im Fall einer extremen Schneehöhe auf einer Höhenlage von 1500 m in den Alpen auftritt, mit 0,27 t/m^3 angenommen werden. Auf dem Weissfluhjoch (Davos, Schweiz) auf 2650 m wurde beispielsweise zum Zeitpunkt des Schneehöhenmaximums von 366 cm eine Schneedichte von 0,29 t/m^3 gemessen. Die Veränderung dieses Ausgangswertes von 0,27 t/m^3 mit der Höhenlage und der Hangexposition kann mit dem Höhenfaktor f_c resp. dem Gleitfaktor N korrigiert werden. Beim Lastmodell 2 (siehe Abschnitt 8.2.5.4), in dem das Werk als nur teilweise eingeschneit angenommen wird, wird mit einer erhöhten Schneedichte ρ von 0,40 t/m^3 gerechnet.

g Erdbeschleunigung, Konstante [= 9,81 m/s^2]

H Lotrecht gemessene Schneehöhe, in [m]

K Kriechfaktor, der von der Hangneigung ψ und von der Dichte ρ abhängt.
Er kann näherungsweise wie folgt berechnet werden:

$$K = (2{,}50\rho^3 - 1{,}86\rho^2 + 1{,}06\rho + 0{,}54) \cdot \sin 2\psi \qquad (8.31)$$

N Gleitfaktor, der die Erhöhung des Schneedruckes bei einer Gleitbewegung der Schneedecke auf dem Boden angibt.
Er kann in Funktion der Bodenklasse, die die Rauigkeit beschreibt, und der Hangexposition gemäß Tabelle 8-9 bestimmt werden. Ist das Gelände steiler als 45°, so muss bei der Festlegung von N ein strenger Maßstab angewendet werden. Bei Geländeneigungen von weniger als 35° kann bei der Festlegung von N etwas milder geurteilt werden. Starkes Schneegleiten kann durch Gleitschneeschutzmaßnahmen reduziert werden (siehe Abschnitt 7.2.5).

Tabelle 8-9 Bodenklassen und Gleitfaktoren (nach *Schweizer Richtlinie* [189])

Bodenklassen	Gleitfaktor N	
	Exposition	Exposition
	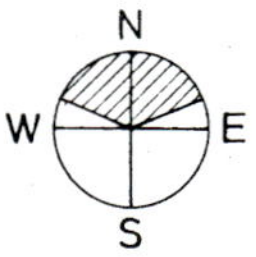	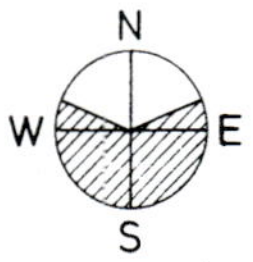
	WNW-N-ENE	ENE-S-WNW
Klasse 1		
Grober Blockschutt (d* ≥ 30 cm). Von kleineren und größeren Felsblöcken stark durchsetztes Gelände.	1.2	1.3
Klasse 2		
Mit größerem Erlengebüsch oder mindestens 1 m hohen Legföhren überwachsene Flächen. Stark ausgebildete, von Grasnarbe und Kleinsträuchern überwachsene Höcker (Höhe der Höcker über 50 cm). Stark ausgebildete Kuhtritte. Grobes Geröll (d* ca. 10–30 cm).	1.6	1.8
Klasse 3		
Kurzhalmige Grasnarbe, von Kleinsträuchern durchsetzt (Erika, Alpenrosen, Heidelbeeren, Erlengebüsch, Legföhren von unter ca.1 m Höhe). Feines Geröll (d* ≤ 10 cm) abwechselnd mit Grasnarbe und Kleinsträuchern. Schwach ausgebildete, von Grasnarbe und Kleinsträuchern überwachsene Höcker von bis zu 50 cm Höhe, auch abwechselnd mit glatter Grasnarbe und Kleinsträuchern. Grasnarbe mit schwach ausgebildeten Kuhtritten.	2.0	2.4
Klasse 4		
Glatte, langhalmige, geschlossene Grasnarbe. Glatte, anstehende Felsplatten mit hangparalleler Schichtung. Glatter, mit Erde vermischter Hangschutt. Sumpfige Mulden.	2.6	3.2

d* ist diejenige durchschnittliche Blockgröße, welche für die Rauigkeit der Bodenoberfläche maßgebend ist.

Unter der Annahme einer mittleren Schneedichte von 0,27 t/m^3 und einer Hangneigung von 45° vereinfacht sich die Berechnung des hangparallelen Schneedruckes S'_N wie folgt:

$$S'_N = H_K{}^2 \cdot N \cdot f_c \qquad [\text{kN/m}] \qquad (8.32)$$

mit:

H_K lotrecht gemessene Werkshöhe, in [m]

f_c Höhenfaktor, der die Zunahme der mittleren Schneedichte mit der Meereshöhe Z [m ü. M.] und die damit verbundene Erhöhung des Kriechfaktors berücksichtigt. Der Zuschlag des Höhenfaktors wird zwischen 1500 m und 3000 m zu 2 % pro 100 m angenommen und kann wie folgt berechnet werden:

$$f_c = 1 + 0{,}02 \cdot \left(\frac{Z}{100} - 15\right) \qquad (8.33)$$

Die *hangsenkrechte Schneedruckkomponente* S'_Q auf ein Stützwerk tritt auf, wenn die Setzungsbewegung der Schneedecke infolge der Rauigkeit der Stützfläche verhindert ist. Sie wird auf eine starre, senkrecht zum Hang stehende und in der Niveaulinie unendlich lange Stützfläche wie folgt berechnet (Gl. 8.34), wobei S'_Q vereinfacht als gleichmäßig über die Höhe verteilt angenommen werden kann:

$$S'_Q = S'_N \cdot \frac{a}{N \cdot \tan\psi} \quad [\text{kN/m}] \qquad (8.34)$$

mit:

a Stoffgröße, die von der Querzahl *m* der Schneeart bei einaxialem Druck abhängt. Bei lockerem Neuschnee, der stark kompressibel ist, beträgt a = 0,5; bei dichtem Altschnee oder Eis ist a = 0. Gemäß der *Schweizer Richtlinie* [189] wird für die Berechnung der hangsenkrechten Schneedruckkomponente a zwischen 0,35 und 0,5 variiert, wobei jeweils der ungünstigere Fall zu berücksichtigen ist.

Ψ Hangneigung, in [°]

Bei *nicht senkrechter Stützfläche* ist ein *Zuschlag* zu berücksichtigen: Die Schneedrucktheorie wurde für eine starre, hangsenkrechte Wand entwickelt. Die talwärtige Neigung δ der Stützfläche von starren Stützwerken beträgt normalerweise 10° bis 15° und von flexiblen Schneenetzen rund 30°. Deshalb wird zusätzlich zu den Komponenten S'_N und S'_Q noch das Gewicht G′ des Schneeprismas berücksichtigt, das durch die Stützfläche und eine hangsenkrechte Ebene, die durch die Schnittgerade von Bodenoberfläche und Stützfläche verläuft (Bild 8-8b). Verläuft die Stützfläche bergseitig dieser Ebene (z. B. senkrechter Schnee-

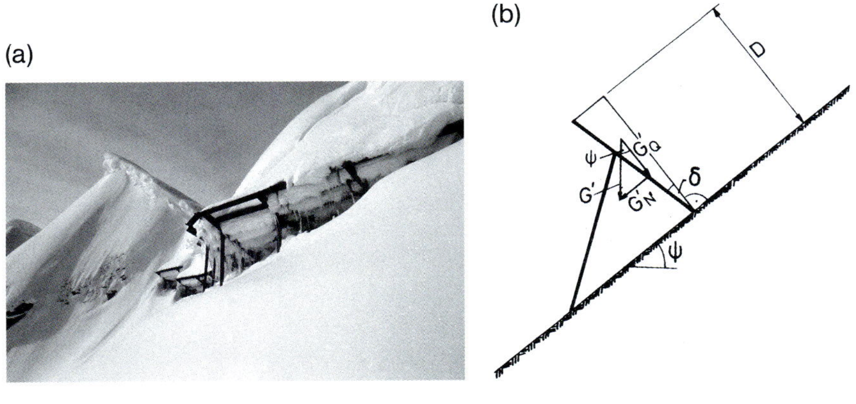

Bild 8-8 (a): Schneedruckbelastung auf ein Stützwerk (© Amt für Wald Graubünden); (b): Zuschlag zum Schneedruck bei nicht hangsenkrechter Stützfläche (nach [189])

hag), ist kein Zuschlag erforderlich. Unter der Annahme einer erhöhten Schneedichte von 0,3 t/m³ berechnet sich das Gewicht des Schneeprismas G′ wie folgt:

$$G' = 1{,}5 \cdot D_K^2 \cdot \tan\delta \quad [\text{kN/m}] \tag{8.35}$$

mit:

D_K Wirksame Rosthöhe, in [m], wobei $D_K = H_K \cdot \cos\psi$
δ Winkel zwischen Stützfläche und Hangsenkrechten, in [°]

8.2.5.3 Randkräfte

Wenn die Ausdehnung der Stützfläche in der Niveaulinie begrenzt ist (z. B. am Werkrand oder bei Freiräumen zwischen den Werken), treten zusätzliche Randkräfte auf (Bild 8-9). Die Schneedecke kann eine begrenzte Fläche seitlich umfließen. Dadurch dehnt sich die Stauwirkung seitlich aus. Dies ist insbesondere bei starkem Schneegleiten ausgeprägt. Im Randbereich können hangparallele Schneedruckkräfte auftreten, die rund 2 bis 5 mal größer sind als bei einer unendlich langen Stützfläche (Bild 8-10a). Der Schneedruck nimmt in Richtung Rand kontinuierlich zu und erreicht dort ein Maximum. Für die praktische Berechnung wird vereinfacht eine den Randkräften äquivalente, konstante Laufmeterlast S'_R mit der Angriffslänge Δl angenommen. Die Randkräfte S'_R werden als zusätzliche hangparallele Laufmeterlasten mit der Angriffslänge Δl angesetzt (es werden keine zusätzlichen hangsenkrechten Randkräfte angenommen):

$$S'_R = f_R \cdot S'_N \quad [\text{kN/m}] \tag{8.36}$$

mit dem Randfaktor f_R:

$$f_R = (0{,}92 + 0{,}65 \cdot N) \cdot \frac{A}{2} \quad \le (1{,}00 + 1{,}25 \cdot N) \tag{8.37}$$

mit:

A Seitlicher Werkzwischenraum, in [m]
N Gleitfaktor nach Tabelle 8-9

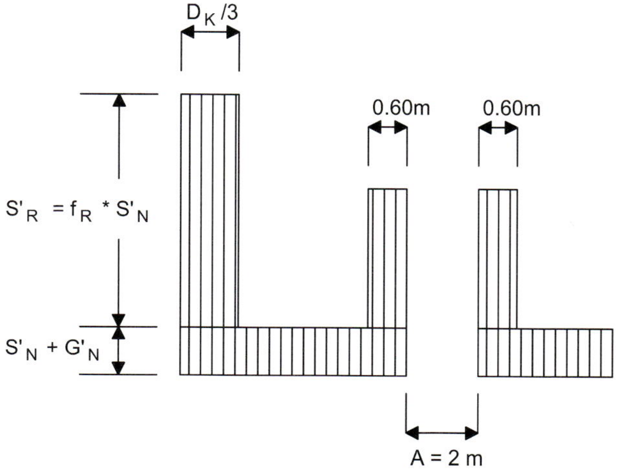

Bild 8-9 Randkräfte bei einem freien Werkrand (A > 2 m) und bei einem Werkzwischenraum von 2 m (nach [189], nachgezeichnet Herbert)

(a) (b)

Bild 8-10 (a): Infolge von Randkräften zerstörtes Randwerk (© Amt für Wald des Kantons Bern); (b): Verstärktes Randwerk mit doppeltem Bock (© Margreth)

Der obere Grenzwert des rechten Terms in Gl. (8.37) gilt für das freie Werk (A > 2 m) und kann nicht überschritten werden (Bild 8-9). Die Angriffslänge Δl der Randkraft S'_R berechnet sich in Funktion des seitlichen Werkzwischenraumes A resp. der wirksamen Rost- bzw. Netzhöhe D_K gemäß Gl. (8.38).

$$\Delta l = 0{,}3 \cdot A \leq \frac{D_K}{3} \quad [\mathrm{m}] \qquad (8.38)$$

8.2.5.4 Resultierender Schneedruck und Lastanordnung

Die Größe des resultierenden Schneedruckes R′ erhält man aus der vektoriellen Addition der hangparallelen und hangsenkrechten Komponenten gemäß Gl. (8.30 sowie 8.33, 8.34, 8.35 und 8.36). Für eine unendliche lange Stützfläche gilt (Bild 8-11a):

$$R' = \sqrt{R_N'^2 + R_Q'^2} = \sqrt{(S'_N + G'_N)^2 + (S'_Q + G'_Q)^2} \quad [\mathrm{kN/m}] \qquad (8.39)$$

Innerhalb der Angriffslänge der Randkräfte ist den hangparallelen Komponenten noch die Randkraft S'_R beizufügen. Die hangparallele Schneedruckkomponente S'_N resp. S'_R trägt am meisten zum resultierenden Schneedruck R′ bei. Die Richtung der Resultierenden (in der Ebene senkrecht zur Niveaulinie) erhält man aus:

$$\tan \varepsilon_R = \frac{R'_Q}{R'_N} \qquad (8.40)$$

mit:

ε_R Winkel zwischen der Resultierenden und der Hangparallelen (Bild 8-11a), in [°]

Zu beachten ist, dass im Bereich der Randkräfte ε_R kleiner ist. Bei der Bemessung der Tragkonstruktion ist die Richtung der Resultierenden anteilmäßig aus den jeweiligen Angriffsflächen zu ermitteln.

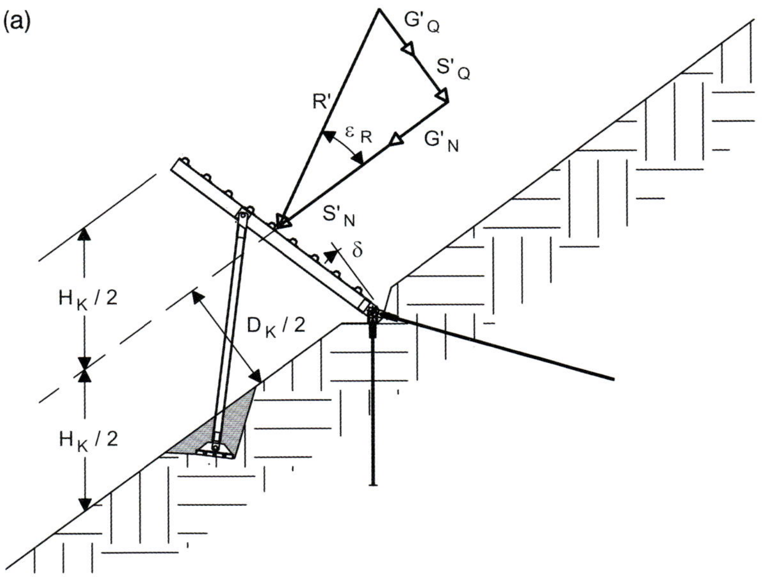

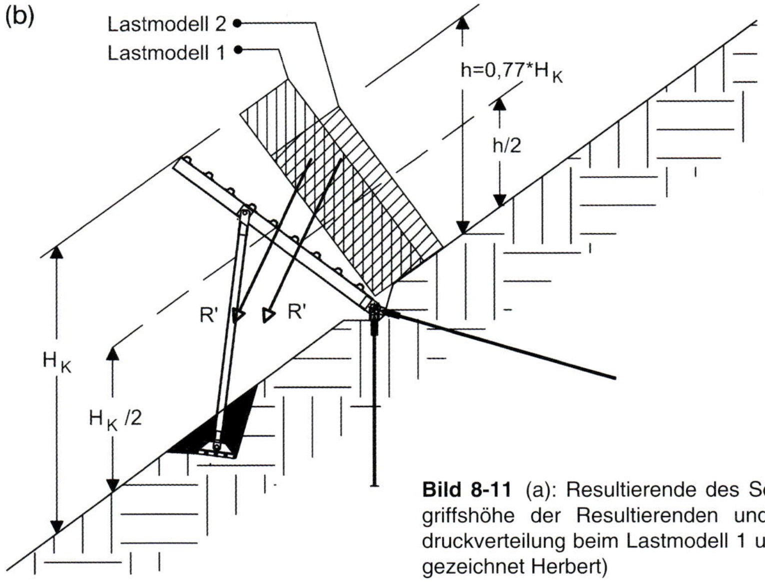

Bild 8-11 (a): Resultierende des Schneedruckes; (b): Angriffshöhe der Resultierenden und spezifische Schneedruckverteilung beim Lastmodell 1 und 2 (nach [189] nachgezeichnet Herbert)

Bei der Bemessung eines Stützwerkes werden in der *Schweizer Richtlinie* [189] die folgenden zwei Lastmodelle unterschieden (Bild 8-11b):

Beim *Lastmodell 1* wird angenommen, dass das Stützwerk voll eingeschneit wird. Vereinfacht wird angenommen, dass der Schneedruck gleichmäßig verteilt ist. Der Angriffspunkt der Resultierenden R′ liegt beim Lastmodell 1 folglich in halber Werkhöhe.

Das *Lastmodell 2* berücksichtigt die teilweise Verfüllung des Lawinenstützwerkes durch eine gesetzte Schneedecke mit einer Schneehöhe h von 77 % der Werkhöhe H_k. Beim

Lastmodell 2 greift die Resultierende R′ in der Höhe von 0,385 H_k an und der spezifische Schneedruck (siehe Abschnitt 8.2.5.5) ist um einen Faktor 1,3 erhöht. Die Größe und Richtung der Resultierenden R′ wird gegenüber dem Lastmodell 1 nicht verändert. Die Randfaktoren f_R und die Angriffslängen Δl (Gl. 8.37 und 8.38) werden in beiden Belastungsfällen als gleich groß angenommen.

8.2.5.5 Schneedruck auf den Rost

Der spezifische Schneedruck p_h senkrecht auf den Rost wird aus der Resultierenden R′ berechnet. Da in der Natur die Druckverteilung über den Rost oft unregelmäßig ist, wird für beide Lastmodelle mit dem spezifischen Schneedruck vom Lastmodell 2 gerechnet. Der spezifische Schneedruck p_h berechnet sich wie folgt (Bild 8-12):

$$p_h = \frac{R' \cdot \cos(\delta - \varepsilon_R)}{0{,}77 \cdot B_K} \quad [\mathrm{kN/m^2}] \qquad (8.41)$$

mit:

R′	Resultierender Schneedruck, in [kN/m]
δ	Neigung des Rostes, in [°]
B_K	Rost- bzw. Netzhöhe: $B_K = D_K / \cos\delta$, in [°]
ε_R	Winkel zwischen R′ und der Hangparallelen, zu berechnen mit a = 0,35 gemäß Gl. (8.40), in [°].

Da infolge Schneegleiten der spezifische Schneedruck p_h in Bodennähe erhöht sein kann, wird von der Bodenoberfläche bis in $^1/_4$ der Rosthöhe und über die ganze Werklänge der spezifische Schneedruck p_h um 25 % erhöht (Bild 8-13). Für Roste, bei denen Randkräfte auftreten können, sind die folgenden zwei Lastmodelle zu berücksichtigen:

- Lastmodell mit Randkräften gemäß Gl. (8.36)
- Lastmodell ohne Randkräfte

Infolge der Deformation der Schneedecke wirken auch Querkräfte auf den Rost. Bei Schneebrücken mit horizontalen Rostbalken berechnet sich die spezifische Querlast q_h wie folgt:

$$q_h = \frac{R' \cdot \sin(\varepsilon_R - \delta)}{0{,}77 \cdot B_K} \geq 0{,}2 \cdot p_h \quad [\mathrm{kN/m^2}] \qquad (8.42)$$

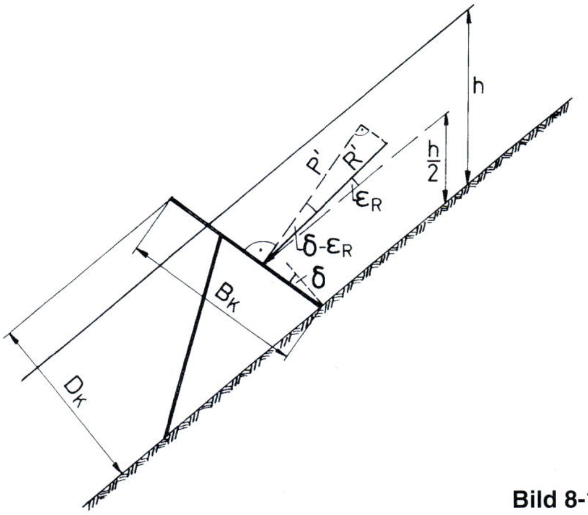

Bild 8-12 Belastung P′ senkrecht zum Rost (nach [189])

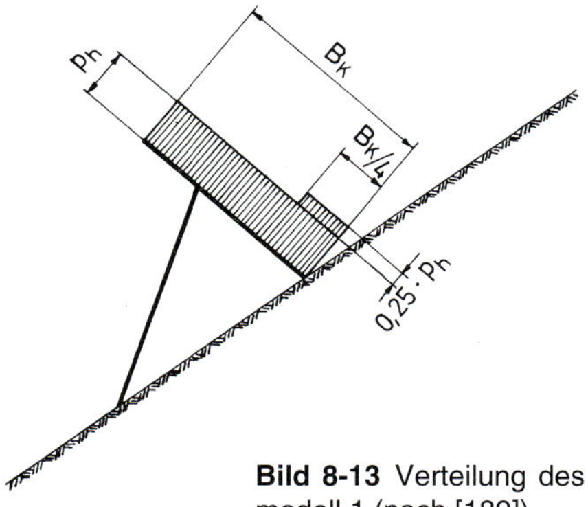

Bild 8-13 Verteilung des spezifischen Schneedruckes p_h auf den Rost beim Lastmodell 1 (nach [189])

Die Querlast q_h beträgt minimal 20 % von p_h. Dieser Minimalwert ist für größere Gleitfaktoren und Hangneigungen fast immer maßgebend. Die Querlast greift am äußersten bergseitigen Rand des Rostbalkens an.

8.2.5.6 Schneedruck auf schlanke Objekte und Bauteile

Auf schlanke, freistehende Objekteile wie Stützen oder Seile wirken stark erhöhte Randkräfte. Die Einflussbreite von schlanken Objekten kann viel größer sein als ihre Breite, weil die Schneedecke den Bauteil beidseitig umfließen kann. *Haefeli* [106] führte den Einflussfaktor η ein (Gl. 8.43), der das Verhältnis des effektiven Schneedruckes einschließlich Randkräften mit dem Schneedruck, der auf eine unendlich lange Wand wirkt, vergleicht. Der Einflussfaktor η kann für freistehende Objekte wie z. B. Stützen einer Seilbahn, die dem vollen Schneedruck ausgesetzt sind, wie folgt berechnet werden [189]:

$$\eta = 1 + c \cdot \frac{D}{W} \qquad (8.43)$$

mit:

c	variiert zwischen 0,6 für Standorte mit kleinem Schneegleiten und 6 für Standorte mit großem Schneegleiten und großen Schneehöhen
D	Schneehöhe, in [m]
W	Breite des Bauteils, in [m]

Durch ein Anhängen der Schneedecke unterhalb eines Lawinenstützwerkes kann die Stütze durch talwärts gerichtete Schneedruckkräfte belastet werden. Dies hat schon in einigen Fällen zum seitlichen Ausknicken von Stützen geführt (siehe Abschnitt 9.2.3.4).

Um diese Einwirkungen besser quantifizieren zu können, instrumentierte das WLS-Institut für Schnee- und Lawinenforschung SLF (Schweiz) zwei Stützen in einer Lawinenverbauung, in der solche Stützenschäden aufgetreten sind. Im Winter 1998/99 wurde dort eine maximale Beanspruchung mit einem Biegemoment von 10 kNm resp. 20 kNm bei einer Normalkraft von 34 kN resp. 36 kN gemessen. Die entsprechende Querbelastung auf die Stütze betrug 7 kN/m resp. 13,5 kN/m [289]. Messungen an Schneenetzstützen in Island ergaben ein maximales Biegemoment von 19 kNm [146]. Die Querbelastung q_s' kann in der Form einer gleichmäßig verteilten Linienlast q_s', die senkrecht auf die Stütze wirkt, wie folgt berechnet werden:

$$q'_S = \eta_R \cdot S'_N \cdot \frac{\text{Stützendurchmesser}}{\text{Stützenlänge}} \cdot \sin\alpha \qquad [\text{kN/m}] \tag{8.44}$$

mit:

η_R Reduzierter Einflussfaktor der Stütze, der normalerweise mit 1,0 angenommen werden kann, da der Schneedruck durch den Stützenrost abgemindert wird. An extremen Gleitschneestandorten muss jedoch mit Einflussfaktoren bis 5 gerechnet werden.

– Stützendurchmesser und -länge, in [m]

α Winkel zwischen der Stützenachse und der Bodenoberfläche, in [°]

Auf dünne Drahtseile oder Stangen, die dem vollen Schneedruck ausgesetzt sind (z. B. seitliche Abspannseile von Stützwerken oder Rückhalteseile von Steinschlagschutz-Barrieren), wirken stark erhöhte Einflussfaktoren. Für die Bestimmung des Einflussfaktors gibt es nur sehr grobe Abschätzungen, da Messungen bisher fehlen. Als Größenordnung muss bei einer Schneemächtigkeit von 200 cm und einem Seildurchmesser von 1 cm mit einem Einflussfaktor η von ca. 50 gerechnet werden.

8.2.5.7 Seitenkräfte

Infolge von Unregelmäßigkeiten im Gelände und in der Schneehöhenverteilung steht die Resultierende aller auf die Stützfläche wirkenden Kräfte im Grundriss nicht immer senkrecht zur Stützfläche. Es ist deshalb eine der Niveaulinie parallele Seitenkraft S_s anzunehmen. Zu beachten ist, dass im Einflussbereich von Randkräften mit einer erhöhten Seitenkraft gerechnet werden muss. Zur Erzielung einer genügenden Seitensteifigkeit der Lawinenstützwerke ist eine zur Niveaulinie parallele, beidseitig wirkende Seitenkraft S_s zu berücksichtigen. Wirkt im Rand- oder Werkendfeld die Schneedruckresultierende im Grundriss nicht senkrecht auf die Stützfläche (z. B. in Muldenlagen), so ist die Seitenkraft S_s mit dem Randfaktor f_R zu multiplizieren. Pro Einzelwerk der Länge l beträgt diese:

$$S_S = 0{,}1 \cdot S'_N \cdot l \qquad [\text{kN}] \tag{8.45}$$

Der Angriffspunkt der Seitenkraft S_s kann in halber Werkhöhe angenommen werden (gleichmäßig verteilte Belastung über die Höhe). Die Übertragung der Seitenkraft S_s vom Rost auf die Tragkonstruktion und die Fundation muss gewährleistet sein. Kritisch kann dies insbesondere bei freistehenden Einzelwerken oder kurzen Werkreihen (Länge < 10 m) sein. Bei längeren Werkreihen sind die Seitenkräfte vernachlässigbar.

8.2.5.8 Eigengewicht

Das Eigengewicht von Lawinenstützwerken ist nur zu berücksichtigen, wenn es in Relation zu den Einwirkungen infolge Schneedrucks eine maßgebliche Last darstellt (z. B. Stützwerke aus Beton).

8.2.5.9 Windkräfte

Lawinenstützwerke können durch bergwärts gerichtete Windkräfte während der schneefreien Zeit belastet werden. Für eine ausreichende Übertragung dieser Hubkräfte von der Tragkonstruktion auf die Fundation und den Untergrund ist zu sorgen. Die Windkräfte können gemäß EN 1991-1-4 (jeweiliges NAD) oder der Norm SIA 261, Kapitel 6 „Wind“ bestimmt werden.

8.2.5.10 Andere Einwirkungen

Folgende andere Lasteinwirkungen auf Lawinenstützwerke können auftreten und sind im Einzelfall zu berücksichtigen:

- *Erdbebenkräfte*: Üblicherweise werden Erdbebenkräfte bei der Bemessung von Lawinenstützwerken in den Alpen nicht berücksichtigt.
- *Lawinendruck*: Lawinenstützwerke sollen so angeordnet werden, dass sie nicht von weiter oben anbrechenden Lawinen erfasst werden können (siehe Abschnitt 8.2.6). Gegebenenfalls sind dazu Schutzmaßnahmen wie Ablenkdämme erforderlich. Da der Lawinendruck einer großen Lawine die Schneedruckkräfte um ein Vielfaches übertrifft, ist eine Bemessung auf Lawinendruck unwirtschaftlich und unzweckmäßig.
- *Steinschlag*: Bei der Projektierung ist abzuklären, ob in oder oberhalb einer Stützverbauung ein Ausbruchbereich für Stein- oder Blockschlag besteht. Mit Steinschlagmodellierungen können die Aufprallenergien abgeschätzt werden. Starre Stützwerke werden zerstört, wenn die Aufprallenergie größer als ca. 50 kJ ist, und flexible Schneenetze werden bei Aufprallenergien von ca. 200 kJ zerstört. Gegebenenfalls sind die Lawinenstützwerke mit Steinschlagbarrieren zu schützen.
- *Rutschungen und Solifluktion*: In solchen Situationen ist die Durchführung einer detaillierten Vorstudie zu empfehlen. Es bestehen zwei Möglichkeiten, solchen Einwirkungen zu begegnen: Einerseits kann versucht werden, mit verankerten Stützbauwerken die Bewegungen zu stoppen, andererseits können Lawinenstützwerke so ausgebildet werden, dass sie gegenüber Bodenverschiebungen und Erosion eine gewisse Schadenresistenz aufweisen (siehe Abschnitt 8.2.9).

8.2.6 Planung und Anordnung der Stützverbauung im Anbruchgebiet

8.2.6.1 Allgemeines

Die richtige Anordnung der Lawinenstützwerke im Gelände ist für die Schutzwirkung der Verbauung und die Standsicherheit der Stützwerke entscheidend. Der Inhalt dieses Abschnitts folgt im Wesentlichen – in gekürzter Form und um einige Aspekte ergänzt – der *Schweizer Richtlinie* [189].

8.2.6.2 Verbauungswürdige Hangneigung

Als verbauungswürdige Hänge gelten solche mit einer Neigung zwischen 30° und 50°. Bei Hangneigungen unter 30° ist der Abgang von Lawinen sehr selten. Bei Hangneigungen über 50° ist eine sehr häufige Selbstentladung zu erwarten, sodass sich in der Regel keine Schneedecke mit einer Mächtigkeit entwickeln kann, aus der sich Schadlawinen lösen können. Die Praxis hat gezeigt, dass in äußerst seltenen Fällen auch Lawinenanbrüche weit unter 30° zu beobachten sind, insbesondere bei sehr trockenem Schnee oder wenn ein hoher Wasseranteil beteiligt ist (siehe Abschnitt 3.5.1).

8.2.6.3 Vertikale Ausdehnung der Stützverbauung

In der Regel sollen die *obersten Werkreihen* im maximalen Abstand der 2- bis 3-fachen Werkhöhe von der obersten Anrisslinie entfernt errichtet werden. Dadurch ist eine ausreichende Abstützung gewährleistet. Bei möglicher Wächtenbildung ist der Abstand eher geringer zu halten, wobei darauf zu achten ist, dass die Werke nicht durch die Wächten überlastet werden.

Wenn im Anschluss an die oberste Werkreihe ein steiler Felsbereich folgt, ist eine mögliche Steinschlaggefährdung zu prüfen und die oberste bzw. auch die zweite Werkreihe entsprechend zu bemessen bzw. zu gestalten. Bei solchen Standorten ist auch darauf zu achten, dass eine ausreichende Werkhöhe gewählt wird, da mit laufenden Schneeentladungen aus den Wänden zu rechnen ist. Zum Schutz der Verbauung können gesonderte Steinschlagschutzverbauungen oberhalb der Lawinenverbauung erforderlich sein. Unter Umständen sind Felssicherungen in der Wand erforderlich.

Die *untere Begrenzung* einer Stützverbauung ist im günstigen Fall dort zu ziehen, wo die Hangneigung kleiner als 30° wird. In der Regel ist jedoch aus wirtschaftlichen Überlegungen nicht das gesamte Anbruchgebiet verbaubar. In solchen Fällen ist vom Projektanten einzuschätzen, mit welcher Verbauungsfläche der erforderliche Schutz erzielt werden kann (siehe Abschnitt 8.2.3). Eine mögliche Vorgangsweise ist darin zu sehen, dass ein wesentlicher Teil des Anbruchgebiets verbaut wird, um dann zu beobachten, ob weitere Ergänzungen erforderlich sind. Bei entsprechend günstigem Gelände kann auch durch einen Lawinenauffangdamm unterhalb des Restanbruchgebiets eine kostengünstige Ergänzungsmaßnahme gesetzt werden. Mit Hilfe von Lawinensimulationsmodellen (siehe Abschnitt 4.2) kann die Wirkung von Lawinenanbrüchen aus den unverbauten Teilflächen abgeschätzt werden.

8.2.6.4 Horizontale Ausdehnungen der Stützverbauung

Eine Stützverbauung soll eine ganze Geländekammer mit seitlicher Begrenzung durch Rippen oder Geländekanten abdecken. Dadurch kann auf aufwändige Maßnahmen zum Schutz der Verbauungsränder verzichtet werden. Wenn eine Verbauung nicht die gesamte Geländekammer abdeckt, sind die Werksreihen an der offenen Seite nach unten hin zurückgestaffelt anzuordnen (Bild 8-14). Dadurch soll verhindert werden, dass extreme Lasten durch Lawinenanbrüche und Gleitschnee an den Randwerken Schaden verursachen. Bei großen Schneehöhen und hohen Gleitfaktoren können am offenen Verbauungsrand entweder Trennwände in der Falllinie oder zusätzliche Werke im Randbereich Schäden an den Randwerken verhindern (Bild 8-14).

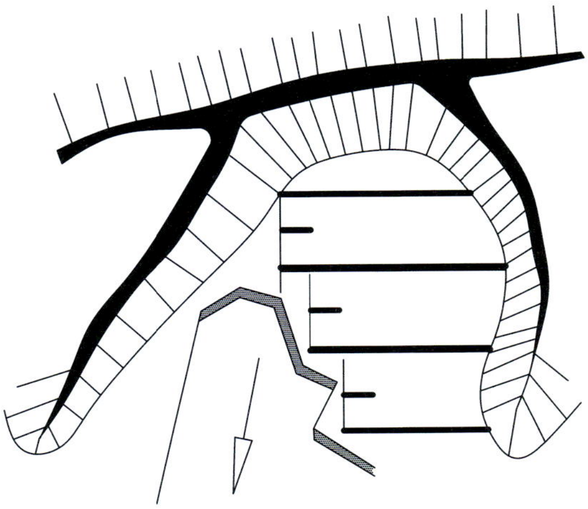

Bild 8-14 Teilverbaute Geländekammer (© Schilcher)

8.2.6.5 Verbauungsweisen

Die bevorzugte Verbauungsweise im permanenten Lawinenverbau ist die durchgehende Verbauung. Diese sieht vor, dass nur geländebedingt die Werksreihen unterbrochen werden. In Bild 8-15 sind *durchgehende*, *aufgelöst-unterbrochene*, *aufgelöst-gestaffelte* und *aufgelöst-kombinierte Verbauungsweisen* dargestellt. Die Vor- und Nachteile der verschiedenen Bauweisen sind in der Tabelle 8-10 erläutert.

Tabelle 8-10 Übersicht über die Anwendung sowie die Vor- und Nachteile der Verbauungsweisen der Lawinenanbruchverbauung nach [189]

Anordnung	Vorteile	Nachteile	Anwendung
Durchgehend	Fortpflanzung von Scherrissen in der Schneedecke berg- und talwärts über die Werkreihen hinaus weitgehend erschwert. Durchgehendes Hindernis für Schneerutsche. Weitgehende Vermeidung von Zugspannungen in der Schneedecke. Beanspruchung der Werke durch Randkräfte nur an Enden von Werkreihen (minimale gesamte Schneedruckbeanspruchung).	Große und zusammenhängende Breitenentwicklung von verbleibenden Scher- und Zugspannungszonen in der Schneedecke. Eventuell seitliche Fortpflanzung von Schadenwirkungen an Werken. Beschränkte Anpassungsfähigkeit bei stark kupiertem Gelände und örtlich stark wechselnden Schneeverhältnissen (je nach verwendetem Werktyp verschieden stark ins Gewicht fallend).	Normalfall
Aufgelöst unterbrochen	Gute Anpassungsfähigkeit an horizontale Geländekonfiguration und örtlich wechselnde Schneeverhältnisse. Lokalisierung von Schadenwirkungen auf einzelne Abschnitte. Eventuelle Kosteneinsparung (im Vergleich zur durchgehenden Verbauung).	Teilweises Durchfließen von Schnee durch Werkzwischenräume möglich. Beanspruchung der Werke durch Randkräfte, die dem seitlichen Werkzwischenraum entsprechen. Erleichterte Fortpflanzung von Scherrissen in der Schneedecke berg- und talwärts über die Werkreihen hinaus (im Vergleich zur durchgehenden Verbauung).	Ausnahmsweise in Zonen mit z. B. Felsrippen oder lokalen Geländestufen.
Aufgelöst gestaffelt	Gute Anpassungsfähigkeit an Geländekonfiguration in allen Richtungen. Aufteilung von verbleibenden Zug- und Scherspannungszonen. Durchschnittlich vermindertes Schneegleiten im Vergleich zur durchgehenden und aufgelöst unterbrochenen Verbauweise.	Beanspruchung der Werke durch Randkräfte, die dem freien Werk entsprechen. Erhöhung der Laufmeterkosten (im Vergleich zur durchgehenden und aufgelöst unterbrochenen Verbauweise). Fortpflanzung von Scherrissen nach allen Richtungen möglich.	Ausnahmsweise in sehr steilem und stark strukturiertem Gelände, auch bei einer Verdichtung von älteren, nicht richtlinienkonformen Verbauungen.

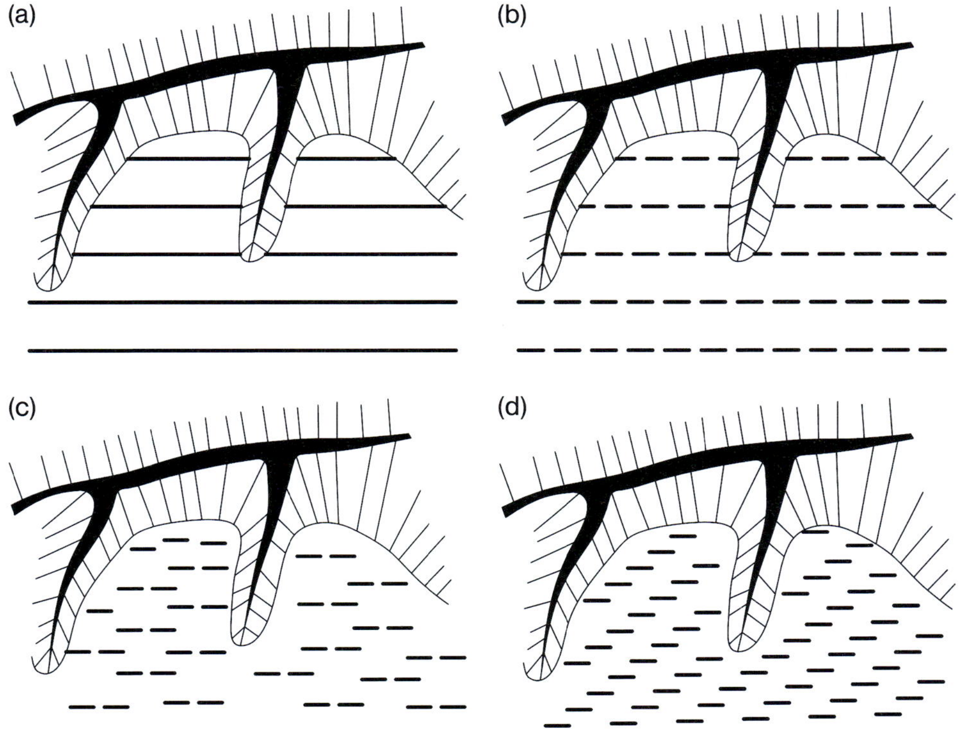

Bild 8-15 Verbauungsweisen der Anbruchverbauung: (a) durchgehende, (b) aufgelöst-unterbrochene, (c) aufgelöst-gestaffelte und (d) aufgelöst-kombinierte Verbauungsweise (nach [189])

8.2.6.6 Werkhöhe

Die Werkhöhe H_k wird auf Grundlage der Dimensionierungsschneehöhe nach der in Abschnitt 8.2.2.2 festgelegten Methode ermittelt. Dabei ist zu beachten, dass die Stützwerke dann ihre optimale Wirkung aufweisen, wenn sie die gesamte Schneedecke durchstoßen. Daher ist die konstruktive Werkhöhe (H_K) mit einem Zuschlag (in Österreich: 20 cm) zur H_{ext} festzulegen.

In vielen Fällen variiert die Schneehöhe innerhalb der Verbauungsfläche aufgrund der Topographie, sodass für eine Verbauungsfläche unterschiedliche Werkshöhen erforderlich sein können.

8.2.6.7 Werkabstände in der Falllinie

Die Ermittlung des hangparallelen Werkabstandes erfolgt meist *nach den Schweizer Richtlinien* [189]. In Österreich wird der hangparallele Werkabstand teilweise – abweichend von dieser Norm – nach fixen Höhendifferenzen (zukünftig nach *ONR 24806* [236]) ermittelt.

Der hangparallele Werkabstand L nach *Schweizer Richtlinien* [189] berechnet sich wie folgt:

$$L = f_L \cdot H_K \quad [m] \tag{8.46}$$

mit:

f_L Abstandsfaktor

H_K Werkhöhe, in [m]

Der Abstandsfaktor f_L hängt von der Hangneigung, von der Werkhöhe, vom Gleitfaktor und vom Reibungswinkel tan φ zwischen Boden und Schnee ab. Er kann aus Bild 8-16 mit Hilfe der Hangneigung ermittelt werden.

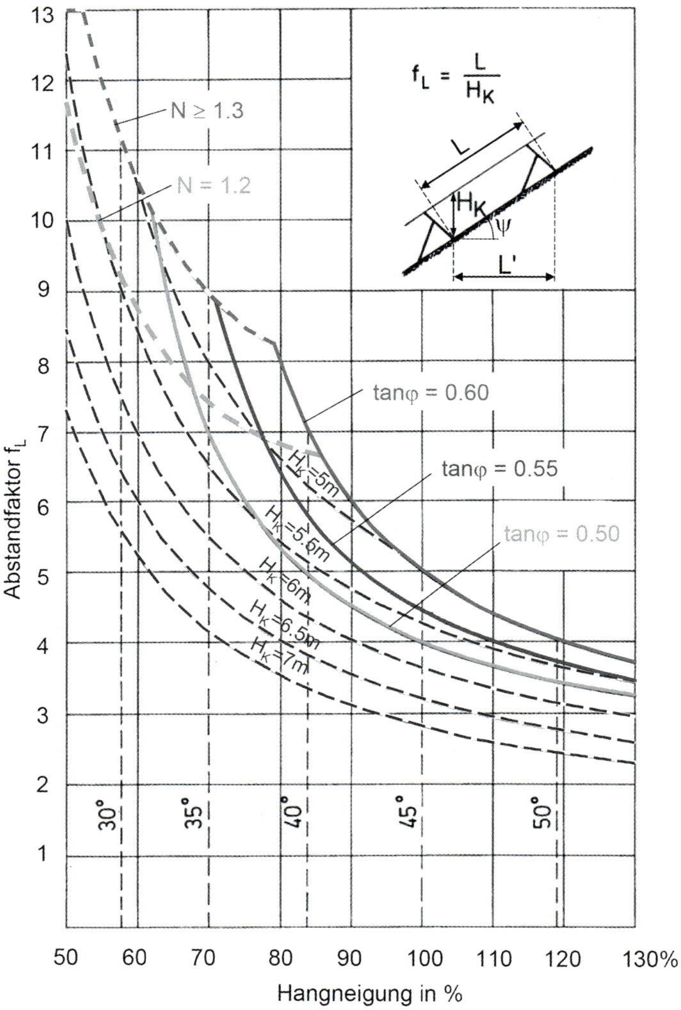

Bild 8-16 Hangparellele Werkabstände nach *Schweizer Richtlinien* [189]
Bei glattem Boden (N > 2) oder bei höheren Sicherheitsanforderungen gelten die Werte zwischen tan φ = 0,55 und tan φ = 0,50. Bei rauem Boden (N < 2), wenn keine hohen Sicherheitsanforderungen gestellt werden, gelten die Werte für tan φ = 0,6. Die Kurve tan φ = 0,60, N > 1,3 und f_L = 13 stellen die absolut höchstzulässigen Werte für $f_L$dar. Sind die Werke auf den Gleitfaktor N = 1,2 bemessen, so darf der gewählte Abstandsfaktor nicht oberhalb der entsprechend angeschriebenen Kurve liegen. Betragen die lotrecht gemessenen Werkhöhen H_K mehr als 4,5 m, so liegen die höchst zulässigen Werte für f_L auf den entsprechend angeschriebenen Kurven.

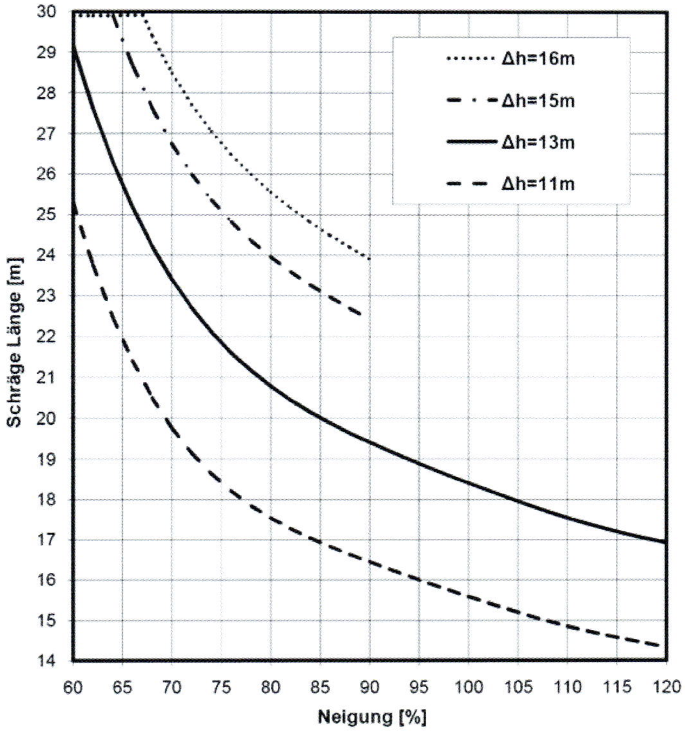

Bild 8-17 Hangparalleler Werkabstand nach fixen Höhendifferenzen nach *ONR 24806* [236]
Der maximale Werkabstand beträgt 30 m. Die Kurven ΔH = 15 m und ΔH = 16 m dürfen nur bis zu einer Hangneigung von ≤90 % bei Schneemächtigkeiten D ≥ 3 m verwendet werden, um eine Überlastung der Werke zu verhindern. Die Kurven ΔH =15 m und ΔH = 16 m sind für zentralalpine Bereiche gedacht, wo die Neuschneezuwächse geringer sind und für Stützverbauungen günstigere Verhältnisse herrschen als in randalpinen Lagen. Die Kurve ΔH = 13 m ist für randalpine Lagen maßgeblich und kann für alle Werkhöhen H_K ≥ 3 m Schneemächtigkeit verwendet werden. Bei Hangneigungen ≤90 % kann die Linie ΔH = 13 m auch für Werke D ≥ 2,7 m herangezogen werden. Die Linie ΔH = 11 m ist für hohe Sicherheitserwartungen (z. B. Schutz von Skiwegen im Hang) und kleinere Werke vorgesehen. Da kleine Werke aufgrund des geringen Bemessungsschneedruckes nur eine kleine Schneetafel abstützen können, ist eine uneingeschränkte Verwendung der Linie ΔH = 11 m nur für Werke D ≥ 2,5 m möglich. Bei Hangneigungen ≤80 % darf ΔH = 11 m auch für Werke D ≥ 2,0 m verwendet werden. Bei kleineren Werken ist ein Gleitschneeschutz (Gleitschutzböcke, Bermen etc.) zur Reduktion des Tafeldruckes erforderlich, oder die Werke sind auf höheren Schneedruck zu bemessen.

Der in der Abstandsberechnung zugelassene Spielraum soll dazu verwendet werden, den Stützverbau den Anforderungen der zu schützenden Objekte anzupassen. Normalerweise empfiehlt sich f_L im Bereich zwischen tan φ = 0,55 und tan φ = 0,5 zu wählen. Zur Erzielung einer genügenden Anbruchsicherheit ist bei der Wahl der Werkabstände auch das Klima zu berücksichtigen. Besonders an Nordhängen oder in niederschlagsreichen Voralpengebieten müssen gegebenenfalls noch kleinere Werte als für tan φ = 0,5 angenommen werden. Wenn innerhalb eines Werkabstandes die Hangneigung wechselt, ist bei der Berechnung von L für sie die Neigung der Verbindungsgeraden zwischen den betreffenden Werkfußpunkten einzusetzen.

Bei der Ermittlung des hangparallelen Werkabstandes nach fixen Höhendifferenzen (Methode nach *ONR 24806* [236]) soll die Ermittlung des hangparallelen Werkabstandes bei unterschiedlichen Werkhöhen eine ähnliche Anbruchsicherheit für Oberlawinen sicherstellen. Eine Annäherung an diese Bedingung soll dadurch erfolgen, dass die Werkabstände nach fixen Höhenunterschieden unabhängig von der Werkhöhe und weitgehend unabhängig von der Hangneigung ermittelt werden.

In Bild 8-17 ist das Diagramm mit den Kurven zur Ermittlung der Werkabstände nach fixen Höhendifferenzen dargestellt. Mit der gemessenen Hangneigung kann über die Höhenlinien (vier Kurven für Höhendifferenzen von 11 m bis 16 m) an der Ordinate der hangparallele Werkabstand abgelesen werden.

8.2.6.8 Seitliche Werkzwischenräume

Bei unterbrochener Verbauungsweise sind seitliche Zwischenräume (Bild 8-18) zwischen benachbarten Werken, die nicht durch lawinensichere Geländeabschnitte bedingt sind, auf maximal 2 m zu begrenzen. Sie sollen von oben durch Werke im Abstand L voll abgedeckt sein. Wenn benachbarte Werke in der Falllinie verschoben sind, so sind diese entsprechend Bild 8-18 anzuordnen. Bei den unterschiedlichen Verbauungsweisen soll die Länge der zusammenhängenden Stützroste, wenn dies geländebedingt möglich ist, nicht unter 16 bis 22 m liegen. Als maximale Länge wird aus praktischen Gründen 50 m angegeben.

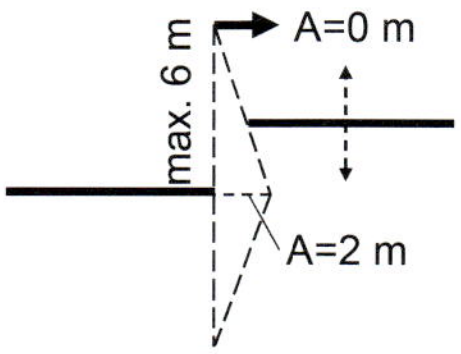

Bild 8-18 Seitliche Werkzwischenräume (nach [189])

8.2.6.9 Kombinationen mit Gleitschneeschutz

Da Stützverbauungen vielfach in der Kampfzone des Waldes oder im Bereich der potentiellen Waldgrenze errichtet werden, ist in solchen Fällen als nachhaltige Schutzmaßnahme

Bild 8-19 Kombination von Stahlstützwerken mit Gleichschneeböcken (© Rudolf-Miklau)

vielfach eine Aufforstung vorgesehen (Bild 8-19). Um die Voraussetzungen für das Aufkommen eines Jungwuchses zu verbessern, empfiehlt es sich, die Flächen zwischen den Stützverbauungen zusätzlich mit Gleitschneeschutzmaßnahmen (siehe Abschnitt 7.2.5) zu versehen.

In der Praxis hat es sich bewährt, beispielsweise kleine Gleitschneeschutzböcke gruppenartig anzuordnen, um dadurch auch die Voraussetzung für gruppen- oder rottenartige Aufforstungen zu schaffen. Bei konsequenter Anwendung von Gleitschneeschutzmaßnahmen können diese den Gleitfaktor reduzieren und dadurch die Voraussetzung für schwächer dimensionierte Bautypen der Stützverbauung schaffen.

8.2.7 Baustoffe der Lawinenanbruchverbauung

8.2.7.1 Allgemeines

Der folgende Abschnitt gibt einen kurzen Überblick über die in der Lawinenanbruchverbauung eingesetzten Baustoffe. Gegliederte Lawinenstützwerke werden großteils aus Baustahl oder Holz oder einer Kombination aus beiden Materialien hergestellt. In den Gründungen werden zusätzlich Spannstahl, Drahtseile, Beton und Ankermörtel verwendet.

8.2.7.2 Baustahl

Stahl wird bei gegliederten Stützbauwerken eingesetzt. Für Stützen, Träger und Riegel werden in den meisten Fällen *warmgewalzte Normprofile* verwendet (Tabelle 8-11).

Die für eine Bemessung erforderlichen Eingangswerte (z. B. Abmessungen, Widerstandsmomente) von Normprofilen werden Tabellen entnommen. Solche Tabellen finden sich in allen gängigen Bautabellenbüchern (z. B. [161][291]) oder in den Produktbeschreibungen der Hersteller. Beispiele sind in Tabelle 8-12 zusammengestellt.

Als Rostbalken werden *kaltgeformte Omega-Profile* oder Hut-Profile (Bild 8-20) verwendet. Dies sind keine genormten Profile. Sie weisen eine totale Breite von 210 bis 242 mm, eine Breite des oberen Flansches von 58 bis 97 mm und eine Höhe von 80 bis 100 mm auf. Die Neigung der Stege liegt zwischen 10° bis 25°. Die Bleche sind zwischen 5 und 10 mm dick.

Tabelle 8-11 Häufig eingesetzte Stahlprofile an gegliederten Lawinenstützwerken

Bauteil	Profil	Abmessungen	Stahlgüte
Träger	IPE	140 bis 270	S355
Stützen/Riegel	ROR	133/4 bis 219.1/6.3	S235 und S355
	HEA	120 bis 180	S235 und S275
	TPS	100/100/4 bis 120/120/6	S355
	VHP	120/120/6 bis 150/150/8	S275

Tabelle 8-12 Tabellierte Werte von IPE- und HEA-Profilen für die Bemessung (Beispiele)

Profil	h	b	t_w	t_f	r	d	A	A_{Steg}	g_k	I_y	W_y	$W_{y,pl}$	i_y	I_z	W_z	$W_{z,pl}$	i_z
	[mm]	[mm]	[mm]	[mm]	[mm]	[mm]	[cm^2]	[cm^2]	[kN/m]	[cm^4]	[cm^3]	[cm^3]	[cm]	[cm^4]	[cm^3]	[cm^3]	[cm]
IPE 140	140	73	4,7	6,9	7	112	16,4	6,26	0,12	541	77,3	88,3	5,74	44,9	12,3	19,2	1,65
IPE 160	160	82	5,0	7,4	9	127	20,1	7,63	0,15	869	109	123,	6,58	68,3	16,7	26,1	1,84
IPE 180	180	91	5,3	8,0	9	146	23,9	9,12	0,18	1320	146	155	7,41	101	22,2	34,6	2,05
IPE 200	200	100	5,6	8,5	12	159	28,5	10,7	0,22	1940	194	220	8,26	142	28,5	44,6	2,24
IPE 220	220	110	5,9	9,2	12	177	33,4	12,4	0,26	2770	252	285	9,11	205	37,3	58,1	2,48
IPE 240	240	120	6,2	9,8	15	190	39,1	14,3	0,30	3890	324	366	9,97	284	47,3	73,9	2,69
IPE 270	270	135	6,6	10,2	15	219	45,9	17,1	0,36	5790	429	484	11,2	420	62,2	96,9	3,02
HEA 120	114	120	5,0	8,0	12	74	25,3	5,30	0,19	606	106	119	4,89	231	38,5	58,8	3,02
HEA 140	133	140	5,5	8,5	12	92	31,4	6,85	0,24	1030	155	173	5,73	389	55,6	84,8	3,52
HEA 160	152	160	6,0	9,0	15	104	38,8	8,58	0,30	1670	220	245	6,57	616	76,9	117	3,98
HEA 180	171	180	6,0	9,5	15	122	45,3	9,69	0,35	2510	294	324	7,45	925	103	156	4,52

In der Regel wird der Baustahl in den Sorten S235JR bis S355JR verwendet. Die für die Bemessung relevanten Materialkennwerte sind in Tabelle 8-13 zusammengestellt. In der Schweiz ist nach SIA 263:2003, Tabelle 18 generell die Gütegruppe JR oder höher zu wählen.

Bild 8-20 Rostbalken aus kaltgeformten Omega-Profilen (© Rudolf-Miklau)

Tabelle 8-13 Charakteristische Materialkennwerte für warmgewalzte Baustähle laut EN 1993-1-1:2005, Tabelle 3.2 (Auswahl)

Erzeugnisdicke t [mm]	Materialkennwert		Stahlsorte[1)]		
			S 235	S 275	S 355
$t \leq 40$ mm	Streckgrenze [N/mm²]	f_{yk}	235	275	355
	Bruchfestigkeit [N/mm²]	f_{uk}	360	430	510
40 mm $< t \leq$ 80 mm	Streckgrenze [N/mm²]	f_{yk}	215	255	336
	Bruchfestigkeit [N/mm²]	f_{uk}	360	410	470
Für alle Dicken	Elastizitätsmodul [N/mm²]	E	210 000		
	Schubmodul [N/mm²]	G	81 000		
	Temperaturdehnzahl [K-1]	α_T	$12 \cdot 10^{-6}$		
	Poissonsche Zahl [–]	ν	0,3		
	Dichte [kg/m³]	ρ	7850		

1) Bezeichnung laut EN 10025-2

8.2.7.3 Holz

Holz wird vorwiegend für den Gleitschneeschutz oder den Lawinenschutz unterhalb der Waldgrenze eingesetzt. Es werden großteils *Rundhölzer* und *Halbrundhölzer* mit Durchmessern bis 25 cm verwendet. Für Verwehungsverbauungen wird auch *Kantholz* (Pfosten, Bretter) verwendet. Bauholz für tragende Zwecke mit rechteckigen Querschnitten muss der EN 14081-1 und Baurundholz der EN 14544 entsprechen.

Je nach erforderlicher Dauerhaftigkeit wird unbehandeltes Tannen-, Lärchenkern-, Kiefern-, Eichen-, Edelkastanien- und Robinienholz oder druckimprägniertes Fichten-, Lärchen- und Kiefernholz verwendet. Unbehandeltes Fichtenholz wird in der Praxis nur noch selten verwendet (Sofortmaßnahmen nach Katastrophen), da es eine geringe Lebensdauer besitzt.

Die für die Bemessung relevanten Materialkennwerte sind der EN 338 zu entnehmen. Für Fichte, Tanne, Kiefer und Lärche werden die Festigkeitsklassen für Nadelholz verwendet. Die Kennwerte für Eiche, Robinie und Edelkastanie werden den Festigkeitsklassen für Laubholz entnommen.

8.2.7.4 Verbindungsmittel

Je nach Art der zu verbindenden Bauteile und der gewünschten Steifigkeit der Verbindung werden Drahtseilklemmen, Schäkel, Schrauben und Bolzen als Verbindungsmittel verwendet.

Drahtseilklemmen müssen der EN 13411-5 entsprechen. *Schäkel* werden in der Größe 5/8″, 3/4″ u. a. nach US Federal Spezifikation RR-C-271 eingesetzt: Schäkel, hochfest, geschweifte Form, 6-fache Sicherheit, mit Augenbolzen, mit eingeschlagener Nutzlast und Nenngröße, mit Zeugnis nach EN 10204-3.1. Die Ausführung erfolgt in hochfestem geschmiedetem Stahl; Biegebeanspruchungen sind unzulässig.

Gelenkige Verbindungen werden als Bolzenverbindungen ausgeführt. *Bolzen* werden mit Durchmessern von 40 bis 60 mm meist mit Stahlfestigkeitsklasse S355 eingesetzt (Bild 8-21a).

Als *Schrauben* werden generell solche mit Festigkeitsklasse 8.8 ($f_{yb} = 640$ N/mm², $f_{ub} = 800$ N/mm²) verwendet (Bild 8-21b).

(a) (b)

Bild 8-21 (a): Gelenkige Bolzenverbindung des Trägers mit der Fundierung eines Lawinestützwerks (© Rudolf-Miklau); (b): Schraubverbindung der Träger mit den Rostbalken (Omega-Profile) und der Klemmschiene (Zwischenwerk) (© Rudolf-Miklau).

8.2.7.5 Seile und Betonstähle

In Zugpfählen werden mit Ankermörtel verpresste Litzen- oder Spiralseile verwendet. *Litzenseile* müssen der EN 12385-4 entsprechen. Vorwiegend werden Seile der Dimensionen 6×7, 6×19 und 6×36 mit Seilfestigkeitsklasse 1770 N/mm^2 eingesetzt. Diese Litzenbündel weisen Durchmesser von 6 mm bis 28 mm auf. *Spiralseile* müssen den Anforderungen der EN 12385-10 entsprechen. Es werden Seile mit Spirallitzenkonstruktion 1×19 und 1×37 und Seilfestigkeitsklasse 1770 eingesetzt. Diese Seile weisen Durchmesser von 12 bis 24 mm auf. Die *hochfesten Stahldrähte* weisen eine charakteristische Streckgrenze von $f_y = 1770$ N/mm^2 auf.

In Zug- oder Druckpfählen werden auch *profilierte Stäbe* oder *Gewindestäbe* aus Betonstahl der Festigkeitsklasse BSt 500 B ($f_{yk} = 500$ N/mm^2) oder BSt 550 B ($f_{yk} = 550$ N/mm^2) eingesetzt. Die Betonstähle der Duktilitätsklasse B weisen eine erhöhte Duktilität auf.

8.2.7.6 Ankermörtel

An Zug- und Druckpfählen ist das Stahlglied in Ankermörtel eingebettet. Über den Verbund zwischen Stahlglied und Mörtel sowie Mörtel und umgebendem Boden werden die Pfahlkräfte in den Untergrund übertragen. Des Weiteren schützt der Mörtel das Stahlglied vor Korrosion (siehe Abschnitt 8.2.8.9).

Die größten Mörtelbeanspruchungen (Druckspannungen bis 40 N/mm^2) treten bei Seilankern infolge der Umlenkspannungen am Bohrlochrand auf. Die größten Schubkräfte entlang des Stahlgliedes treten bei relativ kurzen Felsankern auf. Die Schubkräfte verursachen im Mörtel Zug- und Druckkräfte. Kleine Verschiebungen zwischen dem Mörtelkörper und dem Ankerglied führen zur Rissbildung. Wenn der Mörtel gut haftet, treten zwar mehr

Risse auf, doch sind sie gleichmäßig verteilt und kleiner. Die Haftfestigkeit nimmt linear mit der Druckfestigkeit zu. Um eine Haftfestigkeit von 5 N/mm^2 aufweisen zu können, muss die Druckfestigkeit des Mörtels etwa 35 N/mm^2 aufweisen. Des Weiteren soll der Mörtel schon nach kurzer Zeit (ca. 3 Tage) belastbar sein, um weitere Montagearbeiten ohne große Wartezeiten ausführen zu können.

Ankermörtel soll eine möglichst gute Verformbarkeit aufweisen, also kein sprödes Verhalten zeigen. Um die Rissbildung durch Volumenabnahme beim Abbinden möglichst klein zu halten, darf der Ankermörtel nur ein geringes Schwindmaß aufweisen. Insbesondere im Lawinenverbau ist die *Frostbeständigkeit* sehr wichtig, um das Schadenrisiko am Mörtel im Kopfbereich der Verankerungen durch häufige Frost-Tau-Wechsel möglichst klein zu halten. Die Frostbeständigkeit kann nach verschiedenen Methoden bestimmt werden. In der *Schweizer Richtlinie* [189] wird empfohlen, die Frostbeständigkeit nach der *Porositätsmethode* zu prüfen. Dabei wird das Verhältnis zwischen dem gemessenen Luftporengehalt und dem freien Porenraum bei kritischer Wassersättigung bestimmt. In Permafrostböden, d. h. Böden oder Fels mit einer Temperatur von tiefer als 0 °C (siehe Abschnitt 8.2.10), müssen Spezialmörtel eingesetzt werden.

In der *Schweizer Richtlinie* [189] sind die Anforderungen an Ankermörtel mit einem zweistufigen Verfahren geregelt. Die Prüfungen und Grenzwerte sind in Tabelle 8-14 aufgezeigt.

- Für die Zulassung eines neuen Produktes muss im Labor eine *Eignungsprüfung* erfolgreich bestanden werden. Die Prüfung hat eine Gültigkeit von 3 Jahren.
- Während der Vermörtelungsarbeiten auf der Baustelle muss die *Konformität* des verwendeten Produktes laufend überprüft werden. Da bis zum Vorliegen der Prüfresultate 1 bis 2 Monate verstreichen, ist es empfehlenswert, vor Baubeginn Vorversuche durchzuführen und während der Vermörtelungsarbeiten die Frischmörteleigenschaften mit Luftporenmessungen zu überwachen. Mit Hilfe des Luftporengehaltes kann eine direkte Aussage über die Frostbeständigkeit getroffen werden. Bei Baustellenprüfungen wird in der Schweiz ein Frostbeständigkeitsindex FS $\geq$ 1,3 toleriert.

Tabelle 8-14 Anforderungen an Ankermörtel im Lawinenverbau – Prüfungen und Grenzwerte, nach [189]

zu prüfende Eigenschaft	Eignungsprüfung	Konformitätsprüfung
Druckfestigkeit 7 Tage	$F_c \geq 22$ N/mm^2	$F_c \geq 22$ N/mm^2
Druckfestigkeit 28 Tage	$F_c \geq 35$ N/mm^2	$F_c \geq 35$ N/mm^2
Frostbeständigkeit (gemäß Norm SIA 162/1, Prüfung Nr. 7)	Hoch FS $\geq$ 1,5	Hoch FS $\geq$ 1,5
Elastizitätsmessung nach 28 Tagen	E $\leq$ 25000 N/mm^2 (Spannungsstufe 5,0 ... 0,5 N/mm^2)	–
Schwinden nach 28 Tagen	$\varepsilon_{cs} \leq 2{,}0$ %	–
Häufigkeit der Prüfung und Kontrollintensität	Alle 3 Jahre	In Abhängigkeit von der verarbeiteten Mörtelmenge, der Erfahrung der Unternehmung und von der verwendeten Mörtel-/Mischerkombination
Herstellung Probekörper	Labor	Baustelle

8.2.8 Tragwerksanalyse und Tragwerksbemessung

8.2.8.1 Allgemeines

Die Grundlagen zur Bemessung von Stahltragwerken sind in Abschnitt 8.1.5 zusammengestellt. In diesem Abschnitt wird auf die Besonderheiten bei der *Bemessung von gegliederten Stützverbauungen* in den STR-Grenzzuständen eingegangen. Im Allgemeinen ist der Nachweis des GZT von Lawinenstützwerken ausreichend.

Nachweise des *Grenzzustandes der Gebrauchstauglichkeit* (GZG) für das Tragwerk sind nicht erforderlich. Ein solcher Grenzzustand tritt ein, wenn das Lawinenstützwerk unter Gebrauchslast seine planmäßige Nutzung, d. h. das Verhindern von Lawinenanbrüchen und das Abbremsen und Auffangen von kleinen Lawinen, nicht mehr erfüllen kann. Dies kann durch starke Verformungen, Geländeverschiebungen oder Verfüllungen des Stützrostes auftreten (siehe Abschnitt 9.2.3.4). Die Gebrauchstauglichkeit ist durch Überwachung und Instandhaltung der erstellten Verbauung zu gewährleisten.

8.2.8.2 Einwirkungskombinationen

Für die Bemessung von Lawinenstützverbauungen werden die Einwirkungskombinationen nach Tabelle 8-15 empfohlen. Die einzelnen Einwirkungen sind nach den Regeln des Abschnitts 8.1.2.6 zu kombinieren.

Als *Regelkombinationen* sind für Lawinenstützbauwerke EK2a, EK2b und EK3 maßgeblich. EK2a und EK2b unterscheiden sich nur im Lastmodell, das der bergseitigen Schneedruckverteilung zu Grunde liegt (siehe Abschnitt 8.2.5.4). Beim Schneedruck sind alle

Tabelle 8-15 Empfohlene Einwirkungskombinationen (EK) für Lawinenstützwerke

Bemessungssituation	EK	Miteinander kombinierte Einwirkungen		
		Ständige Einwirkung	Veränderliche Einwirkung	Außergewöhnliche Einwirkung
BS1	EK1	Eigengewicht	–	–
	EK2a	Eigengewicht[3)]	Schneedruck[1)]	–
	EK2b	Eigengewicht[3)]	Schneedruck[2)]	–
BS2	EK3	Eigengewicht	Wind	–
BS3	EK4	Eigengewicht[3)]	–	Erdbeben
	EK5	Eigengewicht[3)]	Schneedruck	Lawinenaufprall
	EK6	Eigengewicht[3)]	–	Steinschlag
	EK7	Eigengewicht[3)]	–	Schneedruck[4)]
	EK8	Eigengewicht[3)]	–	Baugrund-verformungen

1) Schneedruck (infolge 100–150 jährlicher Schneehöhe) infolge Lastmodell 1, laut Tabelle 8-16

2) Schneedruck (infolge 100–150 jährlicher Schneehöhe) infolge Lastmodell 2, laut Tabelle 8-16

3) kann bei Stahl- und Holztragwerken vernachlässigt werden

4) infolge >300 jährlicher Schneehöhe

Schneedruckkomponenten gemäß Abschnitt 8.2.5 mit deren Maximalwert und als gleichzeitig wirkend anzusetzen, da sie direkt an die Schneehöhe und die Gleitbedingungen geknüpft sind. Die Hubkräfte durch Wind (EK3) sind ohne Schneelasten anzusetzen. Das Eigengewicht ist in dieser Kombination als günstige ständige Einwirkung anzusetzen.

Soweit für den konkreten Standort maßgeblich, werden zusätzlich EK5 und EK6 als *außergewöhnliche Situationen* untersucht, der Nachweis von EK 4 (Erdbeben) unterbleibt hingegen in der Praxis. Ein Schneedruck als außergewöhnliche Einwirkung wird im Allgemeinen nicht nachgewiesen, da bei der Berücksichtigung des Regellastfalles (Schneedruck mit 100 bzw. 150 jährlicher Schneehöhe betrachtet als veränderliche Einwirkung) die außergewöhnliche Einwirkung (Schneedruck mit >300 jährlicher Schneehöhe) abgedeckt ist.

Die charakteristischen Werte der einzelnen Einwirkungen sind in Abschnitt 8.2.5 angegeben. Die erforderlichen Teilsicherheitsbeiwerte sind in Abhängigkeit der zugeordneten Bemessungssituation der Tabelle 8-2 zu entnehmen. Schneedruck wird – entsprechend den jeweils geltenden Richtlinien – in Österreich für eine Schneehöhe mit einer Jährlichkeit von 150 Jahren und in Schweiz für eine Jährlichkeit von 100 Jahren ermittelt (siehe Abschnitt 8.2.2). Alle Komponenten des Schneedruckes sind als voneinander abhängige veränderliche Einwirkungen zu klassifizieren. Die Eigengewichte von Stahl und Holztragwerken können – außer bei EK 3 (Wind) – vernachlässigt werden.

8.2.8.3 Berechnung der Auflagerreaktionen und Schnittgrößen

Bei der konstruktiven Gestaltung von Lawinenstützwerken gilt es, ein Optimum zwischen Belastbarkeit, Gesamtgewicht, Größe der Auflagerreaktionen und Montagefreundlichkeit zu finden. Lawinenstützwerke weisen im Allgemeinen eine statisch bestimmte Lagerung auf. Die Auflagerreaktionen und Schnittkräfte sind aus den Gleichgewichtsbedingungen zu ermitteln. Die bei der Berechnung der maßgebenden Schnittkräfte und Auflagerreaktionen der Tragkonstruktion zu berücksichtigenden Einwirkungskombinationen, Werkanordnungen und -geometrien sind in Tabelle 8-16 angegeben. Die verschiedenen Schneedruckkomponenten (S'_N, S'_Q, G', S'_R und q'_S) wirken gleichzeitig und maximal. Als Lastverteilung ist Lastmodell 1 und 2 mit den Beiwerten a von 0,35 und 0,5 zu berücksichtigen. Der Beiwert a ist eine Stoffgröße, die gemäß der *Schweizer Richtlinie* [189] für die Berechnung der hangsenkrechten Schneedruckkomponente zwischen 0,35 und 0,5 variiert, wobei jeweils der ungünstigere Fall zu berücksichtigen ist (Gl. 8.34). Die Größe des Schneedruckes bleibt im Mittelfeld entlang der Niveaulinie konstant und ist in den Randbereichen erhöht.

Bei der Werkanordnung ist ein Mittelfeld, ein Einzelwerk mit seitlichen Abständen von 2 m und ein Werkendfeld mit einem seitlichen Abstand von mehr als 2 m zu untersuchen (Bild 8-22a). Häufig werden die Auflagerreaktionen und die Schnittgrößen des Einzelwerkes (mit A = 2 m) für die Bemessung maßgebend. Die Auflagerreaktionen und Schnittgrößen werden weiter für variable Stützen- und Riegellängen (Solllänge: +/– 0,5 m) berechnet, da je nach lokaler Topographie Anpassungen der Längen erforderlich sind (Bild 8-22b).

Die maximale Druckkraft in der Stütze tritt bei Lastmodell 1 (a = 0,35 oder a = 0,5 und s = +0,5 m) auf. Beim Stützwerk mit Riegel ist für die Druckkraft im Riegel Lastmodell 2 (a = 0,35 oder a = 0,5 und r = +0,5 m) maßgebend. Beim Träger ist Lastmodell 1 maßgebend für das Kragmoment und Lastmodell 2 für das Feldmoment.

Im Bild 8-23 sind die Auflagerreaktionen für ein Mittelfeld von verschiedenen Typen von Lawinenstützwerken angegeben. Beim Stützwerk mit Riegel treten die größten Druckkräfte, beim flexiblen Schneenetz die größten Zugkräfte auf.

(a)

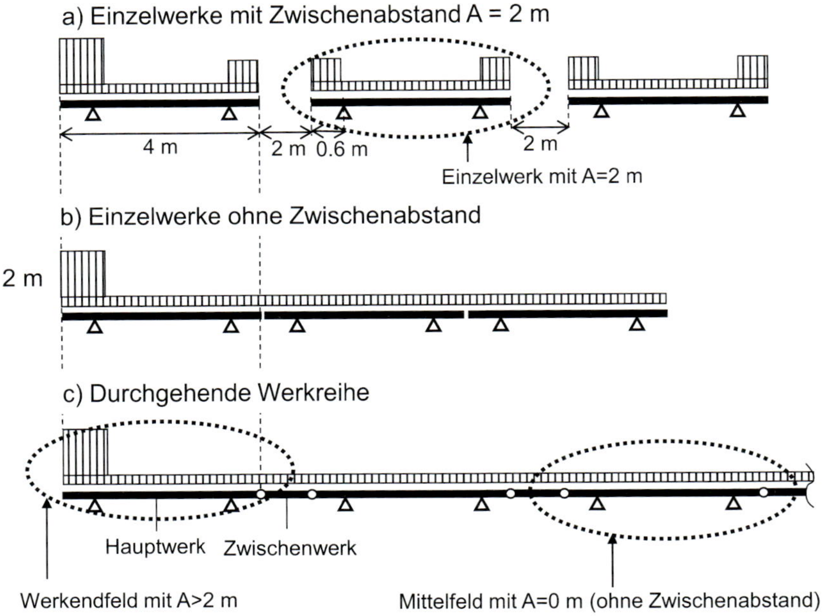

(b)

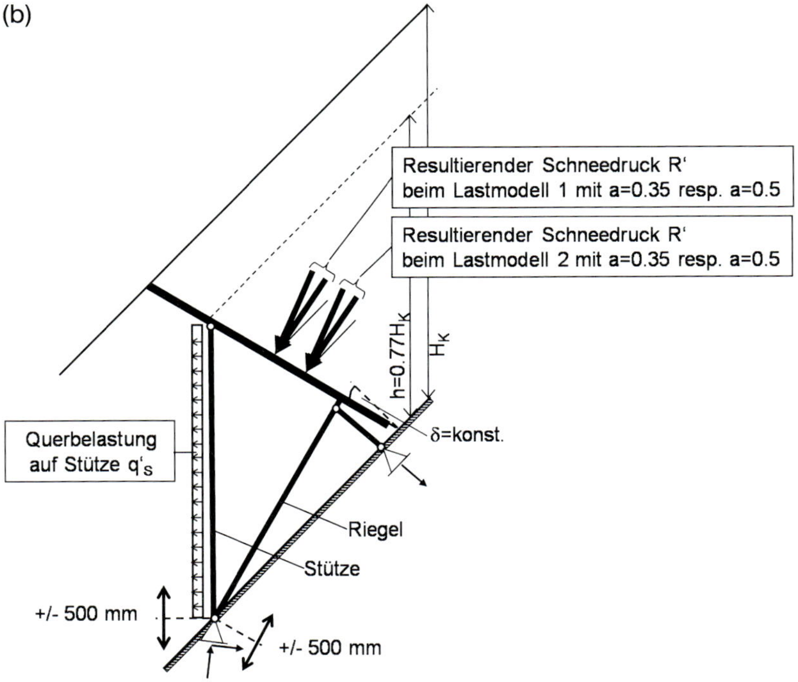

Bild 8-22 (a): Mögliche Werkanordnungen mit Schneedruckeinwirkungen, die im Randbereich erhöht sind (© Margreth); (b): Maßgebende Schneedruckeinwirkungen und Stützwerkgeometrien (© Margreth)

Tabelle 8-16 Einwirkungskombinationen und Lastmodelle in Abhängigkeit der Werkanordnungen und -geometrien für die Berechnung der maßgeblichen Schnittgrößen und Auflagerreaktionen von Lawinenstützwerken

		EK2a		EK2b	
		Lastmodell 1		Lastmodell 2	
		a = 0,35	a = 0,5	a = 0,35	a = 0,5
Einwirkungen infolge Schneedruck	S'_N	S'_N		S'_N	
	S'_Q	$S'_{Q,a=0.35}$	$S'_{Q,a=0.5}$	$S'_{Q,a=0.35}$	$S'_{Q,a=0.5}$
	G'	G'		G'	
	S'_R	$S'_{R,a=0.35}$	$S'_{R,a=0.5}$	$S'_{R,a=0.35}$	$S'_{R,a=0.5}$
	q'_S	q'_S		q'_S	
Werkanordnung	Mittelfeld bei durchgehender Werkreihe mit A = 0 m	(X)	(X)	(X)	(X)
	Einzelwerk mit A = 2 m	X	X	X	X
	Werkendfeld mit A > 2 m	X	X	X	X
Werkgeometrie: Stützenlänge s	Maximal: s + 0,5 m	X	X	(X)	(X)
	Normal: s +/– 0,0 m	(X)	(X)	(X)	(X)
	Minimal: s – 0,5 m	(X)	(X)	(X)	(X)
Werkgeometrie: Riegellänge r	Maximal: r + 0,5 m	(X)	(X)	X	X
	Normal: r +/– 0,0 m	(X)	(X)	(X)	(X)
	Minimal: r – 0,5 m	(X)	(X)	(X)	(X)

X = i. Allg. für die Bemessung maßgebend, (X) = i. Allg. für die Bemessung nicht maßgebend

Stahlwerk mit Riegel: Fundation mit Anker/Mikropfahl

Stahlwerk (Dreigelenk-Bogen): Fundation mit Grundplatten und Anker/Mikropfahl

Flexibles Schneenetz: Fundation mit Grundplatten und Seilanker

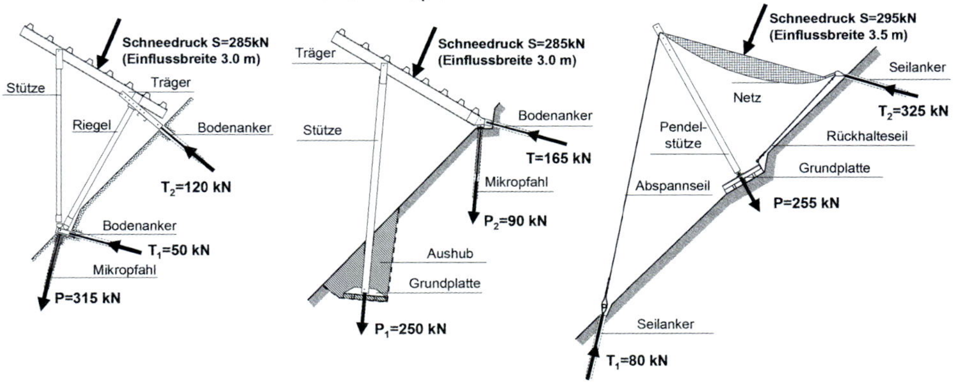

Bild 8-23 Übersicht über die heute eingesetzten Stützwerktypen: Die angegebenen Auflagerreaktionen wurden für ein Mittelfeld und eine Werkhöhe H_K von 4,0 m und einen Gleitfaktor N von 2,5 berechnet (© Margreth)

8.2.8.4 Bemessung der Tragkonstruktion von Stahlstützwerken

Die Tragkonstruktion der Schneebrücken besteht aus dem Trägerrost, den Trägern und den talseitigen Stützen (Bild 8-6).

Träger aus I- und C-Profilen sind auf Biegedrillknicken zu bemessen. Da die angeschlossenen Rostbalken (Querträger) stabilisierend auf das Verdrillen des Trägers wirken, wird in der Praxis nur die Beanspruchung auf Biegung nachgewiesen. Es wird empfohlen, bei diesem Nachweis eine Tragreserve von ca. 20 % (Ausnutzungsgrad $\mu \leq 0{,}8$) zu belassen. Der Träger wird je nach statischem System (Bild 8-6) als Einfeldträger mit Kragarm, mit beidseitigem Kragarm oder Gelenkträger modelliert.

Bei der Bemessung der Stützen von starren und flexiblen Lawinenstützwerken muss außer der zentrischen Druckkraft mit Wirkungslinie in der Stützenachse noch die Querbelastung infolge Schneedrucks berücksichtigt werden (Gl. 8.44). Beide Einwirkungen wirken gleichzeitig in voller Größe. Eine Stütze ist auf Biegeknicken bei reiner Druckbelastung (siehe Abschnitt 8.2.5.3) oder auf Biegedrillknicken bei Beanspruchung durch eine Drucknormalkraft und ein Biegemoment (Linienlast durch angehängten Schnee) zu bemessen.

Einteilige Stützen (siehe statisches System Bild 8-6c) können als Pendelstütze (gelenkiger Anschluss auf beiden Seiten) mit einem Eulerbeiwert von $\beta = 1{,}0$ modelliert werden. Bei den anderen statischen Systemen in Bild 8-6 ist analog vorzugehen. Wobei an allen gelenkig angeschlossenen Stäben von einem Eulerbeiwert zur Ermittlung der Knicklänge von $\beta = 1{,}0$ ausgegangen werden kann.

Der Träger und die Stütze bzw. die Stütze und die Gründung sind gelenkig mit Bolzen und Anschlusslaschen miteinander verbunden. An *druckbeanspruchten Anschlusslaschen* muss neben den Spannungsnachweisen nach 8.1.5.5 ein Biegeknicknachweis geführt werden.

Schraubenverbindungen sind nach Abschnitt 8.1.5.6, Bolzenverbindungen nach Abschnitt 8.1.5.7 und Schweißnähte nach Abschnitt 8.1.5.8 zu bemessen.

8.2.8.5 Bemessung des Rostes von Stahlstützwerken

Die Rostprofile übertragen die Schneedruckkräfte auf die Tragkonstruktion. Sie sind mit den Trägern verschraubt und sorgen dadurch für eine Aussteifung der Tragkonstruktion.

Die *Rostbalken* müssen nach den ihnen zukommenden effektiven Belastungsbreiten bemessen werden, ausgenommen der oberste Balken, der wegen der Möglichkeit einer Überlastung beim überschneiten Stützwerk nicht schwächer bemessen werden darf als die benachbarten Balken. Die Belastungsbreite des untersten Balkens hat sich immer bis zum Boden zu erstrecken (Bild 8-24b). Die auf einen Balken wirkende Linienlast p'_B resp. q'_B berechnet sich wie folgt:

$$p'_B = p'_h \cdot b \quad \text{resp.} \quad q'_B = q_h \cdot b \ \geq 0{,}2 p'_B \qquad [\text{kN/m}] \qquad (8.47, 8.48)$$

mit:

p_h	Spezifischer Schneedruck senkrecht zum Rost, Gl. (8.41), in [kN/m²]
b	Effektive Belastungsbreite Rostbalken, in [m]
q_h	Spezifische Querlast, Gl. (8.42), in [kN/m²]

Da die Querlast q'_B am äußersten bergseitigen Rand des Balkens und nicht im Schwerpunkt des Profils angreift, entstehen Torsionsbeanspruchungen, die das Profil verwölben. Die Rostbalken werden als Einfeldträger modelliert, die Rostbalken an Endwerken als Einfeld-

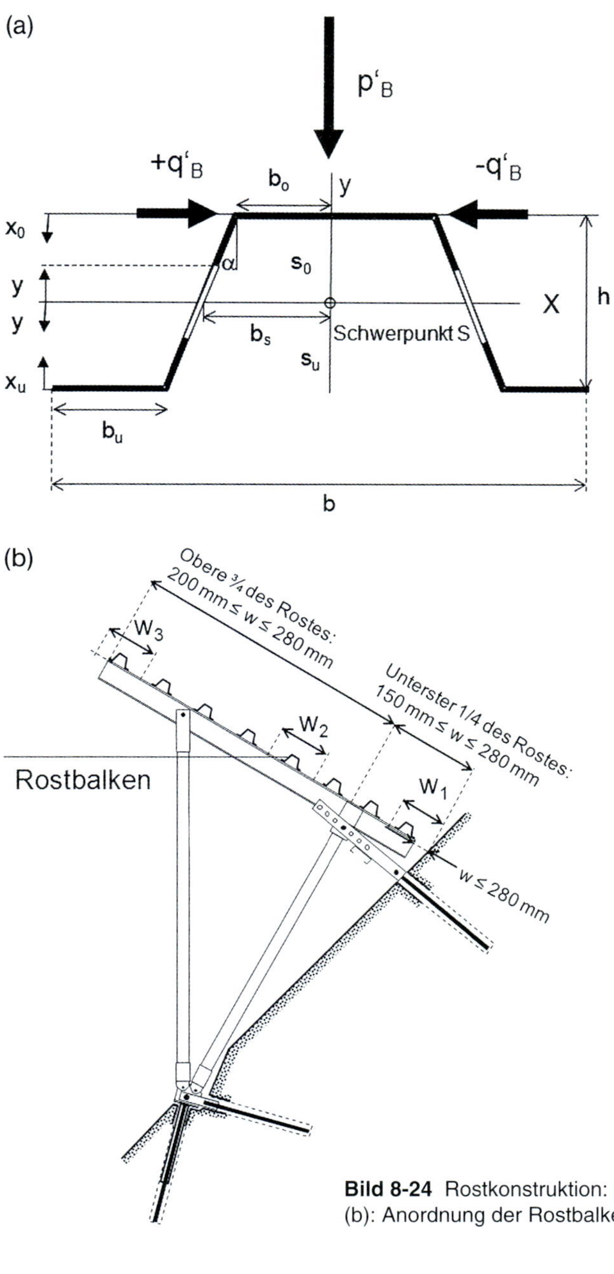

Bild 8-24 Rostkonstruktion: (a): Belastung der Rostbalken; (b): Anordnung der Rostbalken (© Margreth)

träger mit Kragarm. Da auf diese Balken eine Linienlast wirkt, sind sie auf Biegedrillknicken zu bemessen. Da der Biegedrillknicknachweis für diese offenen Rostbalkenprofile unter 2-achsiger Biegung sehr komplex ist, kann die Wölbtorsion näherungsweise berücksichtigt werden, indem die Querlast q'_B verdoppelt und der Angriffspunkt im Schwerpunkt des Profils angenommen wird (Bild 8-24a). Die Bemessung kann so für zweiaxiale Biegung ohne Torsionseinflüsse über Gl. (8.21) durchgeführt werden.

8.2.8.6 Bemessung von Holztragwerken

Bauteile aus Holz sind laut EN 1995-1 unter Berücksichtigung des jeweiligen NADs zu bemessen. Die vorwiegend auf Biegung beanspruchten *Rostbalken* und der bergseitige Träger sind auf Biegung und Querkraft zu bemessen. An Rundquerschnitten (torsionsidealer Querschnitt) kann Biegedrillknicken nicht auftreten.

Die *talseitige Stütze* ist auf Biegeknicken (bei zentrischer Normalkraft) und auf eine kombinierte Druck-Biege-Beanspruchung bei zusätzlich wirkender Linienlast (angehängter Schnee) zu bemessen. Alle Anschlüsse werden gelenkig angenommen. Einteilige Stützen (statisches System: Bild 8-6c) können als Pendelstütze (gelenkiger Anschluss auf beiden Seiten) mit einem Eulerbeiwert von $\beta = 1{,}0$ modelliert werden.

An den *Auflagern der Trägerroste* und der Verbindung Stütze – Träger ist ein Drucknachweis quer zur Faser zu führen.

Der Modifikationsfaktor k_{mod} ist für alle Nachweise auf Basis der Nutzungsklasse 3 zu ermitteln. Einwirkungen aus Schneedruck auf Anbruchverbauungen werden der Klasse der Lasteinwirkungsdauer (KLED) „mittel“ zugeordnet.

8.2.8.7 Bemessung von Schneenetzen

Die Berechnung der *Auflagerreaktionen und Schnittkräfte von Schneenetzen* ist im Vergleich zu starren Stahlschneebrücken schwieriger. Wegen der verformbaren Stützfläche bilden sich im Schneenetz räumliche Kraftwirkungen, verbunden mit großen Geometrieänderungen. Ein Schneenetz stoppt die Kriech- und Gleitbewegung der Schneedecke nicht vollständig.

Die theoretische Grundlage für eine *vereinfachte zweidimensionale Statik von Schneenetzen* wurde von *Haefeli* [107] geschaffen. Zur Überprüfung der so errechneten Werte wurden in der Schweiz [289], Island [146] und Österreich [249] Schneenetze instrumentiert, um die verschiedenen Kräfte zu messen. In Island wurden in der bergseitigen Verankerung maximale Zugkräfte von 150 bis 350 kN gemessen. In der Schweiz und Österreich betrugen die maximalen bergseitigen Zugkräfte 110 bzw. 170 kN. Die Interpretation der Messungen zeigt, dass die Schneedruckannahmen gemäß der *Schweizer Richtlinie* [189] und der Theorie von *Haefeli* [107] eher konservativ sind.

Die Schneedruckkräfte werden ähnlich wie bei starren Stützwerken berechnet. Die hangparallele Schneedruckkomponente S'_N (Gl. 8.30) wird gemäß der *Schweizer Richtlinie* [189] jedoch mit einem Faktor von 0,8 reduziert, um den infolge der verformbaren Stützfläche reduzierten Schneedruck zu berücksichtigen. Des Weiteren werden die hangsenkrechte Schneedruckkomponente S'_Q und die Seitenkraft S_S bei der Bemessung nicht berücksichtigt. Dafür ist das Gewicht G' des Schneeprismas, das durch die Hangsenkrechte und die Netzfläche gebildet wird, im Vergleich zu Stahlschneebrücken bedeutend größer. Lastmodell 2, bei dem der resultierende Schneedruck in einer Höhe von $0{,}385 \cdot H_k$ angreift, ist für die Bemessung der Tragkonstruktion maßgebend. Bewährt hat sich ein Netzdurchhang, der 15 % der Netzsehne entspricht. Zu beachten ist, dass bei kleinen Durchhängen die Kräfte stark ansteigen und dass bei zu großen Durchhängen die Netze die Stütze berühren können. Für die Bemessung der Netze und ihrer Teile für die Kraftübertragung auf die Stütze und Fundation ist der spezifische Schneedruck p_H gemäß Lastmodell 2 über die gesamte Netzhöhe zu berücksichtigen. Die Richtung von p_H ist parallel zur Richtung des resultierenden Schneedruckes.

Wegen ihrer einfachen Anwendung werden Schneenetze noch heute mit der Theorie von *Haefeli* berechnet (Bild 8-25a). Demnach wird ein Schnitt quer durch das Schneenetz betrachtet und das Netz durch eine Parabel ersetzt. Weiterhin wird angenommen, dass sich der Durchhang des Netzes so einstellt, dass am Stützenkopf die Tangente an die Parabel senkrecht auf der Bodenoberfläche steht. Somit lassen sich mit dem resultierenden Schnee-

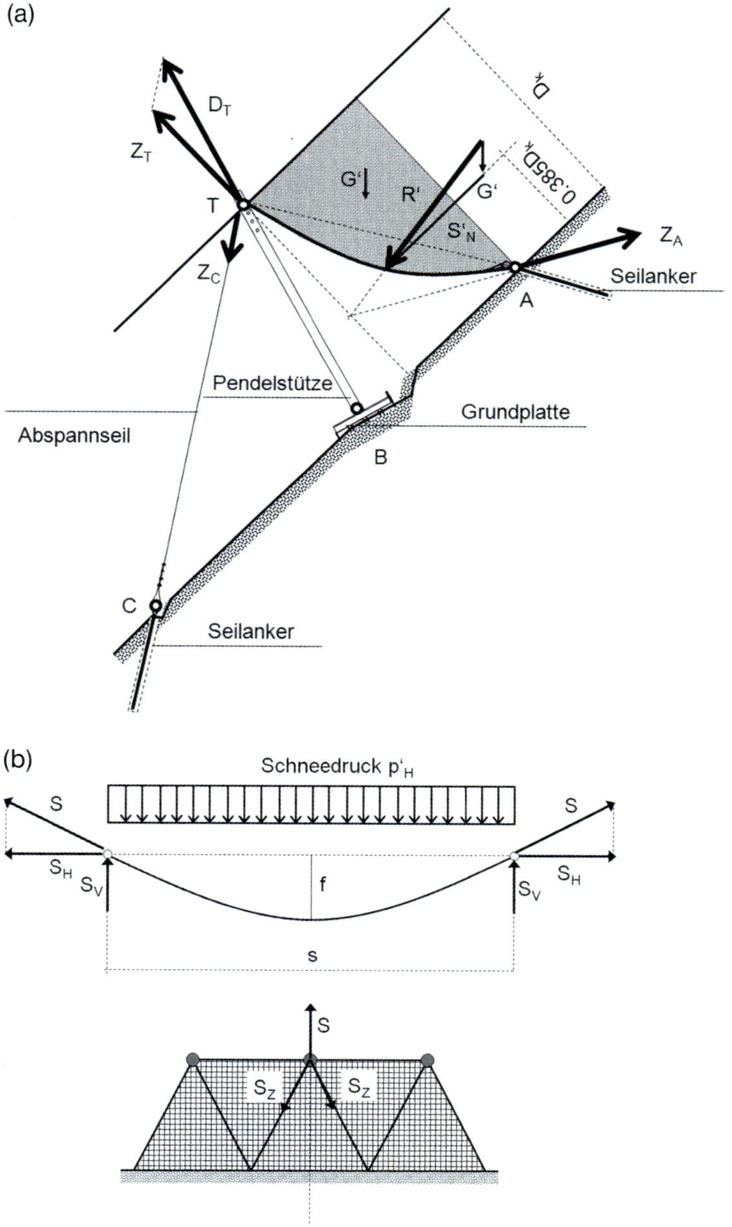

Bild 8-25 Schneenetz: (a): Bestimmung der Auflagerreaktionen nach *Haefeli*; (b): Bestimmung der Seilzüge und Schnittkräfte (© Margreth)

druck die Größen der Seilendkräfte und die Richtung der Seilendkraft bei der bergseitigen Verankerung ermitteln. Anschließend kann aus der Seilendkraft am Stützenkopf die Stützenkraft und die Zugkraft im talseitigen Abspannseil berechnet werden. Die Zugkräfte S im Netz lassen sich mit dem spezifischen Schneedruck p_H und der Annahme, dass das Netz eine parabelförmige Seillinie bildet, wie folgt berechnen:

$$S = \sqrt{S_H^2 + S_V^2} = \sqrt{\left(\frac{p'_H \cdot s^2}{8 \cdot f}\right)^2 + \left(\frac{p'_H \cdot s}{2}\right)^2} \quad [kN] \tag{8.49}$$

mit:

p'_H Liniennormallast des Schneedruckes, die aus dem spezifischen Schneedruck p_h (Gl. 8.41) und der entsprechenden Netzbreite berechnet wird, in [kN/m']

s Länge der Seilsehne, in [m]

f Seildurchhang, in [m]

Die Zugkraft S ist bei dreieckförmigen Netzen auf die vier Randseile am Stützenkopf zu verteilen. Bei rechteckförmigen Netzen stellt S die maximale Zugkraft im Geflecht dar (Bild 8-25b). Die Kräfte in den Maschenseilen können ebenfalls aus S bestimmt werden. In den Randbereichen eines Netzes sind die erhöhten Randkräfte zu berücksichtigen. Dazu können zusätzliche Verstärkungsseile eingebaut werden. Bei dreieckförmigen Netzen wird infolge der kleineren Einflussfläche die äußerste bergseitige Randverankerung weniger stark beansprucht als die äußerste Verankerung. In der Praxis ist es jedoch üblich, die beiden äußersten Verankerungen gleich stark auszubilden. Abspannseile, die nicht von der Netzfläche abgedeckt sind, unterliegen dem vollen Schneedruck.

Um ein genügendes Abbrems- und Rückhaltevermögen zu haben, soll die Netzfläche die folgenden Anforderungen erfüllen:

- Falls kein Drahtgeflecht auf die Netzfläche aufgelegt wird, soll die lichte Weite zwischen den Seilen nicht mehr als 100 mm betragen.
- Beim Auflegen eines Drahtgeflechtes mit einer Maschenweite von 50 mm genügt für die Seile des Netzes eine Maschenweite von 200 bis 250 mm.
- Da bei einem großflächigen Abdecken des Netzes das Problem von einem frühzeitigen Einschneien des Netzes auftreten kann, hat sich in der Praxis ein kreuzweises Abdecken der Netze mit einem engmaschigen Drahtgeflecht mit Streifenbreiten von 250 bis 500 mm bewährt.

8.2.8.8 Bemessung von Schneerechen

Schneerechen werden prinzipiell gleich bemessen wie Schneebrücken. (siehe Abschnitt 8.2.8.4) Die Rechenstäbe lagern typischerweise auf zwei Pfetten. Für die Bemessung der unteren Pfette ist das Lastmodell 2 mit der 25%-igen Erhöhung des spezifischen Schneedruckes p_H maßgebend (Bild 8-26). Die Rechenstäbe müssen nach ihren effektiven Belastungsbreiten bemessen werden. Der äußerste Randstab wird für eine Belastungsbreite, die gleich dem Achsabstand zum Nachbarstab ist, bemessen. In Analogie zu den Schneebrücken ist bei den Rechenstäben ebenfalls eine Querbelastung zu berücksichtigen, deren Größe 10 % der maximalen Normallast p'_B mit

$$p'_B = p_h \cdot b \quad [kN/m] \tag{8.50}$$

mit:

p_h spezifischer Schneedruck senkrecht zum Rost (Gl. 8.41), in [kN/m²]

b effektive Belastungsbreite, in [m]

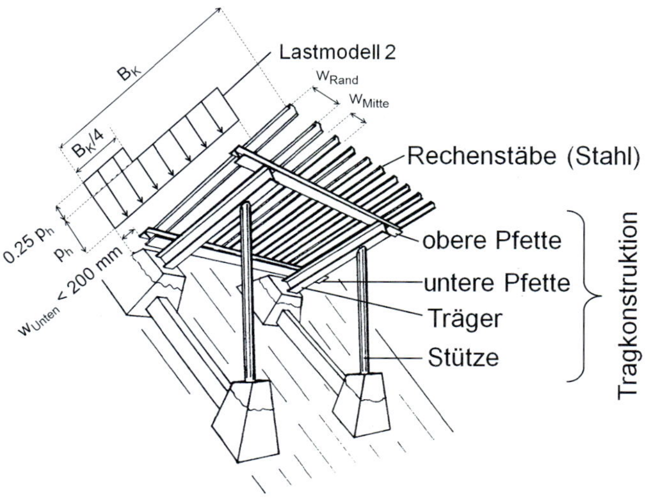

Bild 8-26 Prinzipskizze Schneerechen mit Lastmodell 2 (© Margreth)

beträgt und die am äußersten, bergseitigen Rand des Stabes angreift. Bei Rechenstäben kann das Feldmoment beim Lastmodell 2 maßgebend sein. Für die lichte Weite w zwischen den Rechenstäben gilt als Idealwert 300 mm.

8.2.8.9 Korrosionsschutz für die Oberkonstruktion

Gemäß *Schweizer Richtlinien* [189] ist ein Korrosionschutz einer Oberkonstruktion *in Stahl* nicht erforderlich. Allerdings ist auf eine korrosionsschutzgerechte, konstruktive Durchbildung zu achten. Für bodennahe Bauteile (d. h. bis 40 cm über Bodenoberfläche) haben die Ausführungen in Abschnitt 8.2.9.7 sinngemäß Gültigkeit.

Die Lebensdauer von Oberkonstruktionen *in Holz* lässt sich durch die Wahl pilzresistenter Holzarten (ÖNORM EN 350-2) (z. B. Edelkastanie, Robinie, Eiche) oder druckimprägnierter Hölzer (ÖNORM EN 3802, DIN 68800) erhöhen. Wird eine Lebensdauer von weniger als 20 Jahren erwartet, kann auch Lärche (ohne Splint) aus langsamwüchsigen Standorten verwendet werden. Bei der konstruktiven Durchbildung der Oberkonstruktion ist eine dauerhafte Durchfeuchung des Holzes zu vermeiden.

Die Stahldrähte von auswechselbaren Drahtseilen und Netzen müssen nach EN 10264 einen Zinküberzug der Klasse B aufweisen bzw. nach DIN 2078 normalverzinkt sein oder mit einem gleichwertigen Korrosionsschutz versehen werden. Lawinennetze werden von den Herstellern in der Regel dickverzinkt (Zinkauflage 250 g/m²) angeboten.

8.2.9 Geotechnische Bemessung der Fundierung der Lawinenanbruchverbauung

8.2.9.1 Allgemeines

Im Baugrund muss nachgewiesen werden, dass keine zu großen Verformungen bzw. ein Bruch entstehen können. Es sind die Nachweise gegenüber innerem Versagen der Bauteile (STR) und Stabilitätsverlust des Baugrundes (GEO) zu führen sowie der Grenzzustand Gleichgewichtsverlust (EQU) nachzuweisen. Die Anwendung des Eurocode 7 erfordert ein hinreichend duktiles Verhalten (Eigenschaft der Konstruktion, dass bei Erreichen des Grenzzustandes ein Umlagern der Spannungen von Baugrund/Bauwerk möglich ist) des Systems Bauwerk/Baugrund.

Die ÖNORM B 4402 (Erd- und Grundbau – Geotechnische Untersuchungen für bautechnische Zwecke) [215] enthält Anforderungen für die Planung, Ausführung und Auswertung von geotechnischen Untersuchungen. Mit Erscheinen des nationalen Anwendungsdokumentes zum Eurocode 7 Teil 2 wird diese Norm zurückgezogen werden. Diese Anforderungen für die Baugrunderkundungen sind in Abhängigkeit der geotechnischen Kategorien geregelt.

In Abhängigkeit der *geotechnischen Kategorie (GK)* sind in der ÖNORM B 4402, Abschnitt 4.3 Mindestanforderungen für die Planung geotechnischer Untersuchungen angegeben. (Tabelle 8-17). Erfahrungen über den Baugrund und dessen Eigenschaften in Bezug auf das geplante Bauvorhaben sind Basis für die Einstufung in eine geotechnische Kategorie. Die anfangs gewählte Einstufung ist vom geotechnischen Sachverständigen während der Baugrunderkundung zu überprüfen und gegebenenfalls später neu zu definieren.

Tabelle 8-17 Geotechnische Kategorie (GK) nach ÖNORM B 4402: Die Einteilung des Bauvorhabens in eine geotechnische Kategorie erfolgt auf Basis des Schwierigkeitsgrades des Bauwerkes und der Eigenschaften des Baugrundes

Geotechnische Kategorie 1:	
	Kleine und relativ einfache Bauwerke
Geotechnische Kategorie 2:	
	Gängige Arten von Gründungen und Bauwerken
Geotechnische Kategorie 3:	
	Bauwerke und Bauwerksteile, die nicht in GK 1 und GK 2 fallen

Für Fundierungen von Stützwerken in der Lawinenanbruchverbauung wurde in der ONR 24806 [236] die GK 1 festgelegt.

8.2.9.2 Bemessung der Fundierung von Lawinenanbruchverbauungen

Die Bemessung von Lawinenverbauungen im Anbruchgebiet erfolgt in Österreich seit Inkrafttreten des Eurocode 7 [228] im Sinne der Stützbauwerke nach dem Nachweisverfahren 2 und 2* nach EN 1997-1-1 [228]. Das nationale Anwendungsdokument ÖNORM B 1997-1-1 (Ausgabe 11-2007) beinhaltet die nationalen Festlegungen für die verschiedenen Berechnungsabschnitte der EN 1997-1 [226].

Tabelle 8-18 Berechnungsnormen in Österreich für Geotechnische Nachweise von Lawinenverbauungen im Anbruchgebiet

Teilsicherheitskonzept EN 1997-1 mit ÖNORM B 1997-1			
Titel:			NV
Geotechnik – Geländebruchberechnung	B 1997-1-5	Erscheint voraussichtlich 2010	3
Pfahlgründungen – Ermittlung der Tragfähigkeit	B 1997-1-3	Erscheint voraussichtlich 2010	2
Flächengründungen	B 1997-1-2	Erscheint voraussichtlich 2012	2

Das Sicherheitsniveau des globalen Sicherheitskonzeptes sollte auch in Zukunft im Teilsicherheitskonzept beibehalten werden; dies unter dem wichtigen Aspekt, dass Bauen durch die Einführung des EC 7 nicht teurer werden darf. Dementsprechend sind für die geotechnische Bemessung von Lawinenverbauungen die Teilsicherheitsbeiwerte gezielt festzulegen, und sie unterscheiden sich somit von jenen der üblichen Stützbauwerke/Pfahlgründungen im Sinne des Eurocode 7, Teil 1.

Hierbei sind die auf die Stützverbauung wirkenden Kräfte mit entsprechenden Teilsicherheitsbeiwerten zu beaufschlagen und die Widerstände, die die Fundierung diesen entgegenstellt, sind durch Teilsicherheitsbeiwerte abzuwerten (siehe Abschnitt 8.1.2.1). Der Grenzzustand der Tragsicherheit gilt als nachgewiesen, wenn folgendes Bemessungskriterium erfüllt ist:

$$E_d \leq R_d \tag{8.51}$$

mit:
E_d Bemessungswert der Einwirkung (Beanspruchung) auf die Fundierung
R_d Bemessungswert des Widerstandes der Fundierung

Der Bemessungswert einer Einwirkung (E_d) ist:

$$E_d = \gamma_Q . Q_k \tag{8.52}$$

mit:
γ_Q Teilsicherheitsbeiwert einer (veränderlichen) Einwirkung
Q_k charakteristischer Wert einer veränderlichen Einwirkung (z. B. Schneedruck)

Der Bemessungswert des Tragwiderstandes R_d, wird nach Gl. (8.53) ermittelt:

$$R_d = R_k / \gamma_R \tag{8.53}$$

mit:
R_d Bemessungswert des Tragwiderstandes
R_k charakteristischer Wert des Tragwiderstandes
γ_R Tragsicherheitsbeiwert des Tragwiderstandes

8.2.9.3 Bemessungssituationen

Für die Nachweise von Fundierungen von Stützwerken in der Lawinenanbruchverbauungen wurde in der ONR 24806 [236] generell die BS 1 festgelegt (siehe Abschnitt 8.3.1.1) Nur in Sonderfällen sind BS 2 oder BS 3 zu verwenden.

8.2.9.4 Teilsicherheitsbeiwerte für Stützenfundierungen

Die Belastungsannahmen gemäß ONR 24806 [236] und den *Schweizer Richtlinien* [189] sind als veränderliche Einwirkungen Q_k zu betrachten. Für den Nachweis der Tragsicherheit ist der Lastbeiwert γ_Q für eine ungünstig veränderliche Einwirkung somit gemäß Tabelle 8-2 mit 1,5 festzulegen. Der Widerstandsbeiwert für die Bemessung der Tragsicherheit des Stützfundamentes (GEO) wird in den *Schweizer Richtlinien* mit γ_R = 1,35 festgelegt. Somit ergibt sich der „alte" globale Sicherheitsbeiwert von 2 für die äußere Sicherheit der Fundierung von Stützbauwerken. In Österreich wird γ_R gemäß Tabelle 8-19 mit 1,40 festgelegt. Dieser Wert entspricht den gem. ÖNORM B 1997-1-1 empfohlenen Werten (Tabelle 8-19).

Tabelle 8-19 Teilsicherheitsbeiwerte (γ_R) für die Widerstände von Flachgründungen nach ÖNORM B 1997-1 [228]

Widerstand	Symbol	Wert		
		BS 1	BS 2	BS 3
Grundbruch	$\gamma_{R;v}$	1,4	1,3	1,2
Gleiten	$\gamma_{R;h}$	1,1	1,1	1,1

Der Nachweis für den Grenzzustand der Gebrauchstauglichkeit kann bei Fundierungen für Lawinenanbruchverbauungen entfallen bzw. wird durch regelmäßige Überwachung und Instandhaltung erfüllt.

8.2.9.5 Bemessung Stützenfundierung

Stützen von Werken der Type *Dreigelenksbogen* (Bild 8-6c) werden in Österreich bei weitem am häufigsten verwendet, und die Stütze wird im Lockermaterial mit einer Grundplatte (Druckplatte) fundiert. Diese weisen je nach Qualität des Untergrundes Seitenlängen von 400, 600 oder 800 mm auf und sind gegen Korrosion durch Verzinkung geschützt (Bild 8-27).

Auf Grund des derzeitigen Wissenstandes hinsichtlich der Einwirkungen und den zur Verfügung stehenden bodenmechanischen Berechnungsmodellen in Verbindung mit üblichen Bodenkennwerten führt die Bemessung einer Flachgründung meistens nicht zum gewünschten Erfolg. Da aber auf Basis langjähriger Beobachtungen und Erfahrungen die Fundamente ausreichend tragfähig sind, muss ein anderer Weg zur Nachweisführung gewählt werden.

Dabei wird auf die Beobachtungsmethode nach EN 1997-1:2004, Punkt 2.7 Bezug genommen. Diese stellt laut EN 1997-1: 2004, Punkt 2.1 eine von vier möglichen Verfahren dar, mit welchen die Grenzzustände untersucht werden können. Auf Basis der bisherigen, langjährigen Beobachtungen sind Plattengründungen ausreichend standfest, wenn sie nachfolgende Bedingungen erfüllen:

Die auf Druck beanspruchten Grundplatten müssen zur Gänze innerhalb einer definierten Oberflächenzone liegen, welche in der *Schweizer Richtlinie* mit 50 cm senkrecht zum Hang [189] und in Österreich mit 30 cm horizontal angenommen wird (ONR 24806 [236]). Die „Oberflächenzone" ist dann zu berücksichtigen, wenn der Winkel α zwischen der Stützennormalkraft $F_{St,k}$ und der Hangparallelen kleiner ist als 75° ist [189]. Für Bodenplatten

(a)

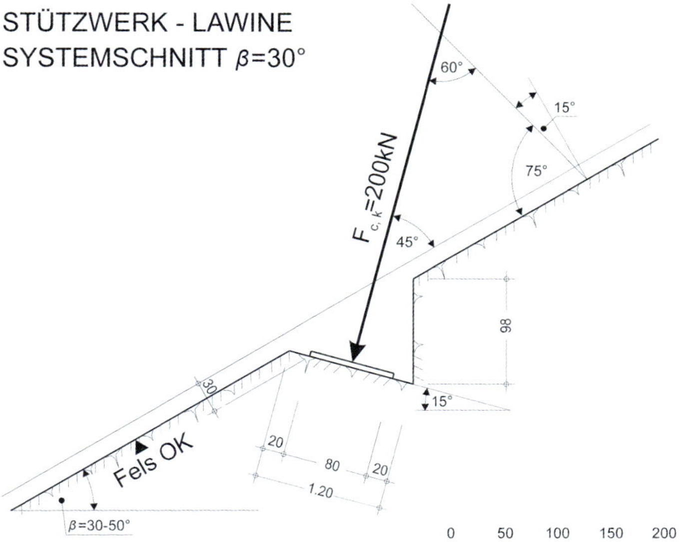

(b)

Bild 8-27 (a): System Stützenfundierung (© Hofmann); (b): Flachgründung mit einer Grundplatte 600 × 600 mm (© Rudolf-Miklau)

wird die Abhängigkeit des Baugrundwiderstandes von der resultierenden Kraftrichtung auf Grund der Tabelle 8-20 angenommen. α bedeutet dabei den Winkel zwischen der Kraftrichtung und der Hangparallelen. Nach [189] kann ein durchschnittlicher Baugrundwiderstand ($q_{k,90°}$) in Verbauungsgebieten senkrecht zum Hang zwischen 500 und 1000 kN/m² angenommen werden. Die Grundplatte muss normal auf die Stütze situiert sein, um einen

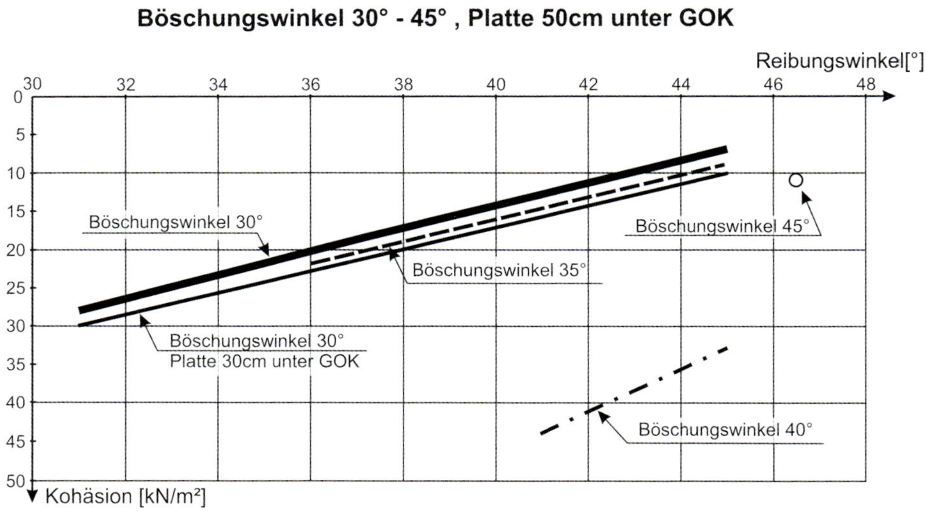

Bild 8-28 Erforderliche charakteristische Bodenkennwerte für die Bemessung mit konservativen bodenmechanischen Berechnungsmethoden (© Hofmann)

gleichmäßigen Druck zu erzeugen. Es empfiehlt sich, das Aushubmaterial nach dem Einbau wieder einzufüllen und sorgfältig zu verdichten.

Tabelle 8-20 Bestimmung des spezifischen Baugrundwiderstandes nach *Schweizer Richtlinien* in Abhängigkeit des Winkels α [189]

$\alpha°$	0	15	30	45	60	75	90
f	0,40	0,53	0,66	0,80	0,90	0,97	1,00

$$q_{k\alpha} = f \cdot q_{k,90°} \quad [kN/m^2] \tag{8.54}$$

mit:

f Reduktionsfaktor nach Tabelle 8-20

$q_{k,90°}$ charakteristischer Baugrundwiderstand normal auf die Bodenoberfläche nach [189], in [kN/m²]

Die erforderliche Größe der Grundplatte ermittelt sich wie folgt:

$$F_c \geq \frac{F_{St,k} \cdot \gamma_Q}{q_{k\alpha} / \gamma_R} \quad [m^2] \tag{8.55}$$

mit:

$F_{St,k}$ charakteristischer Wert der axialen Stützenkraft normal zur Fläche der Grundplatte F_c, in [kN]

γ_Q Teilsicherheitsbeiwert für veränderliche Einwirkungen (= 1,5)

$q_{k\alpha}$ charakteristischer Baugrundwiderstand in Abhängigkeit des Winkels α, in [kN/m²]

γ_R Teilsicherheitsbeiwert des Tragwiderstandes nach ÖNORM B 1997-1-1 (= 1,40)

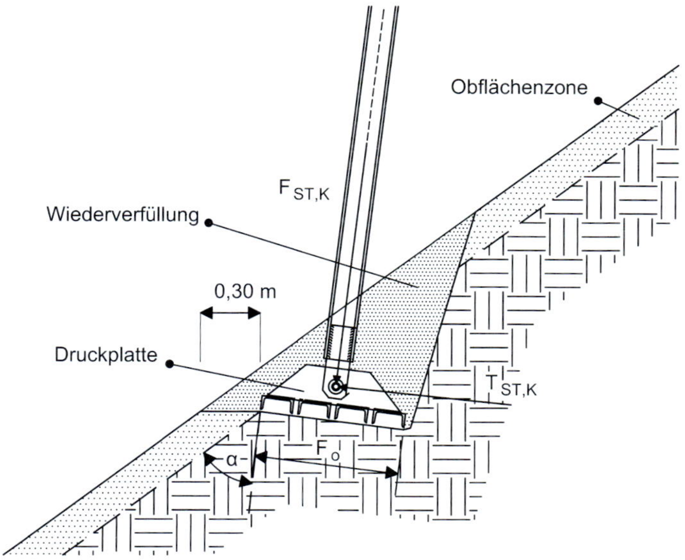

Bild 8-29 Bemessung des Stützenfundaments nach [236] (modifiziert nach [189], Herbert)

Die Tangentialkraft $T_{St,k}$ muss folgende Bedingung erfüllen:

$$T_{St,k} \cdot \gamma_Q \leq \frac{F_{St,k} \, . \tan \phi_k}{\gamma_R} \tag{8.56}$$

mit:

$T_{St,k}$ charakteristischer Wert der Querkraft am Stützenfuß parallel zu F_c, in [kN]

$\tan \varphi_{Ek}$ Annahme des charakteristischen Reibungwinkels bei der Übertragung der Druckkräfte $\varphi_{Ek} = 35°$ ($\tan \varphi_{Ek} = 0{,}7$, nach [236])

Im Fels erfolgt die Fundierung von Stützen auch mit Felsankern bzw. Mikropfählen, welche entsprechend der auftretenden Kräfte zu bemessen sind. Dabei ist wichtig, dass die Richtung des Mikropfahls exakt jener der Stütze entspricht, um einen ausmittigen Kraftangriff zu vermeiden.

Pendelstützen von Lawinennetzen werden ebenfalls mit Grundplatten fundiert, diese haben allerdings einen wesentlich günstigeren Winkel α zwischen Druckrichtung und Hangoberfläche. Abhängig von den Empfehlungen der Hersteller werden die Bodenplatten bei Pendelstützen entweder zusätzlich mit einem Mikropfahl oder mit einem Seil bei der bergseitigen Verankerung gesichert. Lockerer humoser Oberboden ist vor Situierung der Stützenplatten für Pendelstützen abzutragen.

8.2.9.6 Bemessung der Trägerfundierung

Die Gründung der bergseitigen Trägerfundierung im starren Stützverbau erfolgt in der Regel mit *Mikropfählen*. Spreng- oder Betonfundierungen werden kaum noch verwendet.

Gemäß EN 14199 sind Mikropfähle Tragglieder, mit deren Hilfe Kräfte in den Boden eingeleitet werden. Dies können sowohl Druck- als auch Zugkräfte sein. Mikropfähle werden sowohl im Fels- als auch im Lockermaterial für die Fundierung eingesetzt. Sie dürfen nur

Tabelle 8-21 Äußerer spezifischer Tragwiderstand von Ankern auf Zug in wenig zerklüftetem Fels in Abhängigkeit des Bohrlochdurchmessers nach [189]

Bohrlochdurchmesser	Mantelreibung zwischen Ankermörtel und Fels beim Bruch s_k	Ausziehwiderstand pro Meter Verankerungslänge $R_{a,k'}$
mm	N/mm^2	kN/m′
30	1.00	95
45	2.00	280

in axialer Richtung belastet werden, weshalb Querkräfte von einem zusätzlichen Mikropfahl oder dem umliegenden Boden aufgenommen werden müssen. In den *Schweizer Richtlinien* [189] werden neben den Mikropfählen noch zusätzlich Fels- und Bodenanker definiert.

Für *Felsanker* gilt nach [189] als zwingende Anforderung, dass der Bohrlochdurchmesser mindestens dem 1,5-fachen Ankerdurchmesser entsprechen muss und eine minimale Mörtelüberdeckung des Ankers 10 mm betragen muss. Die Ankerlänge muss entsprechend der Felsqualität festgelegt werden, die Mindestlänge beträgt 1,5 m. Zur groben Abschätzung der notwendigen Ankerlänge (Mikropfahllänge) gelten im wenig zerklüfteten Fels Näherungswerte nach Tabelle 8-21.

Mikropfähle im Lockermaterial werden gemäß *Schweizer Richtlinien* [189] auch als *Bodenanker* bezeichnet. Diese sind besonders empfindlich gegenüber Querkräften, da der umlagernde Boden im Gegensatz zum Fels diese nicht aufnehmen kann. Üblicherweise wird ein Mikropfahl (Anker), welcher im Trägerfundament auf Zug belastet wird, durch einen lotrechten Mikropfahl ergänzt, welcher die auftretenden Querkräfte aufnimmt. Voraussetzung für die Anordnung von zwei Mikropfählen (Mikropfahlbock) ist allerdings, dass die Schneedruckresultierende senkrecht auf die Stützfläche wirkt, was bei kurzen Werksreihen oder unregelmäßiger Schneeverteilung auf dem Werk nicht immer der Fall sein muss. Häufig ist es notwendig, einen Mikropfahl mit einem Textilstrumpf zu ummanteln (Netzanker gemäß [189]), damit der Verlust von Ankermörtel beim Auspressen des Mikropfahles in Grenzen gehalten werden kann (siehe Abschnitt 9.1.4.3).

Für Mikropfähle im Lockermaterial gelten nach *Schweizer Richtlinien* [189] und ONR 24806 [236] folgende zwingende Anforderungen:

- Der minimale Bohrlochdurchmesser im Lockergestein ist 90 mm, im Fels 50 mm.
- Die maximale Maschenweite der Netzstrümpfe ist 10 mm, wenn möglich ist allerdings die Verwendung eines Strumpfes zu vermeiden.

Tabelle 8-22 Teilsicherheitsbeiwerte (γ_R) für die Widerstände von Rammpfählen, Bohrpfählen und Schneckenbohrpfählen nach ÖNORM B 1997-1 [228]

Widerstand	Symbol	Wert
Spitzendruck	γ_b	1,10
Mantelreibung (bei Druck)	γ_s	1,10
Gesamtwiderstand (bei Druck)	γ_t	1,10
Mantelreibung bei Zug	$\gamma_{s;t}$	1,15

- Die Anker sind im Bohrloch zu zentrieren.
- Die Ankerlänge muss in jedem Falle mindestens 3 m betragen.
- Die Anker sind nicht flacher als 15° gegen die Waagrechte einzubauen.
- Die Mörtelüberdeckung des Zug- und Druckgliedes muss mindestens 20 mm betragen.

Für die Vorbemessung kann der charakteristische Wert des Ausziehwiderstandes $R_{t,k}$ für Lockermaterial mit 80 kN/m und für Fels mit 200 kN/m grob abgeschätzt werden, wobei der erste Meter im Lockermaterial und der erste halbe Meter im Fels nicht in Rechnung gestellt werden dürfen [236].

Der Tragwiderstand eines Mikropfahles auf Druck ist um 50 % höher als bei Zugbelastung anzusetzen. Für die Berechnung des Grenzzustandes der Tragsicherheit (STR) darf nur der Stahlquerschnitt herangezogen werden. Zur Gewährleistung der Knicksicherheit der Kopfpartie müssen Mikropfähle, welche auf Druck belastet werden, bis mindestens 1,5 m tief mittels Versteifungsrohren, Betonsockel oder ähnlichem ausgesteift werden [189].

Zur detaillierten Dimensionierung der Mikropfähle sind *Zugversuche* (siehe Abschnitt 8.2.9.8) unbedingt erforderlich. Der Nachweis der Tragfähigkeit erfolgt in Österreich für den charakteristischen Wert des Ausziehwiderstandes $R_{t;k}$ nach ONR 24806 [236] nach

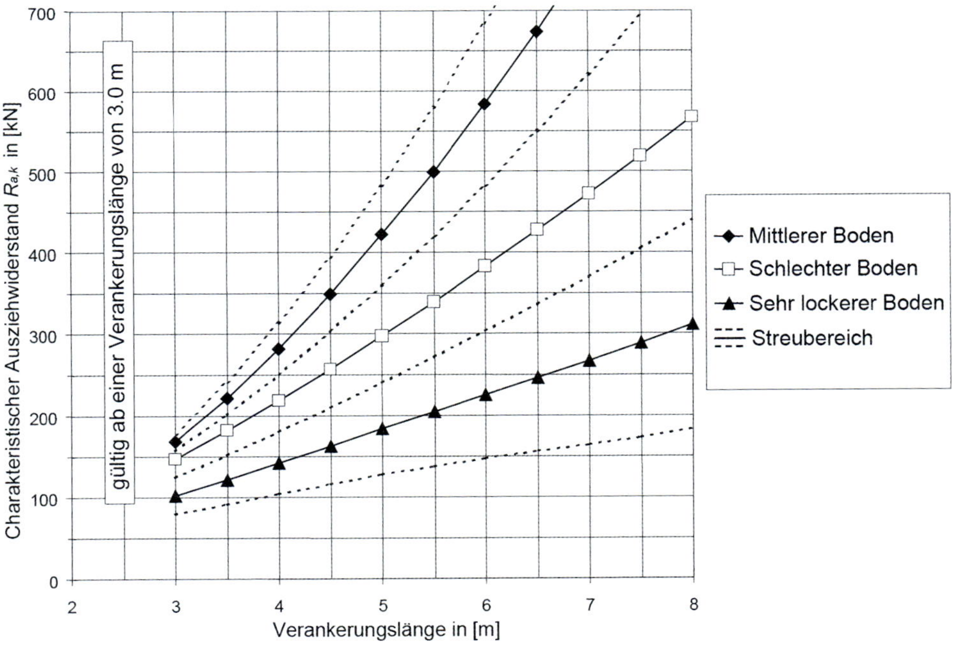

Bild 8-30 Charakteristischer Ausziehwiderstand $R_{a,k}$ in Funktion der Verankerungslänge und der Bodenkategorie für nicht gesprengte Anker und Netzanker nach *Schweizer Richtlinien* [189]: Als „mittlerer Boden" wird dicht gelagertes Material mit kohäsivem Feinanteil (z. B. grober Blockschutt mit Anteilen an bindigem Feinmaterial, trockener Kiessand), als „schlechter Boden" locker gelagertes Material mit kohäsionslosen, nicht bindigen Feinanteilen und kleinerem Reibungswinkel (z. B. feuchte, feinkörnige Verwitterungsprodukte, die nur eine schlechte Verzahnung zwischen Anker und Boden erlauben) sowie Geröllhalden und als „sehr lockerer Boden" sehr locker gelagertes, humusartiges, mit Hohlräumen versehenes Material verstanden.

folgender Gleichung:

$$R_{t;k} = \min[(R_{t;m})_{mitt}/\xi_1, (R_{t;m})_{min}/\xi_2] \quad [kN/m] \tag{8.58}$$

mit:

$(R_{t,m})_{mitt}$ Mittelwert der aus Probebelastungen auf Zug gemessenen Werte, in [kN/m]
$(R_{t,m})_{min}$ kleinster Wert von allen Messungen der Zugversuche, in [kN/m]

$$R_{t;d} = R_{t;k}/\gamma_{s:t} \quad [kN/m] \tag{8.59}$$

mit:

$R_{t;d}$ Dimensionsierungswert des Ausziehwiderstandes, in [kN/m]
$\gamma_{s,t}$ Widerstandsbeiwert gemäß Tabelle 8-22 für Mantelreibung bei Zug

Grundsätzlich sind die Eigenschaften des Baugrundes zur Einleitung von Kräften über die Mantelreibung der Mikropfähle im Zuge von Eignungsprüfungen in jedem Baufeld zu erheben. Die Eignungsprüfungen erfolgen „zerstörend" und liefern typische Mantelreibungen, die für den jeweiligen Baugrund anzusetzen sind. Über die Anzahl der Eignungsprüfungen kann eine Streuung der Baugrundeigenschaften innerhalb eines Homogenbereichs erfasst werden. In Abhängigkeit von der Anzahl n der Eignungsprüfungen/Untersuchungsprüfungen kann der Teilsicherheitsbeiwert, der aufgrund von Inhomogenitäten des Baugrundes erforderlich ist, reduziert werden (Tabelle 8-23).

Werden keine Eignungsprüfungen an Probepfählen durchgeführt und die Dimensionierung der Verankerungen der Stützverbauung durch Tabellenwerte vorgenommen, wird anstatt des Streuungsfaktors ein Modellfaktor von 2,5 eingesetzt.

Tabelle 8-23 Streuungsfaktoren für die Pfahlgründungen gemäß ÖNORM B 1997-1-1, Abschnitt 4.5, Tabelle 8 in Abhängigkeit der Anzahl n der Versuche

ξ für n = …	1	2	3	4	≥ 5
ξ_1	1,40	1,30	1,20	1,10	1,00
ξ_2	1,40	1,20	1,05	1,00	1,00

n Anzahl der probebelasteten Pfähle

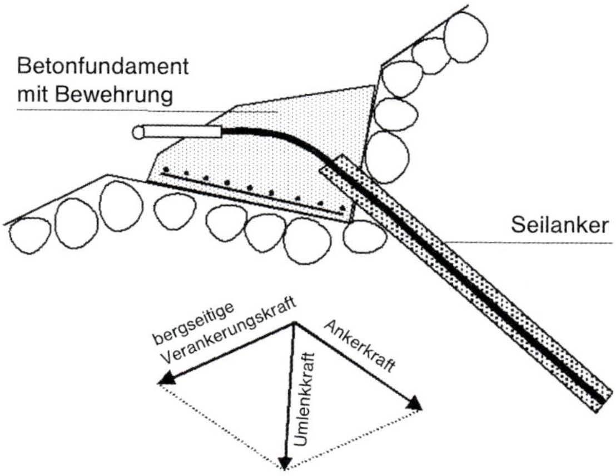

Bild 8-31 Betonfundament mit Bewehrung für die Aufnahme der Umlenkkräfte, damit die Bodenpressung durch den reinen Seilanker reduziert wird [189]

Tabelle 8-24 Die Verringerung des Bewehrungsquerschnittes von Mikropfählen durch Korrosion in Böden mit und ohne Grundwasser nach EN 14199, Anhang D in [mm]

Angestrebte Lebensdauer in Jahren (α)	5	25	50	75	100
Ungestörte natürliche Böden (Sand, Schluff, Ton...)	0,00	0,30	0,60	0,90	1,20
Verschmutzte natürliche Böden und Industriegründe	0,15	0,75	1,50	2,25	3,00
Agressive natürliche Böden (Sumpf, Klei, Torf...)	0,20	1,00	1,75	2,50	3,25
Unverdichtete und nichtaggressive Auffüllungen (Ton, Sand, Schluff...)	0,18	0,70	1,20	1,70	2,20
Unverdichtete agressive Auffüllungen (Asche, Schlacke...)	0,50	2,00	3,25	4,50	5,75

ANMERKUNG 1: Die angegebenen Werte sind nur Richtwerte. Die örtlichen Gegebenheiten sollten berücksichtigt und geeignete Werte unter Berücksichtigung der örtlichen Gegebenheiten in den nationalen Anhängen angegeben werden.

ANMERKUNG 2: Die Korrosionsgeschwindigkeit in verdichteten Auffüllungen ist geringer als diejenige in unverdichteten Auffüllungen. Für verdichtete Auffüllungen sind die Tabellenwerte zu halbieren.

ANMERKUNG 3: Die Werte für 5 und 25 Jahre basieren auf Messungen, wogegen die anderen Werte extrapoliert sind.

Seilanker kommen vor allem bei der Fundierung von Schneenetzen zum Einsatz. Querkräfte, welche bei bergseitigen Seilankern von Schneenetzen durch Umlenkung der Verankerungskraft auftreten, können nicht aufgenommen werden, weshalb bei der Verwendung von Seilankern in Lockermaterial der Einbau eines zusätzlichen Stabilitätsrohres oder an ungünstigen Standorten (humusartiger, lockerer Boden; großes Schneegleiten) der Einbau eines Betonfundamentes notwendig ist (Bild 8-31).

8.2.9.7 Korrosionsschutz für die Fundierung

Die bodennahen Teile der Stützkonstruktion (bis ca. 40 cm über Grund) und die Fundamentteile sind gegen Korrosion zu schützen. Dies kann durch die Verwendung von rostfreiem Stahl oder durch einen Abrostungszuschlag gemäß Tabelle 8-24 erfolgen. Eine Verzinkung von Mikropfählen wird nicht empfohlen.

Alle kraftschlüssig mit dem Mikropfahl verbundenen Bauteile sind hinsichtlich der Lebensdauer dem Pfahl anzupassen.

Seilanker müssen nach EN 10244-2 einen Zinküberzug der Klasse A aufweisen bzw. nach DIN 2078 dick verzinkt sein. Der Kopf des Seilankers ist noch zusätzlich mit einem verschlossenen Stahlrohr, das im Ankermörtel eingebunden ist, oder einem gleichwertigen Korrosionsschutz zu schützen [189]. Wenn Seilanker in einer stark aggressiven Umgebung eingebaut werden, ist dies zu berücksichtigen.

8.2.9.8 Prüfung von Mikropfählen

Gemäß ONR 24806 [236] ist für jeden Homogenbereich (vergleichbare Baugrundverhältnisse) eine *Eignungsprüfung* an Probe-Mikropfählen durchzuführen. In Abhängigkeit von der Anzahl der Eignungsprüfungen ist der charakteristische Baugrundwiderstand um den Streuungsfaktor ξ (Tabelle 8-23) zu reduzieren.

Bild 8-32 Beispiele für eine Zugvorrichtung für die Prüfung von Mikropfählen und Seilankern (© Schilcher)

Gemäß *Schweizer Richtlinien* [189] sind pro Untergrundbereich mit vergleichbaren geotechnischen Eigenschaften mindestens drei Versuchsanker auszuführen. Werden pro Untergrundbereich nur 1 oder 2 Versuchsanker ausgeführt, so ist zur Bestimmung des charakteristischen Wertes des Tragwiderstandes $R_{a,k}$ der kleinste ermittelte Wert des äußeren Tragwiderstandes R_a um 40 % bzw. um 20 % zu reduzieren.

Die *Abnahmeprüfung* gemäß ONR 24806 [236] erfolgt an je einem von 25 hergestellten Mikropfählen, jedoch an mindestens drei Stück je Homogenbereich (vergleichbare Baugrundverhältnisse) (Tabelle 8-19).

Die Prüfkraft P_f ist wie folgt festgelegt:

$$P_f = 1,25 \cdot P_{t,k} \quad [kN] \tag{8.60}$$

mit:

$P_{t,k}$ charakteristischer Belastungswert, in [kN]

Ziel der Prüfung ist nicht die Erfassung der abtragbaren Kräfte zwischen Zugglied und Verpressgut, sondern des Ausziehwiderstandes entlang der Kontaktfläche Mikropfahl/Boden. Daher dürfen die Reaktionskräfte bei der Prüfung nicht unmittelbar neben dem Zugglied eingeleitet werden, sondern das Widerlager der Zugeinrichtung sollte einen Mindestabstand des ca. 5-fachen Bohrlochdurchmessers zum Zugglied aufweisen. Eine geeignete Vorrichtung für diese Prüfung wäre z. B. ein Dreibein (Bild 8-32).

Als Lastzyklen werden mindestens zwei Laststufen mit einer Dauer von je ≥ 5 Minuten ohne Vorlaststufe aufgebracht. Die Prüflast wird bei Mikropfählen in axialer Richtung aufgebracht.

8.2.10 Lawinenanbruchverbau im Permafrost

Als Permafrost wird gefrorenes Bodenmaterial bezeichnet, das während des ganzen Jahres negative Temperaturen aufweist, und ist somit ein rein thermisches Phänomen: Allein die

Temperatur und nicht der Eisgehalt ist maßgebend [24]. Die Bodenschicht zwischen der Bodenoberfläche und dem sogenannten Permafrostspiegel, der die obere Grenze des Permafrostkörpers bildet, wird als Auftauschicht bezeichnet. Die Auftauschicht, die einige Zentimeter bis mehrere Meter dick sein kann, taut im Sommer auf und gefriert im Winter. Aus diesem Grund neigen Permafrostböden dazu, talwärts zu kriechen und sich bei Erwärmung zu setzen. Des Weiteren tritt oft Steinschlag auf. Permafrost kann in den Alpen oberhalb von etwa 2200 m Seehöhe vorkommen.

Permafrost-Baugrund kann einen unterschiedlichen Eisgehalt aufweisen. Werden Stützwerke in eisreichem Baugrund erstellt, kann die Tragsicherheit und Gebrauchstauglichkeit durch Kriechbewegungen und Setzungen beeinträchtigt werden (Bild 8-33). Die Beurteilung von möglichen Kriechbewegungen eines Hanges bildet die entscheidende Grundlage für die Projektierung von Verbaumaßnahmen. In der *Schweizer Richtlinie* [189] wurden mögliche Verbaumaßnahmen in Funktion der Kriechraten definiert (Tabelle 8-25). Der Verbau von Permafrosthängen mit Kriechraten von weniger als 5 cm ist mit „flexiblen" Systemen – z. B. Schneenetzen mit Pendelstützen, die auf Grundplatten fundiert sind – durchzuführen (Bild 8-34). Schneenetze sind weniger empfindlich auf Kriechbewegungen als starre Werke und können nach eventuellen Geometrieänderungen relativ einfach wieder neu ausgerichtet werden. In einem stabilen, nicht kriechenden Permafrost-Baugrund (vorwiegend Fels) können auch starre Systeme eingesetzt werden.

Ein mögliches Permafrostvorkommen wird schrittweise abgeklärt. In einer ersten Phase werden generelle Abklärungen mit Luftbildanalysen oder Modellen zur Berechnung der Permafrostverbreitung eingesetzt. Weiterhin werden geologische Geländebeurteilungen durchgeführt und Messungen im Gelände – z. B. Bodenoberflächentemperatur oder geophysikalische Messungen – durchgeführt. Kriechbewegungen können mit terrestrischer Vermessung bestimmt werden. Um einen konkreten Nachweis über ein Permafrostvorkommen zu erhalten, müssen in einer zweiten Phase die Bodentemperatur und der Eisgehalt

Tabelle 8-25 Kriechraten und mögliche Verbaumaßnahmen im Permafrost

Baugrundverhältnisse	geschätzte Kriechrate	Maßnahmen
stabil (vorwiegend Fels)	0 cm/Jahr	Alle für den Standort geeigneten Verbausysteme sind einsetzbar.
wenig kriechend (eisreiches Lockergestein, eher stabiler Gehängeschutt)	0.5–2 cm/Jahr	Es sind flexible Systeme wie Schneenetze einzubauen: Ein erhöhter Aufwand für den Unterhalt ist wahrscheinlich.
mäßig kriechend (eisreiches Lockergestein, labiler Gehängeschutt)	2–5 cm/Jahr	Es sind flexible Systeme wie Schneenetze einzubauen: Ein Verbau mit Stützwerken soll nur bei hoher Kostenwirksamkeit erfolgen. Es besteht erhöhter Aufwand für den Unterhalt, da mittelfristig Schäden zu erwarten sind. Verminderte Lebensdauer der Stützwerke ist zu erwarten. Alternativen zum Stützverbau im Anbruchgebiet sind zu überprüfen
stark kriechend (eisreiches Lockergestein, Blockgletscher, sehr labiler Gehängeschutt)	> 5 cm/Jahr	Verbauung nur sinnvoll, falls keine Alternativen möglich sind: Mittel- und langfristige Lebensdauer der Stützwerke ist nicht gewährleistet. Alternativen zum Stützverbau im Anbruchgebiet sind zu ergreifen.

bestimmt werden. Dazu sind 8 bis 10 m tiefe Bohrungen abzuteufen. Mit diesen Erkundungsbohrungen kann auch die Bohrbarkeit des Baugrundes beurteilt werden. Die Tragfähigkeit von Ankern im Permafrost-Lockergestein kann mit Ausziehversuchen bestimmt werden. Das Versetzen der Anker und deren Injektion haben möglichst schnell nach dem Bohren, im Minimum am gleichen Tag, zu erfolgen, um das Zufrieren der Bohrlöcher infolge hineinströmenden Wassers zu vermeiden. Da Anker meist im Permafrostkörper verankert werden, müssen spezielle Ankermörtel eingesetzt werden, die auch bei negativen Temperaturen abbinden.

Bild 8-33 Luftaufnahme von im Mittelteil abrutschenden Stahlschneebrücken in eisübersättigtem Blockschutt in der Verbauung Wisse Schijen oberhalb Randa (Wallis/Schweiz). Messungen haben gezeigt, dass sich die Fundamente bis 0,1 m pro Jahr verschieben (© Margreth)

Bild 8-34 Schneenetze mit Pendelstützen, die in einem Permafrosthang auf Grundplatten fundiert sind. Typisch ist die grobblockige Schuttschicht, die sich in einem labilen Gleichgewicht befindet (Verbauung Wisse Schijen auf 3100 m Sh., Randa, Wallis/Schweiz) (© SLF)

8.3 Bemessung der Verwehungsverbauung

8.3.1 Bemessung von Triebschneezäunen und Kolktafeln

8.3.1.1 Bemessung der Wirkung von Triebschneezäunen

Triebschneezäune stellen semidurchlässige Strömungshindernisse im Windfeld dar, die durch Verwirbelung zur Schneeablagerung führen. Aus diesem Grund ist die Durchlässigkeit bzw. der Füllungsgrad des Zauns in Abhängigkeit von der Hangneigung [204] von entscheidender Bedeutung für die Bemessung. Der optimale *Füllungsgrad* (Verhältnis zwischen wirksamer Tafelfläche und Gesamtfläche einschließlich Zwischenräumen, in [%]) in ebenem Gelände ist 50 %, mit zunehmender Hangneigung werden höhere Füllungsgrade empfohlen. Die Höhe beträgt durchschnittlich 3–6 m, ein Bodenspalt von 50–70 cm [299] oder 10 % der Zaunhöhe [326] wird empfohlen.

Schnee wird sowohl vor als auch hinter dem Zaun abgelagert. Der Ablagerungsbereich hinter dem Zaun muss ausreichend bemessen sein, um eine zusätzliche Einwehung in den Leebereich eines Hanges zu verhindern. In der Literatur werden dafür verschiedene Bemessungsformeln für die Entfernung L des Triebschneezauns von der Geländekante angegeben:

$$L = \frac{5H}{f} \quad [m] \quad \text{nach [7]} \tag{8.61}$$

$$L = 20H \text{ bis } 30H \quad [m] \quad \text{nach [299]} \tag{8.62}$$

mit:

H Höhe, in [m]

f Füllungsgrad [–]

8.3.1.2 Statische Systeme von Triebschneezäunen und Kolktafeln

Da Triebschneezäune und Kolktafeln immer möglichst normal zur Hauptwindrichtung angeordnet werden, tritt die höchste Beanspruchung normal zur Zaunebene (Tafelebene) auf. Die statischen Systeme normal auf die Zaun- oder Tafelebene von Triebschneezäunen und Kolktafen sind sehr ähnlich.

Es gibt vier in Bild 8-35 dargestellte statische Systeme. Beim System (a-a) ist der Steher im Untergrund eingespannt, bei System (a-b) wird der Steher von einer biegesteifen Zug-/Druckstrebe gestützt. Bei System (a-c) erfolgt die Stützung von zwei biegesteifen Zug-/Druckstreben, wodurch die Auflagerkräfte auf mehr Auflager verteilt werden. Im System (a-d) ist der Steher nach beiden Seiten hin mit Zugstäben abgespannt. In den Systemen (a-b) bis (a-d) werden alle Knoten gelenkig modelliert.

An Triebschneezäunen muss die Steifigkeit nicht nur quer zur Zaunebene, sondern auch in der Zaunebene sichergestellt werden. Die Aussteifung in Zaunebene erfolgt in der Regel durch das Anordnen von Windverbänden an den Enden des Zaunes und bei langen Zäunen auch dazwischen. Windverbände werden in der Regel mit Auskreuzungen aus Stahlzugstreben hergestellt.

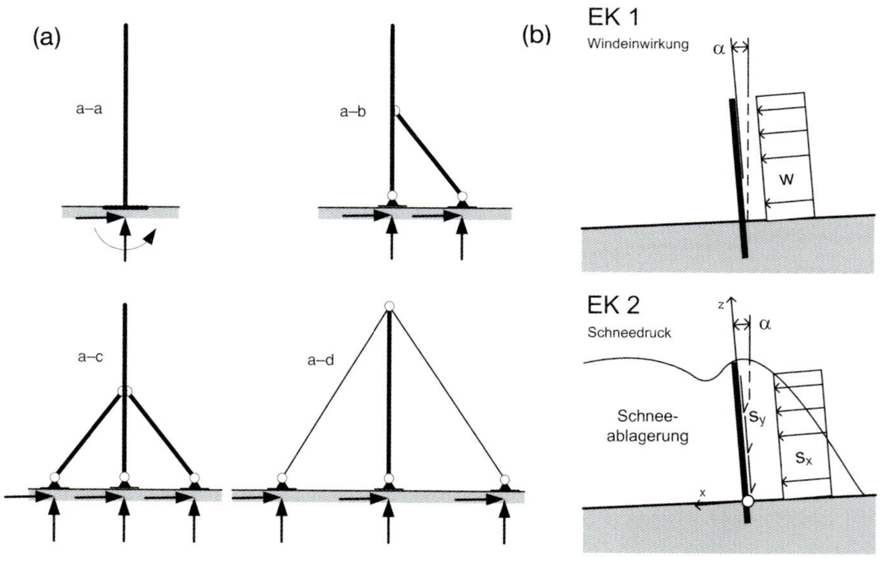

Bild 8-35 (a): Statische Systeme (a-a bis a-d) von Triebschneezäunen normal auf die Zaunebene: die Pfeile beschreiben die möglichen Auflagerreaktionen (© Suda); (b): Einwirkungskombinationen für Triebschneezäune (dargestellt ist ein Schnitt durch das Tragwerk, © Suda)

8.3.1.3 Einwirkungen und Einwirkungskombinationen von Triebschneezäunen und Kolktafeln

Kolktafeln und Triebschneezäune werden im frei stehenden Zustand durch Wind und im eingeschneiten Zustand durch Schneedruck beansprucht. Es sind daher die Einwirkungskombinationen EK1 und EK2 (Bild 8-35b) bei der Bemessung des Tragwerkes zu berücksichtigen. Die Einwirkungskombinationen werden der BS 1 zugeordnet. Die Teilsicherheitsbeiwerte ergeben sich aus Tabelle 8-2. Die Wind und die Schneeeinwirkungen sind als veränderliche Einwirkungen einzustufen.

In der EK1 sind die charakteristischen Windeinwirkungen w_k in Abhängigkeit des Völligkeitsgrades (Füllungsgrades) nach EN 1991-1-4 [221] für frei stehende Zäune bzw. für freie Fachwerke und Gitterkonstruktionen anzusetzen. Laut [7] sind Schneezäune und Kolktafeln auf einen charakteristischen Winddruck von mindestens 3,0 kN/m^2 zu bemessen. In [279] werden 3,3 kN/m^2 empfohlen. $^1/_3$ bis $^1/_2$ des normal auf die Tafelebene angreifenden Winddruckes sollte zusätzlich als in der Zaunebene wirkend angenommen werden, um die Aussteifungselemente der Zaunebene zu bemessen.

Die EK2 berücksichtigt die Situation eines eingeschneiten Triebschneezaunes oder einer Kolktafel. Um Schäden aus dem Setzungsschneedruck zu vermeiden, ist zumindest auf die tragenden Bauteile (Steher, Streben, Abspannseile, Fundierungen) von Triebschneezäunen und Kolktafeln ohne Bodenspalt ein Schneedruck anzusetzen.

8.3.1.4 Bautechnische Bemessungsgrundlagen von Triebschneezäunen und Kolktafeln

Triebschneezäune und Kolktafeln sind als frei stehende Wände oder Zäune zu bemessen.

Die Bemessung der Tragstruktur erfolgt je nach Material nach EC3 oder EC5. Die Steher werden als Holz oder Stahlbalken auf Biegung bemessen. Druckstreben sind als zentrisch beanspruchte Stütze auf Biegeknicken zu bemessen, Zugstreben auf die zentrische Normalkraft. Die Nachweise für Stahlteile finden sich in Abschnitt 8.1.5.4. Gebrauchstauglichkeitsnachweise sind keine zu führen.

8.3.2 Bemessung von Schneedüsen

8.3.2.1 Bemessungsgrundlagen

Schneedüsen sind als frei stehende Pultdächer zu bemessen Die Bemessung der Tragstruktur erfolgt je nach Material nach EC3 oder EC5. Die Bedielungselemente und die Träger werden als Holz oder Stahlbalken nach Abschnitt 8.1.5 bemessen, die Stützen und Streben auf Biegeknicken. Zugstreben aus Stahl berechnen sich nach Abschnitt 8.1.5.4. Gebrauchstauglichkeitsnachweise sind keine zu führen.

8.3.2.2 Statische Systeme

Eine Schneedüse ist ein räumliches statisches System. Dieses räumliche System lässt sich in ein statisches System quer und längs einteilen (Bild 8-36). Quer gibt es drei gebräuchliche

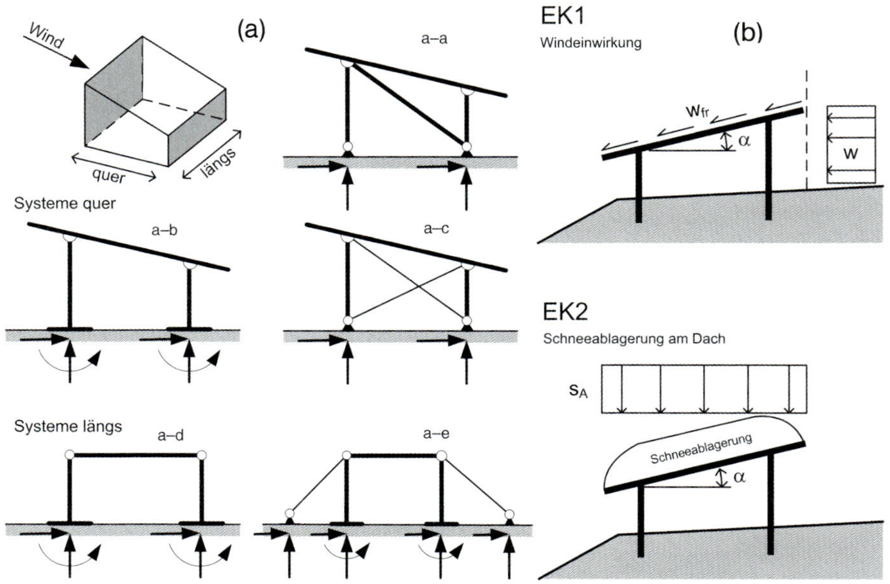

Bild 8-36 (a): statische Systeme von Schneedüsen (a-a bis a-e): die Pfeile beschreiben die möglichen Auflagerreaktionen (© Suda); (b); Einwirkungskombinationen für Schneedüsen (dargestellt ist ein Schnitt durch das Tragwerk) (© Suda)

Systeme. Beim System (a-a) sind die Stützen im Untergrund eingespannt, bei System (a-b) werden die Stützen von einer Druckstrebe gestützt, im System (a-c) von einer Auskreuzung mit Zugstäben. Im System (a-b) und (a-c) werden alle Knoten gelenkig modelliert. In Längsrichtung gibt es zwei denkbare Systeme. Im System (a-d) sind die Stützen eingespannt, im System (a-e) sind Pendelstützen seitlich mit Zugstäben abgespannt.

8.3.2.3 Einwirkungen und Einwirkungskombinationen

Die maßgeblichen Einwirkungskombinationen sind in Bild 8-36b dargestellt. Im normalen Funktionszustand wird die Schneedüse durch Wind beansprucht (EK1). Der Wind erzeugt positive und negative Drücke und Reibungskräfte auf der Dachfläche und den Stützen. Die charakteristischen Windeinwirkungen w_k und w_{fr} (Reibung) sind entsprechend den Vorschriften für frei stehende Pultdächer nach EN 1991-1-4 und ÖNORM B 1991-1-4 [221] anzusetzen. Für die Bemessung des Tragwerkes (Stützen, Träger, Fundierungen und Abspannungen) wird die Gesamtwindkraft F_W verwendet. Für die Bemessung der Bedielungselemente (Dach) werden die Gesamtdruckbeiwerte (c_p) verwendet. Die Einwirkung auf die Stützen ergibt sich aus der projizierenden Fläche der Stützen normal auf die Hauptwindrichtung.

Sollte Schneefall ohne Wind auftreten, kann sich der Schnee am Dach ablagern. Diese Situation bildet EK 2 ab. Die charakteristische Einwirkung aus dem abgelagerten Schnee $s_{A.k}$ ergibt sich nach EN 1991-1-3 [223] und ÖNORM B 1991-1-3 [220]. Dabei sind die Regelungen für Pultdächer sinnvoll anzuwenden.

Die Einwirkungen aus Wind und Schnee sind als veränderliche Einwirkungen zu klassifizieren. Die Einwirkungskombinationen sind der BS 1 zuzuordnen.

8.4 Bemessung der Lawinenleit-, Lawinenbrems- und Lawinenauffangverbauung

8.4.1 Näherungsweise Bemessung der Wirkhöhe von Auffang- und Ablenkdämmen (Klassisches Bemessungsverfahren)

Das wesentliche Kriterium für die Wirkung eines Auffang- oder Ablenkdammes ist – neben der Ausgestaltung insbesondere der Lawinenseite des Dammes – dessen Wirkhöhe. Für die Berechnung der Höhe gibt es verschiedene Verfahren, wobei neuere Methoden auf exakteren physikalischen Ansätzen beruhen [16][147]. Die klassische und heute noch übliche Methode der Berechnung der Wirkhöhe H_{DE} eines Auffang- oder Ablenkdammes erfolgt nach Gl (8.63 bis 8.64).

$$H_{DE} = h_u + h_f + h_s \quad [m] \tag{8.63}$$

mit:

h_u Stauhöhe/Energiehöhe, in [m]
h_f Fließhöhe der Lawine, in [m]
h_s Höhe der Schneedecke, in [m]

Die Energiehöhe einer Lawine an einem Auffangdamm ergibt sich aus:

$$h_u = \frac{v^2}{2g\lambda} \quad [m] \tag{8.64}$$

mit:

v Lawinengeschwindigkeit, in [m/s]
g Erdbeschleunigung, Konstante [= 9,81 m/s²]
λ Empirischer Energieumwandlungsfaktor [–]

Die Energiehöhe einer Lawine an einem Ablenkdamm ergibt sich aus:

$$h_u = \frac{(v \sin \varphi)^2}{2g\lambda} \tag{8.65}$$

mit:

φ Ablenkwinkel, in [°]

Der Nachteil dieser Methode ist, dass der Faktor λ ein empirischer Wert ist und gutachtlich eingeschätzt werden muss. Die zu wählenden Werte liegen zwischen 1 und 3, wobei 1 für große, trockene Fließlawinen und 3 für kleine Lawinen gewählt wird. Für die Berechung von Ablenkdämmen wird λ generell mit 1 angenommen, was impliziert, dass der Energieverlust beim Auftreffen einer Lawine auf einen Ablenkdamm nicht so hoch ist, sofern der Ablenkwinkel nicht zu groß ist (siehe Abschnitt 7.3.2.3).

8.4.2 Bemessung der Wirkung nach exakteren physikalischen Verfahren

8.4.2.1 Allgemeine Bemessungsgrundlagen

Ein wesentliches Kriterium für das Verhalten einer Lawine beim Auftreffen auf einen Damm wird durch den Strömungszustand charakterisiert. Im Allgemeinen lässt sich davon ausgehen, dass Trockenschneelawinen in der Sturzbahn „superkritisch“ (d. h. im schießenden Strömungszustand) fließen; für die Froude-Zahl Fr einer Trockenschneelawine in der Sturzbahn gilt daher in der Regel:

$$\mathrm{Fr} \equiv \frac{v}{\sqrt{gh\cos\phi}} > 1 \quad [-] \tag{8.66}$$

mit:

v	Lawinengeschwindigkeit, in [m/s]
h	Fließhöhe, in [m]
g	Erdbeschleunigung, Konstante [= 9,81 m/s^2]
ϕ	lokale Hangneigung der Sturzbahn, in [°]

Das bedeutet, dass eine Lawine im Auslaufbereich den Übergang vom superkritischen zum subkritischen (strömenden: $\mathrm{Fr} < 1$) Strömungszustand durchlaufen muss, bevor sie zum Stillstand kommt. Lawinenbrems- oder Lawinenauffangverbauungen haben die Aufgabe, diesen Übergang künstlich zu beeinflussen bzw. herbeizuführen und somit die Auslauflänge der Lawine zu verkürzen. Gegenüber Staublawinen sind Lawinenleit-, Lawinenablenk-, Lawinenbrems- und Lawinenauffangverbauungen nur sehr eingeschränkt wirksam.

Ein maßgebender Faktor für die optimale Situierung und Bemessung der Wirkung einer Lawinenleit-, Lawinenablenk-, Lawinenbrems- und Lawinenauffangverbauung ist die Froude-Zahl Fr_1 im Anströmungsbereich des Bauwerks. Normalerweise lässt sich davon ausgehen, dass der Strömungszustand von Trockenschneelawinen im Anströmbereich immer noch superkritisch ist und somit $\mathrm{Fr}_1 > 1$. Typischerweise liegt sie hier im Bereich 2 bis 6. Ein erstes Dimensionierungskriterium für Ablenk- und Auffangdämme ergibt sich nun aus der Tatsache, dass bei diesen Bauwerktypen ein superkritisches Überfließen verhindert werden sollte. Ein zweites Kriterium ergibt sich aus der Bedingung, dass nach der Entwicklung eines hydraulischen Sprunges die Dammhöhe größer sein muss als die Fließhöhe stromabwärts des Sprunges (Bild 8-37).

Eine ausführliche Beschreibung der Dimensionierung von Auffang- und Ablenkdämmen und deren Grundlage findet sich in [147], eine leicht modifizierte Vorgehensweise für Auffangdämme findet sich in [15]. Beide Beschreibungen basieren auf der Schocktheorie. Die folgende kurze Übersicht folgt im Wesentlichen der im Rahmen des Projektes SATSIE entwickelten Vorgehensweise [147].

8.4.2.2 Auffang- und Ablenkdämme

Obwohl sich die Funktion von Ablenk- und Auffangdämmen grundlegend unterscheidet, lassen sich die obengenannten Dimensionierungskriterien formal für beide Bauwerktypen zusammenfassen. Dazu wird im Folgenden die Froude-Zahl normal zur Dammachse betrachtet:

$$\mathrm{Fr}_\perp \equiv \frac{v_1 \sin\varphi}{\sqrt{gh_1\cos\phi_b}} > 1 \quad [-] \tag{8.67}$$

mit:

v_1	Lawinengeschwindigkeit im Anströmbereich, in [m/s]
h_1	Fließhöhe im Anströmbereich, in [m]
g	Erdbeschleunigung, Konstante [= 9,81 m/s^2]
ϕ_b	lokale Hangneigung im Anströmbereich, in [°]
φ	Winkel zwischen Lawinenanströmrichtung und Dammachse, in [°]

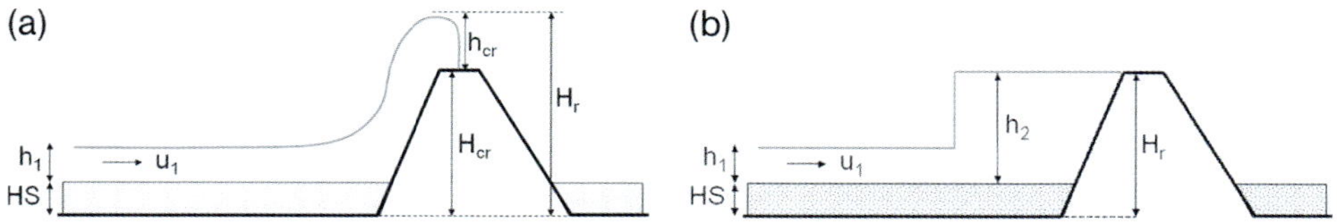

Bild 8-37 Schema der Dimensionierungskriterien: (a): superkritisches Überfließen und (b): hydraulischer Sprung (© Gauer)

Mit dieser Wahl ergibt sich für das erste Kriterium, der Vermeidung eines superkritischen Überfließens die folgende Bedingung:

$$\frac{H_r - HS}{h_1} \geq \frac{(H_{cr} - HS + h_{cr})}{h_1} = \frac{1}{k} + \frac{1}{2}(kFr_\perp)^2 - \frac{1}{2}(Fr_\perp)^{2/3} \tag{8.68}$$

mit:

H_r	notwendige Dammhöhe, in [m]
H_{cr}	kritische Dammhöhe, in [m]
h_{cr}	kritische Fließhöhe ($h_{cr}/h_1 = (Fr_\perp)^{2/3}$) [m]
HS	Schneehöhe, in [m]
k	Energieverlust Faktor $k = 0,75 + 0,1 \cdot (60^\circ - \alpha)/30^\circ$ für bergseitige Dammneigungen $30^\circ < \alpha < 60^\circ$; ohne Energieverlust k = 1,0

Aus der zweiten Bedingung, der Höhe des hydraulischen Sprunges, ergibt sich

$$\frac{H_r - HS}{h_1} \geq \frac{h_2}{h_1} = \frac{2\sqrt{(6Fr_\perp{}^2 + 4)}\cos\delta + 1}{3} \tag{8.69}$$

mit:

h_2 Fließhöhe stromabwärts des hydraulischen Sprunges, in [m]

$$\delta = \frac{1}{3}\left(\frac{\pi}{2} - \tan^{-1}\left(\frac{9Fr_\perp^2 - 8}{Fr_\perp\sqrt{27(16 + 13Fr_\perp^2 + 8Fr_\perp^4)}}\right)\right) \quad [^\circ] \tag{8.70}$$

Bild 8-38 zeigt beide Kriterien als Funktionen der Froude-Zahl Fr. Die Abbildung zeigt, dass das Kriterium für das superkritische Überfließen der bestimmende Faktor für Froude-Zahlen größer als ungefähr 3 ist. Darunter bestimmt die Höhe des hydraulischen Sprungs die notwendige Dammhöhe.

Ist das Gelände im Anströmbereich normal zur Achse eines Ablenkdamms fallend und ist das Kriterium der Schockhöhe maßgebend, so ist die notwendige Dammhöhe um

$$\Delta H_{\phi_\perp} = \frac{\sqrt{2}\tan\phi_\perp}{2Fr\cos\varphi}\xi \quad [m] \tag{8.71}$$

mit:

ξ	Distanz entlang des Dammes, in [m] (gemessen von dem stromaufwärtigen Ende)
$\phi_\perp$	Lokale Hangneigung im Anströmbereich, senkrecht zur Dammachse, in [°]
Fr	$\equiv v_1 / \sqrt{gh_1 \cos\phi_b}$

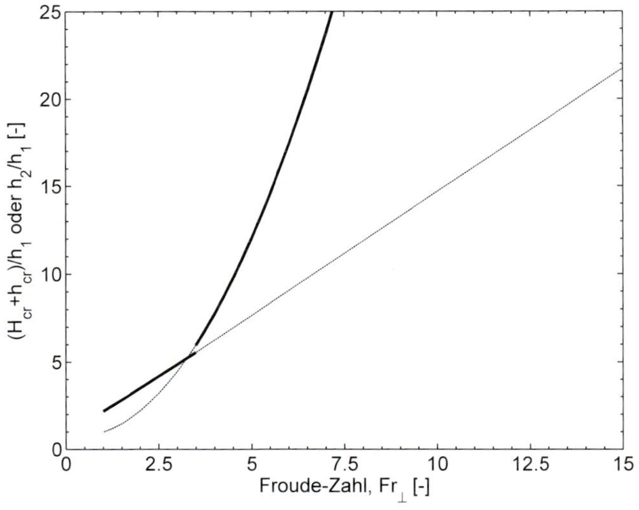

Bild 8-38 Superkritischer „run-up", $(H_{cr} + h_{cr})/h_1$, gemäß Gl. (8.68), und Fließhöhe stromabwärts des hydraulischen Sprunges, h_2/h_1, gemäß Gl. (8.69), als Funktionen der Froude-Zahl, Fr. Die Kurve für den superkritischen „run-up" ist berechnet mit k = 1. Durchgezogene Linien kennzeichnen den für die Dimensionierung relevanten Bereich (angepasst von [147]).

zu erhöhen. Ebenso sollte im Fall eines gekrümmten Ablenkdammes eine Überhöhung der Schockhöhe von

$$\Delta H_\kappa \approx \frac{\sqrt{2}\left(u_1 \cos\varphi\right)^2}{2\mathrm{Fr}\cos\varphi \; g\cos\phi_b \; R_\kappa}\xi \quad [\mathrm{m}] \tag{8.72}$$

mit:

R_κ Krümmungsradius der Dammachse, in [m]

berücksichtigt werden.

Der maßgebende Einfluss der Froude-Zahl auf die Dimensionierung von Auffang- und Ablenkdämmen macht die genaue Kenntnis von Fließgeschwindigkeit und Fließhöhe im Anströmbereich unabdingbar.

Nicht in allen Fällen ist es möglich ein Überströmen von Auffangdämmen zu verhindern. Dies gilt vor allem für den fluidisierten Teil von schnellen Trockenschneelawinen (siehe Abschnitt 4.1.2.4). Untersuchungen an einen Auffangdamm im Lawinentestgelände Ryggfonn (Norwegen) [90] weisen darauf hin, dass sich die Überlauflänge l_{ovr}, gemessen von der Dammkrone, durch

$$\frac{l_{ovr}}{H_{De}} = b_1 \frac{v_1^2}{2gH_{De}} + b_0 \tag{8.73}$$

mit:

H_{De} wirksame Dammhöhe, in [m]

v_1 Lawinengeschwindigkeit im Anströmbereich, in [m/s]

g Erdbeschleunigung, Konstante [= 9,81 m/s^2]

b_1 Parameter = 2.56

b_0 Parameter = –1.41

abschätzen lässt.

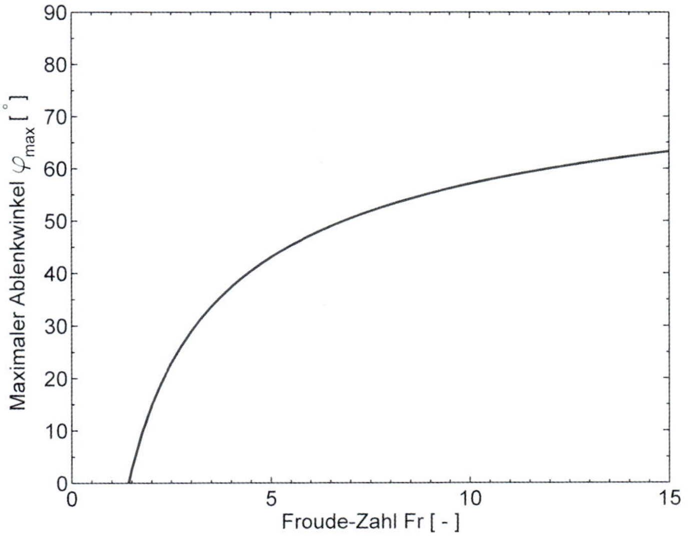

Bild 8-39 Maximaler Ablenkwinkel, φ_{max}, versus Froude-Zahl, $Fr_{\perp}$, gemäß Gl. (8.74) (angepasst von [147])

Für Ablenkdämme gilt, dass der Ablenkwinkel φ nicht zu groß werden darf, um die Funktionsweise nicht zu beeinträchtigen. Wird der Winkel zu groß, löst sich der hydraulische Sprung ab und die Sprunghöhe steigt, was zum Überfließen des Ablenkdammes führen kann. Im Grenzfall wirkt der Ablenkdamm ähnlich wie ein Auffangdamm. Näherungsweise ergibt sich der *maximale Ablenkwinkel* aus (Bild 8-39).

$$\varphi_{max} \approx \frac{\pi}{2} - \frac{2^{3/4}}{Fr^{1/2}} - \frac{2^{1/4}}{6Fr^{3/2}} \quad [°] \tag{8.74}$$

Es wird allerdings angeraten, den tatsächlichen Ablenkwinkel 10° geringer zu wählen.

8.4.2.3 Leitdämme

Wie bereits im vorigen Abschnitt erwähnt wurde, sollen Leitdämme die seitliche Ausbreitung einer Lawine verhindern. Die Dimensionierung der Höhe H_{LD} des Leitdammes ist von der Lawinengeschwindigkeit, der Höhe des natürlich abgelagerten Schnees und der Fließhöhe der Lawine abhängig. Generell lassen sich zwei Fälle unterscheiden.

In der *Sturzbahn* – solange die Lawine noch ungestört abfließen kann – ergibt sich die erforderliche Höhe aus

$$H_{LD} = HS + h_{1\uparrow} \quad [m] \tag{8.75}$$

mit:

HS Höhe der Schneedecke bzw. alter Ablagerungen, in [m]
$h_{1\uparrow}$ Fließhöhe der Lawine lotrecht gemessen, in [m]

Im Auslaufgebiet oder in Bereichen der Sturzbahn, in denen Ablagerungen entstehen können, ergibt sich die erforderliche Höhe aus

$$H_{LD} = HS + h_{1\uparrow} \frac{\sqrt{1+8Fr_1^2} - 1}{2} \tag{8.76}$$

mit:

Fr_1 Froude-Zahl im Anströmbereich (> 1)

Der zweite Term auf der rechten Seite der Gleichung berücksichtigt die im Auslaufgebiet zu erwartende Fließhöhe nach einem Übergang vom super- zum subkritischen Strömungszustand. Auf jeden Fall sollte eine Verengung in Fließrichtung der Lawine vermieden werden.

8.4.3 Bemessung von Lawinenablagerungsräumen

Um eine optimale Schutzwirkung von Ablenk-, Leit- und Auffangdämmen zu erreichen, müssen die notwendigen Lawinenablagerungsräume sorgfältig geplant und ausreichend bemessen werden. So ist bei Leit- und Ablenkdämmen darauf zu achten, dass die Lawinenablagerung nicht die Ablenkeigenschaften beeinträchtigen oder in Bereiche vordringen kann, die zu schützen sind. Bei Auffangdämmen ist zu berücksichtigen, dass die Rückhaltekapazität gegebenfalls auf mehr als eine Lawine pro Saison dimensioniert werden muss. Notfalls muss eine zwischenzeitliche Räumung des Ablagerungsgebiets von Lawinenschnee eingeplant werden. Dies gilt auch für Leitdämme.

Das maximale Rückhaltevolumen V_R von Auffangdämmen wird zum einen durch die effektive Dammhöhe, zum anderen durch die umgebende Geländetopographie bestimmt. Traditionell wird die Rückhaltekapazität oberhalb von Auffangdämmen aus der Differenz zwischen der angenommen Oberfläche der Ablagerung und der schneebedeckten Topographie berechnet. Dabei wird angenommen, dass die Ablagerungshöhe am Damm mit der Dammkrone übereinstimmt und die Oberflächenneigung γ der Ablagerung 5 bis 10° ist. Die Ablagerungslänge ergibt sich dann aus der Distanz zwischen Damm und dem Schnittpunkt der Oberfläche der Ablagerung mit der schneebedeckten Topographie (Bild 8-40).

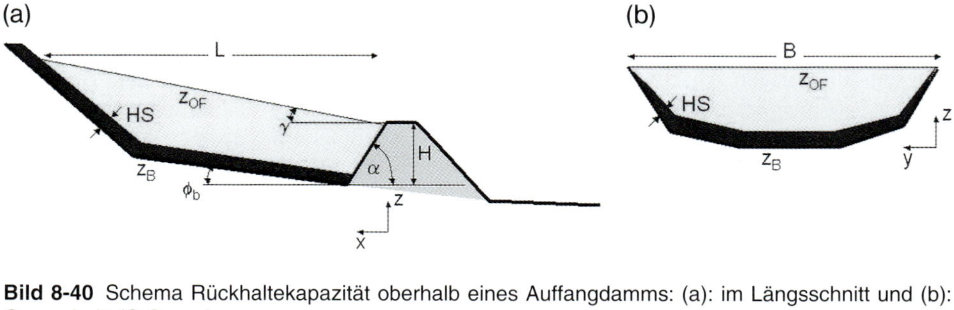

Bild 8-40 Schema Rückhaltekapazität oberhalb eines Auffangdamms: (a): im Längsschnitt und (b): im Querschnitt (© Gauer)

Somit ergibt sich die Rückhaltekapazität aus dem Doppelintegral der angenommenen Ablagerungshöhe über die Ablagerungslänge und -breite:

$$V_R = \int_{x_0}^{x_1} \int_{y_0}^{y_1} z_{OF}(x,y) - (z_B(x,y) + HS(x,y))\, dydx \quad [m^3] \tag{8.77}$$

mit:

z_B	Höhe der Topographie, in [m]
z_{OF}	Höhe der Ablagerungsoberfläche, in [m]
HS	Höhe der Schneedecke bzw. alter Ablagerungen, in [m]
$L \approx x_1 - x_0$	Ablagerungslänge, in [m]
$B \approx y_1 - y_0$	Ablagerungsbreite, in [m]

Die Abschätzung des Rückhaltevolumes vernachlässigt dynamische Effekte und dürfte insbesondere für Trockenschneelawinen eine Überschätzung darstellen. Aber in den seltensten Fällen ist die Rückhaltekapazität ein bestimmender Faktor für die Wahl der Dammhöhe.

8.4.4 Einwirkungen auf Leit-, Brems- und Auffangbauwerken

Im Allgemeinen sind Krafteinwirkungen durch Lawinen auf Leit-, Brems- und Auffangbauwerken aus Erd- und Steinaushub nicht bemessungsrelevant. Vielmehr bestimmen in erster Linie geotechnische Faktoren die Bauausführung. Werden allerdings Leit- oder Auffangbauwerke als massive Mauern (z. B. Beton) ausgeführt, sind die Lawinendrücke und die auftretenden Momente bei der Bemessung des Bauwerks zu berücksichtigen. Die Krafteinwirkung normal zum Bauwerk F_{lx} lässt sich durch

$$F_{lx}' \approx \rho h_l u_l^2 \sin^2\varphi \left(1 + \frac{1}{Fr_\perp^2}\right) \quad [N/m] \tag{8.78}$$

mit:

h_l	Fließhöhe der Lawine lotrecht gemessen, in [m]
u_l	Fließgeschwindigkeit, in [m/s]
ρ	Dichte der fließenden Lawine, in [kg/m³]
φ	Winkel zwischen Lawinenanströmrichtung und Bauwerk, in [°]
$F_\perp$	Froude-Zahl normal zum Bauwerk, Gl. (8.67)

abschätzen.

Bei der Bestimmung des Moments ist eine Verschiebung des Kraftangriffspunktes durch deponierten Schnee zu bedenken. Im Zweifelsfall ist der Angriffspunkt auf Höhe $H_r - h_l/2$ zu wählen. Zu den dynamischen Kräften kommen die statischen Kräfte durch Ablagerung hinzu. Eine Abschätzung der Krafteinwirkungen pro Längeneinheit parallel zur Fließrichtung ergibt sich aus:

$$F_{\|}' \approx \min(c_1 F_{lx}', \tau_y h) \quad [N/m] \tag{8.79}$$

mit:

c_1	Reibungskoeffizient, für trockene Schneelawinen zwischen 0,1 und 0,4
τ_y	Scherfestigkeit des Lawinenschnees (Größenordnung: 10 kPa)
h	Höhe der Kontaktfläche, in [m]

8.4.5 Statische und geotechnische Bemessung

8.4.5.1 Geotechnische Bemessung von Lawinendämmen

Im Eurocode 7 (EN 1997-1 (November 2004) + AC (Februar 2009) [226]) ist im Anwendungsbereich der EN 1997-1, 1.1.2 die Bemessung von Stützbauwerken explizit erwähnt. Als Themen werden Grundlagen der geotechnischen Bemessung, geotechnische Unterlagen, Bauüberwachung, Kontrollmessungen und Instandhaltung, Schüttungen, Wasserhaltung, Bodenverbesserung, Bodenbewehrung, Flächengründungen, Pfahlgründungen, Verankerungen, Stützbauwerke, hydraulisch verursachtes Versagen, Gesamtstandsicherheit und Erddämme behandelt.

Bild 8-41 zeigt Versagensmechanismen für die der Nachweis der Gesamtstandsicherheit bzw. der Nachweis der Tragfähigkeit für Flächengründungen zu führen sind.

Für den Nachweis der Gesamtstandsicherheit (Geländebruch) wurde das Nachweisverfahren 3 (Abschnitt 8.1.3.4) der EN 1997-1 [226] gewählt und im nationalen Anwendungsdokument ÖNORM B 1997-1-1 [228] die Teilsicherheitsbeiwerte festgelegt. Bei diesem Nachweisverfahren werden die Teilsicherheitsbeiwerte auf die Baugrundkennwerte angewendet. Es muss nachgewiesen werden, dass der Bruch des Baugrundes oder zu große Verformungen ausgeschlossen sind. Dabei werden die äußeren Einwirkungen auf den Baugrund (z. B. Verkehrslasten und Tragwerkslasten) mit Teilsicherheitsbeiwerten beaufschlagt.

Bei Geländebruchberechnungen wird der Nachweis über den Vergleich von Widerstand zu Einwirkungen geführt. Der Anhang A der EN 1997-1 [226] beinhaltet Empfehlungen für Teilsicherheitsbeiwerte. Für Österreich erfolgte in den Jahren 2006 und 2007 die Erarbeitung des nationalen Anwendungsdokuments ÖNORM B 1997-1-1 (11-2007) [228]. Diese Norm gibt im Sinne des EC 7 Teilsicherheitsbeiwerte (Tabelle 8-26) in Abhängigkeit des Risikos an. In Fällen außergewöhnlichen Risikos oder ungewöhnlicher oder außerordentlich schwieriger Baugrundverhältnisse oder Belastungen sollten nach EN 1997-1 (Pkt. 2.4.7.1 (4)) [226] höhere Teilsicherheitsbeiwerte als im Anhang A dieser Norm empfohlen angesetzt werden. Eine Abminderung der Teilsicherheitsbeiwerte darf hingegen bei zeitlich befristeten Tragwerken oder bei vorübergehenden Bemessungssituationen erfolgen.

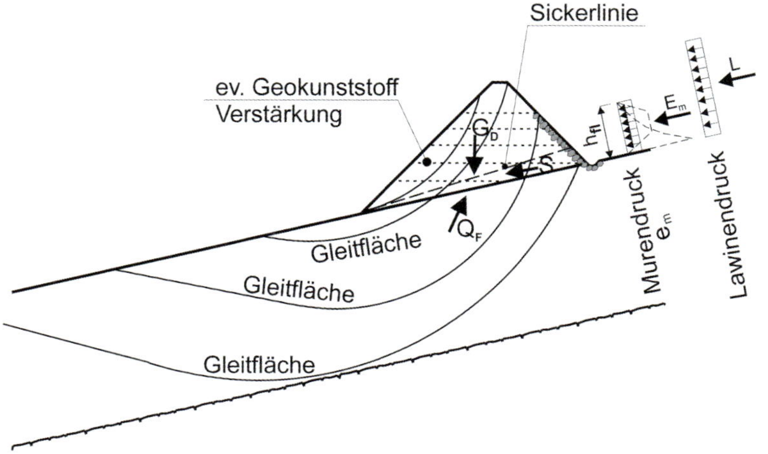

Bild 8-41 Prinzipielle Versagensmechanismen eines Lawinenschutzdammes (© Hofmann)

Tabelle 8-26 Teilsicherheitsbeiwerte für das Nachweisverfahren 3 nach ÖNORM B 1997-1-1 Geländebruch

	Teilsicherheitsbeiwerte nach ÖNORM B 1997-1-1:2007 Geländebruch								
Nachweisverfahren 3 nach EC 7-1	Einwirkungen (γ_F) oder Beanspruchungen (γ_E)				Bodenkenngrößen (γ_M)			Widerstände bei Böschungen und Geländebruch (γ_R)	
PKT. 2.4.7.3.4.4	A1, A2				M1, M3			R1, R2, R3	
+ in Verbindung mit Teilsicherheits-beiwerten für den Nachweis der konstruktiven (STR) und geotechnischen (GEO) Grenz-zustände	ständig ungünstig	ständig günstig	veränderlich ungünstig	veränderlich günstig	effektiver Scherwinkel	effektive Kohäsion	Wichte	Ankerwiderstand und andere Stabili-sierungselemente	Erdwiderstand
	γ_G	γ_G	γ_Q	γ_Q	$\gamma_{\varphi'}$	$\gamma_{c'}$	$\gamma_{\gamma'}$	γ_a	$\gamma_{R;e}$
	Nachweisverfahren 3 (NV 3): Kombination: A2+M2+R3								
	Schadensfolgeklasse CC 3 nach EN 1990 ≈ Sicherheitsklasse 3 (nach B4040) ≈								
BS 1	1,00	1,00	1,10	0	1,30	1,30	1,00	1,00	1,00
BS 2	1,00	1,00	1,10	0	1,20	1,20	1,00	1,00	1,00
BS 3	1,00	1,00	1,10	0	1,10	1,10	1,00	1,00	1,00
	Schadensfolgeklasse CC 2 nach EN 1990 ≈ Sicherheitsklasse 2 (nach B4040)								
BS 1	1,00	1,00	1,10	0	1,15	1,15	1,00	1,00	1,00
BS 2	1,00	1,00	1,10	0	1,10	1,10	1,00	1,00	1,00
BS 3	1,00	1,00	1,10	0	1,05	1,05	1,00	1,00	1,00
	Schadensfolgeklasse CC 1 nach EN 1990 ≈ Sicherheitsklasse 1 (nach B4040)								
BS 1	1,00	1,00	1,10	0	1,10	1,10	1,00	1,00	1,00
BS 2	1,00	1,00	1,10	0	1,05	1,05	1,00	1,00	1,00
BS 3	1,00	1,00	1,10	0	1,00	1,00	1,00	1,00	1,00

Nach dem neuen Sicherheitskonzept wird der rechnerische Nachweis im Prinzip wie nach der noch gültigen ÖNORM B 4433, Böschungsbruchberechnungen [216] (nach dem globalen Sicherheitskonzept) geführt. Die Baugrundkennwerte (Tangens des Reibungswinkels und Kohäsion) werden mit dem gleichen Teilsicherheitsbeiwert abgemindert. Der Unterschied besteht jedoch in der Beaufschlagung der veränderlichen ungünstigen äußeren Einwirkungen mit einem Teilsicherheitsbeiwert.

Die Setzungen (Mitnahmesetzungen) sind in ihrer Größenordnung abzuschätzen. Die Setzungsdifferenzen sind anzugeben.

8.4.5.2 Erdbau: Geotechnische Untersuchungen

Um die Tragfähigkeit des Untergrundes festzustellen, sind durch einen Sachverständigen für Geotechnik (ggf. unter Beiziehung eines Geologen) Baugrunderkundungen, Berechnungen und die Laborversuche durchzuführen. Aufbauend auf diesen Untersuchungen und Berechnungen ist u. a. der erforderliche Bodenaustausch anzugeben. Bild 8-42a und b zeigen Beispiele von Lawinenauffangdämmen im Konstruktionsentwurf.

Der Umfang der geotechnischen Untersuchungen wird im Abschnitt 6 in der ÖNORM B 4402 [215] behandelt. Darin werden u. a. Regelungen zur Beschreibung der Baugrundeigenschaften, für die Abstände (Tabelle 8-27) und Tiefen der Aufschlüsse (Tabelle 8-28) angegeben. Die Anordnung der Aufschlüsse hat nach verschiedenen Gesichtspunkten zu erfolgen.

(a)

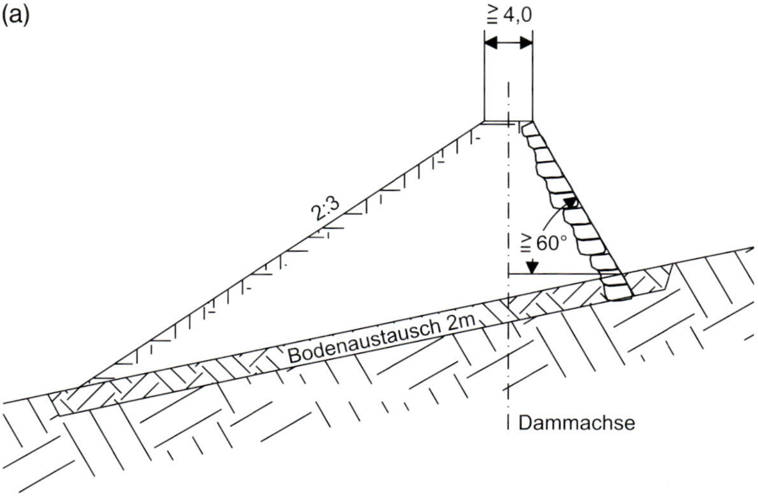

(b)

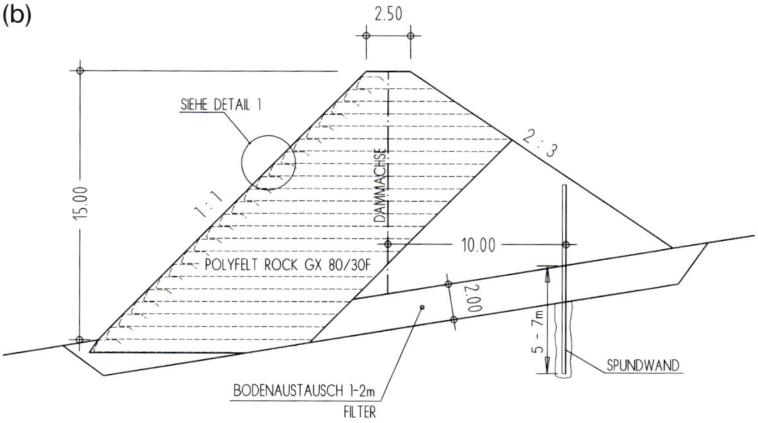

Bild 8-42 Lawinenauffangdämme (Systemskizzen): (a): Lawinenauffangdamm mit lawinenseitiger Sicherung in Grobsteinschlichtung (© WLV Tirol, nachgezeichnet Herbert); (b): Konstruktionsentwurf geogitterbewehrter Damm (© Hofmann)

Tabelle 8-27 Richtwerte für die Abstände der Aufschlüsse nach ÖNORM B 4402, Pkt. 6.2.3.3

Linienbauwerke	50–200 m (GK 2 u. 3)
Staudämme, Staumauern, Wehre	25–75 m
Lang gestreckte Schlitz- und Dichtwände	–

Tabelle 8-28 Richtwerte für die Tiefe der Aufschlüsse nach ÖNORM B 4402, Pkt. 6.2.3.4

Gründungen: Streifen-/Einzelfundamente	$\geq$ 3b, $\geq$ 5,0 m
Platten	$\geq$ 0,5 – 3,0 b
Dämme (unter Dammaufstandsfläche)	$\geq$ 0,8h, $\geq$ 2,0 m
Baugruben (unter Baugrubensohle)	$\geq$ h $\geq$ 5,0 m
Dichtungswände	$\geq$ 5,0 m unter DW, $\geq$ 2,0 m in den Stauer
Pfähle	$\geq 3\ D_F$, $\geq$ 5,0 m, Tabelle 1: 0,5 – 3,0 b

- Erfassung des räumlichen Verlaufes der Schichtung.
- Der Bereich von Krafteinleitungsstrecken ist zu erkunden.
- Der Aufschluss soll im Bereich von möglichen Gleitlinien verlaufen.
- Die Abstände der Aufschlüsse sind vom Bauvorhaben und der Geologie abhängig. Bei sehr gleichförmigen geologischen Verhältnissen dürfen ein größerer Abstand und eine geringere Anzahl von Aufschlüssen gewählt werden.
- Auswahl und Kombination der Aufschlussverfahren sollen flexibel sein. Bereits vorhandene Unterlagen sind mit einzubeziehen.
- Erfahrungen über Baugrund sind Basis für die Einstufung in eine geotechnische Kategorie.

Verfahren der geotechnischen Untersuchungen:

- Ortsbegehung
- Geologisch-geotechnische Kartierung (von Bauwerksbereich und Stauraum)
- Aufschlüsse (direkte und indirekte)
- Geophysikalische Verfahren

Es müssen Angaben erfolgen, die zur Minimierung der Setzungen sowie der Setzungsunterschiede (Gebrauchstauglichkeit) und zur Gewährleistung einer ausreichenden Tragfähigkeit (z. B. Gleitsicherheit, Grundbruchsicherheit, Gesamtstandsicherheit etc.) des Bauwerkes und des Untergrundes notwendig sind.

8.4.5.3 Regeln für den Bau von Lawinendämmen

Für die Herstellung von Lawinendämmen (geotechnische Grundlagen siehe Abschnitt 8.4.5) ist in der Regel grobkörniges Schüttmaterial (ohne organische Anteile) zu verwenden. Der mindestens erforderliche Reibungswinkel für das Schüttmaterial ist anzugeben, damit die planmäßigen Dammböschungen erreicht werden können. Dieser Wert ist im Zuge von Eignungsprüfungen für das Schüttmaterial zu bestätigen. Der Nachweis hat durch einen Rahmenscherversuch mit einem Größtkorn von 2,0 mm zu erfolgen. Es hat eine geotechnische Baubetreuung zu erfolgen.

Die *Vorbereitung der Dammsohle* erfolgt unter Beachtung folgender Regeln:

- Auswechslung von humosen, durchwurzelten und breiigen bzw. weichen Böden sowie der sehr lockeren und lockeren Böden. Falls im Zuge der Aushubarbeiten örtliche Anschüttungen festgestellt werden, ist zu prüfen, ob diese auf volle Tiefe auszuwechseln sind.
- Im Regelfall soll eine Verdichtung der Aushubsohle auf einen Verdichtungsgrad von mindestens $D_{Pr} = 98$ % der einfachen Proctordichte und einen Lastplattenmodul von $E_{v1} \geq 15$ MN/m^2 erfolgen. (Details hierzu können erst im Zuge der Bauausführung festgelegt werden.)
- Je nach den im Detail vorliegenden Bodeneigenschaften können auch höhere E_{v1}-Werte erforderlich werden. Entsprechende Hinweise lassen sich erst im Zuge der Bauarbeiten festlegen.

Folgende Regeln für den *Bau des Dammes* sind zu beachten:

- Der Damm selbst ist lagenweise auf einen Verdichtungsgrad von $D_{Pr} \geq 98-100$ % der einfachen Proctordichte (im Folgenden: e.P.D) zu verdichten. Vor Beginn der Bauarbeiten sollten bodenmechanische Eignungsprüfungen mit dem Schüttmaterial durchgeführt werden.
- Feinkornreiche Schüttmaterialien sind primär statisch zu verdichten. Die Schütthöhe ist je nach Wirkungsgrad des Verdichtungsgerätes und Kornverteilung, Plastizität sowie Einbauwassergehalt der Schüttmaterialien zu begrenzen.
- Schüttlagen, die bodenmechanisch bereits überprüft, dann jedoch durch stärkere Regenfälle aufgeweicht wurden, bedürfen einer neuerlichen Abnahme. Bei feinkörnigen Materialien kann es erforderlich sein, die oberste Zone abzuziehen und nochmals nachzuverdichten.
- Dabei sind nicht nur die zulässigen Schüttdicken und die Durchlässigkeitsbeiwerte, sondern auch die erforderlichen Mindestwerte für die Verformungsmoduln festzulegen.

Die entsprechenden Erdbaumaßnahmen sind von einem Sachverständigen für Geotechnik bekanntzugeben und während der Baudurchführung laufend zu überprüfen. Dabei ist die EN 1997-1 [226] zu beachten.

8.4.6 Bemessung von Lawinenbrechern

8.4.6.1 Allgemeines

Die Lawinenbrecher zählen laut Klassifizierung der statischen Systeme nach ONR 24800 [233] zu den massenaktiven Tragwerken. Sie setzen sich aus Platten, Scheiben und Balken zusammen und werden ausschließlich aus Stahlbeton errichtet. Die Wirkung des Brechers beruht einerseits auf Verwirbelung des Luft-Schneestaub-Gemisches, andererseits auf dem Rückstau des Fließanteiles der Mischlawine (siehe Abschnitt 7.3.3.4).

8.4.6.2 Bautechnische Bemessung

Bei der Bemessung von Lawinenbrechern muss prinzipiell zwischen jenen in einer kanalisierten Sturzbahn (Bild 8-45) und einer offenen Sturzbahn mit Wirkung gegen Flächenlawinen (Bild 8-43) unterschieden werden. Letztere werden ausschließlich durch dynamische Lawinendrücke beansprucht. Diese sind nach Abschnitt 4.3.1 zu ermitteln. Bauwerke in kanalisierten Sturzbahnen werden oft auch von Wildbachprozessen beansprucht. In diesem Fall sind sie nach [22] zusätzlich auf die maßgeblichen Wildbachprozesse zu bemessen.

Die Einwirkungen durch Erd-, Wasser- und Lawinendruck sind auf die Rückseite der projizierenden Fläche der Abflusssektion anzusetzen. Dienen Scheiben gleichzeitig als seitliche Wangen, ist ein Erddruck auf die Scheibenfläche anzusetzen (Plattentragwirkung).

Für das Bauwerk sind die GEO-Grenzzustände (Grundbruch, Gleiten und Geländebruch) sowie die STR-Grenzzustände nachzuweisen. Für Bauwerke in Wildbachtobeln können zusätzlich die HYD- und die UPL-Grenzzustände maßgeblich sein.

Die Bemessung von Massivbauwerken – somit auch für Lawinenbrecher – erfolgt im Sinne der Stützbauwerke nach dem Nachweisverfahren 2 und 2* gemäß EN 1997-1 [226]. Das nationale Anwendungsdokument ÖNORM B 1997-1-1 (Ausgabe: 11-2007) [228] beinhaltet die nationalen Festlegungen für die verschiedenen Berechnungsabschnitte der EN 1997-1. Details zu den maßgeblichen Einwirkungen und den Bemessungsverfahren dieser hinsichtlich Konstruktion und Funktionalität Wildbachsperren ähnlichen Bauwerke finden sich beispielsweise in [22].

Bauwerke dieser Art lassen sich wirtschaftlich am besten mittels FE-Modellen bemessen und optimieren. Für manuelle Vorbemessungen oder Überprüfungen von Ergebnissen aus FE-Modellen müssen die Tragwerke in ihre Einzelteile zerlegt betrachtet werden. Die Auflagerkräfte eines Bauteiles werden jeweils als Einwirkung auf den darunter liegenden angesetzt. Platten können mittels Plattentafeln oder FE-Modellen, Scheiben mittels geeigneten Stabwerkmodellen oder nichtlinearen FE-Modellen bemessen werden.

Tabelle 8-29 Teilsicherheitsbeiwerte für das Nachweisverfahren 2 und 2* nach ÖNORM B 1997-1 – Stützbauwerke

	Teilsicherheitsbeiwerte nach ÖNORM B 1997-1:2007 Stützbauwerke									
Nachweisverfahren 2 nach EC 7-1	Einwirkungen (γ_F) oder Beanspruchungen (γ_E)				Bodenkenngrößen (γ_M)			Widerstände von Stützbauwerken (γ_R)		
PKT. 2.4.7.3.4.3	A1, A2				M1, M3			R1, R2, R3		
+ in Verbindung mit Teilsicherheitsbeiwerten für den Nachweis der konstruktiven (STR) und geotechnischen (GEO) Grenzzustände	ständig ungünstig	ständig günstig	veränderlich ungünstig	veränderlich günstig	effektiver Scherwinkel	effektive Kohäsion	Wichte	Grundbruch	Gleiten	Erdwiderstand
	γ_G	γ_G	γ_Q	γ_Q	$\gamma_{\varphi'}$	$\gamma_{c'}$	$\gamma_{\gamma'}$	$\gamma_{R;v}$	$\gamma_{R;h}$	$\gamma_{R;e}$
	Nachweisverfahren 2 (NV 2): Kombination: A1+M1+R2									
BS 1	1,35	1,00	1,50	0	1,00	1,00	1,00	1,40	1,10	1,40
BS 2	1,20	1,00	1,30	0	1,00	1,00	1,00	1,30	1,10	1,30
BS 3	1,00	1,00	1,00	0	1,00	1,0	1,00	1,20	1,10	1,20

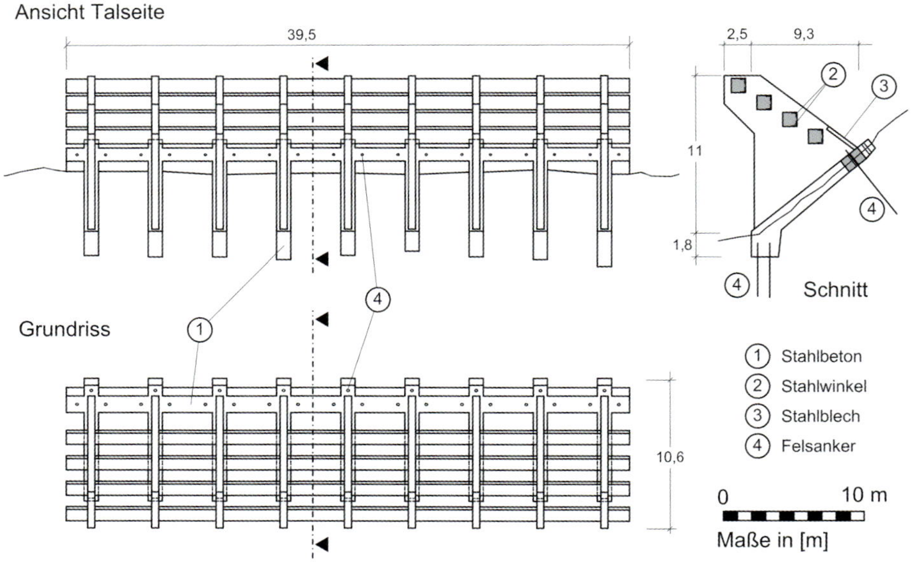

Bild 8-43 Lawinenbrecher in einer Flächenlawine: Gamsleiten (Obertauern/Salzburg) (© Suda: Zeichnung erstellt nach Detailplänen der WLV Salzburg)

Bild 8-44 Beispiele für Lawinenbrecher: (a): bergseitige Ansicht eines Lawinenbrechers für kanalisierte Lawinen; (b): Lawinenbrecher für Flächenlawinen; (c): talseitige Ansicht eines Lawinenbrechers für kanalisierte Lawinen (© WLV Salzburg)

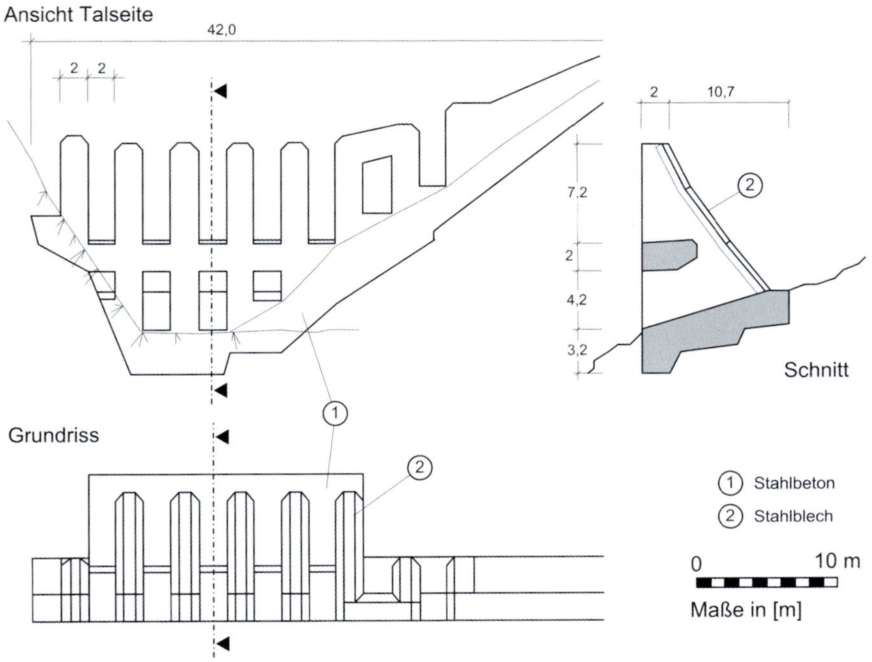

Bild 8-45 Lawinenbrecher in einer kanalisierten Lawine (© Suda: Zeichnung erstellt nach Detailplänen der WLV Salzburg)

8.4.6.3 Konstruktive Durchbildung

Die generelle Durchbildung der Stahlbetonteile erfolgt nach EN 1992-1 und ÖNORM B 1992-1-1. Die Betondeckungen richten sich nach den maßgeblichen Expositionsklassen. Im Regelfall wird die Betonüberdeckung zwischen 25 bis 40 mm liegen, befindet sich der Lawinenbrecher in einem Wildbach, ist laut ONR 24802 [234] eine nominelle Betondeckung von mindestens 60 mm einzuhalten.

Scheiben und Balken aus Stahlbeton werden an der angeströmten Seite und an den umströmten Bereichen zumindest bis zur Höhe des Fließanteils der Lawine gepanzert ausgeführt (Bild 8-44a, Bild 8-45). Als Panzerung werden Grobbleche mit einer Stärke zwischen 8 und 20 mm verwendet. Sie sind mittels aufgeschweißter Kopfbolzen oder Bewehrungsstäbe mit dem Konstruktionsbeton verbunden. Die Bleche dienen dem Abrasionsschutz des Betons vor auftreffenden Eis- und Gesteinsblöcken.

An Bauwerken, die auch durch Wildbachprozesse beansprucht werden, sind zusätzlich die Konstruktionsprinzipien für Wildbachsperren (Murbrecher) zu beachten. Diese finden sich beispielsweise in [22] und im Detail in der ONR 24802 [234].

8.4.7 Bemessung von Lawinenschutzgalerien

Bei Lawinenschutzgalerien werden offene und geschlossene Galerien unterschieden. Die Lawinen fließen dabei über das Galeriedach ab. Neben den Einwirkungen aus Lawinen sind u. a. noch Erddrücke, Steinschlag und Belastungen aus dem Straßenverkehr (Anprallstoß) in der Bemessung zu beachten. In Sonderfällen ist das Galeriedach auch für andere Nutzungen (z. B. Forstwege) zu bemessen. In der Schweiz wurde eine *Richtlinie zur Bemessung von Lawinenschutzgalerien* [10] publiziert. Die mindestens zu untersuchenden Einwirkungskombinationen sind in Tabelle 8-30 angegeben.

Die Tragsicherheit (STR- und GEO-Grenzzustände) ist mit den maßgeblichen Einwirkungskombinationen nachzuweisen. Maßgebliche Bauzustände sind ebenfalls zu berücksichtigen (BS2). Alle Einwirkungen aus sich in Bewegung befindlichem Lawinenschnee (Reibung, Normallasten und Umlenkkräfte) sind zusammen entweder Leit- oder Begleiteinwirkung. Bei der Bildung der Einwirkungskombinationen sind Leit- und Begleiteinwirkungen festzulegen und gegebenenfalls zu variieren. Eurocode-kompatible Kombinationsbeiwerte finden sich in der *Schweizer Richtlinie für Lawinengalerien* [10].

Einwirkungen aus dem *normalen Lawinenereignis* (Bemessungsereignis) sind als veränderlich zu klassifizieren. Die Erhöhung des Erddruckes ist nur bei abgelagertem Schnee (natürliche Schneedecke oder abgelagerter Lawinenschnee) zu berücksichtigen. Horizontaldrücke innerhalb des abgelagerten Schnees sind nicht zu berücksichtigen.

Ein außergewöhnliches Lawinenereignis ist nach [10] ein extrem seltener (Wiederkehrdauer > Bemessungsereignis) und statistisch schwer erfassbarer Lawinenniedergang mit hoher Intensität und großem Ausmaß. Für das Eintreffen eines solchen Ereignisses ist es

Tabelle 8-30 Empfohlene Einwirkungskombinationen (EK) für Lawinenschutzgalerien für GZT und GZG

Bemessungs-situation	EK	Miteinander kombinierte Einwirkungen		
		Ständige Einwirkung	Veränderliche Einwirkung	Außergewöhnliche Einwirkung
BS1	EK1	Eigengewicht Erddrücke		–
	EK2	Eigengewicht Erddrücke	Lawinendrücke	–
BS2[2)]	EK3	Eigengewicht Erddrücke	Lawinendrücke	–
BS3	EK4	Eigengewicht Erddrücke	–	außergewöhnliche Verkehrslasten[1)]
	EK5	Eigengewicht Erddrücke	–	außergewöhnliche Lawinendrücke
	EK 6	Eigengewicht Erddrücke		Erdbeben
	EK 7	Eigengewicht Erddrücke		Steinschlag, Felssturz

1) Einwirkungsarten und -modelle nach EN 1991-2 [224] und ÖNORM B 1991-2 [227]

2) Bauzustände oder Instandsetzungsarbeiten

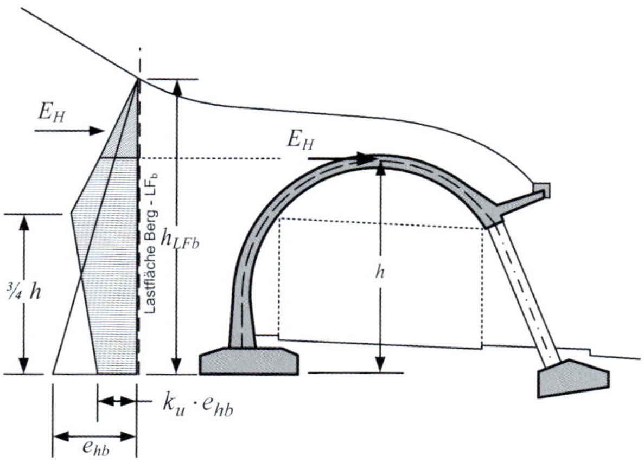

Bild 8-46 Empfohlene Erddruckverteilung nach *Schober*, nach [72]

notwendig, dass verschiedene voneinander unabhängige Faktoren gleichzeitig auftreten. Dieses Ereignis ist als außergewöhnliche Einwirkung zu behandeln.

Für die Einwirkungskombination Fahrzeuganprall müssen nur die quasi-ständigen Begleiteinwirkungen berücksichtigt werden. Außergewöhnliche Verkehrslasten resultieren aus einem Fahrzeuganprall. Dieser ist nach den Regeln der EN 1991-2 [224] und der ÖNORM B 1991-2 [227] (Anpralllasten auf Stützkonstruktionen und Überbauungen) anzusetzen.

Querschnitte von offenen Galerien werden bis auf die Überdeckung vor allem durch den Hang und die Hinterfüllung von der Bergseite belastet, während bei beidseitig eingeschütteten geschlossenen Galerien durch die Hinterfüllung auch von der Talseite ein Gegendruck aufgebaut werden kann. Die Einwirkungen auf Galerien werden auf senkrechte Lastflächen (Ersatzwände) angesetzt. Detaillierte Angaben sind in der ÖNORM B 1997-1-4 [230] (Erddruck) zu finden.

Aus den Erddrücken und den Lawinen entstehen vertikale und horizontale Belastungen für das Tragwerk der Galerie. Die vertikalen Einwirkungen resultieren aus der Überdeckung und den Lawinendrücken, die horizontalen aus Erddrücken. Bei der Berechnung der Erddrücke aus der Hinterfüllung und Überdeckung sind Lastumlagerungen zu berücksichtigen. *Schober* (nach [72]) empfiehlt, zur Ermittlung der horizontalen Erddruckspannung einen erhöhten aktiven Erddruck anzusetzen (Bild 8-46). Er gibt dazu Umlagerungsfaktoren k_u in Abhängigkeit des Neigungswinkels der Böschung des Aushubes an.

Zur Berechnung des Basiserddruckes ohne Umlagerung e_{ub} wird auf der Bergseite von einer 50 % Teilaktivierung des Ruhedrucks und des aktiven Erddruckes ausgegangen. Damit ergibt sich der Basiserddruck (ohne Umlagerung) nach Gl. (8.80), wenn kein Kriechdruck anzusetzen ist.

$$e_{hb} = 0{,}5 \cdot e_0 + 0{,}5 \cdot e_{ah} \quad [\mathrm{kN/m^2}] \tag{8.80}$$

mit:

e_0 Erdruhedruck, in [kN/m²]

e_{ah} aktiver Erddruck, in [kN/m²]

Dieser Erddruck ist rechteckig umzulagern.

Wird der Raum zur Errichtung der Galerie aus dem Fels gearbeitet oder werden die Baugrubenwände mit einer Nagelwand gesichert und sind die Neigungswinkel der Aushubböschung größer 70°, können sich keine Gleitflächen in der Hinterfüllung ausbilden. In diesem Fall ist für die Erddruckberechnung der Siloerddruck nach ÖNRORM B 1997-1-4 zu verwenden. Details zum Erddruckansatz auf Lawinengalerien finden sich beispielsweise in [72] und [164].

Die maßgeblichen Auflasten aus Lawinen entstehen durch den Fließanteil und wirken auf das Galeriendach bzw die Geländeoberfläche bei geschlossenen, eingeschütteten Galerien. Fließende Lawinen erzeugen einerseits eine normal auf die Geländeoberfläche ($p_{n,k}$ in [kN/m²]) und infolge Reibung am Boden eine tangential (parallel) zur Geländeoberfläche wirkende Last (p_t in [kN/m²]) (Bild 8-47). Die normal auf die Geländeoberfläche wirkende Last ist abhängig von der Neigung der Geländeoberfläche im betrachteten Geländebereich (ψ in [°]). Näheres zu diesem Modell siehe Abschnitt 4.3.1.

Nach einem Gefällsbruch entsteht durch die Umlenkung der Lawine zusätzlich zu den Kräften aus dem Fließen eine Umlenkkraft (Bild 8-47). Diese teilt sich, analog den Kräften aus Fließen, in einen charakteristischen Lastanteil normal ($q_{un,k}$ in [kN/m²]) und parallel (q_{up} in [kN/m²]) zur Geländeoberfläche auf. Die Berechnung erfolgt mit der Fließgeschwindigkeit v_{Lf} vor dem Geländesprung. Die Größe der vertikalen Umlenkkraft ist abhängig vom Umlenkwinkel (δ_u in [°]). Er ist die Differenz zwischen der Geländeneigung vor und nach dem Geländesprung. Die vertikale Umlenkkraft ist auf der Länge der Umlenkstrecke (l_u in [m]) anzusetzen. In [10] wird empfohlen, unmittelbar nach dem Geländesprung die vierfache Umlenkkraft anzusetzen (Bild 8-47). Diese Lastmodelle basierten auf Untersuchungen von *Platzer & Margreth* [191].

Die geotechnischen Nachweise (GEO-Grenzzustände) haben wie für Stützbauwerke nach ÖNORM B 1997-1-1 zu erfolgen. An Lawinengalerien sind die Grenzzustände der Gebrauchstauglichkeit unbedingt zu untersuchen. Bei der Gebrauchstauglichkeit sind laut [10] bei Bedarf außer den eigentlichen Lawineneinwirkungen auch winterspezifische Einwirkungen wie Eiszapfen, Glatteis, Schmelzwasser, salzhaltiges Schmelzwasser und Sprühnebel, Rückfließen von Lawinen usw. zu berücksichtigen. Die Gebrauchstauglichkeits-

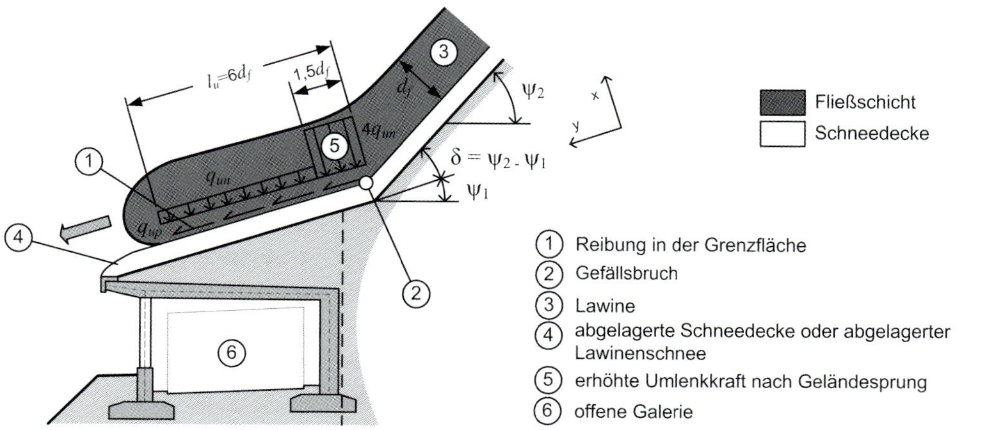

Bild 8-47 Einwirkung aus einer Fließlawine auf eine Schutzgalerie, nach [10]

Tabelle 8-31 Formeln zur Berechnung der Lastanteile auf den Untergrund durch Fließlawinen (charakteristische Werte); nach [10]

Einwirkung	Normal zur Geländeoberfläche	Parallel zur Geländeoberfläche[1)]	Einheit
fließende Lawine	$p_{n,k} = \rho_{L,F} \cdot g \cdot d_{L,F} \cdot \cos\beta$	$p_{t,k} = \mu \cdot p_{n,k}$	[kN/m²]
Umlenkkraft[1)]	$q_{n,k} = \dfrac{\rho_{L,F} \cdot d_{L,F} \cdot v_L^2 \cdot \sin\delta_U}{l_U}$	$q_{p,k} = \mu \cdot q_{n,k}$	[kN/m²]

[1)] wirkt in der Gleitfläche der Lawine, infolge Reibung

nachweise (Rissbreitenbeschränkung, Begrenzung der Verformungen, Begrenzung der Zug- und Druckspannungen) sind nach EN 1992-1-1 (+NAD) zu führen. Bei der Wahl der Betondeckung und der Betonzusammensetzung können Expositionsklassen für Chlorid- und Frost-Tauwechsel-Beanspruchungen maßgeblich sein. Die Richtwerte für zulässige Verformungen können der *Schweizer Richtlinie* [10] entnommen werden.

9 Bauausführung und Erhaltungsmanagement

Florian Rudolf-Miklau, Wolfgang Schilcher, Stefan Margreth, Gebhard Walter, Jürgen Suda

9.1 Bauausführung des Technischen Lawinenschutzes

9.1.1 Allgemeines

9.1.1.1 Rahmenbedingungen auf Lawinenbaustellen

Baustellen im Anbruchgebiet von Lawinen liegen durchwegs im alpinen Gelände. Es gelten daher sowohl für die Baustelleneinrichtung, die Erschließung, den Arbeitnehmerschutz, insbesondere aber für die eigentliche Baudurchführung außergewöhnliche, teilweise extreme Rahmenbedingungen. (Bild 9-1a). Während Maßnahmen der Lawinenbrems- und Lawinenablenkverbauung meist in talnahen Lagen durchgeführt werden und mit üblichen Erd- und Dammbaustellen vergleichbar sind, unterscheidet sich die Baudurchführung der Lawinenanbruchverbauung grundlegend von anderen Sektoren des Bauwesens und ist als Spezialbauverfahren anzusehen. Die weiteren Ausführungen dieses Abschnitts beziehen sich daher im Wesentlichen auf die Bauverfahren der Lawinenanbruchverbauung.

Lawinenbaustellen im Anbruchgebiet von Lawinen sind durch ihre exponierte Lage und Steilheit des Geländes geprägt, die spezifischen Rahmenbedingungen sind Tabelle 9-1 zu entnehmen.

(a)

Bild 9-1 Arbeitsbedingungen auf einer alpinen Höhenbaustelle der Lawinenanbruchverbauung: (a): Montagearbeiten und Materialmanipulation mit Hubschrauber (Wanne-Litze-Lawine,Vorarlberg)

Handbuch Technischer Lawinenschutz. 1. Auflage. Florian Rudolf-Miklau, Siegfried Sauermoser (Hrsg.).

(b)

Bild 9-1 (Fortsetzung) Arbeitsbedingungen auf einer alpinen Höhenbaustelle der Lawinenanbruchverbauung: (b): Baustelleneinrichtung (© WLV Vorarlberg)

Tabelle 9-1 Rahmenbedingungen (Umweltbedingungen) für die Baudurchführung der Lawinenanbruchverbauung

Topographie (Lawinenanbruchgebiet)	an freien, zwischen 30° und 50° steilen Hängen; häufig felsdurchsetztes, stark gegliedertes Relief, aber auch homogene Steilhänge; in einigen Fällen auch im Wald („Waldlawinen")
Höhenlage	zwischen 1200 und 2700 m Seehöhe, in besonderen Fällen in der Permafrost-Region (über 2400 m), einige auch unterhalb der Waldgrenze
Untergrund	häufig Hangschutt oder Fels (mit Schuttüberlagerung), seltener tiefgründiger, feinkörniger Boden; fallweise steile Bergwiesen oder alpine Zwergstrauchheide
Zugänglichkeit	lange Transportwege, lange Anmarschwege, Erschließung durch schwieriges (steiles) Gelände
Witterungsbedingungen	starke Sonneneinstrahlung (UV-Belastung), extreme (kurzfristige) Temperaturschwankungen, Exposition für raschen Wetterwechsel, Schneefall und Vereisung im Sommer möglich, starker Wind (Sturm), Gewitter
Risikofaktoren	an steilen Hängen häufig Absturz- und Steinschlaggefahr; extreme und rasch wechselnde Witterungsverhältnisse: Sturm, Blitzschlag, Starkregen, Frost, Schneefall und Vereisung; körperliche Risiken: physische Überanstrengung, Schwindel, Dehydration, schädigende Strahlungsbelastung
Bausaison	schneefreie Jahreszeit (Dauer stark höhenabhängig), im alpinen Gebiet zwischen Juni und Oktober

9.1.1.2 Anforderungen an Geräte und Bauverfahren

Die Lawinenverbauung stellt hohe Anforderungen an die eingesetzten Bauverfahren. Arbeitsabläufe sind kaum standardisierbar und erfordern individuelle Anpassung an die Rahmenbedingungen des Baufeldes.

Die Lawinenverbauung erfordert eine spezifische Maschinen-, Geräte- und Sicherheitsausstattung. Eine besondere Herausforderung stellen die Erschließung und Versorgung der Baustelle im unwegsamen Gebirgsgelände, die Einrichtung der Baustelle sowie die Unterbringung und Verpflegung der Bauarbeiter dar. Der Einsatz von Baugeräten und -materialien sowie der Betriebsmittel kann aufgrund der steilen und beengten Platzverhältnisse überwiegend nur in Handarbeit erfolgen und stellt hohe Anforderungen an Logistik, Gewichtsersparnis und „intelligente" Verfahren. Charakteristisch für die Höhenlage ist eine – verglichen mit Tallagen – geringere Leistung und raschere Abnutzung der Baugeräte.

9.1.2 Einrichtung und Erschließung von Lawinenbaustellen

9.1.2.1 Umfang und Ausstattung der Baustelleneinrichtung

Unter der Baustelleneinrichtung wird die Gesamtheit der im Bereich einer Baustelle erforderlichen Produktions-, Lager-, Transport- und Arbeitsstätten verstanden, die für die Errichtung, den Umbau oder die Sanierung einer baulichen Lawinenschutzmaßnahme erforderlich sind. Ziel der Baustelleneinrichtung ist es, die Betriebsmittel mit kurzen Vorhaltezeiten und einer hohen Auslastung auf der Baustelle einzusetzen. Entgegen den gestellten Anforderungen können auf Lawinenbaustellen auch bei optimaler Vorplanung infolge technischer und lokaler Zwangssituationen häufig keine Idealzustände erzielt werden (Bild 9-1a).

Aufgrund der in Abschnitt 9.1.1.1 dargestellten Rahmenbedingungen auf Lawinenbaustellen gelten für praktisch alle Sparten der Baustelleneinrichtung besondere Erschwernisse. Die Einrichtung der Lawinenbaustellen unterscheidet sich maßgeblich von der typischen Baustelleneinrichtung des Hoch- und Tiefbaus (Tabelle 9-2).

Tabelle 9-2 Elemente der Einrichtung einer Lawinenbaustelle (Übersicht)

Sozial- und Büroeinrichtungen	Pausen-, Umkleide-, Sanitär- und Besprechungsräume, Mannschaftsquartiere und Kantinen
Lagerräume und Lagerflächen	Lagerinfrastruktur im Steilgelände: Lagerung von Bohrausrüstung, Injektionsausrüstung, Ankermörtel, Stützwerksteilen, Ankerteilen, Betriebsmittel
Kommunikationseinrichtungen	Funk, Telefon, Signalgeräte, Satelitenkommunikationsgeräte
Elemente zum Schutz der Umwelt	Brand-, Lärm- und Gewässerschutz, Abfallentsorgung, Wasserversorgung und -entsorgung (in der Regel keine Anbindung an öffentliche Versorgungsnetze)
Erschließung	Baustraßen, Begehungssteige, Manipulationsflächen, Parkflächen, Förder- und Seilbahnanlagen, Hubschrauberlandeplätze; Plattformen, Gerüstung
Sicherheits- und Schutzeinrichtungen	Einrichtungen zur Unfallverhütung, Schutzausrüstung, Rettungsgeräte; Schutzanlagen gegen Steinschlag, Absturzsicherungen

9.1.2.2 Sozial- und Büroeinrichtungen, Unterkünfte

Sozial- und Büroräumlichkeiten im Bereich von Lawinenbaustellen wurden bis in die 1990er Jahre ausschließlich als *ortsfeste Bauwerke* (Holzbaracken, Hütten) errichtet (Bild 9-2). Eine ortsfeste Bauweise ist jedoch nur bei langfristigen Projekten rentabel und vor allem auf Baufeldern mit rasch wechselnder Witterung zum Schutz der Mannschaft, ggf. auch für den Zweck einer Notübernachtung erforderlich.

Heute werden hingegen überwiegend transportierfähige, mehrfach verwendbare *Leichtbaucontainer* verwendet. Meist handelt es sich um Sonderanfertigungen, welche für den Transport mit Hubschrauber und LKW geeignet sind. Die Container sollen über eine ausreichende Wärmeisolierung, Belüftungsschieber für eine Diagonaldurchlüftung sowie einen freitragenden verschweißten Stahlrahmen, der gleichzeitig als tragende Konstruktion beim Transport und als Blitzschutz für die Insassen fungiert, verfügen. Das Eigengewicht der hubschraubertauglichen Container einschließlich des Inventars (Sitzbänke, Heizung, Tisch, Aufstiegsleiter usw.) sollte nicht über 750 kg liegen, um eine Manipulation mit jedem üblichen Hubschraubertypen zu ermöglichen. Eine besondere Beachtung ist dem Blitzschutz zu widmen, da im alpinen Bereich Gewitter rasch aufziehen und die Blitzgefährdung auf alpinen Baustellen aufgrund der exponierten Lage eine extreme ist. (siehe Abschnitt 9.1.7.9)

Die Frage der Unterkünfte im Bereich von Lawinenbaustellen ist eng mit der Erschließung und der Mobilität der Arbeitnehmer verknüpft. Bis in die 1980er Jahre galt die Errichtung von Arbeiterlagern samt zugehöriger Betriebsküche auf Lawinenbaustellen als Standard. Die Wirtschaftlichkeit dieser Anlagen war durch die große Mannschaftsstärke und die hohen Mobilitätskosten gerechtfertigt. Seit den 1990er Jahren haben sich die Rahmenbedingungen der Lawinenverbauung derart verändert, dass nur noch auf sehr abgelegenen Baufeldern Arbeiterlager im unmittelbaren Baustellenbereich errichtet werden. Ursächlich dafür sind die gestiegenen Anforderungen des Arbeitnehmerschutzes, die hohen Aufwendungen für die Ver- und Entsorgung (Wasser, Abfall, Energie) sowie die aufwendige technische Infrastruktur. Ein weiterer Grund liegt in der laufend sinkenden Mannschaftsstärke (6–10 Arbeiter pro Baustelle) infolge der fortschreitenden Mechanisierung und Rationalisierung der Arbeitsabläufe. Außerdem sinkt aufgrund der höheren Mobilität und der gestie-

(a) (b)

Bild 9-2 Sozial- und Büroräumlichkeiten: (a): Ortsfeste Mannschaftsunterkunft im Bereich der Baustelle Kruckengrabenlawine (Steiermark) einschließlich der erforderlichen Versorgungsinfrastuktur (© WLV Steiermark); (b) Büro- und Sozialräume aus Leichtbaucontainern im Bereich der Kehm- und Kenneckbachlawine (Tirol) (© WLV Tirol)

genen Anforderungen an die sozialen Einrichtungen die Bereitschaft der Arbeitnehmer zur Übernachtung auf den Lawinenbaustellen. Gelegentlich ist der Mannschaftstransport vom Tal zur Lawinenbaustellen nur mittels Helikopter möglich.

9.1.2.3 Lagerräume und Manipulationsplätze

Auch für Lagerräume und Gerätemagazine im Bereich von Lawinenbaustellen finden überwiegend Leichtbaucontainer Verwendung (Bild 9-3a). Da diese Räumlichkeiten im Bereich der Baustellen häufig verlagert werden müssen, ist das Transportgewicht dieser Container (max. 750 kg) von noch größerer Bedeutung. Lagerräume und Gerätemagazine

(a)

(b)

Bild 9-3 Lagerräume und Lagerflächen: (a): Lagerräume in Form von Leichtbaucontainern im Bereich der Lawinenbaustelle Hohe Munde (Telfs/Tirol) (© Rudolf-Miklau); (b): Lager- und Manipulationsplattform auf einem Hanggerüst mit gelagerten Treibstofftanks, Kompressor und chemischer Toilette (Vordernberger Mauer, Steiermark) (© Rudolf-Miklau)

sollten gegen unbefugten Zutritt versperrbar sein und müssen gegen extreme Windeinwirkung verankert werden.

Lager- und Manipulationsplätze sind sowohl in Tallage als auch im unmittelbaren Bereich der Lawinenbaustelle erforderlich. Die Lagerplätze in Tallage sind im Anschluss an eine LKW-fahrbare Straße zu situieren. Als Alternative können diese Lagerplätze auch am Ende eines Aufschließungsweges in Höhenlage liegen. Lagerplätze sind eben anzulegen und sollten eine Mindestfläche von 30 × 50 Meter aufweisen. Dazu ist die Freiheit des Luftraums (z. B. steiles Relief, Bäume, Überspannung mit Leitungen) für das Operieren des Helikopters essentiell. Auf diesen Plätzen erfolgt die Sortierung und Vorbereitung der Baumaterialien und der Zusammenbau der Lawinenwerke für den Transportflug (Helikopter). Auf den unmittelbar im Baufeld liegenden Lagerplätzen erfolgt die Zwischenlagerung von Baumaterialien und Betriebsmitteln. In Ermangelung ebener Flächen im steilen Gelände können diese auch als *Plattformen auf Hanggerüsten* errichtet werden (Bild 9-3b). Auch Helikopterlandeplätze können in Form von Plattformen errichtet werden.

9.1.2.4 Kommunikationseinrichtungen für Lawinenbaustellen

Störungsfreie (robuste) Kommunikationseinrichtungen im Bereich von Lawinenbaustellen sind sowohl aus betrieblichen als auch aus Sicherheitsgründen essentiell.

In der Vergangenheit war die Erschließung von Lawinenbaustellen für die *Festnetztelefonie* aufgrund fehlender Netzanbindung kaum möglich, heute stellt jedoch Mobilfunk den Versorgungsstandard dar. *Mobilfunk* hat den Vorteil, dass – mit Ausnahme sehr entlegener Lawinenbaustellen – an praktisch allen Orten im Baustellenbereich eine Erreichbarkeit gegeben ist und so bei Unfällen eine rasche Organisation von Rettungs- und Bergeeinsätzen möglich ist.

Ortsungebundene Kommunikation verkürzt die Wegezeiten und trägt damit zur Produktivitätssteigerung bei. Aufgrund der Höhenlage ist nicht für jede Lawinenverbauung eine Versorgung mit Mobilfunk gewährleistet, trotzdem ist die Netzabdeckung mit GSM-Netzen (900 MHz, 1800 MHz) in der Regel hoch. Als Alternative existierten auch noch *satellitengestützte Mobilfunknetze*. Der Nutzen dieser Systeme ist wegen unhandlicher und teurer Endgeräte und hoher Gesprächskosten nur in extremen Lagen sinnvoll.

Neben dem öffentlichen Mobilfunk spielt im Bereich von Lawinenbaustellen insbesondere der *nichtöffentliche Betriebsfunk* eine besondere Rolle, der überwiegend über Handfunkgeräte erfolgt. Darunter versteht man Funkgeräte, welche über eine netzunabhängige Stromversorgung verfügen und dabei so konstruiert sind, dass sie von einer Person transportiert und in der Hand bedient werden können. Betriebsfunk hat auch eine besondere Bedeutung für die Kommunikation bei Helikoptertransportflügen.

9.1.2.5 Ver- und Entsorgung von Lawinenbaustellen

Die Ver- und Entsorgung von Lawinenbaustellen stellt hinsichtlich der Lage, der zu transportierenden Lasten, aber auch aus Gründen des Umweltschutzes eine besondere Herausforderung dar. Folgender Ver- und Entsorgungsbedarf ist im Bereich von Lawinenbaustellen gegeben: Wasser (Trinkwasser, Brauchwasser), Lebensmittel, Abwasser und Fäkalien, Abfall, Energie (Strom, Lagerung von Treibstoffen).

Um die Transportkosten für die *Wasserversorgung* auf der Baustelle zu minimieren (1 m³ Wasser ~ 1000 kg), wird auf Höhenbaustellen vor Ort Wasser gewonnen. Dabei werden entweder im Einzugsgebiet liegende Quellen gefasst oder mittels einer Plane die Nieder-

(a) (b)

Bild 9-4 Wasserver- und -entsorgung (Brauchwasser): (a): Einfache Sammlung von Niederschlags- und Schmelzwasser im Bereich einer Lawinenbaustelle (© WLV Vorarlberg); (b): Kleinkläranlage im Bereich der Lawinenbaustelle Vordernberger Mauern (© WLV Steiermark)

schläge bzw. Schmelzwässer gesammelt und in Kunststofftanks geleitet (Bild 9-4a). Dadurch konnte auf diversen Baufeldern bei entsprechender Witterung der Wasserbedarf für die gesamte Sommersaison sichergestellt werden. Im Sinne der maßgeblichen Hygienevorschriften beschränkt sich die Wassergewinnung vor Ort in der Regel auf das Brauchwasser. Die Trinkwasserversorgung erfolgt hingegen vom Tal aus (abgefülltes Trinkwasser, Trinkwassercontainer) per Hubschrauber, Seilbahn oder Lkw.

Als *Sanitäranlagen* im Bereich von Lawinenbaustellen kommen überwiegend Chemietoiletten zum Einsatz, bei denen chemische Substanzen zur Fäulnisreduzierung (Geruchsbildung) und Desinfektion der Ausscheidungen wirken. Die Fäkalien werden in einem Tank gesammelt. Als Desinfektionsmittel werden unter anderem Formaldehyd, Glutaraldehyd oder quartäre Ammoniumverbindungen, teilweise auch biologisch abbaubare Mittel verwendet. Die in Chemietoiletten gesammelten Fäkalien müssen regelmäßig von der Lawinenbaustelle zu Tal befördert werden. Für Lawinenbaustellen mit festen Mannschaftsunterkünften kommen in Einzelfällen *Kleinkläranlagen* zum Einsatz. Die Anlagen bestehen zumeist aus einem Absetzbecken (zum Beispiel Dreikammerabsetzgrube), in dem die im Abwasser enthaltenen Feststoffe und aufschwimmenden Fette abgetrennt werden. In weiterer Folge wird das Abwasser in einer biologischen Stufe gereinigt (Bild 9-4b).

Die Versorgung der Lawinenbaustellen mit *elektrischer Energie (Strom)* erfolgt in der Regel mit mobilen Dieselgeneratoren. Meist sind Geräte mit einer Frequenz von 50 Hz, einer Nenndrehzahl von 1500 Upm, einer Nennspannung von 400 V und einem Nennstrom von 18 bis 45 A im Einsatz. Für die Versorgung von Sozial- und Büroräumlichkeiten mit Strom werden zunehmend auch Fotovoltaikanlagen (Solarstrom) eingesetzt.

9.1.2.6 Baustellengemeinkosten (Kosten der Baustelleneinrichtung)

Die Baustellengemeinkosten und die damit verbundenen Kosten der Baustelleneinrichtung einer Lawinenanbruchverbauung liegen deutlich über jenen herkömmlicher Hoch- und Tiefbaustellen. Zu den kostensteigernden Faktoren zählen die aufwändige Baustelleneinrichtung selbst, die hohen Transport- und Manipulationskosten, lange, unproduktive Anmarschzeiten der Beschäftigten und die außergewöhnlichen Anforderungen an die Arbeitssicherheit. Trotz der Notwendigkeit einer möglichst hohen Arbeitseffizienz muss die Sicherheit der Beschäftigten an erster Stelle stehen. In zweiter Linie ist auf Wirtschaftlichkeit und Effizienz in Bezug auf die Einrichtung zu achten. Wird jedoch der Aufwand für die Sicherheitsmaßnahmen unverhältnismäßig hoch, können ganze Bauvorhaben unrentabel werden (z. B. Lawinenverbauungen in extremen Steinschlag- und Felssturzgebieten).

Als Richtwert für den *Anteil der Baustellengemeinkosten* an den Gesamtkosten werden in Österreich zwischen 10 und 20 % kalkuliert; berücksichtigt man ausschließlich die Unterkünfte, die Übersiedlung, die Baustelleninfrastruktur sowie den Auf- und Abbau der Baugeräte – also keine Erschließungskosten und Vorbereitungsarbeiten – liegt der Richtwert bei 6–7 %. Die Errichtungskosten für ein den Standards des Arbeitnehmerschutzes entsprechendes, befestigtes Arbeiterlager liegen je nach Mannschaftsstärke und Rahmenbedingungen zwischen € 70.000,– und € 100.000,– (Preisbasis 2010).

9.1.3 Erschließung und Transport im Bereich von Lawinenbaustellen

In der Lawinenverbauung stellen die Erschließung der Baustelle und der Materialtransport einen besonderen Kostenfaktor dar. Dabei ist nicht nur die Anlieferung zur Baustelle, sondern auch die Manipulation der Geräte und Baumaterialien innerhalb des Baustellenbereichs von Bedeutung. Die Baustellenerschließung (Erreichbarkeit) stellt zudem einen zentralen Sicherheitsfaktor für Rettungseinsätze und eine rasche Rückzugsmöglichkeit bei Schlechtwetter dar.

Für die Baustellenerschließung stehen in der Lawinenverbauung grundsätzlich drei Konzepte zur Auswahl, die nach Kosten- und Sicherheitsüberlegungen zu treffen ist:

- Güterwegerschließung (siehe Abschnitt 9.1.3.1)
- Seilkran inkl. Anlagen für den Quertransport auf der Baustelle (Stege, Plattformen) (siehe Abschnitt 9.1.3.2)
- Helikoptertransport (siehe Abschnitt 9.1.3.3)

9.1.3.1 Güterwegerschließung

Wenn die Topographie dies zulässt, werden Lawinenbaustellen durch LKW-befahrbare Wege erschlossen. Die Güterwegerschließung von Lawinenbaustellen hat dabei nicht nur die Funktion eines Transportweges, sondern ist auch Arbeitsplatz und Anfahrtsweg der Arbeitnehmer sowie Lager- und Manipulationsfläche. Auf alle drei Funktionen ist beim Bau von Aufschließungswegen Bedacht zu nehmen. Des Weiteren hat der Bau von Aufschließungswegen wichtige Synergieeffekte für die forstliche Betreuung des Einzugsgebietes und der Schutzwälder [62] sowie für die künftige Instandhaltung und Betreuung der Schutzbauten. Grundsätzlich sollte die Erschließung mit einem von LKW befahrbaren Weg angestrebt werden, da sowohl die Baustellensicherheit damit erhöht wird, als auch die Kosten für Manipulation deutlich gesenkt werden können, wenn das notwendige Material und Baugeräte direkt mittels LKW bis zum unmittelbaren Einsatzort gebracht werden können.

Folgende Grundsätze – zusammengestellt nach [62][99][100][245][294] und näher ausgeführt in Tabelle 9-3 – sind beim Bau von Aufschließungswegen im alpinen Gelände insbesondere zu beachten:

- Die Trassierung des Weges soll landschaftsangepasst erfolgen.
- Im alpinen Gelände sind Aufschließungswege ausschließlich in einer landschaftsschonenden Baggerbauweise zu errichten.

Tabelle 9-3 Baumethoden für Erschließungswege im alpinen Gelände (nach [62][99][100][245][294])

Wegtrassierung	Grundpinzipien: Variation der Steigung, harmonische Einbindung ins Gelände. Maximales Längsgefälle: 12 % (in Ausnahmefällen: bis max. 22 %), minimales Längsgefälle: 3 % (aufgrund der Gefahr der Vernässung des Trassenkörpers). Instabile Böschungen, Quellhorizonte und felsdurchsetzte Steilhänge sind negative Kardinalpunkte.
Landschaftsangepasste Baggerbauweise	Baugerät: *Hydraulikbagger*, im Steilgelände (mehr als 70 % Hangneigung) zusätzlich Massenlängsausgleich mit LKW. Hydraulikbagger als universelles Baugerät: Rückung des Trassenholzes (Einsparung des Rückegerätes), Herstellung und Verdichtung des Rohplanums einschließlich eines talseitigen Fanggrabens als Böschungssockel (Tiefe: 1,0 – 1,5 m), Herstellung der Längsentwässerung, Herstellung von Querentwässerungen (Rohrdurchlässe, Spulen), Abtrag von Fels („reißbarer" Fels, Hydraulikmeißel, Baggerlafette für Vorbereitung von Sprengungen) und Herstellung von künstlichen Böschungssicherungen. Bauleistung: 5 – 10 lfm/Std. Regelprofil: Fahrbahnbreite min. 3,5 m zuzüglich beidseitiger Bankettstreifen von je 0,5 m; Längsentwässerung: Abzugskante, Spitzgraben (0,5 – 0,75 m); bergseitige Böschung: Neigung 1:1 (bei Fels: 5:1); talseitige Böschung (Schüttung): Neigung von 2:3.
Felsbau	landschaftsschonende Spreng-, Schremm- oder Fräsmethoden. *Sprengtechnik*: Herstellung der Bohrlöcher in Kopfbohrung, Sprengung „portionsweise" (kleinere Sprengstoffmengen). *Schremmtechnik*: Hydraulikbagger mit Hydromeißel, Zerlegung des abgetragenen Felsmaterials an Ort und Stelle.
Kehren	Für 2-achsige LKW sind Minimalradien von 8 m, für LKW mit Anhänger von 10 m erforderlich.
Gerinnequerungen, Wasserableitung	*Gerinnequerung*: Furten oder leistungsfähige Durchlässe: Hydraulische Bemessung nach [62]. *Wegentwässerung*: Längsentwässerung des Planums entweder durch Querneigung (bergseits) von 2 – 3 % oder Bombierung der Fahrbahn; Durchlässe (Betonrohre, Wellblechrohre, Kunststoffrohre) in regelmäßigen Abständen herzustellen (siehe Tabelle 9-4).
Stützbauwerke, Böschungsbegrünung	*Absicherung übersteilter Böschungen* mittels Stützbauwerken: Übersicht siehe Tabelle 9-5. *Begrünungsmethoden*: Heublumensaat (Handsaat), maschinelle Besämung oder humuslose Strahlbesämung (auf Felsböschungen), maschinelles Anspritzverfahren; Details zur Böschungsbegrünung beispielsweise in [70][206][282].

- Kehren sind auf Hangverebnungen (maximale Querneigung: 40 %) und stabilen Geländerücken zu errichten.
- Bei felsigem Untergrund sind landschaftsschonende Spreng-, Schremm- oder Fräsmethoden für den Trassenbau einzusetzen.
- Gerinnequerungen sind furtartig auszuführen und gegen Erosion zu sichern.
- Die Wasserableitung in Längsrichtung ist in Form einer Abzugskante bzw. eines Dreiecks- oder Trapezgrabens herzustellen. Für regelmäßige Querentwässerung ist zu sorgen (Tabelle 9-4).

Tabelle 9-4 Empfohlene Abstände für unterirdische Querentwässerung in Aufschließungswegen (nach [99])

Straßenlängsneigung [%]	4	5	6–8	9–10	11	12–14
Abstand der Durchlässe [m]	120	110	100	90	80	70

- Der humose Oberboden ist bei der Herstellung der Rohtrasse schonend abzutragen, seitlich zu lagern und nach Fertigstellung der Wegtrasse auf die Böschung aufzubringen.
- Berg- und talseitige Böschungen in labilen oder übersteilten Hängen sind so rasch wie möglich durch Stützbauwerke abzusichern (Tabelle 9-5).
- Wegeböschungen sind des Weiteren zum Schutz gegen Erosion möglichst rasch zu begrünen.
- Aufschließungswege sind regelmäßig, insbesondere jedoch zu Beginn einer Bausaison instand zu setzen (Gräderung, Walzung, Freimachung der Wasserableitung).

Tabelle 9-5 Übersicht über die Stützbauwerke zur Sicherung von labilen Böschungen (nach [70][206][346])

Baumethode	Baustoffe	Höhe bis …	Begrünung möglich	Anwendungsbereich
Steinkasten + einwandig + doppelwandig	Holz	5 m	ja	Bergseitige Hangfußsicherung, Stabilisierung von Aufschüttungsmaterial; bei tiefgründigem Lockermaterial
Betonkrainerwand	Betonfertigteile	7 (10) m	ja	teure Sicherungsmethode; Brückenwiderlager, Böschungssicherung bei öffentlichen Wegen
Rückverankerte Holzwand	Holz Stahlschienen Injektionsbohranker	über 5 m gestaffelt	ja	Fels und Lockerboden; Sicherung von Steilböschungen; Sicherung von alten Krainerwänden
Trockensteinschlichtung	Grobsteine	12 m	ja	Punktförmige oder lineare Sicherung des Hangfußes; nur bei stabiler Fundierung
Bewehrte Erde	Geotextil Stahldrahtnetz Bewehrungsbänder Erde (Füllung)	10 m +	teilweise	Dauerhafte Stabilisierung von Hanganschnitten und Steilböschungen sowie Dammschüttungen
Gabione (Steinkörbe)	Drahtkörbe Steine (Füllung)	10 m	teilweise	Linienhafte Hangfußsicherung vernässter Böschungen
Stützmauern	Beton Stahlbeton	10 m +	nein	Linienhafte, senkrechte Abstützung von Böschungen am Hangfuß sowie zur Sicherung von Anschüttungen; Brückenwiderlager

(a) (b)

Bild 9-5 Baustellenerschließung: (a): Bau eines Aufschließungsweges für eine Lawinenbaustelle im Alpinen Gelände; (b): Seilkran im Einsatz bei Materialtransport (© WLV Tirol)

9.1.3.2 Seilkran

Zur unmittelbaren Erschließung der Baustelle im Anschluss an einen Weg werden häufig mobile Seilkräne verwendet. Fallweise werden auch ortsfeste Materialseilbahnen errichtet (siehe Tabelle 9-6).

Die Vorteile des Seilkrans sind die permanente Verfügbarkeit, die Witterungsunabhängigkeit sowie die Unabhängigkeit von der Helikopterverfügbarkeit. Zudem sind Transporte von höheren Lasten möglich. Der Seilkran ist aufgrund der Lärmvermeidung auch im Sinne des Umweltschutzes zu bevorzugen. Ein Nachteil von Seilkränen ist die mögliche Lawinengefährdung der Anlage und ein daraus resultierender Schaden, da diese meist nur beschränkt auf Schneebelastungen (hangparalleler Schneedruck, Eisanhang) bemessen ist. Ein

Tabelle 9-6 Seilanlagen im Lawinenanbruchverbau (nach [62][240])

Typ	Eigenschaften	Reichweite
permanente Seilanlagen (Materialseilbahnen)	fix installierte Seilbahnanlage für den Material-, fallweise auch für den Personentransport	bis 2000 m
halbmobile Seilanlagen (Langstrecken-Kurzstreckenseilkräne)	fix montiertes Tragseil, stationäres Antriebsaggregat und Schlitten- oder Radwinde; berg- und talseitige Verankerung des Tragseiles mit Totmannankern im Lockermaterial oder Felsankern im kompakten Fels; Stützen aus Stämmen oder vorgefertigte Fachwerkstützen (Elementstützen)	Langsteckenanlagen: 800–900 m; Mittelstreckenanlagen: 400–800 m
mobile Seilanlagen (Kippmast-Seilkräne)	Antriebsaggregat, Seiltrommel und kippbarer oder teleskopartig ausfahrbarer Hauptmast auf einem selbstfahrenden oder gezogenen Rad- oder Raupenfahrzeug	

weiterer Nachteil ist die hohe Belastung der Arbeitnehmer bei der Montage (Teilgewichte von bis zu 250 kg/Stk.). Zudem stellt die Belieferung mittels Seilkran bei stark zergliederten Baufeldern nicht die optimale Lösung dar (Quertransporte) [62]. Ein weiterer Nachteil ist der hohe Personalaufwand beim Betrieb, da sowohl die Seilwinde als auch die Talstation in der Regel besetzt sein müssen.

9.1.3.3 Helikopter

Die meisten schweren Lastentransporte im Bereich der Lawinenverbauung werden heute mittels Helikopter (in Österreich: auch „Hubschrauber") durchgeführt.

Die im Hochgebirge für Lawinenbaustellen einsetzbaren Helikoptertypen (Tabelle 9-7) eignen sich zum Transport von Lasten zwischen 900 und 1200 kg. Gleiches gilt für Hub- und Montagearbeiten im Lawinenverbau, wo der Helikopter auch als „Baukran" eingesetzt wird (siehe Abschnitt 9.1.4.11) Bei sämtlichen Maschinen und Konstruktionen, welche für die Lawinenbaustellen erforderlich sind, wird darauf geachtet, das Gesamtgewicht (Last + Anschlagmittel) von 900 kg (höhenabhängig; siehe Tabelle 9-7) nicht zu überschreiten. Dadurch ist bei den meisten Transportflügen der Einsatz der günstigeren Helikopter möglich. Der Einsatz des Helikopters für Hub- und Mantagearbeiten (Lastenflüge) ist mit großer Lärmentwicklung verbunden, die Kommunikation zwischen der Bodenmannschaft und dem Piloten erfolgt daher über Sprechfunk und die für Einweiser üblichen Handzeichen [3] (Bild 9-6).

Tabelle 9-7 Vergleich der in Österreich und der Schweiz für Lastenflüge in der Lawinenverbauung eingesetzten Helikoptertypen (Überblick nach Herstellerangaben – Auswahl)

Helikoptertyp	BELL 205 A1 T53/17a	Eurocopter AS 350 B3 Equreuil	Eurocopter SA 315 B Lama	AS 332 Super Puma C1
Hersteller	Bell/USA	Aerospatiale/ Frankreich	Aerospatiale/ Frankreich	Aerospatiale/ Frankreich
Triebwerk	1× Lycoming T53-L-13 Turbine mit 1400 WPS	1× Turbomeca Arriel 2B Turbine	1 x Turbomeca Artouste IIIB	2× Makila 1A1
Leistung	1305 kW	642 kW	649 kW	2800 kW
Max. Nutzlast	2000 kg	1200 kg	1000 kg	4500 kg
in 1000 m Sh. in 2000 m Sh. in 3000 m Sh.	1650 kg 1500 kg 1350 kg	ca. 1150 kg ca. 950 kg ca. 750 kg	ca. 900 kg ca. 810 kg ca. 700 kg	Nur für Sondereinsätze (große Lasten)
Leergewicht	2385 kg	1200 kg	1021 kg	4350 kg
Höchstgeschwindigkeit	210 km/h	287 km/h	210 km/h	300 km/h
Reichweite	510 km mit Reserve	680 km ohne Reserve	425 km	1060 km

(a) (b)

Bild 9-6 Helikoptereinsatz in der Lawinenanbruchverbauung: (a): Plattform als Landeplatz (Personentransport); (b): Einsatz bei einem Lastenflug mit Tragseil (© WLV Vorarlberg)

Zu den Vorteilen des Einsatzes von Helikoptern für Hub- und Montagearbeiten im Lawinenanbruchverbau zählen die geringeren Kosten für die Baustelleneinrichtung (Erschließung) und die Möglichkeit zur raschen Belieferung der Baustelle. Vorteilhaft ist weiterhin, dass die Montagearbeiten für die Arbeiter relativ schonend sind (händisches Manipulieren und Montieren von Stahlteilen auf der Baustelle wird minimiert) und die Transporte im Herbst auch noch nach dem ersten Schneefall möglich (längere Bausaison) werden. Nachteilig ist die Abhängigkeit von der Witterung (Wind- und Sichtverhältnisse), das hohe Risiko durch das Arbeiten unter schwebenden Lasten, die Montage bei extremem Lärm sowie Luftverwirbelungen und die erhöhte Steinschlaggefahr durch den Abwind des Hubschraubers. Häufig empfiehlt sich die Kombination aus Seilkran- und Helikoptererschließung, wobei leichte Lasten mit dem Seilkran geliefert werden können und schwere Lasten bzw. der Einbau der Werke mit dem Helikopter durchgeführt werden. Der Vorteil dieser Kombination ist, dass einerseits ein Seilkran für leichte Lasten ausreichend ist, welcher auch für Notfälle oder Geräteaustausch jederzeit zur Verfügung steht, und andererseits die Vorteile des Helikopters beim Transport von schweren Lasten wie Stahlschneebrücken ausgenutzt werden können.

9.1.3.4 Kosten der Baustellenerschließung

Die Kosten der Baustellenerschließung hängen von verschiedenen Rahmenbedingungen wie der Topographie, den Untergrundverhältnissen, der Witterung oder den Baumethoden ab. Ein direkter Kostenvergleich der Erschließungsmethoden der Lawinenverbauung ist nur mit Einschränkungen möglich, daher kann die Wahl der Methode der Baustellenerschließung nicht ausschließlich von wirtschaftlichen Überlegungen abhängig gemacht werden. Nachfolgend werden Richtwerte für die Kostenermittlung gegeben, die angegebenen Werte entsprechen Kostensätzen der Lawinenverbauung in Österreich (Preisbasis 2010):

In der *Wegerschließung* werden zur Überwindung von 1.000 Höhenmetern als Richtwert etwa 8–10 km Wegebau benötigt. Bei Durchschnittskosten von € 100,–/lfm Wegebau ergeben sich Gesamtkosten von € 800.000,– für die Baustellenerschließung durch eine Straße. Ein weiterer wichtiger Faktor sind die laufenden Instandhaltungskosten (ca. 0,1 €/lfm/Jahr) während des Betriebs der Lawinenbaustelle. Trotz der hohen Baukosten amortisiert sich die Investition in eine Wegerschließung mit Fortdauer der Lawinenbaustelle in der Regel rasch.

Die Herstellungskosten für den *halbmobilen Seilkran* liegen bei etwa € 60,– bis 80,– je lfm. Zur Überwindung von 500 Höhenmetern sind ca. 1.500 lfm Seillänge nötig. Durch die hohen Fixkosten (Herstellungskosten) eines Seilkrans stellt sich nur bei großen Transportmengen eine Amortisation desselben ein. Je geringer die Menge der Stützverbauungen, desto unrentabler wird der Seilkran.

Die *Transportkosten mit Helikopter* hängen von der Dauer der Rotation und der maximalen Nutzlast des Fluggeräts ab. Eine Helikopter-Rotation ist jene Zeit, welche für das Anhängen der Last am Lagerplatz, den Flugtransport zur Baustelle inkl. Aushängen der Last und den Rückflug zum Lagerplatz benötigt wird. Ausgehend von einem Höhenunterschied von 400 m wird beim Hubschraubertransport als Richtwert eine Rotation mit 4 Minuten angenommen. Der Preis je Flugminute liegt in Österreich zwischen € 28,– (Equreuil, Lama) und € 45,– (Bell). Die Kosten je tranportierter Tonne betragen ca. € 120,–.

9.1.4 Besondere Baumethoden der Lawinenanbruchverbauung

9.1.4.1 Allgemeines

Die Baumethoden der Lawinenanbruchverbauung sind durch die Maßnahmensetzung im unerschlossenen, steilen Gelände geprägt (siehe Abschnitt 9.1.1.1 und Tabelle 9.1).

Eine wichtige Vorleistung in der Lawinenverbauung ist die Absteckung im Gelände. Die eigentlichen Arbeiten für die Errichtung von Lawinenstützwerken lassen sich in zwei Abschnitte gliedern. Abschnitt 1 umfasst die Verankerung oder Fundierung der Stützwerke, Abschnitt 2 die Montage der Bauwerke. Der Hauptaufwand für die Herstellung von Schneebrücken und Schneenetzen liegt in der Fundierung. Die Montage (Errichtung der Stützwerke auf den Fundamenten) erfordert nur einen Bruchteil dieses Aufwandes. Je nach Baugrund verhält sich der Aufwand für die Fundierung im Vergleich zur Montage im Verhältnis 4 (8):1 (Details siehe Abschnitt 9.1.5).

9.1.4.2 Absteckung im Gelände

Die Absteckung der Stützverbauung im Gelände dient der lage- und höhenmäßigen Situierung der einzelnen Werke bzw. Werksreihen. Dabei sind die Grundsätze nach Abschnitt 8.2.6 zu beachten.

Die Absteckung erfolgt üblicherweise in zwei Stufen. In der ersten Stufe (Grobabsteckung) werden die Werksreihen mit Maßband und Gefällmesser entsprechend der geplanten Anordnung der Bauwerke im Gelände ausgesteckt. In der Regel wird die Linie der Verankerung der Stützfläche im Boden fixiert. In der zweiten Stufe (Feinabsteckung) – meist bereits im Rahmen der Baudurchführung – werden die bergseitigen Verankerungspunkte mit Setzlatte oder Nivelliergerät ausgemessen und verpflockt. Die Verankerungspunkte für die Stützen bei einer Druckplattenfundierung werden mit einer Lehre, die in den fertig gestellten Trägerfundamenten eingehängt wird, ausgesteckt bzw. markiert. Wenn bei einer Schneebrücke sowohl Träger als auch Stützenfundamente über Mikropfähle fundiert werden, erfolgt die Fixierung der Bohrpunkte für die Stützen, beispielsweise mit einem Rahmen als Lehre für die Montage des Bohrgerätes. Die Feinabsteckung bei Schneenetzen erfolgt durch eine Seillehre, über die die Verankerungspunkte für die Netze, die Stützen und die talseitigen Abspannungen fixiert werden.

9.1.4.3 Herstellung von Mikropfahlfundamenten (Mikropfahlböcken)

Für Mikropfahlfundamente werden nach [189] Bohrlöcher mit einem Mindestdurchmesser von 90 mm hergestellt. Die Tiefe der Bohrlöcher variiert je nach Belastung zwischen 3 und 8 m. Für die Herstellung der Bohrlöcher werden in der Regel möglichst leichte, hydraulisch oder pneumatisch betriebene Bohrgeräte (siehe Abschnitt 9.1.6.2) eingesetzt. Diese sind im Steilgelände händisch zu manipulieren, es kommen allerdings auch mehrere hundert Kilo schwere Bohrschlitten oder Bohrwagen zum Einsatz, die mit Greifzug zu manipulieren und zu sichern sind (Bild 9-7a). Bei geeigneten Geländeverhältnissen können die Bohrlöcher auch durch einen Schreitbagger mit Bohrausrüstung hergestellt werden.

Für die Herstellung der Bohrlöcher bzw. den Einbau der Mikropfähle kommen je nach Untergrundverhältnissen folgende 3 Methoden zum Einsatz:

- *Methode 1:* Im bindigen Lockermaterial und im Fels werden die erforderlichen Bohrlöcher (Mindestdurchmesser: 90 mm) mit einer Bohrlafette mit Drehmotor und Tieflochhammer hergestellt (Bild 9-7b). Im Anschluss daran können die Ankerstangen mit Abstandhalter in das Bohrloch eingeschoben werden. Die Verpressung erfolgt entweder durch den Injektionskanal bei Verwendung von Injektionsankern oder durch einen Injektionsschlauch, sodass eine Verfüllung des Bohrloches vom Bohrlochtiefsten her gewährleistet ist. Wenn beim Bohren bereits festgestellt wird, dass im Untergrund Hohlräume vorhanden sind, empfiehlt sich zur Eindämmung des Ankermörtelverlustes die Verwendung von Textilstrümpfen. Diese haben allerdings den Nachteil, dass bei scharfkantigem Material und großen Hohlräumen Schäden auftreten und dadurch die gewünschte Wirkung nicht zu erzielen ist. Als reißfeste Variante können aus feinen Geogittern gefertigte Schläuche verwendet werden. Dabei ist darauf zu achten, dass eine ausreichende Durchlässigkeit für das Mörtelgut gegeben ist. Zudem hat dieses Material nicht die Elastizität eines Strumpfes, sodass größere Durchmesser für die Schläuche zu wählen sind. In solchen Fällen ist es wichtig, eine entsprechende Anzahl von Zugversuchen durchzuführen.
- *Methode 2:* Eine Überlagerungsbohrausrüstung zur Herstellung von verrohrten Bohrlöchern wird dann eingesetzt, wenn die Löcher beim Bohren bzw. beim Einschieben des Ankers zufallen können. Beim verrohrten Bohren wird zusätzlich zum Bohrrohr ein Futterrohr mit eingebohrt. Nach Herstellung der entsprechenden Bohrlochtiefe wird der Imlochhammer mit dem Bohrgestänge gezogen. Anschließend kann der Ankerstab (auch mit Strumpf oder Geotextilschlauch) ohne Hindernisse in die Verrohrung eingeschoben werden. Nach Positionierung des Ankerstabes wird das Futterrohr gezogen. Im Anschluss wird ein Pfahlkopf für den Anschluss der Stützbauwerke eingerichtet und das Bohrloch verpresst. Beim verrohrten Bohren ist aufgrund des langsameren Bohrvortriebes und des erhöhten Manipulationsaufwandes mit dem doppelten Zeitaufwand gegenüber einer normalen Bohrung zu rechnen.
- *Methode 3:* Bei kohäsionslosem Lockermaterial kann auch mit Bohrinjektionsankern gearbeitet werden. In diesem Verfahren wird mit einem Außenlochbohrhammer der Bohrinjektionsanker mit verlorener Krone direkt eingebohrt (Bild 9-8). Dazu wird während des Bohrvorganges laufend mit Zementsuspension oder Ankermörtel gespült. Dabei lagert sich der Zement oder der Ankermörtel um den Ankerstab an, sodass nach Erreichen der erforderlichen Tiefe der Pfahl fertig eingebaut ist. Diese Methode kann nur dann verwendet werden, wenn keine größeren Hohlräume angetroffen werden, und ist ebenfalls aufwändiger als Methode 1.

(a)

(b)

Bild 9-7 Herstellung der Bohrlöcher für Mikropfähle: (a): Bohrwagen mit Bohrgerät (© Fa. Morath); (b): Bohrlafette mit hydraulischem Drehmotor und pneumatischem Imlochhammer (© Schilcher)

(a)

(b)

Bild 9-8 Herstellung der Bohrlöcher für Mikropfähle: (a): mit Bohrinjektionsanker unter Verwendung eines hydraulischen Außenlochhammers (© WLV Vorarlberg); (b): durch Überlagerungsbohrung (Verrohrtes Bohren im Lockergestein) (© WLV Tirol)

9.1.4.4 Herstellung von Seilankerfundamenten

Der Seilanker wurde für die Fundierung von Schneenetzen entwickelt. Der Einbau des Seilankers erfolgt auf die gleiche Art wie ein Mikropfahl. Nach Herstellung des Bohrloches wird anstatt des Stabankers ein verzinktes Spiralseil als Zugglied eingebaut.

Das Spiralseil wird im Werk als Schlaufe mit Abstandhaltern gefertigt. Der Einbau erfolgt so, dass im Bohrlochtiefsten die beiden Enden des Seiles liegen und an der Bodenoberfläche eine Schlaufe zur Aufnahme der Lasten vorhanden ist. Zum Einschieben des Spiralseilzuggliedes hat sich die Verwendung eines halbierten PE-Rohres bewährt. Dieses wird in das Bohrloch eingeführt und erlaubt ein leichteres Einbringen des Seilankers, an dem auch der Injektionsschlauch befestigt ist. Bei klüftigem Untergrund kann durch Verwendung eines Strumpfes der Ankermörtelverbrauch beim Verpressen reduziert werden. Wenn der Lastangriff nicht axial erfolgt, wird im Lockermaterial im Bereich des Oberbodens zusätzlich ein Bewehrungsrohr eingebaut. Bei schlechtem Untergrund oder größeren zu erwartenden Biegebelastungen wird der Oberboden ausgehoben und zur Aufnahme der nicht axialen Belastungen ein Betonfundament hergestellt. (siehe Abschnitte 7.2.3.2 und 8.2.9)

9.1.4.5 Herstellung von Sprengankerfundamenten (historisch)

Bei der Herstellung des *Schweizer Sprengankers* (Tabelle 7-5) wird wie bei Mikropfählen ein Bohrloch mit Durchmesser 90 mm hergestellt. In dieses Bohrloch wird ein geschlitztes oder gelochtes Stahlrohr eingeschoben. Im Bohrlochtiefsten wird dann eine Sprengladung gezündet, die einen Hohlraum herstellen soll. Im Anschluss daran wird der Ankerstab bis in den gesprengten Hohlraum eingeschoben und mit Ankermörtel verpresst. Aufgrund der Perforierung des Stahlrohres ist die Verzahnung des Ankerstabes mit dem Boden entlang des gesamten Bohrloches gegeben. In der Schweiz werden heute Sprenkanker praktisch nicht mehr verwendet.

Auch der *österreichische Typ des Sprengankers* (Tiroler Anker oder Parallelstabanker; vgl. Tabelle 7-5) wird heute kaum noch eingebaut. Für die Herstellung werden zwei parallele, gespitzte Stahlrohre in den Boden gerammt, eine Sprengladung bis zur Spitze des Rohrs eingeschoben und dort gezündet. Dadurch kann ein Hohlraum hergestellt werden, welcher die beiden Rohre miteinander verbindet. Nach der Sprengung wird dieser Hohlraum durch das aufgesprengte Rohr verpresst. Nach Verfüllen der Rohre werden die Ankerstäbe eingeschoben. Da über Mikropfähle in den meisten Fällen eine bessere und verlässlichere Fundierung möglich ist, wird dieser Sprenganker nur noch im technischen Gleitschneeschutz (siehe Abschnitt 7.2.5) eingesetzt.

9.1.4.6 Herstellung von Grundplattenfundamenten

Grundplattenfundamente werden heute für die Übertragung von Druckkräften der Werksstützen in den Boden verwendet und kommen häufig bei Stahlschneebrücken und bei Schneenetzen zum Einsatz.

Der Winkel der Krafteinleitung bei Schneebrückenstützen ist wesentlich ungünstiger als jener bei Schneenetzen, aus diesem Grund sind für den Einbau der Grundplatten bei Schneebrückenfundamenten wesentlich größere Aushübe erforderlich. Bei tragfähigem Untergrund können die Grundplatten für Schneenetze nahezu ohne Aushub eingesetzt werden. Die Größe der Grundplatten ist von der Tragfähigkeit des Bodens und der Belastung abhängig (siehe Abschnitt 8.2.9.5).

Die Aushübe für die Grundplattenfundamente werden in den meisten Fällen per Hand vorgenommen. Mit Schaufel, Spitzhacke und pneumatischem Abbauhammer lässt sich ein Großteil der Fundamentaushübe herstellen (Bild 9-9). In seltenen Fällen sind Sprengarbeiten erforderlich. Das ausgehobene Material wird seitlich deponiert, sodass es ohne großen Aufwand nach der Errichtung der Bauwerke wieder eingefüllt werden kann. Bei entsprechenden Gelände- und Bodenverhältnissen lassen sich die Aushübe auch mit einem Schreit-

Bild 9-9 Herstellung eines Grundplattenfundaments bei steilem Felsuntergrund (© Schilcher)

bagger kostengünstig herstellen. Nach Herstellung der Aushübe müssen im lockeren Hangschutt die Grundplatten sofort eingelegt werden, da die Böschungen nicht standfest sind und laufend Material in das Aushubplanum stürzt. Bei standfestem Untergrund ist es möglich, die ausgehobenen Löcher auch längere Zeit offen zu halten, sodass nach Herstellung einer Reihe von Fundamentaushüben die Stützwerke mit dem Helikopter einschließlich der Grundplatten gesetzt werden können.

9.1.4.7 Herstellung von Betonfundamenten

Bis in die 1970er Jahre wurde ein Großteil der Schneebrücken in der Schweiz und in Österreich mit Betonfundamenten eingebaut.

Betonfundamente haben sich als sehr dauerhafte und massive, allerdings auch teure Fundierungmethode erwiesen. Für Stützen und Träger einer Schneebrücke sind 1,5 m^3 bis 2,5 m^3 Ortbeton erforderlich; dies bedeutet ein Transportgewicht von 3–5 t. Bei größeren Baulosen mit Seilkranerschließung konnte diese Fundierungsart mit vertretbarem Aufwand hergestellt werden. Mit dem zunehmendem Einsatz des Helikopters sind die Kosten für den Transport des Betons stark gestiegen. Des Weiteren haben der hohe Arbeitsaufwand für die Herstellung der Aushübe, die Schalung und Bewehrung, der Quertransport auf der Baustelle und das Herstellen und Einbringen des Betons, das überschüssige Aushubmaterial, das vielfach zu Schäden auf den darunterliegenden Grundstücken geführt hat, und der negative Einfluss auf das Landschaftsbild dazu beigetragen, dass Betonfundamente nur mehr selten eingebaut werden.

Für Schneebrücken werden heute in der Schweiz Betonfundamente in Kombination mit Mikropfählen eingebaut, wodurch sich die Betonmenge wesentlich verringern lässt. Auch für Schneenetze werden kleine Betonfundamente zur Aufnahme der Druckkräfte in den Stützen als Alternative zu Grundplatten hergestellt. In grobblockigen Schutthalden ohne Feinanteil, wo Mikropfahlfundamente sehr aufwendig und teuer sind, können Betonfundamente bzw. kombinierte Betonfundamente eine Alternative darstellen.

9.1.4.8 Herstellung von Mikropfahlfundamenten im Fels

Mikropfähle nach ÖNROM EN 14199 werden auch im Fels für die Fundierung eingesetzt. (siehe Abschnitt 8.2.9.6) Bei Verwendung in Fels werden diese auch als „Felsanker" bezeichnet. Felsanker sind nach [189] mit einem Bohrloch, das mindestens den 1,5-fachen Durchmesser des Stahltraggliedes aufweist, einzubauen. Diese Art der Verankerung für Schneebrückenträger wird bei anstehendem oder bis zu einem ca. 1 m überlagerten Fels angewendet. Für die Herstellung des Fundamentes ist entweder ein Teil des Felsuntergrundes nischenartig auszuheben oder das Lockermaterial bis zum anstehenden Fels abzutragen. Danach können die Löcher für die Mikropfähle gebohrt werden. Der Maschineneinsatz für diese Fundierungsmethode beschränkt sich auf einen druckluftbetriebenen Handbohrhammer, einen Abbauhammer und einen Kompressor.

9.1.4.9 Herstellung von „Toter- Mann"-Fundamenten

Bei „Toter-Mann"-Fundamenten handelt es sich in der Regel um Rundhölzer (oder Stahlträger), die zur Verankerung von Schneebrückenträgern (Gleitschneeschutz) zur Aufnahme von Zug- und Druckkräften eingegraben werden.

Das Rundholz wird quer zum Träger eingegraben und über einen Ankerstab oder ein Seil mit dem Träger verbunden. Die Herstellung des Aushubes für ein „Toter-Mann"-Fundament erfolgt T-förmig. Es wird ein ca. 30 cm bis 40 cm breiter Schlitz in Trägerrichtung ca. 1 m tief gegraben. Am hinteren Ende dieses Schlitzes wird normal dazu ein ebenfalls ca. 30 cm bis 40 cm breiter Schlitz ausgehoben, in den der „Tote Mann" in einer Länge von ca. 1,5 m eingelegt wird. Es handelt sich hierbei um eine arbeitsintensive Fundierungsmethode.

9.1.4.10 Herstellung von Rammfundamenten

Rammfundamente werden heute für die Fundierung von Holzschneebrücken für geringe Schneemächtigkeiten und Gleitfaktoren eingesetzt. Für die Herstellung solcher Fundamente ist der Aushub eines Schlitzes erforderlich, in dem der Träger der Schneebrücke mit einer Länge von ca. 70 cm aufliegt. Dadurch können die hangparallelen Kräfte über den Träger in den Untergrund abgeleitet werden.

Zur Aufnahme der Zugkräfte werden Rohre oder starke Bewehrungsstähle in die Winkelhalbierende zwischen Trägerachse und der Normalen zum Träger eingerammt. Die Verbindung vom eingerammten Stahlprofil zum Träger kann über eine verschraubte Lasche erfolgen. Zum Einrammen der Rohre oder Rundstähle eignen sich adaptierte Abbruchhämmer.

9.1.4.11 Montage der Lawinenstützbauwerke

Die Montage der Stützbauwerke umfasst den Zusammenbau der Schneebrücken oder Schneenetze auf einem Lagerplatz oder am geplanten Standort und den Transport der Werke oder deren Einzelteile vom Lagerplatz in das Verbauungsgebiet. Heute ist die Montage mit Helikopter die am meisten angewendete Methode. Wenn keine geeigneten Helikopter zur Verfügung stehen, kann der Transport auch mit einem Seilkran erfolgen. In günstig erschlossenen Verbauungsgebieten können Stützbauwerke auch mit einem Autokran oder einem Teleskopkran installiert werden.

Die *Helikoptermontage* hat den Vorteil, dass die meist schweren Stahlbauteile der Stützwerke auf einem geeigneten Lagerplatz mit Hilfe eines Autokrans zusammengebaut werden können (Bild 9-10a). Bei ausreichender Hubleistung des Helikopters fliegt dieser komplette Stützwerke in das Verbauungsgebiet. Dort fixiert der Montagetrupp die am Helikopter

(b)

(a)

Bild 9-10 Montage von Lawinenstützwerken: (a): Zusammenbau einer Schneebrücke mit Autokran; (b): Einbau der Schneebrücke mit dem Helikopter (© WLV Vorarlberg)

hängenden Stützbauwerke (Bild 9-10b). Die Schneebrücken werden mit Bolzen an den Fundamenten befestigt. Da sich die einzelnen Stahlschneebrücken häufig durch ihre Stützenlängen unterscheiden, sind eine exakte Nummerierung der Werke und eine klare Zuweisung auf die richtige Position notwendig, um unnötige (teure) Flugzeiten zu vermeiden. Für den Helikoptertransport von Schneenetzen werden von den Herstellerfirmen unterstützende Systeme angeboten. Die Befestigung der Schneenetze an den Fundamenten erfolgt mit Seilen und Klemmen. Diese Arbeitsabläufe erfordern große Erfahrung und höchste Konzentration des Piloten, da der meist aus vier bis sechs Mann bestehende Montagetrupp unter dem Hubschrauber und teilweise unter der schwebenden Last arbeitet.

Seilkranmontage bedeutet den Transport der Bauteile mit dem Seilkran vom Lagerplatz im Tal in das Verbauungsgebiet. Eine Möglichkeit der seitlichen Verteilung der Bauteile von der Bergstation besteht mit schmalen Transportwagen auf Hanggerüsten.

9.1.5 Baukosten der Lawinenanbruchverbauung

9.1.5.1 Allgemeines

In diesem Abschnitt werden die Kostenarten und die Kostenstruktur in der Lawinenanbruchverbauung anhand von Beispielen dargestellt. Die Daten stammen aus Nachkalkulationen veschiedener Lawinenbaustellen in Österreich. Mit Ausnahme der Löhne handelt es sich bei den Angaben um Bruttopreise inkl. Umsatzsteuer (Preisbasis 2009). Die angegebenen Kosten können allerdings nur als Richtwerte dienen und keinesfalls direkt auf konkrete Bauvorhaben der Lawinenanbruchverbauung übertragen werden. Die spezifischen Kosten und Preise müssen für den jeweiligen Einzelfall kalkuliert werden. Auch können aus den nachfolgenden Beispielen keine Schlussfolgerungen für einen absoluten Kostenvergleich zwischen den verwendeten Bautypen (Verbauungssystemen) gezogen werden.

9.1.5.2 Baukosten für Stahlschneebrücken (Beispiel)

Beim folgenden Kostenbeispiel (Kostenarten s. Tabelle 9-8, Einheitspreise s. Tabelle 9-9) handelt es sich um eine Baustelle in Westösterreich auf einer Seehöhe von ca. 2.400 m. Die Baustelle liegt ca. 600 m oberhalb des erschlossenen Gebietes. Die Materialtransporte erfolgten per Helikopter. Die Arbeitnehmer erreichten die Baustelle täglich mit einem Spezialfahrzeug über Almflächen und stiegen die letzten 200 Höhenmeter über steiles Gelände zur Baustelle auf. Das Baufeld befindet sich teilweise auf Dolomitschutt bzw. anstehendem, klüftigem und teilweise aufgelöstem Dolomitfels. Es gelangten 296 lfm Stahlschneebrücken für eine Schneemächtigkeit von 4,5 m und einem Gleitfaktor von 1,82 zur Ausführung (Bautype: Bild 7-6).

Tabelle 9-8 Aufgliederung der Ausgaben nach Kostenarten für Stahlschneebrücken

Kostenarten	Kosten	
Löhne	100.633 €	30,89 %
Ankermörtel	6.170 €	1,89 %
Lawinenwerke	130.907 €	40,18 %
Baustellengeräte	22.379 €	6,87 %
Hubschrauber	33.691 €	10,34 %
PKW	7.645 €	2,35 %
LKW	11.008 €	3,38 %
Sonstiges	3.877 €	1,19 %
Regie	9.490 €	2,91 %
Summe	325.800 €	100,00 %

Tabelle 9-9 Einheitspreise für Leistungspositionen bei Stahlschneebrücken [je lfm]

Leistungs-position	Arbeitszeit/lfm	Lohn/h	Lohnkosten/lfm	Material-, Gerätekosten/lfm	Heli-Zeit/lfm	Heli-Preis/min	Heli-Kosten/lfm	Leist.-Pos. Kosten/lfm
Verankerung	5,51 h	42,00 €	232,0 €	190,0 €	1,18 min	30,0 €	43,80 €	465,80 €
Oberbau	1,26 h	42,00 €	52,90 €	418,7 €	1,71 min	30,0 €	51,30 €	522,90 €
Baukosten							988,70 €	
Baustelleneinrichtung: ca. 11 %							111,30 €	
Gesamtkosten							1,100,00 €	

Die *Baustelleneinrichtung* umfasst den Transport der Geräte und Mannschaftscontainer zur und von der Baustelle sowie Sicherungsarbeiten, die Errichtung von Arbeits- und Schutzgerüsten und Fahrzeugkosten für den Personentransport zur Baustelle.

Tabelle 9-9 (Fortsetzung)

Die *Verankerung* beinhaltet den Helikoptertransport, die Arbeit, Material und Geräte für den Aushub der Stützenfundamente sowie das Bohren und Verpressen der Mikropfähle für die Trägerfundierung. In diesem Fall wurden 65 % der Pfähle konventionell durch Bohren von Löchern und anschließendem Einbau der Tragglieder hergestellt, 35 % der Pfähle wurden mit Bohr- und Injektionsankern im Hangschutt eingebaut.

Die *Position Oberbau* beinhaltet den Ankauf der Schneebrücken (Hauptwerke, Zwischenwerke), den Helikoptertransport und den Montageaufwand. Auf Grund des gegliederten Geländes konnten nur Werksreihen mit maximal 28 m hergestellt werden. Die theoretische durchschnittliche Werkslänge beträgt 12 m.

9.1.5.3 Baukosten für kombinierte Schneebrücken (Beispiel)

In diesem Kalkulationsbeispiel (Kostenarten s. Tabelle 9-10; Einheitspreise s. Tabelle 9-11) werden die Kosten einer Verbauung mit 495 lfm kombinierten Schneebrücken für eine Schneemächtigkeit von 3,0 m und einen Gleitfaktor von 1,2 dargestellt (Bautype: Bild 7-11a). Die Baustelle befindet sich auf ca. 1600 m Seehöhe, 200 m über dem erschlossenen Siedlungsraum. Es herrschen tiefgründige Böden im Flysch mit Felsuntergrund vor, der Felsnägel für Zugverankerungen ermöglichte.

Tabelle 9-10 Aufgliederung der Ausgaben nach Kostenarten für kombinierte Schneebrücken

Kostenarten	Kosten	
Löhne	99,272 €	49,05 %
Ankermörtel	919 €	0,45 %
Lawinenwerke	66,115 €	32,67 %
Baustellengeräte	3,600 €	1,78 %
PKW	1,270 €	0,63 %
LKW	5,208 €	2,57 %
Hubschrauber	15,350 €	7,58 %
Sonstiges	4,783 €	2,36 %
Regie	5,869 €	2,90 %
Summe	202,386 €	100,00 %

Tabelle 9-11 Einheitspreise für Leistungspositionen bei kombinierten Schneebrücken [je lfm]

Leistungs-position	Arbeitszeit/lfm	Lohn /h	Lohnkosten/lfm	Material-, Gerätekosten/lfm	Heli-Zeit/lfm	Heli-Preis/min	Heli-Kosten/lfm	Leist.-Pos. Kosten/lfm
Verankerung	3,25 h	41,0 €	133,25 €	28,5 €	–	–	–	161,75 €
Oberbau	1,10 h	41,0 €	45,10 €	126,0 €	0,89 min	30,0 €	26,7 €	197,80 €
Baukosten								359,55 €
Baustelleneinrichtung: ca. 13 %								48,45 €
Gesamtkosten								408,00 €

Die *Baustelleneinrichtung* ist hier – bedingt durch die Nähe zum Siedlungsraum – günstiger als beim Beispiel Stahlschneebrücken (siehe Abschnitt 9.1.5.2). Des Weiteren entfielen wegen des günstigeren Geländes Sicherungsarbeiten und Arbeitsgerüste. Auch der minimale Geräteeinsatz vergünstigt die Baustelleneinrichtung.

Den überwiegenden Aufwand in der Position *Verankerung* verursachen die Grabarbeiten für den Aushub der Träger- und Stützenfundamente und zu einem geringen Anteil die Bohr- und Verpressarbeiten samt Geräten für den Einbau der Felsnägel der Zugverankerungen.

Der *Oberbau* beinhaltet die Stahlstützkonstruktion mit dem Holzrost, den Transport zum Baufeld und den Montageaufwand.

9.1.5.4 Baukosten für Schneenetze (Beispiel)

Das Arbeitsfeld für dieses Kalkulationsbeispiel (Kostenarten s. Tabelle 9-12, Einheitspreise s. Tabelle 9-13) liegt auf ca. 2300 m Seehöhe, 1000 m oberhalb des erschlossenen Siedlungsraums. Den Untergrund bilden anstehende, stark verwitterte Arlbergkalke. Die ausgewertete Verbauungsfläche umfasst 250 lfm Schneenetze dimensioniert für eine Schneemächtigkeit von 4,5 m und einen Gleitfaktor von 2,5 (Bautyp: Bild 7-9a). Es wurden 17 m bis 63 m lange Netzreihen errichtet, die durchschnittliche Länge einer Netzreihe beträgt 50 m.

Tabelle 9-12 Aufgliederung der Ausgaben nach Kostenarten für Schneenetze

Kostenarten:	Kosten:	
Löhne	102.336 €	28,84 %
Ankermörtel	710 €	0,20 %
Transportbeton	3.075 €	0,87 %
Netze	175.000 €	49,31 %
Baustellengeräte	15.000 €	4,23 %
LKW	3.637 €	1,02 %
PKW	325 €	0,09 %
Hubschrauber	37.080 €	10,45 %
Sonstiges	7.394 €	2,08 %
Regie	10.327 €	2,91 %
Summe	354.884 €	100,00 %

Tabelle 9-13 Einheitspreise für Leistungspositionen bei Schneenetzen [je lfm]

Leistungs-position	Arbeitszeit lfm	Lohn/h	Lohnkosten/lfm	Material-, Geräte-kosten/lfm	Heli-Zeit/lfm	Heli-Preis/min	Heli-Kosten/lfm	Leist.-Pos. Kosten/lfm
Verankerung	5,54 h	42,0 €	233,0 €	221,0 €	2,97 min	30,00 €	89,10 €	543,10 €
Oberbau	2,59 h	42,0 €	109,0 €	583,0 €	1,53 min	30,00 €	46,00 €	738,00 €
Baukosten								1.281,10 €
Baustelleneinrichtung ca. 10 %								136,90 €
Gesamtkosten								1.418,00 €

Die Kosten und der Aufwand für die *Baustelleneinrichtung* sind auf diesem Baufeld ähnlich dem Beispiel mit Stahlschneebrücken (siehe Abschnitt 9.1.5.2). Auf Grund der geringeren Massenleistung sind die auf Laufmeter umgelegten Kosten für Baustelleneinrichtung etwas höher, die Gesamtkosten jedoch geringer.

Die *Verankerung* umfasst Material, Transport und Einbau der bergseitigen Seilanker sowie die Herstellung der Betonfundamente für die Pendelstützen. Die Seilanker konnten alle im klüftigen Kalk eingebaut werden. Der hohe Transportaufwand bei der Verankerung ist auf die Verwendung von Beton für die Stützenfundamente und die große Transportdistanz zurückzuführen.

Die Position *Oberbau* enthält die Materialkosten, den Helitransport und den Montageaufwand der Schneenetze.

9.1.6 Baugeräte und Maschinen für die Lawinenanbruchverbauung

9.1.6.1 Allgemeines

Baugeräte und Maschinen, die im Bereich der Lawinenverbauung zum Einsatz kommen, unterliegen besonderen Anforderungen, die sich aus den extremen Rahmenbedingungen (Umweltbedingungen) von Lawinenbaustellen (siehe Abschnitt 9.1.1) ergeben. Im Folgenden wird konkret auf die spezifischen Baugeräte der Lawinenanbruchverbauung eingegangen, dazu zählen:

- Bohrgeräte
- Hydraulikaggregate (Kraftstationen)
- Kompressoren
- Injektionsstationen (Ankermörtelpumpen)
- Treibstofftanks

Die nachfolgenden Ausführungen basieren auf Erfahrungen mit dem Einsatz von Baugeräten und Maschinen im Bereich von Lawinenbaustellen in Österreich (Tirol, Vorarlberg) [19].

9.1.6.2 Bohrgeräte

In der Lawinenanbruchverbauung werden die für die Fundierung (mit Mikropfählen) erforderlichen Bohrlöcher (siehe Abschnitt 9.1.4.3) fast ausnahmslos mit portablen *Leichtbaulafetten* hergestellt. Die Grundphilosophie der portablen Bohreinheit ist die Zerlegbarkeit jedes Geräts in tragbare Einzelteile.

Die Basis bildet eine *hydraulische Bohrlafette* (Bild 9-11a), die für verschiedene Bohrverfahren und Bohrlochdurchmesser eingesetzt werden kann. Portable Leichtbohrlafetten bestehen in der Regel aus folgenden Bauteilen: Lafettenkörper mit hydraulischem Vorschub, Sattel, Drehmotor, Imlochhammer und Befestigungselement mit Stützfuß.

Bei geologisch ungünstigen Verhältnissen („Bohrloch fällt zu") wird eine Bohrtechnik mit verstärktem Drehmotor und Verrohrung des Bohrloches eingesetzt. Alternativ kann bei feinkörnigem Hangschutt auch mit Selbstbohrankern gearbeitet werden. In diesem Fall kommt ein leistungsfähiger Außenlochhammer zum Einsatz (Bild 9-8). Der Antrieb kann wahlweise hydraulisch oder pneumatisch erfolgen.

In der Vergangenheit wurden in der Lawinenverbauung überwiegend *pneumatische Bohrgeräte* verwendet. Für den Vorschub, den Drehmotor, den Hammer (Schlagbewegung) und die Spülung des Bohrhammers wurde Druckluft eingesetzt. Dabei waren zwei Kompressoren mit einer Leistung von je 5,5 m³/min erforderlich.

Im Zuge der Entwicklung der Fundierungsmethoden im Lawinenverbau (siehe Abschnitt 7.2.3) setzten sich *Bohrgeräte mit Hydraulikantrieb* (Bild 9-11a) durch. Bei dieser Technologie wird sowohl der Vorschub als auch der Drehmotor des Bohrgerätes hydraulisch betrieben. Ebenfalls hydraulisch betrieben wird der Stützfuß, welcher zu Einstellung der richtigen Höhe der Lafette benötigt wird. Generell weist ein hydraulisches Bohrsystem eine höhere Bohrleistung bei gleichem Energieverbrauch auf. Verrohrte Bohrungen und Bohren mit Selbstbohrankern sind generell nur mit hydraulischem Antrieb sinnvoll einsetzbar.

Seit dem Sommer 2000 wird auf einigen Lawinenbaustellen in Tirol zur Herstellung der Fundierung ein eigens adaptierter *Schreitbagger mit aufgesetztem Bohrgerät* (Bild 9-11b) eingesetzt. Auf den Schreitbagger wurde eine Leichtbaulafette mit hydraulischem Antrieb montiert, der über die Ölpumpe des Schreitbaggers angetrieben wird und über eine eigene Steuerung verfügt. Mit dem Gerät können auch verrohrte Bohrungen durchgeführt werden, für die zusätzlich ein exzentrischer Bohrkopf verwendet wird. Als Absturzsicherung für den Schreitbagger sind an der Unterseite zwei Stahlseilwinden mit je 50 m Stahlseil (Bruchlast: 24 t) und einer Zugkraft von je 7 t montiert.

Tabelle 9-14 Charakteristische Leistungskennzahlen für Bohrgeräte in der Lawinenverbauung (Angaben Sektion Vorarlberg, Wildbach- und Lawinenverbauung/Österreich)

	Hydraulischer Drehmotor	Pneumatischer Drehmotor	Hydraulischer Außenlochhammer	Pneumatischer Außenlochhammer
Drehmoment	930 Nm	400 Nm	370 Nm	85 Nm
Antriebsleistung Hydraulikaggregat Kompressor	17 KW	35 KW	26 KW	40 KW
Schlagenergie	–	–	85 J	ca. 45 J

Bild 9-11 Leichtbaulafetten: (a): mit Hydraulikantrieb (© WLV Tirol); (b): Schreitbagger mit aufgesetztem Bohrgerät (© WLV Tirol)

9.1.6.3 Hydraulikaggregate (Kraftstationen)

Hydraulikaggregate versorgen portable Leichtbaulafetten und Injektionsstationen mit hydraulischer Energie. Die für die Lawinenverbauung eingesetzten Geräte bestehen aus einer leichten und robusten Aluminiumkarosserie mit abnehmbarer Luftbereifung, einem wassergekühlten 3-Zylinder-Dieselmotor, einer Druck-/Förderstrom-geregelten Axialkolbenpumpe und einem Kombikühler für Hydrauliköl und Motorkühlwasser.

(a) (b)

Bild 9-12 Kraftstationen: (a): Hydraulikaggregat für den Antrieb der Bohrausrüstung (© WLV Tirol); (b): Kompressoren im Bereich einer Lawinenanbruchverbauung (© WLV Vorarlberg)

Die für die Lawinenanbruchverbauung eingesetzten Hydraulikaggregate (Bild 9-12a) weisen eine Pumpleistung von 80 l/min, einen Maximaldruck von 200 bar und ein Gewicht von 500 kg auf. Die Aggregate sind mit einem Lasthaken für den Helikoptertransport ausgestattet.

9.1.6.4 Kompressoren

Trotz der weitgehenden Umstellung auf hydraulische Leichtbaulafetten werden Kompressoren im Bereich der Lawinenverbauung weiterhin für den Antrieb von Bohrhämmern und Injektionsgeräten verwendet.

Leistungsfähige Kompressoren für die Lawinenverbauung (Bild 9-12b) bestehen aus einem Motor, mit dessen Hilfe die einströmende Luft über eine Doppelschraube verdichtet wird. Der Einsatz von Kompressoren mit starken Motoren ermöglicht eine größere Leistung (Tabelle 9-15) bei gleichem Gewicht. Des Weiteren sollten die Geräte mit einem Wasserabscheider und einer Druckluftheizung ausgestattet sein, wodurch besonders bei Frost und feuchter Witterung ein störungsfreier Betrieb gewährleistet ist.

Tabelle 9-15 Typische Leistungsdaten für die im Bereich der Lawinenverbauung einsetzbaren Kompressoren

Kennwert	Effektiver Betriebsdruck	Luftmenge (Volumsstrom)	Leistung	Gewicht (ohne Fahrwerk)	Schallleistungs-pegel
Daten (ca.)	10–12 bar	6–10 m^3/min	70–90 kW	900 kg –1500 kg	70–90 dB(A)

9.1.6.5 Injektionsstationen und Ankermörtelpumpen

Injektionsstationen sind Geräte zur Herstellung von Zementsuspensionen für Injektionen bei Ankerbohrungen und werden zum Verpressen der Anker und Mikropfähle verwendet. In der Lawinenverbauung sind leichte *pneumatisch betriebene* Injektionsstationen (Bild 9-13a) mit einfachem Kolbenpumpenteil für steiles Gelände und *hydraulisch betriebene* Stationen für größere Ankerdurchmesser in Verwendung (Vergleich siehe Tabelle 9-16).

Tabelle 9-16 Vergleich der Ankermörtelpumpensysteme in der Lawinenverbauung

	Hydraulische Pumpe	Pneumatische Pumpe
Mörteldruck	120 bar	100 bar
Förderleistung	30 l/min	10 l/min
Antriebsleistung gesamt	17 KW	30 KW
Reichweite	200 m	80 m
Quirlbedienung	beidseitig drehbar	einseitig drehbar
Vorratsbehälter	220 l	70 l
Kippbarkeit Vorratsbehälter	ja	ja
Mischbehälter	190 l	70 l
Geräuschentwicklung	beinahe geräuschlos	100 dB(A)
Gewicht	300 kg	130 kg

Die Injektionsstation umfasst den Mischbehälter, den Vorratsbehälter und die Kolbenpumpe für die Einbringung des Mörtels.

Die Entwicklung luftbetriebener Ankermörtelkolbenpumpen war die Voraussetzung für die moderne Fundierung mit Ankern und Mikropfählen. Sie ermöglichten die erforderlichen Einpressdrücke zum Einbringen des Ankermörtels über die Anker in das Bohrloch. Bei neueren Geräten sind Kolbenpumpen mit hydraulischem Antrieb im Einsatz. Dies hat gegenüber den früher verwendeten Schneckenpumpen den Vorteil, dass wesentlich höhere Verpressdrücke und damit eine höhere Qualität der Verankerungen erzielt wird. Die verwendeten Kolbenpumpen haben einen gesonderten Mischbehälter mit Rührwerk. Die chemischen Zusätze des Mörtels erfordern oft lange Mischzeiten, um wirksam zu werden (Verflüssiger, Porenbildner etc.). Diese Zeiten werden bei Schneckenpumpen, wo der Mörtel erst in der Pumpschnecke vermischt wird, nicht erreicht.

(a) (b)

Bild 9-13 (a): Injektionsstation für die Lawinenverbauung; (b): Treibstofftank für den Einsatz im Bereich der Lawinenverbauung (© WLV Vorarlberg)

9.1.6.6 Treibstofftanks

Die in der Lawinenverbauung in Österreich und der Schweiz verwendeten Treibstofftanks (Bild 9-3b und 9-13b) erfüllen alle notwendigen Sicherheitsvorschriften und haben ein Eigengewicht von ca. 350 kg. Mit einer Tankfüllung (550 l) beträgt das Gesamtgewicht ca. 900 kg. Die Betankung wird vom jeweiligen Öllieferanten in der Talstation durchgeführt.

9.1.7 Arbeitssicherheit auf Lawinenbaustellen

9.1.7.1 Allgemeine Sicherheitsbestimmungen

Lawinenbaustellen unterliegen den allgemeinen Arbeitnehmerschutzbestimmungen für das Bauwesen. Diese dienen der persönlichen Sicherheit der Arbeitnehmer sowie dritter Personen und binden sowohl den Arbeitgeber als auch die Arbeitnehmer. Die Grundsätze der Gefahrenverhütung besagen, dass die Baustelleneinrichtung, die Baustellenabläufe, die Arbeitsmittel und Arbeitsstoffe so eingerichtet, gestaltet und eingesetzt werden, dass die Sicherheit und Gesundheit der Arbeitnehmer gewährleistet ist.

In Österreich sind die maßgeblichen Rechtsgrundlagen im ArbeitnehmerInnenschutzgesetz (ASchG, BGBl. I Nr. 159/2001 idgF.) sowie in der Bauarbeiterschutzverordnung (BGBl. Nr. 340/1994 idgF.) enthalten. Das Baustellenkoordinationsgesetz (BGBl. I Nr. 37/1999 idgF.) bindet den Bauherren in den Schutz der Arbeitnehmer auf Baustellen ein und regelt die präventive Planung für die Unfallverhütung. Auf dieser Rechtsgrundlage sind von der Bauleitung für jede Baustelle Sicherheits- und Gesundheitspläne (SiGe-Plan) zu erstellen und regelmäßig Sicherheitsfachkräfte bzw. Arbeitsmediziner zur Evaluierung der Baustellensicherheit beizuziehen.

In der Schweiz finden sich die Rechtsgrundlagen des Arbeitnehmerschutzes im Arbeitsgesetz (SR 822.11) und den zugehörigen Verordnungen, insbesondere in der Bauarbeitenverordnung (BauAV, SR 832.311.141) über die Sicherheit und den Gesundheitsschutz von ArbeitnehmerInnen bei Bauarbeiten sowie die Verordnung über die Verhütung von Unfällen und Berufskrankheiten (VUV). Das Bundesgesetz über die Unfallversicherung (SR 832.20, Art. 81 und 83) bietet die Rechtsgrundlage für die Sicherheitsplanung auf Baustellen. Auf dieser Basis regelt die EKAS-Richtlinie Nr. 6508 (Eidgenössische Koordinationskommission für Arbeitssicherheit) die Beiziehung von Spezialisten für Arbeitssicherheit im Baustellenbereich, die SIA-Norm 118 legt die Verantwortung der Bauleitung für Maßnahmen der Unfallverhütung fest.

In Deutschland finden sich die einschlägigen gesetzlichen Regelungen des Arbeitnehmerschutzes auf Baustellen im Arbeitsschutzgesetz (ArbSchG, BGBl. I S. 1246) und im Arbeitssicherheitsgesetz (ASiG, BGBl. I S. 3322), welches auch die Beiziehung von Sicherheitsfachkräften regelt. Die Baustellenverordnung (BGBl. I S. 1283) enthält spezifische Sicherheitsbestimmungen für das Bauwesen und regelt die Baustellenkoordination.

Spezifische rechtliche Bestimmungen für den Arbeitnehmerschutz auf Baustellen der Lawinenverbauung bestehen in keinem der genannten Länder. Der Arbeitnehmerschutz ist ein wesentlicher Teil der Planung, da 60 % aller tödlichen Arbeitsunfälle auf Fehlentscheidungen zurückzuführen sind, die *vor Beginn der Arbeiten* getroffen wurden. Diese gilt im besonderen Maße für Baustellen der Lawinenverbauung [2].

Die Ausführungen in diesem Abschnitt beziehen sich auf die Besonderheiten des Arbeitnehmerschutzes bei Bauarbeiten der Lawinenanbruchverbauung, die regelmäßig in besonders exponiertem und steilem Gelände durchgeführt werden müssen. Diese Baustellen sind typische Sommerbaustellen und somit auf die schneefreie Zeit beschränkt. In der übrigen Zeit des Jahres ist das Risiko durch Lawinen oder Absturzgefahr bei Vereisung für eine Durchführung der Bauarbeiten zu hoch (siehe Abschnitt 9.1.1.1).

9.1.7.2 Präventiver Arbeitnehmerschutz (vor Baubeginn)

Die Organisation und Vorbereitung von Lawinenbaustellen entspechend den Standards des Arbeitnehmerschutzes stellt hohe Anforderungen an die Logistik des Bauunternehmens. Neben den besonderen Vorkehrungen im Rahmen der Baustelleneinrichtung (siehe Abschnitt 9.1.2) spielen *spezifische behördliche Bewilligungen* für die Arbeitssicherheit in der Lawinenverbauung eine große Rolle. Dazu zählen Genehmigungen für die Sperre von Straßen- und Bahnlinien (wegen Steinschlaggefahr), Genehmigung von Transportflügen mit Helikopter (Verbot des Überfliegens von öffentlichen Verkehrsanlagen mit angehängten Lasten), Sprengarbeiten und besondere Wochenarbeitszeitmodelle. In Österreich sind Baustellen, die länger als 5 Tage dauern, generell dem zuständigen Arbeitsinspektorat unter Angabe der Lage, des Arbeitsbeginns, der Art und des Umfangs der Arbeiten sowie der Zahl der Beschäftigten zu melden.

Weitere wichtige Bereiche des präventiven Arbeitnehmerschutzes sind u. a. die Bereitstellung der persönlichen Schutzausrüstung (PSA), die Planung der Sicherheitseinrichtungen (insbesondere Absturzsicherungen, Blitzschutz, Steinschlagschutz), die Baustellenkoordination, der Bauzeitplan, der Sicherheits- und Gesundheitsschutzplan (SiGe-Plan) sowie die Notfallplanung (Alarmplan, besondere Warnsysteme: z. B. Steinschlag). In Österreich wendet sich z. B. das Baustellenkoordinationsgesetz an den Bauherrn und verpflichtet ihn zur Berücksichtigung der Grundsätze der Gefahrenverhütung. In der Regel überträgt der Bauherr diese Verpflichtung an den fachkundigen Projektleiter (Bauleiter). Des Weiteren ist ein Planungskoordinator (Sicherheitsfachkraft) für die Sicherstellung der Grundsätze der Gefahrenverhütung in der Planungsphase sowie zur Erstellung des SiGe-Plans zu bestellen.

9.1.7.3 Anforderungen an das eingesetzte Baupersonal

Arbeiten im extremen Gelände, wie es im Bereich von Lawinenbaustellen regelmäßig auftritt, darf nur von Personen mit den notwendigen körperlichen, geistigen und fachlichen Voraussetzungen durchgeführt werden. *Bauarbeiter* im Lawinenbereich müssen schwindelfrei und trittsicher sein sowie über Erfahrung im alpinen Gelände verfügen. Arbeitnehmer, die zu Schwindelanfällen, Epilepsie oder Angstzuständen neigen bzw. eine Schwerhörigkeit, starke Sehbehinderung oder körperliche Behinderungen aufweisen, sind für den Einsatz auf Lawinenbaustellen nicht geeignet. Ebenso sind drogen- oder alkoholabhängige Arbeitnehmer nicht zuzulassen. Die im Bereich der Lawinenanbruchverbauung eingesetzten Bauarbeiter müssen mit den besonderen Bauverfahren und Sicherheitsanforderungen alpiner Höhenbaustellen vertraut sein. Sie müssen über eine hohe physische und psychische Leistungsfähigkeit (Belastbarkeit) verfügen. Die Arbeiten weisen ein hohes Unfallrisiko auf, daher ist das Tragen einer besonderen persönlichen Schutzausrüstung (PSA) (siehe Abschnitt 9.1.7.4) erforderlich. Die typische Größe einer Arbeitspartie auf Lawinenbaustellen liegt zwischen 6 und 10 Arbeitern.

Sowohl der verantwortliche *Bauleiter* als auch der *Baupolier* müssen über eine entsprechende Spezialausbildung und über ausreichende Erfahrungen in der Planung und Durchführung von Baueinsätzen im alpinen Gelände verfügen und mit den Wetterphänomenen im Gebirge, den Anforderungen und Techniken des Arbeitnehmerschutzes an Steilhängen und den Abläufen alpiner Rettungseinsätze vertraut sein. Die Technik der Grob- und Feinabsteckung für Lawinenstützwerke (siehe Abschnitt 9.1.4.2), die Bohr- und Fundierungstechnik (siehe Abschnitte 9.1.4.3 bis 9.1.4.10), das Montageverfahren für Lawinenstützwerke (siehe

Abschnitt 9.1.4.11), die Auswahl und der Einsatz der Spezialbaugeräte (siehe Abschnitt 9.1.6) sowie die Organisation der Baustelleneinrichtung im alpinen Gelände (siehe Abschnitt 9.1.2) erfordern ebenfalls langjährige Erfahrung.

9.1.7.4 Persönliche Schutzausrüstung (PSA)

Das wichtigste Element der Arbeitssicherheit ist die dem Arbeitnehmer zur Verfügung gestellte persönliche Schutzausrüstung (PSA). Die für Lawinenbaustellen erforderliche PSA weicht von der Standardausrüstung für Hoch- und Tiefbaustellen (Schutzhelm, Arbeitshandschuhe, Sicherheitsschuhe, Schutzkleidung, Staubmaske, Gehörschutz bei über 85 dB(A), Schnittschutzhose für Motorsägearbeiten, Schutzbrille, Warnkleidung) in wesentlichen Teilen ab und umfasst insbesondere Ausrüstungsgegenstände für den Alpineinsatz. Dazu zählen ein Alpinhelm (mit Kinnband), Wetter- und Kälteschutzkleidung (Regenschutz), Sicherheitsbergschuhe (mit Profilsohle), Absturzsicherung für angeseiltes Arbeiten (siehe Abschnitt 9.1.7.5), Sonnenbrille und Sonnenschutzmittel sowie UV-schützende Bekleidung (Tabelle 9-17). Im Bereich von Lawinenbaustellen besteht zu jeder Zeit Schutzhelmtragepflicht.

Tabelle 9-17 Persönliche Schutzausrüstung (PSA) für Arbeitseinsätze auf Lawinenbaustellen (Besonderheiten)

PSA Lawinenverbauung	Eigenschaften, Standards
Alpinhelm	Schutzhelme, die auch ausreichende Sicherheit gegen Steinschlag bieten: Bei Höhenarbeiten sind ausschließlich Schutzhelme mit einem Kinnband gemäß EN 397 zu verwenden, welches sich bei 25 daN öffnet, damit es zu keiner Strangulierung kommt. In Ausnahmefällen sind Helme mit einer auf 50 daN bemessenen Kinnschnalle zulässig, um einen Verlust des Helms bei Sturz zu vermeiden.
Wetter- und Kälteschutzbekleidung	Nässe- und kältebeständige Arbeitskleidung: 100 % wasserdicht, wasserdampfdurchlässig, gemäß EN 343, Klasse II.
Sicherheitsbergschuhe	Sicherheitsbergschuhe für Lawinenbaustellen müssen der EN 345 entsprechen und mit Zehenschutzkappen (Stahl, Aluminum oder Kunststoff) ausgestattet sein, die einer Prüfenergie von mindestens 200 J standhalten müssen. Weitere Eigenschaften: Profilsohle (6,5 mm), Schnittschutzeinlage (Kevlar).
Gehörschutz	Der Gehörschutz (Gehörschutzkapseln) ist bei Arbeiten mit einer Lärmbelastung von mehr als 85 dB gesetzlich vorgeschrieben, insbesondere im Bereich von Kompressoren, Bohrgeräten, pneumatischen Hämmern oder bei Arbeiten mit der Motorsäge.
Schutzbrillen	Schutzbrillen sind bei Schremmarbeiten, Schnittarbeiten mit der Motorsäge und Bohrarbeiten mit Feinstaubenwicklung anzuwenden. Sie müssen der EN 166 entsprechen und gemäß dieser durch ein unabhängiges Prüfinstitut zertifiziert werden.
PSA für angeseiltes Arbeiten	(siehe Abschnitt 9.1.7.5, Tabelle 9-14).
Sonnenbrille, Sonnenschutzmittel	Im alpinen Bereich sind spezielle (optische) Sonnenbrillen mit 100 % UV-Schutz und seitlichem Schutz anzuwenden, des Weiteren Sonnenschutzmittel entsprechend dem persönlichen Hauttyp.
UV-schützende Kleidung	Kleidung als persönliche Schutzausrüstung: viel Haut bedecken (z. B. Sonnenschutz-Shirt). Kopfbedeckung und Nackenschutz: Ein breitkrempiger Hut mit ausreichendem Nackenschutz bzw. ein spezieller Nackenschutz für Helme

9.1.7.5 Persönliche Schutzausrüstung bei angeseilten Arbeiten

Im Bereich von Lawinenbaustellen besteht häufig Absturzgefahr. *Schutz gegen Absturz* (Anseilschutz) dient zur Sicherung von Personen bei Arbeiten mit Absturzgefahr, wenn technische oder bauliche Schutzmaßnahmen (z. B. Geländer) nicht möglich sind oder nicht ausreichen, sowie bei Arbeiten in Felswänden (Bild 9-14).

Zur persönlichen Schutzausrüstung bei angeseiltem Arbeiten (PSA-aA) zählen das Sicherheitsgeschirr (Auffanggurt), das Sicherheitsseil, der Anschlagpunkt, ein Falldämpfer und ein Seilkürzer (Straffhaltung von langen Sicherheitsseilen) und ggf. Auffangsysteme [4] (Tabelle 9-14). Die Bruchfestigkeit der PSA-aA ist auf mehrfache Sicherheit ausgelegt, trotzdem darf diese ausschließlich entsprechend der Gebrauchsanweisung angewendet werden. Alle Bestandteile sind nach der Europäischen PSA-Richtlinie 89/686 EWG geprüft, gekennzeichnet und nur für den Personenschutz zugelassen. Zu vermeiden ist insbesondere die Seilführung über scharfe Kanten, die Verwendung beschädigter oder sturzbelasteter PSA-aA oder eine unsachgemäße Reinigung und Lagerung. Vor jedem Einsatz ist eine Augenscheinsprüfung der PSA-aA vorzunehmen, einmal jährlich ist die PSA-aA von einer vom Hersteller autorisierten oder einer sachkundigen, ausgebildeten Person zu überprüfen. Eine sturzbelastete PSA-aA ist auszusondern.

Bild 9-14 Angeseiltes Arbeiten im Bereich der Lawinenbaustelle Hohe Munde (Telfs/Tirol) (© WLV Tirol)

Neben den direkten Arbeiten mit Seilsicherung werden zum *Schutz von Lawinenbaustellen vor Steinschlag* aus darüber liegenden Felshängen fallweise Abräumungsarbeiten durchgeführt. Dafür ist die Anwendung einer „Zweiseiltechnik“ gesetzlich verpflichtend vorgeschrieben, bei frei im Seil hängenden Arbeiten ist zusätzlich ein Abseilsitz zu verwenden.

Tabelle 9-18 Persönliche Schutzausrüstung für angeseiltes Arbeiten (PSA-aA) nach [4].

PSA angeseiltes Arbeiten	Eigenschaften, Standards
Auffanggurte	Auffanggurte besitzen gekennzeichnete Auffangösen („A"). Ausschließlich die Auffangösen haben die Aufgabe, die Sturzenergie möglichst schonend über die Beinschlaufen auf den Körper zu übertragen.
Sicherheitsseile	Sicherheitsseile für Höhenarbeiten müssen der EN 1891 (halbstatische Seile) entsprechen und werden in Verbindung mit Anschlagmitteln, Auffangsystemen und Seilkürzern verwendet. Eine Befestigung, Verlängerung oder Kürzung von Sicherheitsseilen mit Knoten ist in Österreich nicht zulässig.
Anschlagpunkte	Anschlagpunkte müssen mindestens einer Last von 10 kN bzw. gemäß EN 795 dem doppelten Wert der Kraft standhalten, der beim Auffangen entsteht. Die Verwendung von Bandschlingen ist zulässig. Im Bereich von Lawinenbaustellen werden häufig Anker, in besonderen Fällen auch Horizontalseilsysteme als Anschlagpunkte verwendet.
Auffangsysteme	Auffangsysteme haben der EN 363 zu entsprechen. Bei angeseilten Arbeiten im Steilhang können mitlaufende Auffanggeräte einschließlich beweglicher Führung gemäß EN 353-2 eingesetzt werden.

9.1.7.6 Schutz gegen Witterungseinflüsse

Auf Baustellen der Lawinenverbauung sind die Arbeitnehmer extremen Witterungen ausgesetzt. Eine besondere Rolle spielen die Einflüsse von Hitze, Kälte, Nässe und UV-Strahlung [2]. Eine besondere Bedeutung kommt daher dem Schutz gegen Witterungseinflüsse zu.

Auf Lawinenbaustellen kann trotz der Höhenlage große Hitze durch Sonneneinstrahlung auftreten, die die körperliche und geistige Leistungsfähigkeit von Arbeitnehmern herabsetzt. Der Hauptgrund für die Abnahme der Leistungsfähigkeit ist zunehmender Flüssigkeitsmangel, bedingt durch starkes Schwitzen. Aus diesem Grund ist vorrangig auf ausreichende Flüssigkeitszufuhr zu achten. Kälte kann hingegen zur Unterkühlung des Körpers und ebenfalls zum Verlust der Leistungsfähigkeit führen. Nässe durch Regen und Windeinwirkung beschleunigen die Unterkühlung. Für Lawinenbaustellen ist jeder Arbeitnehmer mit einer persönlichen Wetter- und Regenschutzausrüstung auszustatten. UV-Strahlung stellt aufgrund der Höhenlage der Lawinenbaustellen ein besonderes Gesundheitsrisiko dar. UV-Strahlung fördert die Entstehung von Sonnenbränden und Hornhautentzündungen (Augen), ist der stärkste bekannte Krebserreger (Schädigung der DNA in Hautzellen) und schädigt generell das Immunsystem. Sonnenschutz für Haut und Augen gehört daher zur PSA auf Lawinenbaustellen.

9.1.7.7 Absturzsicherungen und Hanggerüste

Im Bereich von Lawinenbaustellen besteht in vielen Bereichen, insbesondere in den felsigen oder grasbewachsenen Steilhängen, Absturzgefahr. Absturzsicherungen sind bei Absturzhöhen von mehr als 2,0 m gesetzlich verpflichtend vorgeschrieben. Als Möglichkeit der Absturzsicherung stehen grundsätzlich Wehre (Geländer), Hanggerüste und Fangnetze oder Abseilschutz zur Verfügung (siehe Abschnitt 9.1.7.5).

(a)

(b)

Bild 9-15 Hanggerüste und Absturzsicherungen in der Lawinenverbauung: (a): Hanggerüst mit Aluminiumgerüstkonsole (© WLV Vorarlberg); (b): „verstellbarer (teleskopierbarer) und in Einzelteilen zusammensetzbarer Gerüstbock" auf der Breitlehnerlawine (Telfs/Tirol) (© WLV Tirol)

Einen besonderen Stellenwert in der Lawinenverbauung haben *Hanggerüste*. In der Vergangenheit wurden die Gerüste vor Ort komplett aus Holz erstellt. Die heute in der Lawinenverbauung eingesetzten Hanggerüste bestehen aus Aluminium-Stahl-Konsolen (Bild 9-15a). Sie verfügen über Absturzsicherungen mit abnehmbaren Geländerstützen (bemessen auf 600 kg/Konsole). Diese ermöglichen eine schnelle Montage. Zusätzlich sind die Konsolen für verschiedene Hangneigungen variabel einstellbar.

In Österreich wurden die Hanggerüste für besondere Einsatzbereiche des Lawinenverbaus weiterentwickelt: Beispielsweise wurde für die Baustelle Breitlehnerlawine (Telfs/Tirol) ein „verstellbarer (teleskopierbarer) und in Einzelteilen zusammensetzbarer Gerüstbock" für extrem steile und felsige Anbruchgebiete (Bühnenbreite: 1,25 m; Feldbreite von max. 2,0 m;

bemessen nach ÖNORM B 4007 für „leichte Arbeiten" und TÜV-geprüft) (Bild 9-15b) oder der Gerüstbock „Osttirol" (leichter, sehr flexibler Gerüstbock aus Holz, welcher mit einem geringen Gewicht von ca. 13 kg für alle Neigungen einsatzfähig ist, bemessen nach ÖNORM B 4007 für „leichte Arbeiten") konstruiert.

9.1.7.8 Arbeitssicherheit bei Lastflügen mit Helikopter

Für die Arbeitssicherheit bei Hubschraubertransportflügen (Hub- und Montagearbeiten) (Bild 9-6a, b) gelten besondere Sicherheitsbestimmungen. Grundsätzlich sind die Lasten höhenabhängig auf die maximale Hubleistung des Hubschraubers (Tabelle 9-7) zu begrenzen (z. B. 900 kg). Die Lasten sind sicher anzuschlagen, sodass sie während des Transportfluges weder verrutschen noch herausfallen können. Lange Lasten sind mehrfach anzuschlagen, wobei der Neigungswinkel der Anschlagmittelstränge nicht größer als 60° sein darf. Für das Überfliegen von Verkehrswegen (Straßen, Seilbahnen) mit angehängten Lasten sind in der Regel behördliche Bewilligungen einzuholen.

Der Lastentransport mit Hubschrauber hat einem festgelegten Flugplan zu folgen und wird von einem Einweiser koordiniert, der über Funk mit dem Piloten und der Mannschaft an der Be- und Entladestelle in ständiger Verbindung steht. Die Kommunikation bei der Be- und Entladung zwischen dem Piloten und dem Einweiser erfolgt durch festgelegte Handzeichen [3] und Funk (siehe Abschnitt 9.1.3.3 und 9.1.2.4).

9.1.7.9 Blitzschutz auf Lawinenbaustellen

Ein weiteres Risiko im Bereich von Lawinenbaustellen stellt Blitzschlag dar. Es ist schwierig, zuverlässig zu erkennen, ab wann und wie lange die Gefahr eines Blitzschlages besteht. Wird ein Blitz wahrgenommen und festgestellt, dass zwischen Blitz und Donner weniger als 30 Sekunden vergehen, so ist es an der Zeit, geschützte Bereiche aufzusuchen.

Den höchsten Strömen sind Menschen ausgesetzt, wenn sie direkt vom Blitz getroffen werden. Aber auch Teile des Blitzstromes können zu tödlichen Elektrisierungen führen, das ist z. B. dann der Fall, wenn ein Objekt berührt wird, in das ein Blitz einschlägt, oder wenn man sich zu nahe bei diesem Objekt aufhält. Besonders exponiert für Blitzeinschläge sind Berggrate, Metallkonstruktionen (z. B. Stahlschneebrücke) oder Elektrobauteile. Den besten Blitzschutz findet man in Gebäuden mit Blitzschutzanlagen oder in Metallbaucontainern.

Wohn- und Sozialcontainer sind zum Schutz der Arbeitnehmer mit Blitzschutzanlagen auszustatten, ebenso haben elektrische Anlagen normgerechte Sicherungen gegen Blitzschlag zu enthalten. In Österreich finden sich die einschlägigen Bestimmungen über den Blitzschutz in ÖNORM B 5436:2002, ÖNORM E 2980:1987 und ÖVE/ÖNORM E 8049-1:2001. Blitzschutzanlagen müssen generell nach den ÖVE-Vorschriften (Österreichischer Verein für Elektrotechnik) errichtet und instandgehalten werden, die durch die Elektrotechnikverordnung (BGBl. Nr. 222/2002 idgF) für rechtsverbindlich erklärt sind. Vergleichbare Bestimmungen bestehen auch in der Schweiz und Deutschland.

9.1.7.10 Steinschlagschutz auf Lawinenbaustellen

Baumaßnahmen der Lawinenanbruchverbauung finden häufig an steinschlaggefährdeten Hängen statt. Den besten Steinschlagschutz stellt eine Arbeitsorganisation dar, die den Aufenthalt von Personen unterhalb von Abbruchbereichen minimiert. Des Weiteren ist ein Alpinhelm (Steinschlagschutzhelm) fester Bestandteil der PSA. Bei extremem Steinschlagrisiko kann die Räumung der Ablösungsgebiete, die Errichtung von Steinschlagschutznet-

Bild 9-16 Bergung eines verunfallten Arbeitnehmers im Bereich einer Lawinenverbauung durch die örtliche Bergrettung (Übungseinsatz: Vordernberger Mauer, Steiermark) (© WLV Steiermark)

zen, die Installation von Warneinrichtungen oder das Aufstellen von Warnposten erforderlich sein.

9.1.7.11 Unfallversorgung: Erste Hilfe und Bergung

Auf jeder Lawinenbaustelle müssen für die Erste Hilfe bei einem Unfall Verbandskästen, Krankentragen, Rettungs- oder Bergungsgerät und funktionsfähige Kommunikationseinrichtungen verfügbar sein. Bergungseinsätze sind regelmäßig gemeinsam mit der zuständigen Bergrettung zu üben (Bild 9-16).

9.2 Erhaltung von Lawinenschutzbauwerken

9.2.1 Allgemeines

Durch die Lawinenverbauungsmaßnahmen der letzten Jahrzehnte hat sich in den Alpen ein umfangreicher Bauwerksbestand entwickelt, der ein hohes Sicherheitsniveau gegen Lawinengefahren gewährleistet. Erhaltungsmaßnahmen für bestehende Schutzmaßnahmen (-systeme) werden daher zukünftig im technischen Lawinenschutz stark an Bedeutung gewinnen.

Der folgende Abschnitt stellt die Erhaltung technischer Lawinenschutzmaßnahmen als Teil eines umfassenden *Lebenszyklus-Konzepts* dar. Das im Bauwesen etablierte Erhaltungskonzept basiert auf einem „Life-Cycle-Ansatz", der das technische System (Bauwerk) umfassend von Beginn der Herstellung bis zum Ende der Lebensdauer (Abtrag, Verfall) betrachtet („Cradle-to-grave-Prinzip") und auch auf eine Optimierung der Kosteneffizienz über die gesamte Lebensdauer (Lebenszykluskosten) abzielt. Neben diesen systemischen Grundlagen werden in diesem Abschnitt auch praktische Fragen der Analyse und Bewertung von Schäden und Mängeln an Lawinenschutzbauwerken sowie die technisch-organisatorischen Standards und Methoden der Überwachung, Wartung, Instandhaltung und Sanierung für Lawinenschutzbauwerke behandelt.

9.2.2 Erhaltungsmanagement und Zustandsbeurteilung

9.2.2.1 Lebensdauer der Lawinenverbauung

Lawinenschutzbauwerke sind nach ihrer Fertigstellung durch die extremen Umgebungsbedingungen (Einwirkungen) und die Funktionserfüllung einem raschen Alterungs- und Abnutzungsprozess ausgesetzt, wodurch sich eine beschränkte Lebensdauer ergibt. Die Bauwerke können ihre Schutzfunktion über die gesamte planmäßige Lebensdauer nur unter der Voraussetzung erfüllen, dass sie während der Nutzungsphase regelmäßig überwacht und instandgehalten werden. Im Vergleich zu anderen Bauwerken sind Lawinenschutzbauwerke – insbesondere in alpinen Lagen – extremen Umweltbedingungen (Feuchtigkeit, Temperaturschwankungen, siehe Abschnitt 9.1.1.1) und dynamischen Einwirkungen durch Schnee, Lawinen und Wind ausgesetzt, die zu einer hohen Abnutzung (Schäden) und zur raschen physiologischen Alterung führen. Extreme Schneelagen, Lawinenwirkung, Steinschlag und Bewegungen im Untergrund, die bei der Planung und Bemessung der Schutzbauwerke nicht berücksichtigt wurden, können zu schweren Schäden an den Anlagen führen. Ein Überblick über die Schadensursachen und die Klassifikation der typischen Schäden an Lawinenschutzbauwerken ist Abschnitt 9.2.3 zu entnehmen. Erfahrungsgemäß ist die Lawinenanbruchverbauung für dynamische Einwirkungen besonders verletzlich, während das Schadensrisiko an Brems- und Ablenkverbauung vergleichsweise geringer ist.

Über die effektive Lebensdauer von technischen Lawinenschutzmaßnahmen sind bisher kaum Langzeitstudien verfügbar. Je nach Art der Schutzmaßnahmen wird in der Praxis (aufgrund der Beobachtung bestehender technischer Lawinenschutzmaßnahmen) eine Lebensdauer von 40 bis 80 Jahren für Lawinenanbruchverbauungen erwartet, die effektive Lebensdauer von Lawinenbrems- und Lawinenablenkverbauung kann u. U. wesentlich höher liegen. Die planmäßige Lebensdauer hängt maßgeblich von den einwirkenden Prozessen, der Funktion der Anlage und den verwendeten Baumaterialien ab, eine große Bedeutung hat auch die Erhaltungsstrategie (Häufigkeit und Zeitpunkt der Instandhaltungsmaßnahmen) (siehe Abschnitt 9.2.2.2) sowie die Intensität und Häufigkeit der Zustandsüberwachung [1].

Die Lebensdauer von temporären, technischen Lawinenschutzmaßnahmen (siehe Abschnitt 11.2.1) hängt hingegen in erster Linie vom Betrieb der Anlagen, vom Wartungsaufwand sowie vom technologischen Lebenszyklus mechanischer und elektronischer Bauteile ab. Der Erhaltungszustand der baulichen Anlagenteile ist bei diesen Systemen daher kaum als limitierender Faktor anzusehen. Ähnliches gilt für Monitoringsysteme (siehe Abschnitt 12.2).

9.2.2.2 Funktionen der Erhaltung und Erhaltungsstrategien

Definitionsgemäß [292][237] ist Erhaltung die Kombination aus technischen und administrativen Maßnahmen sowie Maßnahmen des Managements (Überwachung, Wartung, Instandhaltung und Sanierung) während des Lebenszyklus eines Schutzbauwerks (Erhaltungsmanagement). Ziel ist die Erhaltung des funktionsfähigen Zustandes oder Rückführung in diesen, sodass das Bauwerk die geforderte Funktion erfüllen kann. Das Erhaltungsmanagement umfasst daher einerseits die Überwachung der Schutzbauwerke hinsichtlich Standsicherheit und Gebrauchstauglichkeit, andererseits die Maßnahmen der Erhaltung (siehe Abschnitt 9.2.4), die aufgrund des Erhaltungszustandes (siehe Abschnitt 9.2.3.3) erforderlich sind (Bild 9-17a).

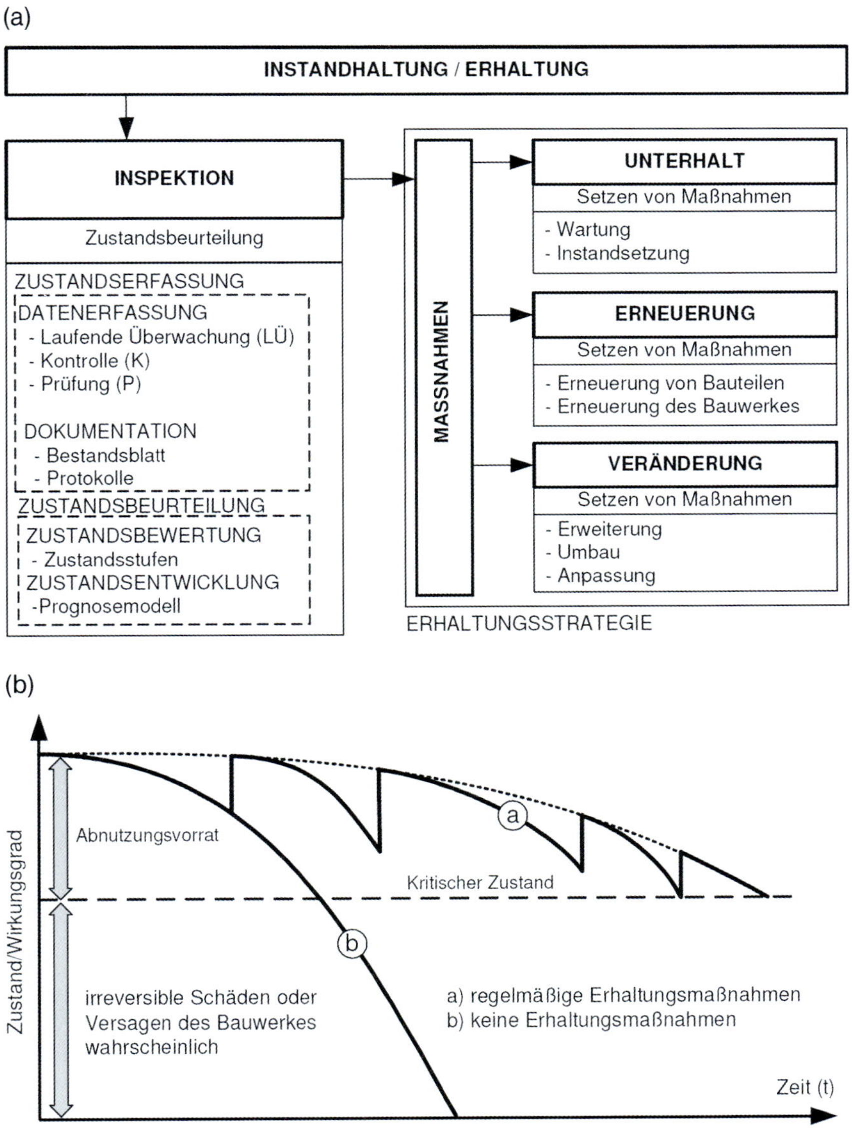

Bild 9-17 Erhaltungsmanagement in der Lawinenverbauung: (a): Grundlegende Funktionen des Erhaltungsmanagements von Bauwerken des permanenten technischen Lawinenschutzes nach ONR 24807 [237]; (b): Schematische Darstellung des Erhaltungszustandes von Lawinenschutzbauwerken bei regelmäßigen und vernachlässigten Instandhaltsmaßnahmen über die Lebensdauer nach ONR 24807 [237]

Tabelle 9-19 Mögliche Erhaltungsstrategien für Lawinenschutzbauwerke nach [278] und ONR 24807 [237]

Erhaltungsstrategie	Maßnahmen und Wirkung
vorausschauend präventive Strategie	Kleinere, vorab festgelegte Maßnahmen werden aufgrund von Erhaltungsrichtlinien (Betriebsordnungen) durchgeführt. Der *Abnutzungsvorrat* (gemäß DIN 31051) wird unter Umständen nicht ausgeschöpft.
zustandsbezogene präventive Strategie	Erhaltungsmaßnahmen werden in Abhängigkeit des Zustandes gesetzt. Voraussetzung ist die laufende Zustandsüberwachung der Schutzbauwerke.
mittel-/langfristig korrigierende Strategie	Erhaltungsmaßnahmen werden erst gesetzt, wenn ein strukturell und funktional kritischer Zustand der Schutzbauwerke erreicht wird. Der Abnutzungsvorrat wird vollständig ausgenutzt.
kurzfristig korrigierende Strategie	Die Maßnahmen erfolgen erst, wenn ein unmittelbarer Schutzfunktionsverlust oder ein Versagen des Bauwerkes droht (Überschreitung des Grenzwertes des Abnutzungsvorrates). Diese Strategie kann zu einem irreversiblen Funktionsverlust führen. Eine vernachlässigte Erhaltung führt in der Regel zum selben Ergebnis.

Die regelmäßige Erhaltung von Lawinenschutzbauwerken ist somit die Grundlage zur Erfüllung der Gebrauchstauglichkeit. Die Erhaltung von Bauwerken des permanenten technischen Lawinenschutzes muss nach ONR 24807 [237] einer zu Beginn festgelegten *Erhaltungsstrategie* folgen, die den Zeitpunkt und Umfang der Maßnahmen definiert (Tabelle 9-19). Die Erhaltungsstrategie richtet sich nach den Anforderungen der Sicherheit und Schutzwirkung, nach der Anzahl der Schutzbauwerke, der Kategorie der Bauwerke und der wirtschaftlichen Effizienz der Erhaltungsmaßnahmen und bezieht insbesondere den *Abnutzungsvorrat* (nach DIN 31051:2003) mit ein (Bild 9-17b). Dieser ist für Lawinenschutzbauten nach [237] als Vorrat der möglichen Funktionserfüllung unter festgelegten Bedingungen, der einem Schutzbauwerk aufgrund der Herstellung, Instandsetzung oder Verbesserung innewohnt, definiert. Die Abnützungsgrenze ist erreicht, wenn der Abnutzungsvorrat aufgebraucht ist. Spätestes zu diesem Zeitpunkt müssen die Instandsetzungsmaßnahmen eingeleitet werden, um einen Ausfall bzw. ein Versagen der Anlage ausschließen zu können. Der Zeitpunkt stellt aus ökonomischer Sicht – zumindest in der Theorie – das „Erhaltungskosten-Optimum" dar, ein früheres Einschreiten kann über die Lebensdauer der Anlage zu relativ höheren Instandhaltungskosten führen (der Abnutzungsvorrat wurde nicht vollständig ausgeschöpft), ein späteres Einschreiten kann hingegen zu einem vorübergehenden oder völligen Verlust der Schutzwirkung führen und eine vorzeitige Reinvestition erforderlich machen [278].

9.2.2.3 Inspektion und Zustandsbeurteilung

Die Inspektion dient dem Zweck, die Zuverlässigkeit (Tragsicherheit, Gebrauchstauglichkeit, Dauerhaftigkeit) des Bauwerkes sicherzustellen. Sie unterteilt sich in die Zustandserfassung und die Zustandsbeurteilung. Die Zustandserfassung beinhaltet die operativen Instrumente und die Instrumente der Dokumentation, die Zustandsbeurteilung jene der Bewertung der Schäden und Mängel an Lawinenschutzbauwerken (siehe Abschnitt 9.2.3.3).

Die Inspektion und Zustandsbeurteilung von Schutzbauwerken werden auch durch rechtliche und technische Standards (Österreich: Wasserrechtsgesetz, ONR 24807 [237]; *Schweizer Richtlinie* [189]) bestimmt. Diese Standards haben für eine allgemein gültige, einheitliche Qualität der Erhaltungs- und Inspektionsmaßnahmen im Lawinenschutz deshalb große Bedeutung, da zahlreiche öffentliche und private Akteure (staatliche Lawinenverbauungsdienste, Gemeinden, Verkehrsträger, Seilbahnbetreiber, Grundeigentümer, Begünstigte der Schutzmaßnahmen) involviert sind. Die Erhaltung und regelmäßige Inspektion von Lawinenschutzbauwerken ist aufgrund der einschlägigen Rechtsnormen als rechtsverbindliche Verpflichtung des Halters (Betreibers) oder Konsensinhabers (Konzessionsinhabers) der Lawinenschutzanlagen bzw. der Schutzbegünstigten anzusehen, in manchen Fällen ist auch der Liegenschaftseigentümer erhaltungsverpflichtet.

Die ONR 24807 [237] legt einen strukturierten und nachvollziehbaren Ablauf für die Durchführung der erforderlichen Inspektionen an Lawinenschutzbauwerken fest (Bild 9-18), der die Zustandserfassung, Dokumentation des Bauwerkszustandes und die Zustandsbeurteilung umfasst. Bei der Zustandsbeurteilung werden Schäden und Mängel an den Lawinenschutzbauwerken (siehe Abschnitt 9.2.3) erhoben und deren Folgen für die Standsicherheit und Gebrauchstauglichkeit beurteilt. Das Konzept sieht im Sinne der Effizienz mehrere Stufen der Zustandserfassung, d. h. die *Erstaufnahme*, *laufende Überwachung*, *Kontrolle* und *Prüfung*, vor, die auf unterschiedlichen Aufnahmeintensitäten (visuell, Ingenieurmethoden) und unterschiedlichen Qualifikationen des Aufnahmepersonals (geschulte Person, Experte) basieren. Die Inspektion der Schutzbauwerke verfolgt das Ziel, nach einer umfassenden Methode den Erhaltungszustand der Anlagen zu erheben und sie danach einer *Zustandsstufe* (siehe Abschnitt 9.2.3.3) zuzuordnen. Maßgeblich für die Festlegung der Art und Dringlichkeit von Erhaltungsmaßnahmen ist jedoch die Schwere der Auswirkungen eines Versagens des Bauwerkes auf die Maßnahmengruppe (den Maßnahmenverband) oder die geschützten Zonen. Zur Berücksichtigung dieses Aspektes werden Lawinenschutzbauwerke einer Bauwerkskategorie nach ONR 24807 [237], d. h. *Standardbauwerke* und *Schlüsselbauwerke* (Tabelle 9-20) zugeordnet. Die Einteilung erfolgt entsprechend den in der Norm festgelegten Schadensfolgeklassen (Grundlage: ÖNORM EN 1990).

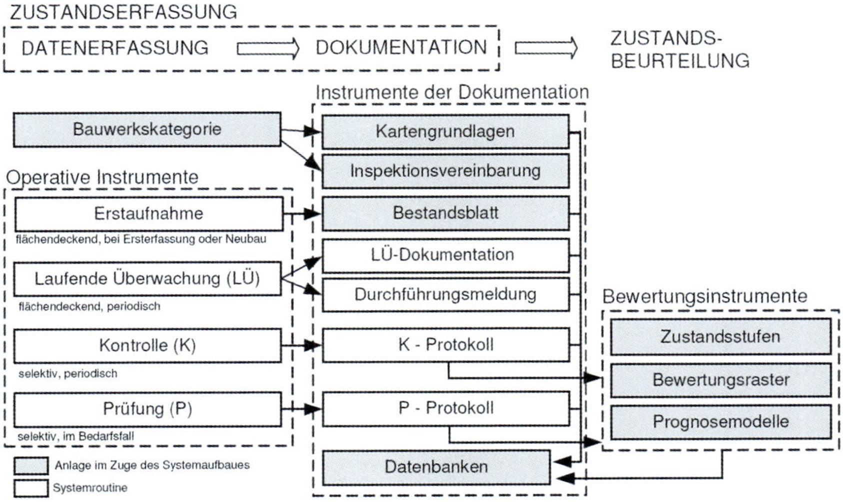

Bild 9-18 Übersicht über den Ablauf und die Instrumente der Inspektion gemäß ONR 24807 [237]

Tabelle 9-20 Bauwerkskategorien gemäß ONR 24807:2009 [237], basierend auf den Auswirkungen eines Versagens des Bauwerkes für den Maßnahmenverband oder den geschützten Bereich

Bauwerkskategorie	Definition
Standardbauwerke	sind Bauwerke, deren Versagen nur mittlere oder geringe (lokale) Auswirkungen auf die Maßnahmengruppe (den Maßnahmenverband) bzw. auf die geschützten Zonen hat. Bauwerke, die in die Schadensfolgeklassen CC1 und CC2 fallen, dürfen als Standardbauwerke betrachtet werden, wie z. B. Stahlschneebrücken.
Schlüsselbauwerke	sind Bauwerke, deren Versagen große Auswirkungen auf die Maßnahmengruppe (den Maßnahmenverband) bzw. die geschützten Zonen hat. Bauwerke, die in die Schadensfolgeklasse CC3 fallen, sind als Schlüsselbauwerke zu betrachten. In bestimmten Fällen können auch Bauwerke, die in die Schadensfolgeklasse CC2 fallen, Schlüsselbauwerke sein. Die endgültige Festlegung erfolgt jedoch im Einzelfall aufgrund der konkreten Beurteilung durch einen fachkundigen Experten.

9.2.3 Schäden und Mängel an Schutzbauwerken

9.2.3.1 Übersicht und Definitionen

Lawinenschutzbauwerke unterliegen extremen Einwirkungen, die häufig nur schwierig zu quantifizieren sind. *Schadensanalysen* können wertvolle Informationen liefern, um einerseits Einwirkungen und Gefährdungsbilder zu überprüfen und andererseits Bauwerke zu optimieren. Da aus der Forschung nur wenige Messdaten über Einwirkungen auf Lawinenschutzbauwerke vorliegen (siehe Abschnitt 12.2.6), bilden Schadensanalysen oft die einzige Möglichkeit, um die Interaktion zwischen Prozess und Bauwerk besser zu verstehen.

Neben der korrekten Ausführung hängt die Schadensanfälligkeit von Lawinenschutzbauwerken wesentlich von den einwirkenden Prozessen, der Art und dem Zustand der Schutzbauwerke ab. Die Schadensanfälligkeit von Lawinenschutzbauwerken ist im Allgemeinen gering. Beispielsweise betrug im extremen Lawinenwinter 1999 die gesamte Schadensumme in der Schweiz weniger als 1 % der Gesamtinvestitionen im baulichen Lawinenschutz [289]. Erfahrungsgemäß sind Lawinenstützwerke die für Schäden anfälligsten Schutzbauwerke. Lawinenleit-, Lawinenbrems- und Lawinenauffangverbauungen sowie Lawinengalerien sind dagegen robuste Bauwerke und relativ schadensunempfindlich. Verwehungsverbauungen werden meistens in flachem Gelände erstellt, wodurch die Wahrscheinlichkeit für Schäden durch Schneedruck stark reduziert ist. Hingegen können Schäden durch Windeinwirkung auftreten.

Die *Konsequenzen eines Schadens* sind für die verschiedenen Lawinenschutzbauwerke sehr unterschiedlich:

- Der Einsturz der Decke einer *Lawinengalerie* infolge zu großer Lawineneinwirkungen kann zu einer direkten Gefährdung von Personen führen (Schlüsselbauwerk).
- Werden mehrere *Stützwerke* – z. B. infolge starken Schneegleitens – beschädigt, handelt es sich im Allgemeinen um einen kleinflächigen Schaden. Erfahrungsgemäß führt ein solcher Schaden nicht zu einem Gesamtversagen einer Stützverbauung, da eine Stützverbauung aus vielen Einzelkonstruktionen besteht. Des Weiteren hat das schädigende Ereignis keine unmittelbaren Auswirkungen auf den geschützten Bereich, da es unabhängig vom schädigenden Lawinenprozess ist (Standardbauwerk).

In der ONR 24807 [237] ist ein *Schaden* als Veränderungen im Bauwerk, in dessen Einbindungen oder Umgebung durch externe oder interne Ursachen definiert, die zu einer Verminderung der Tragfähigkeit, Gebrauchstauglichkeit oder Dauerhaftigkeit des Tragwerkes führen. Gemäß dem Entwurf der Schweizer Norm SIA 269 ist ein Schaden eine nach der Abnahme auftretende, unvorhergesehene Schwächung der materiellen Substanz eines Tragwerkes. Ein *Mangel* ist dagegen das Fehlen einer Eigenschaft, die das Tragwerk bei der Abnahme vertragsgemäß oder nach anerkannter Baupraxis aufweisen sollte. Oft führen verdeckte Mängel wie z. B. ein ungenügend ausinjizierter Anker zu späteren Schäden.

9.2.3.2 Ursachen für Schäden an Lawinenschutzbauwerken

Die Ursachen für Schäden an Schutzbauwerken können nach [252] systematisiert werden, indem zwischen *internen* Ursachen, die direkt das Bauwerk betreffen, und *externen* Ursachen, wie z. B. Umwelteinwirkungen, unterschieden werden (Tabelle 9-21). Eine weitere Unterteilung wird in *typische,* vorhersehbare oder *untypische*, oft nicht vorhersehbare Einflüsse gemacht:

- Eine typische, interne Ursache für Schäden ist z. B. die Alterung.
- Typische, externe Ursachen (normale Einwirkungen) wie z. B. Schneedruck oder Aufprall von kleinen Schneerutschen bei Stützwerken sind vorhersehbar und werden bei der Bemessung von Schutzbauwerken standardmäßig berücksichtigt und verursachen daher normalerweise keine Schäden.
- Untypische, interne Ursachen wie Materialfehler, Planungsfehler oder Baumängel führen häufig zu Schäden.
- Untypische, externe Ursachen (außergewöhnliche Einwirkungen) wie z. B. Steinschlag oder Lawinenaufprall bei Stützwerken werden bei der Bemessung einer Maßnahme bewusst oder unbewusst vernachlässigt. Solche Einflüsse sind oft nicht vorhersehbar, können aber zu großen Schäden führen.

Die Wahrscheinlichkeit für einen Schaden hängt stark vom jeweiligen Standort einer Schutzmaßnahme ab, insbesondere davon, wie komplex sich die Gefahrensituation, die Topographie oder die geotechnische Situation präsentiert. Mit zunehmender Alterung nimmt die Schadensanfälligkeit zu. Erschwerend kommt hinzu, dass die Bemessung und Ausführung von älteren Maßnahmen oft nicht mehr dem heutigen Stand der Technik entsprechen.

Tabelle 9-21 Gliederung von Schadensursachen an Lawinenstützwerken.

Einfluss	Interne Ursache (Bauwerk/Material)	Externe Ursache (Einwirkungen aus der Umwelt)
Typisch (vorhersehbar)	Alterung des Materials (Korrosion, Versprödung) Lastwechsel (Ermüdung)	Schneedruck Aufprall Schneerutsche Erosion
Untypisch (oft nicht vorhersehbar)	Materialfehler Konstruktionsfehler Baumängel Planungsfehler	Aufprall Lawinen Wächtenabsturz Stein- und Blockschlag Hangrutschung starke Erosion Fallholz (umstürzende Bäume)

9.2.3.3 Schadenerhebung und Zustandsbeurteilung

Die Aufnahme von Schäden und Funktionsbeeinträchtigungen im Rahmen der Inspektion ist die Basis für eine Zustandsbewertung. In der *Schweizer Richtlinie* [189] und in der ONR 24807 [237] wird vorgeschlagen, die *Zustandsstufe* eines Schutzbauwerkes als Funktion der Tragsicherheit und Gebrauchstauglichkeit sowie einer Prognose für das Auftreten von Folgeschäden zu erstellen (Tabelle 9-22, Tabelle 9-23). Die Einordnung aller Schutzmaßnahmen in eine Zustandsstufe und die fortlaufende Überprüfung von Veränderungen ermöglicht, den zukünftigen Aufwand für Sanierungs- und Erhaltungsmaßnahmen abzuschätzen. Meist können Schäden an Stützverbauungen, Dämmen oder Verwehungsverbauungen durch konsequente visuelle Beobachtungen rechtzeitig erkannt werden. Die Tragsicherheit von nicht sichtbaren Bauteilen wie Verankerungen oder die Stabilität von Erddämmen lassen sich hingegen visuell praktisch nicht erfassen. Dazu sind umfangreichere Zustandsaufnahmen – z. B. mit Ankerzugversuchen, geotechnischen Prüfverfahren oder Ingenieurvermessung – erforderlich.

Tabelle 9-22 Zuordnung der Zustandsstufen für die Tragsicherheit und Gebrauchstauglichkeit zum Aufnahmezeitpunkt und den Zeithorizont für das Auftreten von Folgeschäden

Zustandsstufe		Tragsicherheit a	Gebrauchstauglichkeit b	Zeithorizont für das Auftreten von Folgeschäden	Beispiele für Stahlschneebrücken
ONR 24807 [237]	Schweizer Richtlinie [189]				
0	–	–	–	–	–
2	1	gegeben	gegeben	> 5 Jahre	verbogene Rostbalken, Erosion um Fundamentsockel, kleiner 10 cm bis 20 cm, Materialansammlung auf dem Rost mit Mächtigkeit von weniger als 50 cm, gleichmäßige Flächenkorrosion (Rosten).
4	2	eingeschränkt	eingeschränkt	2 bis 5 Jahre	freigelegte Verankerungen, zwischen 20 cm und 40 cm (noch intakt), eingedrückte Mikropfahlverankerung, leicht gekrümmte Stützen.
5	3	sehr eingeschränkt (Einsturzgefahr)	sehr eingeschränkt (keine oder stark eingeschränkte abstützende Wirkung)	1 Jahr	ausgeknickte Stützen, stark deformierte bis gebrochene Träger, gebrochene oder herausgezogene Anker, ausgeknickte Mikropfähle.

a zum Aufnahmezeitpunkt (= Sicherheit gegenüber dem Erreichen des Grenzzustandes der Tragfähigkeit, Verlust der Gesamtstabilität des Stützwerkes)

b zum Aufnahmezeitpunkt (= Funktionstüchtigkeit des Schutzbauwerkes)

Tabelle 9-23 Zustandsstufen von Lawinenschutzbauwerken

Zustandsstufen für Standardbauwerke gemäß ONR 24807 [237]		Zustandsstufen und Bewertung betreffend Reparaturdringlichkeit und Handlungsbedarf gemäß *Schweizer Richtlinie* [189]	
0	Bauwerk ist entbehrlich	–	–
2	guter Erhaltungszustand	1	Gut, kleine Dringlichkeit: beobachten.
4	mangelhafter Erhaltungszustand	2	Schadhaft, mittlere Dringlichkeit, Instandsetzung in 1–3 Jahren.
5	schlechter Erhaltungszustand	3	Schlecht, hohe Dringlichkeit, sofortige Instandsetzung.

Der Zustand eines Schutzbauwerkes ist ein wesentlicher Punkt für die Beurteilung ihrer Wirkung im Rahmen von Gefahrenbeurteilungen. Nach der Schweizer Anleitung zur Beurteilung der Wirkung von Schutzbauwerken PROTECT [192] kann ein vierstufiges Verfahren angewendet werden:

- In einem ersten Schritt (Grobbeurteilung) wird aufgrund der bereits vorhandenen Kenntnisse zum Prozess und dem Schutzbauwerk eine erste Einschätzung vorgenommen.
- Im zweiten Schritt (Maßnahmenbeurteilung) wird die Zuverlässigkeit des Bauwerkes bestimmt, indem sein Zustand und Verhalten für verschiedene Gefährdungsbilder, Einwirkungen oder Szenarien, basierend auf der Tragsicherheit, Gebrauchstauglichkeit und Dauerhaftigkeit qualitativ und quantitativ eingeschätzt wird.

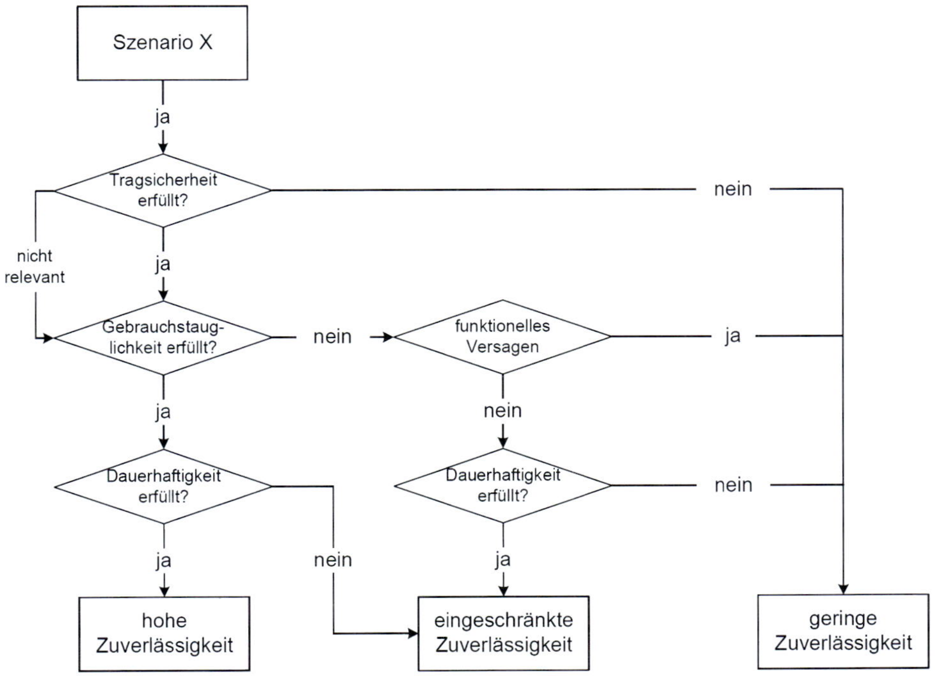

Bild 9-19 Einschätzung der Zuverlässigkeit einer Maßnahme für ein bestimmtes Szenario X auf Grund der Tragsicherheit, Gebrauchstauglichkeit und Dauerhaftigkeit, nach PROTECT [255]

- Die Zuverlässigkeit der Maßnahme wird im dritten Schritt (Wirkungsbeurteilung) verwendet, um die maßgebenden Szenarien für die Gefahrenbeurteilung festzulegen. Wenn die Zuverlässigkeit eines Bauwerkes (z. B. wegen eines mangelhaften Erhaltungszustandes) eingeschränkt ist, kann nur von einer teilweisen Wirkung ausgegangen werden.
- Im vierten Schritt wird die raumplanerische Umsetzung des durch das Schutzbauwerk reduzierten gefährdeten Gebietes angesprochen.

9.2.3.4 Schäden an Lawinenstützwerken

Die größten Schäden an Lawinenstützverbauungen treten bei dynamischen Lawineneinwirkungen auf, insbesondere dann, wenn Lawinen von oben oder seitlich in Verbauungsbereiche eindringen. Stützwerke können vollständig zerstört werden. Im Katastrophenwinter 1999 verursachten in der Schweiz Lawinen rund 20 % der Schäden an Stützwerken [289]. Ähnlich zerstörend wie Lawinenaufprall kann Steinschlag sein.

Eine der häufigsten Schadensformen sind Verformungen am Oberbau und an den Fundamenten infolge zu großen Schneedrucks, infolge starken Schneegleitens oder wenn Stützwerke aufgrund zu kleiner Werkhöhe oder Schneeverfrachtung durch Wind überschneit werden. Die Wahl der standortangepassten Werkhöhe ist für einen nachhaltigen Einsatz von Stützwerken entscheidend. Am Oberbau sind in Talrichtung ausgeknickte Stützen der häufigste Schaden. Die oft eingesetzten Hohlprofile sind im Vergleich zu HEA-Profilen bedeutend schadensanfälliger. Heute wird in der *Schweizer Richtlinie* [189] verlangt, dass bei der Bemessung der Stützen zusätzlich eine Querbelastung berücksichtigt werden muss.

Eine systematische Schadenserhebung in Tirol von *Klaus* [159] hat gezeigt, dass weniger als 1 % der Stützwerke Schäden aufwiesen. Rund 62 % der Schäden betrafen die Fundamente und rund 38 % den Oberbau. Schäden an der Fundierung sind oft auf ein in der Vergangenheit zu optimistisch eingeschätztes Tragverhalten von Anker und Mikropfählen zurückzuführen. Ankerzugversuche (siehe Abschnitt 8.2.9.8) werden erst in den letzten Jahren im Lawinenverbau regelmäßig durchgeführt. In Österreich wurden relativ viele Schäden bei der Trägerfundierung mit dem Parallelstabanker (siehe Abschnitt 7.2.3.3) verzeichnet, der heute nicht mehr eingebaut wird. In der Schweiz haben sich Stützenfundierungen im Lockergestein auf nur einem Mikropfahl nicht bewährt. Ein Schadenkatalog mit den häufigsten Schäden und möglichen Ursachen an permanenten Stützwerken ist in Tabelle 9-24 (Bild 9-20: A, B, C), Tabelle 9-25 (Bild 9-21: D, E, F), Tabelle 9-26 (Bild 9-22: G, H, I, J), Tabelle 9-27 (Bild 9-23: K, L, M, N, O) und Tabelle 9-28 (Bild 9-24: P, Q) enthalten.

9.2.3.5 Schäden an Lawinendämmen

Geschüttete Lawinendämme sind im Allgemeinen robuste Bauwerke, die kaum schadensanfällig sind. Die häufigste Ursache für Unterhaltsarbeiten ist die Ablagerung von Steinschlag und Muren im Dammvorfeld. Dadurch wird einerseits die Wirkhöhe reduziert, andererseits kann der Abfluss behindert werden. Weitere Kriterien, die bei Dämmen zu prüfen sind, sind eventuelle Verformungen (Setzungen) des Dammkörpers infolge von Geländebewegungen, Standsicherheitsproblemen oder Erosion infolge von starken Niederschlägen. Der Oberbau und die Fundamente von Brems- oder Ablenkwänden aus Stahl oder Beton können infolge von zu großen Aufprallkräften deformiert und beschädigt werden. Ein Schadenkatalog mit den häufigsten Schäden und möglichen Ursachen bei Erddämmen und Ablenkwänden ist in der folgenden Tabelle 9-29 (Bild 9-25: R, S, T, U) aufgeführt.

9.2.3.6 Schäden an Lawinengalerien

Schäden an der Tragkonstruktion von Lawinengalerien sind sehr selten. Schäden können bei alten, ungenügend bemessenen Bauwerken oder bei unvorhergesehenen Einwirkungen wie z. B. senkrechtem Lawinenaufprall (Schneemassen fallen über Felsstufen vertikal auf das Galeriedach, Bild 9-26a), Blockschlag oder Stützenaufprall durch Fahrzeuge auftreten. Infolge von Sog- oder Aufprallkräften wurden Schäden an der talseitigen Galeriefront festgestellt (Bild 9-26b). Die häufigsten Schäden an Lawinengalerien sind Betonabplatzungen, Korrosion der Bewehrung, Wassereintritte oder defekte Entwässerungen. Ursachen sind die infolge des Einsatzes von Streusalz entstehenden, hohen Chloridkonzentrationen insbesondere im oberflächlichen Beton der Stützen und der Rückwand, undichte Dilatationsfugen oder defekte Abdichtungen. Die Abdichtungssysteme und die Betonüberdeckung der Bewehrung von älteren Galerien entsprechen meistens nicht mehr dem heutigen Stand der Technik.

9.2.3.7 Schäden an Verwehungsverbauungen

Bei Verwehungsverbauungen stehen zwei Schadensursachen im Vordergrund:

- *Staudruck des Windes*: Der häufigste Schaden tritt auf, wenn durch Windspitzen (Sturmböen) Bretter brechen oder „herausvibriert" werden (Bild 9-27a). Die Bretter werden oft als Sollbruchstelle ausgelegt. Deshalb ist es relativ selten, dass die Tragkonstruktion einer Treibschneewand infolge zu hohen Staudrucks des Windes versagt und die Verbauung einstürzt.
- *Unvorhergesehene schneemechanische Einwirkung*: Bei einer korrekten, windexponierten Positionierung sind Verwehungsverbauungen meist frei geblasen. Bei ungünstigen Windrichtungen oder sehr großen Schneemengen können sie jedoch ihre Funktion verlieren und ganz eingeschneit werden. Im flachen Gelände können seitliche Abspannungen oder Verstrebungen einer Treibschneewand durch Kräfte infolge der Setzung der Schneedecke beansprucht werden. Die Folge ist die Lockerung von Seilen oder die Verbiegung von Verstrebungen (Bild 9-27b). Als Sekundärschaden können auch Stützen beschädigt werden. Im geneigten Gelände können Verwehungsverbauungen durch Schneedruck belastet werden. Insbesondere Kolktafeln sind relativ schadempfindlich, wenn sie vollständig eingeschneit werden.

Tabelle 9-24 Schäden und Ursachen am Stützrost von Lawinenstützwerken (Zustandsstufen nach ONR 24807 [237] (Bild 9-20: A, B, C)

Index	Zustandsstufe	Schäden und Beobachtungen	Mögliche Ursachen
A	2	Verformung der Rostbalken (Dellen), Wasser läuft nicht ab, Durchbiegung (Balkenmitte, Kragarme), Rostbildung	Obere Rostbalken: Überschneien Untere Rostbalken: Schneegleiten, Steinschlag, Oberflächenkorrosion
B	5	Fehlende Balken oder Zwischenbalken; Defekte Befestigungen der Rostbalken (gebrochene Bügel, fehlende oder lose Schrauben)	Steinschlag, Sturm, Lawinenaufprall, Überlastung durch Schneedruck
C	2	Anfüllen des Stützrostes mit Steinen und Erdmaterial führt zu einer Reduktion der Wirkhöhe	Lokale Erosion oder Rutschung: Wirksame Höhe wird reduziert (ab ca. 0,5 m problematisch)

Tabelle 9-25 Schäden und Ursachen an der Tragkonstruktion von Lawinenstützwerken (Zustandsstufen nach ONR 24807 [237]) (Bild 9-21: D, E, F)

Index	Zustandsstufe	Schäden und Beobachtungen	Mögliche Ursachen
D	5	Talseitiges Ausknicken oder Durchbiegen der Stützen, beschädigte Anschlussteile (oft bei Randwerken)	Talseitiges Anhängen der Schneedecke erzeugt Querbelastung, Überbelastung durch Überschneien (zu kleine Werkhöhe), zu große Knicklänge (überlange Stütze), erhöhte Randkräfte, Unterdimensionierung
E	5	Verformung und seitliches Kippen der Träger, Verbiegung/ Knicken der Anschlusslaschen, Verformung der Rostbalken, Bruch der Bolzen (oft bei Randwerken)	Überbelastung durch Überschneien (zu kleine Werkhöhe), schlecht ausgebildete Krafteinleitung (Konstruktionsmangel), Unterdimensionierung
F	5	Fehlende Bolzen, fehlende Splinte, fehlende Schrauben, nicht angezogene Muttern	Baumangel, herausvibrieren infolge starken Windes

Tabelle 9-26 Schäden und Ursachen bei Schneenetzen (Zustandsstufen nach ONR 24807) [237] (Bild 9-22: G, H, I, J)

Index	Zustandsstufe	Schäden und Beobachtungen	Mögliche Ursachen
G	5	Talseitige Durchbiegung oder Ausknicken der Stütze, Position der Stütze (Verdrehung)	Talseitiges Anhängen der Schneedecke erzeugt Querbelastung, Verdrehung der Stütze durch ungleiche Belastung
H	4	Geometrie Stützenfuß und Fundament, Stütze steht am Fundament an oder ist ausgekugelt, Gelenk ist blockiert	Verkipptes Fundament, Hubkräfte durch Wind, Verschmutzung durch Geröll oder Erdmaterial
I	5	Zustand des Netzrandseiles, der Maschenseile und der Netzabdeckung bzw. der Netzbefestigung: Scheuerung, Drahtbrüche, beschädigte Verzinkung	Überbelastung durch Schneedruck oder Steinschlag, zu großer Durchhang (bedingt durch Lockerung der Abspannseile)
J	2	Durchhang (fehlende Spannung) der Seile, Position und Klemmwirkung der Drahtseilklemmen, Zustand der Abspannseile: Scheuerung, Drahtbrüche, beschädigte Verzinkung	Überbelastung durch Schneedruck oder Steinschlag, Baumangel: z. B. nicht nachgezogene Klemmen

Tabelle 9-27 Schäden und Ursachen bei Verankerungen und Mikropfählen (Zustandsstufen nach ONR 24807) [237] (Bild 9-23: K, L, M, N, O)

Index	Zustandsstufe	Schäden und Beobachtungen	Mögliche Ursachen
K	5	gebrochene oder verbogener Anker, lockere Schraubenanschlüsse, Überstand Ankerkopf	Überbelastung (Schneedruck, Lawine, Steinschlag), Materialfehler, Geländeverschiebungen, Montagefehler
L	5	ausgerissene Anker mit Mörtelsäule, gelockerter Anker, starker Rostansatz	zu kleine Verankerungslänge, ungünstigere Baugrundeigenschaften als angenommen, beschädigter Korrosionsschutz
M	5	ausgerissene Anker ohne Mörtelsäule, Position des Ankerkopfes verschoben	Überbeanspruchung, ungünstige Belastungsrichtung (quer zum Anker), ungenügender Verbund zwischen Anker und Mörtel
N	5	seitlich oder in Talrichtung ausgeknickter Mikropfahl, zerstörte Mörtelsäule	ungenügende seitliche Bettung des Mikropfahles (irreversibler Vorgang, Werk stürzt ein), kritisch, wenn Stütze nur auf einem Mikropfahl steht, oft sind Risse im Boden erkennbar
O	4	Überstand Ankerkopf/Boden, freigelegter Anker, zerstörte Mörtelsäule	Montagefehler, Bodenerosion, Überstand von mehr als 20 cm kritisch, da Biegebeanspruchung entstehen kann

Tabelle 9-28 Schäden und Ursachen bei Grundplatten und Betonfundamenten (Zustandsstufen nach ONR 24807) [237] (Bild 9-24: P, Q)

Index	Zustandsstufe	Schäden und Beobachtungen	Mögliche Ursachen
P	5	Freilegung oder Verkippen der Grundplatte, oft bei Randwerken	Erosion, ungenügende Einbindetiefe, Überbelastung, ungenügender Baugrundwiderstand
Q	2	Freilegung oder Unterhöhlung des Fundamentsockels, Verkippen oder Verschieben des Fundaments, zerbrochenes Fundament	Erosion, Überlastung oder ausmittige Belastung, ungenügende Einbindetiefe, zu kleine Abmessungen, schlechte Betonqualität, fehlende Bewehrung

Tabelle 9-29 Schäden und Ursachen bei Erddämmen und Ablenkwänden aus Stahl (Bild 9-25: R, S, T, U)

Index	Zustandsstufe	Schäden und Beobachtungen	Mögliche Ursachen
R	2	Oberflächenerosion, geotechnische Instabilitäten	starke Niederschläge, ungenügende Verdichtung
S	4	verbogene Stahlelemente, gerissene Betonelemente, verschobene Fundamente	zu starke Lawineneinwirkungen, ungenügende Bemessung
T	2	reduzierte Wirkungshöhe infolge Materialablagerungen, reduziertes Rückhaltevolumen infolge Auffüllen des Auffangraumes, Verklausungsgefahr im Bereich des Durchlasses (Wildbach)	Auffangraum kann von Murgängen oder Steinschlägen erreicht werden, oft bei kombinierten Bauwerken gegen Lawinen und Murgänge
U	2	geotechnische Instabilitäten, reduzierte Wirkungshöhe infolge von starken Setzungen	ungenügende Verdichtung, schlechtes Schüttmaterial

[A] Verformung der Rostbalken (© Margreth)

[B] Fehlende Balken (© Margreth)

Bild 9-20 Schäden am Stützrost: A, B

Bild 9-20 (Fortsetzung) Schäden am Stützrost: C

[C] Anfüllen des Stützenrostes mit Steinen/Erde (© Margreth)

Bild 9-21 Schäden an der Tragkonstruktion: D

[D] Ausknicken der Stützen einer Schneebrücke (© Margreth)

[E] Verformung der Träger (© Margreth)

[F] Fehlende Bolzen (© Margreth)

Bild 9-21 (Fortsetzung) Schäden an der Tragkonstruktion: E, F

[G] Ausknicken der Stützen eines Schneenetzes (© Margreth)

Bild 9-22 Schäden am Schneenetzen: G

[H] Verkipptes Fundament führt zu unzulässiger Geometrie am Stützenfuß (© Margreth)

[I] Durch Steinschlag stark beschädigte Netze (© Kantonales Amt für Wald Bern)

[J] Verschobene Drahtseilklemmen führen zu ungenügender Spannung der Seile (© Margreth)

Bild 9-22 (Fortsetzung) Schäden an Schneenetzen: H, I, J

[K] gebrochener bergseitiger Anker eines Riegelwerkes (© Margreth)

[L] ausgerissener Seilanker mit Mörtelsäule (© Margreth)

[M] ausgerissener Felsanker ohne Mörtelsäule (© Margreth)

Bild 9-23 Schäden an Verankerungen und Mikropfählen: K, L, M

[N] Seitlich geknickter Mikropfahl einer Schneenetzstütze (© Margreth)

[O] Durch Bodenerosion bedingter Überstand Anker/Boden (© Margreth)

Bild 9-23 (Fortsetzung) Schäden an Verankerungen und Mikropfählen: N, O

[P] freigelegte Grundplatte (© Margreth)

[Q] freigelegtes Fundament infolge Gebäudesetzungen (© Margreth)

Bild 9-24 Schäden an Grundplatten und Betonfundamenten: P, Q

[R] Erosion der Dammböschung
(© Margreth)

[S] verbogene Stahlelemente
(© Margreth)

Bild 9-25 Schäden an Lawinendämmen und Ablenkwänden in Stahl: R, S

[T] reduzierte Wirkungshöhe des Dammes infolge Materialablagerung (© Margreth)

[U] geotechnische Instabilitäten (© P. Mayoraz)

Bild 9-25 (Fortsetzung) Schäden an Lawinendämmen und Ablenkwänden in Stahl: T, U

(a)

(b)

Bild 9-26 (a): Eine Nassschneelawine beschädigte im April 2009 das Dach der aus den 1920er Jahren stammenden Lawinengalerie Val Pischöt (Samnaunerstrasse). Die Lawine stürzte beinahe vertikal auf das Dach und drang in die Galerie ein (© Margreth); (b): Bei einem Lawinenabgang im Februar 1999 wurden durch Sogkräfte zwei Scheibenelemente der talseitigen Fassade der Salezergalerie bei Davos nach außen weggerissen. Die Scheibenelemente wurden auf eine Druckkraft von 6 kN/m^2 bemessen (© Margreth)

(a)

(b)

Bild 9-27 (a): Triebschneewand auf dem Hinterrugg (SG) mit einer Höhe von 6 m. Durch starke Winde wurden einzelne Bretter herausgerissen (© R. Ehrbar); (b): Triebschneewand auf dem Hinterrugg (SG). Die seitlichen Verstrebungen (Profil 70/70/5mm FE 235) haben sich wegen der Setzungskräfte der Schneedecke verbogen (© R. Ehrbar)

9.2.4 Maßnahmen der Erhaltung von Lawinenschutzbauwerken

9.2.4.1 Erhaltung (Unterhalt): Instandsetzung und Wartung

Die Erhaltung von Lawinenschutzbauwerken umfasst die Wartung oder Instandsetzung. Zur Wartung (betrieblicher Unterhalt) zählen Maßnahmen, die die Zunahme des altersabhängigen Abnutzungsgrades verzögern. Sie beinhaltet kleinere Maßnahmen, die zur Sicherung der Substanz und der Funktion erforderlich sind. Dazu zählt beispielsweise auch die Entfernung von Ablagerungen an den Schutzbauwerken. Zur Instandsetzung (baulicher Unterhalt) zählen Maßnahmen, die die Funktionsfähigkeit eines Schutzbauwerkes im Falle einer Beeinträchtigung oder Einschränkung – beispielsweise durch Schäden, Baumängel, andere Funktionsbeeinträchtigungen oder als Folge eines Extremereignisses – wieder herstellen. Umfasst sind bauliche Maßnahmen kleineren Umfangs ohne nennenswerte Anhebung des Gebrauchswertes, wie z. B. der Austausch von Balken von Stahlschneebrücken nach Überbeanspruchung. Dazu zählt neben Maßnahmen an den Bauwerken selbst auch die Sanierung kleinerer Geländebewegungen, die im Zusammenhang mit der Standsicherheit des Schutzbauwerkes zu sehen sind.

9.2.4.2 Methoden der Sanierung von Lawinenschutzbauwerken

Die Sanierung von Lawinenschutzbauwerken umfasst neben den Instandsetzungarbeiten auch Maßnahmen der Veränderung oder Erneuerung von Bauteilen. Voraussetzung für eine nachhaltige Sanierung ist die Ermittlung der Schadenursache. In Tabelle 9-30 sind Sanierungsmethoden in Abhängigkeit möglicher Schadursachen zusammengestellt.

Tabelle 9-30 Sanierungsmethoden in Abhängigkeit von der Schadursache

Schadenursache	Sanierungsmethode	Maßnahmen
Alterung, Baumängel, Materialfehler	Instandsetzung, Erneuerung	Sanierung der Mängel, Austausch von Teilen oder Erneuerung der gesamten Bauwerke
Fehleinschätzung der Schneelasten oder des Baugrundes, Bemessungsfehler	Instandsetzung oder Erneuerung nach Neubemessung	Erhöhung, Verstärkung, Verdichten der Bauwerke
Fehleinschätzung der Schneehöhe, Unterschätzung der Steinschlag- und Felssturzgefährdung, nicht erkannte Hanginstabilitäten	Instandsetzung mit ergänzenden Vorkehrungen	Instandsetzung, Austausch von Teilen oder Erneuerung der gesamten Bauwerke mit zusätzlichen Maßnahmen (Verwehungsverbauung, Steinschlagschutz, Hangstabilisierung, Schutz vor Lawinen aus darüber liegenden Anbruchgebieten)

9.2.4.3 Dringlichkeit von Sanierungsmaßnahmen

Die ONR 24807 [237] bietet eine mögliche Vorgehensweise für die Beurteilung der Dringlichkeit von Sanierungsmaßnahmen. Die Dringlichkeit der Maßnahmen wird in Abhängigkeit von der Zustandsstufe (Tabelle 9-31) im Maßnahmenraster festgelegt, der die Mindestanforderungen definiert. Der Maßnahmenraster beschreibt den Zusammenhang zwischen der Zustandsstufe und der Dringlichkeit der Sanierungsmaßnahmen. Der Maßnahmenraster hängt von der gewählten Erhaltungsstrategie (siehe Abschnitt 9.2.2.2) ab. Standardbauwerke in der Zustandsstufe 5 sind unverzüglich in das Instandsetzungsprogramm aufzunehmen oder die Entbehrlichkeit des Bauwerks ist festzustellen (Abtrag oder kontrollierter Verfall). Anstelle der Maßnahmen nach Tabelle 9-31 kann auch jederzeit eine Sanierung durchgeführt oder eine Bauwerksprüfung (Standsicherheit, Gebrauchstauglichkeit) angeordnet werden.

Tabelle 9-31 Maßnahmen in Abhängigkeit von der Zustandsstufe bei Standardbauwerken ONR 24807 [237]

Zustandsstufen Standardbauwerke		Maßnahmen und Zeitpunkte
0	Bauwerk ist entbehrlich	kontrollierter Verfall, Abbruch, Teilabbruch
2	guter Erhaltungszustand	langfristiger Handlungsbedarf: bei Bedarf Instandsetzungsmaßnahmen
4	mangelhafter Erhaltungszustand	mittelfristiger Handlungsbedarf: Sanierung, Erneuerung innerhalb von drei Jahren und verpflichtende Überwachung nach größeren Ereignissen
5	schlechter Erhaltungszustand	unverzüglicher Handlungsbedarf: Sanierung, Erneuerung innerhalb von einem Jahr, sofortige Aufnahme in das Instandhaltungsprogramm und Sicherstellung der Finanzierung oder Feststellung der Entbehrlichkeit des Bauwerks

9.2.4.4 Sanierung von Lawinenmauern

Lawinenmauern sind meist älter als 80 Jahre und in Trockenmauerwerk ausgeführt. Solche Bauwerke haben aus heutiger Sicht die erwartete Lebensdauer erreicht. Der Verfall von Lawinenmauern kann zur Steinschlaggefährdung für Unterlieger oder anderen Verbauungsanlagen (Stahlstützwerke, Schneenetze) führen und bei hohen Mauern auch Instabilitäten im Hang verursachen. Aus diesen Gründen müssen Lawinenmauern trotz hoher Aufwendungen erhalten werden. Die meisten Schäden treten in der Mauerkrone auf, wo die Schneedecke mit hohen Belastungen angreift.

Eine dauerhafte Sanierung bietet die Herstellung einer konstruktiv bewehrten *Betonummantelung* der Mauerkrone und Betonvorbauten am Mauerfuß. Durch den Betonverbund und die Abdeckung ist eine Stabilisierung und Konservierung möglich. Die erforderliche Betonkubatur wird leicht unterschätzt und verursacht sehr hohe Transportkosten bei Einsatz eines Helikopters. Bei umfangreichen Sanierungsprojekten und Transportkubaturen kann eine Seilkrananlage Kostenvorteile bieten.

Bei Ausbauchungen von Mauern (meist infolge des Erddrucks) besteht die Möglichkeit, eine Stabilisierung mit *Schwergewichtsstützrippen aus Beton* durchzuführen. Diese Sanierungsmethode erfordert ebenfalls große Betonkubaturen und ist dementsprechend aufwendig. Kostengünstiger kann eine Sanierung mit *Spritzbeton und Mikropfählen* (Bild 9-28) durchgeführt werden. Bei dieser Sanierungsmethode wird in einem ersten Schritt ein Baustahlgitter befestigt und der gesamte Mauerbereich zur Stabilisierung mit Spritzbeton versiegelt. Dadurch wird eine verbesserte Stabilität zum Schutz vor ausbrechenden Steinen während der Bohrarbeiten geschaffen. Als zweiter Schritt werden die Injektionsanker eingebohrt und zusätzliche Drainagelöcher hergestellt, um Sickerwasseraustritte zu ermöglichen.

Bild 9-28 Sanierung einer Lawinenmauer durch Mikropfähle und Spritzbeton (© WLV Bludenz)

Nach dem Einbau der Injektionsanker werden Ankerplatten aufgeschraubt und diese mit Spritzbeton versiegelt.

In der Schweiz werden Mauern meistens durch ein *Umpacken in Drahtsteinkörben* oder durch *verankerte Netzabdeckungen* saniert. Zukünftig dürften Mauern vermehrt rückgebaut und durch Stützwerke ersetzt werden.

9.2.4.5 Sanierung von Schneebrücken

Obwohl defekte Rostbalken kein unmittelbares Schadensrisiko für die geschützten Zonen darstellen und daher keine hohe Dringlichkeit für eine Sanierung abzuleiten ist, kann durch einen rechtzeitigen Tausch der Rostbalken größerer Schaden verhindert werden. Leicht deformierte Rostbalken haben eine verminderte Tragfähigkeit, sodass bei einem weiteren Einwirkungsereignis mit wesentlich größeren Deformationen zu rechnen ist. Das Durchbiegen der Balken verursacht durch die Verschraubung mit den Trägern auch ein Verwinden der Träger, die dadurch an Tragfähigkeit verlieren und insbesondere im oberen Bereich der Schneebrücke leicht abknicken. Dadurch entsteht ein beträchtlicher Schaden an der Tragkonstruktion. Aus diesem Grund erscheint es sinnvoll, im Mittelfeld leicht deformierte Balken zu tauschen und gegebenenfalls durch stärker dimensionierte zu ersetzen.

Mit Erdreich oder Schutt verfüllte Bauwerke können am effizientesten mit einem Schreitbagger entleert werden. Es empfiehlt sich, das Material in Form von Terrassen, bei starkem Gefälle in Terrassen mit Geogitterbewehrung, in Drahtschotterkörben oder in Holzkästen einzubauen. Falls an den Rostbalken Schäden durch Steinschlag aufgetreten bzw. weiterhin zu erwarten sind, kann durch zusätzliches Auflegen von Rundhölzern ein gewisser Schutz geschaffen werden.

Beschädigte Träger können bei gelenkigem Anschluss am Fundament relativ einfach getauscht werden. Bei starrem Trägeranschluss ist bei intaktem Fundament ein Abtrennen des Trägers und Wiederanschweißen eines Neuteiles möglich. Defekte Stützen können bei Bautypen mit Mikropfahlfundierung oder Betonfundierung einfach ausgewechselt werden, da der Stützenanschluss zum Fundament frei zugänglich ist. Nach Abstützung des Rostes oder Zurückhängen an die darüber liegende Werkreihe kann ein Stützentausch erfolgen. Aufwändiger ist der Tausch von Stützen bei richtliniengemäß eingebauten Grundplattenfundamenten, da die Grundplatten freizulegen sind, um die Verbindungsbolzen zur Grundplatte entfernen zu können.

Die Sanierung von Fundamenten ist hauptsächlich dann erforderlich, wenn durch Erosion oder seichtgründige Hangbewegungen Fundamente freigelegt wurden. Schäden in Folge von Baumängeln oder Überlastungen erfordern in der Regel eine Erneuerung der Fundamente.

Durch Erosion freigelegte, unterhöhlte Betonfundamente können durch Betonunterfangung saniert werden (Bild 9-29a, b). Diese Sanierungsmöglichkeit kann sowohl für Träger als auch für Stützenfundamente zur Anwendung kommen. Durch Erosion freigelegte Grundplattenfundamente oder solche, die nur oberflächlich gesetzt wurden, können nach Herstellung tieferer Aushübe wieder instandgesetzt werden. Um den Winkel zwischen Stütze und Träger nicht zu verändern, muss die Stütze entweder verlängert oder, wenn die zulässige Knicklänge überschritten wird, gegen eine stärkere ausgetauscht werden.

Betonfundamente, die sich in seichtgründig instabilem Lockermaterial bewegen, können unter Umständen durch zusätzlichen Einbau von Mikropfählen stabilisiert werden. Eine Variante besteht darin, dass im Bereich des Trägers parallel dazu ein Mikropfahl durch das Betonfundament eingebaut wird und ein zweiter ebenfalls durch das Betonfundament senkrecht hergestellt wird.

(a) (b)

Bild 9-29 Sanierung von Lawinenschutzbauwerken: (a): Aushub für die Unterfangung eines Trägerfundamentes. Zusätzlich wurden Bohrlöcher für Zug- und Druckpfahl hergestellt und die Tragglieder eingebracht (A: Tragglied Zugpfahl; B: Tragglied Zugpfahl mit Strumpf); (b): Fertiggestellte Unterfangung eines Trägerfundaments mit Beton und zusätzlicher Verankerung durch Mikropfähle (A: Verschraubung des Zugpfahles mit dem Träger) (© WLV Bludenz)

Auch zur Stabilisierung des Stützenfundamentes kann in Stützenrichtung ein Mikropfahl und ein zweiter Haltepfahl annähernd horizontal eingebaut werden. Im Falle von Sanierungen größeren Umfangs ist es zweckmäßig, in einer ersten Etappe einige Fundamente zu sanieren und eine entsprechende Zeit zu beobachten, ob der gewünschte Sanierungseffekt eintritt.

Durch Erosion freigelegte Mikropfähle, die noch keine Deformationen erlitten haben, können durch eine Betonummantelung saniert werden. Dazu ist es erforderlich, einen Aushub herzustellen und Pfähle mit konstruktiv bewehrtem Beton zu ummanteln. Neben Erosionsschäden lassen sich auf diese Art auch Baumängel bei Mikropfählen, die mit zu großem Überstand eingebaut wurden, sanieren. Zur Erneuerung von Mikropfahlfundamenten ist es zweckmäßig, die Schneebrücke mit dem Helikopter auszubauen, in der unmittelbaren Umgebung abzustellen und diese nach Erneuerung der Mikropfähle wieder zu installieren.

9.2.4.6 Sanierung von Lawinennetzen

Bei Lawinennetzen, deren Tragkonstruktion mit Ausnahme der Stütze aus Seilen bzw. Gittern hergestellt wird, kommt es bei Überlastungen primär zu Rissen in den Netzen oder Randseilen, sodass in der Regel ein Austausch erforderlich ist. Durch Biegebeanspruchung verursachte Schäden an den Stützenfundamenten in Form von verbogenen Mikropfählen lassen sich durch den Einbau von Betonfundamenten oder Grundplatten sanieren (Bild 9-30). Beschädigte Anker sind in der Regel zu erneuern.

Bild 9-30 Sanierung eines verbogenen Mikropfahls für die Stütze eines Schneenetzes durch ein Betonfundament (© WLV Bludenz)

9.2.4.7 Erhaltungskosten, jährliche Kosten

Erhaltungskosten fallen bei Lawinenverbauungen im Anbruchgebiet – abgesehen von einem Nachziehen von Seilklemmen bei Schneenetzen – praktisch keine an; die Lawinenstützverbauung ist also weitgehend wartungsfrei. Wenn davon ausgegangen wird, dass eine jährliche Kontrollbegehung der verbauten Gebiete über eine voraussichtliche Lebensdauer von 100 Jahren erfolgen soll, so sind zusätzlich zu den Errichtungskosten ca. 2 % für die Wartung (betrieblicher Unterhalt) zu veranschlagen.

Die *Sanierungskosten für Stützverbauungen* können stark variieren. Häufig sind Sanierungskosten auf Fehleinschätzungen der geologischen Verhältnisse, der Schneebelastungen, die Verwendung wenig erprobter Bautypen, eine mangelnde Beachtung der geltenden Richtlinien und auf Baumängel insbesondere in der Fundierung zurückzuführen. Untersuchungen an 32 Lawinenverbauungen in der Schweiz haben einen jährlichen Durchschnittswert für Erhaltung und Sanierungen von 0,39 % der Gesamtkosten ergeben. Die Werte variierten zwischen 0,01 % (keine Schäden, nur Kontrollaufwand) und >3 % für problematische Verbauungen. In Österreich hat eine Untersuchung bei ca. 100 km Stahlschneebrücken im Beobachtungszeitraum 1996 bis 2006 jährliche Sanierungskosten von 0,03 % der Gesamtkosten ergeben.

9.2.4.8 Sanierungskosten, Kostenbeispiele

Bezugnehmend auf die zuvor beschriebenen Sanierungsverfahren werden nachfolgend Kostenbeispiele aus Nachkalkulationen dargestellt und kommentiert. Die Kosten beziehen sich auf Lawinenbaustellen in Österreich (Preisbasis: 2009). Es werden die wichtigsten Kostenarten mit dazugehörigen Massen und Preisen ausgewiesen.

Tabelle 9-32 Kalkulationsbeispiel Sanierung einer Lawinenmauer (1): Kronensanierung mit Transportbeton, Kosten pro lfm

Kostenart	Masse, Aufwand/lfm	Kosten/Einheit	Kosten
Lohn	10 Std	45 €	450 €
Helikopter	12 min	30 €	360 €
Beton	0,85 m³	120 €	102 €
Sonstiges (Schalung, Geräte)	Pauschale	50 €	50 €
Summe (je lfm Krone)			962 €

Tabelle 9-33 Kalkulationsbeispiel Sanierung einer Lawinenmauer (2): Lawinenmauer, Kronensanierung mit Spritzbeton, Kosten pro lfm (Bild 9-28)

Kostenart	Masse, Aufwand/lfm	Kosten/Einheit	Kosten
Lohn	4,7 Std	45 €	212 €
Helikopter	3 min	30 €	90 €
Beton	0,46 t	80 €	36 €
Sonstiges (Schalung, Geräte)	Pauschale	121 €	121 €
Summe (je lfm Krone)			459 €

Die Preise stammen von einer Baustelle mit Helikoptererschließung, die 600 m Höhenmeter über dem Talgrund lag. Es wurden neben 300 lfm Mauersanierung auch andere Bauwerke saniert bzw. neue errichtet. Auf die Baustelleneinrichtung entfielen ca. 10 % der Gesamtkosten.

Tabelle 9-34 Kalkulationsbeispiel Sanierung von Schneebrücken-Betonfundamenten: Unterfangung der Träger- und Stützenfundamente mit Beton, Kosten pro Fundament

Kostenart	Masse, Aufwand pro Fundament	Kosten/Einheit	Kosten
Lohn	5,5 Std	45 €	248 €
Helikopter	4 min	30 €	120 €
Beton	0,3 m³	120 €	36 €
Sonstiges (Schalung, Geräte)	Pauschale	50 €	50 €
Summe (je Fundament)			454 €

Die Preise wurden für 42 Unterfangungen von Träger- und Stützenfundamenten erzielt. Die Baustelle lag ca. 200 m über der Erschließungsstraße. Die Sanierung war aufgrund von Erosion in Verbindung mit zu seichten Stützenfundamenten notwendig geworden. Die Geometrie der Schneebrücken musste nur vereinzelt korrigiert werden. Die Baustelleneinrichtung lag bei ca. 15 % der Gesamtkosten. Der Aufwand für die Sanierung von Betonfundamenten kann im Einzelfall auch deutlich über diesem Kalkulationsbeispiel liegen.

Tabelle 9-35 Kalkulationsbeispiel Sanierung von Schneebrücken-Betonfundamenten: Unterfangung der Träger- und Stützenfundamente mit Beton, zusätzlicher Einbau von 2 Mikropfählen pro Fundament, Kosten pro Fundament (Bild 9-29b)

Kostenart	Masse, Aufwand pro Fundament	Einheitspreis	Preis
Lohn	21 Std	42 €	882 €
Helikopter	13 min	30 €	390 €
Beton	0,61 m^3	120 €	73 €
Sonstiges (Schalung, Geräte, Material)	Pauschale	310 €	310 €
Summe (pro Fundament)			1655 €

Diese Baustelle lag ca. 200 bis 300 Höhenmeter über der Erschließungsstraße. Die Sanierungsmaßnahmen wurden aufgrund von seichtgründigen Hangbewegungen erforderlich. Die ca. 1,3 m tiefen Trägerfundamente blieben trotz teilweise beträchtlicher Erosionen stabil, die Stützenfundamente wanderten mit dem oberflächlich gleitenden Material talwärts. Es wurden die Träger- und Stützenfundamente von 6 Schneebrücken mit Beton unterfangen. Zusätzlich erfolgte mit je einem Druck- und Zugpfahl (pro Träger und Stütze) eine tiefgründigere Verankerung.

Tabelle 9-36 Kalkulationsbeispiel Sanierung von Stützenfundamenten bei Schneenetzen: Sanierung des Mikropfahles mit Beton, Kosten pro Fundament (Bild 9-30)

Kostenart	Masse, Aufwand pro Fundament	Einheitspreis	Preis
Lohn	10,3 Std	45 €	464 €
Helikopter	8,3 min	30 €	249 €
Beton	0,3 m^3	110 €	33 €
Sonstiges (Schalung, Bewehrung, Geräte)	Pauschale	80 €	80 €
Summe (pro Fundament)			826 €

Diese Baustelle lag 1200 Höhenmeter über der Erschließungsstraße. Es wurden im ersten Baujahr mehrere Netzreihen (D 4,5 m, Gleitfaktor 2,5) mit insgesamt 68 Stützen errichtet. Aufgrund des zu optimistisch eingeschätzten Felsuntergrundes (teilweise angewitterter Dolomit) wurden Mikropfähle für die Fundierung der Stützen gewählt. Bereits der erste Winter führte zu Schäden. Die nicht axiale Belastung der Mikropfähle führte zum Knicken der 40 mm starken Ankerstäbe im obersten Bereich. Sämtliche Mikropfähle wurden im Kopfbereich freigelegt und mit bewehrten Betonfundamenten ergänzt. Der Einsatz von Stahlgrundplatten, der zum damaligen Zeitpunkt noch nicht zugelassen war, kann in solchen Fällen eine kostengünstigere Alternative darstellen.

9.2.4.9 Abtrag oder Verfall

Lawinenschutzbauwerke unterliegen in der Regel einer behördlichen Bewilligung oder Konzession und sind vom Halter (Konzessionsinhaber) so lange in Stand zu halten, als diese Bewilligung aufrecht ist. Erlischt die Bewilligung, kann die Behörde durch Bescheid festlegen, inwieweit der Berechtigte die Anlage zu entfernen hat bzw. der Urzustand wieder herzustellen ist.

Aus technischer Sicht kann die Auflassung einer Lawinenverbauung sinnvoll sein, wenn die Schutzfunktion durch den im gesicherten Lawinenanbruchgebiet aufgewachsenen Wald übernommen werden kann (Bild 9-31) oder wenn eine Sanierung der Bauwerke nicht mehr wirtschaftlich ist. Im Falle der Auflassung kommen grundsätzlich als Maßnahmenoptionen der Abtrag und die Wiederherstellung des ursprünglichen Zustandes oder der kontrollierte Verfall des Bauwerks in Frage. Der Verfall kann allerdings – je nach Rechtslage – problematisch sein, da in der Regel Interessen (Rechte) Dritter von dieser Maßnahme abhängen. Bei der Zustandsbewertung nach ONR 24807:2009 [237] werden Bauwerke, deren „Entbehrlichkeit" festgestellt wurde, der Zustandsstufe 0 zugeordnet.

Bild 9-31 Langfristig kann der Wald die Schutzfunktion einer Lawinenanbruchverbauung übernehmen und ist der Abtrag der Schutzbauwerke möglich (© Rudolf-Miklau)

10 Gebäude- und Objektschutz

Jürgen Suda, Siegfried Sauermoser, Christoph Skolaut, Florian Rudolf-Miklau

10.1 Maßnahmen des technischen Gebäudeschutzes (Objektschutzes)

10.1.1 Allgemeines

Die wirkungsvollste Schutzmaßnahme gegen Lawinen ist die Freihaltung von gefährdeten Zonen. Allerdings ist dies in exponierten Gebirgstälern nicht immer erfüllbar, vielmehr sind in diesen Regionen häufig bereits bebaute Gebiete von extremen Lawinen bedroht. In Gebieten mit mäßigem Risiko durch Lawinen stellt der technische Gebäudeschutz (auch: Direktschutz, Objektschutz) ein effizientes Schutzkonzept und fallweise eine Alternative zur Lawinenverbauung dar.

Grundsätzlich ist die Errichtung von Gebäuden in Gelben (Österreich) oder Blauen (Schweiz) Gefahrenzonen (siehe Abschnitt 5.3.6) rechtlich zulässig und technisch bei bestimmten Vorkehrungen möglich. Voraussetzung dafür ist eine risikoangepasste Konzeption, ausreichende Dimensionierung und konstruktive Ausgestaltung des Gebäudes für die zu erwartenden Einwirkungen durch Lawinen. Almgebäude oder Schutzhütten, welche in exponierten, häufig von Lawinen bedrohten Gebieten erstellt werden, sind ebenfalls – sowohl in der Gesamtform, als auch bezüglich der Widerstandsfähigkeit der einzelnen Gebäudeteile – auf Lawineneinwirkung zu bemessen. Für die Planung von Gebäudeschutzmaßnahmen ist es wichtig zu wissen, ob das Gebäude potentiell nur von Fließlawinen oder auch von Misch- und Staublawinen betroffen ist und ob es nur um- oder auch überströmt werden kann.

Das primäre Ziel des Gebäudeschutzes ist, den Bauwerksbestand zu erhalten, nicht jedoch die Benutzbarkeit des Gebäudes während akuter Lawinengefahr zu gewährleisten. Gebäudeschutzmaßnahmen sind daher oft mit temporären oder saisonalen Benutzungsverboten verknüpft, da sich die Schutzwirkung auf das Bauwerk selbst und seine unmittelbare Umgebung beschränkt, diese jedoch nicht für das weitere Umfeld und die Erreichbarkeit des Gebäudes besteht. Auch bei effizienten Gebäudeschutzmaßnahmen herrscht daher weiterhin ein hohes Personenrisiko außerhalb des Gebäudes.

10.1.2 Maßnahmen am Gebäude

10.1.2.1 Lage und Form des Gebäudes

Durch die Optimierung der Lage und Form des Gebäudes kann die Höhe der Einwirkung aus einer Lawine verringert werden. Grundsätzlich ist dabei ein Gebäude so zu situieren, dass die Angriffsfläche der Lawine minimiert wird. Diese Anforderung wird in hohem Maße durch die Wahl des Bauplatzes hinter natürlichen Geländerücken oder am Rande eines potentiellen Auslaufbereichs erfüllt. Zusätzlich ist ein Gebäude in der äußeren Form so auszugestalten, dass es von einer Lawine entweder um- oder überströmt werden kann (Bild 10-1 a-d). Häufig werden landwirtschaftliche Gebäude, welche sich in lawinengefähr-

Handbuch Technischer Lawinenschutz. 1. Auflage. Florian Rudolf-Miklau, Siegfried Sauermoser (Hrsg.).

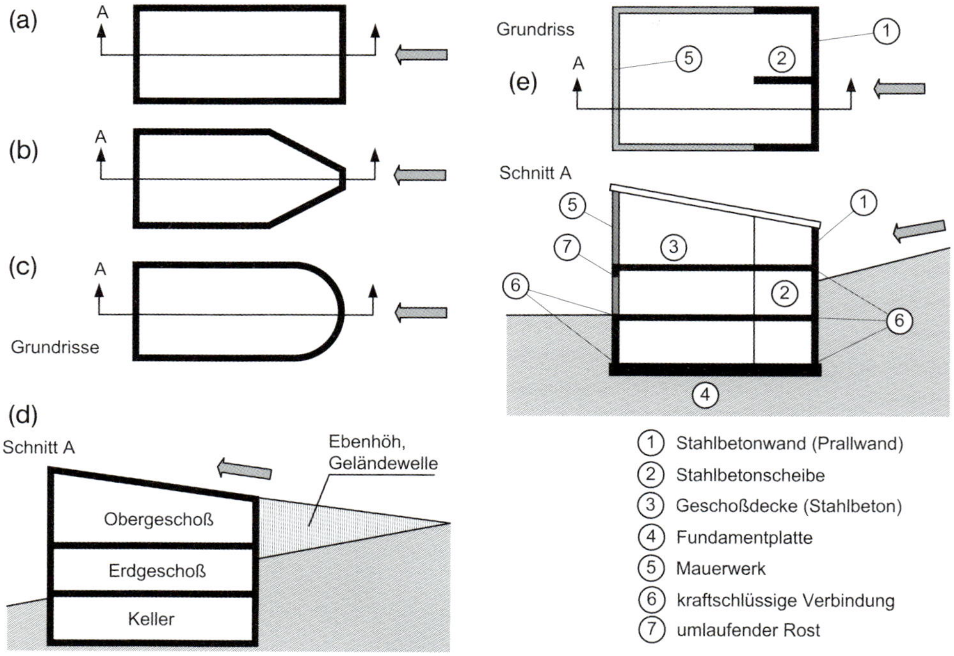

Bild 10-1 Bautechnische Konstruktion für Gebäude in Lawinenzonen: (a,b,c): strömungsgünstig geformte Grundrisse; (d): günstig geformtes Dach und Integration in die Geländeoberfläche; (e): mit Stahlbetonscheiben verstärktes Tragwerk (Beispiel) (© Suda)

deten Bereichen befinden und die im Winter nicht benutzt werden, mit Pultdächern gegen überströmende Lawinen geschützt (Bild 10-1d, Bild 10-2a). Bei umströmten Gebäuden muss die Gebäudeform strömungsgünstig (schmale Seite Richtung Lawine ausrichten, strömungstechnisch günstig geformter Grundriss) ausgeführt werden (Bild 10-1a, b, c). Ein Beispiel einer keilförmigen Grundrissorm auf der lawinenexponierten Seite in Verbindung mit einem direkt in das Bauwerk integrierten Lawinenschutzkeil ist in Bild 2-4 und Bild 10-2b dargestellt.

(a) (b)

Bild 10-2 Äußere Form des Gebäudes als Lawinenschutz: (a): Pultdach an einem landwirtschaftlichen Gebäude (© Rudolf-Miklau); (b): gemauerter Lawinenkeil, in das Bauwerk einer Schweizer Schutzhütte integriert (Lämmerenhütte SAC, Leukerbad, Wallis) (© Sauermoser)

10.1.2.2 Konstruktive Gebäudeschutzmaßnahmen

Zu den wichtigsten konstruktiven Vorkehrungen zählen Maßnahmen, die die Angriffsfläche reduzieren und dem Eindringen des Lawinenschnees oder der Druckwelle in das Gebäudeinnere entgegenwirken. An der lawinenexponierten Seite des Gebäudes sind daher so wenige Nischen oder Öffnungen wie möglich anzuordnen, wobei auf das Nutzungskonzept Bedacht zu nehmen ist; im Idealfall wird die Lawinenseite des Gebäudes öffnungsfrei und ohne Dachvorsprünge ausgeführt. Letztere bilden eine Angriffsfläche für die vertikal nach oben gerichtete Einwirkungskomponente von Lawinen; insbesondere bei potentieller Staublawinenwirkung sollte die Auskragung des Daches so klein wie möglich gehalten werden (Bild 10-3a). Dachkonstruktionen in Staublawinenzonen sind auf die vertikalen Druck- und Sogkräfte zu bemessen und entsprechend im Gebäude zu verankern. Besonders wichtig ist die Verankerung der Sparren und Pfetten gegen den Sog aus Staublawinen. Flachdächer bieten eine geringere Angriffsfläche als Giebel- oder Walmdächer. Es ist auch möglich, das Tragwerk von Giebel- und Walmdächern aus Stahlbeton herzustellen. Dies ist jedoch mit hohen Kosten verbunden.

Direkt beanspruchte Wände sollten generell aus Stahlbeton errichtet werden, der nach Abschnitt 10.3.2 bis 10.3.4 bemessen ist (Bild 10-3a). Je nach Art der Struktur (Massivbau, Skelettbau) ist diese auszusteifen. Am besten geschieht dies im Hochbau durch die Anordnung von Wandscheiben an der Außenseite und innerhalb des Hauses (Bild 10-1e). Die Scheiben sind annähernd parallel zur Richtung der Lawine anzuordnen und kraftschlüssig mit den Geschossdecken und dem Keller zu verbinden. Bei Verstärkungsmaßnahmen an der Gebäudehülle muss sichergestellt werden, dass die Einwirkungen aus der Lawine über das Tragwerk des Gebäudes in die Fundamente und den Untergrund abgeleitet werden können.

Bild 10-3b zeigt die Konstruktion einer lawinenseitigen Gebäudefront (Prallwand), die mit vertikalen Lamellen (Stahlbetonrippen) statisch verstärkt wurde. Als Zusatzeffekt beschränken diese Strukturen die seitliche Ausbreitung der Lawine. Die Seitenwände von Gebäuden sind durch lawinenseitige Flügelmauern soweit abzusichern, dass eine Lawine, welche mit einem Winkel von 20° auf eine Seitenfläche auftrifft, diese nicht mehr beschädigen kann und am Gebäude vorbei geleitet wird.

Eine weitere konstruktive Schutzmaßnahme stellt die Anordnung von statisch verstärkten (auf Lawinendruck bemessenen) Prallwänden an der Lawinenanströmseite dar, welche öff-

(a) (b)

Bild 10-3 Gestaltung von lawinenzugewandten Gebäudewänden: (a): Vertikale Lawinenschutzwand ohne Vordach auf der Anprallseite; (b): Senkrechte Lamellen (Stützrippen in Stahlbeton) auf der Lawinenseite zur statischen Verstärkung der Außenwand und Einschränkung der seitlichen Ausbreitung (© Sauermoser)

(a) (b)

Bild 10-4 Verstärkte Gebäudeteile: (a): massiv ausgeführte, öffnungsfreie Prallwand an einem Einfamilienwohnhaus, auf Lawinendruckwirkung bemessen; (b): massiv ausgeführter Gebäudeteil an der Anströmseite des Hauptbauwerks angeordnet (© WLV Tirol)

nungsfrei auszuführen sind (Bild 10-4a). Des Weiteren können massiv ausgeführte Gebäudeteile, die eine abweisende, dämpfende oder ablenkende Wirkung auf die Lawine ausüben, dem übrigen Gebäude vorgesetzt werden (Bild 10-4b).

10.1.2.3 Temporäre Maßnahmen an Gebäuden

In manchen Fällen erfordert das Nutzungskonzept des Gebäudes, an der Lawinenseite Fenster oder andere Öffnungen anzuordnen. Im Regelfall ist die Bemessung der Fenster auf Lawinendruck (siehe Abschnitt 10.1.2.4) erforderlich. Nur in Gebieten mit seltener Lawinenwirkung und geringer Gefährdung (randnahe Gelbe Gefahrenzone) oder bei Gebäuden, die im Winter nicht benutzt werden, kann auf den Einbau von „Lawinenfenstern" verzichtet werden. In diesem Fall kann die Sicherung des Gebäudes mittels Fensterläden, welche bei Lawinengefahr zu schließen sind, hergestellt werden (Bild 10-5a). Diese Maßnahme ist auch eine bewährte Methode zur saisonalen Sicherung von Gebäuden, welche im Winter überhaupt nicht benutzt werden. Lawinensichere Fensterläden können in unterschiedlichen Konstruktionen ausgeführt werden (z. B. Bild 10-5b), in jedem Fall sind sie auf die maßgeblichen Lawinendrücke zu bemessen.

(a) (b)

Bild 10-5 Schutz von Fenstern und Gebäudeöffnungen: (a): Massive Fensterläden an einer Schutzhütte, die bei Lawinengefahr zu schließen sind; (b): Massive Fensterläden zum Schutz einer saisonal genutzten Berghütte gegen Lawinen (© Sauermoser)

Bild 10-6 Temporärer Schutz einer Seilbahnstation: Der Umlenkraum für die Fahrbetriebsmittel wird im Falle von Lawinengefahr durch Stahlelemente abgedeckt (© Schilcher)

Aufgrund der von Lawinen erzeugten Luftdruckwelle reicht es nicht aus, nur Fenster abzusichern, auch alle übrigen Gebäudeöffnungen (Kellerschächte, Belüftungrohre) müssen abgedichtet werden. So können beispielsweise auch Garageneinfahrten oder Öffnungen an Seilbahnstationen (Bild 10-6) durch temporäre Sicherungsmaßnahmen – z. B. Abdeckungen mittels Stahlplatten – gesichert werden.

10.1.2.4 Bauweisen und Bauprodukte für den Gebäudeschutz

Wie aus Tabelle 10-1 ersichtlich ist, halten ortsübliche Konstruktionen in *Holz- oder Ziegelbauweise* maximalen Lawinendrücken von ≤ 30 kN/m² stand, sofern bestimmte konstruktive Voraussetzungen erfüllt sind. Lawinendrücke über 30 kN/m² können nur von massiven Stahlbetonbauten aufgenommen werden, in der Gelben (Blauen) Gefahrenzone ist daher die Lawinenseite eines Gebäudes in *Stahlbetonbauweise* auszuführen (Bild 10-1e, Bild 10-4a). Diese Anforderung kann auch für die Seitenwände eines Gebäudes gelten, wenn die Anströmrichtung der Lawine nicht genau definiert ist oder variieren kann.

In Österreich werden *Lawinenschutzfenster und -türen* nach ÖNORM B 5301 und ÖNORM B 5302 angeboten, welche für die „lawinensichere" Ausführung von Fenstern, Fenstertüren und Außentüren anzuwenden sind. Die Normen haben für ein- und mehrflügelige Elemente in allen Öffnungsarten sowie für nicht bewegliche Bauteile (Fixverglasungen) Gültigkeit. Im Rahmen der ÖNORM B 5301 werden vier Belastungsklassen definiert (Tabelle 10-2). Dabei erfolgt die Auswahl der jeweiligen Belastungsklasse aufgrund des Gutachtens eines Sachverständigen für Lawinenschutz, der die Belastungen auf Basis der zu erwartenden Lawineneinwirkungen für das jeweilige Objekt im Rahmen des behördlichen Bauverfahrens definiert, bzw. durch den Bauherrn. Die Anforderungen der Prüfung beziehen sich auf die jeweilige Belastung vom Glas bis zum Anschluss des Lawinenschutzelements an das Bauwerk.

Tabelle 10-1 Schäden an Konstruktionen, nach [7]

Lawinendruck	Schäden an Konstruktionen
bis 1 kN/m²	Fenster werden eingedrückt
bis 5 kN/m²	Türen werden eingedrückt
bis 30 kN/m²	Gebäude in Holz- oder Ziegelbauweise werden beschädigt oder zerstört
bis 100 kN/m²	Bäume werden entwurzelt
bis 1000 kN/m²	Betonkonstruktionen werden beschädigt oder zerstört

Tabelle 10-2 Belastungsklasse (zulässige Flächenlast) nach ÖNORM B 5301 in Abhängigkeit der Gefahrenzone

Lawinengefahrenzone	Belastungsklasse	Belastung kN/m^2
Gelbe Zone	LS 5	5
	LS 10	10
Rote Zone	LS 15	15
	LS 20	20

10.1.3 Vorgelagerte Gebäudeschutzmaßnahmen

10.1.3.1 Allgemeines

Der Schutz von Einzelobjekten oder einer kleinen Gruppe von Gebäuden vor Lawinen durch Maßnahmen im Anbruchgebiet (siehe Abschnitt 7.2), in der Sturzbahn oder im Ablagerungsgebiet (siehe Abschnitt 7.3) ist in der Regel aus Kostengründen nicht möglich. Der erforderliche Schutz kann allerdings durch massive Konstruktionen, die dem zu schützenden Objekt unmittelbar vorgelagert sind (vorgelagerte Gebäudeschutzmaßnahme), erreicht werden. Dazu zählen Spaltkeile, Ebenhöh und Prallmauern. Die Funktion derartiger Schutzmaßnahmen besteht im Um- und Überleiten bzw. in der Ablagerung der Lawinen vor dem Gebäude. Ein Nachteil der dem Gebäude vorgelagerten Objektschutzmaßnahmen ist, dass der Zugang zum Objekt meist in der Gefahrenzone bleibt, da die Schutzmaßnahme nur für das Gebäude selbst Wirkung entfaltet. Daher besteht auch bei diesen Maßnahmen weiterhin hohes Personenrisiko außerhalb des geschützten Gebäudes.

10.1.3.2 Spaltkeile

Zum Schutz von Einzelobjekten in der Lawinenbahn können Spaltkeile – direkt an der lawinenexponierten Seite des Objekts oder unmittelbar davor – angelegt werden (Bild 10-7a, b). Dabei wird die Lawine geteilt und beidseitig am Objekt vorbeigeleitet. Die Höhe der Keilwände und die Beanspruchung durch Lawinenkräfte werden nach der gleichen Methode wie für Ablenkdämme (siehe Abschnitt 8.4.2.2) bestimmt. Die Keilschenkel müssen eine ausreichende Länge aufweisen, die Winkelöffnung des Keiles soll unter 60° liegen.

In historischer Zeit wurden natürliche Objekte (z. B. Felsblöcke) als Spaltkeile genutzt. In weiterer Folge wurden Spaltkeile aus Trocken- oder Zementmörtelmauerwerk, danach aus Beton oder Stahlbeton errichtet. Bild 10-7a, b und Bild 10-8a zeigen verschiedene Typen und Formen von Spaltkeilen.

Heute werden Spaltkeile überwiegend zum Schutz von landwirtschaftlichen oder saisonal genutzten Objekten, nur in Ausnahmefällen für Wohngebäude oder höherwertige Wirtschaftsgebäude errichtet. Die Maßnahme stellt jedoch einen wirksamen Einzelschutz für Hochspannungsmasten (Bild 10-10b) und Seilbahnstützen dar.

(a)

(b)

Bild 10-7 Lawinenspaltkeile: (a): Massiver Spaltkeil aus Stahlbeton (mit Zyklopenmauwerk) zum Schutz eines landwirtschaftlichen Anwesens (Galtür, Tirol) (© Rudolf-Miklau); (b): Historischer Spaltkeil aus Trockenmauerwerk zum Schutz eines landwirtschaftlichen Objekts in Galtür (Tirol) (© WLV Tirol)

10.1.3.3 Ebenhöh

Ein *Ebenhöh* ist eine, besonders in früherer Zeit häufig verwendete, Gebäudeschutzmaßnahme in der Lawinensturzbahn, wobei durch eine bergseitig direkt oberhalb eines Hauses angelegte, massiv gesicherte Materialverfüllung ein schadloses Über- und Umfließen des Gebäudes durch eine Lawine bewirkt wird (Bild 10-8b).

Das Dach des geschützten Gebäudes schließt talseitig nahtlos an die Vorschüttung an. Die Lawine fließt dadurch seitlich und über das Bauwerk hinweg. Besondere Beachtung ist daher der konstruktiven Ausgestaltung des Dachanschlusses zu widmen. Die Dach- und Seiten-

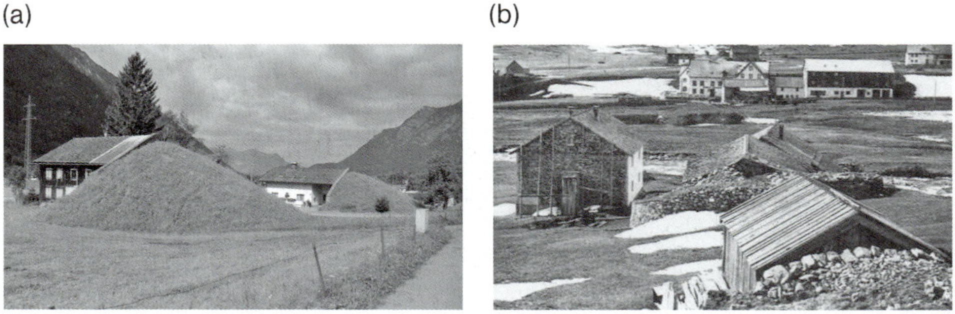

Bild 10-8 Spaltkeile und Ebenhöh: (a): Erdspaltkeile zum Schutz von Einfamilienwohnhäusern (© WLV Vorarlberg); (b): Historische Ebenhöh zum Schutz landwirtschaftlicher Gebäude (© Biarcha)

flächen des Gebäudes sind auf die Einwirkung der Lawinenreibung zu bemessen. Die Sicherung des Kamins ist in der Regel nicht möglich, sodass sich die Anwendung von Ebenhöhs auf landwirtschaftliche oder saisonal genutzte Gebäude beschränkt.

10.1.3.4 Prallmauer

Prallmauern sind massive Auffangbauwerke, die in einem gewissen Abstand vor dem zu schützenden Objekt oder direkt an demselben anschließend errichtet werden (Bild 10-9a, b). Die Bemessung von Prallmauern ist analog zu den Lawinenauffangdämmen (siehe Abschnitte 8.4.1 und 8.4.2.2) durchzuführen. Prallmauern werden auf die volle Druckwirkung eines Bemessungsereignisses ausgelegt und in der Höhe so konstruiert, dass sie von der Lawine nicht überströmt werden können. Gegen Staublawinen sind Prallmauern nur sehr eingeschränkt wirksam. Staublawinenwirkung ist somit auch hinter einer Prallmauer anzunehmen.

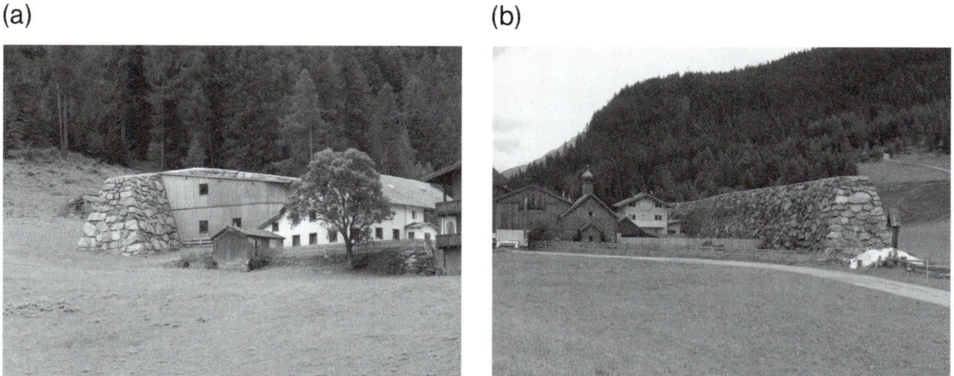

Bild 10-9 Prallmauern zum Schutz von Gebäuden in der Gemeinde Galtür (Tirol): (a): direkt an das Gebäude angebaut bzw. (b): vom Gebäude abgesetzt (© Rudolf-Miklau)

(a)

(b)

Bild 10-10 (a): Auf beidseitigen Lawinendruck dimensionierter Stahlmast einer Energieversorgungsleitung (Island) (© Sauermoser); (b): Spaltkeil zum Schutz eines Mastes einer Starkstromleitung (© WLV Vorarlberg)

10.1.4 Objektschutzmaßnahmen für andere Bauwerksarten

Nachfolgend wird ein kurzer Überblick über die Möglichkeiten für den direkten Lawinenschutz (Objektschutz) für andere, in der Lawinenbahn gelegene Bauwerke gegeben.

Häufig stehen Masten von Stromleitungen oder Seilbahnstützen im Auslaufbereich von Lawinen. Wie auch bei Gebäuden sollte die Suche nach lawinensicheren Standorten das primäre Ziel sein. Lässt sich die Errichtung in lawinengefährdeten Gebieten nicht vermeiden, so sind die Bauwerke (Konstruktionen) auf Lawinenkräfte zu dimensionieren (Bild 10-10a) oder durch eine unmittelbar vorgelagerte Schutzmaßnahme zu sichern. Bei begrenzten Fließhöhen empfiehlt sich die Errichtung eines Spaltkeils, welcher die Lawine vom Hindernis ablenken soll (Bild 10-10b). Je nach Situierung eines Mastes in der Sturzbahn oder im Auslaufbereich ist dieser nach Abschnitt 4.3.1.2 auf die Fließhöhe der potentiellen Lawine und auf die Art der Lawine (Staub-, Fließanteil) zu bemessen.

10.2 Normative Grundlagen des Gebäudeschutzes gegen Lawinen

Für die bautechnische Bemessung von direkten Schutzmaßnahmen am Gebäude gelten die üblichen Hochbaunormen. Die Einwirkungen auf Hochbauten aus Eigengewicht, Nutz-, Schnee- und Windlasten sowie Brandeinwirkungen werden der EN 1991-Reihe entnommen. Einen Überblick über die relevanten Normen für Österreich gibt Tabelle 10-3. Diese Normen enthalten allerdings keine Angaben über Einwirkungen aus Fließ- und Staublawinen sowie Schneedruck. Normativ sind lediglich die Einwirkungen infolge abgelagerten Schnees auf Dächern erfasst. Diese sind nach EN 1991-1-3 und ÖNORM B 1991-1-3 zu ermitteln. Sie sind abhängig von der geographischen Lage und Exponiertheit des Gebäudes, der Höhenlage, der Dachform und dem Abstand der Dachfläche vom Boden. Für die Schweiz sind die korrespondierenden Einwirkungen der SIA 260:2003 („Grundlage der Projektierung von Bauwerken") bzw. der SIA 260/1:2003 („Einwirkungen auf Tragwerke, Ergänzende Festlegungen") zu entnehmen.

Tabelle 10-3 Normative Grundlagen für Einwirkungen auf Hochbauten nach EN-1991-Reihe und Nationale Anwendungsdokumente für Österreich

Einwirkung	EN Norm	Nationales Anwendungsdokument
Wichten, Eigengewicht und Nutzlasten	EN 1991-1-1	ÖNORM B 1991-1-1
Geotechnische Einwirkungen	EN 1997-1	ÖNORM B 1997-1-1
Schneelasten	EN 1991-1-3	ÖNORM B 1991-1-3
Windlasten	EN 1991-1-4	ÖNORM B 1991-1-4
Temperatureinwirkungen	EN 1991-1-5	ÖNORM B 1991-1-5
Einwirkungen während der Bauausführung	EN 1991-1-6	ÖNORM B 1991-1-6
Brandeinwirkungen auf Tragwerke	EN 1991-1-2	ÖNORM B 1991-1-2
Erdbeben	EN 1998-1	ÖNORM B 1998-1
Außergewöhnliche Einwirkungen	EN 1991-1-7	ÖNORM B 1991-1-7

Dynamische Schneelasten (Lawineneinwirkungen) werden durch die EN 1991-1-3 nicht erfasst. Hier muss auf die Angaben in Abschnitt 4.3.1 bzw. auf die ONR 24805 [235] zurückgegriffen werden. Für die Schweiz enthält die SIA 260/1:2003 (Pkt. 5) Angaben über die Einwirkung duch Lawinen- und Schneedruck, wobei auf die Intensitätsstufen der Gefahrenzonenplanung (siehe Abschnitte 5.3.4 und 5.3.6) Bezug genommen wird.

Einwirkungsmodelle für Auflasten auf Tragwerke und Umlenkkräfte an Geländesprüngen von Lawinen finden sich in der Schweizer Richtlinie ASTRA 12 007 [10] (siehe Abschnitte 4.3.1.6 und 8.4.7). In Tabelle 10-4 sind Richtlinien aus Österreich und der Schweiz zusammengestellt, die sich mit Objektschutz beschäftigen oder Einwirkungsmodelle für Lawinen enthalten. Weiterführende Informationen über die Bemessung von Objektschutzmaßnahmen finden sich in [325].

Regionale Bebauungsvorschriften (Bauordnungen der Bundesländer oder Kantone) enthalten in der Regel keine speziellen Vorschriften bezüglich Objektschutzmaßnahmen gegen Lawinen. Objektschutzmaßnahmen müssen allerdings diesen Bauordnungen (Bautechnikgesetzen) und den speziellen Vorschriften bezüglich des Ortsbildes (ortsübliche Bauweise) entsprechen und sind in den überwiegenden Fällen genehmigungspflichtig. Maximale Bau-

Tabelle 10-4 Richtlinien (Praxisempfehlungen), in denen Objektschutzmaßnahmen oder Einwirkungsmodelle für Schnee und Lawinen auf Objekte beinhaltet sind (Österreich, Schweiz)

Bezeichnung	Bezeichnung 2	Land
ONR 24805	Permanenter technischer Lawinenschutz – Benennungen und Definitionen sowie statische und dynamische Einwirkungen [235].	A
ASTRA 12 007	Einwirkungen infolge Lawinen auf Schutzgalerien, Bundesamt f. Strassen (ASTRA), Eidgenössisches Department für Umwelt, Verkehr, Energie und Kommunikation (UVEK) in Zusammenarbeit mit SBB AG Infrastruktur Ingenieurbau [10].	CH
Wegleitung Objektschutz	Egli T. (2005): Wegleitung Objektschutz gegen gravitative Naturgefahren. (Hrsg.): Vereinigung Kantonaler Feuerversicherungen VKF, Bern [92]	CH

höhen, Baufluchtlinien, Gangbreiten, Raumhöhen und dergleichen müssen diesen Rechtsgrundlagen entsprechen. Des Weiteren darf durch Objektschutzmaßnahmen keine zusätzliche Gefährdung von Personen, anderen Objekten oder für die Liegenschaften Dritter (Nachbarrecht) entstehen.

Die Normung von Lawinentüren und -fenstern in ÖNORM B 5301 bzw. ÖNORM B 5302 wurde bereits in Abschnitt 10.1.2.4 behandelt.

10.3 Bemessung von Gebäuden gegen Lawinendruckwirkung

10.3.1 Allgemeines

Vorgelagerte Gebäudeschutzmaßnahmen sind unabhängig vom Gebäude zu bemessen. Für die Bemessung des eigentlichen Gebäudes sind die günstigen (z. B. keine Stoßbeanspruchungen, verringerter Druck aus Staublawinen) und ungünstigen (z. B. erhöhter bergseitiger Erddruck durch Auflast auf Geländeoberfläche) Auswirkungen dieses vorgebauten Schutzbauwerkes zu berücksichtigen. Ist eine vorgelagerte Gebäudeschutzmaßnahme kraftschlüssig mit dem Gebäude verbunden, sind die aus dem vorgelagerten Bauwerk resultierenden Kräfte auf das Tragwerk des Gebäudes anzusetzen.

Generell sind die Wände eines Gebäudes auf Drücke aus Fließ- und Staublawinen zu bemessen. Bei Staublawinen sind zusätzlich die Dächer auf die entsprechenden Drücke zu bemessen. Werden Gebäude von Lawinen überströmt, sind Auflasten auf das Dach und Reibung an der Dachhaut zu berücksichtigen. Vor der Bemessung ist das jeweilige Gefährdungsbild durch ein oder mehrere Einwirkungskombinationen abzubilden.

10.3.2 Einwirkungskombinationen

Die Einwirkungskombinationen für die Bemessung in den GZT sind in Tabelle 8-4 angegeben, die Einwirkungskombinationen für GZG sind der EN 1990, Abschnitt 6.5 zu entnehmen. Die mindestens zu untersuchenden Einwirkungskombinationen (EK) für den Hochbau unter Einbeziehung der Lawineneinwirkungen sind in Tabelle 10-5 und Bild 10-11 angegeben.

Frei stehende Gebäude sind auf den vollen Lawinendruck zu bemessen (EK4). Geht man vom Modell einer Mischlawine aus, so sind bodennah ein Fließanteil und darüber der Staubanteil anzusetzen. Der Druck aus dem Fließanteil errechnet sich nach Abschnitt 4.3.1.2 und 4.3.1.3. An parallel angeströmten Wänden ist ein Druck, der jenem einer um 20° abgelenkten Lawine entspricht, anzusetzen. Bei Gebäuden, die bergseits eine Ebenhöh aufweisen und überströmbar sind, ist die Dachkonstruktion auf das Gewicht der Fließlawine und auf die entstehenden Reibungskräfte zu bemessen (EK6). Der Staubanteil kann analog einer Windeinwirkung laut EN 1991-1-4 und ÖNORM B 1991-1-4 angesetzt werden. Der nach Abschnitt 4.3.1.4 ermittelte Druck in der Staubschicht wird dabei als Böengeschwindigkeitsdruck $p_c(z)$ laut EN 1991-1-4, Abschnitt 4.5 aufgefasst. Der Böengeschwindigkeitsdruck ist anschließend mit Druckbeiwerten zu modifizieren. Die Druckbeiwerte c_p ergeben sich in Abhängigkeit der Haus- und Dachform. Die Druckbeiwerte berücksichtigen nur den Druckwiderstand. Die Einwirkungen durch Reibung an den Oberflächen sind zusätzlich laut Abschnitt 4.3.1.4 anzusetzen. Die in Tabelle 4-4 angegebenen

Tabelle 10-5 Empfohlene Einwirkungskombinationen (EK) für Hochbauten unter Einbeziehung der Lawineneinwirkungen

Bemessungs-situation	EK	miteinander kombinierte Einwirkungen		
		ständige Einwirkung	veränderliche Einwirkung	außergewöhnliche Einwirkung
BS1	EK1	Eigengewicht, Erddrücke	–	–
	EK2	Eigengewicht, Erddrücke	Schneelasten[3)] Nutzlasten[1)]	–
	EK3	Eigengewicht, Erddrücke	Windlasten[2)]	–
	EK5	Eigengewicht, Erddrücke	Kriechdrücke aus Schnee-decken	–
BS2	Bauzustände			
BS3	EK4	Eigengewicht, Erddrücke	–	Lawinendrücke[6)]
	EK6	Eigengewicht, Erddrücke	–	Lawinendrücke (Auflasten)[6)]
	EK6A	Eigengewicht, Erddrücke	abgelagerter Lawinenschnee	–
	EK7	Eigengewicht, Erddrücke	–	Brandeinwirkungen[4)]
	EK8	Eigengewicht, Erddrücke	–	Erdbeben[5)]

1) Einwirkungsarten und -modelle nach EN 1991-1-1 und ÖNORM B 1991-1-1
2) Einwirkungsarten und -modelle nach EN 1991-1-4 und ÖNORM B 1991-1-4
3) Einwirkungsarten und -modelle nach EN 1991-1-3 und ÖNORM B 1991-1-3
4) Einwirkungsarten und -modelle nach EN 1991-1-2 und ÖNORM B 1991-1-2
5) Einwirkungsarten und -modelle nach EN 1998-1 und ÖNORM B 1998-1
6) bewegte Lawinen = dynamische Schneelasten

Widerstandskoeffizienten c_d gelten nur für einfach geformte Bauwerke. An der abgewandten Seite des Gebäudes entsteht aus Staublawinen ein Sog.

Generell sind dynamische Schneelasten laut EN 1991-1-3, Abschnitt 1 als außergewöhnliche Bemessungssituation gemäß EN 1990 anzusetzen. Abgelagerter Lawinenschnee oder Kriechdrücke aus Schneedecken können als veränderliche Einwirkung klassifiziert werden. Die Lastbilder der einzelnen Einwirkungskombinationen in Bild 10-11 sind Prinzipdarstellungen. Bei den meisten Einwirkungen (Wind, Schnee, Nutzlasten) sind mehrere Lastfälle zu untersuchen. Diese sind in den jeweiligen Normen angegeben. Für nicht genormte Einwirkungen müssen die jeweils ungünstigsten Lastbilder im Einzelfall selbst überlegt werden. Die wichtigsten Kombinationsbeiwerte für den Hochbau sind in Tabelle 10-6 zusammengestellt.

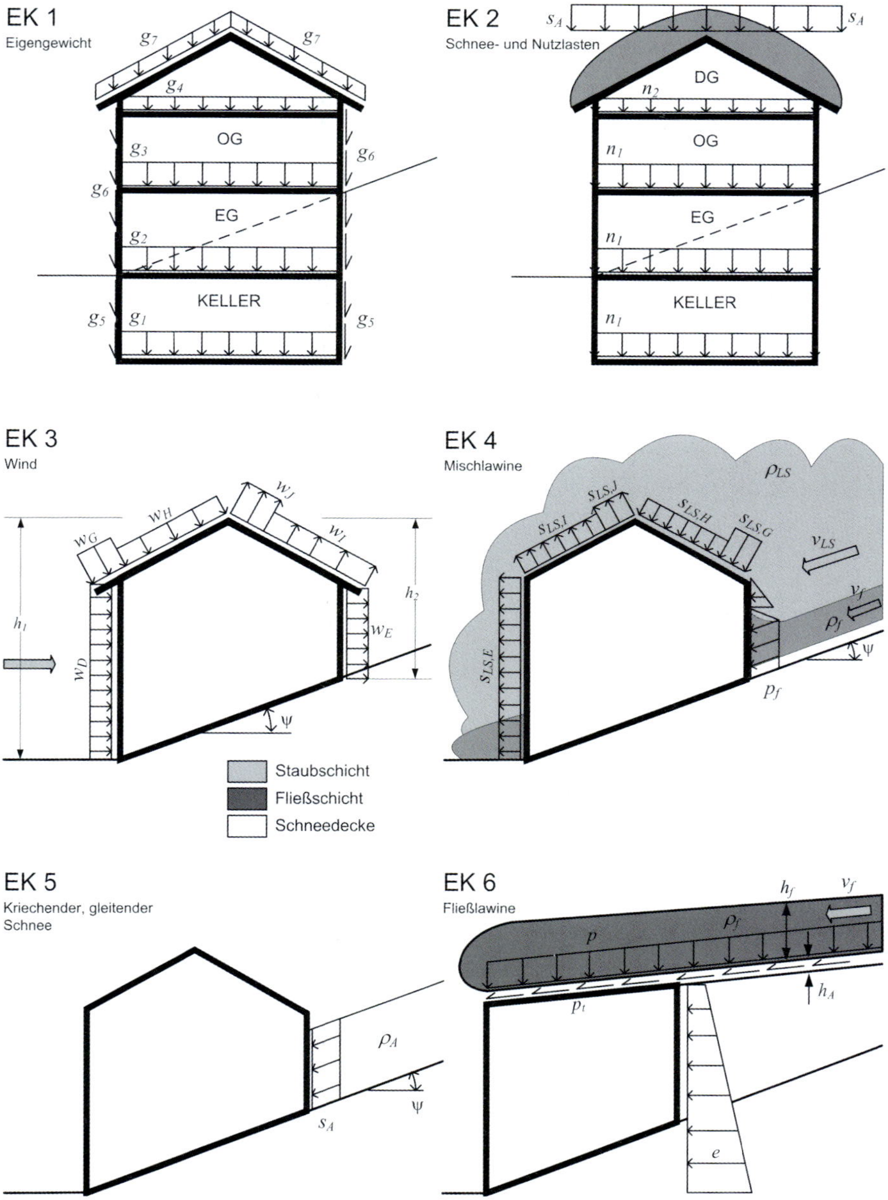

Bild 10-11 Einwirkungskombinationen für Hochbauten (Auswahl) (© Suda)

Tabelle 10-6 Kombinationsbeiwerte für Hochbauten

Einwirkung	ψ_0	ψ_1	ψ_1
Nutzlasten im Hochbau	–	–	–
Kategorie A: Wohngebäude 1)	0,7	0,5	0,3
Kategorie H: Dächer 1)	0	0	0
Schneelasten 1) und ruhende Lawinenablagerungen	0,7	0,5	0,2
Windlasten im Hochbau 1)	0,6	0,2	0
Kriechdrücke aus Schneedecken 2)	0,6	0,2	0

1) laut ÖNORM EN 1990-1, Tabelle A.1.1

2) laut ASTRA 12 007

10.3.3 Bemessung im GZT

Die Bemessung des Tragwerkes und der einzelnen Bauteile erfolgt in Abhängigkeit des Werkstoffes nach den in Tabelle 8-1 zusammengestellten Normenwerken auf Basis der Einwirkungskombinationen in Tabelle 10-5. Die Teilsicherheitsbeiwerte für die Materialwiderstände ergeben sich nach Tabelle 8-3.

10.3.4 Bemessung im GZG

Für Hochbauwerke sind die Verformungen der einzelnen Bauteile zu begrenzen. Dies dient einerseits der Sicherstellung der vorgesehenen Nutzung und andererseits der Vermeidung von Schäden an angrenzenden Ausbauteilen. Die Verformungen sind auf Basis der GZG Einwirkungskombinationen (charakteristisch, häufig, quasi-ständig nach EN 1990 [218] [219]) zu führen. Die dafür erforderlichen Kombinationsbeiwerte (ψ) sind der EN 1990 und der EN 1991-Reihe zu entnehmen. Die wichtigsten sind in Tabelle 10-6 zusammengestellt. Die zulässigen vertikalen Verformungen sind in Tabelle 10-7 zusammengestellt.

Tabelle 10-7 Zulässige vertikale Verformungen im Hochbau, nach ÖNORM B 1990-1

Nutzung	häufige Einwirkungskombination	quasi-ständige Einwirkungskombination
	$w_1 + w_3 - w_c$ 1)	w_{max} 1)
Dächer, die nur zu Instandhaltungszwecken begangen werden, Decken mit abgehängter Untersicht	l/200	l/250
Decken und begehbare Dächer	l/300	l/250

1) Definition nach Bild 10-12

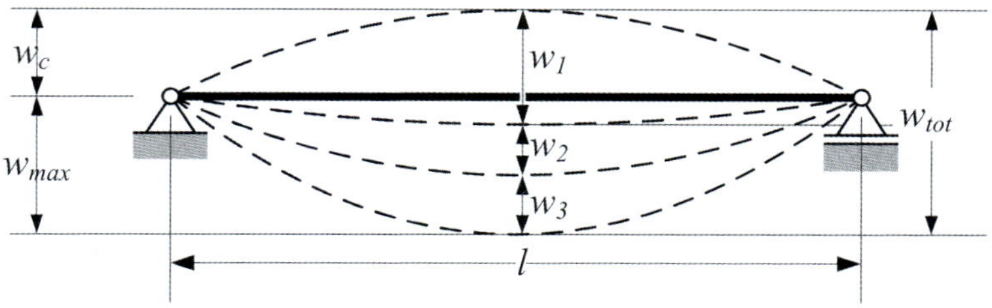

w_c spannungslose Werkstattform mit Überhöhung (Schalungsüberhöhung)
w_1 Verformungsanteil infolge der ständigen Lastanteile in der Einwirkungskombination
w_2 Verformungszuwachs durch Langzeitwirkung der ständigen Anteile in der Einwirkungskombination
w_3 Verformungsanteil infolge der veränderlichen Lastanteile in der Einwirkungskombination

Bild 10-12 Definition der Durchbiegungen nach EN 1990

Die horizontalen Verschiebungen am oberen Ende von Stützen oder Wandscheiben unter der charakteristischen Einwirkungskombination dürfen die folgenden Werte nicht überschreiten:

- Eingeschossige Gebäude: H/300
- Mehrgeschossige Gebäude: H/300 pro Stockwerk

10.4 Nutzungskonzepte für lawinengefährdete Liegenschaften

Das Personenrisiko durch Lawinen im Inneren von Gebäuden kann durch eine angepasste Raumnutzung deutlich reduziert werden. Im Bereich der direkt der Lawinenwirkung exponierten Außenwand sollen vorwiegend Räume mit einer geringen zeitlichen Nutzungsdauer angeordnet werden. Schlaf- und Aufenthaltsräume sollten sich im lawinenabgewandten Teil des Hauses befinden.

Intensiv genutzte Bereiche im Außenraum eines Gebäudes sollten sich in dem vom Gebäude abgeschirmten Bereich befinden. Balkone sind ausschließlich an der lawinenabgewandten Seite des Gebäudes anzuordnen. Auch der Zufahrts- und Zugangsbereich zum Gebäude soll nach Maßgabe der Möglichkeit in Schutzlage angeordnet werden.

11 Temporärer Lawinenschutz

Lukas Stoffel, Patrick Nairz, Siegfried Sauermoser

11.1 Methoden des temporären Lawinenschutzes

Schutzmaßnahmen, die im Falle von Lawinengefahr nur vorübergehend ergriffen werden, werden als temporäre Lawinenschutzmaßnahmen bezeichnet. Nach [299] werden *aktive* und *passive* temporäre Schutzmaßnahmen unterschieden. Aktive temporäre Maßnahmen erfordern eine aktuelle Beurteilung der Lawinengefahrensituation (z. B. durch eine Lawinenkommission) unmittelbar vor Maßnahmensetzung. Passive temporäre Schutzmaßnahmen werden unabhängig von der herrschenden Lawinensituation vorbeugend getroffen. Eine Klassifikation der temporären Lawinenschutzmaßnahmen ist in Tabelle 11-1 enthalten.

Temporäre Lawinenschutzmaßnahmen werden in jenen Bereichen eingesetzt, wo keine permanenten Maßnahmen möglich oder sinnvoll sind, insbesondere aber, wenn diese aus wirtschaftlichen Überlegungen ausscheiden. Für die Aktivierung von temporären Maßnahmen ist in der Regel menschliches Handeln notwendig, welches als zusätzliche potentielle Fehlerquelle zu betrachten ist. Der wichtigste Einsatzbereich für aktive temporäre Lawinenschutzmaßnahmen ist die Sicherung von Verkehrswegen und Skianlagen (Seilbahnen, Pisten).

Die Kombination von permanenten und temporären Lawinenschutzmaßnahmen im Rahmen von integralen Sicherheitskonzepten (siehe Abschnitte 6.3.3, 6.3.4 und 11.2.1.2) gewinnt auch für den Siedlungsraum zunehmend an Bedeutung. Permanente Schutzmaßnahmen werden für eine bestimmte Ereigniswahrscheinlichkeit dimensioniert, darüber hinaus auftretende Ereignisse können mit zusätzlichen temporären Maßnahmen entschärft werden. Dabei ist die Definition jener Schwelle von Bedeutung, an der die Grenze der Wirkung permanenter Schutzmaßnahmen erreicht ist und zu welchem Zeitpunkt die zusätzlichen temporären Maßnahmen zu aktivieren sind.

Tabelle 11-1 Klassifikation der temporären Lawinenschutzmaßnahmen nach [299], modifiziert

Aktiver temporärer Lawinenschutz	Passiver temporärer Lawinenschutz
Künstliche Lawinenauslösung, akute Sperre von Anlagen, Evakuierungen und Räumung	Lawinenwarnung, Lawinenprognose, saisonale Sperre von Anlagen, organisatorische Maßnahmen

11.2 Aktiver Temporärer Lawinenschutz

11.2.1 Künstliche Lawinenauslösung

11.2.1.1 Allgemeines

Die künstliche Lawinenauslösung zielt auf die Einleitung eines Lawinenereignisses mit technischen Hilfsmitteln und zu einem festgelegten Zeitpunkt ab. Dadurch werden bei La-

Handbuch Technischer Lawinenschutz. 1. Auflage. Florian Rudolf-Miklau, Siegfried Sauermoser (Hrsg.).

winengefahr potentielle Anrissgebiete, Sturzbahnen und Ablagerungsgebiete temporär gesichert. Temporäre Sicherung bedeutet in diesem Kontext, dass nach Durchführung der Sprengungen die Wahrscheinlichkeit, dass Lawinen als gesichert geltende Zonen erreichen, für einen begrenzten Zeitraum gering ist. Durch die Auslösung mehrerer kleiner Lawinen mit keiner oder geringer Schadenwirkung können unter Umständen spontane Großlawinen, die bedeutende Schäden verursachen, vermieden werden. „Negative Sprengungen" (keine Lawinenauslösung) sind zu interpretieren; je nach Situation kann auf eine kleine Anbruchwahrscheinlichkeit geschlossen werden. Die Durchführung der künstlichen Lawinenauslösung erfordert gute Gebietskenntnisse, Kenntnisse über die Sprengwirkung und die Lawinenkunde sowie praktische Erfahrungen.

11.2.1.2 Grundsätze der künstlichen Lawinenauslösung

Wenn die künstliche Lawinenauslösung in einem Lawinenzug angewendet wird, sind im Allgemeinen regelmäßige, der Situation angepasste Sprengeinsätze zu empfehlen. Für einen Sprengeinsatz sind unter anderem die Anrissgebiete und Sprengpunkte inklusive ihrer Reihenfolge, die Methode, der Sprengzeitpunkt sowie die Absperrmaßnahmen zu bestimmen.

Die künstliche Lawinenauslösung ist bei Lawinengefahr die Standardmethode für die temporäre Sicherung von Skipisten. Sie wird in der Schweiz auch zur Sicherung von Verkehrswegen und in Einzelfällen von Siedlungsbereichen verwendet. In Österreich findet die Methode zum Schutz von Siedlungen bisher keine Anwendung. Die Einsatzorte unterscheiden sich dadurch, dass in Skigebieten in der Regel kleine Lawinen mit einer kleinen natürlichen Wiederkehrdauer zu sichern sind, während sich Siedlungen und Verkehrswege in Tallagen meist in Reichweite von Großlawinen („Tallawinen") mit einer mittleren bis großen Wiederkehrdauer befinden.

Die *Vorteile* der künstlichen Lawinenauslösung sind folgende:

- Durch die Sprengungen wird die Schneedeckenstabilität im Anrissgebiet getestet, wodurch sich Anhaltspunkte für die Anbruchwahrscheinlichkeit von Lawinen ergeben.
- Angestrebt wird ein Lawinenabgang zu einem bestimmten Zeitpunkt.
- Es entstehen kleinere Lawinen, falls regelmäßig, der Situation angepasst gesprengt wird und es zu Auslösungen kommt („keine Negativsprengungen").
- Die Investitionskosten sind im Vergleich zu baulichen Lawinenschutzmaßnahmen geringer, weiterhin ist die Realisierungszeit kürzer.

Die Methode der künstlichen Lawinenauslösung hat folgende *Nachteile*:

- Die Beurteilung der aktuellen Lawinensituation kann schwierig sein; es kann zur Auslösung großer Lawinen und (fallweise) Sekundärlawinen kommen.
- Die Sturzbahn wird durch Lawinenabgänge ausgestrichen, wodurch sich bessere Fließbedingungen für spätere Lawinen ergeben.
- Lawinen können durch vorhandene Lawinenablagerungen abgelenkt werden und in nicht erwartete Auslaufbereiche vorstoßen.
- Es entsteht ein hoher Personalaufwand, insbesondere für die Absperrmaßnahmen.
- Es kann zu Schäden mit möglichen Rechtsfolgen (zivil- und strafrechtliche Folgen) kommen.

Eine wesentliche Grundlage für die künstliche Lawinenauslösung ist ein vorgängig erarbeitetes *Sicherheitskonzept*. Darin soll unter anderem auf die zu sichernden Anrissgebiete, die Sprengmethode(n), die (ungefähre) Lage der Sprengpunkte und die Absperrmaßnahmen eingegangen werden.

Die aktuellen Schnee- und Lawinensituationen sind von den Lawinendiensten fortlaufend zu beurteilen. Bezüglich der Abschätzung der Lawinengröße sind auch mögliche Sekundärlawinen in die Überlegungen mit einzubeziehen. Das mögliche Schadenpotenzial ist ebenfalls zu berücksichtigen. Nach den Sprengungen ist deren Wirksamkeit zu beurteilen, bevor weitere Maßnahmen beschlossen werden. Eine wesentliche Änderung der Lawinensituation macht stets eine Neubeurteilung der Gesamtsituation erforderlich. Zumindest während Großschneefällen sollten je nach Situation und Sprengmethode zuerst tiefer gelegene Sprengpunkte gewählt werden, um Teilentladungen zu provozieren. Falls die Auslösewahrscheinlichkeit eher klein ist, kann mit einer größeren Anzahl Sprengladungen und eventuell größeren Ladungen versucht werden, Lawinenauslösungen zu begünstigen. Zudem sollte an Orten, die eine weniger mächtige Schneedecke aufweisen, gesprengt werden.

In Anrissgebieten mit Hangneigungen über 35° treten positive Sprengungen wie auch spontane Lawinen häufiger auf. Demgegenüber kommt es bei Hangneigungen um 30° seltener zu Auslösungen bzw. kann sich eine größere Schneemenge ansammeln, was zu Großlawinen führen kann. Während lang andauernder Schneefallperioden sind Sprengungen frühzeitig (bereits während der Schneefälle) durchzuführen, um möglichst kleine Lawinen auszulösen. Dies bedingt sicht- und witterungsunabhängige Sprengmethoden. Falls mit einer Großlawine und einem großen Schadenpotenzial zu rechnen ist, wird von Sprengungen abgeraten.

Von großer Bedeutung sind die *Absperrmaßnahmen*. Personen dürfen durch künstlich ausgelöste Lawinen nicht gefährdet werden. Daten (Schnee, Wetter), Beobachtungen sowie alle Entscheidungen und Maßnahmen sind zu dokumentieren.

11.2.1.3 Wirkung der künstlichen Lawinenauslösung

Während der Ladungsdetonation bewirkt die sich ausbreitende Druckwelle eine bedeutende Zusatzbelastung auf die Schneedecke, die zur Auslösung von Lawinen führen kann. Diese kann mittels der Detonation von Sprengstoff oder Gas erzeugt werden. Es wird zwischen Sprengungen über der Schneedecke (Überschneesprengungen), Sprengungen auf der Schneedecke (Oberflächensprengungen) und Sprengungen in der Schneedecke unterschieden.

Überschnee- und Oberflächensprengungen erzeugen eine Druckwelle, die aus der Luft großflächig auf die Schneedecke wirkt. Bei trockenem Neuschnee muss mit einer starken Abschwächung der Zusatzspannung im obersten halben Meter der Schneedecke gerechnet werden, was nicht bedeutet, dass bei einem Anriss keine größeren Anrisshöhen entstehen können. Sprengungen in der Schneedecke sind in ihrer Wirkung größtenteils auf den Kraterbereich beschränkt, wobei auch Bodenerschütterungen auftreten können. Die wichtigsten *Einflussfaktoren auf die Sprengwirkung* sind neben der Sprengpunkthöhe die Lage des Sprengpunktes, die Ladungsgröße und der Sprengstofftyp.

Bezüglich der *Lage des Sprengpunktes* ist die Topografie des Geländes zu beachten. Bereiche im Umfeld der Ladung, die vom Sprengpunkt aus nicht eingesehen werden können, befinden sich im Druckschatten der Luftdruckwelle. Im Druckschatten wird keine direkte Zusatzbelastung auf die Schneedecke erzeugt. Durch Reflexionen an Felswänden wird die Wirkung von Sprengungen noch erhöht. Bei trockenem Neuschnee wird die größte Sprengwirkung mit Überschneesprengungen erreicht. Der Sprengpunkt liegt idealerweise ca. 1 bis 4 m über der Schneedecke. Mit Überschneesprengungen und großen Ladungen können bis 90 % positive Sprengungen erreicht werden, mit Oberflächensprengungen sind es durchschnittlich 60 % und mit Sprengungen im Schnee weniger als 50 %. Auch während einer Nassschneesituation kann versucht werden, Lawinen auszulösen. Für Nassschneeverhältnisse kann der Sprengpunkt auch auf oder in der Schneedecke liegen, als Sprengzeitpunkt soll der spätere Nachmittag gewählt werden.

Bei den meisten Sprengmethoden liegt die *Ladungsgröße* zwischen 1 und 5 kg. Es stehen mehrere *Lawinensprengstoffe* (Slurry, Gelatine, Wassergel-Sprengstoff, Lawinit) mit vergleichbarer Sprengwirkung zur Auswahl. Die Wirkung wird primär durch die gemessene Explosionswärme bestimmt. Darüber hinaus sind vor allem die Handhabungssicherheit und die Funktionstüchtigkeit (z. B. der Einfluss tiefer Temperaturen) zu beachten. Die Detonation von Gas erzielt je nach Gaskubatur eine ähnliche Wirkung wie eine Sprengstoffdetonation.

Aufgrund einer Detonation kann es zur Auslösung (positive Sprengung), zur Nichtauslösung (negative Sprengung) oder zu Setzungsbrüchen in der Schneedecke kommen, darüber hinaus können Anrissgebiete auch nur teilentladen werden. Die Anrissbreite einer Schneebrettlawine kann – je nach Schneedeckenaufbau und Gelände – zwischen wenigen Metern und mehreren hundert Metern variieren.

Falls keine Lawine ausgelöst wird, ist die Wirkung der Sprengung(en) abzuschätzen. Anhaltspunkte ergeben sich über sogenannte Wirkungszonen. Für eine 2-kg-Oberflächensprengung resultiert ein Wirkungsradius von rund 35 m (Anbruchsicherheit), für eine 5-kg-Überschneesprengung sind es max. ca. 120 m. Ob in einem Lawinenzug nach negativen Sprengungen davon auszugehen ist, dass ohne größere Änderungen der Situation keine Lawine abgeht, ist unter anderem von der erzeugten Sprengwirkung (z. B. Anzahl der Sprengungen), dem Schneedeckenaufbau und der Hangneigung abhängig.

11.2.1.4 Methodenübersicht

Die dynamische technologische Entwicklung der künstlichen Lawinenauslösung der letzten Jahre hat eine große Zahl von ausgereiften Systemen hervorgebracht. Zu den am häufigsten eingesetzten Sprengmethoden (siehe Tabelle 11-2) zählen Handwurfladungen, Hubschrau-

Tabelle 11-2 Überblick über die am häufigsten eingesetzten Methoden der künstlichen Lawinenauslösung (Auswahl)

Methode	Beschreibung
Handsprengung	umfasst das Werfen von Einzelladungen von einem sicheren Standort aus. Dabei ist der gesicherte Wurf, bei dem die Ladung an einer Schnur befestigt und an die Schneeoberfläche zurückgezogen werden kann, vom ungesicherten Wurf ohne Schnur zu unterscheiden. Ladungsgrößen von 1,5–2 kg sind weit verbreitet.
Hubschraubersprengung	wird meist mit 4–5 kg Ladungen aus geringer Flughöhe (ca. 2–5 m) – von Hand durch die offene Türe in die Anrissgebiete geworfen – durchgeführt. Dies setzt jedoch Flugwetter voraus. Um „Versager" zu vermeiden, sind die Ladungen mit einer Doppelzündung (zwei Sprengkapseln, zwei Sicherheitszündschnüre) zu versehen.
Sprengseilbahn	Die Ladungen werden von einer Station (Umlenkrad) aus in die Anrissgebiete transportiert und über der Schneedecke gezündet. Dazu werden auch Absenkgeräte einsetzt. Sprengseilbahnen mit Längen über 400 m werden in der Regel mittels Motor betrieben. Durch langsamen Dauerbetrieb kann der Gefahr des Seilvereisens entgegengewirkt werden (Bild 11-1a).

Tabelle 11-2 (Fortsetzung)

Methode	Beschreibung
Gaz.Ex®	1988 wurde das erste ortsfeste, direkt im Anrissgebiet stehende Sprengsystem gebaut. Von einer Gaszentrale aus wird mittels Funkbefehl ein Propan-Sauerstoff-Gemisch durch eine Zuleitung in einem gegen die Schneedecke gerichteten Zündrohr zur Detonation gebracht. Zündrohre sind in den Größen 0,8, 1,5, 3,0 und 4,5 m^3 vorhanden. Die Gasvorräte reichen im Normalfall für eine ganze Wintersaison. Von den 0,8-, 1,5- und 3-m^3-Zündrohren ist auch die autonome Version verfügbar, bei der sich die Gasbehälter direkt beim Zündrohr befinden (Bild 11-1c).
Daisybell®	Das System ist einer Glocke ähnlich und wird an einen Hubschrauber angehängt. Die Zündung des Gases „in der Glocke" erfolgt vom Hubschrauber aus. Die Sprengwirkung ist geringfügig höher als die eines 0,8-m^3-Gaz.Ex®-Zündrohres, wobei die Wirkung auf die Schneedecke auch von der Sprengpunkthöhe abhängig ist. Das OBellX (modifiziertes Daisybell auf einer Stütze) befindet sich in Testphase.
Avalhex®	Diese Sprenganlagen umfassen 17 oder 26 Ballone. Die Ballone werden einzeln mit Gas gefüllt und auf der Anlage über der Schneedecke gezündet.
Lawinenwächter Inauen-Schätti®	Mit diesem 1996 entwickelten System können 2,8-kg-Sprengladungen von einem auf einem Steher festinstallierten Kasten mittels Treibsatz bis ca. 150 m in die Anrissgebiete geworfen werden. Die Kästen enthalten 10 Sprengladungen, pro Steher sind zwei Kästen möglich. Das Nachladen geschieht vor Ort. Weitere Systeme dieses Herstellers sind: Die Lawinenpfeife® besteht aus einer einzelnen Wurfvorrichtung des Lawinenwächters. Ladungen können bis 350 m weit geschossen werden. Mit dem Lawinenmast Inauen-Schätti® können Ladungen seit 2002 an einer Schnur ausgeworfen werden und detonieren über der Schneedecke (Bild 11-1e).
Sprengmast Wyssen®	Mit diesem 1999 entwickelten System können von einem Magazin auf einem Mast 5-kg-Sprengladungen an einer Schnur abgeworfen werden, was eine Überschneesprengung zur Folge hat. Das Magazin enthält zwölf Ladungen. Zum Nachladen wird das Magazin weggeflogen. Im Sommer ist im Anrissgebiet nur der Mast vorhanden (Bild 11-1d).
Avalancheur®	Mit diesem System können sprengstoffbeladene Pfeile mittels einer Gasdruck-Kanone bis ca. 2 km in die Anrissgebiete geschossen werden. Die Pfeile sind 1,8 m lang und enthalten 2,2 kg Flüssigsprengstoff, der im Falle eines Versagers 48 Stunden nach der Mischung der 2 Komponenten nicht mehr reaktionsfähig ist (Bild 11-1f).

bersprengungen, Sprengseilbahnen (Bild 11-1a), Gaz.Ex® (Bild 11-1c), Lawinenwächter/-mast Inauen-Schätti® (Bild 11-1e) (ursprünglich Lawinenorgel Doppelmayr®), Sprengmast Wyssen® (Bild 11-1d) und der Avalancheur® (Bild 11-1f). Als weitere Methoden sind das Absenken oder Abwerfen von Sprengladungen aus Seilbahnen, das Daisybell® (in Entwicklung OBell'X©), die Lawinenpfeife©, der Gratausleger©, das Avalhex® und der Sprengschlitten zu erwähnen. In der Schweiz werden zudem Armeewaffen (Raketen-Rohr, Minenwerfer) und in Österreich der Lawinlocker® (pyrotechnisches System) verwendet. Mit

(a)

(b)

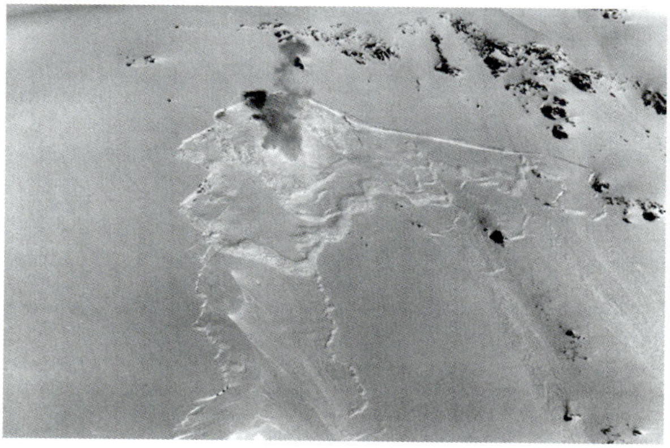

(c)

Bild 11-1 Methoden der künstlichen Lawinenauslösung (Lawinensprengung): (a): Lawinenauslösung mit Sprengseilbahn: Schneefontäne; (b): Rissfortpflanzung in der Schneedecke nach einer Sprengung; (c): Zündrohr einer Gaz.Ex®-Anlage

(d)

(f)

(e)

Bild 11-1 (Fortsetzung) Methoden der künstlichen Lawinenauslösung (Lawinensprengung): (d): Sprengmast Wyssen®; (e): Lawinenmast Inauen-Schätti®; (f): Avalancheur® (© L. Stoffel)

den ortsfesten, witterungsunabhängigen Systemen Gaz.Ex®, Sprengmast Wyssen® und Lawinenmast Inauen-Schätti® hat sich die künstliche Lawinenauslösung stark weiterentwickelt.

11.2.1.5 Methodenvergleich

Als wichtigste Faktoren für einen Vergleich der Methoden der künstlichen Lawinenauslösung werden die Sicherheit des Bedienungspersonals, die Sprengwirkung, die Reichweite, die Einsetzbarkeit (Sicht- und Witterungsverhältnisse), die Ausführungszeit und die Kosten angesehen. Tabelle 11-3 enthält eine Gegenüberstellung und Bewertung der gebräuchlichsten Sprengmethoden. Gas hat den Vorteil, dass keine Rückstände entstehen und keine Ladungen wie bei Versagern im Gelände liegen bleiben. Ein Vorteil der Sprengmasten ist, dass nicht wie beim Gaz.Ex® noch Zuleitungen von der Gaszentrale zu den Zündrohren notwendig sind. Die Sprengwirkung ist i. d. R. bei Sprengmasten sehr gut. Ortsfeste Systeme wie Gaz.Ex® oder Lawinenmasten weisen immer den gleichen Sprengpunkt auf, was ein Nachteil sein kann.

Tabelle 11-3 Vergleich und Bewertung der gebräuchlichsten Methoden der künstlichen Lawinenauslösung

Methode	Beurteilungskriterien							
	Sicherheit Sprengpatrouille	Sprengwirkung: Sprengpunkthöhe	Sprengwirkung: Ladungsgröße	Reichweite	Wetter-/ Sichtabhängigkeit	Dauer der Sicherungsaktion	Investitionskosten	Betriebskosten
Handwurfladung	–/+	–/+	+	–/+	+	–/+	++	++
Hubschraubersprengung	++	–/+	++	++	–	++	(++)	+/++
Sprengseilbahn	+/++	++	+/++	+/++	+/++	+	– bis ++	+/++
Gaz.Ex®	++	++	++	+/++	++	++	–	++
Lawinenwächter Inauen-Schätti®	++	–/+	+	+/++	++	++	–	+/++
Lawinenmast Inauen-Schätti®	++	++	+	+/++	++	++	–	+/++
Sprengmast Wyssen®	++	++	++	+/++	++	++	–	+/++
Avalancheur®	+/++	+	+	+/++	+/++	+	+	-/+
Raketen-Rohr	+/++	–/+ (–)	–	+	+/++	+	++	+/++
Abwerfen aus Bahn	++	–	+/++	–/+	+/++	+/++	(++)	++
Absenken aus Bahn	++	++	+/++	–+	+/++	+/++	(++)	++

Legende:		+	gut
–	ungenügend	+/++	gut – sehr gut
–/+	genügend	++	sehr gut

11.2.1.6 Sicherheitsrisiken der künstlichen Lawinenauslösung

Einerseits kann die Handhabung von Sprengstoff Risiken bergen, andererseits können künstlich ausgelöste Lawinen zu Schäden führen. Des Weiteren sind Unfälle beim Erreichen der Sprengpunkte und bei der Sprengarbeit (für Handwurfladungen) sowie mit den Absperrungen aufgetreten. Auch die Überwachung des abgesperrten Gebietes ist je nach Situation nicht einfach. Nach Sprengeinsätzen können – zum Beispiel nach negativen Sprengungen – Lawinen nicht ausgeschlossen werden.

Die *Handhabung von Sprengstoff* wird in den spezifischen Sprengkursen behandelt. Der Umgang mit Gas und allgemein das Arbeiten mit den verschiedenen Systemen wird von den Herstellern geschult. Auch Arbeiten mit dem Hubschrauber stellen ein generelles Risiko dar (u. a. Hubschraubersprengungen, Transporte). Bei sachgerechter Ausführung der Arbeiten kann jedoch von einem vernachlässigbar kleinen Unfallrisiko ausgegangen werden.

Künstlich ausgelöste Lawinen können größere Ausmaße als erwartet erreichen, in Einzelfällen kann es zur Auslösung von Großlawinen kommen. Großlawinen können nicht ausgeschlossen werden, falls während länger andauernder Schneefallperioden nicht fortlaufend gesprengt wird oder es zu keinen Auslösungen („Negativsprengung") kommt und dann zu einem späten Zeitpunkt noch Sprengeinsätze durchgeführt werden. Deshalb sind umfangreiche Absperrmaßnahmen erforderlich. Die Beurteilung der aktuellen Lawinensituation im Einzelhang, insbesondere der potentiellen Auslaufstrecken, kann schwierig sein. Ein weiteres Problem der künstlichen Lawinenauslösung ist, dass es zur Auslösung von Sekundärlawinen (Auslösung in angrenzenden Anbruchgebieten) kommen kann. Es empfiehlt sich, besonders bei erhöhter Lawinengefahr die Absperrmaßnahmen auch auf den Bereich möglicher Sekundärlawinen auszudehnen. Sprengverantwortliche müssen sich bei der Durchführung von Sicherungsaktionen oft in lawinengefährdetem Gelände aufhalten. Hinsichtlich der Absperrungen sind die Koordination mit dem Sprengzeitpunkt und das Ausmaß sehr wichtig.

Auch nach durchgeführten Sprengungen kann ein Risiko vorhanden sein. Falls keine wesentliche Entladung des Anrissgebiets erreicht wurde, kann es zu einem späteren Zeitpunkt noch zu einem Lawinenabgang kommen. In seltenen Fällen ist es auch kurze Zeit nach negativen Sprengungen zu Lawinenabgängen gekommen. Vor allem bei sehr tiefen Temperaturen ist es daher empfehlenswert, mit der Freigabe des abgesperrten Gebietes mindestens 15 Minuten zuzuwarten. Zu beachten ist, dass die Hänge nur auf die durch die Sprengungen erzeugte Zusatzbelastung zum selbst gewählten Zeitpunkt getestet sind.

11.2.2 Akute Sperre von Anlagen

Unter einer Sperre versteht man Schließung von Straßen, Eisenbahnlinien, Skipisten oder öffentlichen Wegen (Fahrwege, Parkplätze, Fußwege, Pisten, Loipen, Rodelwege) für den Verkehr bei akuter Lawinengefahr. Akute Sperrmaßnahmen sind überall dort erforderlich, wo Lawinen öffentliche Verkehrsflächen in einem abschätzbaren Gefährdungszeitraum bedrohen. Eine Sperre ist so anzuzeigen, dass sie selbst bei Nichtbeachtung durch mehrere Fahrzeuge, Fußgänger oder Skiläufer für den nachfolgenden Benützer erkennbar bleibt.

In den Alpenländern werden bezüglich der Sperrzeiten von Straßen unterschiedliche Ansätze verfolgt. In der Schweiz wird stellenweise versucht, durch Zuhilfname der künstlichen Lawinenauslösung die Sperrzeiten zu verkleinern. In Österreich fehlen diesbezügliche gesetzliche Regelungen. Die Sperrzeiten für Skiabfahrten können in größeren Skigebieten in der Regel sehr kurz gehalten werden, weil dort meist schon vor Inbetriebnahme der Liftanlagen systematisch den ganzen Winter hindurch Lawinen künstlich abgesprengt werden.

11.2.3 Evakuierungen

Unter einer *Evakuierung* versteht man die planmäßige Entfernung von Personen aus einem Gefahrenbereich oder Gefahrengebiet unmittelbar vor oder nach Eintritt eines Lawinenereignisses. Eine Evakuierung ist notwendig, wenn eine Bedrohung für einzelne Häuser, Weiler oder ganze Ortsteile durch Lawinen auftritt. Es ist Aufgabe der Sicherheitsbehörden (örtliche Sicherheitspolizei, Katastrophenschutzbehörde), Evakuierungen zu veranlassen. Voraussetzung ist die Gefährdung des Lebens und der Gesundheit von Menschen. Evakuierungen können prinzipiell nach zwei Szenarien ablaufen:

- Beim ersten Szenario handelt es sich um eine *längerfristig* planbare, oft saisonale Maßnahme, die von der Behörde mit Verordnung oder Bescheid erlassen wird.
- Beim zweiten, für den Fall der akuten Lawinengefahr relevanten Szenario handelt es sich um eine *kurzfristige* Entscheidung, bei der die Vertreter der Sicherheitsbehörden oder Katastrophenschutzbehörden (ohne Wahrung des Parteiengehörs und ohne schriftlichen Bescheid) Verfügungen zur Evakuierung oder Räumung von Objekten veranlassen. Wichtig ist das Vorhandensein von Evakuierungsräumen, welche mit den wichtigsten Erfordernissen ausgestattet sein müssen und welche sicher zu erreichen sind. Evakuierungen müssen im Rahmen von Katastrophenschutzübungen geprobt werden, sodass die Betroffenen wissen, wie sie sich im Falle einer Evakuierung zu verhalten haben.

11.3 Passiver temporärer Lawinenschutz

11.3.1 Lawinenwarnung und Lawinenprognose

11.3.1.1 Allgemeines

Die *Lawinenwarnung* dient der rechtzeitigen Information der Bevölkerung vor drohenden Lawinengefahren. Sie stellt nicht nur einen unverzichtbaren Bestandteil des vorbeugenden Katastrophenschutzes dar, sondern hat sich auch zu einer unverzichtbaren Sicherheitseinrichtung für den Wintertourismus entwickelt.

Die Lawinenwarnung wird auf nationaler und überregionaler Ebene von *Lawinenwarndiensten* übernommen. Auf kommunaler Ebene sind häufig *Lawinenkommissionen* (in Österreich und Deutschland) oder *Sicherheitsdienste* (in der Schweiz) eingerichtet, die für die Beurteilung der Lawinengefahr vor Ort verantwortlich sind. Sie üben als Sachverständige eine beratende Funktion für die Entscheidungsträger der Sicherheitsbehörden aus, wobei die Umsetzung ihrer Empfehlungen (z. B. Straßensperren) den Sicherheitsbehörden selbst obliegt. Lawinenkommissionen können auf Verlangen auch für Träger von Verkehrssicherungspflichten (z. B. Skigebietsbetreiber) tätig werden, die ihrerseits für die Sicherheit der Wintersportler auf den geöffneten Pisten sowie im Bereich der Betriebsanlagen (Stationen, Seilbahnen, Lifte) verantwortlich sind.

Tabelle 11-4 Typischer Aufbau der Lawinenwarndienste in Österreich (Europa), einschließlich des Aufgabenbereichs

Land, Bund

Lawinenwarndienst/Lawinenwarnzentrale (unterschiedlichsten Abteilungen bzw. Ministerien zugehörig; oftmals der Meteorologie oder dem Katastrophenschutz unterstellt, in einigen Ländern dem Bergrettungsdienst) Aufgaben: Warnung der Bevölkerung vor drohender Lawinengefahr (Lawinenlagebericht) Dokumentation von Lawinenereignissen Betreuung des Messstationsnetzes Datenarchivierung, statistische Auswertungen Beratung, Ausbildung, Gutachtertätigkeit

Messwesen Automatische Messstationen Beobachterstationen	Kommissionen örtliche Lawinenbeurteilung Beratung der Sicherheitsbehörden

Die meisten Lawinenwarndienste wurden europaweit zwischen 1950 und 1970 eingerichtet. Die dafür notwendigen Impulse erfolgten durch die Katastrophenwinter 1950/51 und 1953/54 bzw. durch besondere Lawinenereignisse (z. B. Gründung des Lawinenwarndienstes Bayern wegen eines Lawinenunglücks am 15.05.1965 am Zugspitzplatt, bei dem 10 Personen verunglückten). Lawinenwarndienste bestehen in folgenden europäischen Ländern: Deutschland (Bayern), Finnland, Frankreich, Island, Italien, Norwegen, Österreich, Polen, Rumänien, Schottland, Slowakei, Slowenien, Spanien, Schweiz und Tschechien.

11.3.1.2 Organisation der Lawinenwarnung

Sämtliche *europäischen Lawinenwarndienste* haben sich in einer 1983 gegründeten Arbeitsgemeinschaft (EAWS: European Avalanche Warning Services) organisiert. Seit 2009 sind auch die amerikanischen und kanadischen Lawinenwarndienste beigetreten. Die Hauptaufgabe der EAWS besteht im Erfahrungsaustausch, in der Koordinierung wichtiger Projekte sowie in der Harmonisierung ihrer Produkte.

Richtungsweisend war die Einführung der 5-teiligen *europäischen Lawinengefahrenskala* im Jahr 1993 (aktuelle Fassung 2010: Tabelle 5-1). Die 5-teilige Skala hat sich als internationaler Standard etabliert und ist in leicht abgewandelter Form auch in den USA und in Kanada in Verwendung. EAWS betreibt unter www.lawinen.org bzw. www.avalanches.org eine eigene Internetseite, über die man zu den Seiten der nationalen (regionalen) Lawinenwarndienste gelangen kann.

Die Organisation der *Lawinenwarndienste auf nationaler Ebene* richtet sich nach der institutionellen Angliederung dieser Einrichtungen und den administrativen Rahmenbedingungen des jeweiligen Landes. Ein Organigramm des typischen Aufbaus von Lawinenwarndiensten in Österreich (Europa) ist Tabelle 11-4 zu entnehmen.

11.3.1.3 Erstellung des Lawinenlageberichts

Lawinenwarndienste arbeiten weltweit nach demselben Prinzip: Es wird das Ziel verfolgt, mittels eines umfangreichen Datenmaterials eine möglichst exakte Prognose über die herrschende Schneedeckenstabilität und die daraus abgeleitete Lawinengefährdung in einem

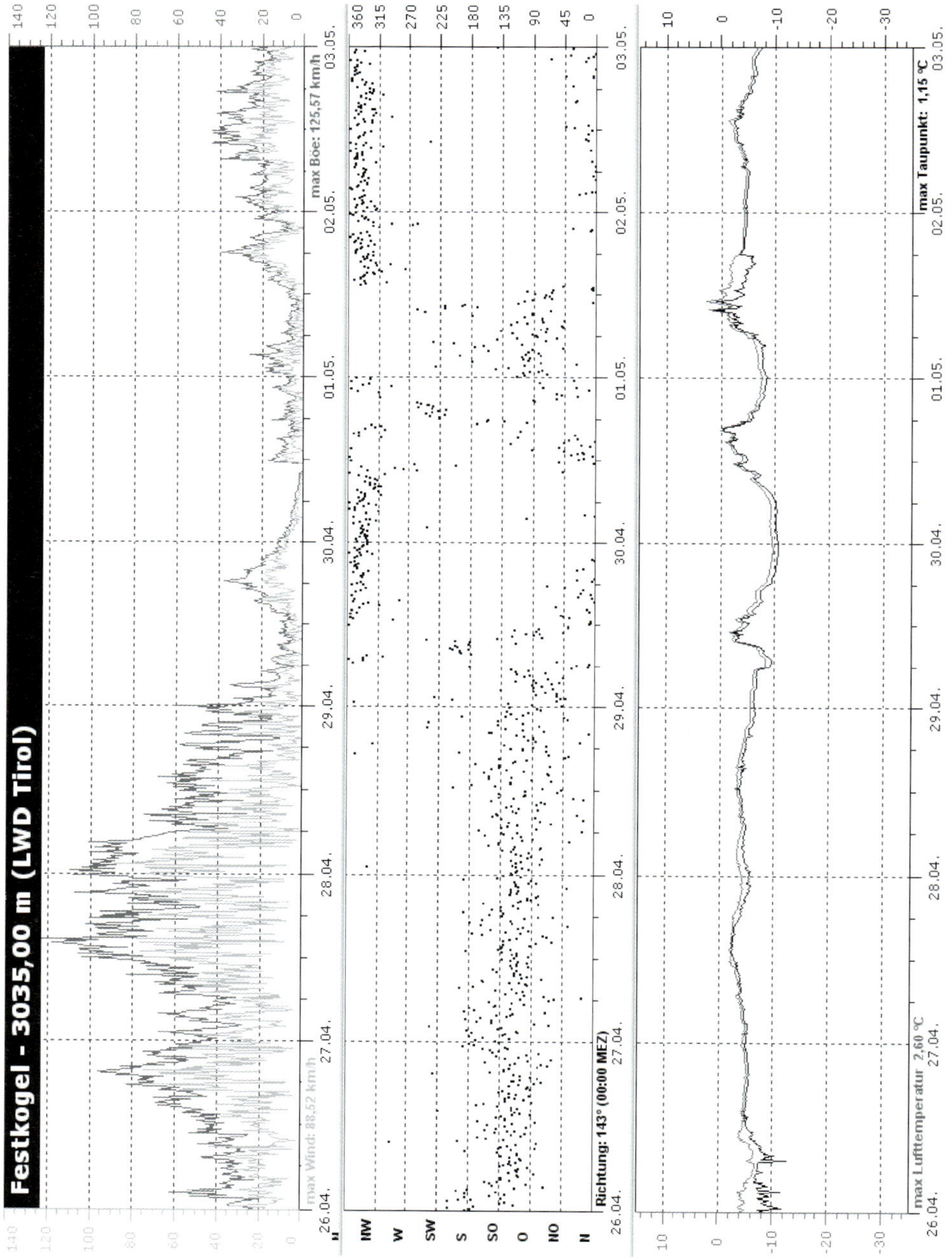

Bild 11-2 Visualisierung der Information: (a): Wind- und Temperaturverlauf für die Station Festkogel (Tirol)

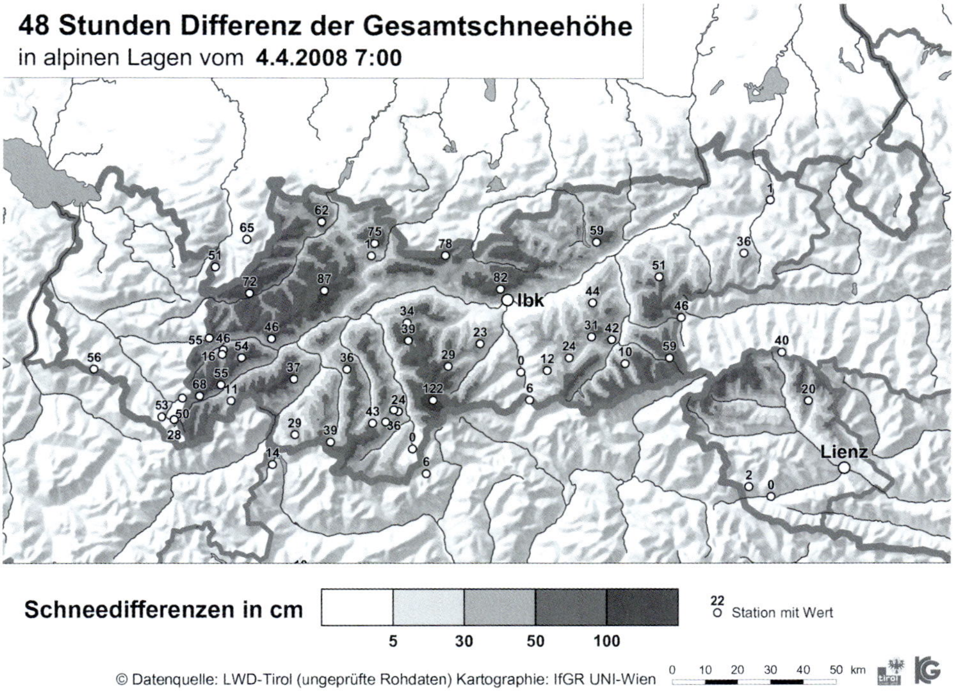

Bild 11-2 (Fortsetzung) Visualisierung der Information: (b): 48-Stunden-Differenz der Gesamtschneehöhen am 4.4.2008 in Tirol (Beispielgrafik) (© LWD Tirol)

vordefinierten Gebiet zu erhalten. Außerdem muss diese Information über möglichst viele Kanäle an die Bevölkerung verbreitet werden.

Obwohl die Arbeitsprinzipien der Lawinenwarndienste seit deren Gründung die gleichen geblieben sind, hat sich die Technologie der Datengewinnung (siehe Abschnitt 12.2) und Informationsweitergabe ständig verbessert und erweitert. Die Herausforderung besteht vor allem darin, aus der Fülle der verfügbaren Informationen unter Einsatz digitaler (geographischer) Informationssysteme jene gezielt herauszufiltern, die für die Erstellung des Lawinenlageberichts notwendig sind. Besondere Bedeutung kommt dabei einer guten Visualisierung der Information in Form von Grafiken bzw. Karten zu, um rasch wichtige Zusammenhänge erfassen zu können (Bild 11-2a, b).

Als *Informations- und Datenquellen* stehen automatische Wetterstationen, Beobachter, Wetterdienststellen, eigene Geländeerkundungen, Rückmeldungen von Wintersportlern, Internetforen und angrenzende Lawinenwarndienste bei der Erstellung des Lawinenlageberichtes zur Verfügung (Bild 11-3). Tabelle 11-5 gibt einen Überblick der Funktion und Bedeutung dieser Quellen.

Mit Hilfe einer Matrix, welche die Anzahl der Gefahrenstellen im Gelände den Auslösewahrscheinlichkeiten von Lawinen gegenüberstellt, werden zur Erstellung des Lawinenlageberichtes nach Höhenlage, Exposition und Tageszeit differenzierte Gefahrenstufen ausgegeben. Dabei fließen auch Informationen über die Art, Anrissmächtigkeit und Größe der zu erwartenden Lawinen ein. Die Darstellung der Lawinengefahr erfolgt auf Basis der 5-teiligen europäischen Lawinengefahrenskala (Tabelle 5-1). Zukünftig ist beabsichtigt, zur

Tabelle 11-5 Überblick über die Informations- und Datenquellen der Lawinenwarndienste zur Erstellung des Lawinenlageberichtes

Quelle	Funktion und Bedeutung
Automatische Wetterstationen	Zu Beginn der 1990er Jahre begann man mit dem Bau von vollautomatischen Wetterstationen im alpinen Gelände. Eine moderne Wetterstation sendet ihre Daten direkt via GPRS an einen Server, von wo sie in eine Datenbank gespielt und sofort verarbeitet werden. Die Stromversorgung geschieht mit kleinen Solarpanelen. Ein „Messort" besteht im Normalfall aus einer Schneestation sowie einer Windstation (siehe Abschnitt 12.2.2.2).
Beobachter	Jeder Lawinenwarndienst kann auf ein Netzwerk von Beobachtern zurückgreifen. Dabei handelt es sich häufig um bergerfahrene Personen wie z. B. Hüttenwirte oder Bergführer. Neben allgemeinen meteorologischen Messgrößen übermitteln sie wichtige, automatisiert nicht messbare Daten wie z. B. jene von Schneeprofil- und Stabilitätsuntersuchungen, aber auch Informationen über beobachtete Lawinenaktivität.
Wetterdienststellen	Einige Lawinenwarndienste sind an die Wetterdienststellen angegliedert und können somit direkt auf die für die Beurteilung der Lawinengefahr entscheidenden Wetterdaten zurückgreifen. Die nicht direkt angegliederten Lawinenwarndienste stehen den Winter über in sehr engem Kontakt mit den Wetterdienststellen, um aus erster Hand optimale Wetterinfos beziehen zu können. Primär geht es um die Analyse der Wettermodelle und die Abschätzung wichtiger, zukünftiger Wetterphänomene, welche unmittelbaren Einfluss auf die Erstellung der Lawinenlageberichte ausüben. Bei Überschreitung bestimmter Grenzwerte (z. B. 3-Tages-Summe der Neuschneemenge > 100 cm) kann es zur Aktivierung bestimmter Alarmmechanismen kommen, um die örtlichen Entscheidungsträger rechtzeitig über eine sich anbahnende, kritische Situation zu informieren. Eine inzwischen sehr hohe Treffsicherheit in der Wetterprognose erleichtert die Arbeit der Lawinenwarndienste und erhöht die Qualität des Lawinenlageberichtes.
Eigene Geländeerhebungen der Lawinenwarndienste	Lawinenwarndienste führen selbst umfangreiche Geländebeobachtungen durch. Durch die Zusammenschau aus den im Büro einfließenden Daten mit den anschließend im Gelände gemachten Beobachtungen ergibt sich ein noch klareres Bild über die herrschenden Verhältnisse. Um die Umwandlungsprozesse innerhalb der Schneedecke optimal verfolgen zu können, ist die kontinuierliche Aufnahme von *Schneeprofilen* essentiell. Pro Geländetag werden in der Regel mehrere Schneeprofile sowie Stabilitätsuntersuchungen in unterschiedlichsten Höhenlagen und Expositionen aufgenommen. Dabei gilt es, relevante Schwachschichten aufzuspüren. Diese werden anschließend bestmöglich in Seehöhen- und Expositionsbereiche den jeweiligen Regionen zugeordnet. Die wichtigsten Stabilitätstests umfassen derzeit den *Rutschblocktest* sowie den einfachen und *erweiterten Säulentest.* Bei sämtlichen Methoden wird ein Schneeblock klar definierter Größe von seinen seitlichen Verbindungen getrennt und dann sukzessive belastet.
Rückmeldung von Wintersportlern (Internetforen)	Lawinenwarndienste erhalten von Wintersportlern wichtige Informationen über die lokale Lawinensituation, aber auch über eingetretene Lawinenunfälle.
Angrenzende Lawinenwarndienste	Eine regelmäßige Abstimmung der Prognosen (Lawinenlageberichte) mit angrenzenden Lawinenwarndiensten während der Wintersaison ist wichtig, um „Sprünge" innerhalb der ausgegebenen Gefahrenstufen in Grenznähe möglichst zu vermeiden.

(a)

(b)

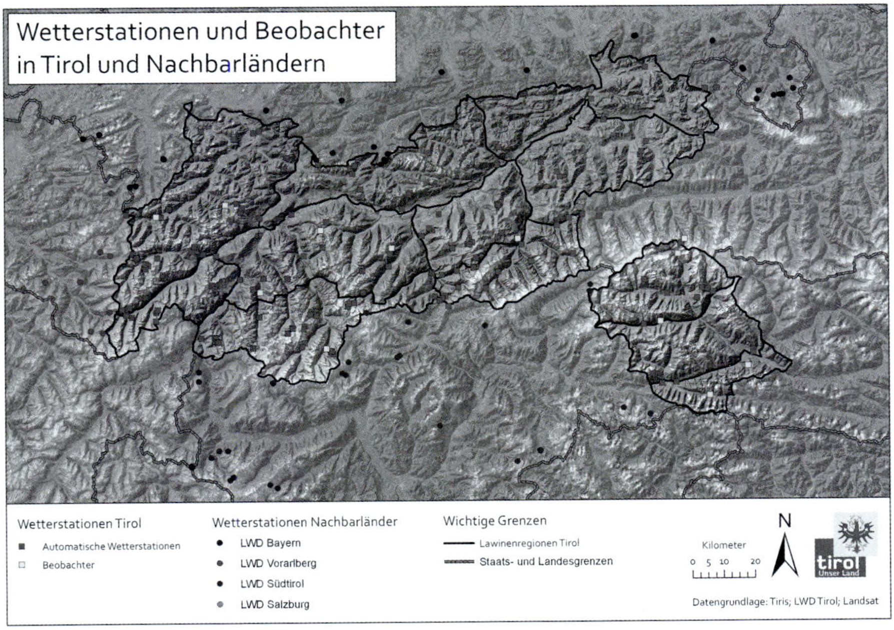

(c)

(d)

Bild 11-3 Informations- und Datenquellen für die Erstellung des Lawinenlageberichtes: (a): Automatische Wetterstation; (b): Netz der Wetterstationen (Beobachter) in Tirol (Österreich) und den Nachbarländern; (c): Beobachter im Geländeeinsatz; (d): Eigene Geländebeobachtung der Lawinenwarndienste: Aufnahme eines Schneeprofils und Stabilitätstests (© LWD Tirol)

besseren Veranschaulichung der jeweils vorherrschenden Lawinensituation die aktuelle Situation vordefinierten Mustern zuordnen. So passieren z. B. die meisten Lawinenunfälle immer dann, wenn nach einer langen Kälteperiode Schnee unter Windeinfluss fällt. Ebenso verschärft sich die Lawinensituation im Frühjahr regelmäßig aufgrund des Zusammenspiels der Wetterparameter Lufttemperatur, Luftfeuchte, Strahlung und Wind [205].

11.3.1.4 Informationsverbreitung

Die *öffentliche Verbreitung des Lawinenlageberichtes* stellt eine weitere wichtige Aufgabe der Lawinenwarndienste dar. Die „klassischen" Kanäle der Verbreitung von Informationen über die aktuelle Lawinensituation sind Fernsehen, Radio, Telefon (Tonbanddienste) und Internet. Aber auch andere „moderne" Kommunikationswege und Technologien, insbesondere mobiles Internet, Apps, RSS, Podcast, Facebook oder Twitter dienen zunehmend der Informationsverbreitung.

11.3.2 Saisonale Sperre von Anlagen

Bei saisonalen Sperren von Anlagen stehen praktisch immer wirtschaftliche Überlegungen im Mittelpunkt. Im Gegensatz zu den akuten Sperren liegt hier ein Missverhältnis des notwendigen Mitteleinsatzes zur Aufrechterhaltung der Lawinensicherheit zum Nutzen vor. Häufig davon betroffen sind hochgelegene Passstraßen in abgelegenen Gebieten, welche im Frühjahr nach Durchführung der Schneeräumungsarbeiten für den Straßenverkehr geöffnet werden. Auch die Benutzung von Gebäuden kann saisonal beschränkt sein, was je nach Rechtslage in den betroffenen Ländern unterschiedlich geregelt ist. Häufig trifft dies für Jagd- oder Almgebäude zu, für welche die Sommerbenutzung kein Problem darstellt, die Winternutzung aber oft auf Grund der lawinengefährlichen Erreichbarkeit der Anlage nicht möglich ist.

11.3.3 Organisatorische Maßnahmen

Eine erfolgreiche Bekämpfung einer Lawinenkatastrophe setzt die sorgfältige Planung der organisatorischen Maßnahmen (Notfallvorsorge) voraus. Die vorausschauende Planung der Notfallvorsorge ist besonders wichtig, da im Katastrophenfall zahlreiche öffentliche und private Akteure mitwirken, deren Handeln optimal abgestimmt sein muss. Eine Festlegung der Zuständigkeiten und Organisationsfragen muss unbedingt vor dem Eintritt eines Katastrophenereignisses geklärt sein, außerdem müssen sämtliche erforderlichen Ressourcen (Geräte, Hilfsmittel, Betriebsmittel, Versorgungsgüter) in ausreichender Menge vorgehalten werden (Bevorratung). Die Kommunikation in Krisensituationen ist durch einheitliche Funkfrequenzen der beteiligten Organisationen sicherzustellen. In Österreich wurde nach der Lawinenkatastrophe 1999 das Digitale Bündelfunksystem eingeführt, das für alle Behörden und Sicherheitsaufgaben (BOS) eine einheitliche Kommunikationsplattform darstellt.

Die Planung der Notfallvorsorge muss systematisch und unter Einbeziehung aller Beteiligten (Behörden, Fachdienste, Einsatzorganisationen, Bevölkerung) erfolgen. Es sind für die jeweiligen Lawinengefahrenstufen erforderliche Handlungen und die entsprechenden Verantwortlichkeiten festzulegen. Die Notfallvorsorge schließt auch die regelmäßige Übung des Ernstfalles mit ein. Das Planungsinstrument der Notfallvorsorge ist der *Katastrophenschutzplan*. In den Plänen ist insbesondere festgelegt, welche Gefahrenszenarien auftreten können, wie im Katastrophenfall vorzugehen ist und wem welche Aufgaben zukommen. Außerdem sind Alarmpläne mit Verständigungslisten und der Reihung der Notfallmaßnahmen nach ihrer Dringlichkeit enthalten. In Österreich und der Schweiz ist jede Gemeinde verpflichtet, einen Katastrophenschutzplan zu erstellen.

12 Lawinenbeobachtung (Monitoring) und Ereignisdokumentation

Karl Kleemayr, Patrick Nairz, Florian Rudolf-Miklau, Karl Gabl

12.1 Methoden der Lawinenbeobachtung und -dokumentation

Entsprechend des jeweiligen Informationsbedarfs der Institution wird die Lawinenbeobachtung in Form des Monitorings der lawinenauslösenden, klimatischen und nivologischen Faktoren oder des Prozessablaufes einer Lawine, in Form einer Registrierung des Lawinenabgangs knapp nach dem Zeitpunkt des Eintritts, sowie durch nachträgliche Erfassung und Analyse des Lawinenereignisses und der damit verbundenen Auswirkungen (Ereignisdokumentation) durchgeführt.

Die systematische Erfassung von Lawinen wird bereits seit Beginn des staatlichen Naturgefahrenmanagements Ende des 19. Jh. und dem Bau der transalpinen Bahnlinien durchgeführt. Eine Erfassung von Lawinenereignissen in Datenbanken sowie deren Analyse und Dokumentation erfolgt jedoch erst seit wenigen Jahrzehnten.

Die *Registrierung von extremen*, lawinenauslösenden *Niederschlagsereignissen* erfolgt über das (automatisierte) Messstellennetz der Wetterdienste sowie regional über die automatischen Wetterstationen und die Beobachter der Lawinenwarndienste. Zur Registrierung von extremen Wetterereignissen werden neue Technologien wie das „Wetterradar" eingesetzt. Die direkt den Lawinenwarndiensten zur Verfügung stehenden Informations- und Datenquellen wurden bereits in Abschnitt 11.3.1.3 beschrieben.

Das Lawinenmonitoring umfasst alle Methoden der unmittelbaren systematischen Erfassung, Beobachtung oder Überwachung eines Lawinenabgangs oder Prozesses mittels technischer Hilfsmittel oder anderer Beobachtungssysteme. Aufgrund der kurzen Prozessdauer und der praktisch nicht existenten Vorwarnzeit werden Methoden des Lawinenmonitorings jedoch eher für wissenschaftliche Zwecke als für Zwecke der Frühwarnung eingesetzt.

In diesem Abschnitt werden die neuen Technologien des Lawinenmonitorings und der Ereignisdokumentation im Überblick dargestellt.

12.2 Technologien des Lawinenmonitorings

12.2.1 Allgemeines: Monitoring

Monitoring ist ein Überbegriff für alle Arten der systematischen Erfassung, Beobachtung oder Überwachung eines Vorgangs (Prozesses). In diesem Sinn sind sowohl der Lawinenabgang selbst als auch die lawinenauslösenden, meteorologischen oder nivologischen Vorgänge als „Prozess" zu verstehen.

Handbuch Technischer Lawinenschutz. 1. Auflage. Florian Rudolf-Miklau, Siegfried Sauermoser (Hrsg.).

Das Monitoring von Lawinen verfolgt zwei Ziele: Einerseits dient es der Schaffung von Grundlagen für ein besseres Verständnis der Prozesse und Wirkungszusammenhänge (die gewonnenen Informationen eignen sich z. B. zur Überprüfung von Hypothesen und Modellen oder der Kalibrierung von Simulationsprogrammen), andererseits bildet es die Grundlage für die Überwachung von Prozessen, um die Entscheidungen über Sicherheitsmaßnahmen im Zusammenhang mit Lawinengefahren zu unterstützen.

Lawinenmonitoring ist daher im Rahmen von temporären Schutzmaßnahmen von zunehmender Bedeutung. Ungünstige Entwicklungen sind rechtzeitig zu erkennen, damit der Situation angepasste Gegenmaßnahmen frühzeitig in die Wege geleitet werden können (Warnsysteme).

12.2.2 Meteorologisches Monitoring (Beobachtung lawinenauslösender Wetterereignisse)

12.2.2.1 Allgemeines

Zur Wetterbeobachtung zählt das Monitoring maßgeblicher Klimafaktoren (Luftdruck, Temperatur, Windgeschwindigkeit, Windrichtung, Luftfeuchtigkeit, Niederschlagsmenge) mit Hilfe von Messgeräten, somit auch die messtechnische Erfassung lawinenauslösender Wetterereignisse. Die Messwerte der automatischen Wetterstationen dienen der kontinuierlichen Dokumentation des Wettergeschehens und der direkten Interpretation der Gefahr. Sie werden aber auch als Eingangsdaten für die Gefahrenbeurteilung mittels Lawinenprognose-Programmen verwendet.

12.2.2.2 Automatische Wetterstationen

Eine Wetterstation ist eine Zusammenstellung unterschiedlicher Messgeräte, die zur Messung meteorologischer Größen und damit der Wetter- oder Klimabeobachtung an einem bestimmten Ort dienen. Zur Beobachtung der lawinenauslösenden Faktoren nahe des Lawinenanbruchgebietes werden heute (voll-)automatische Wetterstationen (Bild 11-3a, Bild 12-1) errichtet.

Die in Lawinengebieten eingesetzten, automatischen Wetterstationen sind für die Erfassung von Schneemessgrößen optimiert. Sie besteht in der Regel aus zwei Messstellen: Aus einer *Windmessstelle* auf einem Bergkamm und aus einer *Schneemessstelle* in einer beruhigten Muldenlage. Beide Messstellen sind automatische Stationen. Die dezentralen Messstellen sind über Funk mit der zentralen Datenerfassung verbunden.

An der Schneemessstelle können die Schneehöhe [cm], die Schneeoberflächentemperatur [°C], die Schneetemperatur auf 4 Höhen [°C], das Schnee-Wasser-Äquivalent (SWE) [mm/m²], die Lufttemperatur [°C], die Luftfeuchte [% r.F.], die Globalstrahlung [W/m²] und die Strahlungsbilanz [W/m²] erfasst werden. An der Windmessstelle werden die Lufttemperatur [°C], die Luftfeuchte [% r.F.], die Windrichtung [Grad], die Windgeschwindigkeit [m/s] und Stärke der Böen [m/s] registriert. Nähere Angaben zur spezifischen Messtechnik für die Erfassung der einzelnen Parameter sind Abschnitt 12.2.3 zu entnehmen.

Die Datenübertragung erfolgt direkt bei der Station über eine Schnittstelle (RS 232) oder über Fernabfrage mit Funk bzw. Telefon (analog, ISDN, GSM) oder direkt via GPRS. Die Energieversorgung erfolgt mittels Solaranlage.

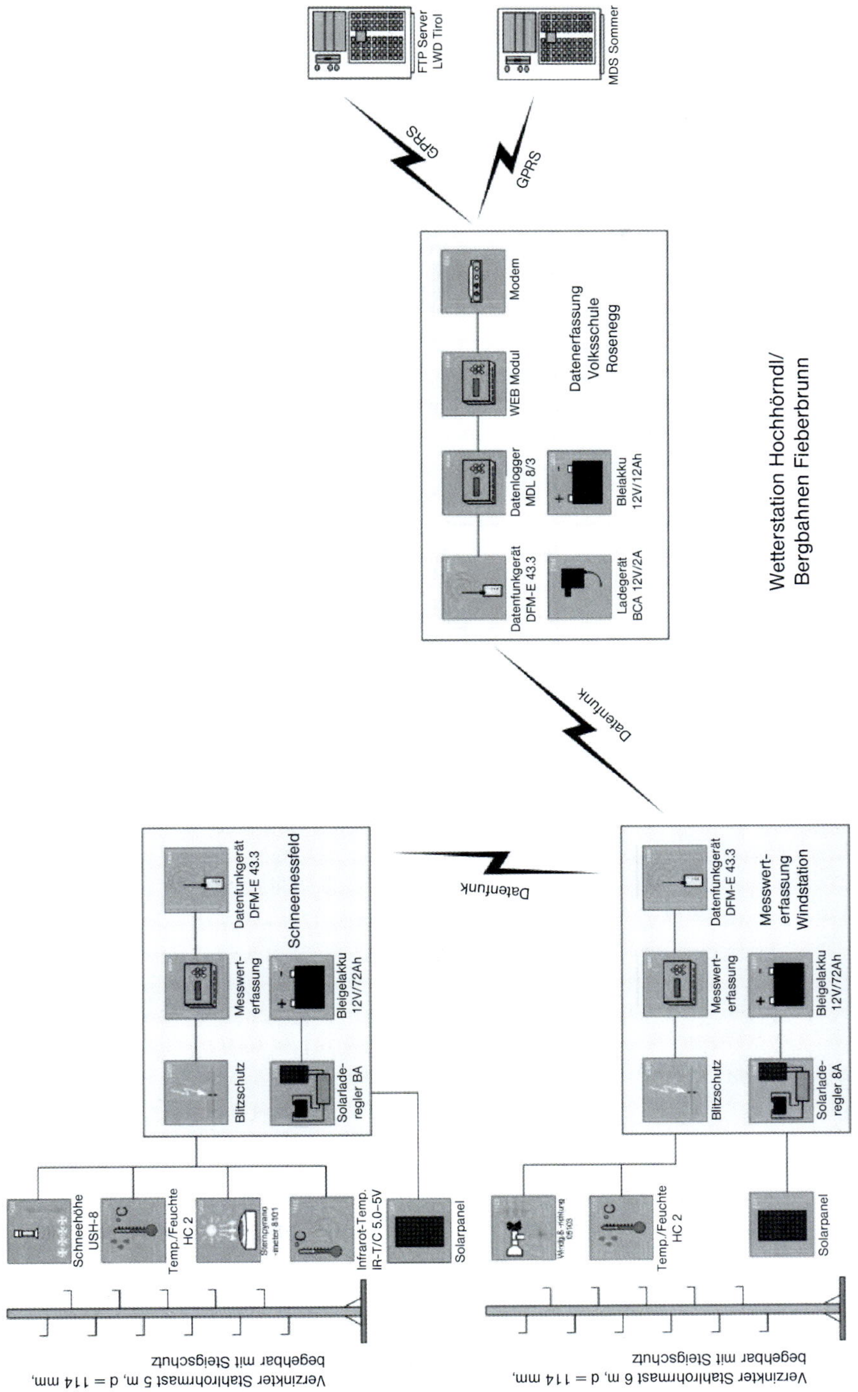

Bild 12-1 Schema automatische Wetterstation Schnee: Station Hochhörndl (Bergbahnen Fieberbrunn, Tirol) (© LWD Tirol, Fa. Sommer)

12.2.2.3 Wetterradar (Beispiel Valluga)

Zur Technologie des *Wetterradars* zählen alle Radargeräte, die überwiegend zur Erfassung von Wetterdaten, insbesondere Niederschlägen dienen.

Wetterradarmessungen in den Alpen sind für Monitoring und Vorhersage von Niederschlägen, hydrologische Anwendungen, für den Tourismus, für das Risiko- und Krisenmanagement im Falle von Starkniederschlagsereignissen von großer Bedeutung.

Um alle Möglichkeiten eines Wetterradars zur „Real-time-Beobachtung" von Niederschlägen mit hoher räumlicher Genauigkeit über ein weites Gebiet in den Alpen optimal auszunutzen, muss dieses auf einem isolierten Berggipfel errichtet werden, hoch genug, um optimale Sichtverhältnisse zu bieten, aber trotzdem so niedrig wie möglich, um verlässliche Messungen des Niederschlags nahe des Bodens zu erhalten. Erschwert werden die Messungen dadurch, dass der Radarstrahl durch umliegende Berge ganz oder teilweise abgeschattet werden kann (d. h. der Niederschlag dahinter bleibt teilweise oder ganz verborgen), da das Radar auch die Echos der umliegenden Berge empfängt (Bodenechos, die aufwendig aus den Daten gefiltert werden müssen) und Betrieb und Wartung einer Radaranlage im Hochgebirge sehr aufwendig sind. Andererseits werden Niederschlagsmessungen mit Regenmessern im Hochgebirge durch Windeinfluss ebenfalls stark beeinträchtigt.

Die Anforderungen an ein Wetterradar sind hoch: Meteorologen wollen den räumlichen und zeitlichen Niederschlagsverlauf im Spektrum von leichtem Niederschlag (0,1 mm/h) bis zum Starkregen (>100 mm/h) beobachten, Hydrologen erwarten zusätzlich eine möglichst hohe Präzision der Messung. Für den Zweck der Niederschlagsmessung sendet das

Bild 12-2 Wetterradar auf der Valluga (Arlberg, Tirol) (© Schaffhauser)

(a)

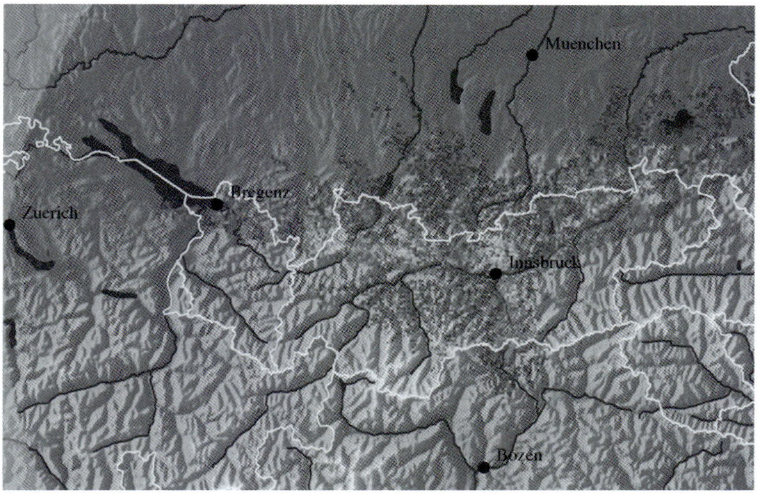

(b)

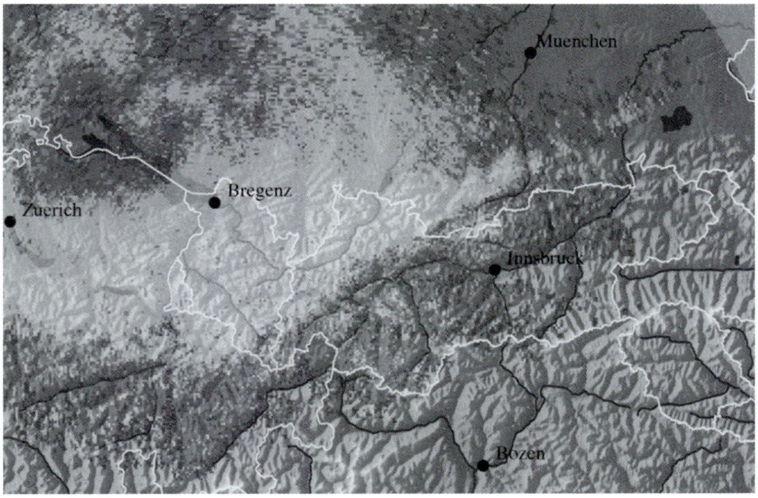

Bild 12-3 Wetterradardaten: (a): Nahezu flächendeckender Schneefall über Westösterreich beobachtet vom Wetterradar am Patscherkofel (Innsbruck, Tirol) und (b): vom Wetterradar auf der Valluga (Arlberg, Tirol) (© ZAMG)

Radar kurze Mikrowellenimpulse in eine bestimmte Richtung aus, die Breite des Radarstrahlers beträgt 1 Grad (in 60 km Entfernung ist der Radarstrahl 1 km breit). Abhängig von der Anzahl und Größe der Niederschlagsteilchen (Regen, Schnee, Graupel, Hagel) wird ein Teil der vom Radar ausgesandten Strahlung vom Niederschlag zum Radar reflektiert. Aus der Stärke der zurückgeworfenen Strahlung wird auf die Intensität der Niederschläge geschlossen, aus der Laufzeit wird die Position der Niederschlagszellen bestimmt. Wetterradargeräte sind sehr sensible Instrumente, das empfangene Signal ist wesentlich schwächer (10^{-8} bis 10^{-13} Watt) als die ausgestrahlte Leistungsspitze (250 Kilowatt). Die Antenne wird während eines Zeitraums von 5 Minuten in horizontaler und vertikaler Richtung geschwenkt, um den Niederschlag bis in eine Höhe von 15 km im Umkreis von 220 km zu registrieren. Grundsätzlich liefert ein Wetterradar bis in 100 km Entfernung vom Standort quantitativ nutzbare Niederschlagsmessungen, darüber hinaus nur mehr qualitative Niederschlagsinformationen. In der Schweiz sind auf dem Albis bei Zürich, in La Dóle bei Genf und am Monte Lema im Tessin Wetterradare installiert. In Österreich befinden sich Wetterradaranalagen u. a. auf dem Zirbitzkogel (Steiermark), in Rauchenwarth (Niederösterreich), in Feldkirchen (Oberösterreich) und auf dem Patscherkofel (Tirol).

Vorarlberg und das Tiroler Oberland wurden bisher jedoch nur äußerst lückenhaft von den Wetterradarstationen der Nachbarländer und vom Patscherkofel bei Innsbruck aus erfasst. Diese Lücke in der Radarabdeckung wurde im Oktober 2007 mit der Inbetriebnahme des fünften österreichischen *Wetterradars auf der Valluga* (Arlberg) in 2809 m Höhe geschlossen (Bild 12-2). Das Wetterradar Valluga wurde primär zur Verbesserung der Frühwarnung vor durch Niederschlag verursachten Naturkatastrophen errichtet.

Die Radaranlage auf der Valluga stellt zusammen mit dem Verbund der österreichischen und internationalen Radaranlagen, Wettersatelliten, Bodenmessstationen, Blitzortungssystemen und Vorhersagemodellen eine Fülle von Daten zur Verfügung, die in das Nowcastingsystem INCA („Integrated Nowcasting through Comprehensive Analysis") der Zentralanstalt für Meteorologie und Geodynamik (ZAMG) einfließen. INCA berechnet zeitlich und räumlich hochauflösende, meteorologische Analysen und Vorhersagen für die nächsten Stunden unter besonderer Berücksichtigung regionaler und kleinräumiger topographischer Effekte.

12.2.3 Monitoring der ruhenden Schneedecke

Zur Beobachtung der ruhenden Schneedecke wird eine breite Palette moderner Messgeräte eingesetzt. Einige dieser Messgeräte sind fester Bestandteil der automatischen Wetterstationen (siehe Abschnitt 12.2.2.2), die von den Lawinenwarndiensten nahe den Lawinenanbruchgebieten betrieben werden. Tabelle 12-1 gibt einen Überblick über die Geräte zur Erfassung der relevanten Messgrößen.

In den letzten Jahren wurden *terrestrische Laserscanner* zur Generierung von Oberflächenmodellen der Schneedecke eingesetzt. Dabei wird von dem Gerät ein Laserstrahl emittiert, welcher von der Gelände- und Schneeoberfläche wieder reflektiert wird (Bild 12-4a). Die Laufzeit des Signals ist ein Maß für die Distanz zwischen der Oberfläche und dem

Tabelle 12-1 Überblick über die Messgeräte zur Beobachtung der ruhenden Schneedecke

Gemessener Parameter	Messtechnologie
Lufttemperatur und Luftfeuchte	werden meist mit gekoppelten Sensoren (Thermometer, Hygrometer) gemessen. Eine lamellenförmige Einhausung schützt vor direkter Sonnenstrahlung und erlaubt eine natürliche Ventilation. Bei verfügbarem Stromanschluss wird mit einer künstlichen Ventilation die Qualität der Messung deutlich erhöht.
Schneehöhe	Die Messung wird standardmäßig mit *Ultraschall-Distanzmessern* bewerkstelligt. Der Sensor wird auf einem Mast montiert und sendet kurze Ultraschallsignale aus, die von der Schneeoberfläche reflektiert werden. Die Laufzeit des Signals, welches von der Lufttemperatur abhängig ist, wird aufgezeichnet und mit der Montagehöhe die Schneehöhe berechnet.

Tabelle 12-1 (Fortsetzung)

Gemessener Parameter	Messtechnologie
kurzwellige Strahlung	Bei der kurzwelligen Strahlung wird zwischen der einfallenden und der reflektierten Strahlung unterschieden. Für die Messung werden *Pyranometer* horizontal montiert, die nach unten und oben weisen. Die einfallende kurzwellige Strahlung hängt von der Tages- und Jahreszeit, der Topographie und der Bewölkung ab. Die reflektierte Strahlung wird zusätzlich von der Beschaffenheit und Form der oberflächennahen Schneeschichten beeinflusst. Das Verhältnis der reflektierten zur einfallenden Strahlung ist als die Albedo der Schneeoberfläche definiert.
langwellige Strahlung	Die Messung erfolgt entweder in Kombination mit der kurzwelligen Strahlung mit *Pyrradiometern* oder direkt mit *Pyrgeometern*. Das nach oben gerichtete Instrument zeichnet die atmosphärische Gegenstrahlung auf, die vor allem von der Bewölkung abhängt. Aus den Daten des nach unten gerichteten Pyrgeometers lässt sich auch die Temperatur der Schneeoberfläche bestimmen. Dazu werden auch *Infrarotthermometer* verwendet, die einen schmäleren Blickwinkel aufweisen.
Windgeschwindigkeit und Windrichtung	Die Messung erfolgt sowohl mit *Propelleranemometer* als auch *Schalenkreuzanemometer*. Vereisung und Ablagerung von festem Niederschlag verursachen in beiden Fällen Probleme. Für eine Beheizung fehlt meist die notwendige Energie. In exponierten Lagen wird oft das Propelleranemometer bevorzugt. Mehrere (mind. 3) übereinander angeordnete Windmesser dienen zur Bestimmung des bodennahen Windprofils, welches für die Berechnung der turbulenten und latenten Wärmeflüsse benötigt wird.
Wasserwert der Schneedecke	Dieser Parameter kann mit *Schneekissen* gemessen werden. Die Schneedecke übt einen Druck auf den Boden aus, in den ein mit frostsicherer Flüssigkeit gefülltes Kissen eingelassen wird. Ein Drucksensor zeichnet den Druck der Flüssigkeit auf, und das Schnee-Wasser-Äquivalent kann berechnet werden. Ist die Schneehöhe bekannt, so kann die mittlere Dichte des Schnees bestimmt werden.
Schneefeuchte	Zur kontinuierlichen Messung des freien Wassers in der Schneedecke dient eine speziell entwickelte Sensorik: Ein schräg abgespanntes Flachbandkabel misst die Kapazität des Bandes (diese setzt sich aus den dielektrischen Eigenschaften bei verschiedenen Frequenzen zusammen). Daraus werden die Volumsanteile des flüssigen Wassers, des Eises und des Porenraumes berechnet.
Schneedeckentemperatur	In der Schneedecke wird mit Hilfe einfacher *Pt-100-Sensoren* gemessen. Um die Ablagerung des Schnees so wenig wie möglich zu stören, werden diese Sensoren auf weißen Kunststoffröhrchen unterschiedlicher Länge vertikal montiert („Schneekerzen"). Es resultieren daraus kontinuierliche Schneetemperaturprofile. Diese Daten dienen zur Interpretation der Metamorphose des Schnees und lassen gut auf den Beginn der Abschmelzperiode schließen.

(a) (b)

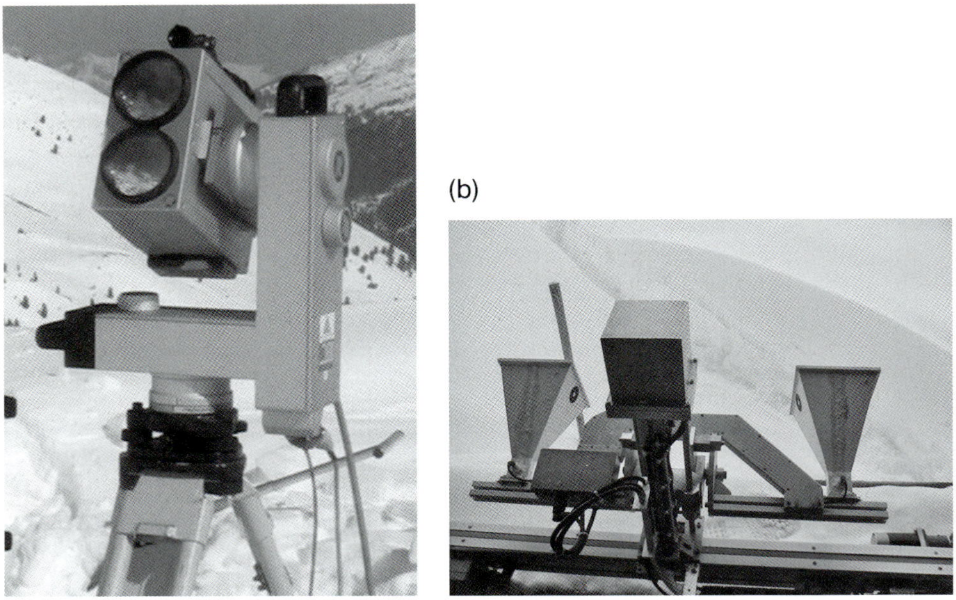

Bild 12-4 Messinstrumente für die Erstellung von Oberflächenmodellen der Schneedecke: (a): Laserscanner und (b): GB SAR (© Kleemayr)

Laserscanner. Die Position des Laserscanners wird exakt durch Rückwärtseinschneiden mit Hilfe von eingemessenen Reflektionstargets bestimmt. Durch Subtraktion des Sommergeländemodells vom Schneeoberflächenmodell kann so die Schneehöhenverteilung berechnet werden. Wiederholte Scans ermöglichen, die zeitlichen Veränderungen der räumlichen Schneeverteilung zu messen. Die Informationen werden beispielsweise zur Beurteilung von Schutzbauten oder zur Optimierung von Lawinensimulationen verwendet.

Im Gegensatz zum Laserscanner dringen die Signale eines GB SAR („Ground Based Interferometric Synthetic Aperture Radar") (Bild 12-4b) durch eine trockene Schneedecke hindurch. Die Reflexion erfolgt am Übergang Schnee – Boden. Bei bekannter Schneedichte kann die Schneehöhe bzw. Schneehöhenänderung pro Zeiteinheit bestimmt werden [279][183].

12.2.4 Schneemechanisches Monitoring

Die Beobachtungen der schneemechanischen Eigenschaften umfassen Schneedichtemessungen (Stechzylinder), Schneefestigkeitsmessungen mit der Rammsonde oder dem Schneepenetrometer (kontinuierlicher Vortrieb der Messsonde durch Elektromotor), Scherrahmen, Scherzylinder und Schneegleitschuhe. Durch höhenmarkierte Kriechprofile kann die Deformation der Schneedecke beobachtet und damit die Viskosität der Schneedecke ermittelt werden. Im Gegensatz zu den automatischen Messstationen können die mechanischen Eigenschaften aber nicht kontinuierlich untersucht werden, ein Monitoring kann daher nur durch wiederholte Probenahme erreicht werden.

12.2.5 Remote Sensing (luftgestütztes Monitoring)

Neben den klassischen terrestrischen Systemen, in denen die Messung von Kennwerten meist direkt und mehr oder weniger kontinuierlich erfolgt, hat die Fernerkundung (Remote Sensing) besonders im Bereich der Beurteilung von Massenbewegungen an Bedeutung gewonnen. Im Gegensatz zu anderen Erfassungsmethoden, die den direkten Zugang zum Objekt erfordern, erfolgt die Erkundung der Erdoberfläche berührungsfrei mittels Fernerkundungssensoren vom Luftraum (Flugzeuge, Satelliten, Drohnen) aus. Man unterscheidet zwischen *passiven Fernerkundungssystemen* mit

- Kameras für Luftbilder in Schwarz-Weiß oder Farbe,
- Thermalbildkameras zur Erfassung der Oberflächentemperaturen und
- passiven Mikrowellenradiometern (unter anderem zur Erfassung der Bodenfeuchte)

sowie *aktiven Fernerkundungssystemen* mit

- Radar im Mikrowellenbereich zur Erfassung der Oberflächenrauigkeit und
- Laseraltimeter zur Erfassung von Geländehöhen.

12.2.6 Monitoring der Einwirkung des Schnees auf Lawinenschutzbauten

Eine wichtige Aufgabe des Monitorings im Lawinenschutz ist die Beobachtung der schneemechanischen Einwirkungen auf Schutzbauwerke. Durch die Instrumentierung werden einwirkende Kräfte, Ankerkräfte und der Kraftfluss in den einzelnen Bauteilen von Schutzbau-

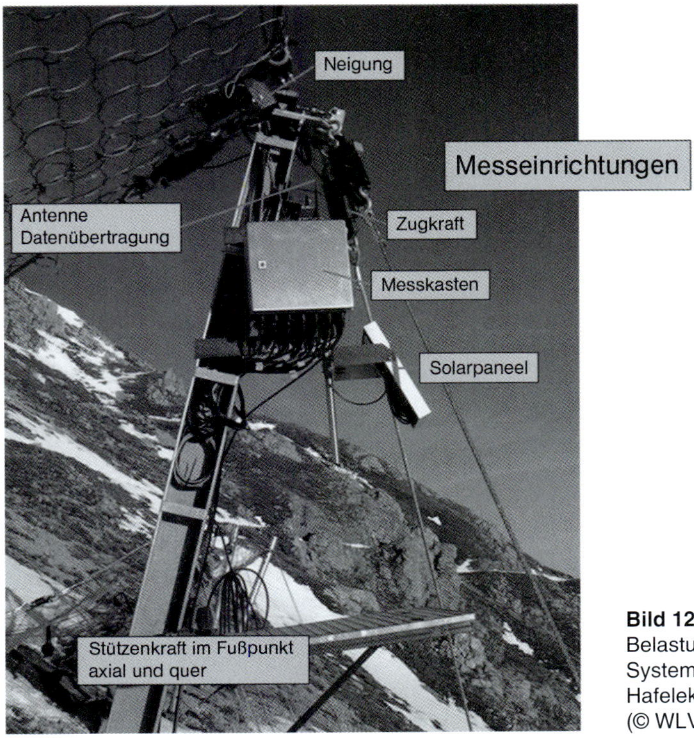

Bild 12-5 Messeinrichtungen zur Belastungsprüfung verschiedener Systeme von Schneenetzen im Hafelekar (Tirol, Österreich) [249] (© WLV Tirol/BFW)

ten (Schneenetzen, Stahlschneebrücken) beobachtet. Die Messdaten werden für die Überprüfung von Lastannahmen und für die Dimensionierung von Schutzbauwerken verwendet. Durch die gleichzeitige Messung von Stützenkräften, Ankerkräften und Neigung der Pendelstütze können die Spannungszustände des Bauwerks kontinuierlich analysiert werden. Derartige Beobachtungen an Schneenetzen wurden in Österreich beispielsweise auf dem Versuchsfeld Hafelekar (Innsbruck/Tirol) durchgeführt [249].

12.2.7 Monitoring der Lawinendynamik

12.2.7.1 Lawinendynamische Monitoringanlagen

Lawinendynamische Monitoringanlagen dienen sowohl der Untersuchung des dynamischen Verhaltens von Fließ- und Staublawinen (Messung der Geschwindigkeiten, Fließhöhen und Druckkräfte) als auch der Warnung vor Lawinenabgängen (Detektieren von Lawinenabgängen). Für die Entwicklung von Lawinenmodellen spielen großmaßstäbliche Experimente eine bedeutende Rolle. Mit den gewonnenen Resultaten können Berechnungsmodelle überprüft und kalibriert werden. Zusätzlich können die Erkenntnisse über die physikalischen Prozesse, die der Lawinendynamik zu Grunde liegen, verbessert werden.

Das WSL-Institut für Schnee und Lawinenforschung SLF (Davos, Schweiz) baute 1997 im Vallée de la Sionne (Kanton Wallis) die weltweit bedeutendste Monitoringanlage, um Lawinenexperimente durchzuführen [6]. In diesem Gebiet können Lawinen bis zu einer Kubatur von mehreren 100.000 m^3 ausgelöst werden. Das mit 32° bis 45° geneigte Anbruchgebiet ist rund 30 ha groß, die Länge der Sturzbahn beträgt – bei einer Höhendifferenz von 1200 m – rund 2500 m. Das Versuchsgelände ist mit zahlreichen Messgeräten ausgestattet. Die Geschwindigkeit der Lawinenfront wird von einem geschützten Bunker am Gegenhang mittels Doppler-Radar und Videogeräten gemessen. Zusätzlich sind in der Sturzbahn an 3 Standorten FMCW-Radargeräte („Frequency Modulated Continuous Wave") installiert, um die Fließhöhe und das Erosionsverhalten zu untersuchen. Im unteren Teil der Sturzbahn wurden verschiedene, mit Kraftmessgeräten und optischen Sensoren instrumentierte Hindernisse errichtet, um Geschwindigkeiten (in verschiedenen Höhen) und Fließhöhen zu messen (Bild 12-6a, Bild 12-7). Mittels foto- und videogrammetrischen Verfahren wird die Lawinenkubatur vor und nach dem Ereignis gemessen und eine Massenbilanz erstellt [311].

Im Lawinenwinter 1999 wurden drei Lawinen mit einer Gesamtkubatur von 1,2 Mio. m^3 ausgelöst, die die Mehrzahl der Messanlagen vollständig zerstörten. Die beobachtete maximale Lawinengeschwindigkeit lag bei ca. 80 m/s, die gemessenen Lawinendrücke erreichten mehr als 400 kN/m^2.

Ähnliche Messsysteme sind auch im norwegischen Testfeld in Ryggfonn (Versuchsanlage des norwegischen Geotechnischen Institutes NGI) installiert [90] (Bild 12-8).

12.2.7.2 Kraftmessungen mit Druckplatten

Die direkte Messung der Lawinenkräfte erfolgt in der Regel über Drucksensoren und Druckplatten. Im Versuchsgebiet Vallée de la Sionne wurde ein Betonkeil (4,5 m hoch und 1 m breit) errichtet. Der Prallbock trägt eine 1 × 1 m große Druckmessplatte (Bild 12-7c). Als Messsystem wurden 4 DMS-Spezial-Lastmessbolzen (Magtrol, Model LB 217) implementiert (Bild 12-7b), die gleichzeitig die Normal- und Scherkraft messen. Normalkräfte von 600 kN und Scherkräfte von je 300 kN können aufgenommen werden. Die Druckplatte wurde als geschweißte Stahlkonstruktion gefertigt und besteht aus 4 Komponenten (Basis-

(a)

(b)

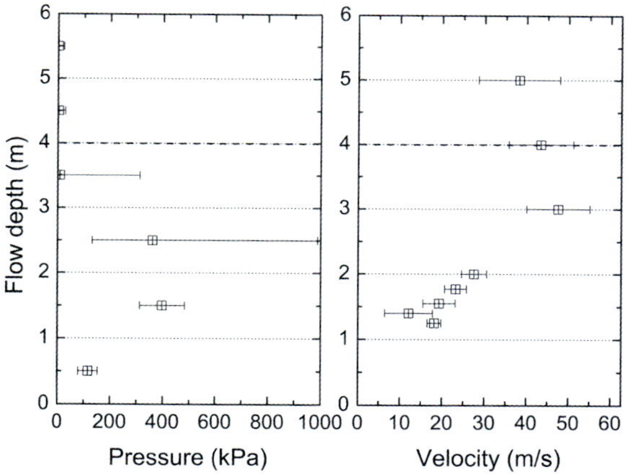

Bild 12-6 Direkte Druckmessung im Vallée de la Sionne (Wallis/Schweiz): (a): Blick auf den 20 m hohen Rundmasten und den Lawinenkeil (© SLF).; (b): Lawinendruck- und dazugehörendes Geschwindigkeitsprofil der schnellen Fließlawine Nr. 7226 am 20 m hohen und 0,6 m breiten Rundmasten. Die Fließhöhe betrug rund 4 m (nach [311], © B. Sovilla)

(a)

(b)

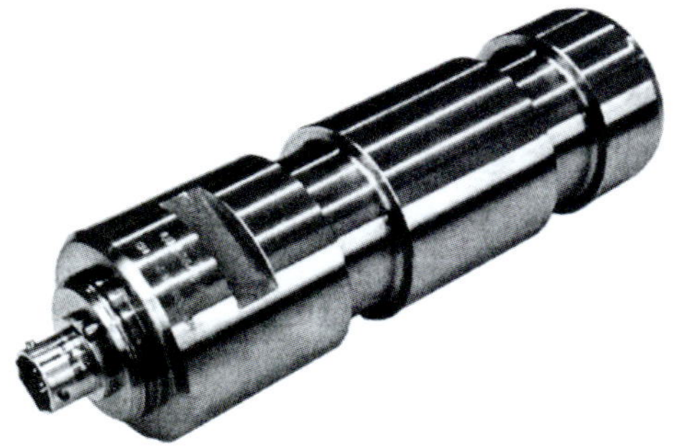

(c)

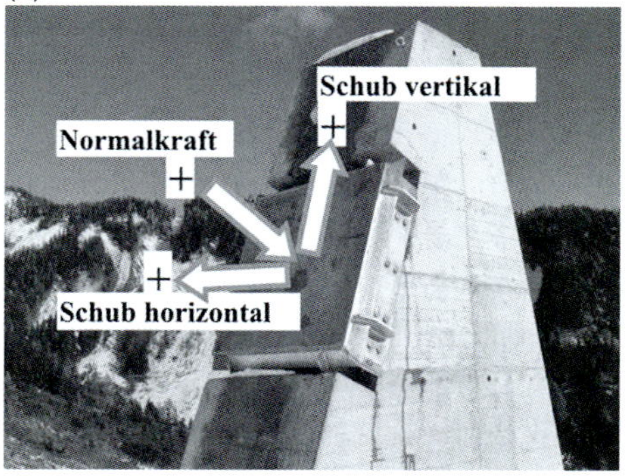

Bild 12-7 Geräte zur Messung von Lawinendrücken: (a): Druckplatte (BFW); (b): Lastmessbolzen (Magtrol LB 237) und (c): Montage der Druckplatte auf dem Prallbock (Vallée de la Sionne, Schweiz) (© Kleemayr)

platte, Druckplatte, Kraftumlenkungselemente mit Kraftmessbolzen und Randwinkel zur Verhinderung seitlicher Krafteinwirkungen) (Bild 12-7a). Weitere sechs Druckplatten sind in Lawinenzügen in Tirol montiert.

Die bisherigen Messungen zeigen, dass man die Geschwindigkeiten in der Sturzbahn bisher unterschätzt hat und dass die Erosionswirkung innerhalb der Schneedecke eine große Bedeutung haben kann. Praktisch bei allen Großlawinen wurde in der Sturzbahn fast der ganze Neuschnee und zum Teil auch die Altschneedecke erodiert und in die Lawinenmasse aufgenommen („Entrainment"). Die Druckmessungen weisen auch darauf hin, dass die Größe des Lawinendrucks (Bild 12-6b) stark vom Fließregime der Lawine abhängt [311]. Insbesondere sind bei langsam fließenden Lawinen (< 10 m/s) die gemessenen Drücke bedeutend größer als mit den üblichen Berechnungsverfahren ermittelt wird.

12.2.7.3 Fließhöhenmessungen in Lawinen

Fließhöhen können am 20 m hohen Messmast (Bild 12-6a) im Versuchsgebiet Vallée de la Sionne auf zwei Arten bestimmt werden [311]:

- Seitlich am Mast mit einem vertikalen Abstand von 25 cm angebrachte Kippschalter werden durch vorbeifließenden Schnee umgelegt. Die Fließhöhe des dichten Fließanteils entspricht dann der Höhe des höchsten umgelegten Kippschalters.
- Die von den auf verschiedenen Höhen am Mast angebrachten Drucksensoren gelieferten Zeitserien der Drücke können so interpretiert werden, dass man auf die Mächtigkeit des Fließanteils der Lawine schließen kann: Übersteigt der an einem Drucksensor gemessene Druck kontinuierlich den Wert von 20 kPa, so wird der Sensor als vom Fließanteil getroffen betrachtet. Die Fließhöhe ergibt sich also aus der Höhe des höchstgelegenen Drucksensors, dessen Messwert kontinuierlich den Wert von 20 kPa übersteigt.

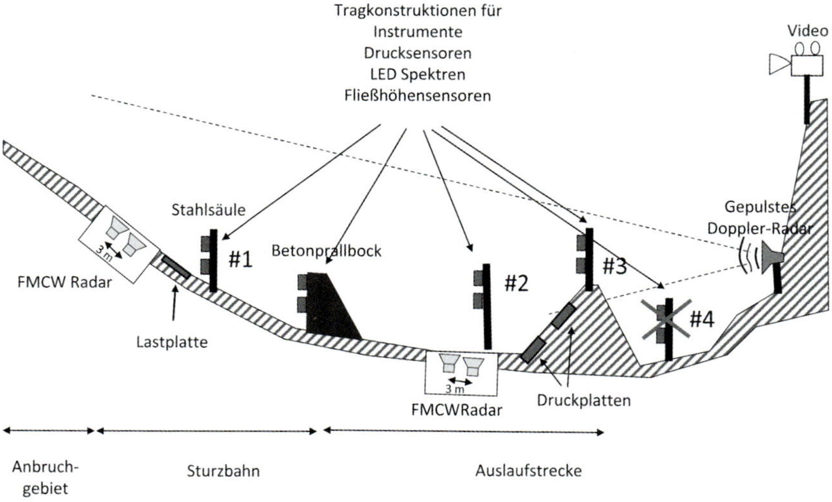

Bild 12-8 Norwegisches Lawinen-Versuchsgebiet Ryggfonn: Geplante Messsysteme (Schema, Stand: 2009, © NGI)

12.2.7.4 Optische Geschwindigkeitssensoren

Optische Sensoren wurden im Versuchsfeld Vallée de la Sionne auf verschiedenen Höhen angebracht (3 m, 4 m, 5 m und 6 m). Die Sensoren sind parallel zur erwarteten Fließrichtung montiert (parallel zur Geländeoberfläche). Die Messungen basieren auf der Signalkorrelation von zwei Infrarot-Sensoren mit der Verschiebung in Strömungsrichtung. Auch die Verwendung von Videosignalen – z. B. zur Interpretation der Lawinenfrontgeschwindigkeiten – hat sich bereits mehrfach bewährt.

12.2.7.5 Geschwindigkeitsmessungen mit dem gepulsten Dual Doppler Radar

Mit dem gepulsten Doppler Lawinenradar können räumlich und zeitlich aufgelöst Geschwindigkeits- und Turbulenzparameter gemessen werden. Das Radarsystem sendet kurze Mikrowellenimpulse aus und analysiert die Echos, die von den getroffenen Zielobjekten reflektiert werden. Durch die besondere Arbeitsweise des Lawinenradars können nicht nur Geschwindigkeiten, sondern auch die dazugehörigen Entfernungen von der Antenne gemessen werden.

Dies erfolgt durch eine quasi gleichzeitige Auswertung von Doppler-Frequenzen mehrerer aneinander gereihter Abschnitte der Lawinenbahn. Dieser Vorgang wird „Range-gating" genannt und ermöglicht eine räumliche und zeitliche Zuordnung der gemessenen Echointensität, Geschwindigkeits- und Turbulenzparameter entlang der Lawinenbahn während des Lawinenabganges. Die vom Radar gemessenen Daten sind Doppler Spectren für jedes „Range-gate" zu den verschiedenen Messzeitpunkten. Nach der Messung kann mittels einer „Offline Data Processing Software" die zeitabhängige Geschwindigkeit für jedes „Range-gate" ermittelt und dargestellt werden.

In vielen Alpentälern durchqueren Hauptstraßen von Lawinen bedrohte Gebiete, die aus technischen oder wirtschaftlichen Gründen nicht durch Schutzbauten geschützt werden können. Um die Sicherheit gegenüber Spontanlawinenabgängen weiter zu erhöhen, kann das gepulste Doppler Radar zur kontinuierlichen Beobachtung der Lawinenbahn eingesetzt werden. Im Falle einer detektierten Lawinenbewegung wird automatisch eine Verkehrssignalanlage eingeschaltet. Eine solche Anlage ist im Bereich der *Multereck-Lawine* (Steiermark) zum Schutz einer Bundesstraße im Einsatz (Bild 12-9).

Ähnliche Systeme werden auch für den Nachweis des Sprengerfolgs von künstlichen Lawinenauslösungen verwendet. Bei künstlichen Lawinenauslösungen besteht oft das Problem,

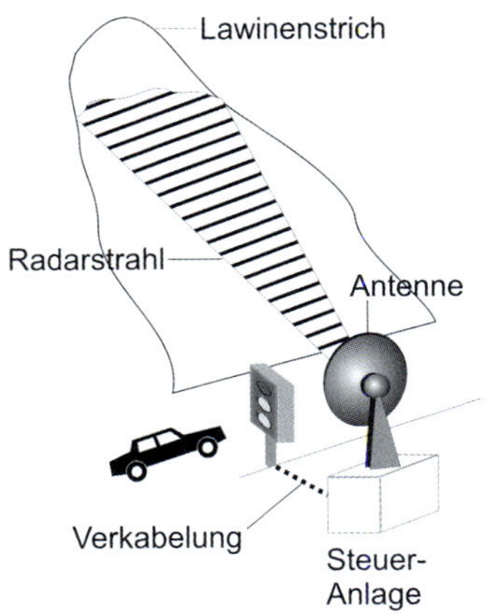

Bild 12-9 Radar zur Straßensicherung im Bereich der Multereck-Lawine (Steiermark) (© Kleemayr)

dass mit optischen oder akustischen Methoden nicht eindeutig festgestellt werden kann, ob die Lawinenauslösung erfolgreich war. Mit dem Radar kann auch bei schlechten Sichtbedingungen eine eindeutige Detektierung erfolgen.

12.3 Dokumentation von Lawinenereignissen

Die Dokumentation von Lawinenereignissen bildet einen wesentlichen Baustein bei der Bekämpfung und Vorhersage von Katastrophen. Aufbauend auf international anerkannten Erkenntnissen des Projektes DOMODIS („Documentation of Mountain Disasters") wurden in den Alpenländern *digitale Lawinenkataster* (Ereignisdatenbanken) als standardisiertes Werkzeug zur Erfassung und Sammlung von Ereignisinformationen konzipiert und entwickelt (Österreich: Ereignisportal des digitalen Wildbach- und Lawinenkatasters; Schweiz: StoreMe).

Um eine fachübergreifende Vergleichbarkeit der gesammelten Ereignisinformationen zu gewährleisten, war die Vereinheitlichung der Naturgefahrendokumentation anhand eines allgemein gültigen Mindeststandards Voraussetzung. Dieser Mindeststandard (kurz 5W-Standard) umfasst im Wesentlichen die Informationen, welche Naturgefahr (was?) in welchem Bereich (wo?) zu welchem Zeitpunkt (wann?) von welcher Person (wer?) beobachtet wurde und (optional) was die vermutlichen Gründe der Auslösung waren (warum?).

13 Technischer Lawinenschutz international: Zahlen und Fakten

Florian Rudolf-Miklau, Stefan Margreth, Francois Rapin, Bernhard Zenke, Yasuo Ishii, Rudolf Pollinger, Krister Kristensen, Tomas Johannesson, Pere Oller, Art Mears, Chris Stetham

Übersetzung aus dem Englischen: *Emily Procter*

13.1 Überblick und Vergleich

Technische Lawinenschutzmaßnahmen sind längst nicht mehr auf den Alpenraum beschränkt, sondern werden in vielen Gebirgsregionen weltweit eingesetzt. Allerdings können die Schutzziele in anderen Ländern – in Abhängigkeit der naturräumlichen, rechtspolitischen und sozio-ökonomischen Rahmenbedingungen – stark von jenen in Österreich, Schweiz und Deutschland abweichen. In vielen Gebieten stellen Lawinen nur ein lokales Gefahrenpotenzial dar oder bedrohen überwiegend Verkehrswege oder entlegene Tourismuseinrichtungen. Eine ähnlich enge Überschneidung des Lebensraums der Gebiete mit Lawinengefahr wie in den Alpenländern besteht weltweit bisher nur in Japan und wenigen Teilen Nordamerikas. Durch den stark zunehmenden Nutzungsdruck in Gebirgsregionen der Erde verändert sich jedoch diese Situation und der Bedarf an hochentwickelten Technologien des Lawinenschutzes steigt rasch an.

Der folgende Abschnitt gibt einen Überblick über den Stand des Lawinenschutzes in den wichtigsten von Lawinen betroffenen Ländern (Gebieten) der Erde (siehe Bild 1-3). Bild 13-1 zeigt einen Überblick über die von Lawinen betroffenen Regionen (NUTS-Regionen) in Europa. Die tabellarische Übersicht (Abschnitt 13.1) und die Länder-Faktenblätter (13.2) dieses Kapitels entstanden auf der Grundlage eines Questonnaires und mit Unterstützung führender Lawinenexperten aus 11 Ländern:

Österreich (A)	Florian Rudolf-Miklau (Bundesministerium für Land- und Forstwirtschaft, Umwelt und Wasserwirtschaft Wien)
Schweiz (CH)	Stefan Margreth (WSL-Institut für Schnee- und Lawinenforschung SLF Davos)
Frankreich (F)	Francois Rapin (CEMAGREF, ETNA St. Martin D'Herès)
Deutschland (Bayern) (D)	Bernhard Zenke (Bayrisches Landesamt für Umwelt, Lawinenwarnzentrale, München)
Italien (IT)	Rudolf Pollinger (Autonome Region Südtirol - Alto Adige, Bozen)
Norwegen (N)	Krister Kristensen (Norges geotekniske institutt NGI, Oslo)
Island (IS)	Tomas Johannesson (Veðurstofa Islands, Reykiavik)

(Fortsetzung)

Spanien (Katalonien) (E)	Pere Oller (Institut Geológic de Catalunya, Barcelona)
Vereinigte Staaten von Amerika (USA)	Art Mears (senior consultant)
Kanada (CDN)	Chris Stethem (Chris Stethem & Associates Ltd., Canmore)
Japan (J)	Yasuo Ishii (Snow Avalanche and Landslide Research Center, Myoko-City, Niigata Precture)

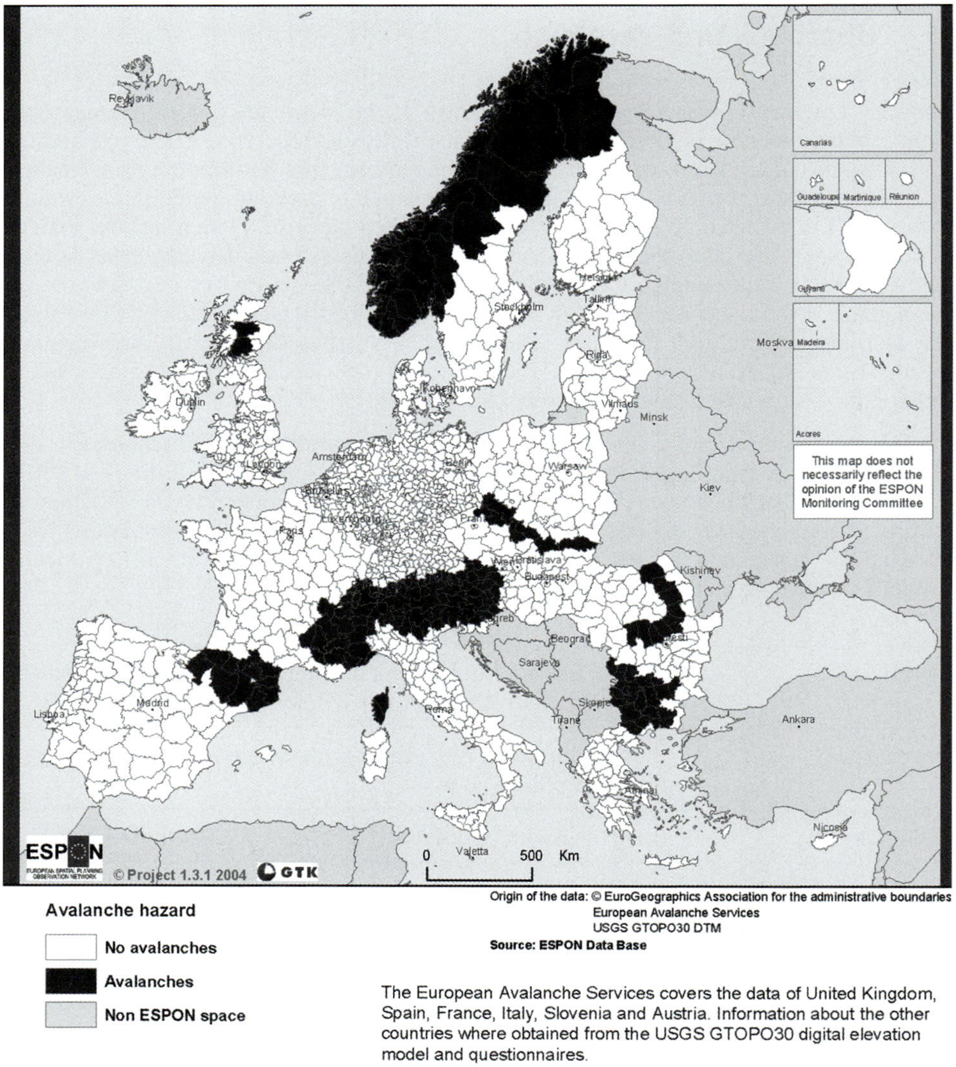

Bild 13-1 Lawinengefahren in Europa (Übersicht): NUTS3-Regionen, in denen Lawinen auftreten können (in Abhängigkeit verfügbarer Daten) (© ESPON, 2013)

Technischer Lawinenschutz Internationaler Überblick	**Land**										
	A	**CH**	**F**	**I**	**D**	**N**	**IS**	**E**	**CDN**	**USA**	**J**
Nationale Bedeutung des technischen Lawinenschutzes	sehr hoch	sehr hoch	regional hoch	regional hoch	mittel–gering	regional hoch	regional hoch	gering, lokal hoch	regional hoch	mittel/ gering	regional hoch
Dokumentierte Lawinenarten											
Fließlawinen	•	•	•	•	•	•	•	•	•	•	•
Staublawinen	•	•	•	•	•	•	–	•	•	•	•
Mischlawinen	•	•	•	•	•	•	•	•	•	•	•
Nassschneelawinen	•	•	•	•	•	•	•	•	•	•	•
Slushflows	–	–	–	–	–	•	•	–	•	•	–
Gemischte Muren-Schneelawinen	•	•	•	•	–	•	•	–	•	•	•
Andere: Eislawinen	•	•	•	•	–	•	–	–	–	–	–
Anzahl der bekannten Schadenslawinenstriche	ca. 18.000	20.000	4.000	15.000	650	mehrere hundert	mehrere hundert	500	30.000	mehrere 10	20.500
Lawinenschäden (Personenschäden, Sachschäden)											
Todesopfer durch Lawinen (pro Jahr)	30	25	28	k.A.	k.A.	k.A.	2	1,5	15	k.A.	k.A.
Sachschaden durch Lawinen (pro Jahr) (in Mio. €)	k.A.	58	k.A.	k.A.	k.A.	k.A.	~14	k.A.	k.A.	k.A.	k.A.
Gefahrenkarten/Gefahrenzonenpläne											
vorhanden	ja	ja	ja	ja	nein	ja	nein	ja	ja	lokal	ja
Maßstab 1:	2.000	5.000	25.000 (10.000)	25.000 (10.000)	–	50.000 2.000	–	1:25.000	1:5000 bis 10.000	1:1000 bis 1:24.000	25.000
Gefahrenstufe Rot (erhebliche Gefährdung)	•	•	•	•	–	•	–	–	•	–	k.A.

Technischer Lawinenschutz Internationaler Überblick	Land										
	A	CH	F	I	D	N	IS	E	CDN	USA	J
Gefahrenstufe Blau (mittlere Gefährdung)	(gelb = mittel+ gering)	•	•	•	–	–	–	–	•	–	–
Gefahrenstufe Gelb (geringe Gefährdung)		•	–	•	–	•	–	–	–	–	–
Gefahrenstufe Gelb/Weiß (Restgefährdung)	–	•	–	•	–	–	–	–	–	–	–
Bemessungsereignis (Jährlichkeit)	150	300/30	300/100	300/30	–	5.000/ 1.000/100	–	–	300/30	–	k.A.
Abzonungskriterium Lawinendruck (kPa)	10/1	30/1	30/1	30/1	–	/1	–	–	30/1/0,1	–	k.A.
Rechtsgrundlage vorhanden	ja	ja	ja	ja	–	ja	ja	nein	ja	–	nein
Rechtsverbindlich in Raumordnung/ Bauwesen	ja	ja	ja	ja	–	ja	ja	nein	ja	–	nein
Grundlage für Sicherheits- und Notfall-planung	ja	ja	tw.	ja	–	ja	ja	nein	tw.	–	nein
Risikokarten											
vorhanden	nein	nein	nein	tw.	nein	tw.	ja	nein	nein	nein	nein
Maßstab 1:	–	–	–	div.	–	–	5.000	–	–	–	–
Bemessungsereignis (Jährlichkeit)	–	–	–	div.	–	–	3000/ 1000/300	–	–	–	–
Permanenter technischer Lawinenschutz											
wird durchgeführt	ja	ja	ja	ja	ja	ja	ja	lokal	lokal	lokal	ja
Schutzobjekte, für die technische Lawinenschutzmaßnahmen durchgeführt werden											
Siedlungen	•	•	•	•	•	•	•	•	•	•	•

Technischer Lawinenschutz Internationaler Überblick	Land										
	A	CH	F	I	D	N	IS	E	CDN	USA	J
Straßen und Autobahnen	•	•	•	•	•	•	•	•	•	•	•
Eisenbahnen	•	•	•	•	–	•	–	•	•	•	•
Stromleitungen, Pipelines	•	•	•	•	•	•	•	–	•	•	–
Skigebiete	•	•	•	•	–	•	–	•	•	•	•
Industrieanlagen	•	•	•	•	•	•	–	–	•	•	–
Militärische Anlagen	•	•	–	–	–	•	–	–	–	–	–
Baulicher Lawinenschutz (Lawinenverbauung), Maßnahmen											
Lawinenanbruchverbauung	•	•	•	•	•	•	•	•	•	•	•
Verwehungsverbauung	•	•	•	•	–	•	-	•	•	•	•
Lawinenauffangverbauung	•	•	•	•	–	•	•	–	•	•	–
Lawinenbrecher	•	-	•	•	–	•	•	–	•	•	–
Lawinenbremsverbauung	•	•	•	•	–	•	•	–	•	•	–
Lawinengalerien (-tunnel)	•	•	•	•	•	•	•	•	•	•	–
Lawinenablenkverbauung	•	•	•	•	–	•	•	•	•	•	•
Ebenhöh/Spaltkeile	•	•	•	•	–	–	–	–	–	•	–
Gleitschneeschutz	•	•	–	•	–	•	–	–	–	•	–
Nationale Technische Normen (vorhanden)	ja	ja	ja	(Schweizer Richtlinien)							ja
Rechtsgrundlage (vorhanden)	ja	ja	ja	ja	ja	ja	ja	nein	nein	nein	ja

Technischer Lawinenschutz Internationaler Überblick	**Land**										
	A	**CH**	**F**	**I**	**D**	**N**	**IS**	**E**	**CDN**	**USA**	**J**
Lawinenschutzwald (Pflege, Hochlagenaufforstung)	•	•	•	•	•	(•)	–	–	(•)	(•)	(•)
Öffentliche Investitionen in Technischen Lawinenschutz (in Mio. € pro Jahr):	30	35,0	k.A.	10,0 – 12,0	1,0	k.A.	3,0	1,0	0,0	0,5	k.A.
Private Beitragsleistung	ja	ja	nein	nein	nein	ja	nein	nein	ja	ja	nein
Umsetzung durch öffentliche Institutionen	ja	ja	ja	ja	ja	nein	tw.	nein	nein	nein	ja
Technischer Gebäudeschutz											
wird durchgeführt	ja	ja	ja	ja	ja	ja	ja	ja	ja	ja	nein
durch Rechtsnormen vorgeschrieben	ja	ja	ja	nein	ja	ja	ja	nein	ja	ja	nein
Sachverständigengutachten erforderlich	ja	ja	ja	ja	ja	tw.	tw.	nein	k.A.	k.A.	nein
Temporärer Lawinenschutz											
Temporärer Lawinenschutz, Maßnahmen											
Lawinenwarnung	•	•	•	•	•	•	•	•	•	•	–
Künstliche Lawinenauslösung	•	•	•	•	•	•	–	•	•	•	•
Sperren (Verkehrswege)	•	•	•	•	•	•	•	•	•	•	•
Evakuierung	•	•	•	•	•	•	•	•	•	•	•
Katastrophenschutzpläne (Lawinen)	•	•	•	•	–	•	•	•	•	•	–
Warn- und Alarmsysteme	•	•	•	•	•	•	•	•	•	•	•

Technischer Lawinenschutz Internationaler Überblick	**Land**										
	A	**CH**	**F**	**I**	**D**	**N**	**IS**	**E**	**CDN**	**USA**	**J**
Künstliche Lawinenauslösung (Lawinensprengung): Systeme											
Handsprengung	•	•	•	•	–	–	nur Tests	•	•	•	•
Hubschraubersprengung	•	•	•		•	–		–	•	•	–
Sprengseilbahn	•	•	•	•	•	•		–	•	•	–
Gaz.Ex®	•	•	•	•	•	–		–	•	•	•
Daisybell®	–	•	•	•	–	•		•	–	–	–
Avalhex®	–	–	•	–	–	–		•	–	–	–
Lawinenwächter Inauen-Schätti®	•	•	–	–	–	–		–	•	•	–
Sprengmast Wyssen®	•	•	–	–	–	–		–	–	–	–
Avalancheur®	–	•	–	–	–			•	•	•	•
Armeewaffen: Minenwerfer, Raketenrohr	–	•	–	–	–	–		–	•	•	–
Gratausleger	–	•	–	–	–	•		–	–	–	–
Lawinenwarndienst											
bestehen	ja	ja	ja	ja	ja	ja	ja	regional	ja	regional	nein
Rechtsgrundlage vorhanden	tw.	ja	tw.	tw.	ja	nein	tw.	nein	nein	nein	–
Beobachtungsnetz vorhanden (Wetterstationen, Beobachter)	ja	ja	ja	ja	ja	tw.	ja	ja	ja	tw.	tw.
Lawinenlagebericht im Internet	•	•	•	•	•	•	–	•	•	(•)	–
Lawinenkommissionen											
bestehen	ja	ja	ja	ja	ja	lokal	ja	nein	nein	lokal	nein
Rechtsgrundlage vorhanden	tw.	tw.	nein	ja	ja	tw.	ja	nein	nein	ja	nein

Technischer Lawinenschutz Internationaler Überblick	Land										
	A	CH	F	I	D	N	IS	E	CDN	USA	J
Katastrophenschutzmanagement											
Organisationsstrukturen auf kommunaler Ebene vorhanden	ja	ja	ja	ja	ja	ja	ja	ja	ja	ja	ja
Katastrophenschutzpläne/Notfallpläne/ Evakuierungspläne vorhanden	tw.	ja	ja	ja	ja	tw.	ja	ja	tw.	tw.	ja
Überregionales Frühwarn- und Krisen-interventionssystem vorhanden	ja	ja	ja	ja	ja	ja	ja	ja	ja	nein	ja
Lawinenmonitoring und Ereignisdokumentation											
Lawinenmonitoringsysteme	•	•	•	•	•	•	•	–	•	–	•
Lawinenwarnanlagen (lokal)	•	•	•	•	–	•	k.A.	ja	•	–	•
Ereigniskataster/Lawinenkataster wird geführt	ja	ja	ja	ja	ja	tw.	tw.	ja	k.A.	–	k.A.
Forschung, Normung und Ausbildung											
Spezialisierte Forschungseinrichtungen	•	•	•	•	–	•	•	–	–	–	•
Universitäre und Außeruniversitäre Forschung	•	•	•	•	•	•	•	(•)	•	•	•
Versuchsanlagen, Laboranlagen	•	•	•	–	–	•	•	–	–	–	•
Akademische Ausbildung Technischer Lawinenschutz	•	–	–	–	–	–	–	–	–	–	–
Akademische Ausbildung im Rahmen anderer Studien-/Hochschullehrgänge	•	•	•	•	–	•	•	–	•	–	•
Aus- und Weiterbildungsangebot für Praktiker	•	•	•	•	•	•	•	–	•	•	•

13.2 Länderberichte: Faktenblätter

13.2.1 Österreich

Florian Rudolf-Miklau

Nationale Bedeutung	Zahlreiche inneralpine Täler in Westösterreich wären im Winter ohne technische Lawinenschutzmaßnahmen unzugänglich, zahlreiche Alpenpässe lawinengefährdet.
Regionen mit Lawinenrisiko	Gebirgsregionen Westösterreichs sowie Teile von Salzburg, der Steiermark, Oberösterreich und Kärnten (vereinzelt in Niederösterreich)
Lawinenbildende Wetterlagen	Nord- und Zentralalpen: West- und Nordwestwetterlagen; Südalpen: Südost- bis Südwestwetterlagen
Rechtsgrundlagen Lawinenschutz	Forstgesetz 1975, Wasserrechtsgesetz 1959 Gefahrenzonenplanverordnung 1975 Landeskatastrophenschutzgesetze
Kompetenz, Behörden	Permanenter technischer Lawinenschutz: Bund Temporärer Lawinenschutz und Katastrophenschutz: Länder Forstbehörde und Wasserrechtsbehörde, Katastrophenschutzbehörde
Institutionen des technischen Lawinenschutzes	Forsttechnischer Dienst für Wildbach- und Lawinenverbauung (WLV) Österreichische Bundesbahnen (ÖBB) ASFINAG (Schnellstraßen), Landesstraßenverwaltungen Betreiber von Skigebieten
Gefahrenzonenplan	seit 1975; flächenhaftes Gutachten mit Prognosecharakter Erstellung durch Dienststellen der WLV gesetzlich normiertes Verfahren: kommissionelle Überprüfung (Bund, Land, Gemeinde), Genehmigung durch den Bundesminister für Land- und Forstwirtschaft, Umwelt und Wasserwirtschaft Umsetzung im Flächenwidmungsplan der Gemeinden
Schutzziele und Schutzkonzepte	Permanenter technischer Lawinenschutz für Siedlungen und Verkehrswege sowie z. T. für Seilbahnen (Skigebiete), ergänzend und für untergeordnete Schutzgüter temporäre Schutzmaßnahmen
Technische Normen	ÖNORM-Regel 24805-7; ÖNORM B 5301/2: Lawinenschutzfenster (Schweizer Richtlinie in Verwendung)
Finanzierung der Schutzmaßnahmen	Katastrophenfonds des Bundes, Öffentliche Förderungen: bis 75 % Beitragsleistung durch Interessenten: Gemeinden, Wassergenossenschaften, Sonstige Begünstigte

Bauen in lawinengefährdeten Gebieten	Rote Zone: Bauverbot
	Gelbe Zone: zulässig, mit Auflagen; Sachverständigengutachten erforderlich
Lawinenwarndienste	eingerichtet bei den Bundesländern
	Wetterdienst: Zentralanstalt für Meteorologie und Geodynamik (ZAMG)
Lawinenkommissionen	Organ des Bürgermeisters (Gemeinde): unterstützen auch die Bezirksverwaltungsbehörde und Betreiber von Skigebieten bei der Entscheidung über Sperre bzw. Öffnung von Verkehrswegen (Pisten)
	Rechtsgrundlage: Tiroler Lawinenkommissionsgesetz bzw. Katastrophenhilfsgesetze der Länder
Forschungs- und Ausbildungseinrichtungen	Universität für Bodenkultur Wien, AlpNat/Wildbach- und Lawinenverbauung
	Universität Innsbruck, Fakultät für Bauingenieurwesen: Uni-Lehrgang
	Bundesforschungs- und Ausbildungszentrum für Wald, Naturgefahren und Landschaft
	Österreichischer Alpenverein, Kuratorium Alpine Sicherheit, INTERPRÄVENT

13.2.2 Schweiz

Stefan Margreth

Nationale Bedeutung	Technische Lawinenschutzmaßnahmen gehören zur festen Infrastruktur für die Besiedlung von Berggebieten. Heute sind die wichtigsten Lawinenverbauungen realisiert.
Regionen mit Lawinenrisiko	Alpen sowie die nördlichen und südlichen Voralpen (schätzungsweise 50 % der Gesamtfläche der Schweiz)
Lawinenbildende Wetterlagen	Nordwest- und Süd-Staulagen, Wärmeperioden im Winter
Rechtsgrundlagen Lawinenschutz	Bundesgesetz über den Wald 1991 (WaldG)
	Bundesgesetz über die Raumplanung (RPG)
Kompetenz, Behörden	Permanenter technischer Lawinenschutz: Bund und Kantone
	Temporärer Lawinenschutz und Katastrophenschutz: Kantone und Gemeinden
Institutionen des technischen Lawinenschutzes	Bundesamt für Umwelt (BAFU)
	Schweizer Bundesbahn (SBB)
	Bundesamt für Strassen (ASTRA)
	Kantonalverwaltung (Naturgefahrenfachstellen, Amt für Wald)
	Betreiber von Skigebieten

Gefahrenzonenplan	Verpflichtende Darstellung der Lawinengefahren für raumwirksame Tätigkeiten auf Grundlage des WaldG und des Bundesgesetzes über die Raumplanung (RPG) Erstellung durch Kantone; Ausarbeitung: Technische Büros Rechtsverbindliche Umsetzung in der Nutzungsplanung der Gemeinden, Nutzungspläne werden durch einen Beschluss des zuständigen Gemeindeorgans (Gemeinderat, Gemeindeversammlung oder Volksabstimmung) angenommen und anschließend durch die kantonale Behörde genehmigt. Bauliche Auflage teilweise auch durch kantonale Gebäudeversicherung
Schutzziele und Schutzkonzepte	Integrales Risikomanagement: Kombination permanenter technischer und temporärer Lawinenschutzmaßnahmen; Gebirgswald ist der wichtigste Schutzfaktor; risikobasierte Planung von Schutzmaßnahmen
Technische Normen	Schweizer Richtlinie für den permanenten Lawinenverbau (SLF) Richtlinie für Lawinengalerien (ASTRA) Wegleitung Objektschutz (Graubündner Gebäudeversicherung)
Finanzierung der Schutzmaßnahmen	Bund 35–45 %, Kanton 35–45 %, Rest: Gemeinde
Bauen in lawinengefährdeten Gebieten	Rote Zone (=Verbotszone): Bauverbot Blaue Zone (=Gebotszone): zulässig, mit Gebäudeschutzmaßnahmen; neue Bauzonen nur nach Erwägung der Gefahrensituation, bauliche Auflagen teilweise auch durch kantonale Gebäudeversicherung Gelbe Zone (=Hinweiszone): Hinweis auf Gefährdung, keine sensiblen Bauten
Lawinenwarndienste	Schnee- und Lawinenforschungsinstitut Davos Wetterdienst: Meteo Schweiz
Lawinenkommissionen	auf Gemeindeebene eingerichtet unterschiedliche rechtliche Regelungen der Kantone und Gemeinden
Forschungs- und Ausbildungseinrichtungen	WSL-Institut für Schnee- und Lawinenforschung SLF Davos Forstingenieurwesen (Hochschule für Landwirtschaft) und Department Bau, Umwelt und Geomatik (ETH Zürich), Geographie (Universität Zürich und Bern) FAN (Fachleute Naturgefahren), PLANAT (Plattform Naturgefahren)

13.2.3 Frankreich

Francois Rapin

Nationale Bedeutung	Der technische Lawinenschutz hat große Bedeutung in Skiorten, wo die künstliche Lawinenauslösung zum Schutz der Seilbahnen und Pisten eingesetzt wird. Lokal werden Siedlungsgebiete durch Lawinenanbruchverbauungen gesichert.
Regionen mit Lawinenrisiko	Französische Alpen, Pyrenäen, Korsika Vereinzelte Lawinen: Vogesen, Zentralmassiv
Lawinenbildende Wetterlagen	West- und Nordwestwetterlagen; Südalpen: Südost- bis Südwestwetterlagen
Rechtsgrundlagen Lawinenschutz	PPR-Verordnung 1995
Kompetenz, Behörden	Permanenter technischer Lawinenschutz: Staat und Präfekturen Temporärer Lawinenschutz und Katastrophenschutz: Präfekturen und Gemeinden
Institutionen des technischen Lawinenschutzes	Französisches Umweltministerium (MEEDAT) Office National de Forêt (ONF), Restauration des Terrains en Montagne (RTM) Präfekturen und Gemeinden
Gefahrenzonenplan	PPR (plan de prévention des risques) seit 1995 Erstellung durch Präfektur, Ausarbeitung: RTM und CEMAGREF Umsetzung in der kommunalen Nutzungsplanung
Schutzziele und Schutzkonzepte	Permanenter technischer Lawinenschutz für Siedlungen und Verkehrswege, künstliche Lawinenauslösung für Verkehrswege und für Seilbahnen (Skigebiete)
Technische Normen	Französische Techniknormen: NF P95-303 to 305; NF P95-310, -311 und -313
Finanzierung der Schutzmaßnahmen	Im Bereich des Staatswaldes: 100 % Republik Gemeinden für ihren Wirkungsbereich Für Hauptverkehrswege: Departement President
Bauen in lawinengefährdeten Gebieten	In Roten und Blauen Zonen dürfen neue Gebäude nicht bzw. nur mit technischen Objektschutzmaßnahmen errichtet werden. Rechtsgrundlage für Bauten in der Blauen Zone: Gesetz n°95-101 vom 02/02/1995
Lawinenwarndienste	Wahrgenommen durch nationalen Wetterdienst: Meteo France
Lawinenkommissionen	teilweise bestehend auf kommunaler Ebene keine einheitliche Rechtsgrundlage
Forschungs- und Ausbildungseinrichtungen	L'institut de recherche en sciences et technologies pour l'environnement (CEMAGREF) in Grenoble diverse Universitätslehrgänge: Forstwirtschaft

13.2.4 Italien

Rudolf Pollinger

Nationale Bedeutung	In den inneralpinen Tälern entlang des italienischen Alpenbogens hat der Lawinenschutz eine große Bedeutung für den Siedlungsraum, die wichtigen Verkehrsachsen und für die Wintersportgebiete.
Regionen mit Lawinenrisiko	Alpen: Regionen Aosta, Piemont, Lombardei, Trentino-Südtirol, Venetien und Friaul Außeralpin: in den Regionen entlang des Apennins
Lawinenbildende Wetterlagen	Alpensüdseite: Südstaulagen; Genuatief im Bereich Piemont, Lombardei, Trento-Südtirol; Adriatief im Bereich Trento-Südtirol, Veneto und Friaul; seltene Ausläufer von Warmfronten an der Alpennordseite
Rechtsgrundlagen Lawinenschutz	Nationales Gesetzesdekret für die Abgrenzung von Risikozonen (Gesetzesvertretendes Dekret 180/98, auch für Lawinen) Unterschiedliche Rechtsgrundlagen in den Regionen
Kompetenz, Behörden	Rahmengesetzgebung durch den Nationalstaat, Ausführungsgesetzgebung in den Regionen Permanenter technischer Lawinenschutz und temporärer Lawinenschutz sowie Katastrophenschutz: Regionen Forstbehörde und Wasserrechtsbehörde, Katastrophenschutzbehörde
Institutionen des technischen Lawinenschutzes	Öffentliche Verwaltung der Regionen: Abt. Wasserschutzbauten, Gemeinden, Staatsbauamt, Abt. Straßenbau Aufstiegsanlagenbetreiber
Gefahrenzonenplan	Lawinengefahrenhinweiskarte für die Regionen Italiens mit Lawinenproblemen im Maßstab 1:25.000 (CLPV: La Carta localizzazione delle valanghe). Zusätzlich in einigen Regionen Italiens: Lawinenkataster (M 1:10.000) Unterschiedliche Rechtsgrundlagen in den einzelnen Regionen: in Südtirol Zuständigkeit der Gemeinde Verbindliche Anwendung der Gefahren(zonen)karten in der Raumordnung
Schutzziele und Schutzkonzepte	Permanenter technischer Lawinenschutz für alle wichtigen Infrastrukturen und alle Wohngebäude Bei extremer Gefährdung: Möglichkeit der Ablöse der Hofstelle durch das Land. Die Grundstücke werden Vermögen des Landes.
Technische Normen	(Schweizer Richtlinie in Verwendung)
Finanzierung der Schutzmaßnahmen	Südtirol: 100 % durch die Region (Land)

Bauen in lawinengefährdeten Gebieten	Umsetzung der Gefahrenkarten und Gefahrenzonenpläne durch die Gemeinden Rote Zone: Bauverbot, in sonstigen Gefahrenzonen mit Auflagen
Lawinenwarndienste	eingerichtet bei den Regionen (meist: Agenzia Regionale per la Protezione Ambientale/ARPA) Wetterdienste: Servizio Meteorologico dell'Aeronautica Militare (Nationaler militärischer Wetterdienst und Wetterdienste der Regionen)
Lawinenkommissionen	Organ der Gemeinden
Forschungs- und Ausbildungseinrichtungen	Ausbildungen an verschiedenen Universitäten Forschung an Universitäten und staatlichen Forschungsanstalten

13.2.5 Deutschland (Bayern)

Bernd Zenke

Nationale Bedeutung	Betroffen nur die alpinen Gebiete in Bayern: Ca. 10 % der objektgefährdenden Lawinen (Gebäude, Straßen, Pisten etc.) sind technisch verbaut.
Regionen mit Lawinenrisiko	Nordalpenbereich: Regionen Berchtesgaden, Garmisch-Partenkirchen, Oberstdorf
Lawinenbildende Wetterlagen	West- und Nordwestwetterlagen (Nordstaubereich), teilweise auch Föhnlagen mit Sturm und starker Erwärmung
Rechtsgrundlagen Lawinenschutz	Baugesetzgebung (Bayrische Bauordnung)
Kompetenz, Behörden	Permanenter technischer Lawinenschutz und temporärer Lawinenschutz sowie Katastrophenschutz: Freistaat Bayern.
Institutionen des technischen Lawinenschutzes	Landesverwaltung: Wasserwirtschaftsämter, Staatliche Bauämter, Forstämter (jeweils in ihrem Wirkungsbereich) Deutsche Bahn (DB) Betreiber von Skigebieten
Gefahrenzonenplan	nicht vorhanden
Schutzziele und Schutzkonzepte	Bayern: integrales Lawinenschutzkonzept, in das der technische Lawinenschutz integriert ist
Technische Normen	(Schweizer Richtlinie in Verwendung)
Finanzierung der Schutzmaßnahmen	durch den Freistaat Bayern (100 %)
Bauen in lawinengefährdeten Gebieten	Berücksichtigung Lawinendrücke bei Gebäudestatik, Gestaltung des Gebäudes (Eingang, Fenster etc.)

Lawinenwarndienste	Bayerisches Staatsministerium für Umwelt und Gesundheit (Träger Lawinenwarnzentrale + Messstationen LWD): Fachliche und organisatorische Umsetzung: Lawinenwarnzentrale (organisierend, koordinierend, überörtliche Warnungen, Lawinenlagebericht), Wetterdienst: Deutscher Wetterdienst (DWD)
Lawinenkommissionen	als beratendes Organ der Gemeinde eingerichtet (ehrenamtlich)
Forschungs- und Ausbildungseinrichtungen	keine spezifische Ausbildung Weiterbildung der Praktiker der Lawinenwarndienste

13.2.6 Norwegen

Krister Kristensen

Nationale Bedeutung	Technischer Lawinenschutz ist in Norwegen vor allem für die Sicherheit von Verkehrswegen und Infrastruktur (z. B. Stromversorgung) von Bedeutung. Der Schutz von Siedlungen spielt aufgrund der geringen Bevölkerungsdichte eine geringere Rolle als im Alpenraum.
Regionen mit Lawinenrisiko	West- und Nordnorwegen (Küstenregion), lokale Lawinenprobleme im Zentralteil des Landes
Lawinenbildende Wetterlagen	Atlantische Tiefdruckgebiete mit nordwestlichen Winden, z. T. auch polare Tiefdruckgebiete; besonders kritisch: Überlagerung eines kalten, frühen Wintereinbruches, der den Schneedeckenaufbau beeinflusst, und einer nachfolgenden Rückkehr zu einer Tiefdruckwirkung später im Winter
Rechtsgrundlagen Lawinenschutz	Keine verbindliche Rechtsgrundlage (nur interne Richtlinien des Norwegischen Geotechnischen Instituts NGI) Für Gebäudeschutz: Planungs- und Baugesetz 1985
Kompetenz, Behörden	Staatliche Kompetenz, Katastrophenschutz auf unterschiedlichen Verwaltungsebenen
Institutionen des technischen Lawinenschutzes	Wasser- und Energie-Direktorat (NVE) Norwegisches Geotechnisches Institut (NGI) Norwegische Straßenverwaltung Norwegische Eisenbahngesellschaft
Gefahrenzonenplan	Gefahrenkarten/Suszeptibilitätskarten (1:50.000) und Gefahrenzonenpläne (1 : 2.000–1 : 5.000) Ausarbeitung der Gefahrenkarte: Norwegisches Geotechnisches Institut (NGI) im Auftrag des Wasser- und Energie-Direktorats (NVE) Ausarbeitung der Gefahrenzonenpläne: Norwegisches Geotechnisches Institut (NGI) und private Büros im Auftrag des Wasser- und Energie-Direktorats (NVE), der Gemeinden oder privater Unternehmungen. Anwendung: örtliche Raumplanung.

Schutzziele und Schutzkonzepte	Permanenter Technischer Lawinenschutz (Anbruch- und Bremsverbauung) für Siedlungen (vereinzelt) und zum Schutz von Verkehrswegen, ergänzend künstliche Lawinenauslösung und andere temporäre Schutzmaßnahmen (Beobachtung, Warnung, Sperre)
Technische Normen	(Schweizer und nationale Richtlinien in Verwendung)
Finanzierung der Schutzmaßnahmen	Öffentliche Mittel für technische Lawinenschutzmaßnahmen sind verfügbar. Schutz von Siedlungen: Norwegisches Wasser- und Energie-Direktorat (NVE) Schutz von Straßen: Norwegische Straßenverwaltung Schutz von Eisenbahnlinien: Norwegische staatliche Eisenbahngesellschaft
Bauen in lawinengefährdeten Gebieten	Das norwegische Planungs- und Baugesetz legt die maximal zulässige Wahrscheinlichkeit eines Lawinenereignisses fest. Zuständig für die Einhaltung ist die Gemeinde. Für Gebäude, die vor 1985 errichtet wurden, ist NVE für Schutzmaßnahmen zuständig, obwohl keine Eintrittswahrscheinlichkeit als Grenzwert festgelegt wurde, aber in der Praxis wird eine 1/333-jährliche Wahrscheinlichkeit manchmal verwendet.
Lawinenwarndienste	Aufgabe durch Norwegisches Geotechnisches Institut (NGI) wahrgenommen Wetterdienst: Norwegisches Meteorologisches Institut (met.no)
Lawinenkommissionen	Aufgabe wird von den Krisenmanagement-Teams wahrgenommen. Das Direktorat für Zivilschutz und Notfallplanung (DSB) betreut die Teams auf verschiedenen Ebenen.
Forschungs- und Ausbildungseinrichtungen	Teil der Ausbildung an der Technischen Universität Weiterbildung für Krisenmanagement-Teams

13.2.7 Island

Tomas Johannesson

Nationale Bedeutung	Technischer Lawinenschutz gewinnt in Island nach der Lawinenkatastrophe 1995 in Súðavík und Flateyri (34 Todesopfer) zunehmend an Bedeutung. Nach der Katastrophe wurden die staatlichen Mittel für den Lawinenschutz deutlich erhöht und 11 große Lawinenverbauungsprojekte durchgeführt.
Regionen mit Lawinenrisiko	Gebiete nahe der Küste im Nordwesten, Norden und Osten der Insel. Lokal treten Lawinenunfälle im ganzen Land, auf Farmen, Bergpässen und entlang von Küstenstraßen auf.
Lawinenbildende Wetterlagen	Atlantische Tiefdruckgebiete, die starke nördliche bis nordöstliche Winde gegen die West-, Nord- und Ostseite der Insel steuern, Nassschneelawinen und Slushflows nach plötzlichen Warmlufteinbrüchen und starkem Regen

Rechtsgrundlagen Lawinenschutz	Gesetz über Schnee- und Erdlawinen Verordnung über die Gefahrenzonenplanung
Kompetenz, Behörden	Generelle Planung und Finanzierung: Isländisches Umweltministerium Gemeinden zuständig für die Umsetzung von baulichen Lawinenschutznahmen
Institutionen des technischen Lawinenschutzes	Isländisches Meteorologisches Institut Staatliche Bauagentur Gemeinden und private Unternehmungen
Risikokarten	stellen Isolinien dar, die dem jährlichen individuellen Todesrisiko (3.0*10-4: C-Zone;1.0*10-4: B-Zone; 0.3*10-4: A-Zone) entsprechen Erstellung der Gefahrenzonenpläne: Isländisches Meteorologisches Institut
Schutzziele und Schutzkonzepte	Schutz der Siedlungen erfolgt mit Brems- und Auffangbauwerken sowie Lawinenanbruchverbauung. Extrem exponierte Siedlungsgebiete werden abgesiedelt; für exponierte Gebäude fallweise Einzelschutz. Lokal: Schutz von Straßen durch Lawinengalerien, im Ostteil von Island wurden jüngst umfangreiche Lawinenschutzmaßnahmen für Energieleitungen realisiert.
Technische Normen	(Schweizer Richtlinie angepasst): „Adaptation of the Swiss Guidelines for supporting structures for Icelandic conditions“, IMO Int. Rep. 99013, 1999 „Adaptation of the Swiss Guidelines for supporting structures for Icelandic conditions, IMO Rep. 99013“, IMO Memo TóJ-2003-05
Finanzierung der Schutzmaßnahmen	Isländischer Lawinen- und Rutschungs-Fonds: 90 %. Gemeinden: 10 %
Bauen in lawinengefährdeten Gebieten	Die Risikopläne sind für die Raumplanung, das Bauwesen und die ebenfalls obligatorischen Evakuierungspläne auf Gemeindeebene verbindlich. Jede Zone unterliegt bestimmten Beschränkungen bezüglich des Baus und der Nutzung von Gebäuden. Verordnung über die Gefahrenzonenplanung definiert Anforderungen für die Verstärkung von Gebäuden gegen Lawineneinwirkung in Zone A und B.
Lawinenwarndienste	Aufgabe des Isländischen Meteorologischen Instituts Wetterdienst: detto.
Lawinenkommissionen	Keine ständigen Lawinenkommissionen Allerdings wird die Gefahrenzonenplanung auf Gemeindeebene von sog. „Gefahrenzonenplan-Komitees“ überwacht, die für die Umsetzung und Einbindung der Bevölkerung zuständig sind.

Forschungs- und Ausbildungseinrichtungen	spezifische Ausbildung für den Lawinenschutz Universitäre Ausbildung: Geophysiker, Geographen oder Geologen

13.2.8 Spanien (Katalonien)

Pere Oller

Nationale Bedeutung	Technischer Lawinenschutz hat in Katalonien, insbesondere in den Pyrenäen, erst mit dem Tourismus an Bedeutung gewonnen.
Regionen mit Lawinenrisiko	Katalonia: Pyrenäen Weitere Gebiete mit Lawinenrisiken: Bergregionen in Aragón, Asturien, Cantabrien, Andalucía und Madrid, meist Wintersportgebiete
Lawinenbildende Wetterlagen	Nordwestliche oder südwestliche atlantische Strömungen, seltener mediterrane Strömungen (Niederschläge im Ostteil der Pyrenäen). Südliche und westliche Winde mit hohen Temperaturen und Regen lösen Nassschneelawinen aus, ebenso Sonneneinstrahlung im Frühjahr (März bis Mai). auch: Sonneneinstrahlung und Regen auf eine Altschneedecke, besonders im Frühjahr (März bis Mai)
Rechtsgrundlagen Lawinenschutz	keine
Kompetenz, Behörden	Permanenter technischer Lawinenschutz und temporärer Lawinenschutz und Katastrophenschutz: Regierung der autonomen Provinz Katalonien
Institutionen des technischen Lawinenschutzes	Diverse Institutionen der Provinzregierung Skigebiete: Betreibergesellschaften
Gefahrenzonenplan	nicht verfügbar Für die Pyrenäen sind Suszeptibilitätskarten (Gefahrenhinweiskarten) im Maßstab 1:25.000 verfügbar, die sich auf die technischen Standards des französischen CLPA stützen.
Schutzziele und Schutzkonzepte	Lokal technische Schutzmaßnahmen nur zum Schutz von Siedlungen und Verkehrswegen (Katalonien: 11 Siedlungsgebiete gefährdet), ansonsten künstliche Lawinenauslösung oder passive Schutzmaßnahmen
Technische Normen	(Schweizer Richtlinie in Verwendung)
Finanzierung der Schutzmaßnahmen	Staatliche Zuschüsse für technische Lawinenschutzmaßnahmen sind verfügbar.
Bauen in lawinengefährdeten Gebieten	Objektschutzmaßnahmen werden vereinzelt ausgeführt. Keine generelle Berücksichtigung in der Bebauungsplanung
Lawinenwarndienste	wahrgenommen durch Geologisches Institut von Katalunia bzw. Wetterdienste der Regionen Navarra und Aragon

Lawinen-kommissionen	bestehen nicht
Forschungs- und Ausbildungs-einrichtungen	Vereinzelte Forschung an staatlichen Universitäten (Barcelona) Keine spezifische Ausbildung

13.2.9 Kanada

Chris Stetham

Nationale Bedeutung	Große Bedeutung im Gebiet der Rocky Mountains
Regionen mit Lawinenrisiko	British Columbia, Alberta, Yukon, North-West Territories, Nunavut, Quebec, Newfoundland
Lawinenbildende Wetterlagen	Westströmungen vom Pazifischen Ozean bringen starke Niederschläge in British Columbia (B.C.). Im Landesinneren von Kanada (British Columbia, Alberta, Yukon, North-West Territories, Nunavut, Quebec) ist Wind der bestimmende Faktor für die Lawinenauslösung. An der Atlantikküste setzt sich die Westströmung von South Quebec über den Golf von St. Lawrence fort und bringt starke Schneefälle und Wind mit schwankender Frostgrenze in West Newfoundland.
Rechtsgrundlagen Lawinenschutz	–
Kompetenz, Behörden	Permanenter technischer Lawinenschutz und temporärer Lawinenschutz und Katastrophenschutz: Provinzen
Institutionen des technischen Lawinenschutzes	Canadian Avalanche Association (CAA) Zivilingenieurbüros im Auftrag der Gemeinden Betreiber von Skigebieten Für Katastrophenschutz und Notfalleinsatz: Public Safety Canada und das Rescue Secretariat, Parks Canada Mountain Rettungsteams für den Katastropheneinsatz in den Nationalparks
Gefahrenzonenplan	Lawinenrisikokarten nach Canadian Avalanche Association (2002) Ausarbeitung und Approbation der Lawinenrisikokarten durch einen zertifizierten Zivilingenieur Die Lawinenrisikokarten sind verbindlich in der Raumplanung anzuwenden.
Schutzziele und Schutzkonzepte	Schutzziele für Lawinenschutzmaßnahmen werden nach Jährlichkeit gestuft festgelegt: Straßen → T = 30 Jahre; Pipelines und Energieleitung → T = 100 Jahre; Skilift Tal/Bergstationen: T = 100 Jahre; Skiliftstützen: T = 30 Jahre.
Technische Normen	Nicht verfügbar
Finanzierung der Schutzmaßnahmen	Die Finanzierung von Lawinenschutzmaßnahmen erfolgt durch den Betreiber der gefährdeten Anlage. Öffentliche Förderungen sind nicht verfügbar.

Bauen in lawinengefährdeten Gebieten	Gebäudeschutzmaßnahmen sind die Voraussetzung, um eine Baugenehmigung auf lawinengefährdeten Standorten zu erhalten. Rote Zone: Bau neuer Gebäude in der Regel nicht gestattet; Blaue Zone: Bau neuer Gebäude wie Industrieanlagen oder saisonal genutzte Anlagen ist mit besonderen Vorkehrungen möglich; Weiße Zone: keine Baubeschränkungen.
Lawinenwarndienste	durchgeführt durch Canadian Avalanche Center (CAC) Wetterdienst: Kanadischer Wetterdienst
Lawinenkommissionen	nicht vorhanden
Forschungs- und Ausbildungseinrichtungen	Lawinenkurse im Rahmen der geowissenschaftlichen und ingenieurwissenschaftlichen Ausbildung der Universität British Columbia (Departement für Geographie und Departement für Bauingenieurwesen) CAA: Trainingskurse für Lawinengefahrenkartierung sowie Lawinensicherheit (organisatorische Maßnahmen, künstliche Lawinenauslösung)

13.2.10 Vereinigte Staaten von Amerika (USA)

Art Mears

Nationale Bedeutung	Regionale Bedeutung in entwickelten Gebirgsregionen der angeführten Bundesstaaten
Regionen mit Lawinenrisiko	Colorado, Utah, Idaho, Wyoming, Montana, Nevada, Arizona, New Mexico, California, Oregon, Washington, Alaska, New Hampshire
Lawinenbildende Wetterlagen	Westströmungen vom Pazifischen Ozean bringen starke Niederschläge. Große Lawinen, die für den technischen Lawinenschutz relevant sind, treten in der Regel im Zusammenhang mit starken Winterstürmen (> 100 mm Niederschlag in 3 bis 5 Tagen) auf.
Rechtsgrundlagen Lawinenschutz	Nicht verfügbar
Kompetenz, Behörden	Permanenter technischer Lawinenschutz und temporärer Lawinenschutz und Katastrophenschutz: Bundesstaaten
Institutionen des technischen Lawinenschutzes	Keine formell zuständigen Institutionen, keine Aktivitäten der Federal Emergency Management Agency (FEMA) Katastrophenmanagement durch lokale Behörden Für die Planung und Baudurchführung von technischen Lawinenschutzmaßnahmen sind zertifizierte Zivilingenieure heranzuziehen.

Gefahrenzonenplan	Kein allgemeiner Standard für die Ausarbeitung von Lawinengefahrenkarten Die Karten werden nur lokal im Verantwortungsbereich von Städten und Gemeinden erstellt, insbesondere für die Städte Vail und Aspen (Colorado), Sun Valley und Ketchum (Idaho) sowie Juneau (Alaska). Einige Gefahrenkarten wurden auch in privatem Interesse erstellt.
Schutzziele und Schutzkonzepte	Bauliche Lawinenschutzmaßnahmen werden nur lokal realisiert: Dämme, Ablenkverbauung sowie Anbruchverbauung. Des Weiteren existieren ca. 10 bis 20 Lawinengalerien in Colorado und Washington State.
Technische Normen	(Schweizer Richtlinie in Verwendung)
Finanzierung der Schutzmaßnahmen	Öffentliche Zuschüsse sind in beschränktem Umfang verfügbar: Finanzierung durch Regierungen der Bundesstaaten und lokale Behörden. ansonsten private Finanzierung
Bauen in lawinengefährdeten Gebieten	Gebäudeschutzmaßnahmen wurden bisher an ca. 200 Orten in den westlichen Bundesstaaten durchgeführt: Die Maßnahmen werden auf Basis von Erlässen der lokalen Behörden durchgeführt und sind rechtsverbindliche Voraussetzung für die Baugenehmigung.
Lawinenwarndienste	Regionale Lawinenwarndienste in den Provinzen und Skiregionen (z. B. Colorado Avalanche Information Center) Wetterdienst: National Weather Service (NWS)
Lawinenkommissionen	Lokale Lawinenkommissionen bestehen in einigen Gemeinden.
Forschungs- und Ausbildungseinrichtungen	Keine spezifische Ausbildung verfügbar

13.2.11 Japan

Yasuo Ishii

Nationale Bedeutung	Technischer Lawinenschutz ist vor allem für die Sicherheit von Siedlungen, Straßen und Eisenbahnlinien von Bedeutung.
Regionen mit Lawinenrisiko	52 % der Fläche Japans sind von der Regierung als Gebiete mit starken Schneefällen ausgewiesen (aufgezeichnete Tagesgesamtschneehöhe über 5 m in einem Jahr). Die Regionen mit starken Schneefällen liegen in Nord- und Ost-Japan sowie an der Küste von West-Japan. Berggebiete nehmen ca. ¾ der Staatsfläche ein.
Lawinenbildende Wetterlagen	Das japanische Klima ist von deutlichen Unterschieden zwischen den Wetterbedingungen an der Pazifischen und an der zur Japansee orientierten Seite der Insel geprägt. Die der Japansee zugewandte Seite der Inseln zählen zu den schneereichsten Regionen der Welt.

Rechtsgrundlagen Lawinenschutz	sind vorhanden (keine näheren Angaben)
Kompetenz, Behörden	Staatliche Aufgabe: Wahrnehmung auf verschiedenen Ebenen der Verwaltung (Regierung, Präfektur, Gemeinde)
Institutionen des technischen Lawinenschutzes	Schutz von Siedlungen: Regierung der Präfektur Für den Schutz von Straßen: Ministerium für Land, Infrastruktur, Transport und Tourismus, Regierung der Präfektur und Stadtregierung Für den Schutz der Eisenbahnen: Eisenbahngesellschaft
Gefahrenzonenplan	Gefahrenkarten (M 1:25.000) weisen die Lawinengebiete von der Anbruchzone bis zur Ablagerungzone aus. Für die Ausarbeitung der Gefahrenkarte ist der Bürgermeister verantwortlich, allerdings haben Gefahrenkarten keine rechtlich bindende Wirkung.
Schutzziele und Schutzkonzepte	Bei siedlungsgefährdeten Lawinen werden Stahlschneebrücken (fallweise auch Lawinennetze) im Anbruchgebiet eingesetzt. Des Weiteren gelangen oberhalb von Siedlungen und Verkehrswegen Lawinenbremswerke zum Einsatz. Zum Schutz von Straßen werden Lawinentunnels errichtet.
Technische Normen	Für den Siedlungsschutz: – Handbuch für Lawinenschutzmaßnahmen für den Siedlungsschutz (Snow Research Center, 1996, in Japanisch) Für den Schutz von Straßen: – Handbuch für Schneeräumung und Schneeschutz (Japan Construction Mechanization Association and Snow Research Center, 2004, in Japanisch) – Handbuch für Schneeschutz auf Straßen (Japan Road Association, 1990, in Japanisch)
Finanzierung der Schutzmaßnahmen	Lawinenschutzmaßnahmen werden vom Japanischen Ministerium für Land, Infrastruktur, Transport und Tourismus sowie der Regierung der Präfektur finanziert.
Bauen in lawinengefährdeten Gebieten	Bisher werden keine Objektschutzmaßnahmen durchgeführt, daher im Bauverfahren nicht verbindlich.
Lawinenwarndienste	bisher nicht eingerichtet
Lawinenkommissionen	bisher nicht eingerichtet
Forschungs- und Ausbildungseinrichtungen	Vorlesungen über Lawinenschutz und Rettungsmaßnahmen werden jedes Jahr von der Japanischen Gesellschaft für Schnee und Eis gehalten.

13.2.12 Andere Länder

Florian Rudolf-Miklau

Großbritannien (Schottland)	Lawinenunfälle durch Skifahrer und Bergsteiger treten jedes Jahr in fast allen Schottischen Bergregionen, weiterhin im Englischen Seengebiet, in den Cheviots, den Penninies und in Wales auf. Siedlungsraum und Straßen sind kaum betroffen. Die Lawinenwarnung wird durch das Scottish Avalanche Information Center (SAIC) durchgeführt.
Finnland und Schweden	Lawinenunfälle treten vereinzelt in den gebirgigen Regionen des Nordens (an der norwegischen Grenze) auf. In Finnland werden Lawinenwarnungen vom Büro für Meteorologie erstellt.
Tschechische Republik	Lawinengefahren bestehen in den Berggebieten an der polnischen Grenze um Jesenik und Stare Mesto. Es besteht ein lokaler Lawinenwarndienst der Bergrettung.
Slowakei	Lawinengefährdete Regionen bestehen im Gebiet der Hohen, Westlichen und Niederen Tatra sowie in der östlichen und westlichen Fatra. Siedlungsgebiet und Straßen sind nur lokal betroffen. Für diese Regionen besteht ein Lawinenwarndienst der Bergrettung.
Polen	In Polen sind die Gebirgsketten an der Südgrenze von Lawinengefahren betroffen, insbesondere die Regionen Tatry (Hohe Tatra), Karkonosze, Snieznik Klodzki, Babia gora, Pieniny und Bieszczady. Betroffen sind vor allem Skifahrer und Bergsteiger. Der Lawinenwarndienst wird von der Bergrettung betrieben.
Rumänien	In rumänischen Berggebieten der Karpaten sind einige Skiregionen und abgelegene Bergdörfer von Lawinen betroffen. Es ereignen sich immer wieder schwere Lawinenunglücke (18.1.2004: 9 Tote) Der meteorologische Dienst gibt ein Lawinenbulletin heraus.
Russland	In zahlreichen russischen Gebirgsregionen (z. B. Altai, Baikalgebirge, Kaukasus) treten Lawinen auf und fordern Todesopfer. Es sind sowohl Siedlungsgebiete und Verkehrswege wie auch Skigebiete betroffen. Ein Lawinenschutz nach westeuropäischem Standard existiert nicht.
Türkei	Von Lawinen betroffen ist vor allem das Hochgebirgsgebiet Ostanatoliens (Provinz Erzurum) um den Ararat. Es werden auch immer wieder Bergdörfer und Straßen von schweren Lawinenunglücken heimgesucht. Auch die Gebirgsregionen südlich der Schwarzmeerküste sind immer wieder von Lawinenereignissen betroffen. Ein systematischer Lawinenschutz existiert nur in Ansätzen.
Kaukasusgebiet	In der Kaukasusregion (Russland, Georgien, Armenien, Aserbaidschan) kommt es immer wieder zu schweren Lawinenereignissen. Betroffen sind auch die touristisch erschlossenen Regionen um Sotschi (Russland).
Iran	Im Norden des Iran im Elbrus-Gebirge bestehen einige Skigebiete (z. B. Dizin), in denen es immer wieder zu Lawinenunglücken kommt. Auch südlich um die Hauptstadt Teheran werden Straßen von Lawinen bedroht (Katastrophe 1998: 32 Lawinentote).

Hindukusch, Pamir-Gebirge	In den Gebirgstälern und auf den Pässen des Hindukusch kommt es immer wieder zu schweren Lawinenunglücken (z. B. Lawinenkatastrophe am 10.2.2010: 165 Tote auf dem Salang-Pass im Norden Afghanistans). Auch im Pamir-Gebirge (Tadschikistan, Usbekistan, Kirgistan) treten immer wieder schwere Lawinenunglücke mit zahlreichen Todesopfern auf. Ein systematischer Lawinenschutz existiert praktisch nicht.
Himalayaregion, Karakorium-Gebirge	Im Himalaya und Karakorum-Gebirge (Pakistan, Indien, Nepal, Butan, China) sind zahllose Täler und Pässe von Schnee- und Eislawinen bedroht. Nicht nur Bergsteiger sind betroffen, Lawinen fordern auch immer wieder Todesopfer unter der Bevölkerung. Ein systematischer Lawinenschutz existiert in keinem der betroffenen Länder.
China	Vor allem im Westen Chinas sind zahlreiche Hochgebirgsregionen (Himalaya, Tianshan, Pamir) von Schnee- und Eislawinen betroffen. Einen systematischen Lawinenschutz gibt es in China nur in wenigen Gebieten.
Neuseeland	In den Berggebieten der Neuseeländischen Nord- und Südinsel sind zahlreiche Skiregionen von Lawinen betroffen: Tongariro, Taranaki, Nelson Lake, Arthur Pass, Craigieburn Range, Mt. Hutt, Mt. Cook, Wanaka, Queenstown. Auch einige Straßen sind betroffen, jedoch kaum Siedlungsraum. Es existiert ein landesweiter Lawinenwarndienst. Es werden auch regelmäßig Lawinenkurse abgehalten. Einige Lawinentunnel wurden zum Schutz der Eisenbahn errichtet. Technische Lawinenschutzmaßnahmen für den Siedlungsraum werden kaum gesetzt.
Südamerikanische Anden	In den Gebirgsregionen der Anden treten immer wieder große Lawinenereignisse auf. Betroffen sind vor allem die Hochgebirgsregionen in Peru und Bolivien.
Argentinien, Chile	Lawinen bedrohen vor allem Minen (Bergwerke), aber auch Skigebiete und einige Passstraßen über die Anden. Technische Lawinenschutzmaßnahmen werden bisher kaum eingesetzt, Lawinenwarndienste existieren vereinzelt, insbesondere für exponierte Minen. Aufgrund der zunehmenden touristischen Erschließung ist in den nächsten Jahren mit einer steigenden Bedeutung des Lawinenschutzes zu rechnen.

14 Zusammenfassung und Ausblick

Siegfried Sauermoser, Florian Rudolf-Miklau

Der hohe Schutzbedarf in den Alpen hat eine dynamische technologische Entwicklung im Bereich des Lawinenschutzes in Gang gesetzt. Insbesondere auf dem Sektor des technischen Lawinenschutzes fanden in den letzten Jahrzehnten umfangreiche Innovationen statt. In diesem Buch wurde der Stand der Technik dieses Fachgebiets einschließlich der neuesten Technologien übersichtlich und anwendungsorientiert zusammengestellt. Da bisher kein vergleichbares Werk verfügbar war, steht mit diesem Handbuch nunmehr der Ingenieurpraxis des Lawinenschutzes die erste umfassende Informationsquelle und Arbeitsgrundlage zur Verfügung. Es besteht die Hoffnung, dass dessen Publikation zur Verbreitung des Wissens über die Lawinenverbauung und den temporären Lawinenschutz, nicht nur in den Alpenländern, sondern darüber hinaus auch in anderen von Lawinen betroffenen Gebirgsregionen gelingt. Den Kern des Werkes bildet der neue technische Standard des Lawinenschutzes in Österreich, von ebenso großer Bedeutung war jedoch die Mitwirkung der Experten des WSL-Instituts für Schnee- und Lawinenforschung SLF in Davos, die den in der Schweiz entwickelten „Stand der Technik" für den Lawinenverbau in Anbruchgebieten sowie der künstlichen Lawinenauslösung einbrachten.

In der historischen Entwicklung des technischen Lawinenschutzes haben regelmäßig katastrophale Lawinenereignisse die maßgeblichen Innovationsschübe eingeleitet: Die Lawinenkatastrophen von 1951 und 1954 beschleunigten die Entwicklung der Lawinenanbruchverbauung, die Katastrophen von 1968 initiierten die Bemühungen um die Gefahrenzonenplanung, aber auch die letzte Lawinenkatastrophe in den Alpen im Jahre 1999 brachte einen Innovationsschub im Bereich der Risikokommunikation, im Katastrophenmanagement und in der Frühwarnung. Den eigentlichen „Quantensprung" stellte jedoch die Entwicklung der digitalen Lawinenmodelle (Lawinensimulation) dar, die sowohl in der Gefahrenanalyse als auch in der Maßnahmenplanung neue Dimensionen eröffnet hat.

Die Initiierung neuer Technologien durch Katastrophen kann auch im Zusammenhang mit der Naturgefahr „Lawine" nicht die ultima ratio sein. Eine Entwicklungsarbeit, die sich vorausschauend an den absehbaren Trends und dem langfristigen Schutzbedarf orientiert, ist zweifellos zu präferieren. Die Dokumentation des verfügbaren Wissens, wie dies im vorliegenden Werk erfolgt ist, stellt dafür eine zentrale Grundlage dar. Im technischen Lawinenschutz zeichnet sich nach den Jahrzehnten der intensiven Lawinenverbauung zum Schutz der Siedlungsräume und Verkehrswege in den Alpen eine neue Epoche der Erhaltung und Verbesserung der bestehenden Schutzsysteme ab. Neue Schutzkonzepte und Technologien müssen geeignet sein, durch Wartung, Erhaltung, Redesign oder Erneuerung einen möglichst langen Lebenszyklus bestehender Schutzbauwerke sicherzustellen, andererseits ist die begrenzte Wirksamkeit des baulichen Lawinenschutzes im Rahmen integraler Sicherheitskonzepte durch alternative Maßnahmen, insbesondere des temporären Lawinenschutzes, zu ergänzen oder zu substituieren. Die Qualitätssicherung im bestehenden Schutzsystem wird zukünftig hohe Ansprüche an das Ingenieurwesen des Lawinenschutzes stellen und bedarf des fundierten Wissens über die zahlreichen technologischen Generationen an Schutzbauwerken. Neuland wird im Bereich der Beurteilung der langfristigen Schutzwirkung der Maßnahmen für den geschützten Raum und des Zusammenwirkens aktiver und passiver technischer Lawinenschutzmaßnahmen betreten. Die nachhaltige Schutzwirkung des Waldes als „Basissicherung" in einer sich ändernden Umwelt stellt eine weitere Unbekannte dar.

Handbuch Technischer Lawinenschutz. 1. Auflage. Florian Rudolf-Miklau, Siegfried Sauermoser (Hrsg.).

Im Sinne der vorangegangenen Ausführungen steht die Entwicklung des technischen Lawinenschutzes in den Alpenländern vor einem neuerlichen Wendepunkt hinsichtlich der Schutzstrategie. Hingegen gewinnt das Fachwissen in anderen Gebirgsregionen der Erde duch die stark zunehmende Nutzung gefährdeter Gebiete zunehmend an Bedeutung. Die Herausgeber sind überzeugt, dass mit dem vorliegenden Werk für beide Entwicklungen ein wichtiger Beitrag geleistet werden konnte.

Literatur

[1] Agerer, H.; Rudolf-Miklau, F.: Lebenszyklus-basiertes Management von Wildbach- und Lawinenverbauung: Strategische und praktische Dimension. Wildbach- und Lawinenverbau 71 (2007), Heft 155, S. 30–42.

[2] Allgemeine Unfallversicherungsanstalt AUVA: Arbeiten im Freien: Risiken und Schutzmaßnahmen. Wien 2004.

[3] Allgemeine Unfallversicherungsanstalt AUVA: Handzeichen für Einweiser – Sicherheit kompakt (M 203). Wien 2005.

[4] Allgemeine Unfallversicherungsanstalt AUVA: Höhenarbeiten am Seil und Arbeitsplatzpositionierung – Leitlinien. Wien 2007.

[5] Ammann, W. J.; Buser, O.; Vollenwyder, U.: Lawinen. Birkhäuser Verlag. Basel, Boston, Berlin 1997.

[6] Ammann, W. J.: A new Swiss test-site for avalanche experiments in the Vallée de la Sionne/Valais. Cold Regions Science and Technology 30 (1999) 1–3, S. 2–11.

[7] Amt der Tiroler Landesregierung: Lawinenhandbuch. Tyrolia Verlag. Innsbruck 1996.

[8] Armstrong, B. R.; Williams K.: The Avalanche Book. Fulcrum Publishing Golden/Colorado 1992.

[9] Arnalds Þ.; Jónasson K.; Sigurðsson S.: Avalanche hazard zoning in Iceland based on individual risk. Annals of Glaciologie, Davos. Vol. 38, 2004, S. 285–290.

[10] ASTRA/Bundesamt für Straßen (2008): Einwirkungen infolge Lawinen auf Schutzgalerien. Ausgabe 2007 Bern.

[11] Aulitzky, H.; Fiebiger, G.; Kastner, F.; Kemmerling, W.; Kaupa H.: Wirtschaftlichkeitsuntersuchungen in der Wasserwirtschaft, Teil 1. Bundesministerium für Finanzen, Wien 1977.

[12] Aulitzky, H.: Die Sprache der „Stummen Zeugen". Internationales Symposion INTERPRAEVENT Bern, Tagungspublikation 1992, Bd. 6, S. 139–174.

[13] Bachmann, O.: Energy loss of snow blocks passing through a supporting structure. Avalanche Formation, Movement and Effects. Proceedings of the Davos Symposium September 1986. IAHS Publ. Nr. 162, 1987, S. 613–622.

[14] Bader, H.; Haefeli, R.; Bucher, E.; Neher, J.; Eckel, O.; Thams, C.; Niggli, P.: Der Schnee und seine Metamorphose. Beiträge zur Geologie der Schweiz. Geotechnische Serie: Hydrologie, Lieferung 3, 1939.

[15] Baillifard, M.: Interaction between snow avalanches and catching dams. Eidgenössische Technische Hochschule Zürich Phd.-thesis No. 17301, 2007.

[16] Baillifard, M.; Kern, M.; Margreth, S.: Anleitung zur Dimensionierung von Lawinenauffangdämmen. WSL-Institut für Schnee- und Lawinenforschung SLF, Davos 2007.

[17] Bartelt, P.; Stöckli, V.: The influence of tree and branch fracture, overturning and debris entrainment on snow avalanche flow. Annals of Glaciology, Heft 32, 2001, S. 209–216.

[18] Bartelt, P.; Buser, O.: Production and decay of random kinetic energy in granular snow avalanches. Journal of Glaciology 55 (2009), Heft 189, S. 3–12.

[19] Battisti, A.; Kessler, H.: Optimierung der Baustelleneinrichtung bei Lawinenbaustellen. Wildbach- und Lawinenverbau, 74 (2010), Heft 165, S. 74–84.

Handbuch Technischer Lawinenschutz. 1. Auflage. Florian Rudolf-Miklau, Siegfried Sauermoser (Hrsg.).

[20] Bebi, P.; Kienast, F.; Schönenberger, W.: Assessing structures in mountain forests as a basis for investigating the forests dynamics and protective function. Forest Ecology and Management, Heft 145, 2001, S. 3–14.

[21] Bebi, P.; Kulakowski, D.; Rixen, C.: Snow avalanche disturbances in forest ecosystems – state of research and implications for management. Forest Ecology and Management, Heft 257, 2009, S. 1883–1892.

[22] Bergmeister, K.; Suda, J.; Hübl, J.; Rudolf-Miklau, F.: Schutzbauwerke gegen Wildbachgefahren. Grundlagen, Entwurf und Bemessung, Beispiele. Verlag Ernst & Sohn. Berlin 2009.

[23] Blikra, L. H.; Selvik, S. F.: Climate signals recorded in snow avalanche-dominated colluvium in western Norway: depositional facies successions and pollen records. The Holocene, Heft 8, 1998, S. 631–658.

[24] Bommer, C.; Phillips, M.; Keusen, H.-R.; Teysseire, P.: Bauen im Permafrost – Ein Leitfaden für die Praxis. WSL-Institut für Schnee- und Lawinenforschung SLF. Davos 2009.

[25] Borter, P.: Risikoanalyse bei gravitativen Naturgefahren. Bundesamt für Umwelt, Wald und Landschaft BUWAL Bern, Umwelt-Materialien 107/ I + II, 1999.

[26] Bozhinksky, A. N.; Nazarov, A. N.: Dynamics of two-layer slush flows. Norwegian Geotechnical Institute NGI, Publication, Heft 203, 1998, S. 74–78.

[27] Brandl, H.; Hofmann R.: Erosionsstabilität und Standsicherheit von Hochwasserschutzdämmen bei Wildbächen unter besonderer Berücksichtigung von Murenabgängen. 2. Symposium von Dämmen, Deichen und Stauanlagen, Universität Siegen, 2006.

[28] Brang, P.; Schönenberger, W.; Frehner, M.; Schwitter, R.; Thormann, J. J.; Wasser, B.: Management of protection forests in the European Alps: an overview. Forest Snow and Landscape Research, Heft 80, 2006, S. 23–44.

[29] Brücker, W. J.: Vegetationsuntersuchungen in Lawinenablagerungsgebieten des Kantons Uri. Berichte der Naturforschenden Gesellschaft Uri, Heft 9, 1981, S. 1–254.

[30] Bründl, M.; Schneebeli, M.; Flühler, H.: Routing of canopy drip in the snowpack below a spruce crown. Hydrological Processes, Heft 13, 1999, S. 49–58.

[31] Bründl, M.; Romang, H.; Holthausen, N.; Merz, H.; Bischof, N.: Risikokonzept für Naturgefahren – Leitfaden, Teil A: Allgemeine Darstellung des Risikokonzepts. Nationale Plattform Naturgefahren PLANAT. Bern 2009 (vorläufige Fassung).

[32] Bründl, M.; Romang, H.: Risikokonzept für Naturgefahren – Leitfaden, Teil B: Anwendung des Risikokonzepts: Prozess Lawine. Nationale Plattform Naturgefahren PLANAT. Bern 2009 (vorläufige Fassung).

[33] Bucher, E.: Beitrag zu den theoretischen Grundlagen des Lawinenverbaus. Beiträge zur Geologie der Schweiz Bern. Geotechnische Serie: Hydrologie, Lieferung 6, 1948, S. 113 ff.

[34] Bundesamt für Forstwesen/Eidgenössisches Institut für Schnee- und Lawinenforschung EISLF: Richtlinien zur Berücksichtigung der Lawinengefahr bei raumwirksamen Tätigkeiten. Davos/Bern 1984.

[35] Bundesamt für Umwelt, Wald und Landschaft BUWAL; Bundesamt für Raumplanung BRP; Bundesamt für Wasserwirtschaft BWW: Berücksichtigung von Hochwassergefahren bei der raumwirksamen Tätigkeit. Biel 1997.

[36] Bundesamt für Umwelt, Wald und Landschaft BUWAL: Lawinenwinter 1998/1999. Schriftenreihe Umwelt 23. BUWAL und Alpenkonvention. Bern 2001.

[37] Bundesamt für Umwelt, Wald und Landschaft BUWAL: StoreMe v2.0. Benutzerhandbuch. Bern 2002.

[38] Bundesamt für Umwelt BAFU: EconoMe 2.0 – Online-Berechnungsprogramm zur Bestimmung der Wirtschaftlichkeit von Schutzmaßnahmen gegen Naturgefahren. Bern 2010.

[39] Bundesamt für Verkehr: Berücksichtigung der Lawinen- und Schneedruckgefährdung bei touristischen Anlagen: Leitfaden. Bern 2006.

[40] Bundesgesetz über den Wald. SR 921.0 vom 4. Oktober 1991 (Stand: 1. Januar 2008) (Schweiz).

[41] Bundesministerium für Land- und Forstwirtschaft BMLF: 100 Jahre Wildbachverbauung in Österreich. Eigenverlag des BMLF. Wien 1984.

[42] Bundesministerium für Land- und Forstwirtschaft, Umwelt und Wasserwirtschaft BMLFUW: Technische Richtlinie für die Wildbach- und Lawinenverbauung, gemäß § 3 Abs 1 Z 1 und Abs 2 WBFG 1985. Wien 2006.

[43] Bundesministerium für Land- und Forstwirtschaft, Umwelt und Wasserwirtschaft BMLFUW: Richtlinien für die Wirtschaftlichkeitsuntersuchung und Priorisierung von Maßnahmen der Wildbach- und Lawinenverbauung, gemäß § 3 Abs. 2 Z 3 WBFG 1985. Wien 2006 (interne Richtlinie).

[44] Bundesministerium für Land- und Forstwirtschaft, Umwelt und Wasserwirtschaft BMLFUW: Daten und Zahlen. Wien 2009.

[45] Bundesministerium für Land- und Forstwirtschaft, Umwelt und Wasserwirtschaft BMLFUW: Ereignisdokumentation Lawinen 2009. Bericht über die Lawinenereignisse im Februar und März 2009. Erstellt durch Stabstelle Schnee und Lawinen des Forsttechnischen Dienstes für Wildbach- und Lawinenverbauung. Schwaz 2009.

[46] Bundesministerium für Land- und Forstwirtschaft, Umwelt und Wasserwirtschaft BMLFUW: Richtlinie für die Gefahrenzonenplanung. Wien 2010 (interne Richtlinie).

[47] Bundesministerium für Verkehr, Innovation und Technologie BMVIT: Erlass über den „Lawinenschutz im Bereich von Seilbahnen", GZ 238961/3-II/Sch3-2004 vom 1. März 2004.

[48] Bundesministerium für Verkehr, Innovation und Technologie BMVIT: Erlass der Obersten Seilbahnbehörde für Seilbahnen und Schlepplifte, die vor dem 22.1.1975 errichtet worden sind, GZ EB 6403/31-II/3-1975 vom 9. September 1975.

[49] Burrows, C. J.; Burrows, V. L.: Procedures for the study of snow avalanche chronology through the study of growth layers of woody plants. INSTAAR, University of Colorado Occasional, Paper 54, 1976.

[50] Butler, D. R.: Snow avalanche path terrain and vegetation. Glacier National Park, Montana. Arctic and Alpine Research, Heft 11, 1979, S. 17–32.

[51] Butler, D. R.; Sawyer, C. F.: Dendrogeomorphology and high-magnitude snow avalanches: a review and case study. Natural Hazards and Earth System Sciences, Heft 8, 2008, S. 303–309.

[52] Canadian Avalanche Association CCA: Guidelines for Snow Avalanche Risk Determination and Mapping in Canada. Revelstoke (B.C.) 2002.

[53] Canadian Avalanche Association CCA: Observation Guidelines and Recording Standards for Weather, Snowpack and Avalanches. Revelstoke (B.C.) 2007.

[54] Casteller, A.; Stoeckli, V.; Villalba, R.; Mayer, A. C.: An evaluation of dendroecological indicators of snow avalanches in the Swiss Alps. Arctic, Antarctic and Alpine Research, Heft 39, 2007, S. 218–228.

[55] Coaz, J.: Die Lawinen der Schweizeralpen. Eidg. Handels- und Landwirtschaftsdepartement. Bern 1881, S. 147 ff.

[56] Christen, M.; Bartelt, P.; Gruber, U.: AVAL-1D: Numerische Berechnung von Fließ- und Staublawinen. WSL-Institut für Schnee- und Lawinenforschung. Davos 2002.

[57] Christen, M.; Bartelt, P.; Kowalski, J.; Stoffel, L.: Calculation of Dense Snow Avalanches in three-dimensional Terrain with the Numerical Simulation Program RAMMS. International Snow Science Workshop, Whistler (Kanada), 2008, S. 709–716.

[58] CRESTAGEO AG: Rempar Grischun – Lawinenschutzsystem: Montagehandbuch, Chur 2008.

[59] Dekret des Landeshauptmanns von Südtirol/Alto Adige vom 5. August 2008, Nr. 42, betreffend die „Durchführungsverordnung betreffend die Gefahrenzonenpläne", Bozen.

[60] De Quervain, M.: Wald und Lawinen. Proceedings of the IUFRO Seminar „Mountain Forests and Avalanches". Davos 1978, S. 219–231.

[61] Diederichs, C. J.: Wirtschaftlichkeitsberechnung Nutzen/Kosten-Untersuchung: Allgemeine Grundlagen und spezielle Anwendungen im Bauwesen – Reihe Westerham: Fachbereich Wirtschaft, Bd. 1. Expert Verlag. Sindelfingen 1985.

[62] Dietz, P.; Knigge, W.; Löffler, H.: Wegerschließung. Verlag Paul Parey. Hamburg, Berlin 1984.

[63] DIN (2005): Drahtseile. DIN-Taschenbuch 59.

[64] Dragosits, F.: Die Praxis der Sprengfundierung in der Lawinenverbauung. Internationales Symposium über die Bildung, Bewegung und Wirkung von Lawinen Davos. Mitteilungen des Eidgenössischen Instituts für Schnee- und Lawinenforschung EISLF, Heft 43, 1987, S. 29–35.

[65] Dubé, S.; Filion, L.; Hétu, B.: Tree-ring reconstruction of high-magnitude snow avalanches in the northern Gaspé Peninsula, Québec, Canada. Arctic, Antarctic, and Alpine Research, Heft 36, 2004, S. 555–564.

[66] Eidgenössisches Institut für Schnee- und Lawinenforschung EISLF: Lawinenverbau im Anbruchgebiet. Richtlinien für den permanenten Stützverbau. Mitteilungen des EISLF Nr. 15, Davos 1961.

[67] Eidgenössisches Institut für Schnee- und Lawinenforschung EISLF: Lawinenverbau im Anbruchgebiet. Richtlinien des Eidgenössischen Oberforstinspektorats für den Stützverbau. Mitteilungen des EISLF, Davos 1968.

[68] Eidgenössisches Institut für Schnee- und Lawinenforschung SLF: Richtlinien für den Lawinenverbau im Anbruchgebiet. Bundesamt für Umwelt, Wald und Landschaft BUWAL. Bern 1990.

[69] Erschbamer, B.: Vegetation on avalanche paths in the Alps. Vegetatio, Heft 80, 1989, S. 139–146.

[70] Florineth, F.: Pflanzen statt Beton – Handbuch zur Ingenieurbiologie und Vegetationstechnik. Patzer Verlag. Berlin, Hannover 2004.

[71] Forstgesetz. BGBl Nr 440/1975 idgF (ForstG) (Österreich).

[72] Feix, J.; Walkner, R.; Schustereder, C.: Einfluss der Boden-Bauwerk-Interaktion auf die Bemessung von Lawinengalerien. Bauingenieur, Heft 83, 2008, S. 158–166.

[73] Fierz, C.; Armstrong, R. L.; Durand, Y.; Etchevers, P.; Greene, E.; McClung, D. M.; Nishimura, K.; Satyawali, P. K.; Sokratov, S. A.: The International Classification for Seasonal Snow on the Ground. IHP-VII Technical Documents in Hydrology N°83, IACS Contribution N°1, UNESCO-IHP. Paris 2009.

[74] Flaig, W.: Lawinen. Verlag Brockhaus. Leipzig 1935.

[75] Fraccaro, S.; Bednarz, R.; Poscher, G.: Sicherung alpiner Verkehrswege vor Steinschlag, Muren und Lawinen mittels Tunnellösungen. Felsbau, 20 (2002), Heft 5, S. 50–56.

[76] Fredston, J.: Snowstruck – In the grip of avalanches. Library of Congress Cataloging 2005.

[77] Frehner, M.; Schwitter, P.; Wasser, B.: Nachhaltigkeit und Erfolgskontrolle im Schutzwald. Wegleitung für Pflegemaßnahmen in Wäldern mit Schutzfunktion. Bundesamt für Umwelt, Wald und Landschaft BUWAL. Bern 2005.

[78] Frey, W.: Wechselseitige Beziehung zwischen Schnee und Pflanze – eine Zusammenstellung anhand von Literatur. Mitteilungen des Eidgenössischen Instituts für Schnee- und Lawinenforschung EISLF, Heft 34, 1977, S. 1–223.

[79] Friedl, H.: Verlauf der alpinen Waldgrenze im Rahmen anliegender Gebirgsgelände. Ökologie der Alpinen Waldgrenze. Symposium Innsbruck. Mitteilungen der Forstlichen Bundesversuchsanstalt FBVA, Wien 1966.

[80] Frutiger, H. (1972): Zur Geschichte des schweizerischen Lawinenverbaus. Bündnerwald, Beiheft Nr. 9, 1972, S. 57–66.

[81] Fuchs, S.; Bründl, M.; Stötter, J.: Development of avalanche risk between 1950 and 2000 in the municipality of Davos, Switzerland. Natural Hazards and Earth System Sciences 4 (2004), Heft 2, S. 263–275.

[82] Fuchs, S.: Development of Avalanche Risk in Settlements – Comparative Studies in Davos, Grisons (Switzerland). Dissertation an der Universität Innsbruck, Naturwissenschaftliche Fakultät 2004.

[83] Fusek, G.: Mikroverpfählung im Stützverbau. Wildbach- und Lawinenverbau, 56 (1992), Heft 120, S. 167–180.

[84] Gabl, K.: Der Schnee im Februar 1999 im Westen Österreichs aus meteorologischer und klimatologischer Sicht. Wildbach- und Lawinenverbau, 64 (2000), Heft 141, S. 69–80.

[85] Gauer, P.; Kern, M.; Kristensen, K.; Lied, K.; Rammer, L.; Schreiber, H.: On pulsed Doppler radar measurements of avalanches and their implication to avalanche dynamics. Cold Regions Science and Technology, Heft 50, 2007, S. 55–71.

[86] Gauer, P.: SIP8 offshore geohazards: Feasibility study for a slushflow model within CFX4. NGI-Report 20021023˜35. Norwegian Geotechnical Institute NGI. Oslo 2003.

[87] Gauer, P.; Issler, D.: Possible erosion mechanisms in snow avalanches. Annals of Glaciology, Heft 38, 2004, S. 384–392.

[88] Gauer, P.; Issler, D.; Lied, K.; Kristensen, K.; Sandersen, F.: On snow avalanche flow regimes: Inferences from observations and measurements. Proceedings of the International Snow Science Workshop. Whistler (British Columbia) 2008, S. 717–723.

[89] Gauer, P.; Kronholm, K.; Lied, K.; Kristensen, K.; Bakkehøi, S.: Can we learn more from the data underlying the statistical α-β-model with respect to the dynamical behavior of avalanches? Cold Regions Science and Technology, Heft 62, 2010, S. 42–54.

[90] Gauer, P.; Lied, K.; Kristensen, K.: Analysis of avalanche measurements out of the runout area of NGI's full-scale test-site Ryggfonn. Cold Regions Science and Technology, Heft 57, 2009, S. 1–6.

[91] Gebäudeversicherung Graubünden: Vorschriften für bauliche Maßnahmen an Bauten in der blauen Lawinenzone, 1994.

[92] Egli, T., Wegleitung Objektschutz gegen gravitative Naturgefahren. Vereinigungen Kantonaler Feuerversicherungen (Hrsg.), Bern 2005.

[93] Gefahrenzonenplanverordnung (VO des Bundesministers für Land- und Forstwirtschaft über die Gefahrenzonenpläne). BGBl. Nr. 436/1976 vom 30. Juli 1976 (Österreich) (in der Fassung 2010).

[94] Gislason, E.: 2D-modelling of Icelandic snow avalanches for hazard zoning. International Snow Science Workshop, Davos 2009, S. 529 – 532.

[95] Glade, T.; Stötter J.: Gravitative Massenbewegungen und Schneelawinen. In: Flegentreff C., Glade T. (Hrsg): Naturrisiken und Sozialkatastrophen. Springer Verlag (Spektrum Akademischer Verlag) Berlin, Heidelberg 2008. S. 151 – 162.

[96] Glazovskaya, T. J.: Global distribution of snow avalanches. Dissertation an der Universität Moskau, Fakultät für Geographie, 1987.

[97] Glossar der europäischen Lawinenwarndienste (URL: www.lawine.at).

[98] Goris, A. (Hrsg.): Schneider Bautabellen für Ingenieure. 17. Auflage. Werner Verlag Neuwied 2006.

[99] Gorton, F.: Österreichischer Weg der landschaftsangepassten Trassierung von Forstwegen. Internationaler Holzmarkt, 76 (1985), Heft 12, S. 1–6.

[100] Gorton, F.: Praxis und Kosten einer landschaftschonenden Bauführung von Forststraßen. Allgemeine Forstzeitung Wien, 1985, S. 241–243.

[101] Granig, M.; Luxner, M. H.: Handbuch zum erweiterten α-β-Modell-06. Forsttechnischer Dienst für Wildbach- und Lawinenverbauung, Stabstelle Schnee und Lawinen. Schwaz 2006.

[102] Granig, M.; Luxner, M. H.: Handbuch zum erweiterten α-β-Modell-09. Forsttechnischer Dienst für Wildbach- und Lawinenverbauung, Stabstelle Schnee und Lawinen. Schwaz 2009.

[103] Granig, M.; Sauermoser S.: Ein Erfahrungsbericht über die Lawinenmodellierung aus der aktuellen praktischen Arbeit der WLV. Wildbach- und Lawinenverbau, 73 (2009), Heft 163, S. 142–151.

[104] Gruber, U.; Bartelt, P.; Margreth, S.: Anleitung zur Berechnung von Fließlawinen: Neue Berechnungsmethoden in der Lawinengefahrenkartierung. WSL-Institut für Schnee- und Lawinenforschung SLF, Davos 1999.

[105] Haid, H.: Mythos Lawinen – Eine Kulturgeschichte. Studien Verlag. Wien, Innsbruck, Bozen 2007.

[106] Haefeli, R.: Neuere Entwicklungstendenzen und Probleme des Lawinenverbaus im Anbruchgebiet. Mitteilungen des Eidgenössischen Institutes für Schnee- und Lawinenforschung EISLF Heft 9, 1951, S. 28–56.

[107] Haefeli, R.: Lawinenverbau im Anbruchgebiet – Vorschläge und Berechnung von Netzwerken. Zürich 1954.

[108] Hagen, F.; Heumader, J.: Die in Österreich entwickelte gasdynamische Lawinensimulation (Staublawinensimulation) – Beschreibung, Anwendung, Grenzen. Wildbach- und Lawinenverbau 62 (1998), Heft 135, S. 7–26.

[109] Hákonardóttir, K. M.; Hogg, A. J.: Oblique shocks in rapid granular flows. Phys. Fluids, 17 (7), 2005, 077101.

[110] Hákonardóttir, K. M.; Jóhannesson, T.; Tiefenbacher, F.; Kern, M.: A laboratory study of the retarding effect of breaking mounds in 3, 6 and 9 m long chutes. Reykjavík, Veðurstofa (Íslands). (Technical Report V01007, 2001).

[111] Hákonardóttir, K. M.; Hogg, A. J.; Jóhannesson, T.; Kern, M.; Tiefenbacher, F.: Large-scale avalanche braking mound and catching dam experiments with snow: a study of the airborne jet. Survey of Geophysics, 24 (2003), Heft 5/6, S. 543–554.

[112] Harbitz, C.: SAME – Snow Avalanche Modelling, Mapping and Warning in Europe. A survey of computational models for snow avalanche motion. Fourth European Framework Programme: Environment and Climate. Contract ENV4-CT96-0258, Oslo 1998.

[113] Heierli, J.; Gumbsch, P.; Zaiser, M.: Anticrack nucleation as triggering mechanism for snow slab avalanches. Science, Heft 321, 2008, 240.

[114] Heierli J.; Zaiser M.: Failure initiation in snow stratifications containing weak layers: Nucleation of whumpfs and slab avalanches. Cold Regions Science and Technology, Heft 52, 2008, S. 385–400.

[115] Heimgartner, M.: Fundation im Lawinenverbau. Internationales Symposium über die Bildung, Bewegung und Wirkung von Lawinen Davos 1986. Mitteilungen des Eidgenössischen Instituts für Schnee- und Lawinenforschung EISLF, Bd. 43, S. 19–27.

[116] Heinimann, H.; Hollenstein, K.; Kienholz, H.; Krummenacher, B.; Mani, P.: Methoden zur Analyse und Bewertung von Naturgefahren. Bundesamt für Umwelt, Wald und Landschaft BUWAL, Umwelt-Materialien 85, Bern 1998.

[117] Hess, J.: Schutzziel im Umgang mit Naturrisiken: Wandeln auf dem Pfad der Gerechtigkeit. INTERPRAEVENT Conference Proceedings Dornbirn, 2008, Bd. 2, S. 347–358.

[118] Hestnes, E.; Sanderson, F.: Slushflow acitivity in the Rana district (North Norway). IHAS-Publ. Heft 162, 1998, S. 317–330.

[119] Hestnes, E.; Kristersen, K.: The diversities of large slushflows illustrated by eight case studies. Proceeding of the International Snow Science Workshop, Lake Tahoe (USA), 17th–22nd October 2010.

[120] Heumader, J.: Pflugbermen als Gleitschneeschutz und Verjüngungshilfe. Wildbach- und Lawinenverbau, 51 (1987), Heft 105, S. 105–110.

[121] Heumader, J.: Schutz vor Gleitschneeschäden durch Verpfählung mit Drahtverspannung. Wildbach- und Lawinenverbau, 51 (1987), Heft 105, S. 111–117.

[122] Hofmann, R.: Baugrunderkundung und Nachweis von Flächengründungen nach ÖNORM B 4402, ÖNORM EN 1997-1 und ÖNORM B 4435-1/2. Gründungstechnik im Hochbau: Planung und Ausführung von Gründungskörpern. VÖBU Bauakademie Innsbruck 2005.

[123] Hofmann, R.: Versagenswahrscheinlichkeit von Böschungen, Dämmen und Hängen im Lockergestein. Kurs TU-Wien, Institut für Ingenieurgeologie: Sicherheit, Versagenswahrscheinlichkeit und Risikomanagement in der Geotechnik, 2005.

[124] Hofmann, R.: Globale Sicherheit, Konzept der Teilsicherheitsbeiwerte (EN 1997-1), Sicherheitsfaktoren in Abhängigkeit der Nutzungsdauer und der Ereigniswiederkehr. Workshop „Bemessungssicherheit von Schutzbauwerken und gefährdeten Objekten im Zusammenhang mit gravitativen Naturgefahren“, Institut für Ingenieurgeologie, Technische Universität Wien 2006.

[125] Hofmann, R.: Bemessung von Stützbauwerken nach ÖNORM EN 1997-1 und ÖNORM B 1997-1-1. Österreichisches Normungsinstitut Wien 2009.

[126] Hofmann, R.: ON AG 023.07-Technischer Lawinenschutz: Systemstütze – Grundbruchberechnungen nach ÖNORM B 4435-2 und ÖNORM B 4433, Wien 2009.

[127] Hofmann, R.; Angerer, H.: Geotechnische Untersuchungen für Hochwasserschutzdämme im Sinne der ÖNORM B 4402. Wildbach- und Lawinenverbau, 70 (2006), Heft 154, S. 19–27.

[128] Hofmann, R.; Sauermoser S.: Schutzbauten gegen Naturgefahren in Verbindung mit dem Eurocode 7. 6. Kolloquium Bauen in Boden und Fels, Technische Akademie Esslingen 2008.

[129] Hofmann, R.; Suda, J.; Poisel R.: Interaction of EC7 with EC2 in tunneling. Geomechanik und Tunnelbau, Bd. 3, 2010, S. 11–23.

[130] Höller, P.; Fromm R.: Temporäre Schutzmaßnahmen und Lawinenprognose. Bundesforschungs- und Ausbildungszentrum für Wald, Naturgefahren und Landschaft, BFW-Praxisinformation Heft 15, 2008, S. 11–12.

[131] Horvat, A.: Bestimmung erosionsgefährdeter Flächen – Slowenische Erfahrungen. Wildbach- und Lawinenverbau, 69 (2005) Heft 152, S. 63–76.

[132] Huber, T.; Sailer, R., Jörg, P.: Risikostudie Lebensraum „Hinteres Pitztal", Wildbach- und Lawinenverbau, 69 (2005), Heft 153, S. 75–113.

[133] Hübl, J.; Fuchs, S.; Agner, P.: Optimierung der Gefahrenzonenplanung. Weiterentwicklung der Methoden der Gefahrenzonenplanung. IAN-Report Nr. 90. Universität für Bodenkultur Wien 2007 (unveröffentlicht).

[134] Hübl, J.; Kraus, D.: Erweiterungsvorschläge zur Kosten-Nutzen-Untersuchung der Wildbach- und Lawinenverbauung. WLS Report Nr. 94, Universität für Bodenkultur 2004 (unveröffentlicht).

[135] In der Gand, H.: Aufforstungsversuche an einem Gleitschneehang – Ergebnisse der Winteruntersuchungen 1955/56 bis 1961/62. Schweizerische Anstalt für das forstliche Versuchswesen, Mitteilungen Bd. 44 (1968), Heft 3, S. 163–174.

[136] INTERPRAEVENT (Hrsg.): Alpine Naturkatastrophen. Leopold Stocker Verlag. Graz 2009.

[137] Issler, D.: Berücksichtigung der Staublawinen in der Gefahrenkartierung – Neue Berechnungsmethoden in der Lawinengefahrenkartierung. WSL-Schnee- und Lawinenforschungsinstitut SLF, Davos 1999.

[138] Issler, D.: European avalanche test sites. Overview and analysis in view of coordinated experiments. WSL-Institut für Schnee- und Lawinenforschung SLF, Davos 1999, Mitteilung Nr. 59.

[139] Issler, D.: Experimental information on the dynamics of dry snow avalanches. In: Hutter, K.; Kirchner, N. (Hrsg.): Dynamic response of granular and porous materials under large and catastrophic deformations. Verlag Springer, 2003, S. 109–160.

[140] Issler, D.; Gauer, P.: Exploring the significance of the fluidised flow regime for avalanche hazard mapping. Annals of Glaciology, Heft 49, 2008, S. 193–198.

[141] Jäger, G.: Lawinenschutz bei Bergbauernhöfen. Der Alm- und Bergbauer, 12 (2005), Heft 5.

[142] Jaedicke. C., et al.: Climate database for avalanche consulting and warning in Norway. Cold Regions Science and Technology, Vol 4, 1–2, 20, 2007, S. 171–179.

[143] Jaedicke, C.; Kern, M. A.; Gauer, P.; Baillifard, M. A.; Platzer, K.: Chute experiments on slushflow dynamics. Cold Regions Science and Technology, Heft 5, 2008, S. 156–167.

[144] Jecklin, R.: Die Sprengankerfundierung. Bündnerwald, 39 (1986), Heft 5, S. 46–49.

[145] Jóhannesson, T.; Margreth, S.: Adaptation of the Swiss Guidelines for supporting structures for Icelandic conditions. Veðurstofa Íslands Report VÍ-G99013-ÚR07, Reykjavík 1999.

[146] Jóhannesson, T.; Hopf, J.: Loading of supporting structures under Icelandic conditions: The type of structures and structural requirements in future projects (Results of a field experiment in Siglufjördur). Proceedings of International Symposium on Mitigative Measures against Snow Avalanches, 2008, March 11–14, Egilstadir, S. 143–150.

[147] Jóhannesson, T.; Gauer, P.; Issler, D.; Lied, K. (Eds.): The design of avalanche protection dams. Recent practical and theoretical developments European Commission. Directorate General for Research, 2009.

[148] Jóhasson, K.; Sigurðsonn, S.; Arnalds, P.: Estimation of avalanche risk. Veðurstofa Íslands Report VÍ-G99001-ÚR01, Reykjavík 1999.

[149] Johnson, E. A.: The relative importance of snow avalanche disturbance and thinning on canopy plant populations. Ecology, Heft 68, 1987, S. 45–53.

[150] Jörg, P.; Sampl, P.; Granig, M.: Implementation of a new suspension model and calibration of the powder snow layer in SamosAT. European Geophysical Union General Assembly, Wien 2010.

[151] Kajimoto, T.; Daimaru, H.; Okamoto, T.; Otani, T.; Onodera, H.: Effects of snow avalanche disturbance on regeneration of subalpine Abies mariesii forest, northern Japan. Arctic, Antarctic and Alpine Research, Heft 36, 2004, S. 436–445.

[152] Kapeller, G.; Kleemayr, K.; Fellin, W.: Untersuchung der Effektivität eines aufgelösten Lawinenbrechers. Wildbach- und Lawinenverbau, 72 (2008), Heft 158, S. 90–97.

[153] Keiler, M.; Fuchs, S.; Zischg, A.; Stötter J.: The adaptation of technical risk analysis on natural hazards on a regional scale. Zeitschrift für Geomorphologie N.F. Suppl., Vol. 135, 2004, S. 95–110.

[154] Keiler, M.; Stötter, J.: Aspekte der Entwicklung des Schadenspotenzials bei Lawinenrisiken am Beispiel Galtür. Internationales Symposion INTERPRAEVENT Riva/Trient, 2004, Tagungspublikation VI,139–150.

[155] Kern, M.; Tiefenbacher, F.; McElwaine, J.: The rheology of snow in large chute flows. Cold Regions Science and Technology, 39 (2004), Heft 2/3, S. 181–192.

[156] Kern, M.; Bartelt, P.; Sovilla, B.; Buser, O.: Measured shear rates in large dry and wet snow avalanches. Journal of Glaciology, 55 (2009), Heft 190, S. 327–338.

[157] Kern, M.; Bartelt, P.; Sovilla, B.: Velocity profile inversion in dense avalanche flow. Annals of Glaciology 51(2010), Heft 54, S. 27–31.

[158] Kienholz, H.: Gefahrenzonenplanung im Alpenraum – Ansprüche und Grenzen, Wildbach- und Lawinenverbau, 69 (2005), Heft 152, S. 135–151.

[159] Klaus, W.: IST-Zustandserhebung von Stahlschneebrücken in Tirol. Diplomarbeit, Universität für Bodenkultur, Wien 1997.

[160] Klenkhart, C.: Derzeit übliche Fundationsarten in der Lawinenstützverbauung in Vorarlberg, Tirol und der Schweiz. Wildbach- und Lawinenverbau, 49 (1985), Heft 101, S. 145–156.

[161] Krapfenbauer, R.; Krapfenbauer, T.: Bautabellen. Verlag Jugend und Volk. Wien 2004.

[162] Kristensen, K.: A survey of snow avalanche accidents in Norway. Norwegian Geotechnical Institute NGI, NGI-Publications 203, Oslo 1998.

[163] Krüger, U.: Stahlbau. Teil 1: Grundlagen – Bauingenieurpraxis, 4. Auflage. Verlag Ernst und Sohn. Berlin 2008.

[164] Kolymbas, D.; Kirsch, A.: Zum Erddruck auf Lawinenschutzgalerien. Bautechnik, Heft 86, 2009, S. 774–779.

[165] Körner, H.: Reichweite und Geschwindigkeit von Bergstürzen und Fließlawinen. Rock Mechanics, Heft 8, 1976, S. 225–256.

[166] Kössler, M.: Zugkrafteinleitung in den Boden bei Lawinenstützverbauungen. Diplomarbeit am Institut für Bauingenieurwesen und Architektur, Leopold Franzens Universität Innsbruck 2000.

[167] Kozik, S. M.: Berechnung der Lawinenbewegung. Gidrometeoizdat Leningrad 1962 (in Russisch).

[168] Kulakowski, D.; Rixen, C.; Bebi, P.: Changes in forest structure and in the relative importance of climatic stress as a result of suppression of avalanche disturbance. Forest Ecology and Management, Heft 223, 2006, S. 66–74.

[169] Landesraumordnungsgesetz vom 11. August 1997, Nr. 13, und nachfolgende Abänderungen. Autonome Provinz Bozen-Südtirol (Italien).

[170] Legge 3 agosto 1998, n. 267: Conversione in legge, con modificazioni, del D.L. 11 giugno 1998, n. 180, recanti misure urgenti per la prevenzione del rischio idrogeologico ed a favore

delle zone colpite da disastri franosi nella regione Campania (pubblicata nella GU n. 183 del 7 agosto 1998) (Italien).

[171] Leichtfried, A.: Bestimmung der extremen Schneehöhen für die Stützverbauung in Anbruchgebieten von Lawinen für Tirol und Vorarlberg. Zentralanstalt für Meteorologie und Geodynamik ZAMG Innsbruck 2010 (in Vorbereitung).

[172] Léon Gallardo, René E.: Nieve y avalanchas. Una blanca historia de riesgos en montana. Ediciones de Santa Rosa de Los Andes, Chile, 2003.

[173] Leuenberger, F.: Bewährung von technischen Maßnahmen zum Lawinen- und Gleitschneeschutz im Aufforstungs- und Verjüngungsgebiet. Internationales Symposion INTERPRAEVENT Bern 1992, Tagungspublikation Bd 5., S. 9–18.

[174] Lied, K.; Bakkehoi, S.: Empirical calculations of snow avalanche run-out distance based on topographic parameters. Journal of Glaciology, 26 (1980), Heft 94, S. 165–177.

[175] Lied, K.; Hopf, J.; Bakkehoi, S.; Weiler, C.: Calculation methods for avalanche run-out distance for the Austrian Alps. Norwegian Geotechnical Institute NGI Publication 581210.3, Oslo 1995.

[176] Loat, R.: Die Gefahrenzonenplanung in der Schweiz. Wildbach- und Lawinenverbau 69 (2005), Heft 152, S. 77–92.

[177] Loi n 1995-101 du 2 février 1995 relative au renforcement de la protection de l'environnement. (loi BARNIER) et décret n°95-1089 du octobre 1995 relative aux plans de prévention des risques naturels prévisibles (Frankreich).

[178] Loi n 2003-699 du 30 juillet 2003 relative à la prévention des risques technologiques et naturels. (loi BACHELOT) (Frankreich).

[179] LOV 1985-06-14 nr 77 Plan- og bygningsloven (Norwegisches Planungs- und Baugesetz idF 1. April 2005).

[180] Luckman, B. H.: The geomorphic activity of snow avalanches. Geografiska Annaler, Heft 59A, 1977, S. 31–48.

[181] Luckman, B. H.: Dendrogeomorphology and snow avalanche research. In: Stoffel M., Bollschweiler M., Butler D. R., Luckman B. H. (Eds.): Tree rings and natural hazards: a state of the art. Springer Heidelberg New York, 2010.

[182] Luzian, R.; Pindur, P.: Prähistorische Lawinen – Nachweis und Analyse holozäner Lawinenereignisse in den Zillertaler Alpen (Österreich). Mitteilung der Kommission für Quartärforschung der Österreichischen Akademie der Wissenschaften, 141, Wien 2007.

[183] Luzi, G.; Noferini, L.; Mecatti, D.; Macaluso, G.; Pieraccini, M.; Atzeni, C.; Schaffhauser, A.; Fromm, R.; Nagler, T.: Using ground-based SAR interferometer and a terrestrial laser scanner to monitor a snow-covered slope: results from an experimental data collection in Tyrol (Austria). IEEE Transactions on Geoscience and Remote Sensing, 47 (2009), Heft 2, S. 382–393.

[184] Maierhofer, F.: Erkenntnisse und Erfahrungen über die Wasserableitung nach 4 Jahrzehnten Forstwegebau. Internationales Symposium INTERPRAEVENT Graz 1988, Tagungspublikation Bd. 2, S. 61–71.

[185] Maniak, U.: Wasserwirtschaft: Einführung in die Bewertung wasserwirtschaftlicher Vorhaben. Verlag Springer. Berlin, Heidelberg 2001.

[186] Margreth, S. (1995): Snow pressure measurements on snow net systems. Proceedings of the ANENA Symposium May 30-June 03 Chamonix, S. 241–248.

[187] Margreth, S.: Technische Lawinenschutzmaßnahmen. Bundesamt für Umwelt BAFU, Bern 2004.

[188] Margreth, S.: Die Wirkung des Waldes bei Lawinen. Forum für Wissen, 2004, S. 21–26.

[189] Margreth, S.: Lawinenverbau im Anbruchgebiet. Technische Richtlinie als Vollzugshilfe. Umwelt-Vollzug Nr. 0704. Bundesamt für Umwelt Bern, WSL- Institut für Schnee- und Lawinenforschung SLF Davos 2007, Ausgabe: 2009-06-04.

[190] Margreth, S.: Snow pressure on cableway masts. Analysis of damages and design approach. Cold Regions Science and Technology, Heft 47, 2007, S. 4–15.

[191] Margreth, S.; Platzer, K.: Baulicher Lawinenschutz. tec 21, Heft 8, 2006, S. 8–10.

[192] Margreth, S.: PROTECT – Beurteilung der Wirkung von Schutzmaßnahmen gegen Naturgefahren: Arbeitsanleitung Lawinen. WSL-Institut für Schnee- und Lawinenforschung, Davos 2008.

[193] Matthews, J. A.; McCarroll, D.: Snow-avalanche impact landforms in Breheimen, southern Norway: origin, age and paleoclimatic implications. Arctic and Alpine Research, Heft 26, 1994, S. 103–115.

[194] Mayer, H.: Wälder des Ostalpenraumes. Gustav Fischer Verlag, 1974.

[195] Mazzorana, B.: Efficiency of protection systems in alpine torrents from a reliability, sustainability and maintainability perspective. Slopeland Disaster Mitigation Conference, Taiwan 2007.

[196] McClung, D.: Comparison of snow pressure measurements and theoretical predictions. Canadian Geotechnical Journal 21 (1984), Heft 2, S. 250–258.

[197] McClung, D.: Return period of the Galtür avalanche. 1999 (unveröffentlicht).

[198] McClung, D.: Characteristics of terrain, snow supply and forest cover for avalanche initiation caused by logging. Annals of Glaciology, Heft 32, 2001, S. 223–229.

[199] McClung, D.: Magnitude and frequency of avalanches in relation to terrain and forest cover. Arctic, Antarctic and Alpine Research, Heft 35, 2003, S. 82–90.

[200] Mears, A. I.: Dynamics of dense snow avalanches interpreted from broken trees. Geology, Heft 3, 1975, S. 521–523.

[201] Naaim, M.; Ancey C.: Dense avalanche model. European Summer University Chamonix, Cemagref Publications, 1992, S. 173–181.

[202] Naaim, M.: Modélisation numérique des avalanches aérosols. La Houille Blanche, Nr. 5/6, 1995, S. 56–62.

[203] Naaim, M.: Dense avalanche numerical modeling: Interaction between avalanche and structures. Norwegian Geotechnical Institute, NGI-Publications 203, Oslo. (25 Years of Snow Avalanche Research at NGI, Proceedings Anniversary Conference Voss 12–16 May, 1998).

[204] Naaim-Bouvet, F.; Naaim, M.; Michaus, J. L.: Snow fences on slopes at high wind speed: physical modeling in the CSTB cold wind tunnel. Natural Hazards and Earth System Sciences, Heft 3/4, 2002, S. 137–145.

[205] Mair, R.; Nairz, P.: Lawinen – Die 10 entscheidenden Gefahrenmuster erkennen. Tyrolia Verlag. Innsbruck 2010.

[206] Neuschmid, K.: Methoden der Böschungssicherung von Hangquerungen im steilen Gelände. Eigenverlag 1996.

[207] Nesje, A.; Bakke J.; Dahl, S. O.; Lie, Ø.; Bøe, A. G.: A continuous, high-resolution 8500-yr snow-avalanche record from western Norway. The Holocene, Heft 17, 2007, S. 269–277.

[208] Newesely, C.; Tasser, E.; Spadinger, P.; Cernusca, A.: Effects of land-use changes on snow gliding processes in alpine ecosystems. Basic and Applied Ecology, Heft 1, 2000, S. 61–67.

[209] Norem, H.; Irgens, F.; Schieldrop, B.: A continuum model for calculating snow avalanche velocities. Proceedings of Avalanche Formation, Movements and Effects, IAHS publication, Heft 162, 1987, S. 363 – 378. (also in: Norwegian Geotechnical Institute Report 58120-9).

[210] Norem, H.; Irgens, F.; Schieldrop, B.: Simulation of snow-avalanche flow in run-out zones. Annals of Glaciology, Heft 13, 1989, S. 218–225.

[211] Norme Française: Equipements de protection contre les avalanches. Filets paravalanches. Paris: NF P 95-304, 1992.

[212] Nussbaumer, J.: Die Gewalt der Natur: Eine Chronik der Naturkatastrophen von 1500 bis heute. Grünbach Edition Sandkorn 1996.

[213] Oberndorfer, S.; Granig, M.: Modellkalibrierung des Lawinensimulationsmodells SamosAT. Forsttechnischer Dienst für Wildbach- und Lawinenverbauung, Stabstelle Schnee und Lawinen. Schwaz 2007.

[214] Onesti, L. J.: Meteorological conditions that initiate slushflows in Brooks Range, Alaska. Annuals of Glaciology, Heft 6, 1985, S. 23–25.

[215] ÖNORM B 4402: Erd- und Grundbau – Geotechnische Untersuchungen für bautechnische Zwecke. Ausgabe: 2003-12-01.

[216] ÖNORM B 4433: Erd- und Grundbau – Böschungsbruchberechnung. Ausgabe: 1987-12-01.

[217] ÖNORM B 4434: Erd- und Grundbau – Erddruckberechnung. Ausgabe: 1993-01-01.

[218] ÖNORM EN 1990, Eurocode 0 – Grundlagen der Tragwerksplanung, Ausgabe 2003-03-01.

[219] ÖNORM EN 1990/A1, Eurocode 0 – Grundlagen der Tragwerksplanung (Änderung), Ausgabe 2006-09-01.

[220] ÖNORM B 1991-1-3, Eurocode 1 – Einwirkungen auf Tragwerke – Teil 1-3: Allgemeine Einwirkungen – Schneelasten. Nationale Festlegungen zu ÖNORM EN 1991-1-3, nationale Erläuterungen und nationale Ergänzungen. Ausgabe 2006-04-01.

[221] ÖNORM B 1991-1-4, Eurocode 1: Einwirkungen auf Tragwerke – Teil 1-4: Allgemeine Einwirkungen – Windlasten. Nationale Festlegungen zu ÖNORM EN 1991-1-4 und nationale Ergänzungen. Ausgabe: 2006-12-01.

[222] EN 1991-1-4, Eurocode 1: Einwirkungen auf Tragwerke – Teil 1-4: Allgemeine Einwirkungen – Windlasten. Ausgabe: 2005-01-04.

[223] ÖNORM EN 1991-1-3, Eurocode 1 – Einwirkungen auf Tragwerke – Teil 1-3: Allgemeine Einwirkungen – Schneelasten. Ausgabe 2005-08-01.

[224] ÖNORM EN 1991-2, Eurocode 1 – Einwirkungen auf Tragwerke – Teil 2: Verkehrslasten auf Brücken. Ausgabe: 2004-08-01.

[225] ÖNORM EN 1995-1-1, Eurocode 5 – Bemessung und Konstruktion von Holzbauten – Teil 1-1: Allgemeines – Allgemeine Regeln und Regeln für den Hochbau. Ausgabe: 2006-01-01.

[226] ÖNORM EN 1997-1: Eurocode 7: Entwurf, Berechnung und Bemessung in der Geotechnik – Teil 1: Allgemeine Regeln (konsolidierte Fassung): Ausgabe: 2009-05-15.

[227] ÖNORM B 1991-2: Eurocode 1: Einwirkungen auf Tragwerke – Teil 2: Verkehrslasten auf Brücken – Nationale Festlegungen zu ÖNORM EN 1991-2 und nationale Ergänzungen. Ausgabe: 2004-08-01.

[228] ÖNORM B 1997-1-1: Eurocode 7: Entwurf, Berechnung und Bemessung in der Geotechnik – Teil 1: Allgemeine Regeln – Nationale Festlegungen zu ÖNORM EN 1997-1 und nationale Ergänzungen. Ausgabe: 2007-11-01.

[229] ÖNORM B 1997-1-3: Eurocode 7: Entwurf, Berechnung und Bemessung in der Geotechnik – Pfahlgründungen. Ermittlung der Tragfähigkeit. Entwurf: 2007-09-07.

[230] ÖNORM B 1997-1-4: Eurocode 7: Entwurf, Berechnung und Bemessung in der Geotechnik – Erddruckberechnung und Stützbauwerke.

[231] ÖNORM EN 14199:2005: Ausführung von besonderen geotechnischen Arbeiten (Spezialtiefbau) – Pfähle mit kleinen Durchmessern (Mikropfähle).

[232] ÖNORM-Regel 24200-7: Definition der Duktilität von Betonstahl. Ausgabe: 2004-03-15.

[233] ÖNORM-Regel 24800: Schutzbauwerke der Wildbachverbauung – Begriffe und ihre Definitionen sowie Klassifizierung. Ausgabe: 2009-02-15.

[234] ÖNORM-Regel 24802: Schutzbauwerke der Wildbachverbauung – Projektierung, Bemessung und konstruktive Durchbildung. Ausgabe: 2011-01-15.

[235] ÖNORM-Regel 24805: Permanenter technischer Lawinenschutz – Benennungen und Definitionen sowie statische und dynamische Einwirkungen. Ausgabe: 2010-06-01.

[236] ÖNORM-Regel 24806: Permanenter technischer Lawinenschutz – Bemessung und konstruktive Ausgestaltung (in Vorbereitung).

[237] ÖNORM-Regel 24807: Permanenter technischer Lawinenschutz – Überwachung und Instandhaltung. Ausgabe: 2010-06-01.

[238] Patten, R. S.; Knight, D. H.: Snow avalanches and vegetation pattern in Cascade Canyon, Grand Teton National Park, Wyoming, U.S.A. Arctic and Alpine Research, Heft 26, 1994, S. 35–41.

[239] Perla, R.; Cheng, T. T., McClung, D.: A two parameter model of snow avalanche motion. Journal of Glaciology, 26 (1980), Heft 94, S. 197–202.

[240] Pestal, E.: Seilbahnen und Seilkrane für Holz- und Materialtransport. Verlag Georg Fromme & Co. Wien 1961.

[241] Pfammatter, C.: Abschätzung des Finanzbedarfs zur Erhaltung der Funktionstauglichkeit von Lawinenstützverbauungen. Diplomarbeit Studiengang Forstwissenschaften. Departement für Umweltwissenschaften ETH Zürich 2006 (unveröffentlicht).

[242] Plate, E.; Merz, B. (Hrsg.): Naturkatastrophen. Ursachen – Auswirkungen – Vorsorge. Schweizerbart'sche Verlagsbuchhandlung. Stuttgart. 2001.

[243] Plattform Naturgefahren PLANAT: Strategie Naturgefahren Schweiz – Umsetzung des Aktionsplans PLANAT 2005-2008, Projekt B 2.2: Schutzziele. Schlussbericht, Bundesamt für Umwelt BAFU. Bern 2008.

[244] Plattform Naturgefahren PLANAT: Strategie Naturgefahren Schweiz – Umsetzung des Aktionsplans PLANAT 2005–2008, Projekt A 1.1, Risikokonzept für Naturgefahren – Leitfaden. Schlussbericht/Testversion, Bundesamt für Umwelt BAFU. Bern 2009.

[245] Prinz, H.: Felsbau durch Sprengung oder Hydromeisel? Österreichische Forstzeitung, Heft 7, 1993, S. 15–17.

[246] Pürstinger, C.: Erhebung der Grundlagen zur Verbesserung des Schutzkonzeptes für das Wintertourismuszentrum Arthurhaus in Mühlbach am Hochkönig – Analyse der Lawinengefährdung. Diplomarbeit am Institut für Alpine Naturgefahren und Forstliches Ingenieurwesen der Universität für Bodenkultur Wien, 2002.

[247] Ramberger, G.: Stahlbau – für den IV. und V. Jahrgang an höheren technischen und gewerblichen Lehranstalten. 2. korr. Auflage, Manz Verlag. Wien 1990.

[248] Rammer, L.; Kern, M.; Gruber, U.; Tiefenbacher, F.: Comparison of avalanche-velocity measurements by means of pulsed Doppler radar, continuous wave radar and optical methods. Cold Regions Science and Technology, Heft 50, 2007, S. 35–54.

[249] Rammer, L.; Granig, M.: Three years snow net project Hafelekar/Innsbruck. In: Schweizer J., Van Herwijnen A. (Eds.): Proceedings of the International Snow Science Workshop Davos, 27 September to 2 October. Swiss Federal Institute for Forest, Snow and Landscape Research Birmensdorf, 2009, S. 582–586.

[250] Rapin, F.: French theory for the snow avalanches with aerosol. In: Brugnot G. (Ed.) : Université européenne sur les risques naturels. Session 1992: Neige et avalanches. Editions du CEMAGREF. Grenoble 1995, S. 163–172.

[251] Rapin, F.: A new scale for avalanche intensity. International Snow Science Workshop Penticton, British Columbia 2002.

[252] Rapin, F. ; Queffeléan Y.: La pathologie des ouvrages de défense active contre les avalanches. Ingénieries – EAT No9, 1997, S. 35–42.

[253] Rapp, A.: Avalanche boulder tongues in Lappland. A description of little-known landforms of periglacial debris accumulation. Geografiska Annaler, Heft 41A, 1959, S. 34–48.

[254] Redaktionsartikel Baublatt: Resistent gegen Lawinen aller Art. Baublatt, 119 (2008), Heft 15, S. 20–21.

[255] RICHTLINIE DES EUROPÄISCHEN PARLAMENTS UND DES RATES über die Bewertung und das Management von Hochwasserrisiken. 2007/60/EG vom 23. Oktober 2007, ABl. L 288/27 vom 6.11.2007 (HW-RL).

[256] Richtlinien zur Erstellung der Gefahrenzonenpläne. gemäß Landesraumordnungsgesetz vom 11. August 1997, Nr. 13, Artikel 22/bis vom 26. August 2008 (Südtirol/Italien).

[257] Rougier, J.: Probabilistic inference for future climate using an ensemble of climate model evaluations. Climatic Change, Heft 81, 2007, S. 247–264.

[258] Rougier, J.; Kern, M.: Predicting snow velocities in large chute flows under different environmental conditions, (to appear in) J. Roy. Stat. Soc. C, 2010 (in press).

[259] Romang, H.: Wirksamkeit und Kosten von Wildbach-Schutzmaßnahmen. GEOGRAPHICA BERNENSIA Reihe G 73, 2004. Verlag des Geographischen Institutes der Universität Bern.

[260] Romang, H.; Margreth, S.; Koschni, A.: PROTECT – Beurteilung der Wirkung von Schutzmaßnahmen gegen Naturgefahren als Grundlage für ihre Berücksichtigung in der Raumplanung: Teil A: Grundlagen und generelles Vorgehen. Nationale Plattform Naturgefahren PLANAT. Bern 2009.

[261] Rudolf-Miklau, F.: Alpine Naturgefahren – Sicherheit, Schutz und Risiko: Wo liegen die Grenzen? Wildbach- und Lawinenverbau, 69 (2005), Heft 153, S. 31–39.

[262] Rudolf-Miklau, F.; Schilcher, W.; Kessler, K.; Suda, J.: Life cycle management for technical avalanche protection systems International Symposium on Mitigative Measures against Snow Avalaches Egilstadir, Iceland, March 11–14, 2008.

[263] Rudolf-Miklau, F.: Naturgefahren-Management in Österreich: Vorsorge – Bewältigung – Information, Verlag Lexis Nexis ORAC. Wien 2009.

[264] Rybnicek, K.; Rybnickova, E.: Mooruntersuchungen im oberen Gurgltal. Folia Geobotanica et Phytotaxonomica, Heft 12, 1977, S. 245–291.

[265] Sailer, R.; Fellin, W.; Fromm, R.; Jörg, P.; Rammer, L.; Sampl, P., Schaffhauser, A.: Snow avalanche mass balance calculation and simulation model verification. Annals of Glaciology, Heft 48, 2008, S. 183–192.

[266] Salm, B.: Snow forces. Journal of Glaciology, 19 (1977), Heft 80, S. 67–100.

[267] Salm, B.: Snow forces on forest plants. Proceedings of the IUFRO Seminar „Mountain Forests and Avalanches“. Davos 1978, S. 157–182.

[268] Salm, B.: A short and personal history of snow avalanche dynamics. Cold Regions Science and Technology, 39 (2004), Heft 2/3, S. 83–92.

[269] Salm, B.; Burkard, A.; Gubler, H.: Berechnung von Fließlawinen, eine Anleitung für Praktiker mit Beispielen. Mitteilung des Eidgenössischen Institutes für Schnee und Lawinenforschung EISLF. Davos, Nr. 47, 1990.

[270] Sampl, P.; Zwinger, T.: Avalanche Simulation with SAMOS. Annals of Glaciology, Heft 38, 2004, S. 393–398.

[271] Sampl, P.: SamosAT – Modelltheorie und Numerik. AVL List GmbH. Graz 2007.

[272] Sampl, P.; Granig, M.: Avalanche Simulation with SamosAT. International Snow Science Workshop ISSW09, Davos 2009.

[273] Sauermoser, S.: Die Aufforstung von Gleitschneehängen. Österreichische Forstzeitung, Heft 3, 1996, S. 18 – 20.

[274] Sauermoser, S.. Erfahrungen mit Gleitschutzböcken. Wildbach- und Lawinenverbau, 62 (1998), Heft 135, S. 93–103.

[275] Sauermoser, S.; Sailer, R.; Herbert, A.; Hagen, F.: Recalculation of the Galtür avalanche with different simulation models – a comparison of the results. In: Bartelt, P. (Hrsg.): Snow Engeneering. Proceedings of the 5th International Conference on Snow Engineering, 5–8 July 2004, Davos, S. 335–342.

[276] Sauermoser, S.: Avalanche Hazard Mapping – 30 years of experience in Austria. Proceedings of the International Snow Science Workshop (ISSW), Telluride, 2006, S. 314–321.

[277] Sauermoser, S.; Huber, T.; Jenni, M.; Domaas, U.: Hazard mapping in Norway and Austria – A comparision. Wildbach- und Lawinenverbau, 71 (2007), Heft 157, S. 22–31.

[278] Schach, R.; Otto, J.; Häupel, H.; Fritzsche, M.: Lebenszykluskosten von Brückenbauwerken. Bauingenieur, Heft 81, 2006, S. 343–350.

[279] Schaffhauser, A.; Adams, M.; Fromm, R.; Jörg, P.; Luzi, G.; Noferini, L.; Sailer, R.: Remote sensing based retrieval of snow cover properties. Cold Regions Science and Technology, Heft 54, 2008, S. 164–175.

[280] Scheidl, C.; Kurz, D.; Wieshofer, S.: Handbuch zur Bestimmung des Risikos in Schigebieten aufgrund von Lawinengefahren. im Auftrag des Bundesministeriums für Land- und Forstwirtschaft, Umwelt und Wasserwirtschaft, 2003.

[281] Schellander, H.: Die Bestimmung von mittleren Anbruchhöhen für Lawinen in Tirol. Zentralanstalt für Meteorologie und Geodynamik ZAMG. Innsbruck 2004.

[282] Schiechtl, H. M.; Stern, R.: Handbuch für naturnahen Erdbau. Eine Anleitung für ingenieurbiologische Bauweisen. Österreichischer Agrarverlag. Wien 1992.

[283] Schilcher, C.: Die Verbauung der Montjolalawine: Ein Beitrag zur Fundationstechnik in kohäsionslosem Lockergestein. Wildbach- und Lawinenverbau, 31 (1968), Heft 1, S. 1–31.

[284] Schilcher, W.: Technischer Lawinenschutz im Anbruchgebiet. Wildbach- und Lawinenverbau, 66 (2002), Heft 148, S. 20–38.

[285] Schönenberger, W.; Brang, P.: Silviculture in mountain forests. In: Burley, J.; Evans, J.; Youngquist, J. (Eds.): Encyclopedia of forest sciences. Elsevier 2004, S. 1085–1094.

[286] Schönenberger, W.; Noack, A.; Thee, P.: Effect of timber removal from wind throw slopes on the risk of snow avalanches and rockfall. Forest Ecology and Management, Heft 213, 2005, S. 197–208.

[287] Schneebeli, M.; Bebi, P.: Snow and avalanche control. In: Burley, J.; Evans, J.; Youngquist, J. (Eds.): Encyclopedia of forest sciences. Elsevier 2004, S. 397–402.

[288] Schneebeli, M.: Schneemetamorphose: Schnee im ständigen Wandel. Newsletter Naturgefahren (www.slf.ch), 2009, S. 6–7.

[289] Eidg. Institut für Schnee- und Lawinenforschung (EISLF). Der Lawinenwinter 1999. Ereignisanalyse. Davos 2000.

[290] Eidg. Institut für Schnee- und Lawinenforschung (EISLF). Neue Berechnungsmethoden in der Lawinengefahrenkartierung. Kursunterlagen zur Einführung des Programms AVAL-1D, Davos 1999.

[291] Schneider, K.-J. (Hrsg.): Bautabellen für Ingenieure. 17. Aufl., Werner Verlag. Neuwied 2006.

[292] Schröder, M.; DIN Deutsches Institut für Normung e.V (Hrsg.): Der Wartungsvertrag, Vertragsgestaltung der Inspektion – Wartung – Instandsetzung von baulichen Anlagen und Rechtsfolgen. 1. Auflage. Beuth Verlag. Berlin, Wien, Zürich 2005.

[293] Schweizer, J.; Jamieson, J. B.; Schneebeli, M. (2003): Snow avalanche formation. Reviews of Geophysics, 41 (2003), Heft 4, S. 1016.

[294] Sedlak, O.: Walderschießung und Naturschutz. Österreichische Forstzeitung, Heft 7, 1993, S. 10–12.

[295] Seierstad, J.; Nesje, A.; Dahl, S. O.; Simonsen, J. R.: Holocene glacier fluctuations of Grovabreen and Holocene snow-avalanche activity reconstructed from lake sediments in Grøningstølsvatnet, western Norway. The Holocene, Heft 12, 2002, S. 211–222.

[296] Seilbahnen Schweiz SBS: Die Verkehrssicherungspflicht für Schneesportabfahrten. Richtlinien mit Erläuterungen, 5. neu bearbeitete Ausgabe, 2002.

[297] Sereinig, N.; Schober, S.: Gefahrenzonenausweisung Szenarien. Amt der Kärntner Landesregierung, Klagenfurt 2009.

[298] Schaerer, P. A.: Terrain and vegetation of snow avalanche sites at Rogers Pass, British Columbia. In: Slaymaker, O. H.; McPherson, H. J. (Eds.): Mountain Geomorphology. Tantalus Press. Vancouver 1972, S. 215–222.

[299] Schaerer, P.; McClung, D.: The Avalanche Handbook. 3rd Edition. Mountaineers Books. Seattle 2006.

[300] SIA 260:2003. Grundlagen der Projektierung von Tragwerken. Ausgabe: 2003-12.

[301] SIA 260/1:2003. Einwirkung auf Tragwerke – Ergänzende Festlegungen. Ausgabe: 2003-12.

[302] SIA 262. Betonbau. Ausgabe: 2003-01-01.

[303] SIA 263. Stahlbau. Ausgabe: 2003-01-01.

[304] SIA 265. Holzbau. Ausgabe: 2003-01-01

[305] SIA 267. Geotechnik. Ausgabe: 2003-01-01

[306] Sigrist, C.; Schweizer, J.: Critical energy release rates of weak snowpack layers determined in field experiments. Geophysical Research Lett., Heft 34, 2007, L03502.

[307] Sinabell, F.; Streicher, G.; Fritz, O.; Puwein, F.: Eine volkswirtschaftliche Analyse der Wildbach- und Lawinenverbauung in Österreich. Studie des Österreichischen Instituts für Wirtschaftsforschung (WIFO) im Auftrag des Bundesministeriums für Land- und Forstwirtschaft, Umwelt und Wasserwirtschaft (FLOOD-RISK II). Wien 2008.

[308] Skolaut, H.: Erfahrungen mit Lawinenbrechern – Ist das Brechen von Lawinen möglich? Wildbach- und Lawinenverbau, 62 (1998), Heft 135, S. 69–76.

[309] Stahr, A.; Hartmann, T.: Landschaftsformen und Landschaftselemente im Hochgebirge, Springer Verlag, 1999.

[310] Sommerhalder, E.: Ablenkverbau. In: Casteleberg, F.; In der Gand, H. R.; Pfister, F.; Rageth, B. (Hrsg.): Lawinenschutz in der Schweiz. Bündnerwald (Zeitschrift des Bündnerischen Forstvereins), Beiheft Nr. 9, 1972, S. 155–169.

[311] Sovilla, B.; Bartelt, P.: Observations and modeling of snow avalanche entrainment. Natural Hazard and Earth Systems Sciences, Heft 2, 2002, S. 169–179.

[312] Sovilla, B.; Schaer, M.; Kern, M.; Bartelt, P.: Impact pressures and flow regimes in dense snow avalanches observed at the Vallée de la Sionne test site. Journal of Geophysical Research Heft 113, 2008, F01010.

[313] Sovilla, B.; Schaer, M.; Rammer, L.: Measurements and analysis of full-scale avalanche impact pressure at the Vallée de la Sionne test site. Cold Regions Science and Technolology, 51 (2008) Heft 2/3, S. 122–137.

[314] Statham, G.: Avalanche hazard, danger and risk: A practical explanation. Proceedings International Snow Science Workshop. Whistler (British Columbia) 2008, S. 224–227.

[315] Stoffel, L.: Künstliche Lawinenauslösung. Praxishilfe. 2. überarbeitete Auflage. Mitteilungen des Eidgenössischen Instituts für Schnee- und Lawinenforschung Nr. 53, Davos 2001.

[316] Stoffel, L.: Künstliche Lawinenauslösung. Zürich: tec21, 2006, S. 4–7.

[317] Stoffel, M.: Dating past geomorphic processes with tangential rows of traumatic resin ducts. Dendrochronologia, Heft 26, 2008, S. 53–60.

[318] Stoffel, M.; Bollschweiler, M.; Hassler, G. R.: Differentiating events on a cone influenced by debris-flow and snow avalanche activity – a dendrogeomorphological approach. Earth Surface Processes and Landforms, Heft 31, 2006, S. 1424–1437.

[319] Stoffel, M.; Bollschweiler, M.: Tree-ring analysis in natural hazards research – an overview. Natural Hazards and Earth System Sciences, Heft 8, 2008, S. 187–202.

[320] Stoffel, M.; Bollschweiler, M.: What tree rings can tell about earth-surface processes. Teaching the principles of dendrogeomorphology. Geography Compass Heft 3, 2009, S. 1013–1037.

[321] Stoffel, M.; Bollschweiler, M.; Butler, D. R.; Luckman, B. H.: Tree rings and natural hazards: a state of the art. Springer Heidelberg, New York 2010.

[322] Suda, J.; Hofmann, R.: Design of concrete retaining structures basing on Eurocode Standards. Beton- und Stahlbetonbau, 104 (2009), Heft 4, S. 207–217.

[323] Suda, J.; Hofmann, R.; Strauss, A.; Wendner, R.: Design of concrete retaining structures basing on Eurocode standards – Part 1: persistent design situation. Bautechnik, 86 (2009), Heft 12, S. 782–793.

[324] Suda, J.; Hofmann, R.: Bemessungsbeispiel Winkelstützmauer. In: Potucek, W. (Hrsg.): Eurocode 2 – Praxisbeispiele. Austrian Standards plus Publishing. Wien 2008, S. 240–261.

[325] Suda, J.; Rudolf-Miklau, F. (Hrsg.): Bauen und Naturgefahren. Verlag Springer. Wien 2011 (in Vorbereitung).

[326] Tabler. R. D.: Snow fence guide. Strategic Highway Research Council, Washington DC 1991.

[327] Takeuchi, Y.; Kobajashi, S.; Sato, T.; Izumi. K.; Kosugi, K.; Xin, W.; Jiapin, Z.; Yongheng, P.: The effect of wind direction of drift control by snow fences. Annals of glaciology, Heft 32, 2001.

[328] Teich, M.; Bebi P.: Evaluating the benefit of avalanche protection forest with GIS-based risk analyses – a case study in Switzerland. Forest Ecology and Management, Heft 257, 2009, S. 1910–1919.

[329] Tiefenbacher, F.; Kern, M.: Experimental devices to determine snow avalanche basal friction and velocity profiles. Cold Regions Science and Technology, 38 (2004), Heft 1, S. 17–30.

[330] Tollinger, C.; Jörg, P.: DGM – Analyse anhand von Lawinenauslauflänge. Bericht des Forsttechnischen Dienstes für Wildbach- und Lawinenverbauung, Stabstelle Schnee und Lawinen. Schwaz 2008.

[331] Turnbull, B.; McElwaine, J. N.: A comparison of powder snow avalanches at Vallée de la Sionne with plume theories. Journal of Glaciology, 53 (2007), Heft 180, S. 30–40.

[332] Turnbull, B.; McElwaine, J. N.; Ancey, C.: The Kulikovsky-Sveshnikova-Beghin model of powder snow avalanches: Development and application. Journal of Geophysical Research, Heft 112, 2007, F01004.

[333] UNESCO: Lawinen-Atlas. Bebilderte Internationale Lawinenklassifikation. Paris: Organisation der Vereinten Nationen für Erziehung, Wissenschaft und Kultur, 1981.

[334] Vallet, J.; Turnbull, B.; Joly, S.; Dufour, F.: Observations on powder snow avalanches using videogrammetry. Cold Regions Science and Technolology, Heft 39, 2004, S. 153–159.

[335] Van Herwijnen, A.: Experimente zur Bruchausbreitung und Lawinenauslösung: Die Auslösung von Schneebrettlawinen, WSL-Schnee- und Lawinenforschungsinstitut Davos 2009.

[336] Veblen, T. T.; Hadley, K. S.; Nel, E.M.; Kitzberger, T.; Reid, M.; Villalba, R.: Disturbance regime and disturbance interactions in a Rocky Mountain subalpine forest. Ecology, Heft 82, 1994, S. 125–135.

[337] Voellmy, S.: Über die Zerstörungskraft von Lawinen, Schweizerische Bauzeitung, 73 (1995) Heft 12, S. 159–165, 212–217, 246–249, 280–285.

[338] Verordnung des Bundesministers für Land- und Forstwirtschaft vom 30. Juli 1976 über die Gefahrenzonenpläne, BGBl. Nr. 436/1976 vom 30. Juli 1976.

[339] Volk, G.; Kleemayr, K.: Lawinensimulationsmodell ELBA, Wildbach- und Lawinenverbau , 63 (1999), Heft 138, S. 23–32.

[340] Volk, G.: Handbuch ELBA+. NiT Technisches Büro GmbH, Pressbaum 2005.

[341] Weiler, C.; Hopf, J.; Lied, K.; Bakkehoi, S.: Methoden zur Berechnung der Auslauflänge von Fließlawinen im Österreichischen Alpenraum. Forsttechnischer Dienst für Wildbach- und Lawinenverbauung Sektion Tirol, 1995.

[342] Wasem, U.: Terrassen mit guten Aussichten. Wald und Holz, Heft 4, 2008.

[343] Wetzell, O. W. (Hrsg): Wendehorst Bautechnische Zahlentafeln. 30. Auflage. Verlag Teubner. Stuttgart 2002.

[344] Wilhelm, C.: Wirtschaftlichkeit im Lawinenschutz – Methodik und Erhebungen zur Beurteilung von Schutzmaßnahmen mittels quantitativer Risikoanalyse und ökonomischer Bewertung. Eidgenössisches Institut für Schnee- und Lawinenforschung SLF Davos, Mitteilungen Nr. 54, 1997.

[345] Winkler, C.; Burkard A.: Korridorplanung. tec21, Heft 41, 2006, S. 4–6.

[346] Witt, K. J.: Grundbau-Taschenbuch. Tl. 3. Gründungen und geotechnische Bauwerke. Verlag Ernst und Sohn/Wiley VCH. Berlin 2009.

[347] Wopfner, H.; Hopf, J.: Versuche mit Kolktafeln an der Schneeforschungsstelle Wattener Lizum (Tirol) in den Jahren 1950–1955. Forstliche Bundesversuchsanstalt Mariabrunn. Wien 1963.

[348] Yoshimatsu, H.: Study of mechanics of debris flow and its simulation model. Journal of Japan Landslide Society, Heft 28, 1991, S. 2.

[349] Zsigmondy, E.; Paulke, W.: Gefahren der Alpen. 6. Auflage. Rother Verlag, 1933.

Index der Abbildungsquellen

AVL	AVL LIST GMBH, Graz
BAFU	Bundesamt für Umwelt, Bern
BFW	Bundesforschungs- und Ausbildungszentrum für Wald, Naturgefahren und Landschaft, Innsbruck
ESPON	European Observation Network, Territorial Development and Cohesion
EWAS	European Avalanche Warning Service
EZMWF	European Centre for Medium-Range Weather Forecasts, Reading (GB)
LWD Tirol	Lawinenwarndienst Tirol, Innsbruck
NGI	Norges Geotekniske Institutt, Oslo
ÖBB	Österreichische Bundesbahnen
SSL WLV	Forsttechnischer Dienst für Wildbach- und Lawinenverbauung, Stabstelle Schnee- und Lawinen, Schwaz
WLV Salzburg	Forsttechnischer Dienst für Wildbach- und Lawinenverbauung, Sektion Salzburg
WLV Steiermark	Forsttechnischer Dienst für Wildbach- und Lawinenverbauung, Sektion Steiermark
WLV Tirol	Forsttechnischer Dienst für Wildbach- und Lawinenverbauung, Sektion Tirol
WLV Vorarlberg	Forsttechnischer Dienst für Wildbach- und Lawinenverbauung, Sektion Vorarlberg
WSL/SLF	WSL-Institut für Schnee- und Lawinenforschung, Davos
ZAMG	Zentralanstalt für Meteorologie und Geodynamik, Innsbruck

Disclaimer: Texts and maps stemming from research projects under the ESPON programme presented in this report do not necessarily reflect the opinion of the ESPON Monitoring Committee.

Handbuch Technischer Lawinenschutz. 1. Auflage. Florian Rudolf-Miklau, Siegfried Sauermoser (Hrsg.).

Stichwortverzeichnis

A
Ablagerungsgebiet 56
– potentiell 56
Ablagerungshöhe 78
Ablagerungskriterium 25
Ablenkdamm 197, 199
Ablenkverbauung 9, 196
Ablenkwinkel 92
– maximaler 279 ff.
Abnahmeprüfung (für Mikropfähle) 268
Abnutzungsvorrat 334
Absperrmaßnahmen 381
Abstandfaktor 240
Absteckung im Gelände 308
Absturzsicherung 329
Abtrag 361
Anbruchgebiet 21, 50, 73
– potenziell 53
– primär 53
– sekundär 53
Anbruchverbauung 19, 160 ff.
Ankermörtelpumpe 322
– hydraulische 323
– pneumatische 323
Anordnung von Lawinenstützwerken 236
Anraum 34
Anrissmächtigkeit 73
Arbeitnehmerschutz 324
– präventiver 325
Arbeitssicherheit 324
Arlbergschneerechen 176 ff.
Auffangdamm 199
Auffangverbauung 9, 196, 199
Auflagerreaktion 249
Ausdehnung (der Stützverbauung) 223
– horizontale 237
– vertikale 236
Auslauflänge 58, 108
Auslaufstrecke 21, 78
Ausziehwiderstand (charakteristischer) 265
Avalancheur® 383, 385
Avalhex® 383

B
Bannwald 61
Bauausführung 295
Baugeräte 319
Baukosten 315
– für kombinierte Schneebrücken 317
– für Schneenetze 318
– für Stahlschneebrücken 316
Baumethoden 308
Baupersonal 325
Baustelleneinrichtung 297
Baustellengemeinkosten 301 ff.
Baustoff 243
– Ankermörtel 246 ff.
– Baustahl 243
– Betonstahl 246
– Holz 245
– Seile 246
– Verbindungsmittel 245
Bautyp 159
Beanspruchung
– durch Biegung/Längskraft ohne Querkraft 217
– durch Drucknormalkraft 215
– durch einachsige Biegung 215
BEDO-Werk 176
Belastungsklasse 368
Bemessung
– der Trägerfundierung 263
– der Tragkonstruktion 252
– des Rostes 252
– des Tragwerks 248
– generelle Vorgehensweise 213
– der Stützenfundierung 260
– von Ablenkdämmen 275, 276
– von Auffangdämmen (exakt) 276 ff.
– von Auffangdämmen (näherungsweise) 275
– von Gebäuden 373, 376
– von Holztragwerken 254
– von Lawinenablagerungsräumen 280
– von Lawinenbrechern 286
– von Lawinenschutzgalerien 290
– von Leitdämmen 280
– von Schneedüsen 273

Handbuch Technischer Lawinenschutz. 1. Auflage. Florian Rudolf-Miklau, Siegfried Sauermoser (Hrsg.).

– von Schneenetzen 254
– von Schneerechen 256
– der Wirkung von Triebschneezäunen 271
Bemessungsereignis 120
Bemessungskriterium 209, 259
Bemessungsregeln (allgemeine) 220
Bemessungssituation 211, 259
– außergewöhnliche 211
– ständige 211
– vorübergehende 211
Bemessungswert 210
– der Einwirkung 210, 259
– des Widerstandes 218, 259
Beobachter 392 ff.
Bermen 191, 195
– Bermentritte manuell 191
– Bermentritte maschinell 191
– Pflugbermen 195
– Tellerbermen 191
Betonfundament 266, 313
Betriebskosten 150
Bewertung
– gesamtwirtschaftliche 144 ff.
– ökologische 156
– ökonomische 144
Blitzschutz 330
Block-maxima-Methode 46
Bodenanker 264
Bodenkennwerte 262
Bodenlawine 22
Bodenvegetation 58
Bohrgerät 320
Bohrlafette 310
– für Überlagerungsbohrung 311
– mit hydraulischem Außenlochhammer 311
– mit hydraulischem Drehmotor 310, 320
– mit pneumatischem Imlochhammer 310, 320
Bohrwagen 310
Bolzenverbindung 220
Bremshöcker 199, 201
Bremskegel 199, 201
Bremskeil 199, 201
Bremsverbauung 9, 20, 196, 199

C

Coulomb-Reibungsterm 82

D

DaisyBell® 383
Dammbau 285
Dammhöhe 275 ff.
Dampfaustausch 40
Deformationstensor 67
Direktschutz 363
Druckhügel 192, 195
Druckmessung 405
Druckplatten 404 ff.
Dual Doppler Radar (gepulstes) 407
Durchflussmenge 77

E

Ebenhöh 197, 369 ff.
Effizienz (der Maßnahme) 151
Eigengewicht 235
Eignungprüfung (für Mikropfähle) 267
Eintrittswahrscheinlichkeit 44
Einwirkungen 225
– auf Kolktafeln 272
– auf Leit-, Brems- und Auffangbauwerke 281
– auf Schneedüsen 274
– auf Triebschneezäune 272
– durch statischen Schneedruck 225
– durch Eigengewicht 235
– durch Erdbeben 236
– durch Lawinendruck 236
– durch Rutschungen und Solifluktion 236
– durch Steinschlag 236
– durch Windkräfte 235
Einwirkungskombinationen 211 ff.
– für Gebäude (Hochbauten) 373 ff.
– für Kolktafeln 272
– für Lawinengalerien 290 ff.
– für Lawinenstützwerke 248 ff., 251
– für Schneedüsen 274
– für Triebschneezäune 272
Eiskristall 32
Energiedissipationsrate 69
Energiehöhe 275
Energieumwandlungsfaktor 92
Energieversorgung 301
Entrainment 89
Erdterrasse 17, 176
Ereignisdokumentation 112, 408
Erhaltung 331 ff., 354
Erhaltungskosten 359

Erhaltungsmanagement 332 ff.
Erhaltungsstrategie 334
Erhaltungszustand 333
Ersatzlast 97
Erschließung 302
– durch Güterweg 302
– durch Helikopter 306
– durch Seilkran 305
Erschließungskosten 308
Erschließungsweg Baumethoden 303
Eulerwert 219
Evakuierung 388
Exposition 106
Extremereignis 13, 43
Extremwert 46
Extremwertanalyse 46
Extremwertverteilung 46
– Fechét 46
– Gumbel 46
– Weibull 46

F
Fallboden 199
Felsanker 264
Flachwasseransatz 84
Fließgeschwindigkeit 63, 77
Fließhöhe 63, 77
Fließhöhenmessung 406
Fließlawine 22, 68
Fließlawinenwirkung
– auf ein umströmtes Hindernis 93
– durch Nassschneelawinen 98
– durch vertikale Umlenkung 98
– normal auf ein Hindernis 91
Fließprozess 63
Fließschicht 69
Frostbeständigkeit 247
Froude-Zahl 65, 276
Füllungsgrad 271
Fundierung 180, 258

G
Galerie 196, 203 ff.
Gaz.Ex® 10, 383 ff.
GB SAR (Ground Based Interferometric Synthetic Aperture Radar) 402
Gebäudeschutz 9, 363
– normative Grundlagen 371 ff.
– Technischer 9, 363
Gebäudeschutzmaßnahmen 363
– am Gebäude 363
– Bauprodukte 367
– Bauweisen 367
– konstruktive 365
– temporäre 366
– vorgelagerte 368
Gefahrenanalyse 103, 109
– Datengrundlage 111
– historische Methode 110 ff.
– mathematische Methode 110
– Methoden 109
– morphologische Methode 110, 112
– pragmatische Methode 110
– statistische Methode 110
– Unsicherheiten 115
Gefahrenbewertung 106
Gefahrenhinweiskarte 117
– Bayern 118
– Frankreich 118
– Italien 118
– Japan 120
– Kanada 120
– Norwegen 120
– Österreich 118
– Schweiz 118
– Slowenien 120
– Spanien 120
– Südtirol 118
– USA 120
Gefahrenkarte 104, 117
Gefahrenzonenplan 104, 117, 120
– Frankreich 121 ff., 127
– in der Raumordnung 126 ff.
– Italien 122
– Kanada 122
– Norwegen 121 ff., 127
– Österreich 120, 122, 124
– Schweiz 121 ff.
– Wirkung 127
Gefahrenzonenplanung 45
Geotechnische Bemessung
– der Fundierung 258
– von Leitdämmen 282
Geotechnische Kategorie 258
Geotechnische Untersuchungen 284
Geschwindkeitsmesssensoren 407
Glarner Hängewerk 178 ff.
Gleitfaktor 227 ff.
Gleitschneelawine 72

Gleitschneeschutz 190
– Methoden 191
Gleitschneeverbauung 161
Gleitschutzbock 192 ff.
Gleitschutzwerk 192
Grenzzustand 209
– der Gebrauchstauglichkeit 209, 248
– der Tragfähigkeit 209, 248
Grundbruchberechnung 283
Grundlawine 72
Grundplatte 181 ff., 261, 312

H
Handsprengung 382
Hanggerüst 329 ff.
Hangneigung 50
Helikopter 306
– Montage 314
– Transportkosten 308
– Typen 306
Helikoptertransport 302, 306, 330
Herstellung
– von Betonfundamenten 313
– von Grundplattenfundamenten 312
– von Mikropfählen 309
– von Mikropfählen im Fels 314
– von Rammfundamenten 314
– von Seilankerfundamenten 311 ff.
– von Sprengankerfundamenten 312
– von Toter-Mann-Fundamenten 314
Hochdruckgebiet 26
Höhenfaktor 229
Höhenlage 51
Höhenströmung 29
– nordwestliche 29
Holzschneebrücke 164, 174 ff.
Holzschneerechen 174 ff.
Hubschraubersprengung 382
Hydraulikaggregat 321
hydraulischer Sprung 277
Hygrometer 400

I
Imperfektionswert 219
Impulsbilanzgleichung 66
Infrarotthermometer 401
Injektionsstation 322
Inspektion 334
Instandhaltungskosten 150
Instandsetzung 354
Intensität 45, 104
– Klasse 45
– Kriterium 45
Intensitätskarte 120

J
Jahrhundertlawine 3
Jährlichkeit 44, 104
Jährlichkeits-Intensitäts-Diagramm 45

K
Kaltfront 27 ff.
Kaltluft 27
Kammlage 52
Kampfzone 60
Katastrophenschutzplan 394
Kleinkläranlage 301
Kolktafel 186, 188 ff., 272
Kommunikationseinrichtung 300
– Betriebsfunk 300
– Festnetz 300
– Mobilfunk 300
Kompressor 322
Konstitutivgesetz 67
Korrosionsschutz 257
– für die Fundierung 267
– für Holz 257
– für Stahl 257
Kosten diskontiert 147
– Folgekosten 150
– Herstellungskosten 150
Kosten-Nutzen-Analyse 146 ff.
Kosten-Nutzen-Untersuchung 146
Kostenvergleichsrechnung 153
Kostenwirksamkeitsanalyse 146 ff.
Kriechfaktor 227
Künstliche Lawinenauslösung 379 ff.
– Methoden 382
– Methodenvergleich 386
– Sicherheitsrisiko 387

L
Ladungsgröße 382
Lagerraum 299
Laserscanner terrestrischer 400, 402
Lastmessbolzen 405
Lawine 1, 21
– Anbruchgebiet 21, 50, 73
– Ablagerungsgebiet 56
– Dichte 63

– extreme 13
– Klassifikation 21
– prähistorisch 13
– Sturzbahn 54
Lawinenablenkbauwerk 199
Lawinenanbruchverbauung 115, 119, 160
– Klassifizierung 163
Lawinenart 51
Lawinenatlas 42
Lawinenauffangverbauung 199
Lawinenauslösung 10, 68
– künstliche 10, 379
Lawinenbaustelle 295
Lawinenbeobachtung 395
Lawinenbewegung 63
– der Fließlawine 68
– der Mischlawine 69
– der Nassschneelawine 71
– der Staublawine 68
Lawinenbildung 49
– ortsfeste Rahmenbedingungen 49
Lawinenbrecher 199, 202, 286 ff.
Lawinenbremsverbauung 199
Lawinendruck 24, 63, 91, 94, 98, 108
– dynamischer 90
– Normaldruck 92
– Spitzendruck 91
– Staudruck 93
– Tangentialdruck 92
Lawinendynamik 24, 63, 72
Lawineneinzugsgebiet 49
Lawinenereignis 43
Lawinenfenster 366 ff.
Lawinenfront 64
Lawinengalerie 18, 203, 290
Lawinengefahren 2, 103 ff.
– in Europa 410
– planliche Darstellung 117
– Skala 106
Lawinengefährdung 2
Lawinengefahrenskala, Europäische 2, 107, 389
Lawinengeschwindigkeit 24, 63
Lawinenholz 97
Lawinenintensität
– Kriterium 108
– Skala 106, 108
Lawinenkataster 112, 408
Lawinenkatastrophe 14
– alpine 14
– außeralpine 16
Lawinenkeil 364
Lawinenklassifikation 23
– genetische 23, 42
– morphologische 22, 49
Lawinenkommission 388
Lawinenkörper 64
Lawinenlagebericht 390, 393 ff.
Lawinenmauer 17, 176 ff., 200
Lawinenmaul 41
Lawinenmodell 72
– Alpha-Beta- 74, 75
– AVAL-1D 74, 79
– ELBA+ 74, 81
– Grundlagendaten 73
– Klassifizierung 73 ff.
– Laatsch-Zenke-Dankerl- 76
– MSU-dense- 75
– PCM- 74
– physikalisch-dynamisches 73
– RAMMS- 74, 82
– SAMOS 99- 74, 84
– SAMOS AT- 74, 84
– Sensitivitätsanalyse 87
– statistisch-topographisches 73, 75
– Unsicherheiten 86
– Voellmy-Salm- 74, 76
Lawinenmodellierung 72
– Anwendungsbereich 72, 89
– Grenzen 86
Lawinenmonitoring 395 ff.
– Technologien 395
Lawinenrisiko 2, 103, 105, 115
Lawinenschaden 105
Lawinenschutz 6
– andere Länder 431 ff.
– baulicher 8
– Deutschland 411 ff., 422 ff.
– Frankreich 411 ff., 420
– integraler 6
– international 409, 411
– Island 411 ff., 424 ff.
– Italien 411 ff., 421 ff.
– Japan 411 ff., 429 ff.
– Kanada 411 ff., 427 ff.
– Norwegen 411 ff., 423 ff.
– Österreich 411 ff., 417 ff.
– Schweiz 411 ff., 418 ff.
– Spanien 411 ff., 426 ff.
– technischer 6, 8

– temporärer 10, 379
– Vereinigte Staaten von Amerika 411 ff., 428 ff.
Lawinenschutzbauten historische 17
Lawinenschutzmaßnahmen 2
– im Ablagerungsgebiet 196
– in der Sturzbahn 196
– Klassifikation 7
Lawinenschwanz 65
Lawinensimulation 72
Lawinensprengstoff 382
Lawinensprengung 380 ff.
– negative 380
– positive 382
Lawinenstützwerk 19, 314
– Klassifizierung 162
Lawinenszenario 105
Lawinentote 15
Lawinentunnel 203
Lawinenverbauung 8
– systematische 17 ff.
Lawinenvolumen 108
Lawinenwächter® 383
Lawinenwarndienst 388 ff., 391
– eigene Geländeerhebung 392 ff.
– Informationsquellen 391 ff.
– Organisation 389
– europäische 389
Lawinenwarnung 388, 391
Lawinenwirkung 4, 63
– Anprall fester Komponenten 97
– auf Bäume 61
– auf Strömungshindernisse 90
– auf Vegetation 61
– generelle 24
Lebensdauer 332
Lebenszyklus-Konzept 331
Lebenszykluskosten 149 ff.
Leichtbaucontainer 298
Leitdamm 197, 199, 280
Lethalität 106
Lockerschneelawine 22

M

Magnitude 45
Manipulationsplatz 299
Massenbilanzgleichung 66
Maßnahmeneffizienz 146
Messmast 406
Messmethode
– invasiv 65
– nichtinvasiv 65
Metamorphose 34
– abbauende 35
– aufbauende 36
– mechanische 35
– Schmelz- 37
Mikropfahl 180 ff., 263 ff., 267, 314
Mikropfahlbock 180 ff., 309
Mischlawine 22, 69 ff.
Modellgesetz 65
Monitoring 395 ff.
– der Lawinendynamik 404
– der ruhenden Schneedecke 400
– luftgestützes (remote sensing) 403
– meteorologisches 396
– der Schneeeinwirkung auf Lawinenschutzbauten 403
– schneemachanisches 402
Montage von Lawinenwerken
– mit Helikopter 314
– mit Seilkran 315

N

Nachweisverfahren Geotechnisches 212
Nassschneelawine 22, 71, 98
Neigung Auslaufbereich 77
Netz
– Omega® 168
– TECCO®-Geflecht 168
Niederschlag 40
Nordostwetterlage 31
Nordwestwetterlage 29
Normen
– EUROCODE 207
– Überblick 208 ff.
– Gebäudeschutz 371 ff.
Nutzen 147
– diskontiert 147
– intangibler (nicht bewertbarer) 151
– tangibler (bewertbarer) 151
Nutzungsdauer 150, 163
Nutzungskonzept 377
Nutzwertanalyse 146 ff.

O

Oberflächenreif 36
Oberlawine 22
Objektschutz 9, 196, 363, 371
Ombrello-System® 178 ff.

Okklusion 31
Omega-Profile 243 ff.
Ortsfundament 184

P
Partizipation 155
Peaks-over-theshold-Methode 46 ff.
Pendelstütze 168, 255
Permafrost 268
persönliche Schutzausrüstung 325 ff.
– für angeseiltes Arbeiten 327 ff.
Planung 129
– Ablauf in der Praxis 141
– genereller Ablauf 140
Planungsphase 129
Planverfahren 129
Prallmauer 370
Prallwand 365
Primärbruch 68
Projekt 129
Projektierung 144
– Ablauf 143
Propelleranemometer 401
Prozesskarte 120, 125
Pt-100-Sensoren 401
Pyranometer 401
Pyrgeometer 401
Pyrradiometer 401

Q
Querentwässerung 304

R
Rammfundament 314
Randfaktor 230
Randkräfte 230
Rauigkeit 54
Reduktionsfaktor 94
Reibung
– innere 68
– trockene 77, 81, 84
– turbulente 77, 81, 84
Reibungsbeiwert 92
Reibungswiderstand 82
Reif 34
Restwert 150
Reynolds-Zahl 69
Risikoanalyse 115
– Datengrundlage 116
Risikobewertung 106
Risikokarte 125
– Island 125
– Italien 125
Risikokonzept 104
Risikokreislauf 7
Risikomanagement 130
– technisches 130
Risk Governance 155 ff.
Rohrbrücke 196, 204 ff.
Rostbalken 253
Rostkonstruktion 253
Rückhaltevolumen maximales 280
Rundholzschwelle 192

S
Saltationsschicht 70
Sanierung 354
– von Lawinenmauern 356
– von Schneenetzen 358
– von Stahlschneebrücken 357
Sanierungskosten 359
– Kostenbeispiele 359
– von Betonfundamenten 361
– von Lawinenmauern 360
– von Schneenetzen 361
– von Stützverbauung 359
Sanierungsmaßnahmen 355
Sanierungsmethoden 355
Sanitäranlage 301
Savage-Hutter-Gleichung 67
Schaden 105, 337, 340
– an Ablenkwänden in Stahl 344, 351
– an Erddämmen 344, 351 ff.
– an Grundplatten/Betonfundamenten 343, 350
– an Konstruktionen 367
– an Lawinengalerien 341, 353
– an Lawinenstützverbauung 340 ff., 344 ff.
– an Verankerungen/Mikropfählen 343, 348 ff.
– an Verwehungsverbauungen 341, 354
– direkt 105
– Folgeschaden 108
– indirekt 105
– Kategorie 105
– Personenschaden 108
– Sachschaden 108
– an Lawinendämmen 340

– an Schneenetzen 342, 346 ff.
Schadensanfälligkeit 336
Schadenserhebung 338
Schadensanalyse 336
Schadensausmaß 109
Schadensbilder 100
Schadensempfindlichkeit 106, 109
Schadenspotenzial 101, 105, 108 ff.
Schadensursache 337
– typische 337
– untypische 337
Schadenswirkung 98
– durch Fließlawinen 101
– durch Staublawinen 101
Schalenkreuzanemometer 401
Schlankheitsgrad 219
Schlüsselbauwerk 335 ff.
Schmelzmetamorphose 37
Schnee 32
– Akkumulation 52
– Entstehung 32
– Metamorphose 34
Schneebrett 50
Schneebrettlawine 22
Schneebrücke 163
– aus Leichtmetall 176
– Kombinierte 172 ff., 317
– Rempar Grischun® 172 ff.
– VOBAG 176
Schneedecke 32
– Aufbau 38
– Energiebilanz 38
– Gleitbewegung 40
– Kriechbewegung 40
– Schichtung 38
– Setzung 40
– Spannung 40
Schneedichte mittlere 227
Schneedruck 226, 231
– auf den Rost 233
– auf schlanke Bauteile 234
– hangparallele Komponente 227
– hangsenkrechte Komponente 229
– resultierender 231 ff.
– statischer 225
Schneedüse 186, 189 ff.
Schneeflocke 32
Schneegleiten 21
Schneehängebrücke 178 ff.
Schneehöhe 221
– Dimensionierungs- 221
– extreme 222 ff.
Schneekissen 401
Schneekriechen 21
Schneekristalle 33
– Klassifikation 35
Schnee-Luft-Gemisch 68
Schneemessstelle 396
Schneenetz 162 ff., 168, 170 ff., 251, 254, 318
Schneeprofil 39
Schneerechen 256
Schneeverfrachtung 35
Schraubverbindung 220
Schutzkonzept 131, 136
– für den Siedlungsraum 136
– für Skigebiete 139
– für Verkehrswege 137
– integrales 136
– sektorales 136
Schutzmaßnahmen 6
– aktive 6, 379
– organisatorische 394
– passive 6, 379, 388
– waldbauliche 60
Schutzsystem 159
Schutzwald 58, 60
Schutzwirkung 6
– permanente 6
– temporäre 6
Schutzziel 130 ff.
– Hierarchie 133
– konkretes 133
– qualitatives 132
– quantitatives 132
– risikobasiertes 134
– Schutzzielmatrix 134 ff.
– Schutzzielrahmen 132
– technisches 134
– Vier-Konten-Modell 132, 150
Schweißverbindung 220
Schwimmschnee 37
Seilanker 182 ff., 255, 267, 312
Seilanlage 305
– halbmobile 305
– mobile 305
– permanente 305
Seitenkräfte 235
Sekundärbruch 68
Sicherheitskonzept 209, 380

Simulation numerische 72
Skifahrerlawine 3, 25
slush flow 72
Sonderbauwerk 196, 203
Spaltkeil 197, 368 ff., 371
Spannung
– Druck- 40
– Scher- 40
– Zug- 40
Spannungstensor 67
Sperre 387
– akute 387
– saisonal 394
Sprenganker 183, 312
– Tiroler 185
Sprengfundierung 184
– totale 185
Sprengmast® 383, 385
Sprengpunkt 381
Sprengseilbahn 382, 384
Sprengwirkung 381
Stahlquerschnitt 214
– Beanspruchbarkeit 214
– Klassifizierung 214
– Querschnittsabmessungen 214
Stahlschneebrücke 163, 165, 316
– als Dreigelenksbogen 166, 251
– Riegelwerk 167, 251
Standardbauwerk 335 ff.
statisches System
– Kolktafel 272
– Schneedüse 274
– Triebschneezaun 272
Staublawine 22, 68, 70 ff.
Staublawinenwirkung 95
Staubschicht 69
Staudruckhöhe 93, 94
Staudruckkoeffizient 95
Steinschlagschutz 327, 330
Stoßdruck 97
Strahlung 38
Strömungswirbel 29
Stumme Zeugen 112
Sturzbahn 21, 54
Stützbauwerke 304
Stützenfundierung 260
Stützfläche
– nachgiebige 162 ff.
– starre 162 ff.
Stützverbauung 9
Stützwerk 164
– aufgehängtes 178
– massives 164
Südföhnlage 30
Sulzschnee 37
Sulzstrom 72
superkritisches Überfließen 277
Suspensionsschicht 68
Suszeptibilitätskarte 120
System
– gegliedertes 224 ff.
– massives 224 ff.
Szenarienanalyse 105

T
Teilsicherheitsbeiwerte
– für Einwirkungen 210
– für Geländebruch 283
– für Stützenfundierung 260
– für Widerstände 211
Teilsicherheitskonzept 259
Temperaturinversion 26
Temporärer Lawinenschutz 379
– aktive Maßnahmen 379
– Klassifikation 379
– passive Maßnahmen 379, 388
Thermometer 400
Tiefdruckgebiet 26 ff.
Toter-Mann-Anker 184, 314
Triebschneehag 186 ff.
Triebschneezaun 186 ff.
Treibstofftank 324
Trockenschneelawine 22

U
Übergangsschicht fluidisierte 69
Übergangsstrecke 78
Überleitungsbauwerk 9, 196, 203
Ultraschall-Distanzmesser 400
Umwandlungsprozess 34
Umweltverträglichkeit 156
Unfallversorgung 331
Unterhalt 354
Unterkunft 298

V
Variantenstudium 136
Verankerung 180
– auf Druck beansprucht 180
– auf Zug beansprucht 180

Verbauungsweise
- aufgelöst-gestaffelt 238
- aufgelöst-kombiniert 238
- aufgelöst-unterbrochen 238
- durchgehende 238
Verfall 361
Verpfählung 191 ff.
- abgespannt 191 ff.
Versagensmechanismen von Lawinendämmen 282
Versuchsgebiet
- Ryggfonn (Norwegen) 404 ff.
- Valle de la Sionne (Schweiz) 404 ff.
Verwehungsverbauung 9, 20, 161, 186
- Klassifikation 186
Voellmy-Fluid-Stoffgesetz 79, 82, 84, 89
Voellmy-Reibungsgesetz 67, 74, 89

W
Waldgrenze 54
- aktuelle 54
- natürliche 54
- potenzielle 54
Wärme 40
Warmfront 27 ff.
Warmluft 27
Wartung 354
Wasserversorgung 300
Wegebau 302 ff.
Werkabstand 238
- hangparallel 240 ff.
- nach fixen Höhendifferenzen 242
- nach Schweizer Richtlinie 241
Werkanordnung 250
Werkhöhe 238
Werkreihe 237
Werkzwischenraum seitlicher 242
Westwetterlage 30
Wetterdienststelle 392
Wetterlage 29
- lawinenbildende 29 ff.
Wetterradar 398 ff.
Wetterstation automatische 392 ff., 396 ff.
Wettersystem 25
Widerstandskoeffizient 94 ff.
Wiederkehrswahrscheinlichkeit 44
Windkräfte 235
Windmessstelle 396
Windwurffläche 59
Wirkhöhe 275
Wirtschaftlichkeit 146
Wirtschaftlichkeitskriterium 153
- Grenzkostenkriterium 154
- Kapitalwert 153
- Nutzen-Kosten-Quotient 153

Z
Zerstörungspotenzial 24
Zinssatz 147
Zugversuch 265
Zustandsbeurteilung 334, 338
- Grobbeurteilung 339
- Maßnahmenbeurteilung 339
- Wirkungsbeurteilung 340
Zustandserfassung 335
- Erstaufnahme 335
- Kontrolle 335
- laufende Überwachung 335
- Prüfung 335
Zustandsstufe 338 ff.
Zwischenwerke 166

Inserentenverzeichnis

	Seite
Belloli SA, 6537 Grono, Schweiz	XII
CRESTAGEO AG, 7004 Chur, Schweiz	172a
DI Werner Tiwald, 3223 Wienerbruck, Österreich	104a
dlp Ziviltechniker-GmbH, 4800 Attnang-Puchheim, Österreich	XIIa
Donatsch Söhne AG, 7302 Landquart, Schweiz	XII
Geobrugg AG, 8590 Romanshorn, Schweiz	V3
GeoExpert Research and Planning GmbH, 1150 Wien, Österreich	64a, 130a
Gunz ZT GmbH, 4400 Steyr, Österreich	A1
HOCH-TIEF-BAU IMST Gesellschaft m.b.H, 6020 Innsbruck, Österreich	22a
Inauen-Schätti AG, 8762 Schwanden, Schweiz	380a
Interfab Snowbusiness GmbH, 6020 Innsbruck, Österreich	382a
Internationale Forschungsgesellschaft INTERPRAEVENT, 9020 Klagenfurt, Österreich	XII
J. Krismer GmbH, 6063 Rum, Österreich	Lesezeichen
Klenkhart & Partner Consulting ZT Gesellschaft m.b.H., 6067 Absam, Österreich	158a
Mair Wilfried GmbH, 39030 St. Lorenzen, Italien	A1
Morath GmbH, Bohrtechnik für Umwelt und Energie, 79774 Albbruck, Deutschland	XIIa
RECKLI GmbH, 44629 Herne, Deutschland	XIIb
SWIETELSKY Baugesellschaft m.b.H., 4020 Linz, Österreich	22a
Trumer Schutzbauten GmbH, 5431 Kuchl, Österreich	168a
wyssen avalanche control AG, 3713 Reichenbach, Schweiz	V2

Handbuch Technischer Lawinenschutz. 1. Auflage. Florian Rudolf-Miklau, Siegfried Sauermoser (Hrsg.).